Educational Producer For Your Success

농촌지도사 / 농업연구사 시험대비

작물 생리학 2판

| 이영복 편저 |

철저한 이해 중심의 서술과 내용으로 구성
핵심 이론과 단원별 출제 예상 문제의 단권화 완성
그림, 표를 이용하여 체계적으로 정리한 핵심이론

이론+문제

PHYSIOLOGY Of CROP PLANTS

에듀피디 동영상강의 www.edupd.com

작물생리학

인 쇄	2025년 10월 10일
발 행	2025년 10월 17일

저 자	이영복
발행처	에듀피디
등 록	제300-2005-146
주 소	서울 종로구 대학로 45 임호빌딩 2층 (연건동)
전 화	1600-6690
팩 스	02)747-3113

※ 이 책은 저작권법에 따라 보호받는 저작물이므로 무단전재와 무단복제를 금지하며 책 내용의 전부 또는 일부를 이용하려면 반드시 저작권자와 에듀피디의 서면 동의를 받아야 합니다.

PREFACE — 작물생리학

움트는 새싹이 새로운 세상을 맞이하기 위해서는
가을까지의 생장을 잠시 멈추고
추운 겨울을 견뎌내야만 합니다.
이와 같이 새로운 세상을 맞이하기 위해 한 단계 더 도약하기 위해 준비하는 여러분에게
이제 곧 봄이 온다는 믿음이 현실로 다가올 것입니다.

비전공자로 시작한 농학 공부가 재미있어 학부와 대학원을 다니면서
"왜, 농학이 쉽지 않을까?"하는 많은 생각을 하였고,
그에 대한 대답이 단편적인 암기 중심으로 공부했음을 느끼면서,
비전공일 때의 궁금함, 학부 때의 궁금함, 대학원에서의 궁금함이 조금씩 변해감을 바탕으로
다양한 수험생들에게 조금 더 쉽게 다가갈 수 있는 교재를 만들기 위해 노력하였고,
이 한 권의 책이 여러분들의 시험 준비에 도움이 되어 준다면 더한 보람이 없을 것입니다.

대단히 많은 작물을 다루는 작물생리학에서
파트별로 단순한 암기로는 절대 고득점을 할 수 없음을 알고
처음부터 단순한 암기가 아닌 작물의 생활환을 중심으로 이해해야만
혹시 접하지 못한 작물이 출제될지라도 시험장에서 당황하지 않고 문제의 해결이 될 것입니다.
따라서 먼저 전반전인 작물의 형태, 생리, 생태를 이해하고, 마지막 마무리로 암기를 하기를
권하는 바입니다.
이는 현장에서 단순 실수를 줄이고 승리할 수 있는 기반이 될 것입니다.

본 서는 기본적인 용어의 정리부터 기출문제 및 예상문제를 수록함으로써 전공자나 비전공자
모두에게 쉽게 접할 수 있도록 구성하였습니다.
또한 그 동안 우리 농업에서 조금은 중요하게 다루지 않았던 수확 후 생리 분야의 출제가
점점 증가하기에 본 서에서는 수확 후 생리 분야를 조금 더 보강하였습니다.

이 책이 나오도록 도와주신 에듀피디의 대표님 이하 편집부 직원 여러분께 깊은 감사
말씀을 드립니다.

"오늘 걷지 않으면, 내일은 뛰어야 한다."
오늘도 묵묵히 시험을 준비하시는 여러분들에게
합격이라는 결과가 반드시 함께하기를 희망합니다.

저자 이영복

CONTENTS

PART 01 식물의 해부형태

CHAPTER 01 식물의 기본구조 ················ 6

CHAPTER 02 식물의 주요조직 ················ 26

CHAPTER 03 식물세포 ·· 44

예상문제 ·· 65

PART 02 수분과 양분 생리

CHAPTER 01 물의 특성과 수분퍼텐셜 ············ 92

CHAPTER 02 수분의 흡수와 이동 및 배출 ··· 105

CHAPTER 03 식물의 무기영양 ················ 121

CHAPTER 04 무기양분의 흡수와 동화 ········ 138

예상문제 ·· 156

PART 03 광합성과 호흡작용

CHAPTER 01 광합성 ·· 206

CHAPTER 02 동화산물의 전이와 전류 ········ 229

CHAPTER 03 호흡작용 ·· 242

예상문제 ·· 258

PART 04 생장과 발육

CHAPTER 01 식물의 휴면 ················ 288

CHAPTER 02 종자의 발아 ················ 301

CHAPTER 03 식물의 생장 ················ 318

CHAPTER 04 식물의 개화생리 ················ 334

CHAPTER 05 결실과 노화 ················ 355

CHAPTER 06 수확 후 생리 ················ 374

예상문제 ·· 389

PART 05 생육의 조절

CHAPTER 01 식물호르몬 ················ 446

CHAPTER 02 환경 및 스트레스 생리 ········ 469

CHAPTER 03 그 밖의 주요 생리 ············· 490

예상문제 ·· 508

01 PART

식물의 해부형태

CHAPTER 01　식물의 기본구조

CHAPTER 02　식물의 주요조직

CHAPTER 03　식물세포

01 CHAPTER 식물의 기본구조

1 재배식물의 종류

(1) 재배식물의 분류

1) 생물의 분류

① 지구상 약 200만종의 생물은 세균, 고세균, 진핵생물 3영역으로 구분한다.
  ㉠ 원핵생물
    ⓐ 원핵생물: 세포내막이 없는 세포나 생물체로 세균과 남조류가 대표적으로 진핵세포에서 볼 수 있는 핵막, 뚜렷한 염색체 등의 구조가 없다.
    ⓑ 고세균(古細菌, Archaeabacteria): 세균과는 형태적, 생리적, 유전학적 특징이 다른 세균으로 고균이라고 하며, 세포벽에 펩티도글리칸(peptidoglycan)을 포함하고 있지 않은 세균이다.
  ㉡ 진핵생물: 세포와 핵을 가진 생물로 세포가 막으로 둘러싸인 핵을 가지며, 핵막과 함께 핵산, 핵소체, 히스톤단백질로 이루어진 핵이 있으며, 핵이 일정 수의 염색체를 만들어 내며 유사분열을 한다.
② 6계: 세균, 고세균, 원생생물, 식물, 균류, 동물
③ 현존 식물은 약 28만 종으로 알려져 있으며 진핵생물 영역의 식물계로 분류된다.

2) 속칭적 분류

① 유관속(維管束, 관다발) 유무에 따라 무관속식물(하등식물)과 유관속식물(고등식물)로 구분한다.
② 번식수단에 따라 포자번식하는 포자식물과 종자번식하는 종자식물로 구분한다.
③ 꽃의 유무에 따라 은화식물, 현화식물로 구분한다.
④ 종자식물도 포자(대포자와 소포자)를 형성하지만 번식은 종자를 통한다.

3) 학술적 분류

① 식물의 유연관계를 기초로 한 분류체계이다.
② 식물계는 보편적으로 선태식물문, 양치식물문, 종자식물문으로 분류하며, 양치식물문을 송엽란식물문, 석송식물문, 속새식물문, 양치식물문으로, 종자식물문을 나자식물문, 피자식물문으로 세분하여 7개 문으로 분류할 수 있다.
③ 분류문 중 피자식물이 25만 종으로 전체 90%를 차지하며, 재배식물의 대부분이 이에 속한다.

[식물의 주요 분류군]

속칭적 분류			학술적 분류		
유관속 유무	번식수단	꽃의 유무	분류군(문)	종수	대표식물
무관속(하등식물)	포자	은화	선태식물	160,000	우산이끼, 뿔이끼, 솔이끼 등
유관속(고등식물)			송엽란식물	10	송엽란 등
			석송식물	1,065	석송, 바위손 등
			속새식물	25	속새, 쇠뜨기 등
			양치식물	9,280	고사리, 고비, 물개구리밥 등
	종자		나자식물	900	소나무, 주목, 은행나무, 측백나무 등
		현화	피자식물	250,000	벼, 옥수수, 콩, 감자, 사과나무 등

4) 분류체계

① 분류군: 계-문-강-목-과-속-종으로 구분한다.
② 식물의 분류체계

분류계급	학명의 어미	무궁화의 분류(예)
계(界, kingdom)		식물계
문(門, division)	-phyta	피자식물문(Magnoliophyta)
강(綱, class)	-opsida	쌍자엽식물강(Magnoliopsida)
목(目, order)	-ales	장미목(Rosales)
과(科, family)	-aceae	아욱과(Malvaceae)
속(屬, genus)		무궁화속(Hibiscus)
종(種, species)		무궁화(H. syriacus)

③ 식물의 분류는 비슷한 식물을 묶으므로, 분류의 과정을 보면 닮은 식물을 묶고 계급을 부여하는 절차이다.

(2) 종자식물의 분류

1) 나자식물(裸子植物, 겉씨식물)과 피자식물(被子植物, 속씨식물)

구분	나자식물	피자식물
꽃과 과실	종자는 생성되나 꽃과 과실이 없는 은화식물로 대신 포자수(胞子穗), 구화수(毬花穗), 구과(毬果, 솔방울) 등을 가짐	화피가 있는 완전한 꽃이 피는 현화식물
배주(종자)	심피에 싸여 있지 않고 나출됨	심피에 둘러싸여 있음
잎	침엽으로 엽맥은 평행상	활엽으로 엽맥은 망상 또는 평행상
생식	단일수정	중복수정
목부	도관대신 가도관 발달	도관 발달

구분	나자식물	피자식물
자엽	다자엽, 종에 따라 2~수 개(은행나무 2~3개, 소나무 6~16개)	자엽수에 따라 단자엽, 쌍자엽 구분
종 수	11과 900여 종	380과 25만여 종

2) 단자엽식물과 쌍자엽식물

구분	단자엽식물	쌍자엽식물
자엽(떡잎)	1장	2장(예외: 수련은 1장임)
유관속	산재유관속	환상형 관다발 형성
엽맥	평행상	망상
뿌리	수염뿌리(섬유근계)	원뿌리(주근계)
화서	보통 3배수	보통 4 또는 5배수
화분	발아구 1개인 단구형	발아구 3개인 3구형
발아	지하자엽형	지상자엽형(예외: 완두, 팥, 잠두는 지하발아 함)
기공	잎 전면과 후면에 고르게 분포	잎 후면에 많이 분포
종 수	약 5만 종, 초본 90%, 목본 10%	약 20만 종, 초본과 목본 각 50%
예	벼, 옥수수, 마늘, 난초, 백합, 토란, 바나나, 야자	콩, 배추, 참외, 사과, 장미, 과꽃, 해바라기, 선인장

3) 초본성 식물과 목본성 식물

① 구분
  ㉠ 종자식물은 조직의 목질화 여부에 따라 초본성과 목본성으로 구분한다.
  ㉡ 목질화: 세포벽에 리그닌(목질소)이 생성되어 조직이 단단해지는 것

② 초본성 식물
  ㉠ 보통 풀이라고 하며 목질화가 이루어지지 않아 부드럽다.
  ㉡ 온대지방을 기준으로 1년생, 2년생, 다년생으로 구분한다.
  ㉢ 2차 생장을 하지 않거나 아주 미미하며, 겨울에는 지상부가 죽는다.

③ 목본성 식물
  ㉠ 보통 나무라고 하며 목질화가 이루어져 조직이 단단하다.
  ㉡ 줄기의 생장 형태에 따라 교목과 관목으로 구분한다.
  ㉢ 다년생으로 2차 생장을 매년 되풀이하면서 재(材)를 형성하며, 겨울에도 지상부가 죽지 않고 살아있다.

2 식물체의 구조

(1) 기부(基部, proximal)와 정단부(頂端部, distal)

1) **기부**: 지표와 맞닿은 부분으로 줄기와 뿌리의 경계부위를 의미하며, 식물체의 지표와 맞닿은 부분을 지제부라 한다.

2) **정단부**
   ㉠ 줄기와 뿌리의 정단부(선단 부분)을 의미한다.
   ㉡ 줄기의 정단부는 생장점이 있으며, 이를 어린잎이 감싸 정아를 형성한다.
   ㉢ 뿌리의 정단부는 생장점과 생장점을 감싸 보호하는 근관이 있다.

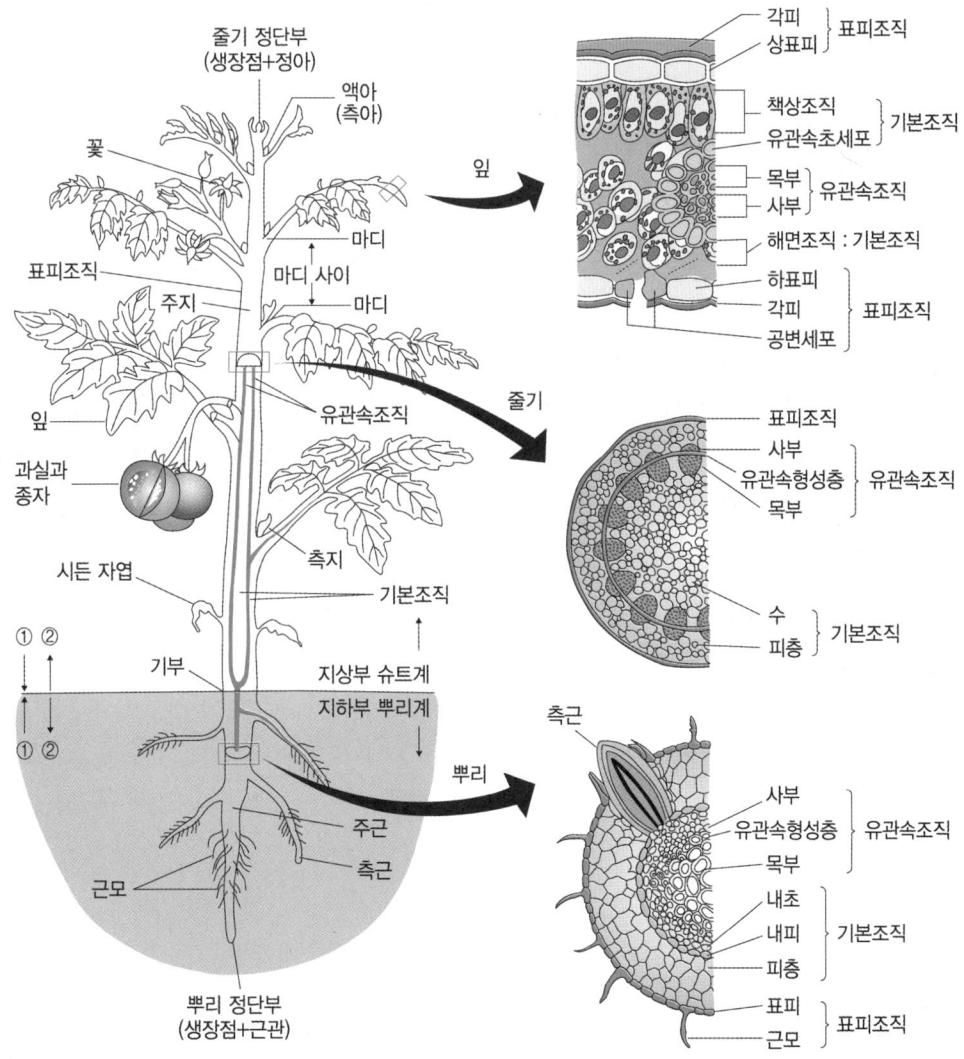

[식물체의 구조(토마토)]

3) 향정적(向頂的, acropetal): 기부에서 정단부로의 진행
4) 향기적(向基的, basipetal): 정단부에서 기부로의 진행
5) 향축(向軸, adaxial)과 배축(背軸, abaxial): 줄기를 축으로 안쪽을 향축, 바깥쪽을 배축이라 한다.

(2) 슈트계(shoot)와 뿌리계

1) 슈트계
① 지상부의 슈트계의 슈트는 어린 가지와 새싹을 의미하며, 줄기와 잎, 눈, 꽃, 종자, 열매를 모두 포함한다.
② 기본축은 줄기이며, 주지와 측지로 구분한다.
③ 줄기에는 잎, 꽃, 눈이 달리고, 꽃은 수정 후 종자와 과실을 맺는다.

2) 뿌리계
① 지하부인 뿌리계의 기본축은 뿌리로 주근과 측근으로 구분하며 근모가 발생한다.
② 지하부에 줄기의 일부(괴경)나 잎의 일부(인편, 인경)가 분포하기도 한다.
③ 뿌리가 지상부에 분포하는 경우도 있다.

(3) 1기생장과 2기생장

1) 1기생장
① 줄기와 뿌리 정단부 생장점의 세포분열로 1기조직을 만들고 길이가 증가하는 것
② 초본식물: 유관속 안의 전형성층의 세포분열이 멈추기 때문에 둘레가 비대해지지 않는다.
③ 목본식물: 어린줄기와 뿌리, 잎, 꽃, 열매 등에서 볼 수 있다.

2) 2기생장
목본식물에서 1기생장 후 전형성층과 피층의 일부 세포층이 유관속형성층과 코르크형성층으로 발달하며, 이들 형성층의 세포분열로 2기조직을 만들고 둘레가 굵어지는 것

3 영양기관

(1) 줄기

1) 역할

① 식물의 기본축으로 잎, 눈, 꽃, 과실 등을 부착한다.
② 관다발이 있어 무기양분과 수분 및 광합성 물질을 수송한다.
③ 줄기의 형태적 변화
  ㉠ 줄기는 형태가 변하여 독특한 모양과 기능을 갖기도 한다.
  ㉡ 가시, 포도의 덩굴손, 선인장의 엽상경, 콜라비의 비대경, 잔디의 근경, 양파의 인경, 글라디올러스의 구경, 감자의 괴경 등은 줄기의 변화된 형태이다.

2) 줄기의 내부구조

① 1기구조
  ㉠ 1기생장을 마친 줄기는 표피, 유관속, 기본조직(피층과 수)으로 구성
  ㉡ 유관속조직
    ⓐ 목부와 사부로 구성되며 식물에 따라 배열방식이 다르다.
    ⓑ 단자엽식물은 기본조직에 흩어져 있고, 쌍자엽식물은 환상으로 배열되어 있다.
  ㉢ 쌍자엽식물의 기본조직
    ⓐ 쌍자엽식물은 유관속조직의 배열방식 때문에 피층과 수로 나뉜다.
    ⓑ **피층**: 유관속조직과 표피조직 사이에 있는 기본조직
    ⓒ **수**: 환상배열된 유관속조직의 안쪽의 기본조직으로 줄기의 중심에 위치한다.

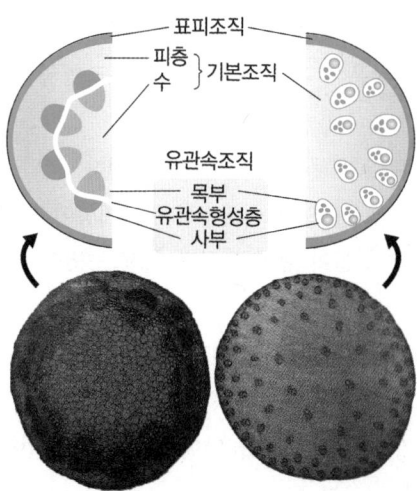

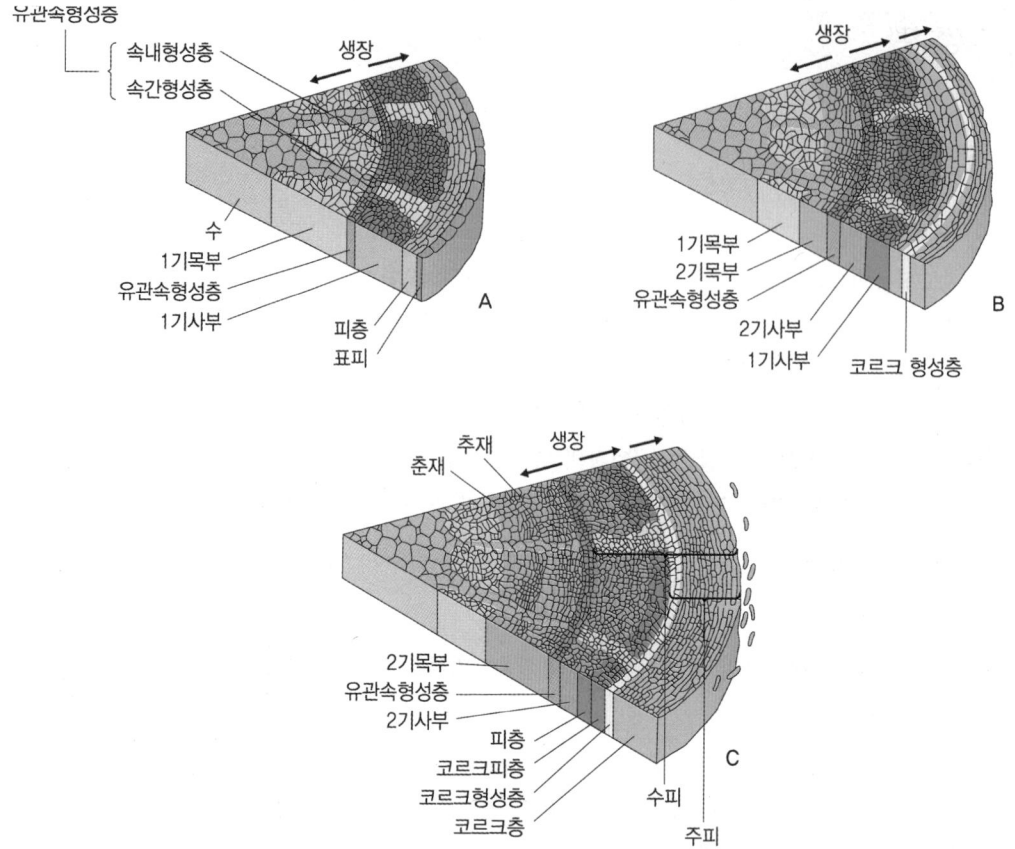

A: 어린줄기부분: 1기구조와 같다.
B: 활발하게 생장 중인 2기 구조: 유관속 형성층 안쪽으로 2기목부와 바깥쪽으로 2기사부가 발달하고 피층에 코르크형성층이 보인다.
C: 1년 동안 생장한 2기목부: 나이테를 만드는 춘재와 추재로 구분된다.

② 2기 구조
  ㉠ 목본식물의 2기 생장은 유관속 형성층과 코르크형성층이 주도한다.
  ㉡ 2기 물관부
    ⓐ 형성층 안쪽으로 2기 물관부가 매년 채워진다.
    ⓑ 2기 물관부는 형성층에서 멀어질수록 통도기능이 떨어지고, 세포벽은 두꺼워지고, 목질소와 부패방지 화합물이 쌓여 단단한 목재로 변한다.
    ⓒ 목재
      • 변재와 심재, 추재와 춘재, 연재와 경재 등으로 구분
      • 심재: 건조하고 짙은 색을 띠며, 수지나 탄닌 등이 집적되고 통도작용이 정지된다.
      • 변재: 물기가 있는 밝은색을 띠며 통수요소와 살아있는 유조직으로 구성되어 수액은 변재를 통해 수송된다.

ⓓ 나이테: 1년 동안 자란 춘재와 추재 부분이 형성하며, 춘재의 폭이 추재보다 넓다.
ⓒ 2기 체관부: 유관속 형성층 바깥쪽으로 채워지며 2기 체관부는 물관부보다 얇다.
② 코르크형성층
ⓐ 줄기가 더욱 비대해지면 2기 체관부와 표피 사이 피층의 바깥 세포층이 코르크형성층으로 분화된다.
ⓑ 코르크형성층의 활동으로 발달하는 코르크조직이 주피가 된다.
ⓒ 주피는 표피를 대신하여 줄기를 보호한다.
⑩ 수피
ⓐ 유관속 형성층 바깥에 있는 모든 조직(2기 체관부, 피층, 주피)
ⓑ 수피에는 피목이라는 조직이 생겨 기공을 대신해 통기작용을 한다.

(2) 잎

1) 역할

광합성을 수행하는 장소로 광을 효율적으로 받아들여 이용할 수 있는 납작하고 편평한 형태를 가지고 줄기에 배열된다.

2) 외부형태

① 형태적으로 고도의 다양성을 가진다.
  ㉠ 엽연(葉緣)의 결각 정도, 엽맥의 배열 등이 다양하다.
  ㉡ 쌍자엽식물
    ⓐ 완전엽: 엽병(葉柄, 잎자루), 엽신(葉身, 잎몸), 탁엽(托葉, 턱잎)으로 구성되어 있다.
    ⓑ 엽신 중앙에 커다란 엽맥을 주맥 또는 중륵(midrib)이라 한다.
    ⓒ 엽병 하단에 엽침(葉枕, pulvinus)엽이나 소엽병의 아래쪽 또는 위쪽에 생기는 관절모양의 비후)이 발달하여 잎의 운동을 조정한다.
  ㉢ 단자엽식물: 엽병이 없고 대신 엽초(葉鞘, 잎집)를 가지며, 식물에 따라 설엽(舌葉, 옥수수), 이엽(耳葉, 보리)이 있다.
② 엽서(葉序, 잎차례)
  ㉠ 의의: 줄기에서 발생하는 잎의 배열
  ㉡ 종류
    ⓐ 호생(互生): 각 마디에서 한 개의 잎이 나온다.
    ⓑ 대생(對生): 두 개의 잎이 마주보고 나온다.
    ⓒ 윤생(輪生): 3개 이상의 잎이 나온다.
    ⓓ 저생(低生): 단축경에서 땅바닥에 낮게 나오는 형태로 저생엽서는 장미꽃과 같이 조밀하게 나선상으로 배열되므로 로제트(rosette)배열이라고도 하며, 뿌리에서 잎이 생기는 것처럼 보여 근생엽이라고도 한다.

③ 잎의 변형
  ㉠ 잎이 변형되어 특수한 기능을 수행하기도 한다.
  ㉡ 지지작용을 하는 호박의 덩굴손, 보호작용을 하는 선인장의 엽침(葉針), 나무가지의 눈을 보호하는 아린(芽鱗), 꽃을 보호하는 포(苞), 사막지대의 다즙성 잎, 저장기관으로 변한 양파의 인엽(鱗葉) 등

3) 내부구조
  ① 표피조직
    ㉠ 상표피와 하표피로 구분되며, 표면에는 각피(角皮, 큐티쿨라층)가 있다.
    ㉡ 표피세포는 편평하고 볼록하여 빛을 모으고 투과시키는데 유리하다.
    ㉢ 표피세포가 특수화된 공변세포가 기공을 형성한다.
  ② 기본조직
    ㉠ 엽육조직(잎살조직, mesophyll)이라 하며 동화조직, 후벽조직, 저장조직 등으로 구성되었다.
    ㉡ 쌍자엽식물의 동화조직
      ⓐ 책상조직(柵狀組織, 울타리조직)과 해면조직(海綿組織, 갯솜조직)으로 구분된다.
      ⓑ 잎에 따라서는 책상조직으로만 구성되거나 두 조직의 구분이 어려운 경우도 있다.
      ⓒ 책상조직
        • 세포가 조밀하게 배열되어 있고, 노출면적이 넓어 빛 흡수에 유리하다.
        • 광합성의 90% 이상은 책상조직에서 이루어진다.
      ⓓ 해면조직
        • 세포의 모양과 배열이 불규칙하고, 간극이 넓어 빛의 산란을 돕는다.
        • 세포 간극이 넓고, 기공과의 연결로 물과 가스의 유입과 확산이 용이하다.
    ㉢ 단자엽식물은 해면조직만으로 구성되어 있다.
  ③ 유관속조직
    ㉠ 주변의 부속세포와 함께 엽맥을 구성한다.
    ㉡ 엽맥 상부에는 목부가 하부에는 사부가 발달되어 있다.
    ㉢ 엽병의 내부구조는 줄기와 비슷하며 엽록체를 일부 가지고 있다.

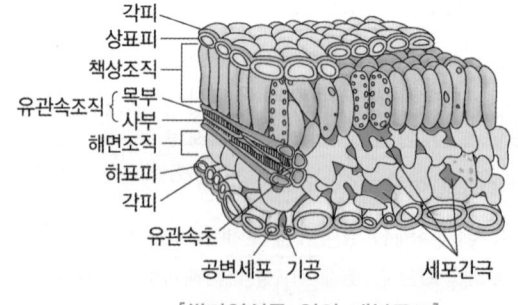

[쌍자엽식물 잎의 내부구조]

(3) 뿌리

1) 역할

① 식물체를 토양에 고착시키고, 토양에서 물과 무기양분을 함께 흡수하여 지상부로 운송한다.
② 저장이나 번식기관으로서의 역할을 하기도 한다.
③ 식물의 줄기와는 달리 마디의 발달이 미약하다.

2) 외부형태

① 쌍자엽식물
   ㉠ 발아 시 배축(胚軸, hypocotyl) 아래에서 나오는 유근이 자라서 주근(主根, tap root)를 형성하며, 이 주근에서 측근(側根, lateral root)이 발생한다.
   ㉡ 주근과 측근으로 이루어진 뿌리 전체를 주근계라 한다.

② 단자엽식물
   ㉠ 수근(鬚根, 수염뿌리, fibrous root)으로 이루어진 수근계를 형성한다.
   ㉡ 발아 후 유근은 곧 죽고 줄기에서 생긴 부정근(不定根, 화본과식물은 종자근)과 이로부터 형성된 측근이 수근계를 형성한다.
   ㉢ 2기생장을 하지 않으므로 수근계가 기능적으로 더 유리하다.

③ 뿌리의 변형
   ㉠ 뿌리는 줄기보다 유조직이 많아 저장능력이 뛰어나다.
   ㉡ 저장근: 양분을 저장하며 무, 당근, 우엉 등의 직근류와 달리아, 고구마와 같은 괴근류
   ㉢ 수축근: 마늘, 백합
   ㉣ 기근: 수분 보유와 광합성, 지지작용을 하며, 옥수수, 난 등
   ㉤ 호흡근: 산소를 공급하는 기능을 하며 늪지대 식물

3) 내부형태

① 1기구조
   ㉠ 분열대
      ⓐ 뿌리 끝 생장점은 근관(根冠, 뿌리골무)라는 유조직으로 둘러싸여 있다.
      ⓑ 생장점에서는 세포분열이 일어난다.
   ㉡ 신장대: 분열된 세포가 커진다.
   ㉢ 성숙대
      ⓐ 근모대 또는 흡수대라 하며, 수경재배를 하면 근모가 생기지 않고, 수생식물은 근모가 없다.
      ⓑ 근모(根毛, 뿌리털)가 발달하여 양수분의 흡수가 촉진되는 부위로 근모가 발달하면 수분 흡수에 유리하도록 뿌리의 선단부와 토양의 접촉면적을 확대시킨다.
      ⓒ 근모는 수명이 짧아 계속 새로운 근모로 대체된다.

ⓓ 근모가 발달하는 성숙대는 1기조직이 분화되어 있으며 성숙대 단면은 바깥쪽부터 근모(표피), 외피, 피층, 내피, 내초, 물관 순이며, 양수분의 흡수순서도 이와 동일하다.

ⓔ 중심주는 내초가 유관속 조직을 둘러 싸고 있다.
- **쌍자엽식물**: 독립된 목부와 사부가 교대로 배열되거나 방사상을 이루어 횡단면에서 별 모양으로 보이는 방사중심주로 목부가 방사상으로 배열하고, 목부 극 사이사이 사부가 있다.
- **단자엽식물**: 관상중심주로 유관속이 중앙의 수 주변에 환상형으로 배열한다.

ⓕ 뿌리의 표피에는 각피와 기공이 없다.

ⓖ **피층**: 유조직(저장조직)이며, 내피에는 카스파리대(내피층에서 세포벽의 일차막 내 세포막 일부가 목질화 또는 코르크화하여 형성되는 가는 띠 모양의 슈베린을 포함하는 소수성 왁스층)가 형성된다.

ⓗ 측근
- 내초는 분열능력이 있고, 측근은 근모대 윗부분에서 발생한다.
- 내초에서 내생적으로 발달하므로 줄기의 측지와는 발생면에서 서로 다르다.

② 2기구조
㉠ 뿌리의 유관속은 줄기와 달리 내피와 내초로 둘러싸여 중앙에 배열된다.
㉡ 유관속형성층은 1기사부와 1기목부 사이의 전형성층세포와 목부 극과 맞닿아 있는 내초세포가 분열하여 생성된다.
㉢ 내초세포의 분열로 수 개의 세포층을 형성하면 안쪽의 내초세포층과 전형성층이 연결되어 환상의 유관속형성층이 만들어지고, 바깥쪽 세포층은 내초로 남는다.
㉣ 유관속형성층 안쪽으로 2기목본을, 바깥쪽으로는 2기사부를 생성한다.
㉤ 2기생장으로 뿌리둘레가 확장되면 표피와 피층은 파괴되어 떨어져나가고, 확장압력으로 자극을 받은 내초세포가 다시 분열하여 코르크형성층으로 전환되어 주피를 형성한다.
㉥ 뿌리의 수피는 줄기와 비슷한 모양이나 수피가 얇고 외면이 매끈한 것이 다르다.

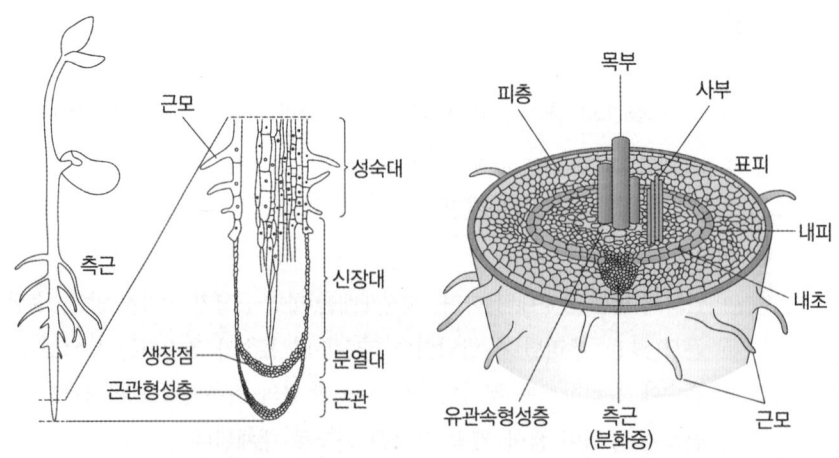

4 생식기관

(1) 꽃

1) 의의

① 암술(자예, 雌蕊), 수술(웅예, 雄蕊), 꽃잎(화판, 花瓣), 꽃받침(악, 萼)으로 이루어졌으며 모두를 갖춘 꽃을 완전화라 한다.
  ㉠ 양성화: 암술과 수술을 모두 가지고 있는 꽃
  ㉡ 단성화: 암술과 수술 중 하나만 가지고 있는 꽃으로 암술이 없는 수꽃과 수술이 없는 암꽃이 있다.
    ⓐ 자웅동주: 단성화 중 암꽃과 수꽃이 같은 그루에 있는 식물
    ⓑ 자웅이주: 암꽃과 수꽃이 서로 다른 그루에 피는 식물
② 꽃의 4가지 구성요소는 잎에서 진화한 것으로 보고 화엽(花葉)이라 한다.
③ 꽃을 달고 있는 줄기를 화경(花梗, 화병, 꽃자루)이라 하며, 화경 선단부에 꽃이 붙는 부분을 화탁(花托, 꽃받기) 또는 화상(花床, receptacle)이라 하며, 이 화탁에 모든 화부기관이 붙는다.
④ 꽃받침과 꽃잎의 내부구조는 잎과 비슷해 기본조직, 유관속, 표피세포로 구성되어 있다.

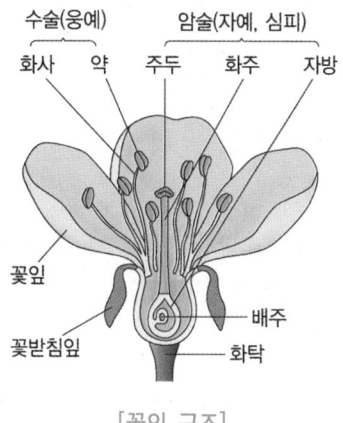

[꽃의 구조]

2) 암술(자예)

① 암술은 식물에 따라 한 개 내지 수 개의 암술의 기본단위인 심피로 구성된다.
② 심피는 주두(柱頭, 암술머리), 화주(花柱, 암술대), 자방(子房, 씨방)으로 구분된다.
③ 자방은 과실로 발달하고, 그 안의 배주(胚珠, 밑씨)는 종자로 발달하며, 배주 안에서 배낭모세포가 분화된다.
④ 자방벽은 유조직으로 구성되어 있으며, 주두는 단백질성 피막으로 건성주두와 습성주두로 구분된다.

⑤ 암술은 심피로부터 발달하여 하부가 팽대하여 자방이 되고, 그 위는 신장하여 주두와 화주가 되며, 자방 속에 배주가 붙는 자리를 태좌라고 한다.
⑥ 자방과 꽃잎의 위치에 따라 상위자방, 중위자방, 하위자방으로 구분한다.
  ㉠ 상위자방: 자방이 수술, 꽃잎, 꽃받침보다 위에 달리며, 포도 등이 해당된다.
  ㉡ 중위자방: 중간에 달리며, 벚나무 등이 해당된다.
  ㉢ 하위자방: 아래에 달리며, 사과, 박류 등이 해당된다.

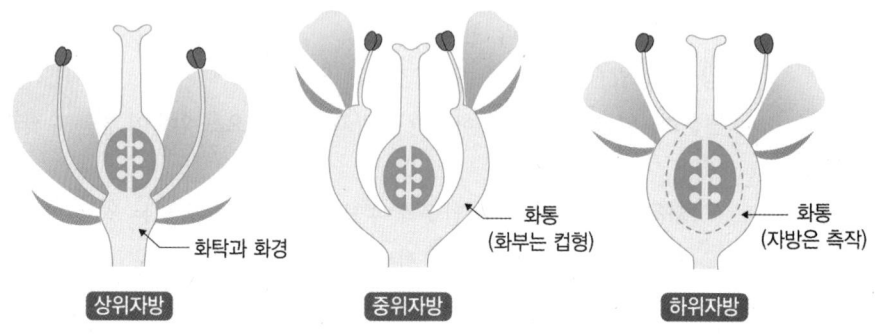

3) 수술(웅예)

① 약(葯, 꽃밥, 꽃가루주머니)과 화사(花絲, 꽃실)로 구성되어 있다.
② 약은 수개의 방으로 나뉘며, 외측부터 표피, 내피, 중간층, 융단조직, 화분세포 등으로 되어 있다.
③ 화분모세포가 감수분열하여 화분을 생성한다.
④ 화피와 수술의 하단부가 융합하여 통 모양의 화통을 형성한다.

4) 꽃받침(악)

① 수 개의 꽃받침 잎(萼片, 꽃받침 조각)으로 구성되어 있다.
② 엽록체를 가지고 있어 광합성을 한다.

5) 꽃잎(화판)

① 꽃잎이 모여 화관(花冠, 꽃부리)을 형성하고, 꽃받침과 화관을 화피(花被, 꽃덮이)라고 한다.
② 화피는 암술과 수술을 보호하고 수분을 돕는 역할을 한다.
③ 꽃잎 표피에는 휘발성 기름을 함유하여 독특한 향기를 풍긴다.

6) 화서(花序, 꽃차례)

① 꽃은 줄기 끝 생장점에서 분화된 것으로 잎의 변태이기 때문에 화엽이라고도 하며, 꽃은 줄기에 해당하는 화축에 달려 있으며, 꽃이 화축에 차례로 배열되는 순서를 화서라 한다.
② **유한화서**: 화축(rhachis) 선단의 위에서 아래로 꽃이 피는 꽃차례
  ㉠ 단정화서: 화서축 꼭대기에 단 한 개의 꽃이 붙는 꽃차례

- ⓛ 단집산화서: 꽃이 한 곳으로 모여들고 거기서 다시 흩어져 나가는 꽃의 배열 상태
  - ⓒ 복집산화서: 2차 기경위에 꽃이 피는 꽃차례
  - ⓔ 전갈꼬리형화서: 하나의 꽃자루만 가지는 취산화서의 한 형태
  - ⓜ 집단화서: 꽃이 매우밀집하여 피는 꽃차례
  ③ **무한화서**: 화서축의 선단에 꽃이 달려 있지 않은 꽃차례
    - ⓖ 총상화서: 긴 화서축에 자루가 있는 꽃을 측생시키는 총수화서의 한 형태. 긴 화경에 여러 개의 작은 화경이 붙어 꽃이 핀다.
    - ⓛ 원추화서: 외관이 원추형인 복합화서. 가지는 여러 번 분지하지만, 화서 중 축상의 위치가 낮은 것일수록 크다.
    - ⓒ 유이화서(미상화서): 꽃덮개가 없거나 눈에 띠지 않는 단성화가 밀집해 있는 꽃차례
    - ⓔ 수상화서: 화서의 축이 길고 자루가 없는 꽃이 옆으로 달린다.
    - ⓜ 두상화서: 화서축 선단에 무병의 꽃이 2개 이상 집합한 총수화서의 한 형태
    - ⓗ 육수화서: 화서축이 다육이 되고 꽃이 표면에 밀집한 느낌이 드는 화서
    - ⓢ 산형화서: 화서축 끝에 자루가 있는 꽃이 여러 개 달려 있는 총수화서 중의 하나
    - ⓞ 복합산형화서: 산형 꽃차례가 다시 산형으로 달려 전체 꽃차례를 만드는 화서
    - ⓩ 산방화서: 총상화서와 산형화서의 중간형. 자루가 있는 꽃이 화서축에 달리는 위치는 총상이지만, 꽃자루에 장단이 있어서 구상 또는 정상부가 편평해지는 점은 산형에 가깝다.

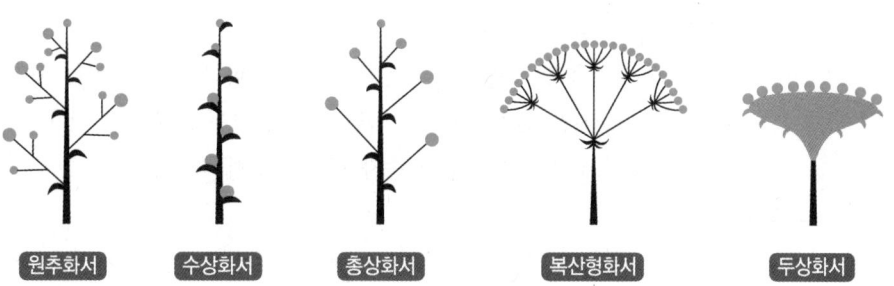

(2) 종자

1) 종자의 구조

① **의의**
  - ⓖ 자방 안의 배주가 수정 후 발달하여 종자가 된다.
  - ⓛ 성숙한 종자는 배(胚, 씨눈), 배유(胚乳, 씨젖), 종피(種皮, 씨껍질)로 구성된다.

② **배(胚, 씨눈)**
  - ⓖ 자엽과 배축으로 구성되어 있으며, 배축의 위에는 유아, 아래에는 유근이 있다.
  - ⓛ 단자엽식물은 자엽의 발달이 뚜렷하지 않고, 대신 자엽초(떡잎집)와 배반이 발달해 있다.
  - ⓒ 배의 구성요소의 발달정도는 종자에 따라 차이를 보인다.

③ 배유(胚乳, 씨젖)
　㉠ 배주의 주심조직과 배유핵으로부터 발달한 유조직이다.
　㉡ 발아 후 초기생장에 필요한 탄수화물, 단백질, 지방 등 물질을 저장한다.
　㉢ 배유가 작거나 없는 종자는 자엽이 발달하고, 자엽에 양분을 저장한다.
　　ⓐ 단자엽: 밀, 양파 등
　　ⓑ 쌍자엽: 상추, 콩, 비트, 토마토, 수박 등
　　ⓒ 다자엽: 전나무 등
　　ⓓ 화복과 식물의 배유는 전분립을 함유하며, 배유 바깥쪽 한 개의 세포층인 호분층은 단백질을 다량 함유한다.

④ 종피(種皮, 씨껍질)
　㉠ 배를 보호하고, 산포를 도우며, 발아를 조절한다.
　㉡ 배주의 주피에서 발달하며, 내주피와 외주피로 구분하고, 두 개의 주피가 모두 종피 형성에 참여하기도 하나 대부분 퇴화하면서 일부분만 종피로 발달하므로 종자에 따라 종피의 구조가 다양하다.
　㉢ 표면에 모용(毛茸, 털), 가시, 강모(剛毛) 등이 발달하기도 한다.

2) 단자엽식물(單子葉植物, 외떡잎식물; monocotyledones)
　① 의의
　　㉠ 외층은 과피로 둘러싸여 있고 그 안에 배와 배유 두 부분으로 형성되며 배와 배유 사이에는 흡수층이 있으며 배유에 영양분을 다량 저장하고 있으며 이를 배유종자라 한다.
　　㉡ 배에는 잎, 생장점, 줄기, 뿌리의 어린 조직이 모두 갖추어져 있다.
　　㉢ 배유에는 양분이 저장되어 있어 종자 발아에 등에 이용된다.
　② 옥수수 종자
　　㉠ 배유종자로 배유에 영양분을 다량 저장하고 있으며, 종자 가장 바깥층은 과피로 둘러싸여 있으며, 그 안에 배와 배유가 발달해 있고, 배유의 대부분은 주로 전분이 저장되어 있는 세포층이 차지하고 있다.
　　㉡ 성숙한 배
　　　ⓐ 배반: 배유조직과 접해 있으면서 배유의 양분을 배축에 전달하는 역할을 한다.
　　　ⓑ 배축: 상배축과 유근, 근초를 포함한 부분
　　　ⓒ 상배축: 초엽과 유아
　　　ⓓ 중배축: 줄기, 잎, 뿌리가 분화되어 있다.
　　　ⓔ 배: 배축과 떡잎을 합하여 배라 한다.
　　㉢ 지하자엽형 발아를 한다.

3) 쌍자엽식물(雙子葉植物, 쌍떡잎식물; dicotyledones)
   ① 의의
      ㉠ 배유조직이 퇴화되어 양분이 떡잎에 저장되며 이렇게 배유가 거의 없거나 퇴화되어 위축된 종자를 무배유종자라 한다.
      ㉡ 배와 떡잎, 종피로 구성되어 있다.
      ㉢ 콩 종자의 배는 유아, 배축, 유근으로 형성되어 있으며 잎, 생장점, 줄기, 뿌리의 어린 조직이 갖추어져 있다.
      ㉣ 쌍자엽식물은 2개의 떡잎(2n, 배)로 되어 있으며, 대부분 지상자엽형 발아를 하나, 완두, 잠두, 팥 등은 지하자엽형 발아를 한다.
   ② 강낭콩 종자
      ㉠ 배유가 없거나 퇴화되어 위축된 종자로 양분을 떡잎에 저장한다.
      ㉡ 유아와 유엽이 분화되어 있는 배와 영양분이 저장되어 있는 떡잎 및 종피로 구성되어 있으며, 배유가 없다.
   ③ 비트종자
      ㉠ 주피조직의 일부인 주심(珠心, nucellus)이 발달하여 외배유를 형성하고 여기에 양분을 저장한다.
      ㉡ 종자의 바깥층에는 종피로 둘러싸여 있고 그 안쪽에 떡잎이 있으며, 그 안쪽에는 근초와 하배축, 유근이 있다.
   ④ 상추종자
      ㉠ 과피에 종피 안쪽에 배유층이 있고 2개의 떡잎을 가지고 있다.
      ㉡ 2개의 떡잎과 하배축, 근초를 포함한 부분이 배에 해당하고, 떡잎이 주요 양분저장기관이다.

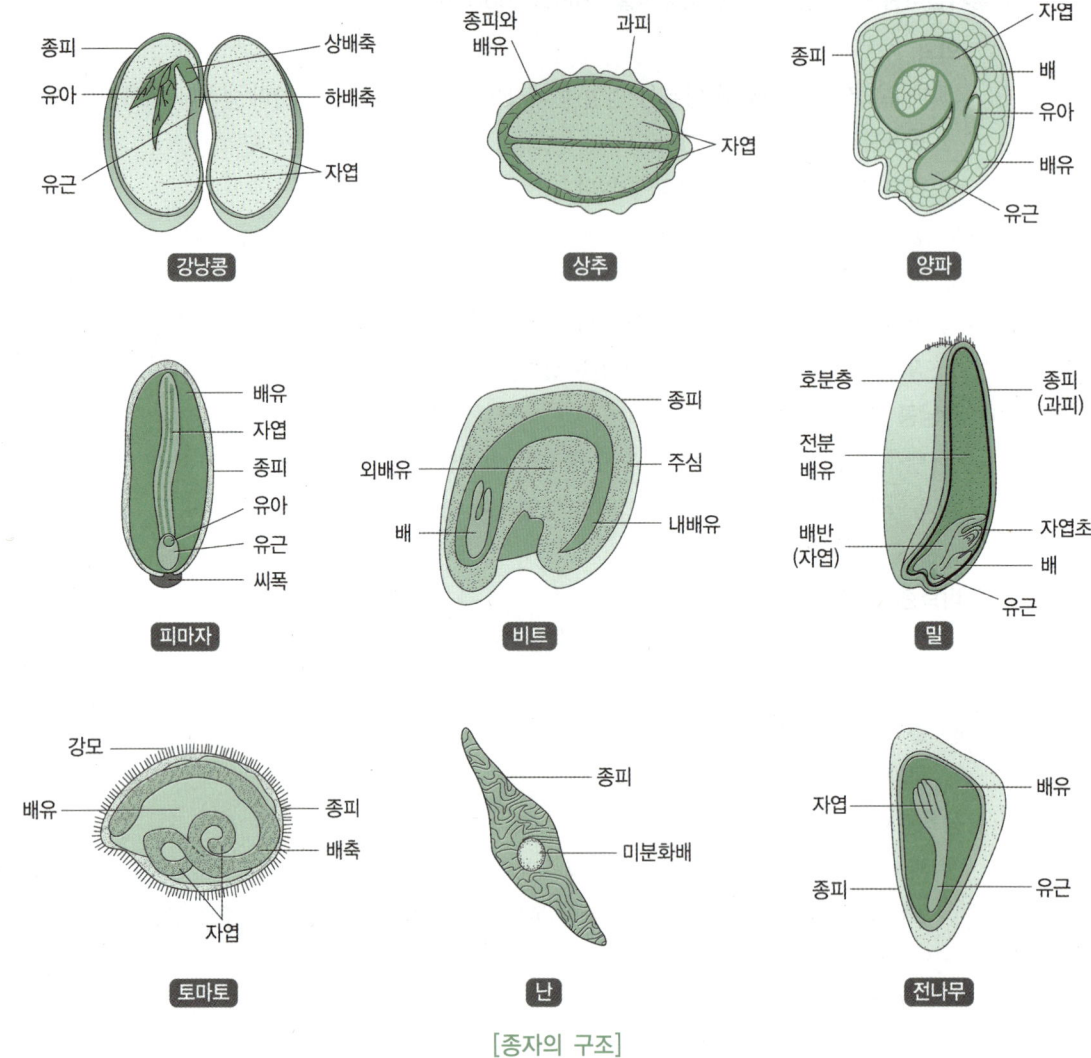

[종자의 구조]

3) 종자의 외형

① 형상

㉠ 타원형: 벼, 밀, 콩, 팥

㉡ 방추형: 모시풀, 보리

㉢ 구형: 배추, 양배추

㉣ 방패형: 파, 양파, 부추

㉤ 능각형: 메밀, 삼 – 능각(稜角): 물체의 뾰족한 모서리

㉥ 접시형: 굴참나무

㉦ 난형: 고추, 무, 레드클로버

㉧ 도란형: 목화 – 도란형(倒卵形): 달걀을 거꾸로 세운 것과 같은 모양

ⓩ 난원형: 은행나무 – 난원형(卵圓形): 달걀처럼 한 방향이 갸름하게 둥근 모양
ⓩ 신장(콩팥)형: 양귀비, 닭풀

② 외형에 나타나는 특수기관
  ㉠ 제: 종자의 배병 또는 태좌에 붙어 있던 흔적으로 동화산물 전류의 통로이며 식물에 따라 색과 모양이 다양하다.
    ⓐ 종자 끝에 위치: 배추, 시금치
    ⓑ 종자 기부에 위치: 상추, 쑥갓
    ⓒ 종자 뒷면에 위치: 콩
  ㉡ 주공: 제의 끝에 위치하며 꽃가루의 침입구
  ㉢ 봉선: 가는 선이나 홈을 이룬 것으로 종피와 다른 색을 띠며 모식물로부터 관다발이 배병으로부터 종자로 들어갈 때 줄 같은 모양을 만들어낸 것으로 그 길이로 종자를 구분한다.
  ㉣ 합점: 봉선의 가장 끝에 있는 혹 같은 점으로 여부에서부터 관다발이 갈라져 종자의 내부로 들어간다.
  ㉤ 우류: 종자의 제 옆에 생긴 융기(주름)

4) 태좌
  ① 의의: 암술의 한 부분으로, 씨방 안에 밑씨가 착상하는 배열 방식으로 분류학적으로 중요하다.
  ② 단자예(單雌蘂): 대개 씨방 안 가장자리에 있으며 변연태좌라 한다.
  ③ 복자예(複雌蘂): 2개 또는 그 이상의 심피로 된 겹암술
    ㉠ 측막태좌: 각 심피의 가장자리가 합쳐져 하나의 방이 되고, 밑씨는 안쪽의 씨방 벽을 따라 배열
    ㉡ 중축태좌: 심피가 안쪽으로 접혀 각 방을 만들고 씨방의 중앙에 생긴 축(軸)을 따라 밑씨가 배열
    ㉢ 독립중앙태좌: 중축태좌에서 파생된 것으로 하나의 방을 이루지만 중앙에 남아 있는 축에 밑씨가 달린다.
    ㉣ 기저태좌: 독립중앙태좌의 축이 축소 또는 측막태좌의 위쪽 밑씨가 적어지면서 씨방 아래 작은 축에 하나 또는 소수의 씨가 달린다.
    ㉤ 박막태좌: 밑씨가 심피 안쪽 표면에 흩어져 분포한다.

(3) 과실

1) 발달
① 자방(씨방) 안의 배주(밑씨)가 수정된 후 발달하여 종자를 형성하고, 자방과 그 주변 기관들이 비대, 발달하여 과실을 형성한다.
② 과실의 과피는 기본조직으로 유세포로 구성되어 있다.
③ 과피는 성숙하면서 외과피, 중과피, 내과피로 구분되나 모든 과실에서 분명하게 나타나는 것은 아니다.

2) 진과와 위과
① **진과**(眞果, 참열매)
 ㉠ 자방이 비대한 과실
 ㉡ 포도, 감, 토마토, 고추, 가지, 핵과류
② **위과**(僞果, 헛열매)
 ㉠ 자방 이외의 화탁 등이 함께 발달하여 형성된 과실
 ㉡ 딸기, 무화과, 파인애플, 인과류(사과, 배, 비파), 박과채소(오이, 호박, 참외)

3) 단과와 복과
① 과실을 구성하는 심피수에 따라 단과와 복과로 구분한다.
② **단과**: 대부분의 과실은 하나의 꽃에서 한 개의 심피 또는 여러 개가 한 개로 융합된 심피로부터 발달한 열매이다.
③ **복과**: 파인애플, 딸기 등은 두 개 또는 그 이상의 심피가 성숙하여 열매가 된다.

4) 수과(瘦果, 여윈과실; achene)
① 자방이 비대 발육하지 못하고 자방벽이 그대로 종피에 달라붙은 과실로 과실적 종자라고도 한다.
② 벼, 보리, 상추, 시금치, 우엉 등

5) 건과와 다육과
① **건과**: 열매가 건조한 것으로 성숙하면서 과피가 열리는 건개과(콩, 완두, 복숭아 등)와 닫혀 있는 건폐과(벼 등)으로 구분한다.
② **다육과**
 ㉠ 열매가 마르지 않고 육질성인 것
 ㉡ **장과**(漿果, berry): 액과(液果) 중 내과피가 목질화되는 석과(石果)를 제외한 과일로 자방벽의 비대 발달에 의해서 형성되며 과육과 액즙이 많고 속에 씨가 들어 있다. 포도, 감, 토마토 등
 ㉢ **핵과**(核果, drupe): 중심부에 보통 1개, 또는 여러 개의 견고한 핵을 갖는 과실. 액과(液果)의 1종으로 벗나무, 매실, 복숭아, 멀구슬 등이 이에 속한다.

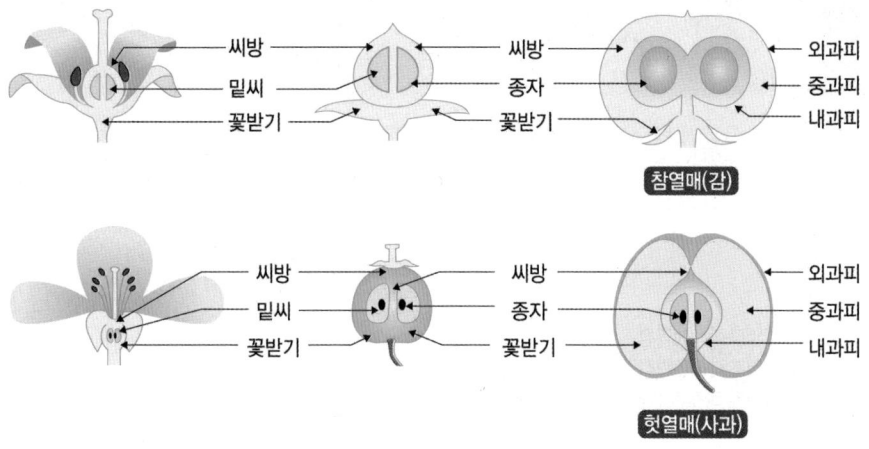

CHAPTER 02 식물의 주요조직

> 📒 **식물 조직**
> 1. 분열조직
>   1) 정단분열조직: 생장점
>   2) 측생분열조직: 유관석형성층, 코르크형성층
>   3) 개재분열조직(절간분열조직): 생장점
> 2. 영구조직
>   1) 표피조직: 근모, 기공, 배수조직, 모용, 주피
>   2) 유관속조직: 목부, 사부
>   3) 기본조직
>   ① 유조직: 동화, 저장, 분기, 통기조직
>   ② 기계조직: 후각, 후벽(보강세포, 섬유세포)조직

1 분열조직

발생위치에 따라 정단분열조직(생장점), 측재분열조직(형성층), 개재분열조직(절간분열조직)으로 구분된다.

(1) 정단분열조직(頂端分裂組織, apical meristem)

1) 생장점(生長點, growing point)
① 줄기와 뿌리 끝에는 정단분열조직으로 구성되는 원추상의 생장점이 있다.
② 줄기의 생장점은 어린잎으로, 뿌리의 생장점은 근관으로 각각 보호 받는다.
③ 원표피, 기본분열조직, 전형성층, 원근관 등 1기분열조직이 분화되어 길이생장 즉, 1기생장이 일어나고, 1기조직을 만들어 1기식물체를 구성한다.

2) 특징
① 정단분열조직은 세포간극이 없고, 세포막이 얇으며, 핵은 크고 액포는 작고, 세포마다 원형질이 충만하고, 세포간의 차이가 크지 않다.
② 줄기의 경우 체제는 다양한 가설과 모형으로 설명되고 있는데, 외의-내체(外衣-內體, tunica-corpus) 모형은 정단을 둘러싼 수층의 세포층인 외의와 그 안쪽의 조직인 내체로 구분한다.

③ 시원세포를 중심으로 하는 원시분열조직은 세포의 생장보다는 세포수의 증가가 활발하고, 그 주변분열조직은 세포의 크기와 모양이 변하면서 줄기에서는 원표피, 기본분열조직, 전형성층 등으로 분화하고, 뿌리에서는 원근관조직이 분화된다.
④ 정단분열조직에서 분화된 전형성층은 세포가 가늘어지면서 주변세포와 구분되는데 여기에서 형성층과 유관속이 분화된다.
⑤ 생장점은 계속 새로워지고, 그 위치가 줄기는 위로, 뿌리는 아래로 향하는 구정적으로 줄기와 뿌리의 신장생장이 나타난다.
⑥ 화서분열조직
  ㉠ 정단분열조직이 영양생장하는 동안 줄기, 잎, 측아 등이 형성되며, 어느 시기에 이르면 정단이 화서분열조직으로 전환된다.
  ㉡ 대사작용과 세포분열이 활발해지면서 RNA와 단백질이 증가하고 정단이 넓어지고 커진다.
  ㉢ 엽원기 대신에 포원기가 형성되고, 그 후 꽃받침, 꽃잎, 수술, 심피 등이 구정적으로 발달된다.

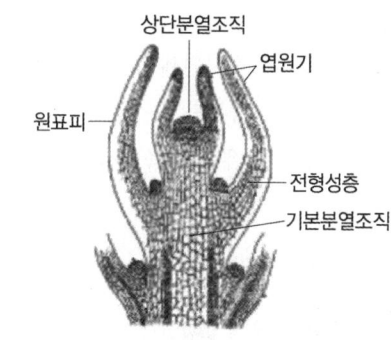

(2) 측재분열조직(側在分裂組織, lateral meristem)

1) 의의
① 줄기와 뿌리의 측면에 원통형으로 배열되어 있으며, 비대생장을 주도한다.
② 유관속형성층과 코르크형성층이 있다.
③ 2기분열조직으로 2기생장을 일으키고 2기조직을 만들어 2기식물체를 구성한다.

2) 유관속형성층(維管束形成層, vascular cambium)
① 정단분열조직에서 분화된 1기분열조직 중 원표피는 표피로, 기본분열조직은 피층, 내초, 수 등의 기본조직으로, 전형성층은 목부와 사부로 구성되는 유관속으로 형성층으로 발달하는데, 이중 형성층은 세포분열능력을 그대로 가지며 목부와 사부 사이에 있어 2차유관속(2기목부와 2기사부)을 만들므로 유관속형성층이라 한다.
② 측생분열조직
  ㉠ 줄기와 뿌리세포와 같은 방향으로 평행하게 측방으로 배열된다.

ⓛ 활동결과 형성층의 안쪽으로 2차목부, 바깥쪽으로 2차사부가 발달하여 줄기와 뿌리는 비대생장을 하게 된다.
ⓒ 대부분 초본식물은 이 분열조직이 없거나 활동이 미미하여 비대생장이 이루어지지 않는다.
③ **속내형성층과 속간형성층**: 속내형성층은 잔존 전형성층에서 발달하고, 속간형성층은 속간유조직에서 발달하며, 이들이 연결되어 환상의 형성층 띠를 형성한다.

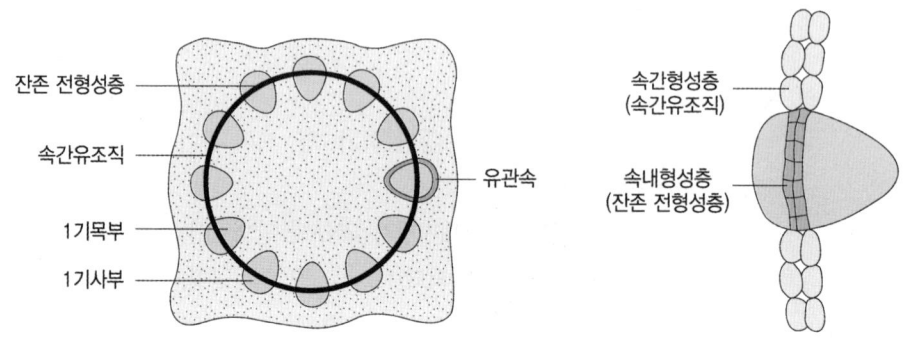

④ **형성층의 시원세포**
㉠ 방추형시원세포와 방사조직시원세포로 구분된다.
ⓒ **방추형시원세포**: 목부와 사부를 구성하는 긴 세포를 만든다.
ⓒ **방사조직시원세포**: 길이가 짧은 정육면체의 저장유조직 세포를 만들어 방사조직을 형성하고, 양수분을 횡방향으로 수송한다.

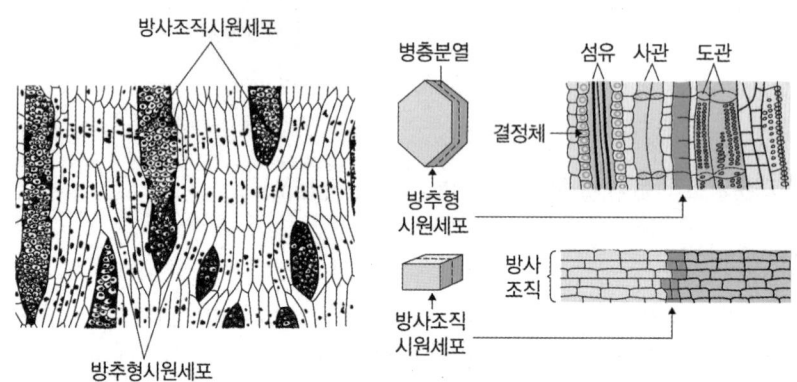

⑤ 온대지방에서는 형성층의 활동이 계절별 영향을 받아 춘재와 추재가 구분되고, 생장륜(生長輪, 나이테)이 생긴다.
⑥ **유합조직**(癒合組織, callus)의 발달
㉠ 식물체에 상처가 발생하면 형성층에서 유합조직이 발달한다.
ⓒ 이 조직은 상처 근처의 유조직 세포가 분열하여 형성되기도 하지만 주로 가까운 형성층에서 발달한다.

ⓒ 접목은 접수와 대목의 절단면에서 생성되는 유합조직이 새로운 목부와 사부를 분화시켜 양수분의 이동통로를 연결시키는 것이다.

ⓔ 삽목은 절단면에서 발달하는 유합조직에서 부정근을 분화시켜 새로운 개체를 만들어가는 번식법이다.

3) 코르크 형성층(cork cambium)

① 2차생장으로 굵어지는 줄기나 뿌리의 피층에서 분화되는 분열조직이다.
② 2차조직에서 형성되기 때문에 2차분열조직이고, 측방으로 병층분열하기 때문에 측생분열조직이다.
③ 피층 바깥층 세포가 코르크형성층으로 분화된다.
④ 코르크형성층은 세포분열로 외측에 코르크조직을, 내측에 코르크피층을 발달시켜 주피를 만들고, 이 주피는 2기생장으로 찢어지고 파괴된 표피를 보호한다.

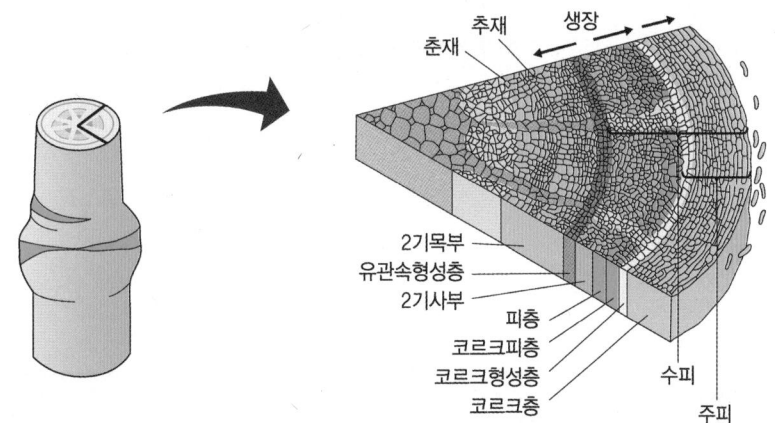

(3) 개재분열조직(介在分裂組織, intercalary meristem)

1) 의의

① 이미 성숙한 조직이나 마디사이에 존재하므로 개재분열조직이라 한다.
② 절간분열조직 또는 부간분열조직이라고도 한다.
③ 정단분열조직에 비하여 조직이 치밀하지 못하고 구분이 명확하지 않다.
④ 화본과식물에서 줄기 마디사이의 엽신과 엽초의 기부에 분포한다.

2) 절간(節間, 마디사이)

① 분화 초기에는 절간 전체에서 세포분열이 일어나 마디사이가 신장하면서 점차 상부로부터 분열능력을 상실하기 시작한다.
② 절간 생장이 끝난 후에는 절간 기부에 분열능력이 약하게 남는다.
③ 내강이 발달한 후에는 관절(쌍자엽식물의 엽침에 해당) 부위에만 남는다.

3) 엽신(葉身, 잎몸)

① 기부쪽으로 분열활동이 제한되고, 전개되면서 분열조직의 활동은 바로 멈춘다.
② 엽신의 확장은 분열된 세포의 신장으로 일어난다.

4) 엽초(葉鞘, 잎집)

① 기부쪽으로 분열활동이 제한되며, 엽신이 완전히 전개된 후에도 상당기간 분열능력을 유지한다.
② 잎에서 가장 젊은 부위는 엽초 기부이다.

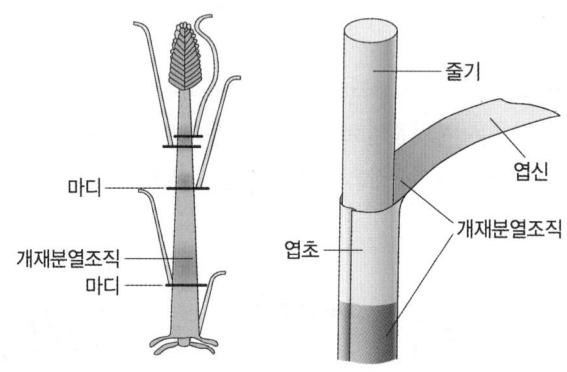

[단자엽식물의 마디와 잎의 개재분열조직]

2 표피조직

(1) 표피세포

1) 표피조직

① 식물의 모든 표피조직은 서로 연속되어 표피조직계를 만든다.
② 표피와 그에 부수되는 모용, 기공, 근모 등으로 구성되며, 내부조직 보호, 양수분 흡수, 가스 교환 등의 기능을 수행한다.
③ 2기식물체는 표피가 파괴되고 대신 주피가 발달한다.

2) 표피세포

① 대부분 표피세포는 납작하여 서로 조밀하게 붙어 있다.
② 살아 있는 원형체가 있으며, 일반적으로 엽록체가 없어 투명하다. 일부 식물에서는 엽록체가 분포하여 광합성을 하기도 한다.

③ 액포가 잘 발달하며, 이곳에 색소를 갖고 있기도 하다. 붉은 양배추는 표피세포의 액포에 안토시아닌 색소를 함유하고 있다.
④ 여러 가지 세포 내 소기관도 발견되며 단백질, 탄닌, 결정체, 화청소 등이 함유되어 있기도 하다.

3) 표피조직의 구성

① 표피조직은 1기분열조직인 원표피에서 분화된 한 층의 세포로 구성되어 있으나, 다층으로 구성되는 것도 있다.
② 인도고무나무의 잎과 같이 다층표피로 구성되어 강한 햇빛의 차단과 물을 저장하는 경우도 있다.
③ 난초의 기근(氣根, aerial roots)에서 볼 수 있는 근피(根皮, velamen)도 다층표피이며 수분을 저장하는 기능을 한다.
④ 세포간극이 없이 조밀하게 배열되어 있으나, 꽃잎의 표피에는 세포간극이 있다.

4) 표피세포의 변형

① 표피세포는 특이하게 변형되어 독특한 기능을 수행하기도 한다.
② 공변세포, 모용, 근모, 기동세포(거품세포) 등은 표피세포의 변형이다.
③ 종자에서는 표피조직의 세포벽이 두껍고 목화되는 경우도 있다.

(2) 각피(角皮, cuticle)

1) 형성

각피는 표피조직 표면에 지질유도체의 중합체인 큐틴이 퇴적하여 형성한다.

2) 구조

① 상각피왁스(epicuticular wax): 각피 위에 왁스가 퇴적하여 형성되면 물이 잘 묻지 않는다.
② 각피의 두 번째 층에는 큐틴과 왁스로 구성된 순각피층이 있다.
③ 순각피층 아래 큐틴과 셀룰로오스로 구성되는 각피층이 형성되며, 각피층에도 왁스가 분포하기도 하고, 각피와 세포벽 사이에 펙틴층이 형성되기도 한다.

3) 역할

① 식물체를 미생물이나 해충의 침입으로부터 보호한다.
② 수분손실을 막아준다.
③ 각피의 두께는 식물의 종류와 환경에 따라 달라 건조하면 두껍게 발달하고, 활발하게 생장하는 뿌리에서는 형성되지 않는다.

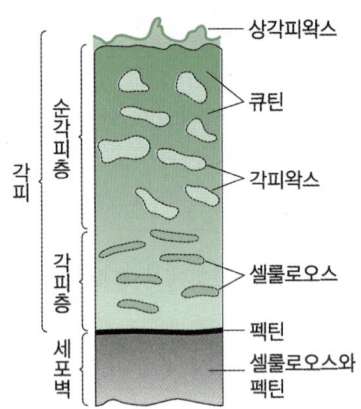

(3) 기공(氣孔, stomata, stoma)

1) **의의**

   서로 인접한 두 개의 표피세포가 공변세포(孔邊細胞, guard cell)로 특수화하여 그 사이에 생기는 공극

2) **구조**

   ① 공변세포로만 구성되는 경우도 있으나 대부분 공변세포 주변 2~3개의 부세포가 인접해 있다.
   ② 부세포(副細胞, subsidiary cell)
      ㉠ 표피세포와 형태적으로 다르고, 공변세포와도 구별된다.
      ㉡ 공변세포로 출입하는 물과 이온의 저장장소이다.
   ③ 기공복합체(氣孔複合體, stomatal complex) : 공변세포와 부세포를 합하여 기공복합체라 한다.

3) **분포**

   ① 식물체가 공기와 접하고 있는 부분에 분포한다.
   ② 잎, 줄기, 꽃, 종자, 열매, 가근(假根, 헛뿌리) 등에 있고 일반 뿌리에는 없다.
   ③ 꽃, 종자, 열매 등에 분포하는 기공은 대개 비기능적이다.
   ④ 잎에 분포
      ㉠ 기공은 향축면, 배축면 또는 양면에 불규칙 또는 규칙적으로 분포하며, 보통은 잎의 배축면에 많이 분포한다.
      ㉡ 기공의 면적은 표피면적의 1%를 차지하고, 잎에는 대략 10,000~80,000개/cm^2의 기공이 있다.
   ⑤ 주변 표피세포와 같은 면으로 분포하기도 하고 표피 위로 융기하거나 함몰되어 있는 경우도 있다.

(4) 배수구조(排水構造, hydathode)

1) 의의
① 잎에는 물이 분비되는 배수구조가 있다.
② 배수구조는 잎의 가장자리를 따라 엽맥 끝 부분에 있으며, 그 끝에 가도관이 있다.
③ 물은 가도관 바로 위에 있는 누수조직(漏水組織, epithem)을 거쳐 잎 표면의 수공(水孔, water pore)을 통해 배출된다.

2) 구조
① 수공
 ㉠ 기공과 같이 두 개의 공변세포로 구성되어 있으며, 그 사이 소극(小隙)을 만든다.
 ㉡ 체내의 과잉 수분을 배출하는 역할을 한다.
 ㉢ 주로 엽맥 말단에 해당하는 엽연(葉緣, 잎가)에 위치하여 엽맥 끝에서 넘쳐 흐르는 수분이 흘러나온다(일액현상).
② 배수세포: 표피세포 가운데 직접 막을 통과하여 수액을 배출시키는 특정세포이다.
③ 배수모: 털처럼 돌기한 세포의 선단에서 수액이 배출되는 경우이다.

(5) 모용(毛茸, trichome)

1) 의의
① 표피조직의 부수체로 생기는 털을 의미한다.
② 식물체의 모든 부위에서 생기며, 생장과 함께 일시적으로 생겼다가 없어지는 것도 있다.

2) 선모와 비선모
① 선모(腺毛, 샘털, glandular): 염분, 당액, 점액, 지질, 단백질 등을 분비하는 기능을 갖는다.
② 비선모: 식물에 따라 강한 일사의 차단, 수분손실 방지, 해충의 침범을 막으며, 어떤 것은 운동성을 나타내기도 한다.

(6) 근모(根毛, 뿌리털, root hair)

1) 의의
① 뿌리에 나는 털
② 표피세포가 돌출된 구조로, 큰 액포와 얇은 세포벽으로 되어 있어 양수분을 쉽게 흡수할 수 있다.

2) 발달
① 표피세포의 불균등분열로 형성된 작은 세포가 근모형성세포가 되고 근모가 발달한다.

② 근모형성세포는 인접 세포보다 길이는 짧으나 원형질이 풍부하고 다양한 세포학적, 생화학적 분화가 일어난다.
③ 근모의 수명은 수일 정도로 짧고, 근모가 탈락하지 않고 잔존하는 경우 각피화 또는 목화되면서 수분흡수 기능을 상실한다.

(7) 주피(周皮, periderm)와 수피(樹皮, bark)

1) 주피

① 의의
   ㉠ 2차생장을 하는 식물은 줄기와 뿌리가 굵어지면서 그 외부에 있는 표피와 피층은 영구조직이기 때문에 내부 압력에 의해 찢어지거나 갈라지기 쉽다.
   ㉡ 이 경우 주피가 표피를 대신하여 식물체를 보호한다.
② 발달: 주피는 비대생장 하는 목본 쌍자엽식물, 나자식물에서 발달하며, 초본 쌍자엽식물의 오래된 줄기나 뿌리에서도 볼 수 있다.
③ 주피의 구성
   ㉠ 주피는 코르크형성층, 코르크층, 코르크피층의 세 가지 조직으로 구성된다.
   ㉡ 코르크형성층
      ⓐ 주로 피층의 바깥층 세포가 확장압력으로 자극을 받아 코르크형성층으로 분화된다.
      ⓑ 측생분열조직으로 병층분열 하므로 주축의 직경이 커지게 된다.
      ⓒ 코르크형성층의 활동으로 안쪽으로 코르크피층을, 바깥쪽으로 코르크조직을 만들어 주피가 생성된다.
   ㉢ 코르크층
      ⓐ 코르크조직의 세포들은 죽은 세포로 세포간극이 없다.
      ⓑ 대개 세포벽에 지방질성 물질인 목전소(木栓素, suberin)가 퇴적된다.
      ⓒ 기체나 액체의 흐름을 막고, 강도와 탄력성이 뛰어나 병마개, 단열재 등으로 이용되며, 상업적으로 이용되는 코르크는 주로 갈참나무의 수피에서 얻는다.
   ㉣ 코르크피층: 세포벽이 목전화되지 않고 살아 있는 세포로 구성되어 있다.
   ㉤ 피목(皮目, 껍질눈, lenticel)
      ⓐ 줄기가 주피로 둘러싸이면 가스의 출입이 불가능해지나 코르크조직 일부가 분화구처럼 터져서 피목을 만들어 가스교환을 가능하게 한다.
      ⓑ 코르크형성층 바깥쪽으로 세포간극이 크고 세포배열이 느슨한 충전조직(充塡組織, filling tissue)을 만들어 표피가 파열되고 표면이 돌출하여 세포간극이 풍부하게 발달하게 되고, 주축기관의 내부와 연결되게 된다.

2) 수피

① 유관속형성층 바깥쪽의 모든 조직을 말하며, 2차사부와 주피가 수피를 구성한다.
② 대부분 수목은 주피의 바깥 부분이 떨어져 나가면서 때로 피층까지 떨어져 나가는데 이를 극복하기 위해 피층에서 새로운 코르크형성층을 계속 만들어 내며, 피층이 모두 떨어져 나가면 2기사부와 유조직이 피층을 대신하여 코르크형성층을 만든다.
③ 코르크형성층의 활동양상에 따라 수피가 얇은 종이처럼 벗겨지기도 하고 조각조각 떨어져 나가기도 한다.

3 기본조직

표피조직계와 유관속조직계를 제외한 모든 조직으로 저장기능과 기본대사작용을 하는 유조직과 지지작용을 하는 기계조직으로 구분된다.

(1) 유조직(柔組織, parenchyma tissue)

1) 의의

① 유조직은 식물체의 대부분을 차지하며, 유세포로 구성된다.
② 유조직의 세포는 구형 또는 다각형으로 세포벽이 얇고, 액포가 크며, 원형질이 있다.
③ 성숙해도 살아 있으며 대사작용이 활발하게 일어난다.
④ 분열능력과 전체형성능을 갖고 있으며, 탈분화와 재분화가 가능하다.
⑤ 기능에 따라 동화조직, 저장조직, 통기조직, 분비조직 등으로 나눈다.

2) 동화조직(同化組織, assimilation tissue)

① 탄소동화작용이 이루어지는 유조직으로 세포 내에 엽록체를 함유하고 있어 다른 조직과 쉽게 구별할 수 있다.
② 줄기와 잎에 분포하며, 줄기에는 표피에, 잎에는 표피 안쪽 엽육에 분포하고, 뿌리에는 없다.
③ 엽육의 동화조직은 책상조직과 해면조직으로 구분되며, 줄기에는 표피 아래에 책상조직과 비슷한 것이 있지만 뚜렷하지 않다.
④ 식물에 따라 뿌리나 지하경에 백색체가 빛을 쪼이면 엽록체로 변하여 동화조직이 생기는 경우도 있다.

3) 저장조직(貯藏組織, storage tissue)

① 저장물질을 다량 함유하는 대형의 세포로 구성된 유조직이다.

② 뿌리의 피층이나 줄기의 수와 같이 일시적으로 물질을 저장하는 조직도 있으나, 저장을 위해 특별히 발달하는 조직이 있다.
③ 다육질의 괴경, 괴근, 과피, 종자 등은 저장을 위해 특수하게 발달된 저장조직이다.
④ 저장조직은 저장물질에 따라 저주조직, 저당조직, 전분저장조직, 단백질저장조직 등으로 구분되며, 세포의 형태와 크기는 큰 차이를 보이지 않는다.

4) 분비조직(分泌組織, 분비구조, secretory structure)
① 의의
㉠ 여러 가지 분비물을 함유하는 조직이다.
㉡ 하나의 독립된 식물조직이라기 보다는 여러 가지 물질을 체외로 분비하는 구조로 보아야 한다.
㉢ 분비조직은 기본조직에 산재되어 있으며, 주요 분비물에는 결정, 탄닌, 정유, 유지, 수지, 유액, 점액, 고무 등이 있다.
㉣ 분비구조는 크게 외분비구조와 내분비구조로 나눈다.
② 외분비구조
㉠ 외분비구조의 대표적인 예는 밀선과 수공의 배수구조이다.
㉡ 밀선(蜜腺, 꿀샘)
ⓐ 꿀을 분비하는 꿀샘으로 꽃에서 생기는 화밀선과 그 밖의 영양기관에서 생기는 화외밀선이 있다.
ⓑ 화외밀선: 잎의 기부, 탁엽, 엽병에서 생긴다.
③ 내분비구조
㉠ 내분비구조에는 분비세포, 분비관, 유관 등이 있다.
㉡ 분비세포
ⓐ 기본조직 중 특수화된 큰 세포로 결정, 탄닌, 정유, 유지, 수지, 유액, 고무, 점액 등을 함유하고 있다.
ⓑ 함유물질에 따라 결정세포, 탄닌세포, 유세포, 수지세포, 점액세포 등으로 구분한다.
㉢ 유관(乳管, laticifer)
ⓐ 유액(乳液, latex)을 가지고 있는 분비구조
ⓑ 유액은 탄수화물, 유기산, 알칼로이드, 테르펜, 기름, 수지, 효소, 고무입자 등을 함유하고 있는 물질이다.
㉣ 많은 식물은 분비관, 분비도, 분비강으로 기름과 수지를 분비한다.

5) 통기조직(通氣組織, aerenchyma)
① 의의
㉠ 세포간극이 잘 발달되어 기체교환을 위한 특수화된 유세포이다.

ⓒ 세포간극은 서로 연결되어 망상으로 분포하며, 기공과 연결되어 외부와 통한다.
ⓒ 부레옥잠과 같은 수초에서는 식물체가 물에 잘 뜨게도 한다.
② 세포간극의 발달
  ㉠ 크기와 모양은 다양하며, 수생식물에서 특히 발달되어 있다.
  ㉡ 이생간극(離生間隙): 세포벽이 서로 떨어져 생기는 간극
  ㉢ 파생간극(破生間隙): 세포벽이 용해되고 파쇄되어 생기는 간극
  ㉣ 이생간극이 보편적이며, 화본과식물의 수강은 파생간극의 대표적 예이다.

(2) 기계조직

1) 의의
① 식물체는 유조직 세포의 긴장(팽압)으로 형태가 유지되기도 하나, 기계조직이 각 부위에 배치되어 단단하게 지지한다.
② 기계조직에는 세포벽의 비후가 균일하게 일어나는 후벽조직과 불균일하게 일어나는 후각조직이 있다.

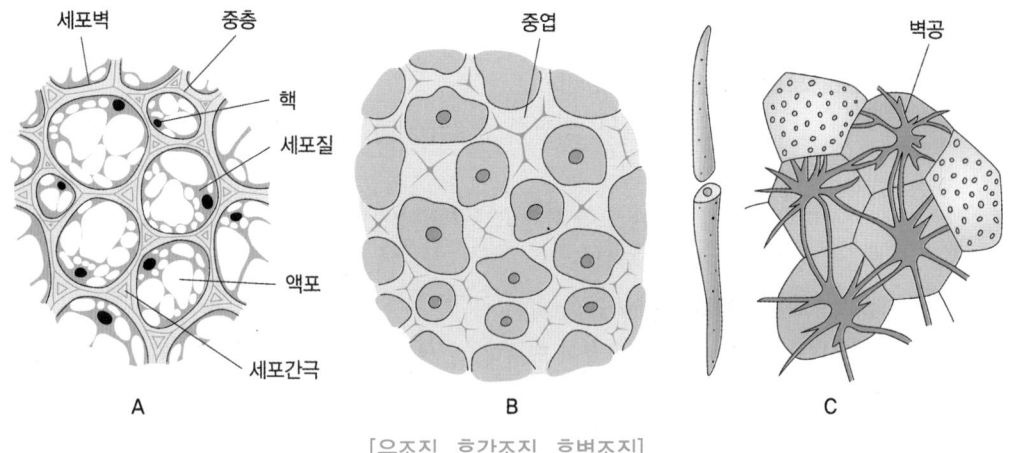

[유조직, 후각조직, 후벽조직]

2) 후각조직(厚角組織, collenchyma tissue)
① 성숙해도 살아 있는 후각세포로 구성되어 있다.
② 후각세포는 유세포로부터 분화되며, 세포벽이 불균등하게 비후되어 각진 부분이 생기고, 기계적 스트레스에 의해 촉진된다.
③ 후각세포의 세포벽은 얇은 1차벽으로 구성되어 유연하며, 목질화되어 있지 않아 팽창과 신장이 가능하고, 분열능을 가진 원형체를 가지고 있다.
④ 후각조직은 어린 목본식물의 줄기 주변에 흔히 분포하며, 뿌리와 잎에도 일부 분포한다.
⑤ 유관속 주변에는 유조직이 후각조직화 하여 유관속초를 형성한다.

⑥ 후각세포의 세포벽
  ㉠ 비후 형태가 다양하며, 펙틴 45%, 헤미셀룰로오스 35%, 셀룰로오스 20%로 구성되어 있으며, 펙틴함량과 섬유소함량 비율이 서로 다른 여러 개의 층으로 구성된다.
  ㉡ 펙틴은 흡습성이 강하여 후각세포의 벽은 소성(塑性, plasticity)을 가지므로 후각세포는 외부 압력에 세포벽 자체가 변형되면서 주변의 생장하는 다른 세포에는 압력을 가하지 않아 이웃세포를 다치지 않게 한다.
⑦ 후각조직은 쌍자엽식물의 줄기와 뿌리의 주된 보호조직이다.

3) 후벽조직(厚壁組織, 후막조직, sclerenchyma tissue)
① 의의
  ㉠ 성숙해서 죽은 후벽세포로 구성되어 있으며, 죽기 전 형성된 세포벽의 골격으로 지지작용을 한다.
  ㉡ 후벽세포 또한 유세포로부터 분화되며, 단단하고 두꺼우며 목질화된 2차세포벽을 가지고, 이 세포벽은 탄성을 가져 외부에서 압력이 가해지면 변형되었다가 압력이 사라지면 원래 모양으로 되돌아간다.
  ㉢ 후벽조직은 성숙한 식물의 모든 부위에서 생기며, 보강세포와 섬유세포의 두 종류가 있다.
  ㉣ 단자엽식물의 잎과 줄기는 주로 후벽조직에 의해 보호된다.
② 보강세포(保强細胞, sclereid)
  ㉠ 단단한 조직을 만든다. 단단한 종피와 과피는 대부분 보강세포로 구성되어 있고, 배의 석세포도 이에 해당한다.
  ㉡ 다각형의 불규칙한 모양을 하고 두꺼운 2차벽을 가지고, 세포벽에는 많은 벽공이 있어 세포간의 물질이 이동된다.
③ 섬유세포(纖維細胞, fibrous cell)
  ㉠ 가늘고 길며, 특히 양끝이 뾰족하고, 세포벽이 두꺼워 안쪽 공간이 거의 없는 경우도 있다.
  ㉡ 세포벽은 목화되고, 세포들 간에도 서로 밀집하여 튼튼한 조직을 구성한다.
  ㉢ 식물체의 여러 부위에서 망상, 원통형, 띠 등의 형태로 분포한다.
  ㉣ 특히 유관속조직에 많이 분포하며, 목부섬유와 목부외섬유로 구분한다.
    ⓐ 목부외섬유는 피층과 사부에 있는 섬유로 목부섬유보다 길고, 직물에 사용된다.
    ⓑ 경섬유: 단자엽식물의 섬유는 목부를 포함하므로 목질화되어 뻣뻣하다.
    ⓒ 연섬유: 쌍자엽식물의 섬유는 목질부가 없어 부드럽다.

4 유관속조직

(1) 유관속(維管束, 관다발, vascular bundle)

1) 의의

토양에서 흡수한 물과 무기양분, 광합성으로 생산한 탄소동화물질 등을 수송하기 위한 특수화된 조직이다.

2) 구성

① 목부와 사부는 전형성층(1기)과 형성층(2기)에서 발달하며, 여러 종류 세포로 구성된 복합조직이다.
② 통도세포, 수송세포, 저장유세포, 섬유세포 등으로 구성된다.
③ 목부의 통도세포는 성숙하면 죽지만 사부의 통도세포는 살아 있다.
④ 식물의 전 부위에 연결되어 식물체를 지지하는 기능도 한다.

[목부와 사부의 비교]

구분	목부	사부
세포의 생사	죽은 세포	살아있는 세포
세포벽 물질	리그닌(lignin)	섬유소(cellulose)
세포벽의 두께	두껍다	얇다
세포질	없다	살아있다
전류방향	위로	위, 아래로
수송물질	물과 무기양분	동화물질
수송되는 장소	잎	성장하는 부분, 저장조직
주변조직	목부섬유	반세포

(2) 목부(木部, 물관부, xylem)

1) 의의

서로 다른 세포로 구성된 복합조직으로 물과 유기물질의 운송통로이다.

2) 형성

① 정단분열조직에서 분화된 전형성층에서 발달된 1기목부와 형성층에서 발달한 2기목부로 구분된다.
② 1기목부 중에서 먼저 생기는 것을 원생목부, 나중에 생기는 것을 후생목부라 한다.
③ 줄기나 뿌리 끝에서 형성되는 원생목부는 생장하면서 모양이 변하고 기능이 상실된다.
④ 2기목부는 누적 발달하여 목재를 만든다.

3) 구성요소

① 목부의 구성은 통수요소인 가도관과 도관절(도관을 형성하는 하나하나의 세포), 지지작용을 하는 섬유세포, 후형물질을 저장하고 이동시키는 유세포로 되어 있다.

② 통수요소(通水要素, tracheary element)
　㉠ 의의
　　ⓐ 목부의 구성요소 중 물을 수송하는 세포
　　ⓑ 가도관과 도관절의 두 종류가 있다.
　　ⓒ 성숙하면 죽고 목질화된 2차 세포벽을 가지며, 두꺼운 세포벽으로 도관의 붕괴를 막고 지지작용을 한다.
　　ⓓ 측벽에 많은 벽공을 가지고 있어 물이 쉽게 통과할 수 있다.
　㉡ 가도관(假導管, 헛물관, tracheid)
　　ⓐ 원시적이며, 특수화가 덜 된 통수요소로 속이 빈 1개의 죽은 세포로, 가늘고 끝이 조금 뾰족하며, 끝부분 위아래에 있는 다른 가도관과 중첩되어 있다.
　　ⓑ 물은 오직 측벽에 생기는 벽공을 통해서만 통과할 수 있다.
　　ⓒ 격벽은 없고, 종류에 따라 격막이 없는 경우도 있으며, 벽공에는 도관과 같이 무늬가 발달하여 여러 가지로 구분된다.
　　ⓓ 모든 유관속 식물에 있지만 도관이 없는 나자식물, 양치식물에서는 물을 수송하는 유일한 요소이다.
　㉢ 도관절(導管節, vessel member)
　　ⓐ 도관(導管, vessel) : 개개의 도관절이 격막이 소실되어 길게 연결된 관
　　ⓑ 도관절(導管節, vessel member) : 도관을 형성하는 하나하나의 세포를 말한다.
　　ⓒ 도관절은 죽은 세포로, 가도관보다 더 짧고 더 넓으며, 끝이 중첩되어 있지 않고 마주 닿아 서로 연결되어 도관을 형성한다.
　　ⓓ 천공(穿孔, perforation)
　　　・도관절의 격벽이 분해되어 생긴 구멍으로 천공이 있는 격벽을 천공판이라 한다.
　　　・천공판의 종류에 따라 천공의 수와 모양이 다양하다.
　　ⓔ 도관에서 물은 천공을 통해 도관절 사이를 통과하고, 벽공을 통해 도관에서 다른 도관으로 횡방향 이동도 가능하다.
　　ⓕ 일부를 제외한 모든 피자식물은 도관과 가도관을 모두 가지고 있다.

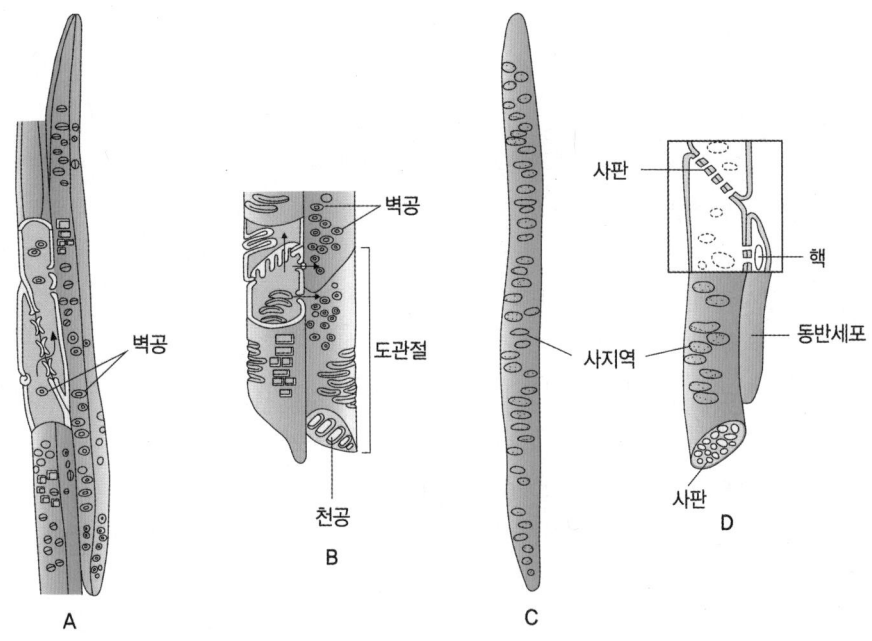

A: 가도관, B: 도관절, C: 사세포, D: 사관절

(3) 사부(篩部, 체관부, phloem)

1) 의의

① 물에 녹은 당과 같은 유기물질을 수송하는 통로이다.
② 목부는 물을 주로 위쪽으로 수송하는데, 사부는 용질은 모든 방향으로 이동한다.
③ 사부 역시 목부와 같이 전형성층에서 발달하는 1기사부와 그 후 형성층에서 발달하는 2기사부로 구분된다.
④ 세포벽이 체와 같이 구멍이 뚫려 있어 사부라 한다.

2) 구성

① 의의
 ㉠ 사부의 통도세포들은 사요소(篩要素, sieve element)라 하며, 사요소는 사세포와 사관절로 구성되어 있다.
 ㉡ 이는 성숙해도 살아 있으며 얇은 1차세포벽만 있고 핵이 없는 세포이다.
 ㉢ 얇은 세포벽에는 사공이라는 구멍이 있고, 사공이 모여 있는 부분을 사지역이라 한다.
 ㉣ 사부의 물질 이동은 사지역의 사공을 통해 이루어진다.

② 사세포
 ㉠ 가도관과 같이 긴 방추형으로 끝이 뾰족하고 서로 중첩되어 있으며, 사지역은 세포 전 표면에 분포되어 있다.

ⓒ 사관보다 원시적인 통도세포로 피자식물 이외의 유관속 식물에서 발견되고, 나자식물의 사세포는 알부민세포라는 유세포가 붙어 있어 사세포의 활성을 조절한다.
③ 사관절
　　㉠ 사관을 형성하는 세포를 말하며, 격벽에 넓은 사지역과 직경이 큰 사공을 가지고 있다.
　　㉡ 측벽에는 사세포에 비해 좁은 사지역을 갖고 있다.
　　㉢ 사관절들은 격벽으로 위아래가 연결되는 사관(篩管, 체관, sieve tube)을 형성하고, 사공과 사지역이 형성된 격벽을 사판(篩版, sieve plate)이라 한다.
　　㉣ 사관절은 오직 피자식물에서만 볼 수 있다.
　　㉤ 사관세포는 사부단백질(P-protein)을 합성하거나 칼로스(callose)를 갖고 있다.
　　㉥ 모든 사관절에는 동반세포라는 특수한 세포가 붙어 있다.
④ 동반세포(同伴細胞, companion cell)
　　㉠ 모든 사관절에 동반세포가 붙어 있으며, 밀도가 높은 세포질과 핵을 가지고 있다.
　　㉡ 사관의 기능이 활발하면 존재하고, 사관이 노화되면 파괴된다.
　　㉢ 성숙한 잎의 세포에서 소엽액의 사관요소로 광합성 산물을 수송하는 역할을 한다.
　　㉣ 사관세포와 동반세포는 동일한 모세포에서 발생하여 상호의존적이고, 원형질연락사와 연결되어 탄수화물의 수송을 조절한다.
⑤ 사부유조직(篩部柔組織, phloem parenchyma)
　　㉠ 사부유조직세포
　　　　ⓐ 짧은 기둥 모양의 세포로 사관과 사관 사이에 분포한다.
　　　　ⓑ 동반세포와 사부유조직세포는 세포벽이 얇고, 원형질을 함유하고 있으며, 사관의 압력구배의 유지에 중요한 역할을 한다.
　　　　ⓒ 대사적 펌프로 작용하여 양분을 공급부위 체관부 source에서 수용 부위에 있는 체관부 또는 분열조직이나 저장조직의 sink로 보낼 때 에너지를 공급한다.

> **참고**
>
> **싱크와 소스의 관계**
> 광합성기관이 동화산물을 생산하는 능력(source)과 생장하고 있는 기관이나 저장기관이 동화물질을 이용하는 능력(sink)의 관계

　　㉡ 저장기능과 체내 당 합성, 전류에 역할을 담당한다.
　　㉢ 엽록체를 함유하여 양분의 사요소로부터 반세포, 유조직세포를 통해 분열조직이나 저장부위로 이동한다.
⑥ 사판(篩版, sieve plate): 서로 닿은 사관세포는 사판에 의해 연결되고, 사공(사판의 작은 구멍)이 많이 있으며, 동화물질의 이동을 쉽게 한다.
⑦ 사관섬유: 방추형의 가느다란 후막세포로서 압력에 견디어 기계적으로 지지하는 역할을 한다.

⑧ 사부단백질(P-protein, P=phloem)
　㉠ 사판이 손상되면 일시적으로는 사부단백질로, 장기적으로는 셀룰로오스로 메워진다.
　㉡ 의의
　　ⓐ 동반세포에서 합성된 단백질(사관섬유단백질과 사관렉틴(lectin; 당단백질, 탄수화물과 결합한 단백질))이 사요소에 수송되어 결합된 P-단백질체를 지칭한다.
　　ⓑ 피자식물 사요소에는 체관부단백질인 P-단백질체(P-protein body)가 풍부하다.
　　ⓒ 처음에는 분리된 작은 단백질체로 보이다 사요소가 성숙하면 점차 커진다.
　㉢ 특성: 사관추출액이 공기에 노출되었을 때 겔(gel)화 하는데 관여하며, 탄수화물과 쉽게 결합하는 특성이 있다.
　㉣ 역할
　　ⓐ P-protein은 사요소가 기능을 수행하는 동안에는 세포 내벽에 유치하며 사판의 사공을 막지 않지만, 사요소가 상처를 받으면 곧바로 겔화되면서 점질성 마개 역할을 하면서 사판공(사판 구멍, sieve plate pore)을 막아 수액의 외부유출을 방지하거나 미생물 감염을 방지한다.
　　ⓑ 사관액을 흡즙하는 곤충에 대한 방어기작으로 보기도 한다.

⑨ 칼로스(β-1,3-glucan, callose)
　㉠ 합성
　　ⓐ 칼로스는 글루코오스 중합체로 전분이나 셀룰로오스 등과 관련이 깊다.
　　ⓑ 사판 손상을 장기적으로 해결하기 위해 사판공에서 생성된다.
　　ⓒ 원형질막의 효소에 의해 합성되며, 원형질막과 세포벽 사이에 쌓여 물질 이동을 막는다.
　㉡ 기능
　　ⓐ 정상기능을 하는 사요소에서는 소량이 사판의 표면에서 발견되지만, 사요소가 상처를 받거나 기능을 상실한 사요소에서 callus(유합조직)의 형성과 함께 급격히 합성되어 사판 주변에 축적되어 장기적으로 사판 구멍을 막아 전류시스템을 유지할 수 있도록 한다.
　　ⓑ 상해나 기계적 자극, 고온과 같은 스트레스, 휴면과 같은 정상적 발달과정에서 합성된다.
　　ⓒ 사판공에 상처 칼로스가 침적되면 주변의 온전한 조직으로부터 손상받은 사요소를 효율적으로 차단한다.

03 CHAPTER 식물세포

1 기본구조

(1) 식물세포의 구성요소

1) 원형질과 후형질
   ① 원형질(原形質, protoplasm)
      ㉠ 세포가 생길 때부터 있던 세포막, 핵, 소기관을 말하지만, 일반적으로 원형질막에 싸인 내용물 전체를 원형질이라 한다.
      ㉡ 원형질체(原形質體, protoplast): 세포에서 세포벽을 제거한 부분, 즉 원형질막과 그 안의 원형질을 합하여 원형질체라 한다.
      ㉢ 원형질에서 핵을 제외한 나머지 부분을 세포질(細胞質, cytoplasm)이라 하고, 세포질에서 소기관들 사이에 있는 가용성 기질을 시토졸(cytosol)이라 한다.
      ㉣ 원형질의 구성
         ⓐ 핵
            • 핵막(2중막)
            • 핵액
            • 염색사
            • 인: rRNA(ribosomal RNA)+단백질
         ⓑ 세포질
            • 2중막: 미토콘드리아, 엽록체
            • 단일막: 소포체, 골지체, 퍼옥시솜, 글리옥시솜
            • 무막(無膜): 리보솜, 중심체
            • 세포기초질: 세포골격물(미세소관, 미세섬유), 세포함유물(전분, 단백질, 타닌 등 후형질)
         ⓒ 세포막
            • 인지질
            • 막단백질

② 후형질(後形質, metaplasm)
  ㉠ 세포의 활동 결과로 생긴 세포벽, 액포, 대사산물을 말한다.
  ㉡ 후형질의 구성
    ⓐ 액포: 단일막이며, 삼투압을 조절한다.
    ⓑ 세포벽: 1차세포벽, 2차세포벽

2) 세포의 구성요소

구분		구성성분 및 특징
외피구조		• 세포벽(1), 원형질막(1) • 인접한 세포와 경계가 되며, 원형질연락사가 있어 세포들간 상호작용과 연락에 있어서 중요한 기능을 수행한다. • 세포벽으로 인해 식물세포는 세포간극이 형성된다. • 세포벽과 원형질연락사는 식물세포에서만 볼 수 있다.
소기관	복막구조	• 핵(1), 엽록체(20), 미토콘드리아(200) • 서로 이질적이며, 연속성이 없는 두 겹의 단위막으로 싸여 있다. • 모두가 자체 DNA를 가지고 있다. • 엽록체는 식물세포에서만 볼 수 있다.
	단막구조	• 소포체(1), 골지장치(100), 액포(1), 퍼옥시솜(100) • 한 겹의 막에 싸여 있다. • 일반적으로 원형질 막보다 조금 얇다. • 포상(胞狀)의 구조체로 막, 구, 관의 형태를 갖는다. • 막의 바깥은 시토졸과 접한다. • 액포는 식물세포에서만 볼 수 있다. • 올레오솜, 글리옥시솜은 특정 기관의 세포에서만 볼 수 있다.
골격구조		• 미세소관(1,000), 미세섬유(1,000) • 단백질의 집합체로 가역적으로 해리와 결합이 가능하다. • 세포 특이성이 없고, 인접 세포 간에 교환도 가능하다.
세포기질		• 원형질막과 소기관들 사이에 있는 가용성 투명질이다. • 물, 당, 녹말, 단백질, 핵산, 타닌 등

※ ( ) 안의 숫자는 세포당 평균적인 개수이다.
※※ 리보솜은 막 구조체가 아니므로 제외한다.

3) 세포의 기능별 구분
  ① 에너지 생산: 엽록체, 미토콘드리아
  ② 물질합성: 핵, 소포체(리보솜), 골지장치
  ③ 물질의 저장 및 분해: 액포, 퍼옥시솜, 올레오솜, 글리옥시솜

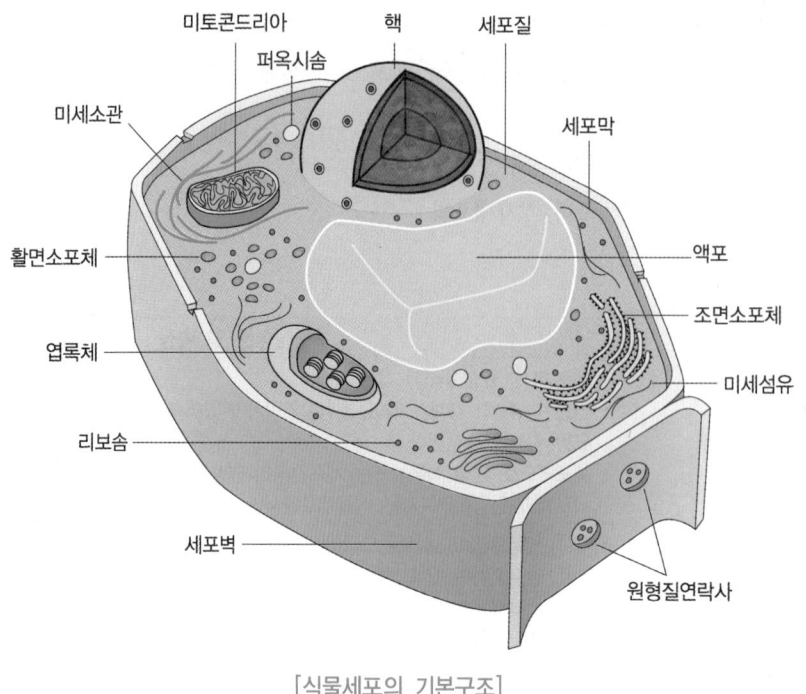

[식물세포의 기본구조]

2 외피구조

(1) 세포벽(細胞壁, cell wall)

1) 구성성분
　① 대부분 식물세포는 외측에 두껍고 견고한 세포벽을 형성하는데, 성분과 구조는 종류와 생육단계에 따라 다르다.
　② 세포벽은 원섬유(原纖維, fibril)와 기질(基質, matrix)로 구성된 복합체이다.
　③ **원섬유**: 셀룰로오스(섬유소) 분자로 구성
　④ **기질**: 헤미셀룰로오스, 펙틴, 리그닌 등 다당류와 세포벽 단백질, 지질, 무기염류 등으로 구성

[성숙한 식물세포의 구성성분(단위 %건물)[1]]

구분	밀(짚)	귀리(짚)	전나무	너도밤나무
셀룰로오스	39	44	57	44
헤미셀룰로오스	32	32	14	24
펙틴	1	1	–	–
리그닌	17	19	28	22

※ 세포벽 구성성분 중 셀룰로오스가 가장 큰 비중을 차지하며, 목재를 형성하는 수목에는 리그닌 함량이 매우 높다.

2) 기본구조

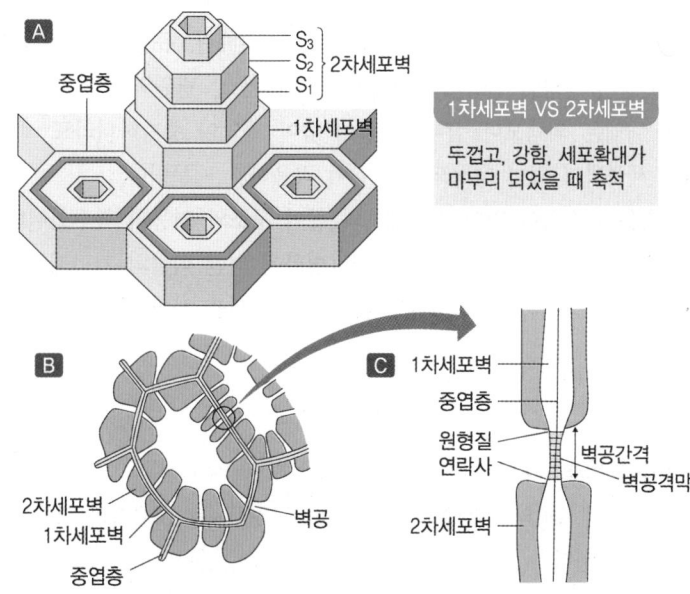

① 세포벽은 세포 안쪽을 향해 형성되어 가는데 처음 형성된 것을 1차세포벽, 추가로 형성되는 것을 2차세포벽이라 한다.
② 2차세포벽은 미소원섬유의 배열방향에 따라 S_1, S_2, S_3 3개 층으로 세분된다.
③ 세포벽(1㎛)에는 원형질연락사와 벽공(壁孔, pit)이 발달하여 인접 세포와 연락을 담당한다.
  ㉠ 1차세포벽에 생긴 원형질연락사 주변에 2차세포벽이 발달하지 않아 벽공이 만들어지고, 벽공은 2차세포벽의 몰입부를 말하며, 인접한 두 세포의 벽공은 서로 접하고 있어 벽공쌍(pit-pair)을 이룬다.
  ㉡ 벽공쌍은 벽공격막(pit membrane)으로 분리되어 있다.
  ㉢ 벽공은 세포벽이 발달하는 과정에서 2차세포벽 물질이 부분적으로 퇴적되지 않아 형성되며, 중엽층과 1차세포벽으로만 구성된 격막으로 분리되어 있다.
  ㉣ 원형질연락사는 격막을 가로지르며, 인접세포간 물질투과 등 원형질연락을 담당한다.

1) 재배식물생리학, 문원, 이승구 공저, 2002, 한국방송통신대학교출판부

④ 세포와 세포 사이에는 중엽층(中葉層, middle lamella)과 세포간극이 있다.
- ⊙ 중엽층은 펙틴이 주성분으로 근접한 두 세포의 1차세포벽이 결합한 부분에 보이는 뚜렷한 층이다.
- ⓒ 중엽층은 두 세포 사이에서 접착제 역할로 두 세포를 결합시킨다.
- ⓒ 성숙한 조직에서 1차세포벽이 중엽층에서 분리되어 발달하는 세포간극은 두 개 이상의 세포가 결합한 모서리 부분에서 펙틴이 효소에 의해 용해되면서 분리가 일어나 발달한다.

3) 세포벽의 기능

① 주요 기능은 식물체의 지지작용, 형태유지, 보호작용이며, 그 외 세포의 기능 특수화, 식물의 운동조절, 세포와 세포 사이 상호연락 등의 기능을 한다.
② 세포벽은 미섬유 사이 또는 표면에 리그닌, 수베린, 큐틴 등이 퇴적하여 조직을 견고하게 하며, 외부환경의 영향을 완충하는 동시에 수분, 가스, 병원의 출입을 제한한다.
③ 세포 내액은 외액보다 삼투퍼텐셜이 높아 팽압이 증가하더라도 세포가 압력을 견딜 수 있는 것은 세포벽이 있어 형성되는 벽압이 작용하기 때문이다.
④ 세포벽은 가소성이 있어 후각세포와 같이 구조와 기능이 특수화된다.
⑤ 세포벽에 따라서는 탄성이 있어 팽압변화에 의한 식물의 기공폐쇄 등 운동을 가능하게 한다.
⑥ 세포벽은 많은 벽공과 원형질연락사가 있어 세포 사이의 물질투과와 정보교환이 가능하다.

4) 1차세포벽(primary cell wall)

① 섬유소(cellulose)
- ⊙ 셀룰로오스
    - ⓐ 1차세포벽의 주성분(15~30%)으로 500~14,000개의 포도당이 $\beta(1\to4)$사슬 중합체로 구성된다.
    - ⓑ 섬유소(5~12nm)는 수십 개가 동일한 방향으로 정렬하여 수소결합으로 연결되어 섬유소 집합체인 미세섬유를 형성한다.
- ⓒ 구성
    - ⓐ 섬유소 중합체에는 포도당, 만노스, 갈락토스, 우론산, 자일로스, 아라비노스 등이 포함되어 있다.
    - ⓑ 꽃가루의 세포벽에는 $\beta(1\to3)$사슬 중합체인 켈로스가 함유되어 있다.

② 헤미셀룰로오스
- ⊙ 1차세포벽의 25~50%를 차지하며, 미세섬유를 서로 연결하여 망상구조를 형성한다.
- ⓒ 자일로스, 우론산, 아라비노스 등의 당으로 구성되어 있다.

③ 펙틴
- ⊙ 1차세포벽의 10~35%를 차지하며, 갈락투론산이 많고 다른 당들도 포함한다.
- ⓒ 분지되어 있고, 수화도가 매우 높다.

ⓒ 미세섬유와 헤미셀룰로오스 사이에 형성된 망상구조의 뼈대는 겔 상태의 펙틴질에 싸여 있다.
ⓔ 펙틴질은 이웃 세포를 결합시키는 역할을 하는 중엽층의 주성분이다.
ⓜ 펙틴은 세포의 다공성과 표면전하에 영향을 미쳐 pH, 이온균형, 세포 간 부착, 토양미생물과 병해충 인식에 관여한다.
④ **기타 세포벽 물질**: 수화프롤린이 풍부한 당단백질, 프롤린이 풍부한 단백질, 글리신이 풍부한 단백질, 익스덴신 등의 구조단백질, 방향성 물질도 포함되어 있다.

5) **2차세포벽(secondary cell wall)**
① 세포 성장이 멈추면 1차세포벽 내부에 2차세포벽이 형성된다.
② 구성: 셀룰로오스, 헤미셀룰로오스, 리그닌, 펙틴
③ 리그닌
㉠ 리그놀 단량체의 연쇄적 중합체이다.
㉡ 리그닌+다당류와 결합을 형성하여 섬유소보다 더 높은 강도의 구조를 형성한다.
㉢ 뿌리와 줄기의 표피, 주피의 코르크세포, 손상된 조직의 표면세포에는 수베린이 쌓여 목화된다.
㉣ 잎과 줄기 표면에는 큐틴과 왁스 성분이 있어 수분증발을 차단한다.

(2) 원형질연락사(原形質連絡絲, plasmodesma)

1) **구조**
① 1차세포벽을 가로질러 이웃해 있는 두 개의 세포 사이를 연결하는 작은 구멍이다.
② 지름은 작지만 수는 대단히 많고, 주로 1차세포벽 벽공지역에 많이 분포하며, 2차세포벽에서는 벽공에만 남는다.
③ 원형질연락사는 원형질막으로 둘러싸여 있으며 한가운데 소포체와 연속되어 있는 연결소관(desmotubule)이 있다.
④ 연결소관(desmotubule)
㉠ 소포체와 원형질막 사이 물질통과를 조절하는 구형 또는 사상체 단백질이 들어 있다.
㉡ 세포 내 소기관들이 이동할 정도로 크지 않고 RNA와 같은 크기의 분자만 이동이 가능하다.
⑤ 식물에 상처가 발생하면 칼로오스가 만들어져 필요한 부위의 원형질연락사를 막는다.

2) **전원형질(全原形質, symplast)**
① 식물세포는 이웃 세포와 원형질연락사로 상호작용을 하며, 식물체는 모든 원형질이 하나로 연결되어 있다고 볼 수 있는데, 한 식물체 내의 원형질 전체를 전원형질이라 한다.
② 원형질연락사를 통한 물질의 수송을 전원형질수송(심플라스트수송)이라 한다.

3) 전세포벽(全細胞壁, 아포플라스트, apoplast)

① 한 식물체에서 전원형질을 둘러싸고 있는 공간과 세포벽을 합하여 전세포벽이라 한다.
② 전세포벽을 통한 물질의 수송을 전세포벽수송(아포플라스트수송)이라 한다.
③ 전세포벽수송 경로는 식물체의 신속한 가스 확산을 위해 필요하다.

4) 기능

원형질연락사는 자극의 전달, 물과 신호전달물질 및 특별한 종류의 단백질 등의 수송통로로 이용되어 세포사이의 소통과 물질을 교환한다.

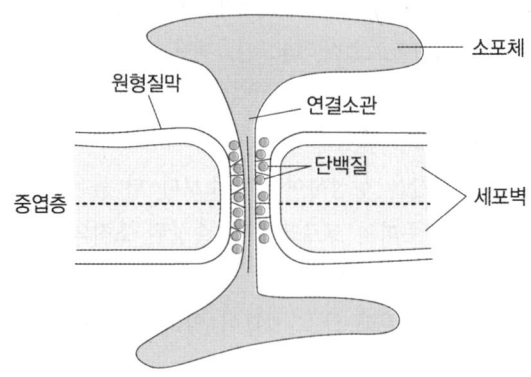

(3) 원형질막(原形質膜, plasma membrane)

1) 의의

① 세포벽의 안쪽에서 원형질을 둘러싸는 막구조로 세포막이라고도 한다.
② 세포막은 세포 내 소기관을 감싸는 막도 포함한다.

2) 구조

① 원형질막의 두께는 7~9㎛이며, 구성성분은 인지질 60~80%, 단백질 20~40%이다.

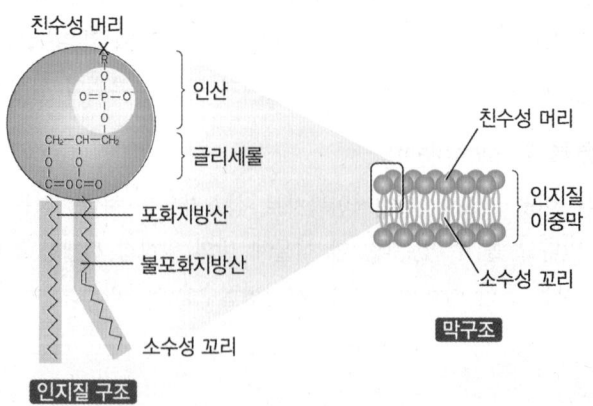

② 원형질막의 구조는 유동모자이크모델(fluid mosaic model)로 설명한다.
   ㉠ 친수성 머리와 소수성 꼬리로 구분되는 인지질이 이중으로 배열되어 있다.
   ㉡ 인지질에 단백질이 표면에 붙어 있거나 인지질층 속에 박혀 떠돌아다니기 때문에 분포가 유동적이다.
   ㉢ 막의 중요한 기능은 대부분 구성 단백질에 의해 조절된다.
③ 표재성단백질과 내재성단백질
   ㉠ 내재성단백질
      ⓐ 인지질 이중층 안에 박혀 있는 단백질
      ⓑ 양쪽 끝이 막 밖으로 나와 있다.
      ⓒ 세포벽 쪽으로 탄수화물의 짧은 사슬이 결합되어 있는 것도 있다.
      ⓓ 내재성단백질은 운반체, 채널, 펌프 등의 역할을 한다.
   ㉡ 표재성단백질
      ⓐ 인지질 이중층 막 표면에 붙어 있는 단백질이다.
      ⓑ 막 표면이나 내재성단백질의 친수성 부위와 이온결합이나 수소결합으로 붙어 있다가 필요한 경우 해리된다.
      ⓒ 골격구조와 상호작용으로 세포벽 생성에 관여한다.

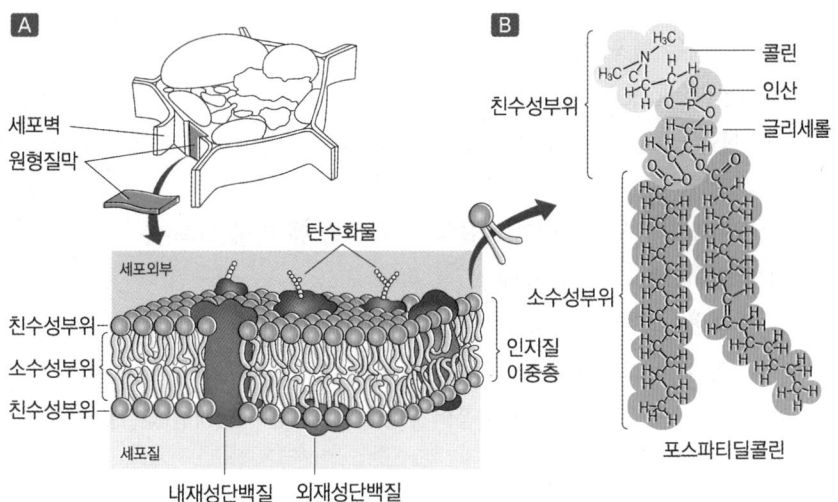

3) 원형질막의 주요 기능
   ① 외부와의 경계막으로 화학적 신호를 전달한다.
   ② 물질을 인식하고 선택적으로 투과시킨다.
   ③ 고분자 물질의 내외출입을 제한한다.
   ④ 세포벽과 교차결합, 세포벽 성분의 합성과 세포벽 형성 등의 기능을 한다.
   ⑤ 원형질막에는 섬유소를 합성하는 효소복합체가 분포한다.

3 세포 내 소기관

(1) 복막구조체

1) 의의
① 서로 다른 두 겹의 단위막으로 싸여 있다.
② 두 개의 막은 서로 이질적이며, 연속성이 없다.
③ 핵, 엽록체, 미토콘드리아를 말한다.
④ 모두 DNA를 가지고 있다.

2) 핵(核, nucleus)
① 구조
  ㉠ 두 겹의 단위막으로 구성된 핵막으로 싸여 있다.
    ⓐ 외막은 소포체와 연결되어 있다.
    ⓑ 내막은 핵라미나(세포의 핵막에서 내막의 안쪽 면에 존재하는 그물 모양의 골격 구조)라고 하는 지지섬유의 네트워크와 연결되어 있다.
  ㉡ 구형의 핵 내에는 핵질, 염색체, 인(색소체)이 들어 있다.
  ㉢ 핵막에는 핵공이 있어 핵과 세포질 사이 물질이동이 가능하다.

② 핵질(核質, nucleoplasm)
  ㉠ DNA, RNA, 효소, 단백질, 물들을 포함한 핵기능에 필요한 물질이며, 단백질의 비중이 가장 크다.
  ㉡ DNA와 RNA의 함량의 식물의 종류, 기관에 따라 다르다.

③ 염색체(染色體, chromosome)
  ㉠ 단백질(히스톤, histone)과 DNA로 구성되어 있다.
  ㉡ 종에 따라 모양과 수가 다르다.
  ㉢ 평상시 실 모양으로 핵액에 흩어져 있는데 이 경우 염색질(染色質, chromatin) 또는 염색사(染色絲)라 한다.

④ 인(仁, 핵소체, nucleolus)
  ㉠ 섬유뭉치 모양의 염색체의 일부분이다.
  ㉡ 리보솜을 구성하는 rRNA(리보솜 RNA)를 생산한다.
  ㉢ rRNA는 세포질로 빠져 나와 특정 단백질과 결합하여 리보솜을 만든다.

⑤ 핵공(核孔, nuclear pore)
  ㉠ 서로 다른 단백질이 팔각형으로 배열된 핵공복합체로 이루어진다.
  ㉡ 핵과 세포질 사이 물질 수송에 관여한다.

ⓒ 크기가 작은 물질은 핵공복합체에 있는 확산 채널을 통해 수동적으로 수송되며, 크기가 큰 물질 수송은 에너지를 이용하는 능동적 수송에 의해 일어난다.

ⓔ 핵 안에서 만들어지는 수많은 mRNA가 핵공으로 나온다.

⑥ 핵은 세포 중앙에 위치하지만 성숙하면서 액포에 밀려 원형질막 근처로 이동한다.

3) 엽록체(葉綠體, chloroplast)

① 구조

ⓐ 두 겹의 단위막으로 싸인 소기관이다.

ⓑ 접시 또는 볼록렌즈 모양으로 한 개의 엽육세포에 보통 100여개의 엽록체가 들어 있다.

ⓒ 막의 이중층을 구성하는 성분은 대부분 당지질이다.

ⓓ 크기는 폭 1㎛, 지름 5~8㎛ 정도이다.

ⓔ 내부는 기질과 내막에서 분화된 막포로 구성되어 있다.

ⓕ 내막과 외막은 구조와 기능이 서로 다르다.

   ⓐ 외막은 용질이 자유롭게 통과하나 내막은 선택성이 높다.

   ⓑ 내막의 분화로 엽록체 내부는 막포와 스트로마로 구분할 수 있다.

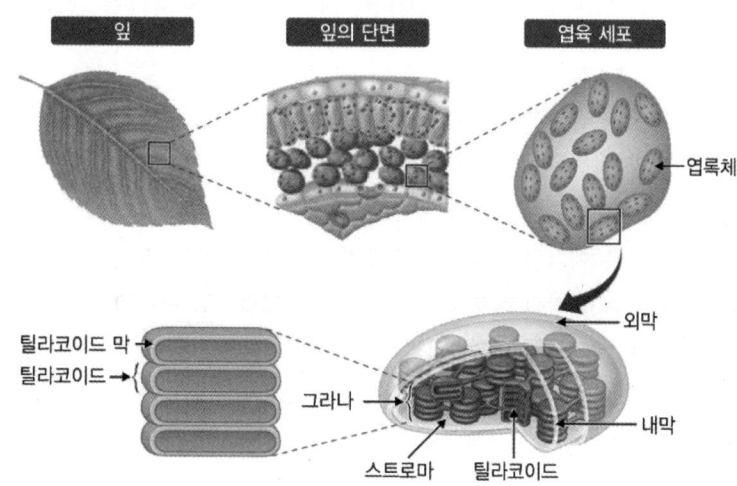

② 막포

ⓐ 막포의 기본 구성단위는 얇은 동전 모양의 틸라코이드(thylakoid)이다.

ⓑ 틸라코이드가 겹겹이 쌓여 그라나(grana)를 형성(엽록체 당 50여 개)한다.

ⓒ 그라나는 스트로마 라멜라(stroma lamella)라는 비중첩 틸라코이드로 연결되어 있다.

ⓓ 틸라코이드막에서 광합성의 명반응이 일어난다.

ⓔ 틸라코이드막에 엽록소와 보조색소가 단백질과 복합체를 형성하고 전자전달계, ATP 합성 효소 등이 정교하게 기하학적으로 배열되어 있다.

ⓕ 그라나 구조 안의 공간을 틸라코이드 루멘(내강, lumen)이라 한다.

③ 스트로마(stroma)
　㉠ 틸라코이드를 둘러싸고 있는 액상의 기질 또는 그 공간을 말한다.
　㉡ 광합성에서 암반응에 필요한 각종 효소가 있다.
　㉢ 독자적인 DNA와 리보솜이 있어 RNA와 단백질을 합성하고 엽록체 증식에 관여한다.

④ 전색소체(全色素體, proplastid)
　㉠ 어린 세포에 전색소체가 있어 빛을 받으면 엽록체가 되고, 어두운 조건에서는 백색체가 된다.
　㉡ 주로 백색체는 저장조직에서 녹말을 저장한다.
　㉢ 전색소체는 잡색체로 발달하여 여러 가지 색소를 함유하기도 한다.

⑤ 엽록체의 기능
　㉠ 주요 기능은 광합성 작용이다.
　㉡ 질소, 유황 등의 동화작용도 엽록체에서 일어난다.
　㉢ 아미노산, 지방산, ABA, 포르피린 등도 합성된다.
　㉣ 녹말립을 일시적으로 저장하기도 한다.

4) 미토콘드리아(mitochondria)

시트르산(TCA)회로와 산화적 전자전달계(ETS)를 통해 ATP를 생산하는 호흡계 기관이다.

① 구조
　㉠ 이중의 단위막에 싸여 있다.
　㉡ 모양은 원통형으로 크기는 0.5~2.0㎛로 작다.
　㉢ 세포당 개수는 엽록체 수보다 훨씬 많다.
　㉣ 외막은 매끄럽고 막공이 있으며, 내막은 주름이 많이 잡힌 구조이다.
　㉤ 내부는 내막의 돌출로 크리스타와 매트릭스로 구분된다.

② 크리스타(crista)
　㉠ 내막 안으로 돌출하여 형성된 주름 모양의 막구조이다.
　㉡ 전자전달계를 구성하는 단백질복합체로 구성(막의 75%가 단백질로 구성)되어 있다.
　㉢ 막 주름은 표면적을 넓혀 ATP 생산효율을 높여준다.

③ 매트릭스(기질, matrix)
　㉠ 크리스타 안쪽에 액상의 기질을 담고 있는 공간이다.
　㉡ 크랩스 회로에 관여하는 각종 효소를 함유하고 있다.

④ 특징
　㉠ 자체 DNA와 리보솜을 갖고 있어 단백질을 합성하고 자기증식이 가능하다.
　㉡ 시트르산회로 과정에서 유기산과 아미노산 등의 합성에 사용되는 다양한 화합물을 공급한다.

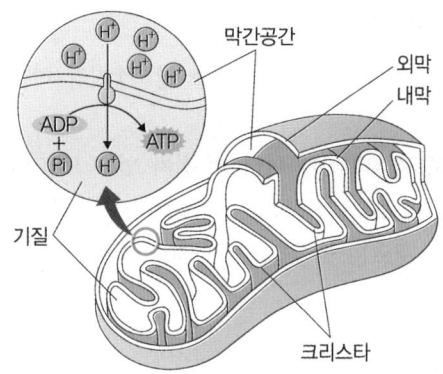

(2) 단막구조체

1) 의의
① 한 겹의 단위막에 싸여 있는 구조체이다.
② 일반적으로 원형질막보다 조금 얇은 단위막으로 되어 있는 포상(胞狀) 구조체이다.
③ 막포, 구포, 관포의 형태로 막 바깥쪽은 시토졸과 접하고 있다.
④ 소포체, 골지장치, 퍼옥시솜, 올레오솜, 글리옥시솜, 액포가 있다.
⑤ 리보솜은 막 구조체는 아니나 소포체와 밀접한 연관이 있다.

2) 소포체(小胞體, endoplasmic reticulum ; ER)와 리보솜(ribosome)
① 소포체
  ㉠ 얇고 긴 주머니 모양의 낭(囊, 시스터나, cisternae)이 원형질막에서 돌출하여 핵막까지 연결된 구조이다.
  ㉡ 조면소포체(rough ER)와 활면소포체(smooth ER)로 구분된다.
    ⓐ **조면소포체**: 막 표면에 리보솜이 붙어 있는 소포체로 단백질 합성장소이다.
    ⓑ **활면소포체**: 판상모양으로 지질합성과 막조립의 기능을 한다.
  ㉢ 소포체는 단백질과 지질을 합성하고, 원형질연락사를 통한 세포 간 물질수송에도 관여한다.
② 리보솜
  ㉠ 막구조체가 아닌 단백질과 RNA로 구성된 과립이다.
  ㉡ 조면소포체에 붙어 있거나 세포질에 유리상태로 분포한다.
  ㉢ 핵, 엽록체, 미토콘드리아 안에서도 발견된다.
  ㉣ 리보솜에서는 아미노산이 결합되어 단백질이 합성된다.
  ㉤ 일부 세포에서는 폴리리보솜이라는 리보솜이 덩어리 상태로 발견되며, 여기에서는 단백질이 다량으로 합성된다.

3) 골지장치(Golgi apparatus)

① 세포 내 딕티오솜(dictyosome)의 집합체를 골지장치라 하며, 동물세포에서는 딕티오솜을 골지체라고 한다.
② 양 끝이 부푼 낭구조(시스터나)가 여러 개 겹쳐 있는 모양이다.
③ 소포체에서 분비하는 물질을 가공하고 농축하여 저장한다.
④ 저장물질을 변형시켜 새로운 물질을 합성하기도 하며, 식물의 세포벽 물질을 합성한다.

4) 퍼옥시솜(peroxisome)

① 단막의 작은 알갱이 형태이다.
② 광호흡으로 생긴 글리콜산을 받아들이고 산화과정에서 과산화수소(H_2O_2)를 생성시킨다.
③ 카탈라아제라는 효소가 들어 있어 식물체에 해로운 과산화수소를 물과 산소로 분해한다.
④ 광호흡과 관련이 있어 엽록체, 미토콘드리아와 공간적으로 매우 밀접하게 배열되어 있다.

5) 올레오솜(oleosome)

① 스페로솜(spherosome), 지질체, 유체 또는 기름방울이라고 부른다.
② 종자의 발달과정에서 소포체에서 합성된 중성지방을 저장하는 소기관이다.
③ 기관 자체가 소포체에서 유래하는데 반단위막인 인지질 단일층으로 둘러싸여 있다.
④ 반단위막에 올레오신이라는 단백질이 분포되어 있어 올레오솜이 서로 융합하지 않는다.
⑤ 종자가 발아할 때 중성지방이 지방산으로 분해되어 글리옥시솜으로 들어간다.

6) 글리옥시솜(glyoxysome)

① 지방이 저장된 종자나 어린 식물에서 볼 수 있으며, 성장하면 없어진다.
② 올레오솜에서 유래한 지방산을 산화시키는 소기관이다.
③ 지방산을 아세틸-CoA를 거쳐 숙신산을 생성한다.
④ 숙신산은 미토콘드리아로 들어가 말산을 만들고, 말산은 세포질로 나가 최종적으로 당으로 전환되어 종자 발아와 어린 식물의 생장에 이용된다.
⑤ 기능을 효과적으로 수행하기 위해 종자나 어린 식물의 세포에는 올레오솜, 글리옥시솜, 미토콘드리아가 공간적으로 밀접하게 배열되어 있다.

7) 액포(液胞, vacuole)

① 액포막으로 둘러싸인 구조로 식물세포에만 관찰된다.
② 어린 세포는 작은 액포를 많이 갖고 있으나 세포가 커지면서 작은 액포들이 융합하여 생긴 큰 액포가 공간을 차지한다.
③ 성숙한 세포의 체적 중 90% 이상을 액포가 차지한다.
④ 나중에는 하나의 액포가 세포 대부분을 차지하고, 소기관들은 원형질막 주변에 몰려 있게 된다.
⑤ 영양물질과 노폐물 등 여러 대사산물을 저장하는 작용을 한다.
　　㉠ 식물은 노폐물을 배출하는 구조가 없어 액포에 영구히 저장된다.

ⓒ 액포는 안토시아닌 같은 수용성 색소의 집적 장소이다.
ⓒ 늙고 병든 소기관들을 흡수하여 효소로 분해시킨다.
ⓔ 고분자화합물을 분해하여 축적하고 재사용하는 작용도 한다.

4 골격구조와 기질

(1) 세포골격의 의의

1) 기능과 특성
① 세포 구성요소를 공간적으로 고정시키거나 최적의 위치로 이동시켜 세포를 조직화하고, 세포의 분열과 생장, 분화에 중요한 역할을 한다.
② 미세소관과 미세섬유는 단백질의 집합체로 가역적으로 해리와 결합이 가능하다.
③ 세포 특이성이 없고, 인접 세포 간에 교환이 가능하다.

2) 구성
① 세포골격구조는 미세소관과 미세섬유로 이루어져 있다.
② 섬유단백질이 3차원적으로 연결된 망상구조로 되어 있다.

(2) 미세소관(microtubule)

1) 구조
① 가늘고 긴 원통형 구조로 관의 지름은 24nm 정도이며, 길이는 다양하다.
② 튜불린이라는 구형의 단백질 이량체(α-튜불린과 β-튜불린)가 나선형으로 중합 배열하여 만든 중앙이 빈 곧은 관이다.
③ 튜불린 이량체는 양 측면과 양 단면이 함께 결합하는데 이량체는 직선적으로 배치되어 원시세사를 구성하며, 대부분 미세소관은 13개 원시세사로 구성되나 변이도 나타난다.

2) 특징
튜불린은 식물성 알칼로이드와 특이적으로 결합하므로 콜히친(colchicine)을 처리하면 결합하는 성질이 있어 미세소관(방추사)이 형성되지 못한다.

3) 기능
① 세포가 분열할 때 염색체의 이동과 세포판 형성에 관여한다.
② 원형질막 안쪽에 있어 세포벽 물질의 정렬에 관여한다.

③ 셀룰로오스 원섬유의 배열을 조절하여 세포의 생장방향을 조절한다.
④ 세포벽 물질이 들어 있는 소낭들을 원형질막의 일정한 부분으로 유도하거나 특정 부분으로 접근하지 못하도록 한다.

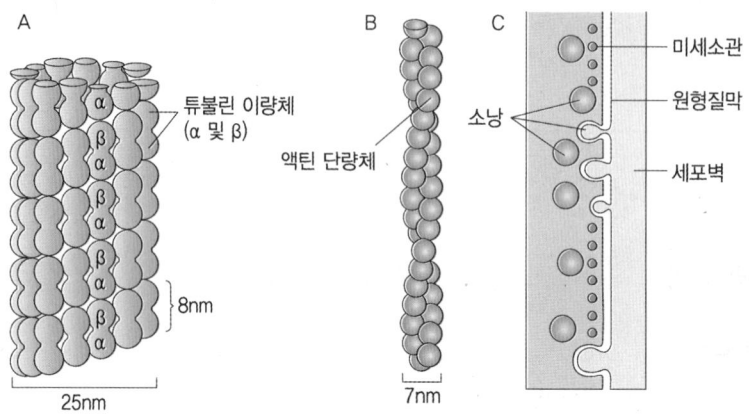

A: 미세소관, B: 미세섬유,
C: 골격구조는 세포벽 물질을 갖고 있는 소낭들을 원형질막의 특정부분으로만 유도하여 세포벽 합성에 관여한다.

(3) 미세섬유

1) 구조

① 수축성 단백질인 액틴(ectin) 단량체가 중합하여 생긴 긴 섬유가 이중나선으로 꼬인 구조이다.
② 지름 5~7nm 정도이다.

2) 기능

① 세포벽 형성에 관여하며, 화분관 신장 시 정단의 새로운 세포벽 형성 부위로 소낭을 인도한다.
② 세포의 원형질유동의 원동력이 되며, 운동방향에 영향을 미친다.
③ 미세소관과 함께 유연성을 지닌 세포골격을 형성한다.
④ 미세섬유의 일종인 사부단백질(P-protein)은 사관의 사공을 막아 물질수송을 조절한다.

(4) 세포기질

1) 의의

① 세포질에서 소기관들 사이 가용성 물질을 기질(基質, groundplasm)이라 한다.
② 소기관을 막구조로 본다면 리보솜, 미세소관, 미세섬유도 기질에 포함되어야 하지만 관찰되는 구조체이므로 기질에서 제외한다.
③ 무구조의 가용성 부분만을 기질로 보고 투명질 또는 시토졸이라고도 한다.

2) 구성과 기능
① 세포기질에는 각종 이온, 저분자와 고분자 물질이 용해되어 있다.
② 기질 중 저분자와 이온은 세포의 삼투압이나, pH 완충능을 조절한다.
③ 다양한 효소계가 있어 세포의 기초적인 대사에 관여한다.
④ 해당작용, 5탄당인산회로, 당형성 대사작용이 기질에서 일어난다.

5 세포분열과 증식

(1) 세포분열

1) 세포분열의 종류
① 무사분열(無絲分裂, amitosis)
  ㉠ 원핵세포의 정상분열 형식과 진핵세포의 이상분열에서만 나타난다.
  ㉡ 염색체나 방추체를 형성하지 않고 핵이 아령모양으로 잘룩해지거나 억지로 잡아뜯은 것처럼 갈라지는 분열양식이다.
② 유사분열(有絲分裂, mitosis)
  ㉠ 진핵세포의 기본적인 증식방법이다.
  ㉡ 체세포분열(體細胞分裂, somatic cell division)과 감수분열(減數分裂, meiosis)이 있다.

2) 체세포분열과 감수분열

구분	체세포분열	생식세포분열(감수분열)
분열 횟수	1회	연속 2회
딸세포 수	2개	4개
2가염색체	형성되지 않음 2n → 2n	형성됨 1차분열 2차분열 2n → n → n
염색체 수 변화	변화 없음	절반으로 감소
염색체 구성	상동염색체가 쌍으로 있다.	상동염색체 중 하나만 있고 체세포에 비해 염색체 수가 절반이다.
결과	생장, 재생, 무성생식	생식세포(배우자) 형성

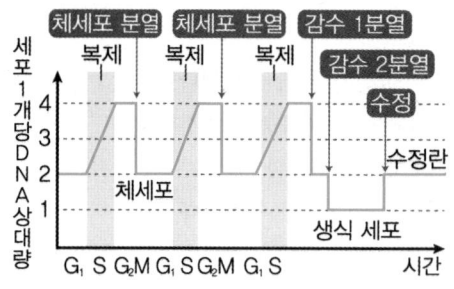
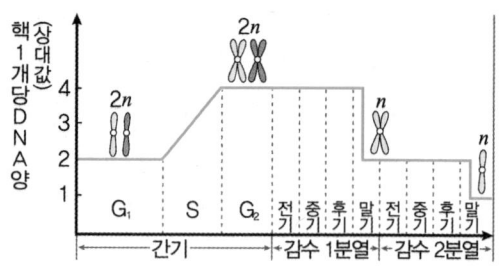

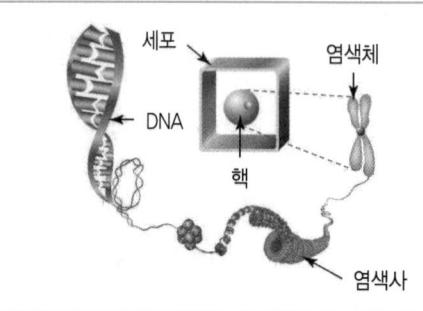
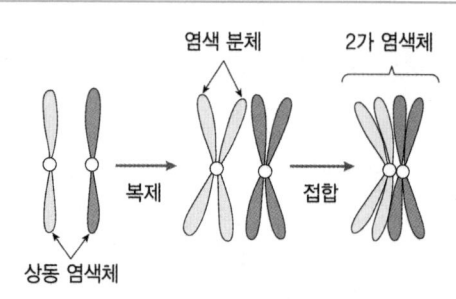

| 염색사 | 2가염색체 형성 |

① 체세포분열(體細胞分裂, 유사분열(有絲分裂); mistosis)
　㉠ 하나의 체세포가 2개의 딸세포로 되는 것을 의미하며 일정한 세포주기를 갖는다.
　㉡ 세포주기(細胞週期, cell cycle): G_1기 → S기 → G_2기 → M기 순서로 진행된다.

$$\underbrace{G_1기 \quad \rightarrow \quad S기 \quad \rightarrow \quad G_2기}_{\text{간기}} \quad \rightarrow \quad \underbrace{M}_{\text{분열기: 전기 → 중기 → 후기 → 말기}}$$

　　ⓐ G_1기: 딸세포가 성장하는 시기
　　ⓑ S기: DNA 합성으로 염색체가 복제되어 자매염색분체를 만드는 시기
　　ⓒ G_2기: 체세포분열을 준비하는 성장기
　　ⓓ M기: 체세포분열에 의해 딸세포를 형성하는 시기
　㉢ 체세포분열은 전기, 중기, 후기, 말기로 구분할 수 있다.
　　ⓐ 전기(前期, prophase): 염색사가 압축, 포장되어 염색체 구조로 되며 인과 핵막이 소실된다.
　　ⓑ 중기(中期, metaphase): 방추사가 염색체의 동원체에 부착하고 각 염색체는 적도판으로 이동한다.
　　ⓒ 후기(後期, anaphase): 자매염색분체가 분리되어 서로 반대방향으로 이동한다.
　　ⓓ 말기(末期, telophase): 핵막과 인이 다시 형성되고 세포질분열이 일어나 2개의 딸세포가 생긴다.

㉣ 체세포분열은 체세포가 가지고 있는 유전물질(DNA)을 복제하여 딸세포에게 균등하게 분배하기 위한 것이다.
㉤ 마모된 세포의 교체로 정상적 기능의 수행, 손상된 세포의 교체로 상처의 치유 역할도 한다.

[체세포분열 과정]

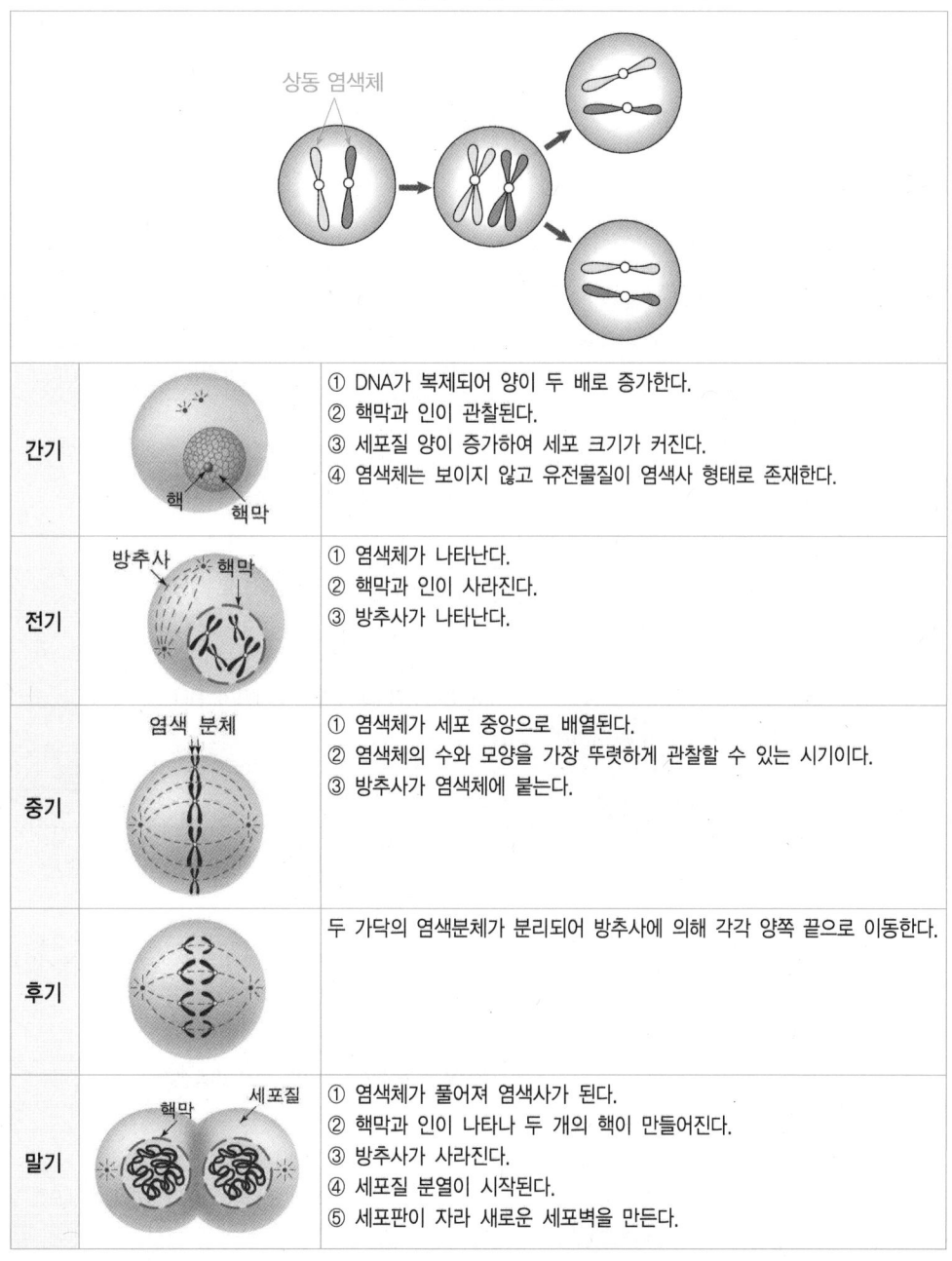

간기		① DNA가 복제되어 양이 두 배로 증가한다. ② 핵막과 인이 관찰된다. ③ 세포질 양이 증가하여 세포 크기가 커진다. ④ 염색체는 보이지 않고 유전물질이 염색사 형태로 존재한다.
전기		① 염색체가 나타난다. ② 핵막과 인이 사라진다. ③ 방추사가 나타난다.
중기		① 염색체가 세포 중앙으로 배열된다. ② 염색체의 수와 모양을 가장 뚜렷하게 관찰할 수 있는 시기이다. ③ 방추사가 염색체에 붙는다.
후기		두 가닥의 염색분체가 분리되어 방추사에 의해 각각 양쪽 끝으로 이동한다.
말기		① 염색체가 풀어져 염색사가 된다. ② 핵막과 인이 나타나 두 개의 핵이 만들어진다. ③ 방추사가 사라진다. ④ 세포질 분열이 시작된다. ⑤ 세포판이 자라 새로운 세포벽을 만든다.

② 감수분열(減數分裂, meiosis)

```
제1감수분열 (2n → n)      →      제2감수분열 (n → n)
  ↳ 전기 → 중기 → 후기 → 말기           ↳ 전기 → 중기 → 후기 → 말기
    ↳ 세사기 → 대합기 → 태사기 → 복사기 → 이동기
```

	제1감수분열	
전기	2가 염색체	세사기 → 대합기 → 태사기 → 복사기 → 이동기의 과정을 거친다. 태사기에 교차가 일어나며, 키아즈마 현상이 일어난다.
중기	2가 염색체	① 2가염색체가 세포 중앙에 배열한다. ② 방추사가 각 염색체에 붙는다.
후기		2가 염색체가 분리되어 양극으로 이동한다.
말기		핵막이 나타나고 2개의 딸세포가 된다.
	제2감수분열	
전기		① 핵막이 사라진다. ② 방추사가 나타난다.
중기		① 염색체가 세포 중앙으로 배열된다. ② 방추사가 각 염색체에 붙는다.
후기		염색분체가 분리되어 양극으로 이동한다.
말기		핵막이 나타나고 세포질 분열이 일어나 4개의 딸세포를 형성한다.

㉠ 유성생식 하는 식물은 체세포분열로 개체의 성장이 이루어지고 생식세포의 감수분열로 생식한다.
㉡ 감수분열의 의의
ⓐ 생물종 고유의 염색체 수를 유지시킨다.
ⓑ 염색체 조성이 서로 다른 배우자를 생성시킨다.
ⓒ 염색체 내의 유전자 재조합이 일어나게 한다.
㉢ 감수분열 과정: 생식기관의 특수한 세포에서 일어나는 감수분열은 연속 2회의 핵분열로 진행되며 제1감수분열은 염색체의 수가 반으로 줄어드는 감수분열이며, 제2감수분열은 염색분체가 분열하는 동형분열로 한 개의 생식모세포에서 4개의 감수분열 낭세포가 생긴다.
ⓐ 제1감수분열 전기: 세사기 → 대합기 → 태사기 → 복사기(이중기) → 이동기의 5단계로 나누어진다.
ⅰ) 세사기(細絲期): 염색사가 압축, 포장되어 염색체 구조를 이루는 시기이다.
ⅱ) 대합기(對合期): 상동염색체가 짝을 지어 2가염색체를 형성하는 시기이다.
ⅲ) 태사기(太絲期): 염색체의 일부가 서로 교환되는 교차가 일어나며 염색체가 꼬인 것과 같은 모양을 하는 키아즈마(chiasma) 현상이 일어나는 시기이다.
ⅳ) 복사기(複絲期): 상동염색체가 분리되는 시기로 상동염색체 각각에서 2개의 염색분체가 확실하게 나타난다.
ⅴ) 이동기(移動期): 2가염색체들이 적도판을 향하여 이동하는 시기이다.
ⓑ 제1감수분열 중기: 방추사가 생기면 2가염색체들이 적도판에 배열한다.
ⓒ 제1감수분열 후기: 2가염색체의 두 상동염색체가 분리되어 서로 반대극을 향해 이동하여 양쪽 극에 한 세트씩 모인다.
ⓓ 제1감수분열 말기: 새로운 핵막이 형성되며 반수체인 2개의 딸세포가 생긴다.
ⓔ 제2감수분열: 제1감수분열이 끝난 후 극히 짧은 간기(間期, interkinesis)를 거쳐 곧바로 제2감수분열이 시작되며 간기에는 DNA의 합성이 일어나지 않고 제2감수분열은 반수체인 딸세포의 각 염색체의 자매염색분체가 분리하며 체세포분열과 똑같이 진행된다.

(2) 세포증식

1) 의의
① 식물세포는 체세포분열로 증식하면서 조직과 기관을 형성한다.
② 식물체에서는 분열의 축과 방향이 일정한 질서정연한 생장을 한다.
③ 식물의 세포분열은 방향과 기준면에 따라 수층분열과 병층분열로 구분한다.

2) 수층분열과 병층분열
① 수층분열(垂層分裂, anticlinal division)
㉠ 어떤 기준 면에 대하여 세포분열이 직교하는 세포분열이다.

　　　　　ⓛ 쌍자엽식물의 생장점에서 외의층 세포나 엽원기의 표피세포는 표피를 기준 면으로 직교하는
　　　　　　 수층분열에 의해서만 증식한다.
　　② 병층분열(竝層分裂, periclinal division)
　　　　　㉠ 기준 면에 대하여 분열 면이 평행하게 일어나는 세포분열이다.
　　　　　ⓛ 엽원기가 외의내층으로부터 또는 측근원기가 내초로부터 발달할 때에는 표피에 평행한 병
　　　　　　 층분열을 한다.
　　　　　ⓒ 형성층의 방사상 방향으로 세포가 증식하거나, 기관이 두께를 증대시킬 때 일반적으로 병
　　　　　　 층분열을 한다.
　　③ 캘러스(肉狀體, callus)
　　　　　㉠ 분열조직에서 분열의 축이 없어 무방향으로 세포가 분열하여 형성한 일정한 형태가 없는
　　　　　　 세포덩어리이다.
　　　　　ⓛ 조직배양에서 캘러스가 생긴다.
　　　　　ⓒ 식물체가 상처를 입었을 때 상처 주변에 캘러스(유상조직 또는 유합조직)가 생성된다.

01·02 CHAPTER 식물의 기본구조 / 식물의 주요조직

01. 다음 중에서 이끼류 식물에 속해 있는 것은?

① 선태식물
② 속새식물
③ 양치식물
④ 나자식물

해설 우산이끼, 뿔이끼, 솔이끼 등의 이끼류 식물은 선태식물로 분류된다. 속새식물로는 속새, 쇠뜨기, 양치식물로는 고비, 고사리류, 물개구리밥, 나지식물로는 은행나무, 소나무, 주목, 측백나무 등을 예로 들 수 있다.

02. 다음 중 무관속 하등식물에 속하는 것은?

① 선태식물
② 양치식물
③ 나자식물
④ 피자식물

해설 식물계에는 선태식물문, 송엽란식물문, 석송식물문, 속새식물문, 양치식물문, 종자식물문으로 세분할 수 있는데 무관속 하등식물에는 선태식물(우산이끼)이 있다.

03. 종자식물이면서 은화식물에 속하는 것은?

① 선태식물
② 양치식물
③ 나자식물
④ 피자식물

해설 선태식물과 양치식물은 포자식물에 해당한다. 종자식물에는 나자식물과 피자식물이 있는데, 나자식물은 은화식물로 꽃과 과실 대신에 포자수, 구화수, 구과 등을 가진다. 반면 피자식물은 현화식물로 화피가 있는 완전한 꽃이 핀다.

정답 01. ① 02. ① 03. ③

작물생리학

04. 다음 중에서 종의 수가 가장 많은 식물은?

① 종자식물　　　　② 현화식물
③ 나자식물　　　　④ 피자식물

> 해설 식물계는 선태식물문, 송엽란식물문, 석송식물문, 속새식물문, 양치식물문, 종자식물문으로 세분할 수 있는데 종자식물에 속해 있는 피자식물이 전체의 약 90%를 차지하고 있다.

05. 다음 중 쌍자엽식물에 대한 설명으로 옳은 것은?

① 자엽이 1개이다.
② 잎의 엽맥은 망상이다.
③ 뿌리는 섬유근계를 형성한다.
④ 꽃잎의 수는 보통 3의 배수이다.

> 해설 단자엽식물과 쌍자엽식물

구분	단자엽식물	쌍자엽식물
자엽(떡잎)	1장	2장(예외: 수련은 1장임)
유관속	산재유관속	환상형 관다발 형성
엽맥	평행상	망상
뿌리	수염뿌리(섬유근계)	원뿌리(주근계)
화서	보통 3배수	보통 4 또는 5배수
화분	발아구 1개인 단구형	발아구 3개인 3구형
발아	지하자엽형	지상자엽형(예외: 완두, 팥, 잠두는 지하발아 함)
기공	잎 전면과 후면에 고르게 분포	잎 후면에 많이 분포
종 수	약 5만 종, 초본 90%, 목본 10%	약 20만 종, 초본과 목본 각 50%
예	벼, 옥수수, 마늘, 난초, 백합, 토란, 바나나, 야자	콩, 배추, 참외, 사과, 장미, 과꽃, 해바라기, 선인장

06. 단자엽식물의 일반적인 특징에 해당하는 것은?

① 자엽이 한 개 이상이다.
② 잎의 엽맥이 평행상이다.
③ 뿌리는 주근계를 형성한다.
④ 꽃잎이 4 또는 5의 배수이다.

해설 단자엽식물의 꽃잎은 보통 3의 배수이고 화분은 기본적으로 발아구가 한 개인 단구형이다. 자엽이 한 개이고, 유관속이 흩어져 있으며, 엽맥은 평행상이고, 섬유근계를 형성한다. 단자엽식물에는 벼, 옥수수, 마늘, 난초, 백합, 바나나 등이 있다.

07. 옥수수의 식물학적 특징을 바르게 설명한 것은?

① 자엽이 2개이다.
② 잎맥이 평행상이다
③ 뿌리는 주근계이다.
④ 줄기에 유관속이 환상으로 배열한다.

해설 옥수수는 단자엽식물로 자엽이 한 개이고, 유관속이 흩어져 있고, 엽맥은 평행상이고, 섬유근계를 형성한다. 옥수수잎은 엽초와 엽신으로 나뉘고, 엽육조직은 해면조직으로만 되어 있다.

08. 해바라기의 식물형태적 특징을 바르게 설명한 것은?

① 자엽이 2개이다.
② 엽맥이 평행상이다.
③ 꽃잎 수가 3의 배수이다.
④ 뿌리는 섬유근계이다.

해설 쌍자엽식물의 꽃잎은 보통 4 또는 5의 배수이고 화분은 발아구가 세 개인 3구형이다. 자엽이 두 개이고, 유관속이 환상으로 배치되며, 엽맥은 망상이고, 주근계를 형성한다. 쌍자엽식물에는 해바라기, 무궁화, 목련, 사과나무, 딸기 등이 있다.

09. 쌍자엽식물의 내부구조에서 측근이 분화되는 곳은?

① 표피
② 피층
③ 내피
④ 내초

해설 쌍자엽식물 뿌리의 내부구조 성숙대에서 분화되는 1기 구조는 바깥에서부터 표피, 내피, 중심주로 구분된다. 중심주는 내초가 유관속조직을 둘러싸고 있다. 환상의 유관속형성층 안쪽으로는 2기목부가, 바깥으로는 2기사부가 생성된다. 내초는 분열능력을 갖고 있으며 측근은 내초에서 내생적으로 발달한다.

10. 뿌리의 선단부 중 근모부에 대한 설명으로 옳지 않은 것은?

① 뿌리에서 각종 영구조직의 분화가 일어나는 곳이다.
② 세포신장이 주로 일어난다.
③ 다량의 수분이 흡수된다.
④ 뿌리털이 신장된다.

해설 식물 뿌리는 근관, 생장점, 신장대, 흡수대(근모대)로 구성되어 있으며, 생장점에서 세포의 분열이 신장대에서 세포신장이 일어난다.

11. 뿌리의 선단부에 존재하는 근관의 중요한 기능은?

① 양분과 수분의 흡수를 조절한다.
② 뿌리에 필요한 산소를 공급한다.
③ 근모의 수분흡수를 조절한다.
④ 뿌리의 생장점을 보호한다.

해설 뿌리의 끝부분은 흙을 헤치고 나가야 하기 때문에 뿌리 끝에 있는 생장점은 근관이라는 유조직으로 둘러싸여 보호를 받는다.

12. 잎이 형태적으로 변형되어 형성된 기관을 모두 고른 것은?

㉠ 선인장 가시	㉡ 포도 덩굴손
㉢ 마늘 인편	㉣ 나무의 아린

① ㉠, ㉡
② ㉢, ㉣
③ ㉠, ㉡, ㉣
④ ㉠, ㉡, ㉢, ㉣

해설 잎의 변형: 지지작용을 하는 호박의 덩굴손, 보호작용을 하는 선인장의 엽침(葉針), 나무가지의 눈을 보호하는 아린(芽鱗), 꽃을 보호하는 포(苞), 사막지대의 다즙성 잎, 저장기관으로 변한 양파의 인엽(鱗葉) 등

13. 잎의 표피조직 바깥에 발달하는 각피의 주성분은?

    ① 큐틴　　　　　　　② 수베린
    ③ 칼로오스　　　　　④ 리그닌

    해설　잎의 표피조직은 상표피와 하표피로 구분되며 표면은 각피(cuticle)로 덮여 있다. 각피는 지질유도체의 중합체인 큐틴의 퇴적으로 형성된다.

14. 잎에서 엽맥을 구성하는 가장 중요한 조직은?

    ① 책상조직
    ② 해면조직
    ③ 표피조직
    ④ 유관속조직

    해설　잎의 유관속은 주변의 부속세포들과 함께 엽맥을 구성한다.

15. 곁뿌리가 생길 때 그 원기가 형성되는 부위는?

    ① 내피　　　　　　　② 내초
    ③ 중심주　　　　　　④ 표피

    해설　내초는 분열조직 활성을 유지하고 있는 새로운 측근의 생장이 시작되는 곳으로, 측근형성이 시작될 때 뿌리 내부에 매몰되어 있다가 측근이 신장되면서 피층과 표피를 뚫고 나온다.

16. 뿌리에서 수베린이 축적되어 카스파리대를 형성하는 조직은?

    ① 피층　　　　　　　② 내피
    ③ 내초　　　　　　　④ 표피

    해설　뿌리의 내피에 수베린이 축적되어 카스파리대를 형성한다.

17. 다음 중에서 위과에 속하는 과실은?

① 살구, 매실　　　　　② 감, 복숭아
③ 고추, 가지　　　　　④ 사과, 딸기

해설 위과는 자방 이외의 화탁 등이 더불어 발달하여 형성된 것으로 사과, 배 등의 인과류, 오이, 호박, 참외 등의 박과채소류와 딸기, 파인애플 등이 이에 해당한다.

18. 딸기는 위과인데 식용부위는 꽃의 어느 기관이 비대한 것인가?

① 수술　　　　　② 암술
③ 꽃받침　　　　④ 화탁

해설 딸기는 화탁이 비대하여 식용부위가 되고 그 위에 점점이 박혀 있는 것이 수과(과실적 종자)이다.

19. 딸기의 과실 표면에 점점이 박혀 있는 것을 바르게 설명한 것은?

① 수술의 흔적이다.
② 암술의 흔적이다.
③ 과실적 종자이다.
④ 성숙한 수공이다.

해설 딸기는 화탁이 비대하여 식용부위가 되고 그 위에 점점이 박혀 있는 것이 수과(과실적 종자)이다. 과실적 종자는 자방벽이 비대 발육하지 못하고 그대로 종피 위에 말라붙어 있는 과실을 말한다.

20. 쌍자엽식물의 잎에서 광합성이 가장 활발하게 이루어지는 조직은?

① 표피조직　　　　② 책상조직
③ 해면조직　　　　④ 기공조직

해설 쌍자엽식물의 엽육조직은 책상조직(울타리조직)과 해면조직(갯솜조직)으로 구분되는데, 광합성의 90% 이상은 책상조직에서 이루어진다. 단자엽식물의 경우 해면조직만으로 구성되어 있다.

21. 식물체를 단단하게 지지해 주는 기계조직에 속하는 것은?

① 동화조직　　　　② 저장조직
③ 통기조직　　　　④ 후각조직

해설 식물체는 유조직세포의 긴장으로 형태가 유지되지만 기계조직이 각 부위에 적절하게 배치되어 단단하게 지지해 준다. 세포벽의 비후가 불균일한 후각조직과 고르게 일어나는 후벽조직이 있다.

22. 다음 식물조직 중 영구조직에 속하는 것은?

① 생장점조직　　　② 형성층조직
③ 동화조직　　　　④ 절간분열조직

해설 ①, ②, ④는 세포가 새로이 생성되는 분열조직에 해당된다.

23. 다음 설명 중 옳지 않은 것은?

① 식물조직 중 유조직, 기계조직, 형성층, 표피조직은 영구조직에 해당한다.
② 통도조직에는 도관, 가도관, 사관 등이 있다.
③ 영구조직에 속하는 통도조직에서 사관부는 양분을 수송하는 조직이다.
④ 식물의 동화조직은 유조직에 해당된다.

해설 형성층은 분열조직에 해당된다.

24. 다음 중 도관부에 대한 설명으로 옳지 않은 것은?

① 도관부 유세포는 그 구성요소이다.
② 도관부 섬유는 저장역할을 담당한다.
③ 가도관은 양치식물과 나자식물에 있다.
④ 도관과 가도관은 벽공을 가지고 있다.

해설 도관부 섬유는 지지기능을 한다.

작물생리학

25. 도관과 가도관에 대한 설명으로 옳지 않은 것은?

① 목화된 2차벽이 발달되었다.
② 도관은 세포가 상하로 연결되어 관을 형성한다.
③ 가도관은 천공과 막공을 통해 수분이 이동한다.
④ 가도관은 주로 나자식물이나 양치식물에서 관찰된다.

해설 가도관은 천공이 없어 막공을 통해 수분이 이동하며, 도관은 천공과 막공을 통해 수분이 이동한다.

26. 줄기와 뿌리 끝에 있는 생장점을 구성하는 분열조직은?

① 정단분열조직
② 측재분열조직
③ 개재분열조직
④ 부간분열조직

해설 줄기와 뿌리 끝에는 원추상의 생장점이 있다. 줄기의 생장점은 어린잎으로, 뿌리의 생장점은 근관으로 둘러싸여 보호를 받는다. 이 생장점은 정단분열조직으로 구성되어 있다.

27. 다년생 나무의 비대생장을 주도하는 분열조직은?

① 유관속형성층
② 생장점조직
③ 물관부조직
④ 체관부조직

해설 줄기와 뿌리에서 비대생장은 측면에 원통형으로 배열된 측재분열조직이 주도한다. 측재분열조직에는 유관속형성층과 코르크형성층이 있다.

28. 벼과식물 줄기의 마디 사이에 분포하는 조직은?

① 생장점조직
② 유관속형성층
③ 코르크형성층
④ 개재분열조직

해설 개재분열조직은 부간분열조직 또는 절간분열조직이라고도 하는데 벼과식물에서 줄기의 절간(마디 사이)과 잎의 엽초와 엽신의 기부에 분포한다.

29. 후각조직의 세포벽 특징을 나타낸 것은?

① 세포벽이 2차벽이 발달한다.
② 세포벽이 얇고 소성을 갖는다.
③ 세포벽이 균일하게 비후한다.
④ 세포벽에 펙틴질이 전혀 없다.

해설 후각조직은 세포벽이 불균등하게 비후되어 각진 부분이 생긴다. 세포벽은 얇은 1차벽으로 구성되어 유연하며 목질화되어 있지 않아 팽창과 신장이 가능하다. 세포벽은 비후형태가 다양하며, 보통 펙틴 45%, 헤미셀룰로오스 35%, 셀룰로오스 20%로 구성되어 있으며 소성을 갖는다.

30. 배의 과육에 있는 석세포는 어떤 조직인가?

① 저장조직
② 후각조직
③ 후벽조직
④ 통기조직

해설 배의 과육에 있는 석세포는 대표적인 보강세포이다. 보강세포는 후벽세포의 한 종류이다.

31. 식물세포 가운데 동반세포라는 특수한 세포를 가진 조직은?

① 표피조직
② 기본조직
③ 체관부조직
④ 물관부조직

해설 사부는 당과 같은 유기물질을 수송하는 통로이다.
사부는 통도요소인 체세포와 사(체관)세포, 동반세포, 섬유세포, 유세포로 구성된다. 통도요소인 체세포와 체관세포를 체요소라고 한다. 체관세포에는 반드시 동반세포가 붙어 있다.

32. 사부조직에서 사부단백질과 비슷한 기능을 수행하는 물질은?

① 큐틴
② 수베린
③ 칼로오스
④ 리그닌

해설 사세포들은 사부단백질이라는 단백질성 물질을 합성하거나 칼로오스라고 하는 포도당의 중합체를 갖고 있다. 이 물질들은 사부에 상처가 났을 때, 또는 휴면기에 사판의 사공을 막아 물질의 이동을 차단하는 역할을 한다.

작물생리학

33. 사관세포에 대한 설명으로 옳은 것은?

① 나자식물에서 볼 수 있다.
② 긴 방추형이며, 끝이 뾰족하다.
③ 살아 있어 1차 세포벽만을 가진다.
④ 물질의 수송은 주로 측벽의 사지역을 통해 이루어진다.

해설 ① 피자식물에서 볼 수 있다.
② 사세포는 긴 방추형이며, 끝이 뾰족하다.
④ 격벽에 넓은 사지역과 직경이 큰 사공을 갖는 사판이 있어 이를 통해 물질의 수송이 이루어진다.

34. 식물조직에 대한 설명으로 옳지 않은 것은?

① 식물체에서 체관부의 양분전류 시 전류에 필요한 에너지를 공급하는 조직은 유조직세포이다.
② 사관, 가도관, 동반세포, 사관부 유세포는 유기물질의 수송에 관계한다.
③ 도관은 목부조직을 구성한다.
④ 사관은 유관속계 중에서 원형질을 가진 살아있는 조직이다.

해설 가도관은 뿌리에서 흡수한 양수분의 이동통로의 역할을 한다.

35. 사부 구성요소 중 저장기능과 함께 동화물질을 물과 함께 측면으로 운반하는 작용을 하는 것은?

① 사부유조직
② 보강세포
③ 사관세포
④ 동반세포

해설 사부유조직은 저장기능과 체내 당 합성, 전류의 역할을 하지만, 동반세포는 성숙한 잎의 세포에서 소엽액의 사관요소로 광합성산물을 수송하는 역할을 한다.

36. 사관요소에서 칼로오스의 기능은?

① 수송을 차단한다.
② 수송을 촉진한다.
③ 상처를 치유한다.
④ 양분을 저장한다.

해설 ⓐ 정상기능을 하는 사요소에서는 소량이 사판의 표면에서 발견되지만, 사요소가 상처를 받거나 기능을 상실한 사요소에서 callus(유합조직)의 형성과 함께 급격히 합성되어 사판 주변에 축적되어 장기적으로 사판 구멍을 막아 전류시스템을 유지할 수 있도록 한다.
ⓑ 상해나 기계적 자극, 고온과 같은 스트레스, 휴면과 같은 정상적 발달과정에서 합성된다.
ⓒ 사판공에 상처 칼로스가 침적되면 주변의 온전한 조직으로부터 손상받은 사요소를 효율적으로 차단한다.

37. P-protein에 대한 설명으로 옳지 않은 것은?

① 형태와 크기는 식물에 따라 다양하다.
② 사관추출액이 공기에 노출되었을 때 겔화하는데 관여한다.
③ 사관요소가 상처를 입게 되면 곧바로 겔화되면서 사관의 구멍을 막아 수액의 외부유출을 방지한다.
④ 사관요소가 기능을 수행하는 동안 사공을 막는다.

해설 ⓐ P-protein은 사요소가 기능을 수행하는 동안에는 세포 내벽에 유치하며 사판의 사공을 막지 않지만, 사요소가 상처를 받으면 곧바로 겔화되면서 점질성 마개 역할을 하면서 사판공(사판 구멍, sieve plate pore)을 막아 수액의 외부유출을 방지하거나 미생물 감염을 방지한다.
ⓑ 사관액을 흡습하는 곤충에 대한 방어기작으로 보기도 한다.

38. 칼로오스에 대한 설명으로 옳지 않은 것은?

① $\beta-1,4$ 결합에 의한 포도당중합체이다.
② 사관요소가 상처를 입으면 캘러스 형성과 함께 급격히 합성되어 사판주위에 축적된다.
③ 식물의 전류시스템을 유지하도록 도와준다.
④ 성숙한 기능을 하는 사관요소에서 다량의 칼로오스가 사판위에 축적되어 있는 것을 볼 수 있다.

해설 정상기능을 하는 사요소에서는 소량이 사판의 표면에서 발견되지만, 사요소가 상처를 받거나 기능을 상실한 사요소에서 callus(유합조직)의 형성과 함께 급격히 합성되어 사판 주변에 축적되어 장기적으로 사판 구멍을 막아 전류시스템을 유지할 수 있도록 한다.

03 식물세포

01. 다음 중 식물세포에서 주로 볼 수 있는 것은?

① 핵
② 리보솜
③ 엽록체
④ 미토콘드리아

해설 세포벽, 세포간극, 원형질연락사, 엽록체, 액포는 식물세포에서만 볼 수 있다.

02. 식물세포에서만 볼 수 있는 복막구조체는?

① 액포
② 세포벽
③ 엽록체
④ 원형질연락사

해설 세포벽, 세포간극, 원형질연락사, 엽록체, 액포는 식물세포에서만 볼 수 있다. 이 중 엽록체는 두 겹의 단위막으로 구성된 복막구조체이다.

03. 다음 중에서 식물의 세포벽 구성성분 가운데 가장 큰 비중을 차지하는 것은?

① 인지질
② 단백질
③ 리그닌
④ 섬유소

해설 식물의 세포벽은 원섬유와 기질로 구성된 복합체이다. 원섬유는 셀룰로오스(섬유소) 분자로 구성되며, 기질은 헤미셀룰로오스, 펙틴, 리그닌 등의 다당류와 세포벽 단백질, 지질, 무기염류 등으로 구성되어 있다. 세포벽 구성성분 가운데 셀룰로오스가 가장 큰 비중을 차지하며, 목재를 형성하는 수목에는 리그닌의 함량이 매우 높다.

04. 성숙한 밀짚 세포벽에서 가장 많이 분포하는 성분은?

① 셀룰로오스　　　　　　② 펙틴
③ 리그닌　　　　　　　　④ 헤미셀룰로오스

해설 세포벽 구성성분 가운데 셀룰로오스가 가장 큰 비중을 차지하며, 목재를 형성하는 수목은 리그닌의 함량이 매우 높다.

05. 세포벽에 관한 설명으로 옳지 않은 것은?

① 세포벽에 원형질연락사가 있어 세포 간 물질이동이 가능하다.
② 세포벽은 세포의 바깥쪽으로 형성되어 간다.
③ 세포벽으로 인해 세포간극이 발달한다.
④ 세포 간의 벽공은 마주 보고 있어 벽공 쌍을 이룬다.

해설 세포벽은 세포의 안쪽으로 형성되어 간다.

06. 식물세포에서 원형질연락사가 주로 분포하는 곳은?

① 세포벽　　　　　　　　② 원형질막
③ 핵막　　　　　　　　　④ 엽록체 외막

해설 세포벽에 원형질연락사와 벽공이 발달하여 인접한 세포와의 연락을 담당한다. 원형질연락사는 1차세포벽을 가로질러 이웃해 있는 두 개의 세포 사이를 연결하는 작은 구멍이다.

07. 원형질연락사에 대한 설명으로 옳지 않은 것은?

① 1차 세포벽의 벽공지역에 많이 분포한다.
② 연결소관이 소포체와 연결되어 있다.
③ 연결소관과 원형질막 사이에 구형 또는 사상체 단백질이 있다.
④ 세포 내 소기관들의 세포 간 이동통로이다.

해설 세포 내 소기관은 원형질연락사를 통과하여 이동하지 못하고 RNA와 같은 크기의 분자들만 이동이 가능하다.

08. 세포막의 중요한 구성성분 두 가지는?

① 셀룰로오스와 펙틴
② 수베린과 리그닌
③ 인지질과 단백질
④ 핵산과 염기

해설 식물의 세포막은 세포 내 막구조물의 모든 막을 말한다. 이들은 반투성막으로 선택적 투과성을 가지는데, 그것은 막의 구성성분과 그들의 독특한 구조 때문이다. 특히 세포막은 인지질이중층에 단백질이 군데군데 박혀 있는 구조를 하고 있다.

09. 세포막에 대한 설명으로 옳지 않은 것은?

① 인지질이 이중으로 배열된 상태이다.
② 인지질과 단백질로 구성되어 있다.
③ 소수성 단백질은 인지질층에 들어 있다.
④ 인지질은 소수성 머리부분과 친수성 꼬리부분으로 이루어져 있다.

해설 원형질막(原形質膜, plasma membrane) 구조
① 원형질막의 두께는 7~9㎛이며, 구성성분은 인지질 60~80%, 단백질 20~40%이다.
② 원형질막의 구조는 유동모자이크모델(fluid mosaic model)로 설명한다.
  ㉠ 친수성 머리와 소수성 꼬리로 구분되는 인지질이 이중으로 배열되어 있다.
  ㉡ 인지질에 단백질이 표면에 붙어 있거나 인지질층 속에 박혀 떠돌아다니기 때문에 분포가 유동적이다.
  ㉢ 막의 중요한 기능은 대부분 구성 단백질에 의해 조절된다.

10. 세포막에 관한 설명으로 옳지 않은 것은?

① 외부와의 경계막으로 화학적 신호를 전달한다.
② 세포벽 성분의 합성에 관여한다.
③ 인지질이중층 구조를 하고 있다.
④ 크기가 작은 이온은 쉽게 통과시킨다.

해설 세포막은 반투성막으로 이온에 대하여 선택적 투과성이 있다.

11. 식물세포에서 유동모자이크모델로 설명되는 구조는?

① 세포벽
② 원형질막
③ 세포간극
④ 원형질연락사

해설 원형질막은 세포벽의 안쪽에서 원형질을 둘러싸는 막구조이다. 이는 세포막이라고도 한다. 구조를 보면 인지질이중층은 기름성분으로 움직이는 액체의 성질을 띠고 단백질 분자들이 띄엄띄엄 모자이크 모양으로 떠 있는 형태로 인지질이 바다에 떠다니는 단백질 빙산의 모습을 연상하여 유동모자이크모델이라고 한다.

12. 다음 중 핵에 관한 설명으로 옳지 않은 것은?

① 핵막에는 핵공이 존재하고 있어 핵과 세포질 간 물질 이동통로가 된다.
② 핵액은 콜로이드 상태의 액체이며, 그 속에 인과 염색사가 존재한다.
③ 핵산은 항상 염색체의 형태로 발견된다.
④ 인은 핵 속에 1개 또는 수 개가 들어 있으며 단백질과 RNA로 이루어져 있다.

해설 염색체의 발견은 세포분열기이며, 간기에는 염색사 형태로 존재한다.

13. 엽록체에 대한 설명으로 옳지 않은 것은?

① 두 겹의 단위막으로 싸여 있다.
② 엽록체막은 당지질과 단백질이 주성분이다.
③ 스트로마에 엽록소가 들어 있다.
④ DNA를 갖고 있다.

해설 엽록체는 두 겹의 막으로 싸여 있으며 내막에서 막포가 분화하며 막포의 구성단위가 틸라코이드이고 그라나를 형성한다. 이 틸라코이드막에 광합성의 명반응에 관여하는 색소(엽록소, 카로티노이드)와 단백질이 박혀 있다. 스트로마에는 암반응에 필요한 각종 효소가 들어 있고, 또한 독자적인 DNA를 갖고 있어 자체증식이 가능하다. 광합성뿐만 아니라 질소, 황 등의 동화작용이 일어나며, 아미노산, 지방산, ABA, 포르피린 등을 합성하고, 녹말립을 일시적으로 저장하기도 한다.

작물생리학

14. 다음 중 엽록체에 대한 설명으로 옳지 않은 것은?

① 광합성을 수행하는 세포 내 소기관이다.
② 이산화탄소 고정효소를 함유하고 있다.
③ 동화전분이 일부 축적된다.
④ 단백질 합성이 주요 기능이다.

해설 단백질을 세포질에서 리보솜이 합성한다.

15. 엽록체에서 ATP합성효소가 분포되어 있는 위치는?

① 스트로마
② 외막
③ 내막
④ 틸라코이드막

해설 틸라코이드막에서 명반응(광화학반응)이 일어나고 스트로마에서 암반응(CO_2 고정)이 일어난다. 스트로마는 틸라코이드를 둘러싸고 있는 액상의 기질, 또는 그 공간구획을 지칭한다. 틸라코이드막에는 명반응에 관여하는 엽록소와 보조색소, 전자전달계, ATP 합성효소 등이 정교하게 전기화학적으로 배열되어 있다. 구조 안의 공간을 틸라코이드 루멘이라고 하는데, 여기에는 양성자(H^+)가 축적 분포되어 있다.

16. 미토콘드리아에 대한 설명이 올바른 것은?

① 한 겹의 단위막으로 싸여 있다.
② DNA를 가지고 있다.
③ 세포마다 한 개씩 들어 있다.
④ ATP를 분해하는 장소이다.

해설 미토콘드리아는 이중의 단위막으로 싸여 있다. 모양은 원통형으로 엽록체보다 작지만 세포당 개수는 엽록체 수보다 훨씬 많다. 내막이 안으로 돌출하여 크리스타를 형성하는데 그 안쪽에 액상의 기질을 담고 있는 공간을 매트릭스라고 한다. 크리스타막에는 호흡에 필요한 효소와 전자전달계가 자리 잡고 있어 ATP의 생산능력을 높여 준다. 매트릭스에는 크렙스회로에 관여하는 각종 효소와 함께 자체 DNA와 리보솜을 갖고 있어 단백질을 합성하고 자기증식이 가능하다.

17. 다음 중 미토콘드리아에 대한 설명으로 옳지 않은 것은?

① 엽록체와 같이 복막구조계에 속한다.
② 내막은 크리스타를 이룬다.
③ DNA를 일부 함유하고 있어 자기증식이 가능하다.
④ 핵과 함께 ATP를 생산하는 중요 장소이다.

해설 세포 내 ATP 합성(인산화): 세포질(기질수준의 인산화), 엽록체(광인산화), 미토콘드리아(산화적 인산화)

18. 세포 내부 미토콘드리아를 모두 제거한다면 나타날 수 있는 결과는?

① 세포의 에너지대사가 현저히 감소한다.
② 세포의 삼투압이 높아진다.
③ 세포 내 RNA와 DNA가 파괴된다.
④ 세포의 생식능력이 상실된다.

해설 미토콘드리아는 세포 내 호흡을 담당하는 역할을 하며, 호흡의 결과 ATP를 합성한다.

19. 식물세포의 구성요소 가운데 DNA를 갖고 있지 않은 것은?

① 핵   ② 소포체
③ 엽록체   ④ 미토콘드리아

해설 식물세포에서 자체 DNA를 갖고 있는 소기관은 핵, 엽록체, 미토콘드리아이다.

20. 세포 내 소기관 중 복막구조이면서 DNA를 함유하는 기관을 모두 고르면?

⊙ 액포   ⓒ 소포체   ⓒ 핵   ㉢ 엽록체   ㉣ 미토콘드리아   ㉤ 골지장치

① ㉠, ㉡, ㉢   ② ㉡, ㉢, ㉣
③ ㉢, ㉣, ㉤   ④ ㉣, ㉤, ㉥

해설		
	복막구조	· 핵(1), 엽록체(20), 미토콘드리아(200) · 서로 이질적이며, 연속성이 없는 두 겹의 단위막으로 싸여 있다. · 모두가 자체 DNA를 가지고 있다. · 엽록체는 식물세포에서만 볼 수 있다.
소기관	단막구조	· 소포체(1), 골지장치(100), 액포(1), 퍼옥시솜(100) · 한 겹의 막에 싸여 있다. · 일반적으로 원형질막보다 조금 얇다. · 포상(胞狀)의 구조체로 막, 구, 관의 형태를 갖는다. · 막의 바깥은 시토졸과 접한다. · 액포는 식물세포에서만 볼 수 있다. · 올레오솜, 글리옥시솜은 특정 기관의 세포에서만 볼 수 있다.

21. 세포의 구성요소 가운데 한 겹의 단위막으로 싸여 있는 것은?

① 리보솜
② 액포
③ 엽록체
④ 미토콘드리아

해설 세포의 소기관은 단막구조체와 복막구조체로 구분할 수 있다. 그 가운데 핵, 엽록체, 미토콘드리아는 두 겹의 막으로 싸여 있는 복막구조체이고, 나머지는 단막구조체이다. 액포는 대표적인 단막구조체이다. 리보솜은 막구조체가 아니고, 단백질과 RNA로 구성된 과립이다.

22. 다음 중 소포체에 관한 설명으로 옳지 않은 것은?

① 조면소포체와 활면소포체가 있다.
② DNA를 부착한 소포체를 조면소포체라 한다.
③ 리보솜을 부착하지 않은 소포체를 활면소포체라 한다.
④ 조면소포체의 막포상에서는 단백질 합성이 이루어진다.

해설 **소포체**
ㄱ 얇고 긴 주머니 모양의 낭(囊, 시스터나, cisternae)이 원형질막에서 돌출하여 핵막까지 연결된 구조이다.
ㄴ 조면소포체(rough ER)와 활면소포체(smooth ER)로 구분된다.
   ⓐ 조면소포체: 막 표면에 리보솜이 붙어 있는 소포체로 단백질 합성장소이다.
   ⓑ 활면소포체: 판상모양으로 지질합성과 막조립의 기능을 한다.
ㄷ 소포체는 단백질과 지질을 합성하고, 원형질연락사를 통한 세포 간 물질수송에도 관여한다.

23. 세포 안에서 단백질합성에 관여하는 주요 기관은?

① 리보솜
② 골지장치
③ 퍼옥시솜
④ 올레오솜

해설 리보솜은 막구조체가 아니고 단백질과 RNA로 구성된 과립인데 이곳에 아미노산이 결합되어 단백질이 합성된다.

24. 핵내에서 m-RNA는 전사된 핵공을 통해 세포질로 이동하여 t-RNA의 아미노산 활성화 과정을 통해 폴리펩티드가 형성된다. 이때 폴리펩티드를 형성하는 곳은?

① 색소체
② 리보솜
③ 골지체
④ 미토콘드리아

해설 형질발현 중 폴리펩티드의 펩티드결합은 리보솜에서 이루어지며, 이러한 과정을 번역이라 한다.

25. 세포 내 소기관인 골지장치에 관한 설명으로 옳지 않은 것은?

① 세포 내 딕티오솜(dictyosome)의 집합체이다.
② 양끝이 부푼 낭 구조가 여러 개 겹쳐져 있는 모양이다.
③ 소포체에서 분비하는 단백질을 가공하여 저장한다.
④ 세포막 지질의 합성에 관여한다.

해설 골지장치(Golgi apparatus)
① 세포 내 딕티오솜(dictyosome)의 집합체를 골지장치라 하며, 동물세포에서는 디티오솜을 골지체라고 한다.
② 양 끝이 부푼 낭구조(시스터나)가 여러 개 겹쳐 있는 모양이다.
③ 소포체에서 분비하는 물질을 가공하고 농축하여 저장한다.
④ 저장물질을 변형시켜 새로운 물질을 합성하기도 하며, 식물의 세포벽 물질을 합성한다.

작물생리학

26. 과산화수소(H_2O_2)를 분해하여 물분자로 무독화시키는 효소는?

① superoxide dismutase
② peroxidase
③ catalase
④ lipase

해설 superoxide dismutase(과산화물불균화효소)
과산화물이온 O_2^- 의 불균화반응인 $2O_2^- + 2H^+ \rightarrow O_2 + H_2O_2$를 촉매하는 효소이다.

27. 카탈라제라는 효소가 들어 있어 식물체에 해로운 과산화수소(H_2O_2)를 물과 산소로 분해시키는 세포 내 소기관은?

① 퍼옥시솜　　　　　　　② 올레오솜
③ 글리옥시솜　　　　　　④ 스페로솜

해설 퍼옥시솜(peroxisome)
① 단막의 작은 알갱이 형태이다.
② 광호흡으로 생긴 글리콜산을 받아들이고 산화과정에서 과산화수소(H_2O_2)를 생성시킨다.
③ 카탈라아제(catalase)라는 효소가 들어 있어 식물체에 해로운 과산화수소를 물과 산소로 분해한다.
④ 광호흡과 관련이 있어 엽록체, 미토콘드리아와 공간적으로 매우 밀접하게 배열되어 있다.

28. 세포 내 소기관인 올레오솜에 관한 설명으로 옳지 않은 것은?

① 딕티오솜이라고도 한다.
② 종자의 발달과정 중 소포체에서 합성된 중성지방을 저장한다.
③ 인지질이중층의 단일막 구조이다.
④ 지방산을 산화시켜 숙신산을 생성한다.

해설 올레오솜(oleosome)
① 스페로솜(spherosome), 지질체, 유체 또는 기름방울이라고 부른다.
② 종자의 발달과정에서 소포체에서 합성된 중성지방을 저장하는 소기관이다.
③ 기관 자체가 소포체에서 유래하는데 반단위막인 인지질 단일층으로 둘러싸여 있다.
④ 반단위막에 올레오신이라는 단백질이 분포되어 있어 올레오솜이 서로 융합하지 않는다.
⑤ 종자가 발아할 때 중성지방이 지방산으로 분해되어 글리옥시솜으로 들어간다.

29. 지방이 저장된 종자나 어린 식물에서 지방산산화에 관여하며, 성장하면 사라지는 세포 내 소기관은?

① 퍼옥시솜
② 올레오솜
③ 글리옥시솜
④ 딕티오솜

해설 글리옥시솜(glyoxysome)
① 지방이 저장된 종자나 어린 식물에서 볼 수 있으며, 성장하면 없어진다.
② 올레오솜에서 유래한 지방산을 산화시키는 소기관이다.
③ 지방산을 아세틸-CoA를 거쳐 숙신산을 생성한다.
④ 숙신산은 미토콘드리아로 들어가 말산을 만들고, 말산은 세포질로 나가 최종적으로 당으로 전환되어 종자 발아와 어린 식물의 생장에 이용된다.
⑤ 기능을 효과적으로 수행하기 위해 종자나 어린 식물의 세포에는 올레오솜, 글리옥시솜, 미토콘드리아가 공간적으로 밀접하게 배열되어 있다.

30. 식물세포에 있는 액포의 일반적 특성을 바르게 설명한 것은?

① 성숙하면서 점점 작아진다.
② 단막구조체이다.
③ 엽록소를 일시 저장한다.
④ 노폐물을 체외로 배출한다.

해설 액포는 단막구조체인데 세포가 커 가면서 증가하여 성숙한 세포의 체적 중 90% 이상은 액포가 차지한다. 식물은 노폐물을 액포에 영구히 저장하는데 안토시아닌과 같은 수용성 색소를 집적하기도 한다.

31. 세포골격에 대한 설명으로 옳지 않은 것은?

① 세포골격은 미세소관과 미세섬유로 이루어져 있으며, 이들은 각각 tubulin과 actin단백질로 구성되어 있다.
② 세포골격의 형태는 섬유단백질이 3차원적으로 연결된 망상구조로 이루어져 있다.
③ actin섬유와 미세소관은 이를 구성하는 소단위체가 대칭구조로 되어 있어 극성을 지닌다.
④ 대부분 미세소관은 13개의 원시세사로 구성되어 있다.

해설 actin섬유와 미세소관은 이를 구성하는 소단위체가 비대칭구조로 되어 있어 극성을 지닌다.

26. ③　27. ①　28. ①　29. ③　30. ②　31. ③

32. 다음 중 미세소관의 기능으로 옳지 않은 것은?

① 세포의 성장과정에서 세포벽의 합성, 즉 세포벽 물질의 정렬에 관여한다.
② 셀룰로오스 원섬유의 배열을 조절하여 세포의 생장방향을 조절한다.
③ 딕티오솜 알갱이를 세포벽 쪽으로 움직이도록 도와준다.
④ 세포의 원형질 유동에 관여한다.

해설 ・세포의 원형질 유동에 관여하는 것은 미세섬유의 기능에 해당한다.
・미세소관의 기능
① 세포가 분열할 때 염색체의 이동과 세포판 형성에 관여한다.
② 원형질막 안쪽에 있어 세포벽 물질의 정렬에 관여한다.
③ 셀룰로오스 원섬유의 배열을 조절하여 세포의 생장방향을 조절한다.
④ 세포벽 물질이 들어 있는 소낭들을 원형질막의 일정한 부분으로 유도하거나 특정 부분으로 접근하지 못하도록 한다.

33. 다음 중 기질의 일반적 성질로 옳지 않은 것은?

① 세포기질에는 각종 이온, 저분자와 고분자 물질이 용해되어 있다.
② 기질 중 저분자와 이온은 세포의 삼투압이나 pH 완충능을 지배하며, 다양한 효소계가 있어 세포의 기초적인 대사에 관여한다.
③ 효소단백질을 중요한 분상상으로 하는 콜로이드계는 물리적 성질이 극단적으로 변동하는 경우 겔과 졸로 분리한다.
④ 세포막 가까이에는 주로 졸상태이며, 내부는 겔상태이다.

해설 ・세포막 가까이에는 주로 겔상태이며, 내부는 졸상태이다.
・세포기질
1) 의의
① 세포질에서 소기관들 사이 가용성 물질을 기질(基質, groundplasm)이라 한다.
② 소기관을 막구조로 본다면 리보솜, 미세소관, 미세섬유도 기질에 포함되어야 하지만 관찰되는 구조체이므로 기질에서 제외한다.
③ 무구조의 가용성 부분만을 기질로 보고 투명질 또는 시토졸이라고도 한다.
2) 구성과 기능
① 세포기질에는 각종 이온, 저분자와 고분자 물질이 용해되어 있다.
② 기질 중 저분자와 이온은 세포의 삼투압이나, pH완충능을 조절한다.
③ 다양한 효소계가 있어 세포의 기초적인 대사에 관여한다.
④ 해당작용, 5탄당인산회로, 당형성대사작용이 기질에서 일어난다.

34. 제1감수분열 전기의 과정을 올바르게 순서대로 나열한 것은?

① 세사기 – 태사기 – 대합기 – 복사기 – 이동기
② 세사기 – 복사기 – 태사기 – 대합기 – 이동기
③ 세사기 – 대합기 – 복사기 – 태사기 – 이동기
④ 세사기 – 대합기 – 태사기 – 복사기 – 이동기

해설 ㉠ 세사기 : 염색사 출현
㉡ 대합기 : 2중 염색체 구조
㉢ 태사기 : 4분 염색체 구조
㉣ 복사기 : 키아즈마, 교차, 교환시기

35. 감수분열 과정에서 반수체인 딸세포가 형성되는 시기는?

① 제1감수분열 중기
② 제1감수분열 전기
③ 제1감수분열 후기
④ 제1감수분열 말기

해설 • **감수분열 과정**: 생식기관의 특수한 세포에서 일어나는 감수분열은 연속 2회의 핵분열로 진행되며 제1감수분열은 염색체의 수가 반으로 줄어드는 감수분열이며, 제2감수분열은 염색분체가 분열하는 동형분열로 한 개의 생식모세포에서 4개의 감수분열 낭세포가 생긴다.
ⓐ **제1감수분열 전기**: 세사기 → 대합기 → 태사기 → 복사기(이중기) → 이동기의 5단계로 나누어진다.
ⅰ) **세사기(細絲期)**: 염색사가 압축, 포장되어 염색체 구조를 이루는 시기이다.
ⅱ) **대합기(對合期)**: 상동염색체가 짝을 지어 2가염색체를 형성하는 시기이다.
ⅲ) **태사기(太絲期)**: 염색체의 일부가 서로 교환되는 교차가 일어나며 염색체가 꼬인 것과 같은 모양을 하는 키아즈마(chiasma) 현상이 일어나는 시기이다.
ⅳ) **복사기(複絲期)**: 상동염색체가 분리되는 시기로 상동염색체 각각에서 2개의 염색분체가 확실하게 나타난다.
ⅴ) **이동기(移動期)**: 2가염색체들이 적도판을 향하여 이동하는 시기이다.
ⓑ **제1감수분열 중기**: 방추사가 생기면 2가염색체들이 적도판에 배열한다.
ⓒ **제1감수분열 후기**: 2가염색체의 두 상동염색체가 분리되어 서로 반대극을 향해 이동하여 양쪽 극에 한 세트씩 모인다.
ⓓ **제1감수분열 말기**: 새로운 핵막이 형성되며 반수체인 2개의 딸세포가 생긴다.
ⓔ **제2감수분열**: 제1감수분열이 끝난 수 극히 짧은 간기(間期, interkinesis)를 거쳐 곧바로 제2감수분열이 시작되며 간기에는 DNA의 합성이 일어나지 않고 제2감수분열은 반수체인 딸세포의 각 염색체의 자매염색분체가 분리하며 체세포분열과 똑같이 진행된다.

36. 체세포분열의 세포주기에 대한 설명으로 옳지 않은 것은?

① G_1기에는 딸세포가 성장하는 시기이다.
② S기에는 DNA 합성으로 염색체가 복제되어 자매염색분체를 만든다.
③ G_2기에는 세포 중 일부가 세포분화를 하여 조직으로 발달한다.
④ M기에는 체세포분열에 의하여 딸세포가 형성된다.

해설 체세포분열(體細胞分裂, 유사분열(有絲分裂); mistosis)
㉠ 하나의 체세포가 2개의 딸세포로 되는 것을 의미하며 일정한 세포주기를 갖는다.
㉡ 세포주기(細胞週期, cell cycle): G_1기 → S기 → G_2기 → M기 순서로 진행된다.

$$G_1기 \rightarrow S기 \rightarrow G_2기 \rightarrow M$$
간기   분열기: 전기 → 중기 → 후기 → 말기

ⓐ G_1기: 딸세포가 성장하는 시기
ⓑ S기: DNA 합성으로 염색체가 복제되어 자매염색분체를 만드는 시기
ⓒ G_2기: 체세포분열을 준비하는 성장기
ⓓ M기: 체세포분열에 의해 딸세포를 형성하는 시기
㉢ 체세포분열은 전기, 중기, 후기, 말기로 구분할 수 있다.
ⓐ 전기(前期, prophase): 염색사가 압축, 포장되어 염색체 구조로 되며 인과 핵막이 소실된다.
ⓑ 중기(中期, metaphase): 방추사가 염색체의 동원체에 부착하고 각 염색체는 적도판으로 이동한다.
ⓒ 후기(後期, anaphase): 자매염색분체가 분리되어 서로 반대방향으로 이동한다.
ⓓ 말기(末期, telophase): 핵막과 인이 다시 형성되고 세포질분열이 일어나 2개의 딸세포가 생긴다.
㉣ 체세포분열은 체세포가 가지고 있는 유전물질(DNA)을 복제하여 딸세포에게 균등하게 분배하기 위한 것이다.
㉤ 마모된 세포의 교체로 정상적 기능의 수행, 손상된 세포의 교체로 상처의 치유 역할도 한다.

37. 감수분열과 유사분열에 관한 설명으로 옳지 않은 것은?

① 하나의 세포가 한 번 유사분열하면 4개의 딸세포가 생기고, 감수분열하면 두 개의 딸세포가 생긴다.
② 유사분열 전기에는 상동염색체가 짝을 짓지 않고 제1감수분열 전기에는 짝을 짓는다.
③ 유사분열에서는 모세포의 염색체 수와 낭세포의 염색체 수가 동등하지만 감수분열에서는 낭세포의 염색체 수는 모세포의 1/2가 된다.
④ 유사분열은 유전물질의 균등분배 과정이고, 감수분열은 배우자 형성과정으로 유전자 재조합이 일어난다.

해설	구분	체세포분열	생식세포분열(감수분열)
	분열 횟수	1회	연속 2회
	딸세포 수	2개	4개
	2가염색체	형성되지 않음 2n → 2n	형성됨 1차분열 2차분열 2n → n → n
	염색체 수 변화	변화 없음	절반으로 감소
	염색체 구성	상동염색체가 쌍으로 있다.	상동염색체 중 하나만 있고 체세포에 비해 염색체 수가 절반이다.
	결과	생장, 재생, 무성생식	생식세포(배우자) 형성

38. 기관의 발달에 있어 세포의 증식 방식이 다른 하나는?

① 엽원기가 외의내층으로부터 발달할 때
② 측근원기가 내초로부터 발달할 때
③ 형성층이 방사 방향으로 세포를 증식할 때
④ 줄기 상처 주변에 유합조직이 생길 때

해설 ①, ②, ③은 병층분열이 일어나고 ④는 캘러스가 생긴다.

39. 측근이 내초로부터 발달할 때의 세포분열은?

① 복합분열
② 감수분열
③ 병층분열
④ 수층분열

해설 수층분열과 병층분열
① 수층분열(垂層分裂, anticlinal division)
  ㉠ 어떤 기준 면에 대하여 세포분열이 직교하는 세포분열이다.
  ㉡ 쌍자엽식물의 생장점에서 외의층 세포나 엽원기의 표피세포는 표피를 기준 면으로 직교하는 수층분열에 의해서만 증식한다.
② 병층분열(竝層分裂, periclinal division)
  ㉠ 기준 면에 대하여 분열 면이 평행하게 일어나는 세포분열이다.
  ㉡ 엽원기가 외의내층으로부터 또는 측근원기가 내초로부터 발달할 때에는 표피에 평행한 병층분열을 한다.
  ㉢ 형성층의 방사상 방향으로 세포가 증식하거나, 기관이 두께를 증대시킬 때 일반적으로 병층분열을 한다.
③ 캘러스(肉狀體, callus)
  ㉠ 분열조직에서 분열의 축이 없어 무방향으로 세포가 분열하여 형성한 일정한 형태가 없는 세포덩어리이다.
  ㉡ 조직배양에서 캘러스가 생긴다.
  ㉢ 식물체가 상처를 입었을 때 상처 주변에 캘러스(유상조직 또는 유합조직)가 생성된다.

PART 02

수분과 양분 생리

CHAPTER 01 물의 특성과 수분퍼텐셜

CHAPTER 02 수분의 흡수와 이동 및 배출

CHAPTER 03 식물의 무기영양

CHAPTER 04 무기양분의 흡수와 동화

01 CHAPTER 물의 특성과 수분퍼텐셜

1 물의 물리화학 및 특성

(1) 물의 원자 간 결합

1) 원자간 결합 방식

① 원자들은 서로 결합하여 분자나 물질을 만들어 안정된 상태를 유지하는데, 원자의 결합방식에는 이온결합, 공유결합, 금속결합 등이 있다.
② 원자의 결합은 원자의 전기음성도에 의해 방식이 결정된다.
  ㉠ 전기음성도(電氣陰性度): 최외각 전자의 수나 핵으로부터 거리로 계산하며, 분자 내에서 한 원자가 다른 원자의 전자를 끌어당기는 힘의 상대적 크기이다.
  ㉡ 전기음성도는 비금속원소가 2.2 이상으로 1.7 이하의 금속원소보다 크므로 비금속원소가 금속원소보다 주변의 전자를 끌어당기는 힘이 상대적으로 크다.
③ 전기음성도 차에 따른 원자간 결합방식
  ㉠ 이온결합
    ⓐ 한 원자가 자신의 전자를 다른 원자에게 전달하고, 상반된 전하의 두 이온이 이끌려 화합물을 형성한다.
    ⓑ 화학결합에서 두 원자 사이에 전기음성도 차이가 크면 전자를 쉽게 주고받아 이온화되고 이온결합을 한다.
    ⓒ 전기음성도 차이가 큰 금속원소와 비금속원소 간에 일어난다.
  ㉡ 공유결합
    ⓐ 원자들이 전자를 공유하는 결합으로 가장 강력함.
    ⓑ 전기음성도가 비슷하거나 같은 원자끼리 만나면 전자를 서로 공유하면서 공유결합을 한다.
    ⓒ 비금속원소끼리 공유결합을 한다.
  ㉢ 금속결합
    ⓐ 금속원소끼리는 자유전자(전자구름)를 공유하면서 생기는 정전기적 인력으로 금속결합을 한다.
    ⓑ 전기음성도가 비슷하거나 같은 금속원소 간에 일어난다.

2) 물분자의 원자 간 결합

① 물분자는 수소와 산소 두 종류의 비금속원소가 공유결합을 하고 있다.
  ㉠ 수소의 전기음성도 2.2는 산소 3.5 보다 작지만 차이가 크지 않아 공유결합을 한다.
  ㉡ 두 개의 수소전자가 각각 하나의 전자를 투자하고, 한 개의 산소원자는 두 개의 전자를 투자하여 두 개의 전자쌍을 만들어 전자를 서로 공유하여 안정된 상태의 최외각전자의 수요를 만족시킨다.
② 산소원자의 전기음성도가 수소보다 크므로 전자가 산소 쪽으로 치우쳐 산소는 음전하를, 수소는 양전하를 띤다.
③ 물과 같이 극성 공유결합을 하는 분자를 쌍극성분자 또는 쌍극자라 한다.

> **참고**
>
> 각 원소는 전자의 수에 따라 서로 다른 개수의 전자껍질이 있다. 전자는 원자핵에서 가까운 껍질부터 배치되는데, 첫 번째 전자껍질에는 2개, 두 번째와 세 번째 전자껍질에는 8개의 전자가 배치될 수 있다. 원자핵에서 가장 멀리 있는 전자껍질에 배치된 전자를 최외각 전자라고 한다.

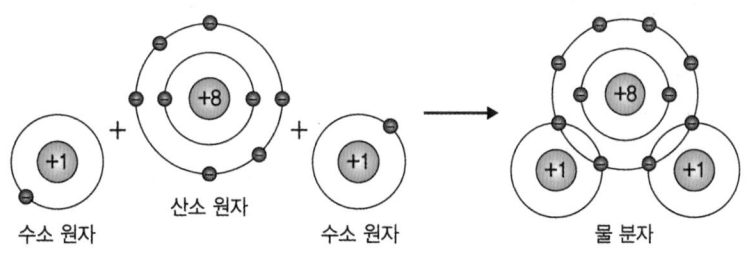

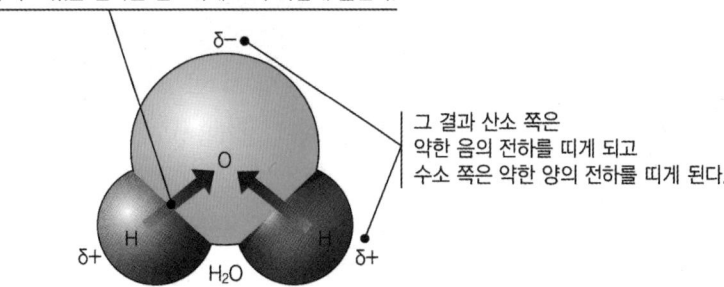

(2) 물분자 간 결합

1) 분자 간 결합

① 물질의 분자 간 결합에 작용하는 힘에는 중력, 반데르발스(Van der Waals) 힘, 수소결합이 있다.

② 중력
  ㉠ 중력은 질량을 갖는 모든 물체 사이에 작용하는 만유인력이다.
  ㉡ 질량이 작은 분자들 사이에는 무시할 수 있을 정도로 미약하다.

③ 반데르발스 힘
  ㉠ 두 개의 분자가 서로 접근했을 때 한 분자의 핵을 구성하는 양성자(분자핵, +전하)와 다른 분자의 전자(최외각전자, -전하) 사이 서로 당기는 전기적 인력으로 모든 물질에서 액체나 고체 상태의 분자 간 결합에 작용한다.
  ㉡ 분자 사이 거리가 충분히 가까울 때만 작용한다.
  ㉢ 순간적으로 생겼다가 없어지곤 한다.
  ㉣ 반데르발스 힘으로 결합된 고체들은 보다 강한 이온결합·공유결합·금속결합으로 이루어진 고체들보다 부드럽고 더 낮은 온도에서 녹는 특징을 가졌다.

④ 수소결합
  ㉠ 물 분자 사이에서도 반데르발스 힘이 작용하나 물의 물리화학적 특성을 지배하는 주된 힘은 수소결합이다.
  ㉡ 2개의 쌍극성 분자가 수소를 사이에 두고 약하게 결합된 방식이다.

2) 물 분자 간 수소결합

① 쌍극성분자(쌍극자)
  ㉠ 공유결합하는 분자 중 물과 같은 분자를 쌍극성분자라 한다.
  ㉡ 쌍극성분자는 극성공유결합으로 한 분자 내 양극과 음극을 지니는 특성이 있다.
  ㉢ 물과 같은 쌍극성분자로는 암모니아(NH_3), 불화수소(HF) 등이 있다. 황화수소(H_2S)는 물 분자와 비슷하나 유황의 전기음성도가 크지 않아 극성이 분명하게 나타나지 않는다.

② 물 분자의 수소결합
  ㉠ 물 분자는 쌍극성분자이므로 물 분자가 여러 개 모이면 각 분자의 양극은 인접한 물 분자의 음극을 만나고, 이렇게 되면 그들 양극 사이 정전기적 인력이 작용하여 서로 끌어당기는 힘이 생긴다.
  ㉡ 이와 같이 두 개의 쌍극성분자가 수소를 사이에 두고 약하게 연결된 것을 수소결합이라 한다.
  ㉢ 수소원자의 양극은 음극인 산소원자와 결합할 뿐 아니라 다른 물분자의 산소와도 결합하여 산소-수소-산소로 이어져 수소원자가 두 산소를 연결하는 양상을 보인다.

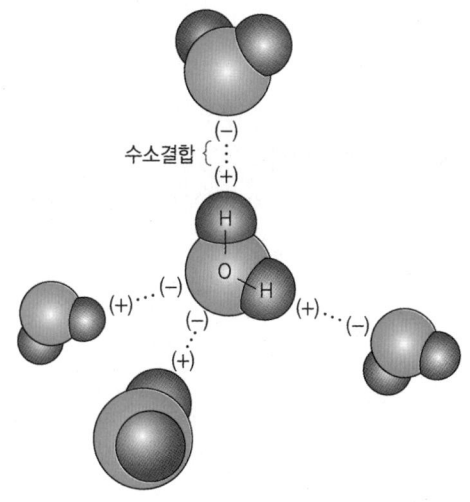

(3) 물의 특성

1) 비등점(沸騰點, 끓는점, boiling point)이 높다.

① 물은 수소결합을 하고 있어 분자량이 비슷한 다른 물질에 비해 비등점이 높다.
② 물분자는 높은 비등점으로 상온에서 액체상태로 존재하며, 액체상태의 물은 부피가 변하지 않는다.
③ 이러한 물의 특성은 식물의 형태유지, 체내 물질의 이동과 대사작용을 가능하게 하고, 세포를 팽창시켜 생장을 유도하며, 세포의 팽압을 조절하여 식물의 운동을 가능하게 하는 등 식물체에서 다양한 기능을 발휘할 수 있다.

[물질의 분자량과 비등점][2]

화합물	분자량	비등점(℃) [K]
물(H_2O)	18.0	100.2 [373.2]
네온(Ne)	20.0	−246.0 [26.8]
메탄(CH_4)	16.0	−161.3 [111.7]
황화수소(H_2S)	34.1	−59.5 [213.5]
셀렌화수소(H_2Se)	81.0	−41.3 [231.7]
텔루르화수소(H_2Te)	129.6	−2.0 [271.0]

2) 비열과 잠열이 크다.

① 비열과 잠열
  ㉠ 비열(比熱, specific heat): 단위질량 물질을 1℃ 올리는데 필요한 에너지의 양으로 일반적으로 1cal은 순수한 물 1g을 1℃ 높이는데 소요되는 열량을 말한다.

---
2) 재배식물생리학 p.89 표4-1, 문원, 이승구 공저, 2002, 한국방송통신대학교출판부

ⓒ 잠열(潛熱: latent heat): 물질이 온도나 압력의 변화를 보이지 않고 평형을 유지하면서 한 상에서 다른 상으로 변할 때 흡수 또는 발생하는 열
② 비열이 높다는 것은 높은 잠열을 갖고 있다는 것으로 기화 시 기화열을 흡수하고, 액화 또는 고체화할 때 융해열을 방출한다.
③ 이러한 특성은 지상의 기온 유지, 온도의 급격한 변화의 방지, 식물체가 체온을 유지하면서 주변 기온에 대체할 수 있도록 한다.
④ 증산작용 시 주변으로부터 기화열을 빼앗아 잎을 냉각시킨다.

3) 물은 용해성이 크다.

① 크기가 작고 쌍극성분자인 물 분자는 많은 종류의 물질을 다량으로 용해시킬 수 있다.
② 쌍극성으로 이온성화합물이나 극성을 띠는 $-OH$(하이드록실기, 수산기) 또는 $-NH_2$(아민기)를 갖는 당이나 단백질분자들을 잘 녹일 수 있다.
③ 극성을 띠는 물분자는 하전된 이온이나 분자에 이끌려 주변으로 수화각(水和殼, shell of hydration)을 형성하고, 형성된 수화각은 이온 사이의 결합을 막고, 고분자 물질 간의 상호작용을 감소시킨다.
④ 물은 용해성으로 각종 염류를 포함하는 양분을 분해, 흡수, 이동시키며, 체내 여러 가지 대사작용을 가능하게 한다.

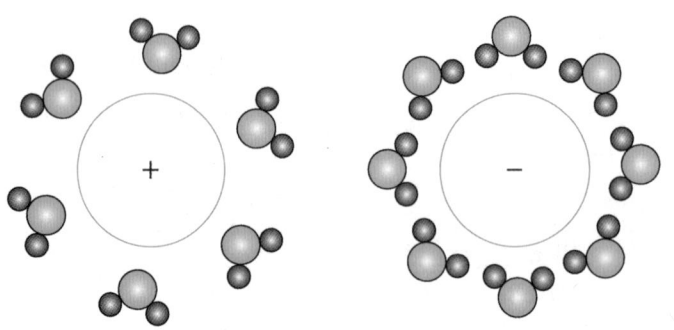

[이온 주변의 물분자 배열(수화각 형성)]

> **참고**
>
> **수화각**
> 물분자는 쌍극성으로 산소쪽은 음전하를 수소쪽은 양전하를 띠므로 양이온은 산소부위가 이온쪽을 향하고, 음이온은 수소부위가 이온쪽으로 배열된다. 이러한 식으로 물분자가 이온 주변에 가지런히 배열되어 수화각을 형성하면 서로 간의 결합을 막는다.

4) 부착력(附着力, adhesive force)과 응집력(凝集力, cohesive force)이 크다.

① 물은 수소결합을 하므로 다른 물질과는 부착력이 생기고, 물분자 간에는 응집력이 생긴다.
② 부착력과 응집력은 표면장력과 모세관현상을 일으키는 중요한 요인이 된다.

③ 식물체 내에서 기포가 발생하면 막공 등을 통과하지 못하는데, 이는 기포 주변 표면장력이 너무 커서 기포가 형태변형을 할 수 없기 때문이다.
④ 물의 부착력과 응집력은 식물체의 수분이동에 큰 영향을 미치며, 특히 키 큰 나무의 꼭대기까지 물을 끌어올리는 힘이 된다.

2 물의 이동원리

(1) 확산과 삼투 및 집단류

1) 의의
    ① 물의 이동방식에는 확산, 삼투, 집단류가 있다.
    ② 확산과 삼투는 물 분자의 개별적 운동에 의한 이동이고, 집단류는 물 분자가 집단으로 이동하는 것이다.
    ③ 확산에 의한 이동은 눈에 잘 띄지 않고, 집단류는 쉽게 확인할 수 있다.

2) 확산(擴散, diffusion)
    ① 분자들이 운동에너지에 의하여 무방향으로 분자나 이온이 이동하는 현상이다.
    ② 대부분 물과 용질의 세포내외 출입은 집단적 이동이 아닌 한 분자씩 일어나는 확산운동에 의한 것이다.
    ③ 확산의 원리
        ㉠ 확산이 일어나는 경향과 방향은 화학퍼텐셜 구배(勾配, 기울기)에 의해 좌우된다.
        ㉡ 화학퍼텐셜의 구배가 클수록 확산속도는 빨라지고, 구배가 없으면 확산은 일어나지 않는다.
    ④ 물의 확산 속도와 이동 방향은 온도, 압력, 용질, 흡착 표면 등에 의해 결정된다.
        ㉠ 온도의 증가나 용액의 압력이 높으면 수분퍼텐셜도 증가되어 온도와 압력이 높은 쪽에서 낮은 쪽으로 확산된다.
        ㉡ 용질: 용액에 용질이 첨가되거나 물과 결합하려고 하는 표면을 가진 기질(단백질, 당류)이 존재하면 수분퍼텐셜이 낮아져 물 분자는 용질이 첨가된 용액이나 단백질·당류로 확산된다.

3) 삼투(滲透, osmosis)
    ① 삼투: 반투성막을 통해 화학퍼텐셜의 구배에 따라 물이 확산되는 현상이다.
    ② 반투성막: 세포막과 같이 물은 투과시키지만 용질을 투과시키지 않는 막을 말한다.
    ③ 식물의 세포막은 반투성막으로 확산과 삼투가 일어나며, 특히 인지질이중층에서는 물의 확산 이동이 일어난다.

④ 세포막에서는 물(용매)입자는 용질입자보다 작아 통과하지만 세포벽에서는 두 입자 모두 투과하지 못한다. 따라서 삼투현상으로 물이 세포 내로 들어가면 그 외부에는 세포벽이 있어 압력이 증가하게 된다.

4) 집단류(集團流, bulk flow)

① 의의
- ㉠ 압력구배에 따라 분자들이 이동하는 것이다.
- ㉡ 강물의 흐름, 호스를 통한 물의 이동, 대류, 물관부 조직의 통도세포 등이 이에 해당된다.
- ㉢ 물질의 이동은 이동하는 물질에 중력, 압력과 같은 어떠한 힘이 외부로부터 작용하기 때문에 압력구배에 따라 물질의 분자는 하나의 집단으로 모두 같은 방향으로 이동한다.

② 식물의 집단류
- ㉠ 식물 세포막에 아쿠아포린(aquaporin)이라는 내재성단백질에 의해 형성된 수분 선택적 통로를 통해 미약하지만 집단류에 의한 수분이동이 일어난다.
- ㉡ 줄기에서도 도관 내 수액의 장력, 정수압 등 압력의 구배에 의한 집단류가 일어난다.
- ㉢ 식물체 내 수분의 신속한 이동과 원거리 이동은 주로 집단류에 일어난다.
- ㉣ 집단류와 함께 여러 용질분자가 동시에 이동된다.

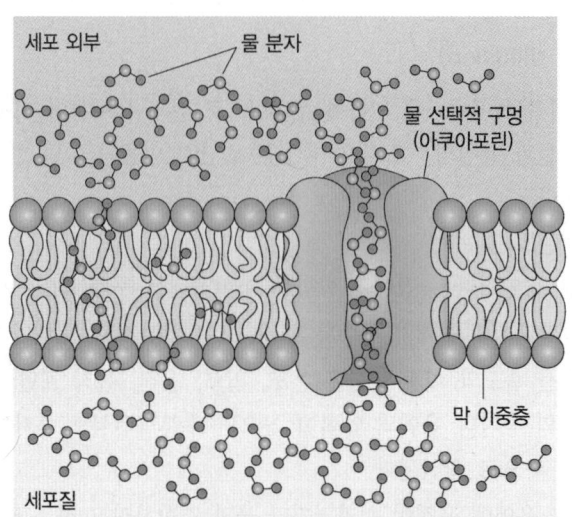

[세포막에서 물의 확산이동과 집단류]

물분자는 이중막을 통한 개별적 확산으로 세포 내로 들어가는 한편 아쿠아포린이라는 수분 선택적 채널을 형성하는 수송관단백질을 통해 미세한 집단류가 일어나 수분이 빠르게 세포막을 통과할 수 있다.

(2) 수분퍼텐셜

1) 개념
① 물질의 총에너지(내부에너지)는 퍼텐셜에너지(위치에너지)와 운동에너지의 합으로 정의된다.
② 자유에너지
  ㉠ 자유에너지는 계와 주위 사이에 경계를 넘어서 일에 사용될 수 있는 에너지의 척도로 일정한 온도와 기압에서 일로 전환할 수 있는 최대 에너지양이라 할 수 있다.
  ㉡ 에너지는 부피나 질량이 없어 절대량은 측정할 수 없고 오로지 물질에 나타나는 작용 효과로서만 관찰되므로 에너지의 변화량은 계산할 수 있다.
  ㉢ 에너지가 변한다는 것은 에너지가 이동한다는 의미이다.
  ㉣ 그 변화량을 측정하며 단위는 줄(J) 또는 칼로리(cal)로 나타낸다.
  ㉤ 화학퍼텐셜은 어떤 물질 1g 분자량의 자유에너지(J/mol)을 의미하며, 주어진 상태에서 한 물질의 퍼텐셜과 표준 상태에서 같은 물질의 퍼텐셜과의 차이인 상대적인 값으로 나타난다.
  ㉥ 통상 물의 화학퍼텐셜을 수분퍼텐셜이라 한다.
③ 수분퍼텐셜(ψ_w) 추정
  ㉠ 수분의 이동을 어떤 상태의 물이 지니는 화학퍼텐셜을 이용하여 설명하고자 도입된 개념으로 토양-식물-대기로 이어지는 연속계에서 물의 화학퍼텐셜을 서술하고 수분이동을 설명하는데 사용할 수 있다.
  ㉡ 수분퍼텐셜과 관련 있는 에너지도 자유에너지로 절대량을 측정할 수 없으며, 어떤 기준점을 설정하여 이를 중심으로 상대적인 값으로 표시한다.
  ㉢ 현재 1기압, 등온조건의 기준상태에서 순수한 물의 수분퍼텐셜을 0으로 간주한다. 따라서 용액의 수분퍼텐셜은 항상 0보다 작은 음(-)의 값을 갖는다.
  ㉣ 정의: 수분퍼텐셜은 한 조건에서 용액 중 물의 화학퍼텐셜(μ_w)과 대기압 하의 같은 온도에서의 순수한 물의 화학퍼텐셜(μ^0_w)의 차이를 물의 부분몰부피(V_w)로 나눈 값

$$\psi_w = \frac{\mu_w - \mu^0_w}{V_w}$$

  ㉤ 식물에서 삼투현상을 고려하여 압력단위인 파스칼(Pascal, Pa)로 나타낸다.
  ㉥ **파스칼**: $1m^2$에 균일하게 작용하는 1N(Newton)의 힘으로 1bar는 10^5Pa(0.1MPa)에 해당한다.
    ⓐ pa=$1m^2$에 균일하게 작용한 1N의 힘($1N/m^2$)
    ⓑ N=$1kg \cdot m/\sec^2$
    ⓒ 1Mpa=10atm(atmosphere, 기압)=10 bar=1,000kPa

2) 수분퍼텐셜의 이용

① 물의 이동방향

㉠ 물의 퍼텐셜에너지는 높은 곳에서 낮은 곳으로 이동한다.

ⓐ **삼투압**: 낮은 삼투압 → 높은 삼투압

ⓑ **수분퍼텐셜**: 높은 수분퍼텐셜 → 낮은 수분퍼텐셜

㉡ 특정한 계에서 물은 시간과 위치에 따라 수분퍼텐셜의 평형을 향하여 이동하는데 이는 물의 형태가 변하는 것이 아니라 에너지 상태가 변하는 것으로 에너지가 이동하는 것이다.

$$\Delta \psi = \psi_1 - \psi_2 = 0$$

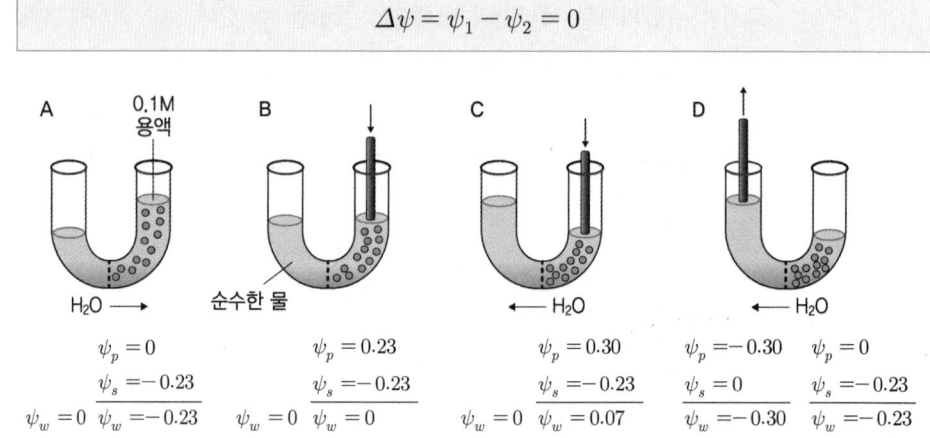

[수분퍼텐셜의 수준과 구배에 따른 물의 확산이동]

U형 유리관 하단 중앙에 선택성막을 설치하고 순수한 물을 일정 수준 채운 후 양쪽에 용질과 압력을 가하면 수분퍼텐셜이 높은 곳에서 낮은 곳으로 이동한다. 대기압하에서 순수한 물의 수분퍼텐셜(ψ)은 0 MPa이며, 여기에 용질을 첨가하면 삼투퍼텐셜(ψ_s)이 내려가고 압력을 가하면 압력퍼텐셜(ψ_p)이 증가한다.

② **수분퍼텐셜의 결정 요인**: 수분퍼텐셜은 온도와 압력이 높아지면 증가하고 용질의 농도가 증가하면 감소한다.

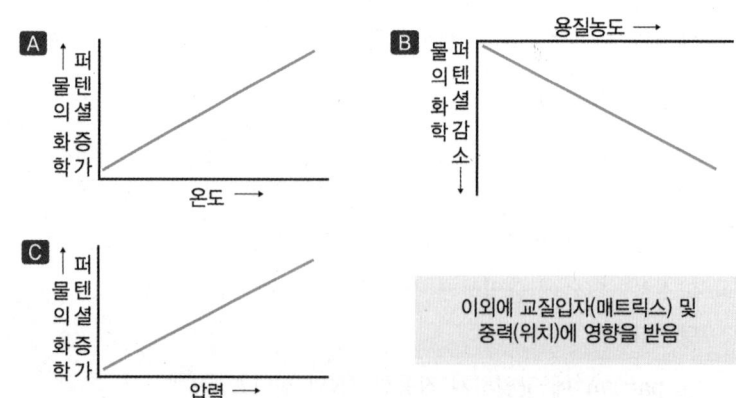

이외에 교질입자(매트릭스) 및 중력(위치)에 영향을 받음

3) 수분퍼텐셜의 구성

① 수분퍼텐셜(ψ_w)=삼투퍼텐셜(ψ_s)+압력퍼텐셜(ψ_p)+매트릭퍼텐셜(ψ_m)+중력퍼텐셜(ψ_g)
  ㉠ ψ_w은 '0'이나 '−' 값을 갖는다.
  ㉡ 순수한 물의 수분퍼텐셜 값이 가장 높다.

② 삼투압퍼텐셜(ψ_s, osmotic potential)
  ㉠ 용액의 용질 농도에 의해 생기며, 용액 내 존재하는 용질에 의해 형성되므로 용질퍼텐셜이라고도 한다.
  ㉡ 용질이 첨가될수록 물의 농도가 감소하여 그 값은 낮아진다.
  ㉢ 순수한 물의 수분퍼텐셜이 0이므로 항상 음(−)값을 가진다.
  ㉣ ψ_s 또는 π로 표시된다.
  ㉤ 용액의 삼투퍼텐셜은 대기압 하에서 그 용액의 수분퍼텐셜과 같다.
  ㉥ 식물체 내에서는 반투성막을 사이에 두고 물은 삼투퍼텐셜이 높은 용액으로부터 낮은 용액으로 확산된다.
  ㉦ 일반토양에서는 삼투퍼텐셜이 무시될 수 있지만, 염류농도가 높은 토양에서는 삼투퍼텐셜이 식물체의 수분 흡수에 영향을 미친다.
  ㉧ 체내에서는 함수량과 가용성물질이 삼투퍼텐셜을 좌우하며, 체내에서의 수분이동에 관여한다.

③ 압력퍼텐셜(ψ_p, pressure potential)
  ㉠ 식물세포 내 벽압이나 팽압의 결과로 생기는 정수압에 따른 퍼텐셜에너지이다.
  ㉡ 팽압: 식물세포는 세포벽이 있어 세포 안쪽에는 양(+)의 정수압(靜水壓, hydrostatic pressure; 정지되어 있는 물속의 압력)이 생기며, 이 정수압을 팽압(膨壓, turgor pressure)이라 한다.
  ㉢ 정수압: 정지되어 있는 물속의 압력. 물속의 한 점에 작용하는 압력의 크기는 물의 깊이와 밀도의 곱으로 나타낸다.
  ㉣ 벽압은 팽압과 같은 값을 가지나 방향은 정반대이다.
  ㉤ 일반적으로 압력이 주어지면 압력퍼텐셜이 증가하고, 수분퍼텐셜이 높아지므로 압력을 받은 쪽에서 반대방향으로 수분이 이동한다.
  ㉥ 특징
    ⓐ 압력퍼텐셜은 삼투퍼텐셜과 매트릭퍼텐셜이 음(−)의 값을 갖는 것과 달리 양(+)의 값을 갖는다.
    ⓑ 초본식물의 잎의 세포에서 팽압은 여름 정오에 0.3~0.5MPa이고, 밤에는 1.5MPa이다. 팽압의 주야간 변화는 수분함량에서 볼 수 있는 전형적인 주야간 변화와 일치한다.
    ⓒ 원형질분리를 일으킨 세포의 팽압은 0MPa 이하이다.
    ⓓ 증산작용이 왕성한 기간의 물관부 내의 물에는 장력 또는 음(−)의 정수합이 생기며, 이는 식물을 통하여 물을 장거리 이동시키는데 매우 중요하다.

④ 매트릭퍼텐셜(ψ_m, matric potential)
  ㉠ 대기압 하에서 물 분자를 흡착하는 성향에 대한 척도로 물 분자와 이와 접촉되는 매트릭스(토양입자, 고형물질, 세포벽 등) 사이의 장력, 즉 매트릭스에서 물 분자를 떼어내는데 필요한 힘을 의미한다.
  ㉡ 매트릭스로부터 물 분자가 떨어져 나가 이동하기 위해서는 외부의 힘(압력)을 받아야 하므로 항상 음(-)의 값을 갖는다.
  ㉢ 일반식물세포에서는 수분퍼텐셜에 거의 영향을 미치지 않으므로 무시할 수 있으나 건조한 종자, 토양에서는 수분퍼텐셜을 결정하는데 매우 중요하다.

⑤ 중력퍼텐셜(ψ_g, gravitational potential)
  ㉠ 수분이 갖는 위치에너지(퍼텐셜에너지)이다.
  ㉡ 질량을 갖는 모든 물체는 중력이 있고, 중력은 질량이 무거울 수록 커지므로 지구의 중력에 의해 지상의 모든 물체는 지구의 중심을 향해 이끌린다.
  ㉢ 지구의 인력(중력)의 반대 방향으로 물체를 들어올리기 위해서는 일을 해야 하며, 들어올려진 물체는 그만큼의 위치에너지를 갖게 된다.
  ㉣ 수분도 주어진 위치에 해당하는 만큼의 에너지를 갖게 되는데 이것이 중력퍼텐셜이다.
  ㉤ 기준점 위의 물은 양(+)의 중력퍼텐셜을 갖고, 기준점 밑의 물은 음(-)의 값을 갖는다.

4) 성분퍼텐셜의 상호관계
  ① 토양의 수분퍼텐셜
    ㉠ 토양의 수분퍼텐셜을 구성하는 성분퍼텐셜 중 중력퍼텐셜과 삼투퍼텐셜은 토양에서는 값이 작아 무시할 수 있으며, 압력퍼텐셜과 매트릭퍼텐셜이 중요한 요소가 된다.
    ㉡ 토양 공극의 포화도에 따라 포화토양의 경우 압력퍼텐셜이, 불포화토양에서는 매트릭퍼텐셜이 큰 비중을 차지한다.
    ㉢ 매트릭퍼텐셜은 음(-)의 값을 가지므로 토양이 건조할수록 장력은 커지고 수분퍼텐셜은 낮아진다.
    ㉣ 건조 토양에서는 메트릭퍼텐셜이 낮고, 수분함량이 증가하면서 매트릭퍼텐셜 값도 점차 증가한다.

[토양의 수분상수와 매트릭퍼텐셜[3]]

수분상수	ψ_m (MPa)
흡착계수	-3.1
위조점	-1.5
포장용수량	-0.3

---

[3] 재배식물생리학 p.100 표4-9, 문원, 이승구 공저, 2002, 한국방송통신대학교출판부

② 식물체 세포의 수분퍼텐셜
  ㉠ 식물체의 체 내에서의 수분퍼텐셜에서는 매트릭퍼텐셜은 영향을 거의 미치지 않고 삼투퍼텐셜과 압력퍼텐셜이 좌우하므로 $\psi_w = \psi_s + \psi_p$로 표시할 수 있다.
  ㉡ 세포 부피와 압력퍼텐셜의 변화에 따라 삼투퍼텐셜과 수분퍼텐셜이 변화한다.
  ㉢ 압력퍼텐셜과 삼투퍼텐셜이 같아지면 세포의 수분퍼텐셜은 0이 되므로 팽만상태가 된다. ($\psi_s = \psi_p$)
  ㉣ 수분퍼텐셜과 삼투퍼텐셜이 같아지면 압력퍼텐셜은 0이 되므로 원형질분리가 일어난다. ($\psi_w = \psi_s$)

	수분퍼텐셜(ψ_w)	=	삼투퍼텐셜(ψ_s)	+	압력퍼텐셜(ψ_p)
팽만상태	0MPa	=	−2.0MPa	+	2.0MPa
약간 팽만상태	−1.2MPa	=	−2.5MPa	+	1.3MPa
원형질분리상태	−2.5MPa	=	−2.5MPa	+	0MPa

  ㉤ 용질의 농도가 높거나 압력과 온도가 낮아지면 수분퍼텐셜은 감소하게 된다.
③ 식물체 내 수분퍼텐셜
  ㉠ 수분퍼텐셜 구배
    ⓐ 수분퍼텐셜은 토양이 가장 높고, 대기가 가장 낮으며 식물체 내에서 중간 값이 나타나므로 수분의 이동은 토양 → 식물체 → 대기로 이어진다.
    ⓑ 식물세포, 조직은 수분퍼텐셜이 높아질수록 더 탈수된 다른 세포나 조직으로 물을 공급할 수 있는 능력이 커진다.
    ⓒ **토양수**: 토양용액은 희석되어 있으므로 압력포텐셜이 0이며, 삼투퍼텐셜은 이보다 약간 낮은 음(−)의 값이므로 수분퍼텐셜도 다소 낮은 음(−)의 값을 갖는다.
    ⓓ **목부 내의 물**: 용질이 거의 없어 삼투퍼텐셜은 다소 낮은 음(−)의 값을 타나나나 물은 장력을 받게 되어 수분퍼텐셜은 토양수보다 더 낮은 음(−)의 값을 갖게되어 식물체 내로 물이 흡수, 이동된다.
    ⓔ **잎 세포**: 세포액의 농도가 더 높으므로 삼투퍼텐셜은 매우 낮은 음(−)의 값을 갖게 되어 물은 안으로 이동되어 압력퍼텐셜이 생기나, 세포 내 수분퍼텐셜은 목부 내 보다 더 낮은 음(−)의 값을 유지하게 된다.
    ⓕ **대기**: 잎 세포보다 더 낮은 음(−)의 값을 나타낸다.
  ㉡ 식물조직에서의 수분퍼텐셜
    ⓐ 뿌리세포: 보통 약 −0.5MPa
    ⓑ 팽만상태에 있는 잎: 0MPa
    ⓒ 통기가 잘되는 토양에서 생장한 식물의 잎: −0.2 ~ −0.8MPa
    ⓓ 건조한 토양에서 생장한 식물의 잎: −0.8 ~ −1.5MPa
    ⓔ 매우 건조한 토양에서 생장한 식물의 잎: −1.5 ~ −3.0MPa

ⓕ 사막지대 관목의 잎: -3.0 ~ -6.0MPa

ⓖ 바람에 건조시킨 종자: -6.0 ~ -20.0MPa

ⓒ 물의 수분퍼텐셜은 높은 곳에서 낮은 곳으로 이동하며, 두 곳의 수분퍼텐셜이 같아지면 수분이 평형상태에 도달하고 이동은 정지된다.

5) 수분퍼텐셜 측정

측정방법에는 가압상법, 조직무게변화측정법, 차르다코프(Chardakov)방법, 증기압법, 빙점강하법, 노점식방법(사이프로메타법) 등이 있다.

① 가압상법

㉠ 압력을 가할 수 있는 밀폐 상자에 잎을 넣고 엽병의 절단면만 상자 밖으로 노출시킨 후 상자에 질소를 주입하면서 압력을 가한다.

㉡ 압력에 의해 수분이 절단면으로 빠져나오는데 이 때 압력을 압력계를 통해 확인한다.

㉢ 이 압력은 목부의 부압, 특히 목부의 압력퍼텐셜의 절대값과 같다고 가정한다.

㉣ 목부의 수분퍼텐셜에 압력퍼텐셜과 삼투퍼텐셜이 관여하나 목부의 삼투퍼텐셜이 0에 가깝기 때문에 목부의 압력퍼텐셜은 수분퍼텐셜과 같다고 볼 수 있다.

㉤ 기구의 설치와 이용 방법이 간편해 식물체의 수분퍼텐셜을 측정하는데 많이 이용된다.

② 조직무게변화측정법

㉠ 식물체 내에서 조직 사이 수분의 이동은 수분퍼텐셜이 결정하며, 수분은 수분퍼텐셜이 높은 조직에서 낮은 조직으로 이동한다는 원리를 이용한다.

㉡ 일정한 부피와 무게의 식물체 조직을 농도를 달리한 여러 용액에 넣는다.

㉢ 조직 안과 밖의 수분퍼텐셜 차이에 따라 물이 이동하도록 충분한 시간을 경과시킨다.

㉣ 조직의 무게 또는 부피를 측정하여 증가 또는 감소 여부를 파악하고, 조직의 무게나 부피의 변화가 없는 용액의 농도를 찾아 그 용액의 삼투퍼텐셜을 계산하면 그것이 바로 해당조직의 수분퍼텐셜이 된다.

㉤ 용액의 용질로는 조직에 쉽게 흡수되지 않는 솔르비톨, 만니톨, PEG(Polyethylene glycol) 등을 사용한다.

③ 차르다코프방법

㉠ 러시아 차르다코프가 개발한 방법으로 특수한 기기나 장치가 없어도 수분퍼텐셜을 쉽게 측정할 수 있다.

㉡ 조직무게변화측정과 원리는 같으나 조직의 무게나 부피 대신 용액의 농도 변화를 확인하는 방법이다.

㉢ 만약 용액의 농도가 변하지 않았다면 그 용액의 수분퍼텐셜은 식물조직의 그것과 같다고 추정할 수 있다.

㉣ 삼투에 의하여 물이 식물조직으로 들어가거나 빠져나오면 용액은 극히 좁은 범위 내에서 농축되거나 희석되어 밀도의 변화가 나타난다.

02 CHAPTER 수분의 흡수와 이동 및 배출

1 수분의 흡수

(1) 뿌리의 수분 흡수 부위

1) 뿌리의 흡수
① 식물은 뿌리를 통해 토양의 수분을 흡수하며, 뿌리에서도 근모대에서 주로 흡수한다.
② 뿌리 끝부분에 있는 생장점과 근관은 수분을 거의 흡수하지 않는다.
③ 수분의 흡수는 체내 수분이동, 증산작용 등과 연관되어 일어나며, 여러 외부 환경요인도 관여한다.

2) 흡수부위: 근모대
① 뿌리의 수분 흡수는 근모의 발생이 많은 뿌리 선단에 위치한 근모대에서 이루어지며, 근모대를 흡수대라고도 부른다.

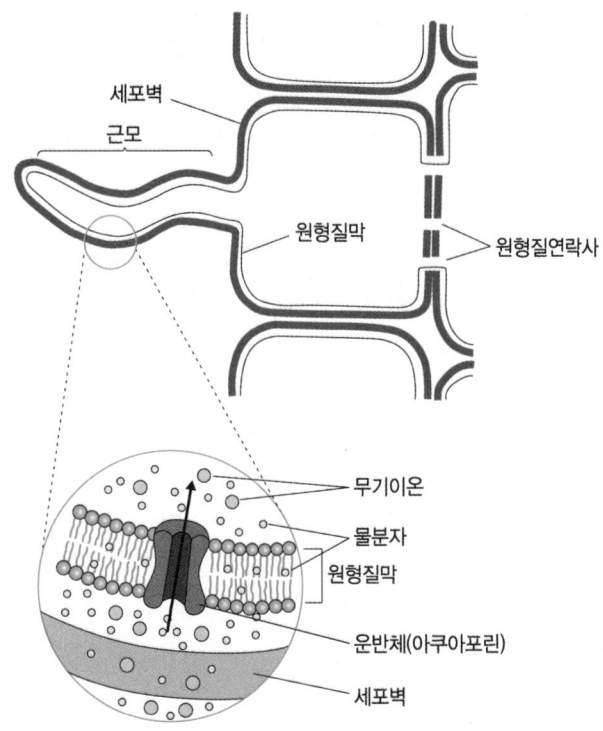

② 표피세포가 일부 돌출한 다수의 근모는 토양과 접촉면을 늘려 효율적인 수분 흡수를 돕는다.
③ 근모의 길이는 1.3cm에 달하여 육안으로 관찰이 가능하다.
④ 근모는 성장 속도가 매우 빨라 하루에 1억개 이상 생성하는 식물도 있으며, 연약하여 토양에 부딪히면 쉽게 상처가 발생하며 평균수명은 5일 정도이다.
⑤ 수분은 근모의 느슨한 세포벽과 원형질막의 인지질이중층을 확산으로 침투해 들어가며, 근모의 원형질막에는 아쿠아포린이라는 일종의 수송관단백질이 있어 집단류로 흡수되는 수분도 있다.
⑥ 원형질막 안으로 흡수된 수분은 원형질연락사를 통해 빠르게 안으로 이동하여 토양과 근모 세포와의 수분퍼텐셜의 기울기를 유지한다.
⑦ 근모대를 지나 위로 올라갈수록 목질화가 진행되어 수분 흡수는 저해된다.

(2) 뿌리의 수분흡수기작

1) 수동적 흡수

① 토양 수분이 충분하고 증산작용이 왕성할 때 수분퍼텐셜의 구배에 따라 에너지의 소모가 없이 확산에 의해 수분이 흡수되는 것
② 증산작용이 활발하면 엽육세포는 수분퍼텐셜이 감소되어 수분을 끌어들인다.
③ 엽맥의 수분이 감소되면 수액의 압력이 감소되고 물의 장력(부압; 負壓: 대기보다 낮은 압력)이 커지면서 수분퍼텐셜이 낮아진다.
④ 엽맥의 부압은 집단류로 물을 끌어올리고, 이에 뿌리에서도 부압이 낮아져 토양으로부터 수분을 흡수하게 된다.
⑤ 수동적 흡수의 원동력은 증산작용에 있으며, 수분퍼텐셜의 구배를 결정짓는 것은 도관의 압력퍼텐셜이 된다.
⑥ 증산작용이 왕성할 때 수동적 흡수는 능동적 흡수의 10~100배에 이르는 것으로 알려져 있다.

2) 능동적 흡수

① 증산작용과는 무관하게 도관 내에 무기염류를 축적시켜 수분퍼텐셜을 낮추어 이루어지는 수분흡수를 능동적 흡수라고 하며, 이 때 무기염류의 축적에는 에너지(ATP)가 소요된다.
② 식물체 내 에너지를 이용하여 무기염류를 흡수하여 도관 내에 축적시키고, 뿌리 중심주의 내부에는 카스파리대가 있어 축적된 무기염류의 일방적인 외부유출을 차단하여 도관부 수액 중에 용질이 집적되면 수분퍼텐셜이 낮아지고 물은 수분퍼텐셜의 구배에 따라 토양에서 뿌리로 이동된다.
③ 능동적 흡수는 증산작용이 약할 때 활발하고, 근압(根壓)을 생기게 하고, 근압은 능동적 흡수로 도관으로 물이 흡수되어 생기는 양(+)의 압력을 말한다.
④ 일부 식물에서는 근압이 수분의 상승이동에 관여하나 그 역할이 크지는 않다.

(3) 수분흡수에 영향을 미치는 요인

식물의 뿌리에서 물의 흡수에는 여러 요인이 관여하며, 기상요건은 증산작용에 영향을 미치고, 토양조건은 뿌리 발육과 수분흡수에 직접적인 영향을 미친다.

1) 뿌리의 분포

① 뿌리가 깊고 넓게 분포하면 그만큼 흡수가 촉진된다.
② 뿌리의 분포에는 토양환경과 재배조건이 영향을 미치는데 배수가 잘 되며 통기성이 좋은 토양에서는 뿌리가 깊게 뻗지만, 배수가 불량한 점질토에서는 뿌리가 지표 가까이 분포하게 된다.
③ 건조한 토양에서는 깊고 넓게 퍼지고, 밀식은 뿌리의 분포범위를 좁게 한다.

2) 토양수분

① 토양수분이 충분하면 토양입자의 수분보유력이 감소하여 뿌리의 수분흡수는 용이해진다.
② 지나치게 많게 되면 뿌리의 수분흡수력은 감퇴된다.
③ 과습하게 되면 통기성이 나빠지게 되고 뿌리의 호흡이 저해되어 흡수 기능이 억제된다.
④ 증산작용이 왕성할 때 과습한 토양에서는 식물이 오히려 시드는 것을 볼 수 있다.
⑤ 토양의 수분조건은 뿌리의 생육에 영향을 미친다.
  ㉠ 벼를 밭에서 재배하면 근모가 생기며 표피가 형성되고 중심주 도관이 잘 발달하나 논에서 재배하면 근모와 표피가 없고 외피가 바로 노출되고 중심주의 도관발달도 엉성하다.
  ㉡ 논벼는 피층조직에 통기조직이 발달한다.

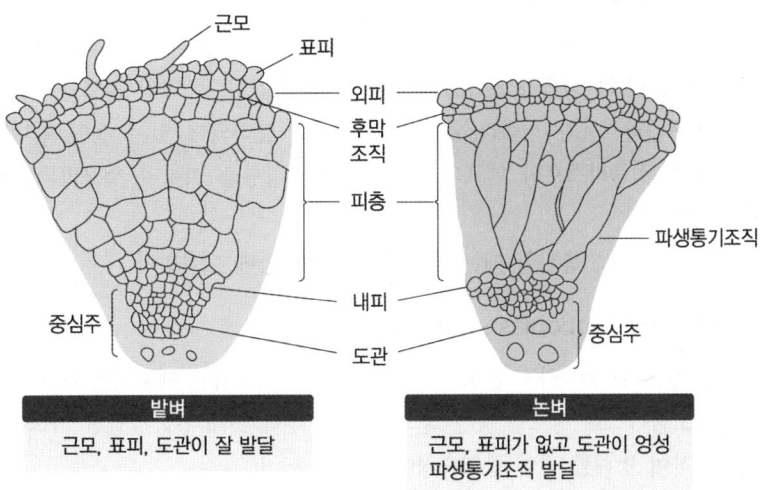

[논벼와 밭벼의 뿌리조직 비교]

3) 토양온도

① 토양온도는 뿌리의 생육은 물론 수분흡수에도 직접적으로 영향을 미친다.
② 토양온도가 낮아지면 물의 점도가 높아지고 원형질막의 투과성이 떨어지고, 뿌리세포의 생리적 기능이 약해져 수분흡수가 억제된다.
③ 지온이 낮아질 때 식물이 시드는 것은 수분흡수가 억제되기 때문이다.

4) 염류농도

① 지나치게 토양이 건조하거나 염류농도가 높아지면 토양의 삼투퍼텐셜이 낮아져 수분흡수가 어려워지고 생육을 저해한다.
② 심하지 않을 때에는 토양용액의 삼투퍼텐셜이 낮아지면 이에 대한 반응으로 뿌리의 삼투퍼텐셜을 더 낮추어 정상적으로 수분을 흡수한다.

2 수분의 이동

(1) 뿌리에서의 수분의 흡수와 이동

1) 뿌리 표피에서 내피로의 이동경로

① 수분이 뿌리의 근모나 표피에서 흡수되어 중심의 도관까지 이동하는 데는 아포플라스트(appoplast, 전세포벽)와 심플라스트(symplast, 전원형질)의 두 가지 경로를 거친다.
② 아프플라스트와 심플라스트 경로는 서로 분리되어 있는 것이 아니며, 아포플라스트 공간의 물과 심플라스트와 액포의 물은 일정한 평형을 이루며 세포막과 액포막을 통하여 끊임없이 교환된다.
③ 물이 피층을 통과할 때는 두 가지 경로를 함께 이용한다.

2) 아포플라스트(appoplast, 전세포벽) 경로

① 어떤 막도 통과하지 않고 식물의 죽어 있는 부위인 세포벽과 세포간극을 통한 이동경로이다.
② 아포플라스트 경로를 통한 물의 이동은 뿌리의 내피에 발달한 카스파리대(Casparian strip)에 의하여 방해를 받아 불연속적이다.
③ 카스파리대는 내피의 세포벽에 지방산과 알코올의 복잡한 혼합물인 수베린이 부분적으로 퇴적 비후하여 형성된 환상의 띠이다.
④ 표피에서 흡수된 수분은 피층조직의 세포벽과 세포간극을 따라 이동하다가 내피의 카스파리대를 만나면 우회하여 세포막과 원형질연락사를 통하여 도관으로 들어간다.
⑤ 피층조직은 세포배열이 느슨하여 심플라스트보다는 아포플라스트 경로를 더 많이 택하는 것으로 보인다.

3) 심플라스트(symplast, 전원형질) 경로

① 원형질연락사를 통하여 세포에서 세포로 이동하는 경로이다.
② 근모에서 흡수된 수분은 주로 심플라스트 경로를 통하여 안쪽으로 흡수된다.

4) 막횡단 경로

① 아포플라스트 경로와 심플라스트 경로 외에 막횡단 경로를 제시하는 학자의 경우도 있다.
② 수분이 세포의 한 면에서 들어가 다른 면으로 나오고 이것이 반복되면서 이어지는 일련의 이동 경로이다.
③ 아포플라스트, 심플라스트 경로의 물이 교환되는 경로와 액포막을 가로지르는 수송이 막횡단 경로이다.

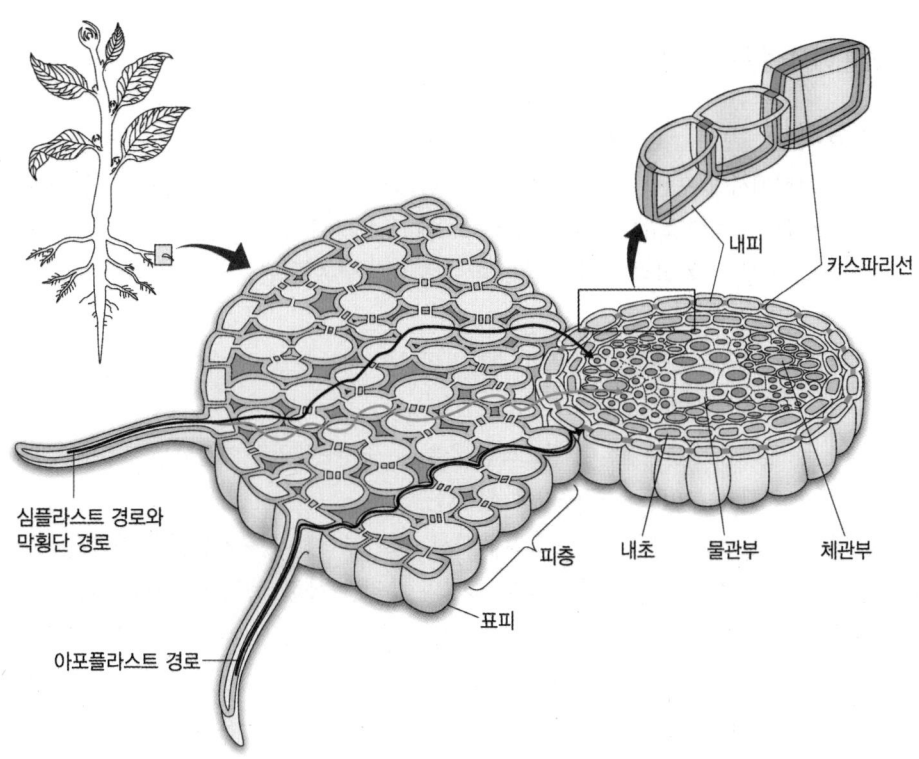

(2) 수분의 이동순서

1) 토양과 뿌리의 접촉

① 뿌리 표면과 토양 사이 긴밀한 접촉은 근모가 토양 속으로 생장함에 따라 뿌리 표면적이 크게 넓어지면서 극대화된다.
② 뿌리 끝 부분 생장점과 근관은 수분을 거의 흡수하지 않고, 근모대를 지나 위로 올라갈수록 목질화가 되어 수분흡수가 제한된다.

2) 뿌리의 흡수부위

① 인지질이중층: 수분은 근모의 느슨한 세포벽과 세포막의 인지질이중층을 확산운동으로 침투해 들어간다.
② 막단백질: 일부 수분은 세포막의 내재성단백질인 아쿠아포린을 통해 집단류로 들어가기도 한다.
③ 벽간 공간: 세포벽과 세포벽 사이 공간으로 침투해 들어가는 수분도 있다.

3) 이동순서

> 근모는 수분을 흡수함에 따라 팽만상태를 유지 → 수분퍼텐셜 구배에 따라 피층세포로 이동 → 인접피층세포 → 내피의 통도세포 → 도관으로 이동

(3) 줄기에서 수분의 이동

1) 상승이동

① 뿌리에서 흡수된 물은 도관으로 이동하고, 도관의 물을 위로 상승이동을 한다.
② 증산응집력설(蒸散凝集力說, transpiration-cohesion theory)
  ㉠ 현재 가장 널리 지지를 받는 학설로 1914년 아일랜드의 헨리 딕슨(Henrey Dixon)이 제창했다.
  ㉡ 증산작용으로 엽육세포의 수분퍼텐셜은 저하되고, 엽맥의 통도조직에서 엽육세포 안으로 물은 이동한다.
  ㉢ 엽맥의 수분퍼텐셜이 감소하면서 뿌리-줄기-잎으로 연결되는 도관에 수분퍼텐셜의 구배에 의해 수분이동의 구동력이 생긴다.
  ㉣ 도관 내 물은 강한 응집력에 의해 서로 부착하여 물기둥을 형성하고, 증산작용으로 물이 끌어당겨질 때 그 견인력은 줄기와 뿌리를 통해 토양까지 연결된다.
  ㉤ 식물의 도관은 모세관이면서 자체 내의 특수한 구조로 공동현상에 의한 끊김이 발생하지 않는다.
  ㉥ 가설에서는 상승의 구동력은 증산작용이고, 상승의 기본요인은 물의 응집력으로 식물체에서 수분 상승은 잎의 증산작용에 기인한다하여 증산류라고 한다.
③ 수분의 상승이동에는 증산응집력 외에도 근압도 작용하는데, 증산작용이 약하거나 전혀 없을 때는 근압에 의해 수분이 밀려 올라간다. 그러나 이는 증산작용에 의해 상승하는 수분에 비해 매우 작은 양이다.
④ 야간에 증산이 정지된 상태에서 엽육조직의 흡수력이 지속되거나 줄기 선단에서 물의 소비가 왕성한 경우에도 수분이 위로 상승한다.
⑤ 이 외에도 모세관현상, 수화현상(부착력), 삼투현상 등도 수분의 상승이동에 보족적 작용을 한다.

2) 횡방향 및 하강이동

① 횡방향 이동
- ㉠ 도관의 세포벽에는 얇은 부분이 있어 쉽게 인접한 세포로 수분이 이동할 수 있으며, 두꺼운 세포벽에는 벽공이 있어 수분퍼텐셜 구배에 따라 횡방향 이동이 가능하다.
- ㉡ 한쪽 뿌리가 절단되어도 횡방향으로 수분이 이동하기 때문에 그 방향의 잎이 시들지 않는 것은 횡방향 이동이 가능하기 때문이다.
- ㉢ 수분의 이동방향은 수분퍼텐셜 구배에 따라 높은 곳에서 낮은 곳으로 이동하며, 인접한 세포의 수분퍼텐셜이 낮으면 도관에서 주변 세포로 이동하게 된다.

② 하강이동
- ㉠ 주로 수분 부족 상태에서 뿌리의 수분퍼텐셜이 낮아질 때 수분이 아래로 이동하는 경우도 발생한다.
- ㉡ 엽병의 절단면에 색소를 흡수시키면 수분의 상승과 하강을 모두 관찰할 수 있다.
- ㉢ 식물의 생장이 왕성한 계절에는 주로 상승하고, 생장이 둔해지면 하강량이 증가한다.

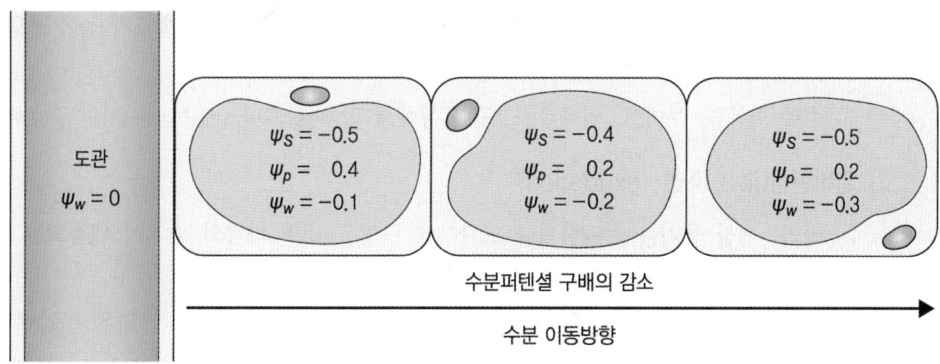

3 수분의 배출

(1) 의의
1) 흡수된 수분은 결국 액체 또는 기체의 상태로 배출된다.
2) 수분의 배출은 수분의 흡수와 이동의 원동력이 된다.
3) 수분의 배출방식은 액체상태로 배출되는 일액현상과 일비현상, 기체상태로 배출되는 증산작용이 있다.

(2) 액체상태로 수분의 배출

1) 일액현상(溢液現像, guttation)
① 의의: 단자엽식물의 선단이나 쌍자엽식물의 가장자리에 있는 배수조직인 수공을 통해 수분을 물방울 형태로 배출하는 현상이다.
② 수공
　㉠ 기공의 변태라고 볼 수 있는 배수조직이다.
　㉡ 기공과 같이 2개의 공변세포로 구성되어 있다.
　㉢ 기공과는 달리 개폐작용이 없고 항상 열려있다.
③ 원인: 일액현상의 구동력은 뿌리의 능동적 흡수에 의해 생기는 근압으로 근압이 도관 내 물을 밖으로 밀어내서 나타나는 현상이다.
④ 발생
　㉠ 낮에 따뜻하고 밤에는 차가워지는 날에 수분의 흡수는 왕성하고 증산작용이 억제될 때 밤에서부터 이른 새벽에 많이 나타난다.
　㉡ 밤의 토양온도가 높고 토양수분이 많으며, 공기 온도가 낮고 습도가 높아 포화상태에 가까울 때 일어난다.
⑤ 주로 화곡류, 토마토, 양배추, 고구마 등에서 잘 관찰되며, 배출액은 거의 순수한 물에 가깝다.

2) 일비현상(溢泌現像, exudation)
① 의의: 식물 줄기를 절단하거나 도관부에 구멍을 내면 다량의 수액이 배출되는 현상이다.
② 원인
　㉠ 절구에서 물의 배출은 내부의 높은 압력에 의한 것으로 이 압력은 근압에서 유래한다.
　㉡ 일비현상의 발생은 근압이 생겨야 하며, 근압은 능동적 흡수에 의해 생기므로 주변에 활력이 있는 세포가 있어야 한다.
③ 발생
　㉠ 수분흡수가 왕성하고 증산이 억제되는 조건에서 증가한다.
　㉡ 대부분 수목은 이른 봄 싹트기 전 일비액을 가장 많이 배출하나, 뽕나무나 수세미 등은 증산작용이 활발한 한여름에도 다량의 일비액을 배출한다.
④ 일비액은 순순한 물에 가까운 경우도 있으나 대개 다량의 탄수화물, 무기염류, 유기산 등의 물질을 함유한다.
⑤ 배출되는 일비액은 줄기 도관부 또는 가도관에서 배출된다.

3) 잎의 배수구조
① 잎의 가장자리를 따라 엽맥 끝부분에 위치하며, 그 끝에 가도관이 있다.
② 수분은 가도관 바로 위에 있는 누수조직을 거쳐 표피에 있는 수공을 통해 배출된다.
③ 유관속초는 물이 다른 조직으로 이동하는 것을 막아준다.

④ 수공으로 배출되는 수액은 바로 발산되기 때문에 쉽게 인지되지 않으나 때로는 맺혀있는 물방울을 관찰할 수 있다.
⑤ 수공으로 배출되는 물방울은 이슬과는 다르다.

(3) 기체상태로 수분의 배출

1) 증산작용(蒸散作用, transpiration)
① 의의
    ㉠ 체내 수분을 기체 상태로 배출하는 작용을 증산이라 한다.
    ㉡ 식물이 흡수한 수분의 대부분은 증산작용으로 빠져 나간다.
② 증산작용은 식물에 있어 생리적으로 중요한 의미를 갖는다.
    ㉠ 수분의 흡수와 체내 이동의 원동력이 된다.
        ⓐ 엽육세포의 수분퍼텐셜을 감소시켜 도관의 수분을 상승이동시킨다.
        ⓑ 수분의 상승이동은 뿌리에서 흡수는 물론 무기염류의 흡수와 이동을 촉진시킨다.
    ㉡ 직사광선 아래에서도 잎의 온도가 조절된다.
    ㉢ 광합성의 원료를 원활하게 공급해 준다.

2) 증산과 기공(氣孔, stoma)
① 식물의 증산은 주로 잎에서 일어난다. 줄기에서도 일어나지만 표면적이 잎에 비해 작아 중요성이 낮다.
② 잎에서 발생하는 증산작용은 표피조직과 각피를 통해 이루어지는 각피증산과 기공을 통하는 기공증산으로 구분된다.
③ 각피증산(角皮蒸散, cuticular transpiration)
    ㉠ 잎의 표피조직과 각피를 통해 이루어지는 증산이다.
    ㉡ 각피도 적은 양의 수증기는 투과시킬 수 있으며, 각피의 발달이 나쁠수록 증산이 증가한다.
④ 기공증산(氣孔蒸散, stomatal transpiration)
    ㉠ 잎의 기공을 통하여 이루어지는 증산이다.
    ㉡ 기공은 어린 줄기에도 있지만 주로 잎에 분포한다.
    ㉢ 잎에 분포하는 기공의 수, 향측면과 배측면의 분포비율, 기공의 크기 등은 식물의 종류와 재배환경에 따라 다르다.
    ㉣ 기공 사이 공극은 엽육세포의 세포간극에 연락되므로 물을 많이 함유한 엽육세포의 세포벽을 통해 세포간극에 배출되는 수증기는 기공을 통하여 대기중에 방출된다.
④ 증산 장소
    ㉠ 잎
        ⓐ 증산의 대부분은 기공증산이고, 기공이 열려 있을 때 각피증산이 10%, 기공증산이 90% 정도를 차지한다.

ⓑ 잎이 얇고 각피의 발달이 나쁜 음엽에서는 25% 정도이다.
ⓒ 수목 어린 가지와 초본의 줄기: 증산작용이 상당히 이루어지며, 잎에 비하여 그 표면적이 좁아 크게 문제되지는 않는다.
ⓓ 수목의 가지: 표피세포 바로 아래 코르크층이 발달하고, 코르크화된 세포벽은 물을 통과시키지 않아 증산이 거의 이루어지지 않는다.

3) 기공의 개폐
① 팽압의 변화
㉠ 수분의 이동에 따른 공변세포의 팽압 변화로 기공의 개폐가 이루어진다.
㉡ 팽압이 높으면 기공이 열리고, 팽압이 감소하면 기공이 닫힌다.
㉢ 팽압의 변화는 용액의 농도와 그에 따른 수분퍼텐셜의 변화로 발생된다.
ⓐ 공변세포의 용액 농도가 높아지면 삼투퍼텐셜이 감소하고 수분이 세포 내로 들어옴에 따라 팽압이 증가한다.
ⓑ 공변세포의 용액 농도가 낮아지면 반대현상이 일어나 팽압이 감소한다.

② 구조적 특징
㉠ 팽압의 변화에 따른 기공의 개폐는 공변세포의 구조적 특성에 기인한다.
㉡ 세포벽을 구성하는 셀룰로오스의 미세원섬유의 배열이 기공쪽과 그 반대쪽이 서로 다르고, 공변세포의 양끝은 서로 붙어 있는데 기공의 개폐와 관계없이 길이가 일정하다.
㉢ 공변세포의 세포벽 두께는 공극쪽은 두껍고, 표피세포에 접하는 쪽은 얇아서 공변세포의 팽압이 증가되어 세포벽에 압력을 가하면 얇은 쪽은 부풀어서 안쪽의 두꺼운 세포벽을 끌어당겨 공극이 열리고, 팽압이 감소하면 안쪽의 두꺼운 세포벽이 바깥쪽을 끌어당겨 공극이 닫힌다.

③ 기공 개폐에 관여하는 요인
㉠ 칼륨이온(K^+)
ⓐ 공변세포와 그 주변 세포 사이에 K^+의 이동으로 공변세포의 수분퍼텐셜, 수분의 이동, 팽압이 조절된다.
ⓑ 공변세포의 K^+이 증가하면 수분퍼텐셜이 감소하여 수분이 이동해 들어와 팽압이 높아지면서 기공이 열린다.
㉡ ABA
ⓐ ABA는 기공개폐를 조절한다.
ⓑ 식물의 수분스트레스는 ABA의 함량이 증가되며 기공이 닫힌다.
ⓒ 엽육세포의 엽록체에서 합성된 ABA가 공변세포에 도달하면 그 안에 K^+이 감소하면서 기공이 닫힌다.

- ⓒ CO_2농도
    - ⓐ 야간의 호흡작용으로 CO_2 농도가 높아지면 공변세포의 탄산농도($H_2O + CO_2 \rightarrow H_2CO_3$)가 높아져 기공이 닫힌다.
    - ⓑ 주간에는 광합성으로 CO_2 농도가 낮아지면 pH가 올라가 기공이 열린다.
    - ⓒ pH가 높을 때에는 공변세포의 전분이 전분포스포랄라제(starch phosphorylase)에 의해 포도당-6-인산(glucose-6-phosphate)으로 분해되고, pH가 낮을 때에는 반대로 전분을 합성하면서 수분퍼텐셜과 팽압을 조절한다.
- ② 온도
    - ⓐ 생육적온을 넘는 30℃ 이상의 고온에서는 기공이 닫힌다.
    - ⓑ CO_2가 배제된 상태에서는 고온의 영향이 나타나지 않는 것으로 보아 엽 내 CO_2 농도와 관련이 있는 것으로 보이며, 고온에서 호흡이 증가하고 동시에 CO_2가 증가하므로 공변세포의 팽압이 감소하여 기공이 닫힌다.
    - ⓒ 고온지대에서 많은 식물들이 한낮 기온이 높을 때 고온에 의한 CO_2 축적으로 기공이 닫히는 것을 볼 수 있다.
- ⑩ 건조
    - ⓐ 건조한 사막지대의 CAM식물은 한낮 기공을 닫아 증산작용을 억제하여 수분손실을 줄이고, 기온이 떨어지는 밤에는 기공을 열어 CO_2를 흡수하여 체내 저장한다.
    - ⓑ CAM식물의 경우 온도조건에 따른 기공의 개폐와는 관계없이 건조 기후에 적응하기 위한 독특한 기공 개폐의 리듬을 갖는 것으로 이해되고 있다.

4) 증산작용에 영향을 미치는 요인

① 식물의 형태와 구조
- ㉠ 엽면적이 감소하면 증산면적이 감소하여 증산량도 감소된다.
- ㉡ 엽면적이 작더라도 단위면적당 기공의 수가 많고 기공이 크면 증산은 활발해진다.
- ㉢ 기공이 닫혀 있을 때는 주로 각피증산이 이루어지므로 잎의 표면에 각피가 잘 발달하였거나 납물질(wax)가 많으면 증산이 억제된다.

② 기상조건
- ㉠ 일조
    - ⓐ 일조는 엽온을 높여 증산을 촉진한다.
    - ⓑ 일조조건에서 기공이 열리며, 기공의 개도는 광도와 밀접한 관련이 있다.
    - ⓒ 기공은 저녁(적색광)에 닫히고, 일출 후(청색광)에 급속히 열린다.
    - ⓓ 기공의 개도와 광의 광도는 거의 평행적으로 증감하고, 오후에는 광의 감소보다 약간 늦게 기공의 개도가 감소하며, 광이 가장 강한 정오에 기공도 최대로 열린다.

ⓒ 대기습도
  ⓐ 대기가 건조하여 공중습도가 낮아지면 기공이 잘 열리고 증산작용도 왕성해진다.
  ⓑ 온도가 동일할 때 대기의 수증기압과 식물체 자체의 수증기압과의 차이를 나타내는 수증기압포차(vapor pressure deficit)가 클수록 증산작용이 잘 일어난다.
ⓒ 온도
  ⓐ 기온이 상승하면 수증기압포차가 커져 증산이 촉진되고, 기온이 하강하면 반대로 증산이 감소한다.
  ⓑ 기온은 대기 습도와 식물의 체온과 영향을 주므로 증산작용에 영향을 미친다.
  ⓒ 기온이 상승하면 수증기의 확산운동이 증가되어 증산이 촉진된다.
ⓔ 바람
  ⓐ 미풍은 엽면과 주변의 수증기를 유동시켜 증산작용을 도와준다.
  ⓑ 대기가 습한 경우 바람은 엽온을 낮추어 증산작용을 둔화시킨다.
  ⓒ 강풍은 기공을 닫히게 하여 증산작용을 억제한다.
③ 토양조건과 재배조건
  ⓐ 토양조건
    ⓐ 토양의 온도, 함수량, 통기성 등은 뿌리의 수분흡수에 영향을 미치고, 결과적으로는 증산작용에 영향을 준다.
    ⓑ 뿌리에서 수분의 흡수량이 많으면 증산이 활발해지고, 적으면 둔화된다.
  ⓒ 재배조건
    ⓐ 칼륨이나 석회의 시비는 증산을 억제한다.
    ⓑ 보리에서 답압은 증산을 억제한다.

4 작물의 수분경제(water economy)

(1) 작물의 수분경제

1) 의의
작물의 흡수, 배출, 저장 등 수분출납의 상호관계를 규명하고, 작물체 내에 수분의 조절 및 이용관계를 밝히는 것이다.

2) 수분출납(water balance)
① 의의: 작물과 외계 사이의 수분의 수지

② 수분출납률(q): 흡수량과 증산량의 비로 나타낸다.

$$q = \frac{T}{A}$$

A: 흡수량(absorption) T: 증산량(transpiration)

㉠ 수분출납률이 1보다 작은 경우: 수분흡수 과잉
㉡ 수분출납률이 1보다 큰 경우: 수분배출의 과잉, 함수량 감퇴
㉢ 수분출납률이 1과 같은 경우: 수분의 흡수와 배출이 같고 작물은 정상 또는 정상과 가까운 상태이다.
③ 어떤 작물의 수분출납률은 장기간의 총흡수량과 총배출량을 고려하면 1에 가깝지만, 단기간에는 상황에 따라 변화한다.

(2) 함수량(含水量, water content)

1) 식물의 함수량은 식물의 종류, 기관, 생육단계에 따라 다르다.
   ① 식물의 종류: 채소류나 과실은 90% 이상이 수분이며, 과수나 화곡류의 잎은 대략 60~80% 정도의 수분을 함유하고 있다.
   ② 기관
      ㉠ 생리적 활동이 왕성한 기관인 어린잎, 생장 중인 줄기 등은 함수량이 많고, 생리적 기능이 저하된 기관은 적다.
      ㉡ 휴면 중인 종자는 8~17%로 함수량이 적다.
   ③ 생육단계: 계절적으로 봄, 여름의 생장기에는 함수량이 많고, 겨울 휴면기에는 적다.

[주요 재배식물의 함수량[4]]

재배식물	함수량(%)	재배식물	함수량(%)
오이(과실)	96.0	옥수수(잎)	65.0~82.0
상추(결구엽)	94.0	수수(잎)	58.0~79.0
양배추(결구엽)	90.0	목화(잎)	70.0~78.0
감자(괴경)	79.9	옥수수(종자)	9.3~16.8
토마토(잎)	85.0~95.0	밀(종자)	9.3~17.3
포도(잎)	72.0~80.0	귀리(종자)	8.8~16.1
복숭아(잎)	61.0~70.0	호밀(종자)	9.6~17.4
사과(잎)	59.0~62.0	벼(종자)	9.0~16.9

---

[4] 재배식물생리학 p.128 표5-1, 문원, 이승구 공저, 2002, 한국방송통신대학교출판부

2) 작물체내 수분의 수급

① 작물체의 일부분에 물이 부족하면 세포는 수분퍼텐셜이 저하되고, 수분은 퍼텐셜이 높은 부분에서 낮은 곳으로 이동한다.
② 식물체 내 수분부족이 현저하게 발생하면 세포의 팽압이 0MPa에 가까워지므로 세포의 수분퍼텐셜은 거의 삼투퍼텐셜과 같아지고, 삼투퍼텐셜이 높은 세포에서 낮은 세포로 수분을 제공한다.
　㉠ 묵은 잎보다 어린잎이 삼투퍼텐셜이 낮다.
　㉡ 동일한 줄기 내에서는 선단에 가까울수록 삼투퍼텐셜이 낮다.
　㉢ 잎은 어린 열매보다 삼투퍼텐셜이 낮다.
　㉣ 지상부 조직은 뿌리 세포보다 삼투퍼텐셜이 낮다.
　㉤ 줄기 자체의 선단은 삼투퍼텐셜이 낮아 어린잎과 같거나 약간 낮다.
③ 작물체 내의 수분이 감소하면 어린잎, 줄기의 선단은 묵은 잎, 열매, 지하부에서 수분을 빼앗으며, 작물이 한해에 처하면 근모에서 최초로 수분을 빼앗긴다.

(3) 요수량(要水量, water requirement)

1) 의의

① 건물 1g 생산에 사용된 수분량으로 단위중량의 건물량을 생산하는데 필요한 수분량이다.
② 생육기간 중 흡수한 수분량을 그 기간 중 축적된 건물량으로 나누어 구한다.

$$요수량 = \frac{증발산량}{건물 생산량}$$

③ 증산계수(蒸散係數, transpiration coefficient): 생육기간 중 흡수량은 증산량과 거의 같다고 보아 요수량을 증산계수라고도 한다.
④ 한 식물의 요수량을 보면 그 식물의 수분요구도를 추정할 수 있다.

[주요 재배식물의 요수량[5]]

재배식물	요수량(g)	재배식물	요수량(g)
호박	834	밀	513
오이	713	옥수수	368
감자	636	수수	322
귀리	597	기장	310
보리	534		

---

[5] 재배식물생리학 p.129 표5-2, 문원, 이승구 공저, 2002, 한국방송통신대학교출판부

2) 작물의 수분이용효율(water use efficiency; WUE)
① 요수량의 역수로 건물량을 증산량으로 나누면 수분이용효율이 된다.

$$WUE = \frac{건물\ 생산량(g)}{증산량(kg)}$$

② C_4식물은 요수량은 작고 수분이용효율은 높다.
③ C_3식물과 C_4식물보다 CAM식물의 수분이용효율이 높으나, 생산성이 낮아 작물로서의 이용에 제한을 받는다.

3) 증산비
작물의 생육 말기의 건물중에 대한 생육기간 중의 증산량의 비이다.

$$증산비 = \frac{증산량}{건물중}$$

03 CHAPTER 식물의 무기영양

1 작물의 필수원소

(1) 식물의 구성성분

1) 자연계에서 원소 분포
① 자연계 원소는 인공원소를 제외하고 92종이다.
② 지각은 산소 49.5%, 규소 25.3%로 두 원소가 74.8%를 차지하고 있다.
③ 생물체에서는 산소와 탄소의 농도가 높아 동물에서는 산소 14.62%, 탄소 55.99%, 식물에서는 산소 44.43%, 탄소 43.57%이다.
④ 지각에 많이 분포하는 규소는 동물에서는 거의 없고, 식물에서는 1% 정도에 불과하다.
⑤ 생물체에 많이 분포하는 탄소는 지각에서는 거의 분포하지 않는다.

2) 식물체의 구성원소
① 식물에서 발견되는 원소는 약 60여종이다.
② 산소, 탄소, 수소의 비중이 높고, 그 외 질소, 칼륨, 칼슘, 인, 마그네슘, 황이 비교적 많이 함유되어 있다.
③ 건물(乾物, dry matter)
  ㉠ 식물을 구성하는 성분 중 수분을 제외한 나머지를 건물이라 한다.
  ㉡ 신선한 식물체를 110℃ 건조기에서 24시간 이상 건조 후 그 무게를 건물중으로 한다.
  ㉢ 건물의 95%는 유기화합물이며, 5%가 무기화합물이다.
④ 유기화합물의 종류는 다양하나 원소는 매우 단순하여 기본원소인 탄소, 수소, 산소의 종류에 따라 질소, 인, 황, 마그네슘 등이 추가로 포함된다.

(2) 필수원소(必須元素, essential element)

1) 의의
식물체에 분포하는 여러 원소 중 생육에 꼭 필요한 원소를 말한다.

2) 필수원소의 조건
① 부족하거나 없으면 자신의 생활환을 완성할 수 없다.

② 식물체의 필수적인 성분의 구성성분이다.
③ 기능과 효과면에서 다른 원소로 대체할 수 없다.
④ 단순히 상호작용의 효과 때문에 요구되는 것이 아니다.

3) 필수원소의 분포 농도에 따른 분류

① 현재까지 확인된 필수원소는 총 17종으로 건물당 체내 분포 농도에 따라 9종의 다량원소와 8종의 미량원소로 구분한다.
② 다량원소(macroelements)
   ㉠ 분포 농도 30mmol/kg 이상
   ㉡ 종류: C, H, O, N, P, K, Ca, Mg, S
③ 미량원소(microelements)
   ㉠ 분포 농도 3mmol/kg 이하
   ㉡ 종류: Cl, Fe, B, Mn, Zn, Cu, Mo, Ni
④ 필수원소 중 탄소, 수소, 산소의 비중이 96%이며, 나머지 원소는 전체의 4%에 불과하고, 이 중 다량원소가 3.5%, 미량원소가 0.5%를 차지한다.
⑤ 탄소, 수소, 산소는 비광물성 원소이며, 나머지는 광물성 원소로 토양을 통해 물과 함께 흡수되며, 흡수 가능한 형태로 존재해야만 식물이 흡수, 이용할 수 있다.
⑥ 체내 이동성을 기준으로 Ca, S, Fe, B, Cu는 비이동성 원소로 분류된다.

[식물의 필수원소별 흡수 이용형태와 체내 적정농도[6]]

구분	원소	기호	흡수형태	원자량	건물당농도	
					mmol/kg	%
다량원소	수소	H	H_2O	1.01	60,000.0	6.0
	탄소	C	CO_2	12.01	40,000.0	45.0
	산소	O	O_2, H_2O	16.00	30,000.0	45.0
	질소	N	NO_3^-, NH_4^+	14.01	1,000.0	1.5
	칼륨	K	K^+	39.10	250.0	1.0
	칼슘*	Ca	Ca^{2+}	40.08	125.0	0.5
	마그네슘	Mg	Mg^{2+}	24.32	80.0	0.2
	인	P	$H_2PO_4^-, HPO_4^{2-}$	30.98	60.0	0.2
	황*	S	SO_4^{2-}	32.07	30.0	0.1

---

[6] 재배식물생리학 p.137 표6-3, 문원, 이승구 공저, 2002, 한국방송통신대학교출판부

구분	원소	기호	흡수형태	원자량	건물당농도	
					mmol/kg	%
미량원소	염소	Cl	Cl^-	35.46	3.0	0.010
	철*	Fe	Fe^{3+}, Fe^{2+}	55.85	2.0	0.010
	붕소*	B	H_3BO_3	10.82	2.0	0.002
	망간	Mn	Mn^{2+}	54.94	1.0	0.005
	아연	Zn	Zn^{2+}	65.38	0.3	0.002
	구리*	Cu	Cu^+, Cu^{2+}	63.54	0.1	0.0006
	니켈	Ni	Ni^{2+}	58.71	0.05	0.00001
	몰리브덴	Mo	MoO_4^{2-}	95.95	0.001	0.00001

* 표시된 원소는 비이동성 원소로서 체내 불용성 화합물을 만들기 때문에 이동과 재분배가 어렵다.

4) 유익원소(有益元素, beneficial element)

① 식물은 필수원소 17종 외에도 여러 원소를 흡수하여 이용하는데, 그 중 일부 원소는 특정 식물의 생육에 유익한 작용을 하며, 이러한 원소를 유익원소라 한다.
② 유익원소는 모든 식물에 반드시 요구되는 원소는 아니므로 필수원소는 아니다.
③ 현재까지 유익원소로 인정된 원소는 나트륨(Na), 규소(Si), 셀렌(Se), 코발트(Co) 4종이다.
④ 규소: 벼과식물은 잎의 기계적 지지나 내병충성을 강화한다.
⑤ 나트륨: 염생식물은 세포의 삼투퍼텐셜을 유지하며, 염류농도 장해를 방지한다.
⑥ 셀렌: 동물의 필수원소로 사료작물에 중요하다.
⑦ 코발트: 두과식물의 근류발달과 질소고정에 필요하다.
⑧ 4종의 유익원소 외에도 알루미늄도 구리, 인, 망간의 해독작용을 방지하여 생육을 촉진하므로 유익원소로 검토되고 있다.

2 원소별 생리적 기능

(1) 필수 다량원소

1) 질소(N, nitrogen)

① 흡수

㉠ NO_3^- 이나 NH_4^+ 형태로 흡수된다.

㉡ 식물에 따라서는 NH_4^+를 우선적으로 흡수하거나 NH_4^+만 흡수하는 식물도 있다.

② 이용
 ㉠ 무기질소는 동화과정을 거쳐 아미노산, 단백질, 효소, 핵산, 엽록소, 비타민, 호르몬 등과 같은 유기화합물을 만든다.
 ㉡ 흡수된 질소의 80~85%는 단백질 합성에 이용되며, 단백질에서 차지하는 질소 무게는 16% 정도이다.

③ 생리작용
 ㉠ 엽록소 함량을 증가시켜 잎의 색이 진해지고, 광합성 능력도 커진다.
 ㉡ 단백질 합성
  ⓐ 질소의 공급이 알맞고 광합성량이 충분한 조건에서 질소와 유기산의 결합으로 아미노산이 되고, 아미노산의 축합으로 단백질이 합성되어 원형질이 많아져 생장이 촉진된다.
  ⓑ 단백질을 합성할 때 NH_4^+는 직접 유기산과 결합하여 아미노산이 되지만, NO_3^-는 먼저 암모니아(NH_3)로 환원 후 아미노산이 되므로 NH_4^+태 질소가 NO_3^-태 질소보다 단백질 합성에 에너지 소모가 적다.
  ⓒ NH_4^+는 체내 농도가 높으면 오히려 유해하게 작용하므로 아스파트산이나 글루탐산과 결합으로 각각 아스파라진과 글루타민 같은 아마이드를 만들어 일시적 암모니아 중독을 회피하고 다른 체내로 이동하여 필요시 NH_4^+를 분리하여 다시 대사에 이용한다.
 ㉢ 전류형태
  ⓐ 사과나무, 무 등: 흡수된 NO_3^-는 뿌리에서 NH_4^+로 환원되어 아미노산에 결합하여 아스파라진과 글루타민 같은 아마이드 형태로 지상부로 이동한다.
  ⓑ 토마토, 밀 등: NO_3^-가 잎으로 이동하여 잎의 엽록체에서 NH_4^+로 환원된 후 아미노산을 만든다.

④ 질소 과다
 ㉠ 광합성산물이 단백질 합성에 소모되어 가용성 탄수화물이 감소하고, 셀룰로오스와 같은 무질소화합물의 합성이 억제된다.
 ㉡ 세포의 크기는 증대하나 세포벽이 얇아지면서 식물이 도장하고 화아분화가 억제된다.
 ㉢ 벼
  ⓐ 영양생장의 과도한 촉진으로 간장이 길어지고, 특히 절간신장기에는 하위절간이 신장되어 도복하기 쉬우며, 출수기가 다소 지연되며, 도열병에 걸리기 쉽다.
  ⓑ 벼와 같이 엽신이 긴 식물은 잎이 늘어지고 엽면적이 과다하여 수광태세가 나빠진다.
  ⓒ 이삭이 발달한 후에는 도복하기 쉽다.
 ㉣ 경엽을 목적으로 하는 엽채류와 사료작물은 단백질 함량이 높아지고 기호성은 좋아지지만, NO_3^-가 축적되어 품질이 떨어질 수 있다.
 ㉤ C_3식물

ⓐ 보리, 밀, 귀리 등 온대성 C_3 화곡류는 질소함량이 높으면 경엽의 생장이 지나쳐 성숙이 지연되고, 종실의 짚에 대한 비율인 조고비율이 낮아지며, 도복하기 쉽다.
ⓑ 벼의 성숙과 조고비율에 대한 질소의 영향은 온대성 화곡류형과 열대성 화곡류형의 중간이다.
ⓗ 열대성 C_4화곡류인 옥수수, 수수 등은 질소함량이 높으면 개화 및 성숙이 빨라지고 질소과잉의 해는 적다.

⑤ 질소결핍
㉠ 엽록체 단백질이 분해되어 노엽부터 황백화현상이 나타난다.
㉡ 질소결핍으로 단백질 합성이 억제되면 식물의 탄수화물이 줄기나 엽병의 목질화를 촉진하고 안토시아닌 같은 색소를 만들어 축적하기도 한다.
㉢ 때로는 개화기를 앞당겨 과실은 작고 성숙이 지연된다.
㉣ 줄기와 잎은 많이 자라지 않고, 세포벽 구성물질이 많이 축적되어 줄기는 튼튼해지며, 종실이 잘 발달하지 않아 도복은 감소한다.
㉤ 벼를 무질소로 재배하면 기본영양생장이 억제되어 출수가 지연된다.

2) 인(P, phosphorus)

① 흡수
㉠ 인은 인산이온($H_2PO_4^-$, HPO_4^{2-})의 형태로 흡수된다.
㉡ 분포비율은 pH에 의해 조절되며, 중성에서는 $H_2PO_4^-$, 염기성에서는 HPO_4^{2-}의 농도가 높고 식물은 주로 $H_2PO_4^-$를 많이 흡수한다.
㉢ 인산이온은 알루미늄이나 철을 포함하는 토양입자와 결합할 수 있는데, 이는 양이온인 Fe^{2+}, Al^{3+}가 인산과 교환되는 수산기(OH^-)를 갖기 때문이다.
㉣ 인의 효과가 가장 높은 토양 pH는 6.5로 이 때 사용한 양의 약 20% 정도만 흡수되고 나머지는 토양에 고정된다.

② 이용
㉠ 인은 핵산(DNA, RNA)의 구성성분으로 세포분열과 생장에 필수적이다.
㉡ 세포막을 구성하는 인지질을 구성한다.
㉢ ATP, NADP 등의 구성성분으로 모든 대사작용에서 에너지 공급과 수소전달에 관여한다.
㉣ 호흡에 의한 당분해와 전분합성에서 당인산을 형성한다.

③ 체내분포
㉠ 인은 체내 이동성이 커서 재분배가 용이해 새로운 조직에 많이 분포하고, 오래된 조직에서는 결핍되기 쉽다.
㉡ 대부분 무기태로 액포에 저장되고, 필요에 따라 유기물과 결합하여 유기태가 되어 대사작용에 이용된다.

ⓒ 영양생장기에는 대사활동이 왕성한 생장점, 마디 등의 조직에 많이 축적되고, 생식생장기에는 종자나 과실로 이동하며, 경우에 따라서는 50% 이상 생식기관에 집중적으로 분포하는 경우도 있다.
ⓓ 종자에 피틴(phytin)으로 저장되었다가 발아 시 대사작용에 이용된다.

④ 과다
ⓐ 인의 과잉 흡수는 Zn, Fe, Cu 등의 흡수와 전류를 방해한다.
ⓑ 조류(藻類)의 생육을 촉진하므로 인산을 많이 사용한 논에 이끼가 많다.

⑤ 결핍
ⓐ 핵산의 합성이 억제되어 단백질이 감소하고 세포분열이 저해된다.
ⓑ 잎의 색이 암녹색을 띠거나 안토시아닌 발현으로 녹자색을 띤다.
ⓒ 줄기는 가늘고 딱딱해지고, 과실은 작고 성숙이 늦어진다.
ⓓ 성숙한 조직에서 유조직으로 재분배가 일어난다.

3) 칼륨(K, potassium)

① 흡수: K^+ 형태로 흡수되며, 흡수속도가 빠르고 체내 이동과 재분배가 용이하다.

② 분포
ⓐ 무기염이나 유기산염으로 분포하며, 이온화되어 있거나 이온화되기 쉬운 상태로 존재한다.
ⓑ 대부분 식물은 가장 많이 흡수하는 성분 중 하나이나 세포를 구성하거나 생리적으로 중요한 유기화합물 구성성분은 아니다.
ⓒ 대부분 식물은 무기원소 가운데 칼륨을 가장 많이 함유하고 있다.
ⓓ 광합성이 활발한 잎이나 세포분열이 왕성한 생장점 부위에 다량 분포되어 있다.

③ 생리작용
ⓐ 체내 삼투퍼텐셜 구배를 형성하여 수분의 흡수와 이동을 조절하고, 기공 개폐와 물질의 전류를 조절한다.
ⓑ 호흡작용과 광합성에 관여하는 많은 효소를 활성화시킨다.
ⓒ 줄기의 탄수화물 함량을 증가시켜 세포벽 구성물질이 생성되어 줄기가 강해지고 도복저항성이 커진다.
ⓓ 유전정보 전달 단계에 관여하여 단백질합성에 필요하다.

④ 과다: 과잉흡수는 오히려 생장이 나빠지고, 생산물의 품질이 나빠진다.

⑤ 결핍
ⓐ 초기에는 잘 나타나지 않고 생육이 어느 정도 진행된 다음 나타난다.
ⓑ 세포의 pH가 증가하여 물질대사의 진행이 억제된다.
ⓒ 노엽부터 황백화되고, 잎의 가장자리가 황갈색으로 변하기도 한다.
ⓓ 줄기와 뿌리는 가늘어지고, 줄기의 유관속은 목질화가 억제되어 조직이 연약해지고 도복이 잘 된다.

4) 칼슘(Ca, calcium)

① 흡수: Ca^{2+} 형태로 흡수되며, 토양에 많이 분포되어 있지만 식물의 흡수율은 낮은 편이다.

② 분포
- ㉠ 잎에 많이 분포하며, 체내 이동과 재분배가 잘 되지 않는다.
- ㉡ 두과식물은 화본과식물의 3배를 함유하며, 무, 양배추, 감자 등은 많은 양의 칼슘을 함유하고 있다.

③ 생리작용
- ㉠ 지방산, 유기산, 펙틴, 단백질 등과 결합한다.
- ㉡ 분열조직에서 펙틴산 칼슘은 딸세포 사이에 생기는 세포판에서 중층을 형성하여 세포분열을 완성하고, 성숙과정에서 두 세포를 견고하게 밀착시킨다.
- ㉢ 액포에서는 수산(옥살산)과 결합하여 수산석회라는 불용의 결정체를 만든다.
- ㉣ 탄수화물의 전류에 요구되는 녹말당화효소인 디아스타아제(diastase)는 수산에 의해 활력이 떨어지는데 수산을 불용의 수산석회로 만들어 탄수화물의 전류를 원활하게 한다.
- ㉤ 효소와 결합하여 효소를 활성화한다.
  - ⓐ ATPase, α-아밀라아제(α-amylase), 포스포리파아제 D(phospholipase D) 등의 효소를 활성화시킨다.
  - ⓑ 단백질인 칼모듈린(calmodulin)과 결합하여 칼모듈린-칼슘 복합체를 만들어 2차신호전달자의 역할을 하면서 다양한 대사작용을 조절한다.
- ㉥ 과실의 저장성 증가: 사과 성숙기에 칼슘을 엽면시비하면 과실의 칼슘함량이 증가하고 저장 중 세포벽 분해를 지연시켜 과실의 저장성을 증대시킨다.
- ㉦ 칼슘의 시용은 pH를 상승시켜 Mo은 용해도가 증가하고, Fe^{2+}, Mn^{2+} 등은 용해도가 감소한다.
- ㉧ 칼슘의 시용량이 많으면 길항작용으로 마그네슘, 철, 아연, 코발트, 붕소 등 흡수가 저해되는 길항작용이 나타난다.

④ 결핍
- ㉠ 체내 이동이 어려워 분열조직 부위, 어린잎의 정단이나 가장자리, 과실, 저장조직 등에 결핍증이 나타난다.
- ㉡ 주요증상은 황화하거나 괴사하며, 세포벽이 용해되어 연해지고 흑갈색으로 변한다.
- ㉢ 사과의 고두병, 토마토 배꼽썩음병, 땅콩의 공협 등이 발생한다.
- ㉣ 변색은 칼슘과 킬레이트(chelate)를 형성하지 못한 페놀화합물이 산화되어 나타난다.

5) 마그네슘(Mg, magnesium)

① 흡수: Mg^{2+}의 형태로 흡수되며, 다른 양이온 특히 K^+, Ca^{2+}, NH_4^+, Mn^{2+}와 길항작용이 심하여 서로 흡수를 방해한다.

② 분포
- ㉠ 엽록소를 갖는 잎에 많이 분포하고, 종자에도 많이 함유되어 있다.
- ㉡ 콩과 같은 지방종자에 많이 분포되어 있다.
- ㉢ 이동성이 좋아 노엽에서 유엽으로 쉽게 이동한다.
- ㉣ 체내 10~20%가 엽록체에 존재하며, 그 중 50%는 엽록소를 구성하여 광합성에 직접 관여하고, 나머지는 엽록체에 유리상태로 존재하여 효소활성을 조절한다.
- ㉤ 대부분 액포에서 유기산이나 다른 무기 음이온과 결합하여 염을 형성한다.

③ 생리작용
- ㉠ 광합성, 인산대사, 단백질합성 등에 관여한다.
- ㉡ 엽록소를 구성하는 유일한 광물성 원소이다.
- ㉢ 효소의 활성제로 작용하며, 인산대사와 관계하는 효소와 밀접한 관련이 있다.
- ㉣ 리보솜의 구조유지와 관련이 있어 마그네슘이 없으면 리보솜이 해리되고 tRNA의 전송이 억제된다.

④ 결핍
- ㉠ 결핍되면 잎이 황백화되는데, 노엽에서 먼저 시작되고 주로 엽맥사이에서 나타난다. 이는 노엽에서 유엽으로 쉽게 이동하고, 엽맥사이 엽록소가 쉽게 분해되기 때문이다.
- ㉡ 벼는 유수형성기~출수기까지 불임립이 증가하여 수량이 감소한다.
- ㉢ 감자는 괴경에 전분축적이 감소한다.
- ㉣ 사과는 조기낙엽이 발생하고 심하면 과실의 비대가 억제되고 착색이 나빠지며, 잘 성숙되지 않아 저장성이 떨어진다.

6) 황(S, sulfur)

① 흡수: 뿌리에서는 SO_4^{2-}의 형태로 흡수되며, 공기 중의 이산화황(SO_2)은 기공을 통해 흡수되기도 한다.

② 분포
- ㉠ 흡수된 SO_4^{2-}가 환원되어 =S=O, -S-, -S-S-, -SH, -N=C=S 등의 결합으로 여러 함황유기화합물을 생성한다.
- ㉡ 체내 이동성이 떨어져 쉽게 이동하지 않는다.

③ 생리작용
- ㉠ 필수아미노산 중 시스틴, 메티오닌은 함황아미노산이고, 비타민 중 티아민(thiamine pyrophosphate, 비타민 B_1), 바이오틴(Biotin, 비타민 B_7), 호흡에 관여하는 조효소 A(coenzyme A), 산화반응에 관여하는 리포산(lipoic acid)의 구성성분이다.
- ㉡ 식물의 2차대사산물인 양파의 알릴 설파이드(allyl sulfide), 십자화과 식물의 글루코시놀레이트(glucosinolate), 마늘의 알리신(allicin) 등을 구성하는 원소이다.

ⓒ 황은 페레독신(Fd, ferredoxin; 철원자와 무기황화물을 함유하고 전자공여체 작용을 하는 수용성 단백질)처럼 철-황 단백질을 형성하므로 광합성과 질소고정의 전자전달 반응에 중요한 역할을 한다.

④ 결핍
  ㉠ 황은 비이동성으로 결핍증은 유엽에서 먼저 일어난다.
  ㉡ 함황아미노산과 단백질 생성이 억제되어 엽록소가 엽록소-단백질 복합체를 형성하지 못하여 안정성을 잃어 잎이 황백화된다.
  ㉢ 필수아미노산인 메티오닌이 부족하기 쉬워 농산물의 영양가가 낮아진다.
  ㉣ 시스테인 함량이 낮으면 밀가루의 제빵 특성이 나빠진다.
  ㉤ 두과작물에서 근류균에 의한 질소고정이 감소된다.

(2) 필수 미량원소

1) 철(Fe, iron)

① 흡수
  ㉠ Fe^{2+} 또는 Fe^{3+} 형태로 흡수되지만 Fe^{2+}가 용해도가 더 커서 흡수가 더 잘된다.
  ㉡ 철이온은 불용성이 되어 흡수가 어려운 특징이 있고, 특히 pH가 높으면 흡수가 잘 안되고 K^+, Ca^{2+}, Mn^{2+}, Cu^{2+}, Zn^{2+} 등과 길항관계이다.
  ㉢ 미량원소 중 가장 많이 요구되는 원소로 다량원소로 간주되기도 한다.

② 이용
  ㉠ 체내 함량이 극히 적고 체내 이동이 어렵고, 재분배가 거의 되지 않는다.
  ㉡ 80%가 엽록체에 존재한다.
  ㉢ Fe^{2+}과 $Fe^{3+} + e^-$의 상호전환을 통해 전자전달(산화환원)의 기능이 있어 전자전달계의 시토크롬(cytochrome)과 페레독신(ferredoxin) 같은 철단백질과 효소 구성에 참여한다.
  ㉣ 산화효소인 카탈라아제(catalase), 과산화효소(peroxidase)의 구성성분으로 과산화수소의 독성을 방지한다.
  ㉤ 아질산환원효소, 질산환원효소, 질소고정효소 등의 구성성분이다.
  ㉥ 엽록소 형성에 관여하는 효소의 생합성에도 관여한다.

③ 결핍
  ㉠ 엽록체의 구조가 깨지고, 엽록소가 소실된다.
  ㉡ 잎이 황백화되며, 심하면 전체가 백색으로 변한다.
  ㉢ 체내 이동성이 낮아 유엽이나 생장점 부근 잎에서부터 결핍증상이 나타난다.
  ㉣ 유엽의 황백화는 전면에 걸쳐 나타나지만 식물에 따라서는 엽맥은 그대로 녹색으로 남는 경우도 있다.

2) 염소(Cl, chlorine)
    ① 흡수
        ㉠ Cl^- 형태로 흡수되며, 물에 잘 녹고 흡수속도가 빠르다.
        ㉡ 토양 중 풍부하게 분포하며, 식물은 필요한 것보다 훨씬 높은 농도를 능동적으로 흡수한다.
    ② 이용
        ㉠ 광합성에서 물의 광분해로 생기는 전자를 제2광계의 엽록소에 전달하는 기능을 한다.
        ㉡ 세포의 삼투압과 pH를 조절하고, 아밀라아제 효소를 활성화시킨다.
        ㉢ 체내 유기화는 잘 이루어지지 않지만 안토시아닌의 한 구성원소이다.
    ③ 결핍 및 과다
        ㉠ 토양에서 염소의 과잉이나 결핍으로 생기는 장해는 찾아볼 수 없다.
        ㉡ 염소의 고갈은 유엽이 황백화되고 잎 끝이 시들고 점차 구리 빛으로 변한다.
        ㉢ 뿌리는 굵어지고 선단이 곤봉형으로 변한다.

3) 붕소(B, boron)
    ① 흡수 : 이온화되지 않은 붕산(H_3BO_3)의 형태로 흡수된다.
    ② 이용
        ㉠ 체내 이동과 재분배가 어려운 원소이다.
        ㉡ 흡수된 붕산은 -OH를 가진 유기화합물과 에스테르를 결합한다.
        ㉢ 세포벽 성분과 결합하여 세포벽의 안정성을 높이고 펙틴의 형성에도 관여한다.
        ㉣ 핵산합성과 세포분열에도 밀접한 관련이 있다.
        ㉤ 동화산물의 전류를 촉진한다.
        ㉥ 옥신의 활성을 제어한다.
        ㉦ 두과작물에서 근류균의 형성과 질소고정을 촉진한다.
        ㉧ 단자엽식물보다 쌍자엽식물의 요구량이 많고, 배추과 작물의 요구량이 많아 부족하기 쉽다.
    ③ 결핍
        ㉠ 동화물질의 전류가 억제되고 옥신이 지나치게 생성되어 형성층이 이상비대하여 주변조직이 붕괴되고 표피조직에 균열이 생긴다.
        ㉡ 세포벽의 셀룰로오스나 펙틴이 떨어져 나가고 액포에 탄닌이 축적되어 조직은 흑갈색으로 변한다.
        ㉢ 생장점 부근과 유엽이 검게 괴사한다.
        ㉣ 과실은 기형이 되거나 과피에 갈변, 균열, 괴사, 코르크화 등의 증상이 나타난다.

4) 망간(Mn, manganese)
    ① 흡수 : Mn^{2+} 형태로 흡수되며, 다른 2가 양이온과 길항작용을 하며 특히 마그네슘에 의해 흡수가 억제된다.

② 이용
- ㉠ 이동성은 좋지 않은 편이지만 분열조직으로 먼저 이동한다.
- ㉡ 무기태로 존재하거나 효소단백질과 결합한다.
- ㉢ 엽록체의 틸라코이드에 분포하는 작은 단백질복합체인 산소방출복합체(OEC; oxygen evolving complex)와 결합하여 광합성 과정에서 물의 광분해(산화)와 그 결과 발생하는 산소방출을 주도한다.
- ㉣ 제2광계의 전자전달을 촉진하고 효소복합체와 ATP 사이에 가교역할을 하여 인산화를 돕는다.
- ㉤ 광합성 효소계를 비롯하여 각종 효소의 활성제로 작용한다.
- ㉥ IAA산화효소(oxydase)를 활성화시켜 IAA를 산화시킨다.

③ 결핍
- ㉠ 엽록체 막 구조가 파괴되고, 엽록소 형성이 억제되며 잎의 황백화현상이 일어난다.
- ㉡ 황백화는 유엽에서 먼저 나타나고, 황색반점이 나타나기도 하며, 잎은 조기에 고사하여 떨어진다.
- ㉢ 귀리는 엽기부에 줄무늬와 회색반점이 생긴다.

5) 아연(Zn, zinc)

① 흡수: Zn^{2+} 형태로 흡수되며, 다른 2가 양이온과 길항작용을 하며 특히 Cu^{2+}와는 길항작용이 크다.

② 이용
- ㉠ 흡수된 아연은 이온형태로 이동하고 이동성은 좋지 않다.
- ㉡ 여러 기관에 널리 분포하며, 지상부보다 뿌리에 많이 분포한다.
- ㉢ 엽록체 안에도 상당량이 분포한다는 보고도 있다.
- ㉣ 여러 가지 효소의 활성제로 다양한 대사작용을 조절한다.
- ㉤ 아연으로 활성화된 탄산탈수효소(carbonic anhydrase)는 $H_2O + CO_2 = H^+ + HCO_3^-$ 반응에 작용하여 엽록체의 pH를 조절하고 단백질의 변성을 막으며 CO_2의 고정을 조절한다.
- ㉥ 엽록소와 트립토판(Trp: tryptophan)의 생합성에도 관여한다.

③ 결핍
- ㉠ 트립토판에서 IAA가 생합성되는 과정이 진행되지 않고, 페록시다아제가 활성화되어 IAA의 산화가 촉진되어 식물체는 마디 사이가 짧아지고 잎이 왜소해지면서 주변이 오그라들면서 로제트형의 생장습성을 나타낸다.
- ㉡ 옥수수, 콩, 사탕수수 등에서는 엽록소 합성이 억제되어 엽맥 사이에 황백화현상이 나타나기도 한다.
- ㉢ pH가 높을 때, 인이 많을 때 결핍이 잘 나타난다.

④ 과다: 뿌리의 생장을 억제하며 특히 산성토에서 과잉피해가 발생한다.

6) 구리(Cu, copper)
   ① 흡수
      ㉠ Cu^+, Cu^{2+}의 두 가지 형태로 흡수될 수 있으며 주로 Cu^{2+}가 많이 흡수된다.
      ㉡ 아연과 심한 길항관계에 있으며, 체내 이동은 잘 안되는 편이다.
   ② 이용
      ㉠ 줄기와 잎보다 뿌리에 많이 분포한다.
      ㉡ 세포 내에서 엽록체와 미토콘드리아에 비교적 많이 분포한다.
      ㉢ 엽록체의 전자전달체인 플라스토시아닌(plastocyanin; 전자전달을 매개하는 구리 함유 단백질)의 구성원소이다.
      ㉣ 엽록소 합성과 안정에도 관여한다.
      ㉤ 여러 가지 효소의 보조인자로 다양한 대사작용에 관여하는데 페놀의 산화반응에 관여하는 폴리페놀산화효소(PPO; polyphenol oxidase)가 그 한 예이다.
   ③ 결핍
      ㉠ 잎이 암녹색으로 변하고, 유엽의 정단부터 괴사하며, 뒤틀리거나 기형이 되기도 한다.
      ㉡ 화본과식물은 잎이 황백화된다.
      ㉢ 감귤은 잎이 떨어지고 가지가 마른다.
      ㉣ 사과는 선단의 잎이 갈변괴사하고 가지가 선단부터 말려들어가는 등의 증상이 나타난다.
   ④ 과다
      ㉠ 엽록체 틸라코이드막의 파괴로 황백화현상이 나타난다.
      ㉡ 뿌리의 생장이 억제되는 증상을 보인다.

7) 니켈(Ni, nickel)
   ① 흡수: Ni^{2+} 형태로 쉽게 흡수되며, 토양에 풍부하다.
   ② 이용
      ㉠ 식물조직 곳곳에 분포하며 보통 건물에 0.05~5mg/kg 정도 들어 있지만 식물의 생활사를 완성하는데 필요한 양은 약 200mg 정도로 이 정도면 종자에 들어 있는 초기의 니켈함량으로 충당될 수 있다.
      ㉡ 요소분해효소(urease)와 수소화효소(hydrogenase)의 구성성분이다.
      ㉢ 식물은 체내에서 요소를 생산하므로 이 요소를 분해하기 위해서는 요소분해효소가 반드시 필요하다.
      ㉣ 특히 두과작물은 뿌리혹에서 시트룰린(citrulline)과 같은 유레이드(ureide; 요소의 수소가 아실기로 치환된 화합물)를 형성하고, 유레이드는 질소공급원으로 신엽이나 발달 중인 종자로 이동하여 분해되면 요소가 생성된다.
      ㉤ 수소화효소는 질소고정과정에서 사용되는 수소를 회복시키는데 필요하다.

③ 결핍
  ㉠ 식물의 요구도는 극히 낮지만 수경재배 중 니켈을 제거하면 잎에서 요소분해효소가 생성되지 않아 요소가 축적되고 정단부위에 괴사현상이 나타난다.
  ㉡ 두과작물에서 수소화효소의 활성이 억제되어 질소고정효율이 떨어진다.

8) 몰리브덴(Mo, molybdenum)
  ① 흡수
    ㉠ MoO_4^{2-} 형태로 흡수된다.
    ㉡ 주로 능동적으로 흡수되며 SO_4^{2-} 과는 길항적으로 인산이온과는 상조적으로 작용한다.
  ② 이용
    ㉠ 체내 이동성 정도는 중간정도이고 MoO_4^{2-}, $Mo-S-$아미노산복합체 또는 당복합체로 이동한다.
    ㉡ 체내 함량은 1ppm 이하이고, 기공이 많은 곳에 다량 분포한다.
    ㉢ 질산의 환원과 공중질소 고정을 돕는다.
    ㉣ 질산환원효소의 구성원소로 전자를 주고받으면서($Mo^{5+} = Mo^{6+} + e^-$) NO_3^-를 환원시킨다.
    ㉤ 질소고정효소라는 효소복합체에 함유되어 공중질소 고정에 관여한다.
    ㉥ IAA산화효소의 활성제로 체내 IAA 농도를 적정수준으로 유지시켜 준다.
  ③ 결핍
    ㉠ 질산염이 축적되면서 단백질 합성이 줄며, 아스코르브산도 감소한다.
    ㉡ 식물체 내 NO_3^- 함량이 증가되고, NH_4^+를 사용해도 작물이 정상적으로 자랄 수 없다.
    ㉢ 꽃양배추, 상추, 무, 토마토에서 엽맥 사이가 황백화되고, 잎 끝이 시들고 말리며 배상(盃狀)의 잎이 된다.
    ㉣ 꽃양배추와 브로콜리에서는 심한 경우 엽신이 형성되지 않고 엽맥만 남아 잎이 마치 회초리 같이 보이는 편상엽이 된다.
    ㉤ 옥수수는 출웅(出雄)이 지연되고, 개화와 꽃가루의 생산력 저하, 꽃가루 크기도 작아지고, 발아력이 떨어진다.
    ㉥ 감귤류는 엽맥을 따라 부분 반점, 조직의 괴사가 나타난다.

(3) 유익원소와 특수원소

1) 나트륨(Na, sodium)

① 흡수
- ㉠ Na^+ 형태로 흡수한다.
- ㉡ 염생식물은 다량 흡수하고, 일반식물도 어느 정도 흡수한다.
- ㉢ 피자식물의 평균 함량은 1,200ppm 정도이다.

② 이용
- ㉠ 염생식물의 세포액의 삼투퍼텐셜을 낮추어 수분흡수와 기공의 개폐를 조절한다.
- ㉡ 마늘, 순무, 양배추, 근대, 귀리 등은 작물에서 나트륨 공급이 수량을 증대시킨다.
- ㉢ C_4식물 또는 CAM식물에서 PEP 탈탄산효소의 기능발휘에 관여한다.
- ㉣ 나트륨은 사탕무, 순무, 근대 등, 많은 C_4 화본과목초들에서 칼륨을 상당량 대체 가능하지만, 옥수수, 호밀, 콩, 강낭콩, 상추, 티머시는 대체할 수 없다.
- ㉤ 나트륨을 좋아하는 작물은 뿌리와 지상부 모두 함량이 많고, 좋아하지 않는 작물은 뿌리에는 많지만 줄기로 이행하지 않는다.

③ 결핍
- ㉠ C_4식물의 광합성 경로가 C_3경로로 바뀐다.
- ㉡ C_4식물에서 잎이 황백화되거나 괴사 증상이 나타난다.

2) 규소(Si, silicon)

① 흡수
- ㉠ 규산(H_2SiO_3) 형태로 흡수된다.
- ㉡ 피자식물의 규소함량은 100ppm 정도이며, 단자엽식물이 쌍자엽식물보다 함량이 높다.
- ㉢ 화본과식물에 많이 분포하며 벼에서는 거의 필수원소로 인정된다.

② 이용
- ㉠ 체내 분포하는 규소는 대부분 실리카켈(silica gel, $SiO_2 \cdot nH_2O$) 형태로 분포한다.
- ㉡ 흡수된 규산은 세포벽의 외측에 분비되어 실리카켈 상태로 고정되어 침적하면 이동성이 없어진다.
- ㉢ 규소는 당, 셀룰로오스, 단백질 등과 결합하는 성질이 있다.
- ㉣ 뿌리의 신장이나 분얼을 촉진하고 잎을 강건하게 만들며 건물중을 증가시킨다.
- ㉤ 세포벽의 규질화로 잎의 수광태세를 향상시켜 광합성을 촉진한다.
- ㉥ 병원성미생물에 대한 기계적 저항과 생리적 저항성을 높여 내병성을 증대시킨다.
- ㉦ 도관에 집적되어 증산이 심할 때 받는 압력에 견디게 한다.
- ㉧ 줄기와 뿌리의 통기조직을 발달하게 하여 뿌리에 산소 공급을 좋게 한다.

ⓩ 뿌리 표면에 철과 망간을 산화시켜 불용태로 만들어 흡수를 억제하여 이들의 해독작용을 막는다.

③ 결핍
㉠ 벼는 전체적으로 생육이 억제되고 도열병에 대한 저항성이 약해지며 수량이 떨어진다.
㉡ 벼는 기형이 생기거나 불임으로 백수가 생기기도 한다.

3) 셀렌(Se, selenium)

① 흡수: Se_4^{2-}(selenate; 셀렌산염), Se_3^-(selenite; 아셀렌산염) 형태로 흡수된다.
② 이용
㉠ 식물에 따라 셀렌을 축적하는 것과 축적하지 않는 것이 있으며, 자운영과 같은 사료작물은 4,000ppm까지 축적한다.
㉡ 시스테인(cysteine)의 황과 치환되면 아미노산인 셀레노시스테인(selenocysteine)이 생성된다.
㉢ 식물은 생리적으로 활성이 없는 셀레노메틸시스테인(selenomethylcysteine)으로 변화시켜 축적하므로 해작용이 나타나지 않는다.
㉣ 셀렌을 함유하는 셀레노단백질(selenoprotein)은 함황단백질보다 기능면에서 떨어지므로 생육을 저해한다.
㉤ 인체 내에서는 항산화, 항암기능을 하는 것으로 알려져 있으며, 양이나 소에서는 결핍되면 근육백화증이 발생한다.

4) 코발트Co, cobalt)

① 흡수: Co^{2+} 형태로 흡수된다.
② 이용
㉠ 조효소인 비타민 B_{12}의 구성성분이다.
㉡ 두과작물, 오리나무, 남조류 등의 뿌리혹 발달이나 질소고정에 필요하다.
③ 결핍: 뿌리혹세균의 세포분열이 억제되고, 질소 고정량이 감소한다.

3 무기양분의 공급

(1) 식물의 영양진단

1) 토양분석과 엽분석

① 토양분석
  ㉠ 뿌리 주변에서 채취한 토양 시료의 무기양분 함량을 알아보기 위한 화학적 분석방법이다.
  ㉡ 식물이 이용 가능한 경지 내의 무기양분 상태를 알 수 있다.

② 엽분석
  ㉠ 식물의 무기양분 흡수량은 토양의 무기양분 상태와 반드시 일치하지는 않기 때문에 식물분석으로 식물체의 영양진단을 병행하는 것이 좋다.
  ㉡ 1년생 초본식물은 줄기와 잎을 분석하여 영양상태를 파악할 수 있다.
  ㉢ 포장에서 간단하게 생체 조직을 압착하여 얻은 즙액에 적당한 시약을 첨가하여 정색반응을 보고 영양상태를 진단하기도 한다.
  ㉣ 식물의 잎은 토양 무기양분에 대한 민감한 반응을 보일 뿐 아니라 다루기 쉬워 과수의 영양진단에 많이 이용된다.

2) 무기양분 농도와 식물체의 수량과의 관계

① 영양상태의 최적범위에 미치지 못하면 결핍증상이 나타나고, 과잉되면 독성을 나타낸다.
② 결핍범위와 적정범위의 경계가 되는 무기양분 농도를 임계농도라고 한다.
③ 식물체의 무기양분이 임계농도 이하로 떨어져 결핍증상이 나타나기 이전에 부족한 양분을 공급해 주어 최적범위를 유지하도록 해야 한다.

(2) 시비

1) 토양시비

① 토양에는 천연적으로 무기양분이 다량 분포되어 있으며, 식물은 이를 흡수하여 생장에 이용하고 일생을 마치면 다시 토양으로 환원한다.
② 경작지 토양은 매년 반복되는 재배를 통하여 수확물에 함유된 무기양분이 토양으로부터 제거되기 때문에 경작지에서는 특정양분이 결핍하기 쉽다.
③ 정상적 생육을 위해서는 경작지에 무기양분을 공급해야 한다.
④ 식물은 무기양분을 토양으로부터 흡수하므로 시비는 토양에 하는 것이 보통이다.

2) 엽면시비

① 의의
- ㉠ 식물체는 뿌리뿐만 아니라 잎에서도 비료 성분을 흡수할 수 있는데, 이를 이용하여 작물체에 직접 시비하는 것을 의미한다.
- ㉡ 잎의 비료 성분의 흡수는 표면보다는 이면에서 더 잘 흡수되는데 이는 잎의 표면 표피는 이면 표피보다 큐티클층이 더 발달되어 물질의 투과가 용이하지 않고, 이면은 살포액이 더 잘 부착되기 때문이다.
- ㉢ 엽면 흡수의 속도 및 분량은 작물종류, 생육상태, 살포액의 종류와 농도 및 살포방법, 기상 조건 등에 따라 달라진다.
- ㉣ 작물의 질소 결핍이 심각한 상태일 때 살포된 요소량의 1/2~3/4 정도가 흡수되고, 나머지는 토양으로 떨어져 뿌리가 흡수한다.
- ㉤ 살포 후 24시간 내에 50% 정도가 흡수되며, 때로는 살포 후 2~5시간 내에 30~50% 정도가 흡수되기도 한다.
- ㉥ 살포 후 3~5일 동안에는 엽록소가 증가하여 잎이 진한 녹색으로 변한다.

② 엽면시비의 이용
- ㉠ 작물에 미량요소의 결핍증이 나타났을 경우
    - ⓐ 결핍증을 나타나게 하는 요소를 토양에 시비하는 것보다 엽면에 시비하는 것이 효과가 빠르고 시용량도 적어 경제적이다.
    - ⓑ 벼 생육기간 중 노후답에서 철, 망간 등을 보급할 때, 사과의 마그네슘 결핍증, 감귤류와 옥수수에 아연 결핍증이 나타날 때 토양시비보다 엽면시비가 효과적이다.
- ㉡ 작물의 초세를 급속히 회복시켜야 할 경우: 작물이 각종 해를 받아 생육이 쇠퇴한 경우 엽면시비는 토양시비 보다 빨리 흡수되어 시용의 효과가 매우 크다.
- ㉢ 토양시비로는 뿌리 흡수가 곤란한 경우: 뿌리가 해를 받아 뿌리에서의 흡수가 곤란한 경우 엽면시비에 의해 생육이 좋아지고 신근이 발생하여 피해가 어느 정도 회복된다.
- ㉣ 토양시비가 곤란한 경우: 참외, 수박 등과 같이 덩굴이 지상에 포복 만연하여 추비가 곤란한 경우, 과수원의 초생재배로 인해 토양시비가 곤란한 경우, 플라스틱필름 등으로 표토를 멀칭하여 토양에 직접적인 시비가 곤란한 경우 등에는 엽면시비는 시용효과가 높다.
- ㉤ 비료성분의 유실방지: 포트에 화훼류를 재배할 때 토양시비는 비료분의 유실이 많지만, 엽면시비는 유실이 방지된다.
- ㉥ 노력의 절약: 엽면시비는 비료와 농약을 혼합하여 살포할 수 있어 농약 살포시 비료를 섞어 살포하면 시비 노력이 절감된다.
- ㉦ 특수한 목적이 있을 경우
    - ⓐ 엽면시비는 품질 향상을 목적으로 실시하는 경우도 많다.
    - ⓑ 채소류의 엽면시비는 엽색을 좋게 하고, 영양가를 높인다.

ⓒ 보리, 채소, 화초 등에서는 하엽의 고사를 막는 효과가 있다.
　　　ⓓ 청예사료작물에서는 단백질함량을 증가시키는 효과가 있다.
　　　ⓔ 뽕나무 또는 차나무의 경우 엽면시비는 찻잎의 품질을 향상시킨다.
　　ⓞ 엽면시비는 일시에 다량을 줄 수 없으므로 토양시비를 대체하지는 못하는 보조수단이다.

CHAPTER 04 무기양분의 흡수와 동화

1 토양 속 무기양분의 동태

(1) 토양입자의 음전하

1) 토양 3상

① 구성
  ㉠ 토양은 여러 토양입자로 구성되어 있고, 입자 사이에는 공극이 존재하며 이 공극에는 공기 또는 액체가 존재한다.
  ㉡ 토양의 3상
    ⓐ 고상: 유기물, 무기물인 흙
    ⓑ 기상: 토양공기
    ⓒ 액상: 토양수분

② 토양의 3상과 작물의 생육
  ㉠ 고상 : 기상 : 액상의 비율이 50% : 25% : 25%로 구성된 토양이 보수, 보비력과 통기성이 좋아 이상적이다.
  ㉡ 토양 3상의 비율은 토양 종류에 따라 다르고 같은 토양 내에서도 토층에 따라 차이가 크다.
  ㉢ 기상과 액상의 비율은 기상 조건 특히 강우에 따라 크게 변동한다.
  ㉣ 고상은 유기물과 무기물로 이루어져 있으며 일반적으로 고상의 비율은 입자가 작고 유기물 함량이 많아질수록 낮아진다.
  ㉤ 작물은 고상에 의해 기계적 지지를 받고, 액상에서 양분과 수분을 흡수하며 기상에서 산소와 이산화탄소를 흡수한다.
  ㉥ 액상의 비율이 높으면 통기가 불량하고 뿌리의 발육이 저해된다.
  ㉦ 기상의 비율이 높으면 수분부족으로 위조, 고사한다.

2) 토양입자의 분류

① 토양은 크고 작은 여러 입자에 의해서 구성되어 있으며 토양입자를 입경(粒徑)에 따라 구분한다.
② 자갈
  ㉠ 암석의 풍화로 맨 먼저 생긴 여러 모양의 굵은 입자이다.
  ㉡ 화학적, 교질적 작용이 없고 비료분, 수분의 보유력도 빈약하다.
  ㉢ 통기성, 투수성은 좋게 한다.

③ 모래
- ㉠ 석영을 많이 함유한 암석(사암, 화강암, 편마암 등)이 부서져 생긴 것으로 백색, 적색, 암색을 띠며, 입경에 따라 거친 모래, 보통 모래, 고운 모래로 세분된다.
- ㉡ 거친 모래는 자갈과 비슷한 특성을 가지나, 고운 모래는 물이나 양분을 다소 흡착하고 투기성 및 투수성을 좋게 하며, 토양을 부드럽게 한다.
- ㉢ 영구적 모래: 모래 중의 석영은 풍화되더라도 모양이 작아질 뿐 점토가 되지 않으므로 영구적 모래라 한다.
- ㉣ 일시적 모래: 운모, 장석, 산화철 등은 완전히 풍화되면 점토가 되므로 일시적 모래라 한다.
- ㉤ 굵은 모래: 자갈과 성질이 비슷하다.
- ㉥ 잔모래: 물이나 양분을 조금 흡착하고, 투기, 투수를 좋게 하며, 토양을 부드럽게 한다.

④ 점토
- ㉠ 토양 중의 가장 미세한 입자이며, 화학적·교질적 작용을 하며 물과 양분을 흡착하는 힘이 크고 투기·투수를 저해한다.
- ㉡ 화학적 조성은 함수규산알루미늄이며, 평균적으로 알루미늄 40~50%, 규산 40~47%, 수분 10~12%로 구성되어 있다.
- ㉢ 점토나 부식은 입자가 미세하고, 입경이 1μm 이하이며, 특히 0.1μm 이하의 입자는 교질(膠質, colloid)로 되어 있다.
- ㉣ 교질입자는 보통 음이온(-)을 띠고 있어 양이온을 흡착한다.

⑤ 부식토
- ㉠ 유기화합물로 구성된 유기토양 입자이다.
- ㉡ 유기화합물의 카르복실기(COO^-), 수산기(OH^-) 등이 이온화되어 음전하를 띤다.

(2) 토양의 양이온 교환능력

1) 양이온치환용량(CEC; Cation Exchange Capacity) 또는 염기치환용량(BEC; Base Exchange Capacity)
   ① 토양 100g이 보유하는 치환성 양이온의 총량을 mg당량(me)으로 표시한 것으로 단위는 me/100g이 이용되어 왔으나, 새로운 국제단위체계(SI unit)에서는 당량 대신 전하의 몰 수(mol_c)를 사용하여 mol_c/kg을 이용한다.
   ② 토양 중에 교질입자가 많아지면 치환성 양이온을 흡착하는 힘이 강해지므로 토양 중 점토나 부식이 증가하면 CEC도 증가한다.
   ③ 토양 중 CEC가 커지면 치환성양이온인 NH_4^+, K^+, Ca^{2+}, Mg^{2+} 등의 비료성분을 흡착 보유하는 힘이 커져서 비료를 많이 시비하여도 작물이 일시적 과잉흡수가 억제되고 비료성분의 용탈이 적어서 비효가 늦게까지 지속된다.
   ④ CEC가 커지면 토양의 완충능이 커져서 토양반응(pH)의 변동에 저항하는 힘이 커진다.

⑤ 우리나라 토양의 CEC는 모래함량이 비교적 많은 사양질 계통의 토양이 많고 점토를 구성하고 있는 점토광물이 카올리나이트로 구성되어 있으며, 유기물함량이 적어 아주 낮다.
⑥ 양이온은 pH가 증가할수록 흡착능력이 증가하고, 음이온은 pH가 낮아지면 흡착이 증가한다.
⑦ 주요 광물의 양이온치환용량
　㉠ 부식: 100~300
　㉡ 버미큘라이트: 80~150
　㉢ 몬모릴로나이트: 60~100
　㉣ 클로라이트: 30
　㉤ 카올리나이트: 3~27
　㉥ 일라이트: 21

2) 양이온교환

① 토양 콜로이드는 대체로 음전하를 띠며, 이를 전기적으로 중화시킬 만큼의 양이온이 전기적 인력에 의하여 토양 콜로이드에 흡착되어 있으며, 이들 흡착된 양이온은 용액 속에 다른 양이온들과 교환되어 쉽게 토양용액으로 침출된다.
② 토양에 흡착되어 있는 양이온을 교환성양이온이라 하며 주로 NH_4^+, K^+, Ca^{2+}, Na^+, Mg^{2+}, Al^{3+}, H^+ 등이 있고, 그 중 Al^{+3}와 H^+을 제외한 나머지 이온은 토양을 알칼리성으로 만들려는 경향이 있어 이를 교환성염기라고 한다.
③ 이액순위(離液順位, lyotropic series)
　㉠ 이액순위: 토양입자가 흡착된 하나의 양이온은 다른 이온으로 치환이 가능하고, 자신보다 친화력이 더 큰 다른 이온으로 치환될 수 있다. 이 때 양이온의 흡착력 또는 치환침입력은 종류별로 다른데 그 크기 순서를 이액순위라 한다.
　㉡ 이온의 농도가 높고, 원자가가 클수록, 이온의 크기와 수화도가 작을수록 침입력은 커진다.
　㉢ 양이온의 이액순위: $Al^3 > H^+ > Ca^{2+} > Mg^{2+} > NH_4^+ = K^+ > Na^+$
　㉣ 예외적으로 수소이온은 1가 이온이지만 침입력이 상대적으로 크다.
　　ⓐ 토양 중 수소이온의 농도가 높으면 토양입자에 흡착되어 있던 많은 양이온이 떨어져 나와 지하수나 표층수에 의해 유실되어 토양이 산성화되면서 척박해진다.
　　ⓑ 정상적 환경에서는 뿌리에서 수소이온이 적절하게 분비되어 양이온교환이 용이하게 일어나도록 하여 무기양분의 흡수를 촉진한다.
　　ⓒ 수소이온 농도가 높아 토양입자의 치환자리를 수소이온이 대부분 차지하면 양이온치환용량이 크더라도 실제 비옥한 토양이라 볼 수 없다. 따라서 양이온치환용량은 토양의 잠재적 비옥도를 나타낼 뿐이다.
④ 토양이나 교질물 100g이 보유하고 있는 음전하의 수와 같다.
⑤ pH가 높으면 잠시적 전하의 생성으로 양이온치환용량이 커진다.

3) 염기포화도

① 토양 콜로이드가 교환성염기만 가지고 있을 때, 그 토양을 염기포화토양이라 하며, 교환성 수소도 함께 있을 때를 염기불포화토양이라 한다.

② 교환성양이온 총량 또는 양이온교환용량에 대한 교환성염기의 양을 염기포화도라 한다.

$$염기포화도(V)(\%) = \frac{S}{T} \times 100 = \frac{\{교환성염기의 총량 - (Al, H)\}}{교환성양이온의 총량} \times 100 = \frac{치환성양이온}{CEC} \times 100$$

V: 염기포화도, S: 치환성염기총량, T: 양이온치환용량

③ 염기포화도가 높을수록 토양은 알칼리화되고 pH는 올라가고 비옥도는 높아지며, 낮아지면 산성이 된다.

④ 비가 많이 내리는 지역에서 염기가 용탈되어 염기포화도가 낮은 토양일수록 상대적 함량이 증가하는 양이온은 H^+이다.

(3) 토양의 음이온 교환능력

1) 음이온치환용량(AEC; Anion Exchange Capacity)

① 의의
  ㉠ 단위량의 양전하를 띠는 토양입자가 흡착할 수 있는 음이온의 총량을 의미한다.
  ㉡ 토양입자는 음전하를 띠므로 음이온을 밀어내지만, 일부 토양입자는 Mg^{2+}, Ca^{2+} 등과 같은 양이온을 함유하고 있어 음이온을 느슨하게 흡착하기도 한다.
  ㉢ 또한 일부 토양입자는 $Fe(OH)_2$나 $Al(OH)_3$을 함유하고 있어 수산기(-OH)와 교환하여 음이온을 흡착할 수 있다.

$$금속 - 음이온 + OH^-$$

② 이액순위
  ㉠ 대부분 토양에서 음이온치환용량은 양이온치환용량보다 적다.
  ㉡ 음이온의 이액순위: $SiO_4^{4-} > PO_4^{3-} > SO_4^{2-} > NO_3^- = Cl^-$

2) 음이온의 유실

① 대부분 음이온은 용액 중에 남아 있다가 유실되는 경우가 많다.
② 사용된 NO_3^-은 일부만 흡수되고 대부분 유실되어 강과 호수로 흘러들어가 부영양화를 촉진한다.
③ 가장 흔히 요구되는 음이온 중 NO_3^-, Cl^-은 물에 씻겨나가기 쉽다.

④ 토양용액 중 인산이온($H_2PO_4^-$)은 알루미늄과 철을 함유하고 있는 토양입자와 결합하여 이동성과 이용성이 크게 떨어진다.

⑤ 황산이온(SO_4^{2-})은 물에 용해되어 쉽게 흡수되지만, Ca^{2+}가 있으면 $CaSO_4$로 침전되어 흡수가 억제된다.

(4) 토양 pH와 무기양분의 가용성

1) pH와 작물생육

① pH에 따라 토양 중 작물양분의 유효도는 크게 달라지며 중성 내지 약산성에서 가장 높다.

② 강산성에서의 작물생육
  ㉠ 인, 칼슘, 마그네슘, 붕소, 몰리브덴 등의 가급도가 떨어져 작물의 생육에 불리하다.
  ㉡ 암모니아가 식물체 내에 축적되고 동화되지 못해 해롭다.
  ㉢ 알루미늄, 철, 구리, 아연, 망간 등의 용해도가 증가하여 독성으로 인해 작물생육을 저해한다.

③ 강알칼리성에서의 작물생육
  ㉠ 질소, 붕소, 철, 망간 등의 용해도 감소로 작물의 생육에 불리하다.
  ㉡ 그러나 붕소는 pH 8.5 이상에서는 용해도가 커진다.
  ㉢ 강염기가 증가하여 생육을 저해한다.

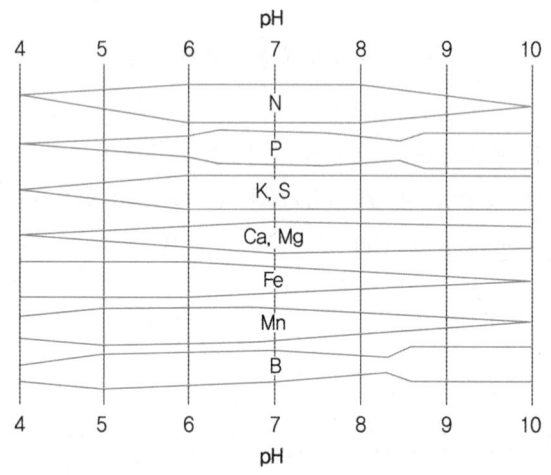

[pH와 식물양분의 가급도 관계]

2) 산성토양 원인

① 포화교질(飽和膠質, saturated colloid)과 미포화교질(未飽和膠質, unsaturated colloid)
  ㉠ 포화교질: 토양콜로이드(土壤膠質)가 Ca^{2+}, Mg^{2+}, K^+, Na^+ 등으로 포화된 것
  ㉡ 미포화교질: H^+도 함께 흡착하고 있는 것

ⓒ 토양 중 미포화교질이 많으면 중성염이 가해질 때 H^+가 생성되어 산성을 나타낸다.

$$[colloid]H^+ + KCl \Leftrightarrow [colloid]K^+ + HCl(H^+ + Cl^-)$$

ⓔ 토양 중 Ca^{2+}, Mg^{2+}, K^+ 등의 치환성 염기가 용탈되어 미포화교질이 늘어나는 것이 토양산성화의 가장 보편적인 원인이다.

② 유기물의 분해와 유기산
  ⓐ 토양유기물의 분해 시 생기는 이산화탄소나 공기 중 이산화탄소는 빗물이나 관개수 등에 용해되어 탄산을 생성하는데, 치환성 염기는 탄산에 의해 용탈이 조장되고, 따라서 많은 강우나 관개로 토양은 점점 산성화되어 간다.
  ⓑ 유기물의 분해시 생기는 여러 유기산이 토양염기의 용탈을 촉진한다.
  ⓒ 토양 중 탄산, 유기산은 그 자체로 산성화 원인이 된다.

$$H_2CO_3 \rightleftarrows 2H^+ + CO_3^{2+}$$

  ⓓ 부엽토는 부식산 때문에 산성이 강해지는 경우가 많다.

③ 질소와 황의 산화
  ⓐ 토양 중 질소, 황이 산화되면 질산, 황산이 되어 토양이 산성화되며 염기의 용탈을 촉진한다.
  ⓑ 토양염기가 감소하면 토양광물 중 Al^{3+}이 용출되고 물과 반응하면 다량의 H^+를 생성한다.

$$Al^{3+} + 3H_2O = Al(OH)_3 + 3H^+$$

④ 산성비료, 즉 황산암모니아, 과인산석회, 염화칼륨, 황산칼륨, 인분뇨, 녹비 등의 연용은 토양을 산성화시킨다.
⑤ 화학공장에서 배출되는 산성물질, 제련소 등에서 배출되는 아황산가스 등도 토양 산성화의 원인이 된다.

2 무기양분의 흡수와 막투과

(1) 뿌리의 양분흡수

1) 무기양분 흡수 부위
  ① 무기양분의 흡수부위는 식물과 무기이온의 종류에 따라 다르다.
  ② 수생식물은 전 표면에서 흡수되나 육생식물은 주로 뿌리에서 흡수한다.

③ 기공흡수: CO_2, SO_2(아황산) 등의 기체는 기공을 통해 흡수한다.
④ 기공이나 각피를 통한 흡수: 빗물에 녹아 있는 성분, 엽면시비를 한 무기양분의 흡수
⑤ 뿌리를 통한 흡수
  ㉠ 뿌리 정단부의 특정부위에서 흡수되기도 하고 뿌리 표면 전체에서 흡수되기도 한다.
  ㉡ 무기양분이 가장 활발하게 흡수되는 부위는 뿌리 끝에서 0.5mm 또는 수 cm에 이르는 정단부와 근모이다.
  ㉢ 근모대: 수분의 흡수와 함께 무기이온의 수동적 흡수가 왕성하게 일어난다.
  ㉣ 신장대
    ⓐ 세포의 신장과 액포화가 일어나는 곳으로 조직의 활력이 커서 능동적 흡수가 활발하게 일어난다.
    ⓑ 무기이온이 근모대보다 신장대에서 더 많이 흡수되는 경우도 있다.
  ㉤ 뿌리의 무기양분 흡수력은 정단에서 멀어질수록 떨어지며, 근모대를 지나 위로 올라갈수록 표면에 수베린이 많이 퇴적되어 있고, 내피가 발달하여 무기양분의 흡수가 어려워진다.
  ㉥ 뿌리가 무기양분을 흡수하는데 에너지가 필요하다.

2) 뿌리표면의 기능
① 뿌리표면도 토양입자와 같이 음전하를 띠며 양이온을 흡착하며, 뿌리에서도 양이온치환용량이라는 개념을 사용한다.
② 뿌리표면에 양이온치환용량이 클수록 양분의 흡수력이 크다고 할 수 있다.
③ 뿌리는 용액 중 양분을 직접 흡수하기도 하고 토양입자에 흡착된 뿌리표면의 H^+과 맞교환으로 흡수하기도 한다.
④ 뿌리의 생리적 기능 중 잘 녹지 않는 물질을 용해하여 흡수하는 기능도 있다.
  ㉠ 대두에서 Fe 흡수력이 큰 품종은 Fe^{3+}를 Fe^{2+}로 환원시키는 기능이 있다.
  ㉡ 킬레이트 화합물을 분비하여 Fe의 흡수를 돕기도 한다.

3) 이온 종류에 따른 흡수속도
① 무기염류가 해리되면 종류에 따라 양이온이 또는 음이온이 잘 흡수되기도 한다. $CaCl_2$의 경우 완두에서는 Ca^{2+}이 잠두에서는 Cl^-이 흡수속도가 더 빠르다.
② 일반적으로 원자가가 작을수록 더 빠르게 더 많이 흡수된다. K^+, Cl^-, NO_3^- 등은 Ca^{2+}, Mg^{2+}, SO_4^{2-} 등 2가 이온보다 더 빨리 흡수된다.
③ 산성비료인 황산암모늄[$(NH_4)_2SO_4$]은 NH_4^+이 SO_4^{2-} 보다 빨리 흡수되어 토양을 산성화시킨다.
④ 질소의 경우 식물에 따라서는 NH_4^+ 형태를 우선 흡수하거나 또는 그 형태로만 흡수하게 적응된 식물도 있다.
⑤ Na^+은 염생식물 이외의 식물은 잘 흡수하지 않는다.

4) 체내이온의 농도조절과 유지

① 식물 뿌리는 양이온과 음이온을 선택적으로 흡수하여 세포 내외에 형성된 전자장에 대한 조절기능을 갖는다.
  ㉠ K_2SO_4는 토양용액 중에서 해리되면 1가의 K^+의 흡수가 많아지고, 세포 내외에 전기장이 형성되어 이에 대한 조절기능이 요구된다.
  ㉡ 식물은 세포 내 유기산을 생성시켜 전기적 평형을 유지한다.
  ㉢ 양이온이 다량 흡수되면 유기산의 음이온(CH_3COO^-)을 생성시키고, 양이온(H^+)을 체외로 방출하여 평형을 유지한다.
② 흡수된 이온이 일단 심플라스트 경로를 통해 중심주에 들어오면 계속 확산이동하여 목부에 도달하고, 도관요소로 확산되어 들어갈 때 아포플라스트로 재진입하게 된다.
③ 내피의 카스파리대는 뿌리 바깥쪽으로 이온이 확산되는 것을 막아 목부는 토양용액보다 더 높은 이온농도를 유지할 수 있다.

5) 상조작용과 길항작용

① 토양용액 중 여러 이온들은 상호작용을 하면서 흡수된다.
② 상조작용(相助作用, synergism)
  ㉠ 의의: 한 이온이 다른 이온의 흡수를 촉진하는 것
  ㉡ Mg^{2+}와 K^+는 상조작용을 한다.
③ 길항작용(拮抗作用, antagonism)
  ㉠ 의의: 서로 경쟁적인 관계에 있어 흡수를 억제하는 것
  ㉡ K^+과 Na^+, Mg^{2+}과 Ca^{2+}, NO_3^-과 Cl^-은 서로 길항작용을 한다.
④ 토양이나 수경액은 이런 상호작용을 고려하여 무기양분을 균형있게 조성하여야 하며, 양분의 절대량보다는 그들 상호간에 균형이 더 중요하다.

(2) 무기양분의 막투과성

1) 세포막의 선택적 투과성

① 뿌리의 세포벽은 조직이 치밀하지 않아 물, 무기양분, 유기물 등이 자유롭게 투과하지만, 세포막은 O_2, CO_2, H_2O 등은 자유롭게 투과시키지만 이온화된 무기양분은 선택적으로 투과시킨다.
② 세포막
  ㉠ 세포막은 반투성막이면서 선택적 투과성을 가지고 있다.
  ㉡ 반투성막은 수용액에서 물은 자유롭게 투과시키지만 용질분자나 이온은 투과시키지 않는다.
  ㉢ 세포막은 완전한 반투성막은 아니고 용질의 일부를 선택적으로 투과시킨다.
  ㉣ 세포막의 투과성은 인지질과 단백질로 구성된 세포막의 구조적 특성과 밀접한 관련이 있다.

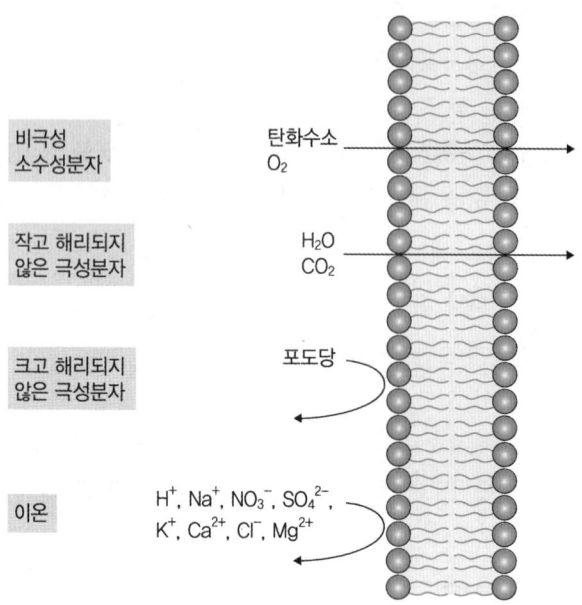

[순수한 인지질이중층으로 된 인공막과 선택적 투과성]

비극성소수성분자, 작고 해리되지 않은 극성분자는 막을 잘 투과하지만 포도당 같은 큰 극성분자나 무기이온은 투과하지 못한다. 그럼에도 이들이 선택적으로 막을 투과할 수 있는 것은 실제 인지질이중층에 다양한 단백질이 분포하고 있기 때문이다.

③ 선택적 투과성
　㉠ 비극성 소수성 분자: 막은 비극성이므로 산소나 탄화수소(CH_4)와 같은 비극성 화합물은 막에 잘 녹아 쉽게 투과할 수 있고, 투과속도는 용해도가 비슷하면 분자의 크기가 작을수록 빠르다.
　㉡ 작고 해리되지 않는 극성분자: 이산화탄소, 물과 같은 극성 화합물은 막에 잘 녹지 않지만, 크기가 작고, 이온화되지 않으면 비교적 쉽게 인지질막을 투과할 수 있다.
　㉢ 크고 해리되지 않는 극성분자: 이온화되지 않았더라도 당과 같은 큰 분자는 인지질막을 투과하지 못한다.
　㉣ 이온화된 무기양분: H^+, Na^+와 같이 작은 분자라도 막을 투과하지 못한다.

2) 양분의 막투과 수송

① 의의
　㉠ 흡수된 양분은 세포막을 투과하여야 세포 내로 들어갈 수 있는데, 이는 무기이온이 세포막을 선택적으로 투과할 수 있는 수송에 관여하는 단백질이 있기 때문이다.
　㉡ 세포막의 단백질은 효소단백질과 수송단백질로 구분된다.

ⓒ 수송단백질
  ⓐ 수송관단백질(channel protein): 단백질체 내부에 용질이 통과할 수 있는 수송관이 있는 수송단백질이다.
  ⓑ 운반체단백질(carrier protein): 수송관이 없는 단백질이다.
  ⓒ 펌프(ion pump): ATP 가수분해에 의해 발생되는 에너지를 사용하여 용질을 운반하는 수송단백질이다.
② 무기이온의 세포막 투과 수송과정은 수동적 수송과 능동적 수송의 두 가지가 있다.

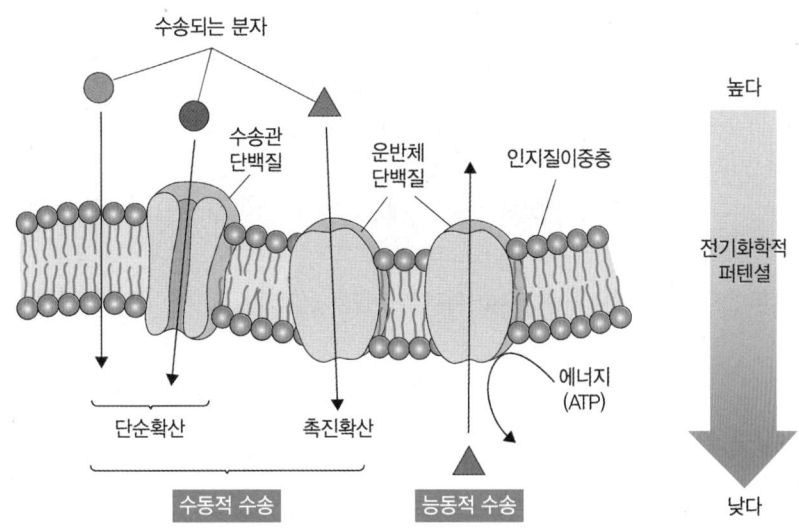

[수송관단백질과 운반체단백질에 의한 무기양분의 투과]

세포막을 사이에 두고 전기화학적 퍼텐셜이 높은 쪽에서 낮은 쪽으로 단순확산 또는 촉진확산으로 수송하는 것을 수동적 수송이라 하고, 운반체단백질을 이용하여 에너지(ATP)를 소모하면서 역수송하는 것을 능동적수송이라 한다.

② 수동적 수송
  ㉠ 의의: 무기양분이 전기화학적 퍼텐셜이 높은 쪽에서 낮은 쪽으로 확산되는 것
  ㉡ 물, 산소, 이산화탄소와 같은 것은 인지질이중층을 통하여 확산되나, 무기이온은 인지질을 투과할 수 없기 때문에 수송단백질이나 운반체단백질을 통하여 확산된다.
  ㉢ 수송관
    ⓐ 입구의 크기와 내부 전하에 의하여 통과할 수 있는 이온이 결정되므로 이온화된 무기양분을 선택적으로 수송한다.
    ⓑ 수송단백질은 각 이온에 대한 특이성이 있어 다른 이온을 투과시키지 않는다.
  ㉣ 운반체
    ⓐ 전기화학적 퍼텐셜이 높은 쪽의 입구가 열려 이온이 운반체 내로 들어오면 운반체 구조가 변화한 후 이어 전기화학적 퍼텐셜이 낮은 쪽 입구가 열려 이온이 확산된다.

ⓑ 운반체를 통한 무기양분의 확산은 에너지를 소모하지는 않지만 단순확산보다 확산속도가 훨씬 빠르다.
ⓜ 전기화학적 퍼텐셜 구배
  ⓐ 확산에 의한 무기양분의 흡수가 일어나려면 세포 내외의 전기화학적 퍼텐셜의 차이가 발생해야 한다.
  ⓑ 퍼텐셜 구배는 세포막에 분포하는 양이온펌프에 의해 유지된다.
  ⓒ 양이온펌프의 작동에는 에너지가 필요하기 때문에 수동적 흡수에도 결국 에너지(ATP)가 필요하다는 의미가 된다.

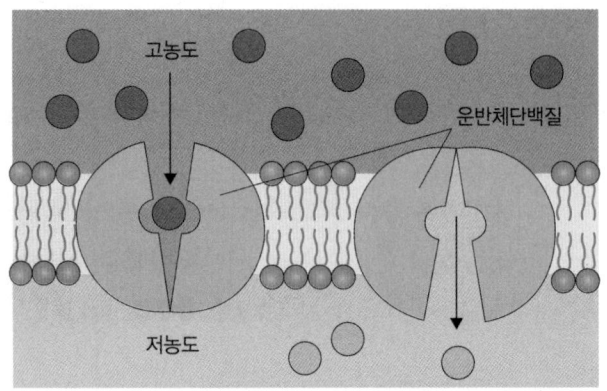

[운반체단백질을 통한 무기양분의 촉진확산]

ⓗ 양이온펌프
  ⓐ 세포막에 있는 ATPase가 ATP를 가수분해할 때 발생하는 H^+을 세포벽이나 액포로 내보내는 역할을 한다.
  ⓑ 광에 의해 활성화되는 양이온펌프는 원형질막에서는 H^+이 세포질로부터 세포벽으로 유출되고, 액포막에서는 H^+이 세포질에서 액포 내로 유입되므로 세포질은 전기적 음성이 되고 전하가 -150~-100mV까지 낮아지고, 결국 세포질이 음성이 되면 K^+ 같은 양이온은 세포질로 수송관단백질을 통하여 흡수될 수 있다.

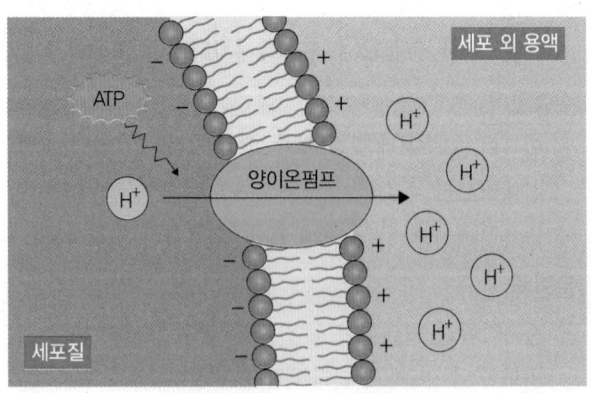

[세포막에 분포하는 양이온펌프]

ⓒ pH는 7.0~7.5를 유지하지만 세포벽, 액포는 산성(pH 5.5)이 된다.
③ 능동적 수송
　㉠ 의의
　　ⓐ 에너지를 소모하면서 전기화학적 퍼텐셜이 낮은 쪽에서 높은 쪽으로 역수송하는 것이다.
　　ⓑ 운반체단백질을 통하여 이루어지며, 에너지원으로 ATP를 필요로 하고, 이에 관여하는 운반체단백질을 이온펌프라 한다.
　㉡ 이온펌프(ion pump)
　　ⓐ 먼저 무기이온이 ATP를 이용하여 운반체의 특정 활성부위에 결합한다.
　　ⓑ ATP에서 떨어져 나온 인산이 운반체와 결합하여 인산화되면 운반체의 구조가 변하여 수송통로를 열고 닫는다.
　　ⓒ 외부 방향의 통로가 열리고, 내부 방향의 통로는 닫으면서 무기양분을 반대쪽으로 수송한다.
　　ⓓ 이온은 확산되어 외부로 나가고 인산이 분리되면 운반체는 원래의 상태로 되돌아간다.
　　ⓔ 이 경우에도 무기양분의 종류별 운반체가 달라 막의 선택적 투과성이 생긴다.

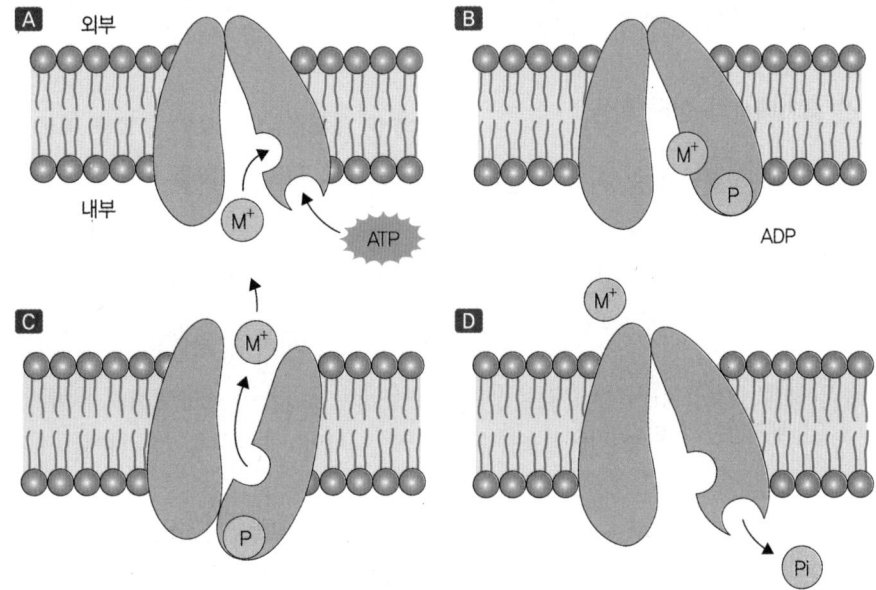

[운반체단백질(이온펌프)를 통한 무기양분의 능동적 수송]

3 무기양분의 체내 이동

(1) 뿌리에서 이온의 이동

1) 뿌리 표면에서 흡수된 무기이온은 물과 함께 아포플라스트와 심플라스트 두 경로를 거쳐 중심부 도관으로 이동한다.
2) 뿌리 중심부 외측 내피에 카스파리대가 생성되어 있기 때문에 흡수된 무기이온은 최소한 한 번은 세포막을 통과해야 도관이 이를 수 있다.
3) 내피의 카스파리대는 도관요소에 뿌리 바깥쪽으로 역확산을 차단하기 때문에 비교적 높은 농도의 무기이온을 도관에 유지할 수 있다.
4) 무기이온이 심플라스트를 빠져 나와 도관으로 들어가는 과정을 목부적재(木部積載, xylem loading)라 한다.
   ① 목부의 통도요소들은 죽은 세포이므로 목부 유조직과 세포질적인 연속성이 없다.
   ② 목부적재의 기작은 단순확산이며, 목부 유조직 세포의 원형질막에 분포하는 양이온펌프와 이온채널이 적재를 조절하는 것으로 알려져 있다.

(2) 줄기에서의 상하 이동

1) 무기양분의 상승 이동
   ① 도관과 가도관을 통하여 일어난다.
   ② 무기이온은 도관에서 수분과 함께 증산류에 의해 상승 이동한다.
   ③ 줄기를 환상박피하여 목부만 남기고 사부를 포함한 수피를 제거해도 수분과 무기양분이 정상적으로 상승한다.

2) 무기양분의 하강 이동
   ① 거의 사관을 통해 일어난다.
   ② 엽면시비로 흡수된 무기양분은 사관을 통해 아래로 이동한다.
   ③ 뿌리에서 흡수된 일부 무기원소는 도관에서 사관으로 이동하여 하강하기도 한다.

(3) 무기이온의 횡방향 이동

1) 무기이온은 목부에서 사부로, 사부에서 목부로 횡방향 이동도 이루어진다.
2) 무기이온은 도관에서 사관으로, 사관에서 도관으로 이동하기 때문에 뿌리에서 흡수된 무기이온이 사관에서 발견되고 있으며, 이는 무기이온이 상하 이동뿐만 아니라 횡방향으로도 이동이 이루어지고 있음을 보여주는 것이다.

4 질소의 동화와 생물적 질소고정

(1) 질소의 동화

1) 의의

질산이온으로 흡수된 질소는 암모니아로 환원되고, 암모니아는 아미노산, 아미드, 유레이드 등 질소화합물의 합성에 이용되며, 이 과정에서 생긴 아미노산은 펩티드결합으로 다양한 단백질을 합성한다.

2) 질산태 질소의 환원

① NO_3^- 의 환원과정

    ㉠ 질소는 NO_3^-, NH_4^+ 두 가지 형태로 흡수되나, 식물은 NO_3^- 를 더 많이 더 잘 흡수한다. 이는 NH_4^+ 의 농도가 높으면 다양한 저해작용을 하는 독성으로 작용하기 때문이다.

    ㉡ 흡수된 NO_3^- 은 액포에 저장되거나 뿌리 또는 잎에서 곧바로 환원된다.

    ㉢ 잎으로 이동된 NO_3^- 은 세포의 시토졸(cytosol)에서 NO_2^- 로 환원되고, NO_2^- 는 엽록체로 이동하여 NH_3로 환원된다.

$$NO_3^- \xrightarrow[\text{제1단계 환원}]{\text{질산환원효소}} NO_2^- \xrightarrow[\text{제2단계 환원}]{\text{아질산환원효소}} NH_3$$

② 1단계 환원

    ㉠ 시토졸(cytosol; 세포기질)에서 이루어진다.

    ㉡ 시토졸의 질산환원효소(nitrate reductase)는 NO_3^- 를 NO_2^- 으로 환원시킨다.

    ㉢ 질산환원효소

        ⓐ FAD와 Mo를 함유한 금속플라빈(flavin)이라는 단백질이다.

        ⓑ NADH 또는 NADPH를 수소공여체로 이용한다.

$$NO_3^- + NADPH + H^+ \rightarrow NO_2^- + NAD^+ + H_2O$$

③ 2단계 환원

    ㉠ 엽록체에서 이루어진다.

    ㉡ 엽록체의 아질산환원효소(nitrite reductase)는 NO_2^- 를 NH_3로 환원시킨다.

    ㉢ 아질산환원효소

        ⓐ 일종의 금속플라빈 단백질이며 ATP, 구리, 철 등이 활성화에 필요하다.

ⓑ 광반응에서 방출된 전자와 수소공여체인 NADPH는 페레독신(ferredoxin)을 환원시키고 환원된 페레독신이 NO_2^- 을 환원시켜 NH_3를 생성한다.

$$NO_2^- + 6e^- + 7H^+ \rightarrow NH_3 + 2H_2O$$

3) 암모니아 동화

① 의의
- ㉠ 흡수된 NO_3^- 는 엽록체에서 암모니아(NH_3)로 환원되며, 근류 안에서 질소고정세균은 N_2를 환원시켜 암모니아로 고정한다.
- ㉡ 토양에서 직접 흡수하는 NH_3도 있다.($NH_4^+ + OH^- \rightarrow NH_3 + H_2O$)
- ㉢ 유기태 질소, 요소태 질소의 분해[$CO(NH_2)_2 + H_2O \rightarrow 2NH_3 + CO_2$]나 광호흡과정에서도 NH_3가 발생한다.
- ㉣ 암모니아는 수용액에서 암모늄(NH_4^+)으로 존재한다.
- ㉤ 이런 모든 암모니아는 체내에 축적되면 효소의 활성화와 ATP 생성을 방해하는 등 독성을 나타내므로 즉시 아미노산 등으로 동화되어야 한다.

② 글루탐산의 생성
- ㉠ 암모니아가 동화되어 가는 첫 과정은 환원적 아민화 반응으로 아미노산을 생성하는 것이다.
- ㉡ α-케토산(피브르산, 옥살아세트산, α-케토글루타르산)은 아미노산 생성의 출발물질이다.
- ㉢ α-케토글루타르산(α-ketoglutaric acid)은 암모니아와 결합하여 α-이미노글루타르산(α-iminoglutaric acid)을 생성하고 이것이 글루탐산 합성효소의 촉매작용으로 환원되어 글루탐산(glutamic acid)을 생성한다.

$$\alpha\text{-케토글루타르산} + NH_3 \xrightleftharpoons{-H_2O} \alpha\text{-이미노글루타르산} + NADPH_2 \xrightleftharpoons{\text{효소}} \text{글루탐산} + NAD^+$$

③ 아미드(amide)의 생성
- ㉠ 암모니아는 다시 아미노산과 결합하여 아미드를 생성한다.
- ㉡ 아미드: 카르복시기(-COOH)에서 수산기(-OH)가 암모니아 중의 수소 하나와 함께 물로 빠지고 그 자리에 아미노기(-NH_2)가 치환되어 아미드기(-CO=O-NH_2)를 형성하는 아미노산이다.
- ㉢ 아미노산 중 글루탐산의 아미드가 글루타민(glutamine)이고, 아스파르트산의 아미드가 아스파라긴(asparagine)이다.
- ㉣ 아미드 생성에 관여하는 효소는 글루타민 합성효소(glutamine synthetase; GS)와 아스파라긴 합성효소(asparagine synthetase; AS)이다.

ⓤ 글루타민 합성효소의 작용에는 ATP와 Mg가 요구되며, 아스파라긴 합성효소는 글루타민 합성효소에 비해 활성이 낮다.
ⓥ 식물의 아미드는 뿌리의 백색체, 잎의 엽록체에서 생성되고, 그 함량은 식물 종류와 생육조건에 따라 다르다.
ⓦ 아미드는 암모니아 해작용을 막아주고, 질소의 저장고 역할을 하며, 질소화합물의 전구물질로 이용된다.

④ 아미노기의 전이
㉠ 글루탐산의 이미노기($-NH_2$)는 여러 α-케토산에 전이되어 다양한 아미노산을 만든다.
㉡ 아미노기전이반응(transamination): 한 아미노산과 α-케토산 사이에 아미노기가 이동하는 반응
㉢ 옥살아세트산에 아미노기가 전이되면 아스파르트산이, 피루브산에 아미노기가 전이되면 알라닌이라는 아미노산이 생성된다.
㉣ 아미노기전이반응에 관여하는 효소는 아미노기전이효소(amino transaminase)이다.
㉤ 단백질을 구성하는 아미노산은 21종이고, 이 중 아미드는 두 종류이다.
㉥ 인체의 필수아미노산은 9종이며, 이 외 단백질합성에 가담하지 않는 200종의 비단백 아미노산이 발견되었으나 기능은 알려져 있지 않다.

4) 단백질의 합성과 분해
① 아미노산이 펩티드결합(peptide bond)으로 서로 연결되어 단백질을 합성한다.
㉠ 펩티드결합(peptide bond): 한 아미노산의 아미노기($-NH_2$)와 다른 아미노산의 카르복시기(-COOH) 간의 탈수축합으로 이어지는 결합형식
㉡ 펩티드결합에 참여하는 아미노산의 수에 따라 디-, 트리-, 폴리-펩티드라고 한다.
㉢ 단백질은 종류에 따라 300~3,000개의 아미노산이 결합된 폴리펩티드이다.
② 단백질은 단순히 아미노산으로 구성된 단순단백질과 비단백질 부분이 결합된 복합단백질로 구분한다.
③ 단백질은 폴리펩티드의 일종으로 리보솜에서 합성된다.
㉠ 고도로 특이한 효소의 촉매로 세포질에 있는 아미노산이 활성화된다.
㉡ 활성화된 아미노산이 특정 tRNA에 부착되어 리보솜으로 운반된다.
㉢ 안티코돈을 가진 tRNA가 리보솜에 부착된 mRNA의 코돈에 상보적으로 결합한다.
㉣ 리보솜에서 연속적으로 펩티드결합 반응이 일어나 폴리펩티드를 형성한다.
④ 단백질의 1차적 구조는 펩티드결합과 아미노산의 종류별 배열순서에 따라 결정된다.
㉠ 단백질은 수소결합, 반데르발스 힘 등이 작용하여 나선형으로 꼬이고 중첩되면서 다양한 입체적 구조를 갖는다.
㉡ 단백질의 구조적 특징은 효소 단백질의 촉매 역할이나 무기이온의 선택적 흡수 등과 같은 다양한 기능과 관련되어 있다.

ⓒ 단백질은 끊임없이 합성과 분해가 행해지면서 적정한 수준으로 함량을 유지한다.
ⓓ 단백질의 분해는 가수분해효소의 작용으로 이루어지며 아미노산으로 유리된다.
ⓔ 종자가 발아할 때 단백질이 분해되어 생장 부위로 아미노산을 공급한다.
ⓕ 생장 중인 식물에서도 질소가 부족하면 노엽의 단백질이 분해되어 어린 잎이나 생장점으로 아미노산이 이동한다.

(2) 생물적 질소고정(nitrogen fixation)

1) 의의

① 공중질소(N_2, 질소분자)는 원자 간 결합이 매우 안정된 상태로 쉽게 환원되지 않는다.
② 식물은 이러한 공중질소를 직접 이용할 수 없다.
③ 분자상의 공중질소를 식물이 이용할 수 있는 형태로 만드는 것을 질소고정이라 한다.
④ 질소고정은 자연상태에서도 발생하지만 인위적으로도 할 수 있어 공장에서 인위적으로 공중질소를 고정($N_2 + 2H_2 \rightarrow 2NH_3$)하여 질소질 비료를 생산한다.
⑤ 자연적으로 번개가 치거나 화산이 폭발할 때 질소가 고정된다.($N_2 + O_2 \rightarrow 2NO_x$)
⑥ 자연에서 이루어지는 질소고정의 대부분은 질소고정세균에 의해 이루어지며, 세균에 의한 질소고정을 생물적 질소고정이라 한다.

2) 질소고정세균

① 근류균은 콩과식물과 공생하면서 유리질소를 고정하며, *Azotobacter*, *Azotomonas* 등은 호기상태에서 *Clostridium* 등은 혐기상태에서 단독으로 유리질소를 고정한다.
② 질소고정균의 구분
  ㉠ 공생균: 콩과식물에 공생하는 근류균(根瘤菌, Rhizobium), 벼과식물에 공생하는 스피릴룸 리포페룸(*Spirillum lipoferum*)이 있다.
  ㉡ 비공생균: 아나바이나속(—屬, Anabaena)과 염주말속(Nostoc)을 포함하여 아조토박터속(Azotobacter), 베이예링키아속(Beijerinckia), 클로스트리디움속(Clostridium) 등

3) 공생적 질소 고정

① 공생균이 식물 뿌리에 침입하여 근류를 형성하기 때문에 공생균을 근류균(뿌리혹박테리아)라고 부르기도 한다.
② 콩과식물은 주로 리조비움속 세균들이 공생하면서 근류를 형성한다.
  ㉠ 뿌리혹 세포의 세포질에는 수천 개의 박테로이드가 들어 있다.
  ㉡ 여러 개의 박테로이드가 모여 피막으로 둘러싸여 마치 세포 소기관처럼 보이는 심비오솜(symbiosome)을 형성하기도 한다.
③ 질소고정은 박테로이드에서 직접 일어나는데 균체의 중심에 질소고정효소(nitrogenase)가 있다.
  ㉠ 질소고정효소는 철-몰리브덴 단백질과 철단백질 두 가지 단위로 구성되어 있다.

ⓒ 철단백질은 분자량이 51,000이며 철이 함유되어 있다.
ⓒ 질소고정효소의 작용으로 공중질소가 디이미드(N_2H_2), 히드라진(N_2H_4)을 거쳐 NH_3로 환원된다.
ⓔ 질소고정과정에서 필요한 전자와 ATP는 박테로이드의 호흡작용으로 얻는다.
ⓜ 호흡작용에 필요한 산소는 적색을 띤 근류헤모글로빈(leghemoglobin)이 공급한다.
ⓗ 근류헤모글로빈은 분자량이 150,000~170,000 정도인 헤모글로빈으로 뿌리혹세포에서 형성되어 세포질이나 박테로이드와 그들을 감싸는 피막 사이에 분포하면서 산소를 공급한다.

④ 박테로이드에서 NH_3로 고정된 질소는 뿌리혹세포의 세포질로 이동하여 글루탐산, 글루타민, 아스파라긴, 유레이드 등을 합성한다.
　ⓐ 유레이드는 요소의 유도체로 보이며, 요산으로부터 형성되며 모두 N-C-N의 요소 골격을 가지고 있다.
　ⓑ 식물은 유레이드를 요소로 분해하고, 이 요소를 다시 유레아제로 가수분해해야만 질소를 이용할 수 있다.

⑤ 질소고정 식물에서 동화된 질소는 식물의 종류에 따라 아미드 또는 유레이드 형태로 도관을 통하여 줄기나 잎으로 운반된다.

01 물의 특성과 수분퍼텐셜

01. 다음 중 작물에서 수분의 생리작용으로 옳지 않은 것은?

① 세포의 팽압을 일으켜 생장과 체제를 유지시킨다.
② 세포 내에서 원형질을 구성하며, 원형질의 활동상태를 유지시킨다.
③ 작물체 내의 물질의 전류에 관여한다.
④ 작물체온의 급격한 변화를 가능하게 한다.

해설 물은 비열이 매우 높아 작물체온의 급격한 변동을 방지하고, 작물의 체온을 유지시킨다.

02. 물분자 내 수소와 산소의 화학결합방식은?

① 공유결합
② 수소결합
③ 이온결합
④ 금속결합

해설 물의 물리화학적 특성은 원자 간의 공유결합과 분자간의 수소결합에 의해 생긴다.

03. 물의 분자간 결합 방식은?

① 공유결합
② 수소결합
③ 이온결합
④ 금속결합

해설 물 분자 간의 결합에는 중력, 반데르발스힘, 수소결합이 관여한다. 이 가운데 가장 크고 중요한 힘은 수소결합이다. 이 수소결합이 바로 물의 물리화학적 특성을 지배한다.

04. 다음 중 물에 대한 설명으로 옳지 않은 것은?

① 물은 작물의 구성물질 중 가장 많은 양을 차지하고 있다.
② 물은 원형질의 주요한 구성성분이며, 각종 물질의 용매로서 중요한 역할을 한다.
③ 물의 분자간 결합에서 가장 큰 비중을 차지하는 힘은 반데르발스힘이다.
④ 물분자를 구성하는 산소원자와 수소원자 간의 결합은 공유결합이다.

해설 물의 분자간 결합에서 가장 큰 비중을 차지하는 힘은 수소결합이다.

05. 물의 물리화학적 특성을 올바르게 설명한 것은?

① 비등점이 낮다.
② 용해성이 크다.
③ 부착력이 없다.
④ 응집력이 없다.

해설 물은 분자간의 수소결합으로 비등점이 높고, 비열과 잠열이 크다. 또한 탁월한 용해성을 가지며 부착력과 응집력을 지닌다.

06. 물의 이동방식과는 직접적인 관련이 없는 것은?

① 확산
② 삼투
③ 응집
④ 집단류

해설 물의 이동방식에는 확산, 삼투, 그리고 집단류가 있다. 확산과 삼투는 물분자의 개별적인 운동에 의한 이동이고, 집단류는 물분자가 집단으로 이동하는 것이다.

07. 물의 이동에 관한 설명으로 옳지 않은 것은?

① 물 분자들이 운동에너지에 의해 무방향으로 이동하는 현상을 확산이라 한다.
② 물은 용질농도가 높은 용액에서 낮은 용액 쪽으로 확산이동한다.
③ 반투성막을 통해 순수한 물이 설탕용액 쪽으로 이동하는 현상을 삼투라 한다.
④ 식물의 세포막에서는 아쿠아포린 단백질을 통한 집단류가 일어난다.

해설 물은 용질의 농도가 낮은 쪽에서 농도가 높은 쪽으로 확산이동한다.

08. 식물체 내에서 수분의 이동에 큰 영향을 미치는 물의 물리적 특성은?

① 높은 비등점
② 높은 비열과 잠열
③ 높은 용해성
④ 큰 부착력과 응집력

해설 부착력(附着力, adhesive force)과 응집력(凝集力, cohesive force)이 크다.
① 물은 수소결합을 하므로 다른 물질과는 부착력이 생기고, 물분자 간에는 응집력이 생긴다.
② 부착력과 응집력은 표면장력과 모세관현상을 일으키는 중요한 요인이 된다.
③ 식물체 내에서 기포가 발생하면 막공 등을 통과하지 못하는데, 이는 기포 주변 표면장력이 너무 커서 기포가 형태변형을 할 수 없기 때문이다.
④ 물의 부착과 응집력은 식물체의 수분이동에 큰 영향을 미치며, 특히 키 큰 나무의 꼭대기까지 물을 끌어올리는 힘이 된다.

09. 세포막에서 주로 수분의 수송에 관여하는 막 단백질은?

① 채널
② 캐리어
③ 에티피아제
④ 아쿠아포린

해설 식물의 세포막에서는 아쿠아포린이라는 수송관단백질에 의해 형성된 수분이 집단류에 의한 수분이동이 일어난다.

10. 수분퍼텐셜에 대한 설명으로 옳지 않은 것은?

① 물은 수분퍼텐셜이 높은 곳에서 낮은 곳으로 이동한다.
② 수분퍼텐셜은 온도가 높아지면 증가한다.
③ 수분퍼텐셜은 압력이 높아지면 증가한다.
④ 수분퍼텐셜은 용질의 농도가 높아지면 증가한다.

해설 용질의 농도가 높아지면 물이 갖는 에너지 값인 수분퍼텐셜은 낮아진다.

11. 토양의 수분퍼텐셜 결정에 관한 설명으로 옳지 않은 것은?

① 염류농도가 높은 토양에서는 삼투퍼텐셜이 뿌리의 수분흡수에 크게 영향을 준다.
② 일반토양에서는 공극이 불포화 상태인 경우 매트릭퍼텐셜의 비중이 크다.
③ 일반토양에서는 공극이 포화 상태인 경우 압력퍼텐셜의 비중이 크다.
④ 매트릭퍼텐셜 값은 위조 상태가 포장용수량 상태보다 높다.

해설 토양수분상수에 따른 매트릭퍼텐셜 값은 포화용수량에서 가장 높다.

12. 물의 이동 방향을 수분퍼텐셜로 바르게 설명한 것은?

① 수분퍼텐셜이 높은 곳에서 낮은 곳으로 이동한다.
② 수분퍼텐셜이 낮은 곳에서 높은 곳으로 이동한다.
③ 수분퍼텐셜 값이 0이 되는 방향으로 이동한다.
④ 수분퍼텐셜 값이 음이 되는 방향으로 이동한다.

해설 물은 수분퍼텐셜의 기울기에 따라 이동방향이 결정된다. 그 어떤 경우이든 물은 수분퍼텐셜은 높은 쪽에서 낮은 쪽으로 이동한다.

13. 토양에서 식물체를 경유하여 대기 중으로 수분이 이동할 때 수분퍼텐셜이 가장 낮은 곳은?

① 토양 ② 뿌리
③ 잎   ④ 대기

해설 수분퍼텐셜은 토양이 가장 높고, 대기가 가장 낮으며 식물체 내에서 중간값이 나타나므로 수분의 이동은 토양 → 식물체 → 대기로 이어진다.

14. 증산작용이 활발한 식물체에서 수분퍼텐셜이 가장 낮은 곳은?

① 근모 ② 주근
③ 줄기 ④ 잎

해설 수분퍼텐셜의 크기: 토양 > 근모 > 주근 > 줄기 > 잎 > 대기

15. 작물체 내 수분의 이동에 관한 설명 중 옳지 않은 것은?

① 증산작용이 약하거나 전혀 이루어지지 않을 때에도 수분이 상승한다.
② 응집력은 엽육세포의 수분퍼텐셜 저하로 받는 장력보다 크므로 물분자의 상승을 가능케 한다.
③ 수분통도조직 안의 수분은 위쪽으로만 이동하며, 아래쪽으로는 이동하지 않는다.
④ 엽육세포의 흡수력 증가는 증산작용에 기인한다.

해설 수분통도조직 내 수분은 일반적으로 위쪽으로 이동하나 건조할 때는 아래쪽으로 이동하는 경우도 있다.

16. 삼투퍼텐셜에 대한 설명으로 옳지 않은 것은?

① 용질이 첨가될수록 삼투퍼텐셜은 증가한다.
② 항상 음의 값을 갖는다.
③ 삼투퍼텐셜이 높은 용액에서 낮은 용액으로 확산된다.
④ 삼투퍼텐셜은 ψ_s로 표시한다.

해설 삼투압퍼텐셜(ψ_s, osmotic potential)
㉠ 용액의 용질 농도에 의해 생기며, 용액 내 존재하는 용질에 의해 형성되므로 용질퍼텐셜이라고도 한다.
㉡ 용질이 첨가될수록 물의 농도가 감소하여 그 값은 낮아진다.
㉢ 순수한 물의 수분퍼텐셜이 0이므로 항상 음(-)값을 가진다.
㉣ ψ_s 또는 π로 표시된다.
㉤ 용액의 삼투퍼텐셜은 대기압하에서 그 용액의 수분퍼텐셜과 같다.
㉥ 식물체 내 반투성막을 사이에 두고 물은 삼투퍼텐셜이 높은 용액으로부터 낮은 용액으로 확산된다.
㉦ 일반토양에서는 삼투퍼텐셜이 무시될 수 있지만, 염류농도가 높은 토양에서는 삼투퍼텐셜이 식물체의 수분 흡수에 영향을 미친다.
㉧ 체내에서는 함수량과 가용성물질이 삼투퍼텐셜을 좌우하며, 체내에서의 수분이동에 관여한다.

17. 식물세포의 수분퍼텐셜에 대한 설명으로 옳지 않은 것은?

① 주로 압력퍼텐셜과 삼투퍼텐셜에 의해 좌우된다.
② 세포의 부피 변화에 따라 압력퍼텐셜이 변화한다.
③ 압력퍼텐셜과 삼투퍼텐셜의 절대값이 같을 때 세포의 수분퍼텐셜은 0이 된다.
④ 원형질분리 초기 상태일 때의 수분퍼텐셜 값이 0이다.

해설 초기 원형질분리 상태는 압력퍼텐셜이 0이고 식물세포의 삼투퍼텐셜이 '-'로 수분퍼텐셜은 음의 값을 갖게 된다.

18. 식물체 내의 수분퍼텐셜에 대한 설명으로 옳지 않은 것은?

① 압력퍼텐셜과 삼투퍼텐셜의 절대값이 같으면 팽만상태가 된다.
② 수분퍼텐셜과 압력퍼텐셜이 같으면 원형질분리가 일어난다.
③ 식물체 내의 수분퍼텐셜은 0이나 음(-)의 값을 갖는다.
④ 매트릭퍼텐셜은 식물체 내의 수분퍼텐셜에 거의 영향을 미치지 않는다.

해설 식물체 내의 수분퍼텐셜
㉠ 식물체의 체 내에서의 수분퍼텐셜에서는 매트릭퍼텐셜은 영향을 거의 미치지 않고 삼투퍼텐셜과 압력퍼텐셜이 좌우하므로 $\psi_w = \psi_s + \psi_p$로 표시할 수 있다.
㉡ 세포 부피와 압력퍼텐셜의 변화에 따라 삼투퍼텐셜과 수분퍼텐셜이 변화한다.
㉢ 압력퍼텐셜과 삼투퍼텐셜이 같아지면 세포의 수분퍼텐셜은 0이 되므로 팽만상태가 된다.($\psi_s = \psi_p$)
㉣ 수분퍼텐셜과 삼투퍼텐셜이 같아지면 압력퍼텐셜은 0이 되므로 원형질분리가 일어난다.($\psi_w = \psi_s$)
㉤ 수분퍼텐셜은 토양이 가장 높고, 대기가 가장 낮으며 식물체 내에서 중간값이 나타나므로 수분의 이동은 토양 → 식물체 → 대기로 이어진다.

19. 작물의 수분퍼텐셜에 대한 설명으로 옳지 않은 것은?

① 세포의 팽만상태는 수분퍼텐셜이 0이다.
② 수분퍼텐셜과 삼투퍼텐셜이 같으면 원형질분리가 일어난다.
③ 수분퍼텐셜은 토양에서 가장 높고, 대기에서 가장 낮다.
④ 압력과 온도가 낮아지면 수분퍼텐셜이 증가한다.

해설 압력과 온도가 낮아지면 수분퍼텐셜이 감소한다.

20. 식물체의 수분퍼텐셜(Water Potential)에 대한 설명으로 옳은 것은?

① 수분퍼텐셜은 토양에서 가장 낮고, 대기에서 가장 높으며, 식물체 내에서는 중간의 값을 나타내므로 토양 → 식물체 → 대기로 수분의 이동이 가능하게 된다.
② 수분퍼텐셜과 삼투퍼텐셜이 같으면 압력퍼텐셜이 100이 되므로 원형질분리가 일어난다.
③ 압력퍼텐셜과 삼투퍼텐셜이 같으면 세포의 수분퍼텐셜이 0이 되므로 팽만상태가 된다.
④ 식물체 내의 수분퍼텐셜에는 매트릭퍼텐셜이 많은 영향을 미친다.

해설 **식물체 내의 수분퍼텐셜**
　㉠ 식물체의 체 내에서의 수분퍼텐셜에서는 매트릭퍼텐셜은 영향을 거의 미치지 않고 삼투퍼텐셜과 압력퍼텐셜이 좌우하므로 $\psi_w = \psi_s + \psi_p$로 표시할 수 있다.
　㉡ 세포 부피와 압력퍼텐셜의 변화에 따라 삼투퍼텐셜과 수분퍼텐셜이 변화한다.
　㉢ 압력퍼텐셜과 삼투퍼텐셜이 같아지면 세포의 수분퍼텐셜은 0이 되므로 팽만상태가 된다.($\psi_s = \psi_p$)
　㉣ 수분퍼텐셜과 삼투퍼텐셜이 같아지면 압력퍼텐셜은 0이 되므로 원형질분리가 일어난다.($\psi_w = \psi_s$)
　㉤ 수분퍼텐셜은 토양이 가장 높고, 대기가 가장 낮으며 식물체 내에서 중간 값이 나타나므로 수분의 이동은 토양 → 식물체 → 대기로 이어진다.

21. 작물의 수분흡수에 대한 설명으로 옳지 않은 것은?

① 수분흡수와 이동에는 삼투퍼텐셜, 압력퍼텐셜, 매트릭퍼텐셜이 관여한다.
② 수분퍼텐셜과 삼투퍼텐셜이 같으면 팽만상태로 세포 내 수분이동이 없다.
③ 일액현상은 근압에 의한 수분흡수의 결과이다.
④ 수분의 흡수는 세포 내 삼투압이 막압보다 높을 때 이루어진다.

해설 수분퍼텐셜과 삼투퍼텐셜이 같아지면 압력퍼텐셜은 0이 되므로 원형질분리가 일어난다.($\psi_w = \psi_s$)

22. 건조한 종자나 토양에서 중요한 역할을 하는 성분퍼텐셜은?

① 삼투퍼텐셜　　　　　　　　② 압력퍼텐셜
③ 중력퍼텐셜　　　　　　　　④ 매트릭퍼텐셜

해설 삼투퍼텐셜은 용질, 압력퍼텐셜은 압력, 매트릭퍼텐셜은 토양입자나 고형물질에 의해 생기고, 건조한 종자나 토양에서는 수분퍼텐셜을 결정하는데 매우 중요한 역할을 담당한다. 중력퍼텐셜은 수분이 갖는 위치에너지이다.

23. 다음 중에서 차르타코프방법으로 측정할 수 있는 것은?

① 토양의 전기전도도　　　　　② 토양의 중금속 함량
③ 식물의 수분퍼텐셜　　　　　④ 식물의 양분결핍증

해설 식물체의 수분퍼텐셜 측정방법으로 가압상법, 조직무게변화측정법, 차르타코프방법 외에도 증기압법, 빙점강화법, 노점식방법 등이 있다. 차르타코프방법은 용액의 농도변화를 측정하여 대상 식물조직의 수분퍼텐셜을 측정하는 방법인데, 용액과 식물조직 간의 삼투현상을 이용하는 것이다.

24. 다음 중 수분측정법에 대한 설명으로 옳지 않은 것은?

① 중량법, 장력계법, 중성자산란법, 차르타코프방법은 토양수분을 측정하는 방법이다.
② 펠티어(Peltier)효과를 이용한 수분측정방법은 노점식방법이다.
③ 가압상법은 식물체의 수분퍼텐셜을 측정하고자 할 때 사용하는 방법이다.
④ 저항괴법은 석고블럭을 이용한 토양수분측정방법이다.

해설 토양수분측정방법: 중량법, 전기저항법, 중성자산란법, 장력계법 등
식물체 수분퍼텐셜측정방법: 조직부피측정법, 차르타코프방법, 가압상법, 빙점강하법, 노점식방법 등

25. 식물체 내 물관부의 수분퍼텐셜을 측정하는데 사용하는 방법은?

① 가압상법
② 조직무게변화 측정법
③ 차르다코프방법
④ 사이크로메타법

해설 식물조직의 수분퍼텐셜을 측정하는 가압상법은 엽병이 있는 잎과 밀폐된 상자를 이용하여 물관부의 압력퍼텐셜을 입력하는 방법이다.

26. 가압상법을 통해 측정할 수 있는 것은?

① 목부 압력퍼텐셜
② 토양 매트릭퍼텐셜
③ 사부 삼투퍼텐셜
④ 뿌리 중력퍼텐셜

해설 가압상법: 식물체의 물관을 통해 조직 밖으로 물이 나오는 순간의 압력을 측정한다.

27. 다음 중 수분퍼텐셜이 가장 높은 상태에 있는 것은?

① 풍건종자
② 사막지대에서 생장하는 관목의 잎
③ 건조한 토양에서 생장한 잎
④ 팽만상태에 있는 잎

21. ② 22. ④ 23. ③ 24. ① 25. ① 26. ① 27. ④

해설 식물조직에서의 수분퍼텐셜
ⓐ 뿌리세포 : 보통 약 −0.5MPa
ⓑ 팽만상태에 있는 잎 : 0MPa
ⓒ 통기가 잘 되는 토양에서 생장한 식물의 잎 : −0.2 ∼ −0.8MPa
ⓓ 건조한 토양에서 생장한 식물의 잎 : −0.8 ∼ −1.5MPa
ⓔ 매우 건조한 토양에서 생장한 식물의 잎 : −1.5 ∼ −3.0MPa
ⓕ 사막지대 관목의 잎 : −3.0 ∼ −6.0MPa
ⓖ 바람에 건조시킨 종자 : −6.0 ∼ −20.0MPa

CHAPTER 02 수분의 흡수와 이동 및 배출

01. 뿌리에서 수분흡수가 가장 활발하게 일어나는 부위는?

① 근관조직
② 생장점
③ 신장대
④ 근모대

해설 토양에서 자라는 대부분의 식물은 뿌리의 선단에 근모대가 있으며, 이 부위에 형성된 다수의 근모는 토양과의 접촉면을 늘려 수분을 효율적으로 흡수할 수 있도록 도와준다. 그래서 뿌리의 근모대를 흡수대라고 부르기도 한다. 뿌리의 끝부분에 있는 생장점과 근관은 수분을 거의 흡수하지 않으며, 근모대를 지나 위로 올라갈수록 목질화가 진행되어 수분흡수가 제한된다.

02. 뿌리에서 근모가 발달하는 주요 조직은?

① 표피조직
② 내피조직
③ 내초조직
④ 피층조직

해설 근모는 표피세포의 일부가 돌출한 것이며 길이는 1.3cm로 육안 관찰이 가능하고 성장속도가 매우 빠르다.

03. 뿌리에 발달하는 근모에 관한 설명으로 옳지 않은 것은?

① 토양과 접촉면을 늘려주어 수분흡수를 돕는다.
② 내초에서 발생한 근모 원기의 발달로 생긴다.
③ 길이가 약 1.3cm에 달하여 육안으로 관찰이 가능하다.
④ 근모의 원형질막에 아쿠아포린이 존재한다.

해설 흡수부위: 근모대
① 뿌리의 수분 흡수는 근모의 발생이 많은 뿌리 선단에 위치한 근모대에서 이루어지며, 근모대를 흡수대라고도 부른다.
② 표피세포가 일부 돌출한 다수의 근모는 토양과 접촉면을 늘려 효율적인 수분 흡수를 돕는다.
③ 근모의 길이는 1.3cm에 달하여 육안으로 관찰이 가능하다.
④ 근모는 성장 속도가 매우 빨라 하루에 1억개 이상 생성하는 식물도 있으며, 연약하여 토양에 부딪히면 쉽게 상처가 발생하며 평균수명은 5일 정도이다.
⑤ 수분은 근모의 느슨한 세포벽과 원형질막의 인지질이중층을 확산으로 침투해 들어가며, 근모의 원형질막에는 아쿠아포린이라는 일종의 수송관단백질이 있어 집단류로 흡수되는 수분도 있다.
⑥ 원형질막 안으로 흡수된 수분은 원형질연락사를 통해 빠르게 안으로 이동하여 토양과 근모 세포와의 수분퍼텐셜의 기울기를 유지한다.
⑦ 근모대를 지나 위로 올라갈수록 목질화가 진행되어 수분흡수는 저해된다.

04. 뿌리의 흡수 메커니즘에 대한 설명으로 옳지 않은 것은?

① 증산작용에 의하여 엽육세포가 건조해지면 엽맥의 물관이 물기둥을 잡아당겨 물은 잎 세포 안으로 들어온다.
② 잎의 증산이 많은 경우에 물관 내의 물은 장력이 생긴다.
③ 수동적 흡수에서 뿌리 물관부의 수분통도조직 중의 수분퍼텐셜 저하는 대부분 물관부 수액 중의 용질이 집적되기 때문이다.
④ 잎의 증산작용이 왕성하여 식물체로부터 물이 증산되면 근압은 생기지 않는다.

해설 뿌리의 수분흡수기작
1) 수동적 흡수
① 토양수분이 충분하고 증산작용이 왕성할 때 수분퍼텐셜의 구배에 따라 에너지의 소모가 없이 확산에 의해 수분이 흡수되는 것
② 증산작용이 활발하면 엽육세포는 수분퍼텐셜이 감소되어 수분을 끌어들인다.
③ 엽맥의 수분이 감소되면 수액의 압력이 감소되고 물의 장력(부압; 負壓: 대기보다 낮은 압력)이 커지면서 수분퍼텐셜이 낮아진다.
④ 엽맥의 부압은 집단류로 물을 끌어올리고, 이에 뿌리에서도 부압이 낮아져 토양으로부터 수분을 흡수하게 된다.
⑤ 수동적 흡수의 원동력은 증산작용에 있으며, 수분퍼텐셜의 구배를 결정짓는 것은 도관의 압력퍼텐셜이 된다.
⑥ 증산작용이 왕성할 때 수동적 흡수는 능동적 흡수의 10~100배에 이르는 것으로 알려져 있다.

01. ④ 02. ① 03. ② 04. ③

2) 능동적 흡수
① 증산작용과는 무관하게 도관 내에 무기염류를 축적시켜 수분퍼텐셜을 낮추어 이루어지는 수분흡수를 능동적 흡수라고 하며, 이 때 무기염류의 축적에는 에너지(ATP)가 소요된다.
② 식물체 내 에너지를 이용하여 무기염류를 흡수하여 도관 내에 축적시키고, 뿌리 중심주의 내부에는 카스파리대가 있어 축적된 무기염류의 일방적인 외부유출을 차단하여 도관부 수액 중에 용질이 집적되면 수분퍼텐셜이 낮아지고 물은 수분퍼텐셜의 구배에 따라 토양에서 뿌리로 이동된다.
③ 능동적 흡수는 증산작용이 약할 때 활발하고, 근압(根壓)을 생기게 하고, 근압은 능동적 흡수로 도관으로 물이 흡수되어 생기는 양(+)의 압력을 말한다.
④ 일부 식물에서는 근압이 수분의 상승이동에 관여하나 그 역할이 크지는 않다.

05. 뿌리의 수분흡수에 대한 설명으로 옳지 않은 것은?

① 아포플라스트를 통한 물은 카스파리대에서 내피를 우회하여 원형질막을 통과하여 세포질로 들어가야만 한다.
② 수분은 세포막의 내재성단백질 '아쿠아포린'을 통하여 집단류로 들어가기도 한다.
③ 피층조직은 아포플라스트보다는 심플라스트 경로를 더 많이 택하는 것으로 보인다.
④ 증산하고 있는 식물에서 뿌리를 통해 흡수되는 물은 주로 세포벽을 통해서 집단류에 의하여 내부로 이동하는 흡수이다.

해설 아포플라스트(appoplast, 전세포벽) 경로
① 어떤 막도 통과하지 않고 식물의 죽어 있는 부위인 세포벽과 세포간극을 통한 이동경로이다.
② 아포플라스트 경로를 통한 물의 이동은 뿌리의 내피에 발달한 카스파리대(Casparian strip)에 의하여 방해를 받아 불연속적이다.
③ 카스파리대는 내피의 세포벽에 지방산과 알코올의 복잡한 혼합물인 수베린이 부분적으로 퇴적 비후하여 형성된 환상의 띠이다.
④ 표피에서 흡수된 수분은 피층조직의 세포벽과 세포간극을 따라 이동하다가 내피의 카스파리대를 만나면 우회하여 세포막과 원형질연락사를 통하여 도관으로 들어간다.
⑤ 피층조직은 세포 배열이 느슨하여 심플라스트보다는 아포플라스트 경로를 더 많이 택하는 것으로 보인다.

06. 밭벼와 논벼를 비교할 때 논벼의 특징이라고 볼 수 있는 것은?

① 물관의 배열이 치밀하다.　　② 표피조직이 잘 발달한다.
③ 표피에 근모가 발달한다.　　④ 피층에 통기조직이 발달한다.

해설 밭벼는 근모와 표피, 물관이 잘 발달하여 수분을 잘 흡수하는 구조를 보이고, 논벼는 담수상태에서 자라기 때문에 근모와 표피가 필요 없고 물관도 치밀하지 못하며 피층에 파생통기조직이 잘 발달하여 산소공급을 원활하게 해 준다.

07. 뿌리에서 카스파리대가 발달하는 조직은?

① 표피　　　　　　　　② 내피
③ 내초　　　　　　　　④ 피층

해설 카스파리대는 내피조직의 세포벽에 지방산과 알코올의 복잡한 혼합물인 수베린이 부분적으로 퇴적 비후하여 형성된 환상의 띠로 수분과 양분의 투과를 제어한다.

08. 뿌리 내피에 형성되는 카스파리대를 구성하는 주요 물질은?

① 녹말　　　　　　　　② 큐틴
③ 수베린　　　　　　　④ 인지질

해설 카스파리대는 내피조직의 세포벽에 지방산과 알코올의 복잡한 혼합물인 수베린이 부분적으로 퇴적 비후하여 형성된 환상의 띠로 수분과 양분의 투과를 제어한다.

09. 뿌리의 내피에 형성되는 카스파리대의 중요한 역할은?

① 수분의 투과량을 조절한다.
② 측근의 발생량을 조절한다.
③ 무기염류의 선택적 투과를 유도한다.
④ 뿌리의 삼투압을 유지해 준다.

해설 카스파리대는 내피조직의 세포벽에 지방산과 알코올의 복잡한 혼합물인 수베린이 부분적으로 퇴적 비후하여 형성된 환상의 띠로 수분과 양분의 투과를 제어한다.

10. 수동적 수분흡수의 가장 큰 원동력이 되는 것은?

① 기공증산　　　　　　② 각피증산
③ 일비현상　　　　　　④ 일액현상

해설 수동적 흡수는 토양에 수분이 충분하고 증산작용이 왕성한 경우 수분퍼텐셜의 기울기에 따라 수분이 흡수되는 것을 말한다. 즉, 수동적 흡수의 원동력은 증산작용이고, 증산작용이 왕성할 때는 수동적 흡수가 능동적 흡수의 10~100배에 달하는 것으로 알려져 있다.

정답 05. ③　06. ④　07. ②　08. ③　09. ①　10. ①

작물생리학

11. 헨리 딕슨의 증산응집력설은 무엇을 설명하는 이론인가?

① 뿌리의 수분흡수기구
② 줄기의 수분상승기작
③ 잎에서 기공개폐작용
④ 잎에서 수분배출기구

해설 증산응집력설은 수분의 상승기구로 수분이 흡수되어 위로 상승하는 원동력은 증산작용이고, 상승이동을 가능케 하는 것은 물의 응집력이라는 것이다.

12. 다음 중 작물체에서 수분의 상승이동과 관련이 없는 것은?

① 뿌리의 수분흡수에서 생기는 압력
② 물의 응집력과 모세관현상
③ 사부의 양분전류
④ 증산작용

해설 사부에서는 광합성산물이 상하로 전류하므로 수분의 상승이동과는 연관성이 적다.

13. 수분의 하강이동에 대한 설명으로 옳지 않은 것은?

① 수분의 하강은 주로 식물이 수분부족상태에 있을 때 일어난다.
② 뿌리세포의 수분퍼텐셜이 줄기나 잎의 수분퍼텐셜보다 낮아질 때 하강이동이 가능해진다.
③ 줄기의 통도조직에서 수분이 아래로 이동하는 경우도 있다.
④ 식물의 생장이 둔해지면 하강량이 감소한다.

해설 하강이동
㉠ 주로 수분 부족 상태에서 뿌리의 수분퍼텐셜이 낮아질 때 수분이 아래로 이동하는 경우도 발생한다.
㉡ 엽병의 절단면에 색소를 흡수시키면 수분의 상승과 하강을 모두 관찰할 수 있다.
㉢ 식물의 생장이 왕성한 계절에는 주로 상승하고, 생장이 둔해지면 하강량이 증가한다.

14. 잎끝에 있는 수공으로 물이 액체상태로 배출되는 현상은?

① 증산작용
② 일액현상
③ 일비현상
④ 점적현상

해설 식물체의 수분배출방식에는 일액현상과 일비현상, 그리고 증산작용이 있다. 일액현상은 잎끝의 수공을 통해 물방울 형태로 배출되는 현상이고 일비현상은 줄기를 절단하거나 물관부에 구멍을 냈을 때 수액이 배출되는 현상이다. 증산작용은 주로 잎에서 수분을 기체상태로 배출하는 것을 말한다.

PART 02 수분과 양분 생리

15. 식물의 잎에서 물이 액체상태로 분비되는 배수구조는?

① 각피 ② 선모
③ 기공 ④ 수공

해설 식물체의 수분배출방식에는 일액현상과 일비현상, 그리고 증산작용이 있다. 일액현상은 잎끝의 수공을 통해 물방울 형태로 배출되는 현상이고 일비현상은 줄기를 절단하거나 물관부에 구멍을 냈을 때 수액이 배출되는 현상이다. 증산작용은 주로 잎에서 수분을 기체상태로 배출하는 것을 말한다.

16. 근압에 의하여 수액이 압출되어 나오는 것으로, 수분흡수는 왕성하고 증산작용은 억제되는 조건에서 일어나는 수분의 배출 현상은 무엇인가?

① 증산작용 ② 배수현상
③ 일비현상 ④ 일액현상

해설 · **일비현상**: 줄기를 절단하거나 도관부에 상처를 주면 그 부위에서 수액이 흘러나오는 경우
· **일액현상**: 지온이 높고 토양수분이 충분하며 바람이 없고 기온이 낮아 공중습도가 포화상태일 때 잎의 선단이나 가장자리의 수공을 통하여 물이 액체상태로 배출되는 현상

17. 증산작용에 영향을 주는 요인이 아닌 것은?

① 뿌리의 모세관 ② 상대습도
③ 온도 ④ 바람

해설 증산에 영향을 주는 환경요인: 빛의 세기, 상대습도, 온도, 바람

18. 증산작용과 대기환경과의 관계를 옳게 설명한 것은?

① 광도는 약할수록, 습도는 낮을수록, 온도는 높을수록 증산작용은 왕성하다.
② 광도는 약할수록, 습도는 높을수록, 온도는 낮을수록 증산작용은 왕성하다.
③ 광도는 강할수록, 습도는 높을수록, 온도는 높을수록 증산작용은 왕성하다.
④ 광도는 강할수록, 습도는 낮을수록, 온도는 높을수록 증산작용은 왕성하다.

해설 **증산작용**: 광도는 강할수록, 습도는 낮을수록, 온도는 높을수록 기공의 개폐가 빈번할수록, 기공이 크고 그 밀도가 높을수록, 어느 범위까지의 엽면적이 증가할수록 증산량이 많아진다.

19. 증산작용에 대한 설명으로 옳은 것은?

① 증산작용에 의해 체내 수분퍼텐셜이 높아진다.
② 증산작용은 기공을 통해서만 일어난다.
③ 밤보다 낮에 더욱 활발하게 이루어진다.
④ 증산작용에 의해 엽온이 상승한다.

해설 ① 증산작용에 의해 체내 수분퍼텐셜이 낮아진다.
② 증산작용은 기공과 각피를 통해 일어난다.
④ 고온기에 증산작용에 의해 엽온이 낮아진다.

20. 수공과 기공의 차이점으로 옳은 것은?

① 기공은 기체상태의 수분을, 수공은 액체상태의 수분을 배출한다.
② 수공은 수분의 출입을, 기공은 기체의 출입을 담당한다.
③ 수공은 액체상태의 수분을, 기공은 기체상태의 수분을 흡수한다.
④ 수공과 기공은 공변세포의 작용으로 개폐된다.

해설 **수공**
㉠ 기공의 변태라고 볼 수 있는 배수조직이다.
㉡ 기공과 같이 2개의 공변세포로 구성되어 있다.
㉢ 기공과는 달리 개폐작용이 없고 항상 열려 있다.

21. 식물이 수분스트레스를 받으면 기공이 닫히는데 이때 관여하는 식물호르몬은?

① IAA
② NAA
③ CCC
④ ABA

해설 식물호르몬 가운데 하나인 ABA가 기공개폐를 조절한다. 식물은 수분스트레스를 받으면 ABA 함량이 증가하면서 기공이 닫힌다. 실제로 식물체에 ABA를 처리하면 기공이 닫히는 것을 볼 수 있다.

22. 기공이 닫히는 경우에 해당하는 공변세포의 상태는?

① K^+ 농도가 증가하였다.
② 수분퍼텐셜이 감소하였다.
③ 팽압이 증가하였다.
④ ABA가 증가하였다.

해설 공변세포와 주변세포 사이에 K^+이 왔다갔다 하면서 공변세포의 수분퍼텐셜, 수분의 이동, 나아가 팽압이 조절된다. 즉, 공변세포의 K^+이 증가하면 수분퍼텐셜이 감소하고, 이로 인해 수분이 이동해 들어와 팽압이 높아지면서 기공이 열린다.

23. 기공개폐에 관한 설명으로 옳지 않은 것은?

① 기공개폐는 공변세포의 막압에 따라 조절된다.
② 공변세포에서 전분이 말산으로 전환되어 말산 음이온과 H^+ 양이온이 축적된다.
③ 공변세포로 ABA가 유입되면 기공이 닫힌다.
④ 기공 바로 아래 세포간극 중의 CO_2농도가 낮으면 기공이 열린다.

해설 기공의 개폐는 공변세포의 팽압에 따라 조절된다.

24. 식물의 요수량에 대해 가장 잘 설명한 것은?

① 1g의 건물을 생산하는 데 필요한 수분량
② 1kg의 생체량을 생산하는 데 필요한 수분량
③ 정상적인 생장에 필요한 수분량
④ 식물이 일생 동안 요구하는 수분량

해설 요수량은 1g의 건물을 생산하는 데 필요한 수분량(g)을 나타내는 수치이다. 요수량은 생육기간 중에 흡수된 수분량을 그 기간 중에 축적한 건물량(g)으로 나누어 구할 수 있다.

25. 요수량에 대한 설명으로 옳지 않은 것은?

① 건물생산의 속도가 낮은 생육초기 요수량이 적다.
② 요수량이 작은 작물이 건조한 토양과 가뭄에 대한 저항성이 강하다.
③ 공기습도의 저하, 저온과 고온 등의 환경에서 요수량은 많아진다.
④ 작물별 요수량은 옥수수, 기장, 수수 등은 작고, 클로버, 앨펄퍼 등은 크다.

해설 요수량의 요인
1) 작물의 종류
① 수수, 옥수수, 기장 등은 작고 호박, 앨팰퍼, 클로버 등은 크다.
② 일반적으로 요수량이 작은 작물일수록 내한성(耐旱性)이 크나, 옥수수, 앨팰퍼 등에서는 상반되는 경우도 있다.
③ 흰명아주〉호박〉앨팰퍼〉클로버〉완두〉오이〉목화〉감자〉귀리〉보리〉밀〉옥수수〉수수〉기장
2) 생육단계
건물생산의 속도가 늦은 생육 초기에 요수량이 크다.
3) 환경
광의 부족, 많은 바람, 공중습도의 저하, 저온과 고온, 토양수분의 과다 및 과소, 척박한 토양 등의 환경은 소비된 수분량에 비해 건물축적을 더욱 적게 하여 요수량을 크게 한다.

26. 요수량이 작은 식물의 특징을 바르게 나타낸 것은?

① 생산성이 낮다.
② 내건성이 약하다.
③ 수분이용효율이 낮다.
④ 증산계수가 작다.

해설 일반적으로 요수량이 큰 경우 내건성이 약하고 수분이용효율이 낮다. 호박, 오이 같은 채소류는 요수량이 커서 생육 중 많은 양의 수분을 요구하므로 실제로 관수의 효과가 다른 작물에 비해 크게 나타난다.

27. 다음 중 요수량이 가장 큰 작물은?

① 옥수수, 수수
② 보리, 밀
③ 감자, 목화
④ 호박, 알팔파

해설 요수량이 큰 작물은 흰명아주〉호박〉앨팰퍼〉클로버〉완두〉오이〉목화〉감자〉귀리〉보리〉밀〉옥수수〉수수〉기장 등의 순서이다.

28. 증산계수가 커서 관수의 효과가 상대적으로 큰 작물은?

① 기장과 수수
② 밀과 옥수수
③ 보리와 귀리
④ 호박과 오이

해설

재배식물	요수량(g)	재배식물	요수량(g)
호박	834	밀	513
오이	713	옥수수	368
감자	636	수수	322
귀리	597	기장	310
보리	534		

29. 다음 중 증산계수가 가장 높은 것은?

① 단위면적당 작물의 건물중 5g을 생산하는데 100L의 물을 증산한 경우
② 단위면적당 작물의 건물중 10g을 생산하는데 100L의 물을 증산한 경우
③ 단위면적당 작물의 건물중 20g을 생산하는데 200L의 물을 증산한 경우
④ 단위면적당 작물의 건물중 30g을 생산하는데 150L의 물을 증산한 경우

해설 증산계수 = $\dfrac{증산량}{건물량}$

CHAPTER 03 식물의 무기영양

01. 식물의 영양생리 연구수단에서 발전된 첨단 농업기술은?

① 양액재배
② 유기농업
③ 탄산시비
④ 생력재배

해설 식물의 영양생리 가운데 원소의 필수성 여부를 결정하는 데 이용하였던 것이 수경법이다. 이 수경법이 발전하여 오늘날의 첨단 시설농법인 수경재배(양액재배) 방식이 탄생하였다.

26. ④ 27. ④ 28. ④ 29. ① / 01. ①

02. 다음 중 체내 구성물질에 대한 설명으로 옳지 않은 것은?

① C, H, O는 식물체를 구성하는 원소들 중에서 90~98%를 차지하는 원소이다.
② 조단백 함량을 측정하고자 할 때 분석해야 할 원소는 질소이다.
③ 작물체 내의 수소는 H_2O을 통해 공급된다.
④ 지질은 질소를 구성성분으로 이루어지는 화합물이다.

해설 지질은 주로 C, H, O로 구성되어 있다.

03. 다음 중 식물체 내 구성물질의 구성원소에 대한 연결이 잘못된 것은?

① 탄수화물: C, H, O
② 단백질: C, H, O, N, S
③ 핵산: C, H, O, N
④ 엽록체: C, H, O, N, Mg

해설 핵산과 ATP는 C, H, O, N, P로, 단백질과 아미노산은 C, H, O, N, S로 구성되어 있다.

04. 엽록소를 구성하는 원소로 부족하면 잎의 황백화를 일으키는 것은?

① Ca
② Mn
③ Mg
④ Fe

해설 엽록소를 구성하는 다섯 가지 필수원소는 C, H, O, N, Mg이고, 질소와 마그네슘은 엽록소의 무기 구성성분이다. 질소가 결핍되면 엽록체 단백질이 분해되어 노엽부터 황백화가 나타난다. 마그네슘이 결핍되면 엽록소 형성이 억제되어 노엽부터 황백화가 일어나는데 주로 엽맥 사이에 나타난다.

05. 다음 중 필수원소로 판별하기 위한 기준으로 적합하지 않은 것은?

① 그 원소가 결핍되면 식물이 생활사를 완성할 수 없다.
② 그 원소는 다른 원소로 대체될 수 없다.
③ 다른 원소와의 상호작용 효과가 강하게 나타나야 한다.
④ 체내에서 필수적인 성분의 구성원소가 된다.

해설 **필수원소의 조건**
① 부족하거나 없으면 자신의 생활환을 완성할 수 없다.
② 식물체의 필수적인 성분의 구성성분이다.
③ 기능과 효과면에서 다른 원소로 대체할 수 없다.
④ 단순히 상호작용의 효과 때문에 요구되는 것이 아니다.

06. 다음 중 필수원소에 대한 설명으로 옳지 않은 것은?

① 미량원소로는 Mo, Cu, Zn 등이 있다.
② 다량원소와 미량원소로 나눌 수 있다.
③ 미량원소는 필수원소로 인정되고 있다.
④ 다량원소에 C, H, O는 포함되지 않는다.

해설 **필수원소의 분포농도에 따른 분류**
① 현재까지 확인된 필수원소는 총 17종으로 건물당 체내 분포 농도에 따라 9종의 다량원소와 8종의 미량원소로 구분한다.
② **다량원소(macroelements)**
  ㉠ 분포농도 30mmol/kg 이상
  ㉡ 종류: C, H, O, N, P, K, Ca, Mg, S
③ **미량원소(microelements)**
  ㉠ 분포농도 3mmol/kg 이하
  ㉡ 종류: Cl, Fe, B, Mn, Zn, Cu, Mo, Ni
④ 필수원소 중 탄소, 수소, 산소의 비중이 96%이며, 나머지 원소는 전체의 4%에 불과하고, 이 중 다량원소가 3.5%, 미량원소가 0.5%를 차지한다.
⑤ 탄소, 수소, 산소는 비광물성 원소이며, 나머지는 광물성 원소로 토양을 통해 물과 함께 흡수되며, 흡수 가능한 형태로 존재해야만 식물이 흡수, 이용할 수 있다.

07. 다음 중 미량원소의 개념으로 옳은 것은?

① 체내 함량은 적지만 생리작용에는 중요한 작용을 하는 원소이다.
② 원자량이 작은 원소들로 결핍되어도 증상이 나타나지 않는 원소이다.
③ 현미경을 사용할 때 볼 수 있는 크기의 원소이다.
④ 원자량과 생리적 작용이 중요하지 않은 원소이다.

해설 미량원소는 필수원소로 생리작용에 중요한 작용을 하지만 체내 함량이 적은 원소이다.

08. 미량원소 중에서 일반적으로 비교적 적은 양이 요구되는 원소는?

① 니켈, 몰리브덴 ② 철, 염소
③ 망간, 아연 ④ 질소, 황

해설 식물의 필수원소별 흡수 이용형태와 체내 적정농도[7]

구분	원소	기호	흡수형태	원자량	건물당농도	
					mmol/kg	%
다량원소	수소	H	H_2O	1.01	60,000.0	6.0
	탄소	C	CO_2	12.01	40,000.0	45.0
	산소	O	O_2, H_2O	16.00	30,000.0	45.0
	질소	N	NO_3^-, NH_4^+	14.01	1,000.0	1.5
	칼륨	K	K^+	39.10	250.0	1.0
	칼슘*	Ca	Ca^{2+}	40.08	125.0	0.5
	마그네슘	Mg	Mg^{2+}	24.32	80.0	0.2
	인	P	$H_2PO_4^-, HPO_4^{2-}$	30.98	60.0	0.2
	황*	S	SO_4^{2-}	32.07	30.0	0.1
미량원소	염소	Cl	Cl^-	35.46	3.0	0.010
	철*	Fe	Fe^{3+}, Fe^{2+}	55.85	2.0	0.010
	붕소*	B	H_3BO_3	10.82	2.0	0.002
	망간	Mn	Mn^{2+}	54.94	1.0	0.005
	아연	Zn	Zn^{2+}	65.38	0.3	0.002
	구리*	Cu	Cu^+, Cu^{2+}	63.54	0.1	0.0006
	니켈	Ni	Ni^{2+}	58.71	0.05	0.00001
	몰리브덴	Mo	MoO_4^{2-}	95.95	0.001	0.00001

* 표시된 원소는 비이동성 원소로서 체내 불용성 화합물을 만들기 때문에 이동과 재분배가 어렵다.

09. 다음 중 엽록소를 구성하는 원소가 아닌 것은?

① 탄소(C) ② 질소(N)
③ 황(S) ④ 마그네슘(Mg)

해설 식물체에서 수분을 제거한 건물의 95% 이상이 유기물이다. 유기물의 기본원소는 C, H, O 등이고, 여기에 N, S, Mg 등이 포함된다. 예로서 엽록소는 N, Mg이 구성원소이다.

---

[7] 재배식물생리학 p.137 표6-3, 문원, 이승구 공저, 2002, 한국방송통신대학교출판부

10. 식물의 필수 다량원소로서 체내 이동성이 상대적으로 떨어지는 원소는?

① 질소와 인 ② 칼슘과 황
③ 붕소와 철 ④ 구리와 몰리브덴

해설 필수원소 가운데 다량원소의 칼슘과 황, 미량원소의 철, 붕소, 구리는 비이동성 원소로 체내에서 불용성 화합물을 만들기 때문에 이동과 재분배가 어렵다.

11. 식물의 필수원소 가운데 다량원소이면서 비이동성 원소인 것은?

① 칼륨 ② 황
③ 붕소 ④ 철

해설 체내 이동성을 기준으로 Ca, S, Fe, B, Cu는 비이동성 원소로 분류된다.

12. 식물의 필수원소 중에서 미량원소로 분류되는 것은?

① 수소와 탄소 ② 질소와 칼륨
③ 인과 황 ④ 붕소와 망간

해설 지금까지 확인된 필수원소는 총 17종이며 식물체 내에서의 분포농도를 기준으로 다량원소와 미량원소로 분류한다. 다량원소는 C, O, H, N, K, Ca, Mg, P, S의 9종이며, 미량원소는 Cl, Fe, B, Mn, Zn, Cu, Ni, Mo의 8종이다.

13. 질소의 일반적인 흡수형태는 무엇인가?

① N_2 ② NO_3^-
③ KNO_3 ④ NH_4OH

해설 필수원소는 반드시 이용 가능한 형태로 존재해야 식물이 흡수할 수 있다. 예를 들면 질소(N_2)는 NO_3^- 또는 NH_4^+으로 존재해야 흡수 가능하다.

14. 질소의 생리적 작용으로 거리가 먼 것은?

① 단백질의 구성원소가 된다.　② 탄수화물의 구성원소가 된다.
③ 작물의 생장을 촉진한다.　④ 엽록소의 구성원소가 된다.

해설 탄수화물은 C, H, O로 구성되며, 질소는 단백질, 핵산, 엽록소, 알카로이드의 구성원소이다.

15. 질소 결핍 증상으로 보기 어려운 것은?

① 잎이 짙은 녹색으로 된다.　② 생육이 부진하다.
③ 종실이 잘 발달하지 않는다.　④ 하위엽이 위조, 황화된다.

해설 질소가 충분한 상태에서 질소의 생리작용으로 엽록소 함량을 증가시켜 잎의 색이 진해지고, 광합성 능력도 커진다.

16. 질소의 생리작용에 대한 설명으로 옳지 않은 것은?

① 질소를 공급하면 엽록소 함량이 증가하여 잎의 색깔이 진한 녹색이 되며, 광합성 능력도 높아진다.
② 결핍되면 하위엽에 있던 질소가 생장점으로 재분배되므로 하위엽부터 황색을 나타낸다.
③ NH_4^+는 아스파트산이나 글루탐산과 결합하여 각각 아스파라진과 글루타민을 만들어 이동한다.
④ NO_3^-태 질소는 NH_4^+태 질소보다 단백질을 합성하는데 에너지가 적게 소요된다.

해설 단백질을 합성할 때 NH_4^+는 직접 유기산과 결합하여 아미노산이 되지만, NO_3^-는 먼저 암모니아(NH_3)로 환원 후 아미노산이 되므로 NH_4^+태 질소가 NO_3^-태 질소보다 단백질 합성에 에너지 소모가 적다.

17. 다음 질소에 대한 설명으로 옳지 않은 것은?

① 작물이 흡수 이용할 수 있는 질소는 NO_3^-, NH_4^+ 형태이다.
② 질소는 영양생장기에 가장 많은 양이 요구된다.
③ 일반작물에서 질소 과잉은 영양생장을 지속시킨다.
④ 질소의 결핍 현상은 상위엽에서 황백화현상이 나타난다.

해설 질소는 체내 이동성이 높아 하위엽에서 결핍 현상이 나타난다.

18. 질소의 과잉시 나타나는 증상으로 거리가 먼 것은?

① 잎과 줄기가 과번무 한다.
② 조직이 강건해진다.
③ 병해충에 대한 저항성이 약해진다.
④ 잎이 진한 녹색을 띤다.

해설 질소 과다
㉠ 광합성산물이 단백질 합성에 소모되어 가용성 탄수화물이 감소하고, 셀룰로오스와 같은 무질소화합물의 합성이 억제된다.
㉡ 세포의 크기는 증대하나 세포벽이 얇아지면서 식물이 도장하고 화아분화가 억제된다.
㉢ 벼
　ⓐ 영양생장의 과도한 촉진으로 간장이 길어지고, 특히 절간신장기에는 하위절간이 신장되어 도복하기 쉬우며, 출수기가 다소 지연되며, 도열병에 걸리기 쉽다.
　ⓑ 벼와 같이 엽신이 긴 식물은 잎이 늘어지고 엽면적이 과다하여 수광태세가 나빠진다.
　ⓒ 이삭이 발달한 후에는 도복하기 쉽다.
㉣ 경엽을 목적으로 하는 엽채류와 사료작물은 단백질 함량이 높아지고 기호성은 좋아지지만, NO_3^- 가 축적되어 품질이 떨어질 수 있다.
㉤ C_3식물
　ⓐ 보리, 밀, 귀리 등 온대성 C_3 화곡류는 질소함량이 높으면 경엽의 생장이 지나쳐 성숙이 지연되고, 종실의 짚에 대한 비율인 조고비율이 낮아지며, 도복하기 쉽다.
　ⓑ 벼의 성숙과 조고비율에 대한 질소의 영향은 온대성 화곡류형과 열대성 화곡류형의 중간이다.
㉥ 열대성 C_4화곡류인 옥수수, 수수 등은 질소함량이 높으면 개화 및 성숙이 빨라지고 질소과잉의 해는 적다.

19. 다음 설명 중 옳지 않은 것은?

① 질소 과잉은 벼에서 도열병의 피해를 받기 쉽게 조직이 연약해진다.
② 질소를 시용하지 않은 작물에 비하여 질소를 시용한 작물의 T/R율은 작아진다.
③ 질소는 작물체 내에서 이동성이 크고, 체내 재분배도 쉽게 이루어진다.
④ 질소는 음이온 형태 또는 양이온 형태로 흡수되는 무기양분이다.

해설 질소부족이나 건조, 저온 등의 조건에서는 뿌리의 생장률이 더 높아져 T/R율이 작아진다.

작물생리학

20. 다음 중 인산에 대한 설명으로 옳지 않은 것은?

① 산성토양에서 불용화되므로 가장 부족하기 쉬운 원소이다.
② 에너지대사와 밀접한 관련이 있는 다량원소이다.
③ 가장 많이 분포되어 있는 조직은 동화조직이다.
④ 피틴(phytin)은 종자의 저장물질이며, 발아와 함께 분해되어 인산의 공급원이 된다.

해설 영양생장기에는 대사활동이 왕성한 생장점, 마디 등의 조직에 많이 축적되고, 생식생장기에는 종자나 과실로 이동하며, 경우에 따라서는 50% 이상 생식기관에 집중적으로 분포하는 경우도 있다.

21. 다음 중 인산의 결핍증상은?

① 줄기가 가늘고 딱딱해진다.
② 생장이 양호하고 잎이 두꺼워진다.
③ 열매의 성숙이 빨라진다.
④ 잎과 줄기가 무성해진다.

해설 결핍
㉠ 핵산의 합성이 억제되어 단백질이 감소하고 세포분열이 저해된다.
㉡ 잎의 색이 암녹색을 띠거나 안토시아닌 발현으로 녹자색을 띤다.
㉢ 줄기는 가늘고 딱딱해지고, 과실은 작고 성숙이 늦어진다.
㉣ 성숙한 조직에서 유조직으로 재분배가 일어난다.

22. 토양 중 인산을 불용화시켜 유효도를 떨어뜨리는 것과 가장 관련이 적은 원소는?

① Ca
② Fe
③ B
④ Al

해설 산성토양에서 인은 Al^{3+}, Fe^{2+}, Mn^{2+} 등과 결합하고, 알칼리성 토양에서는 Ca^{2+}과 결합하여 불용화된다.

23. 다음 중 칼륨에 대한 설명으로 옳지 않은 것은?

① 결핍시 생장점 부근의 어린잎이 청록색이 되고, 하위엽의 선단부로부터 황화현상이 나타난다.
② 식물체 내에서 삼투압과 pH를 조절하는 역할을 수행한다.
③ 토양 중에서 양이온으로 존재하며, 작물체에 흡수되면 음이온 형태가 된다.
④ 체내에서 대부분이 이온의 형태로 존재하며, pH의 변화를 막아주는 작용을 한다.

해설 토양 중에서나 작물체 내에서 모두 양이온으로 존재한다.

24. 다음 칼륨에 대한 설명 중 옳지 않은 것은?

① 과실의 색과 풍미에 관여하는 원소이다.
② 공변세포의 수분흡수와 방출에 관여하여 기공의 개폐를 가능하게 하는 원소이다.
③ 작물체 내의 분포농도를 기준으로 볼 때 종실에는 잎과 뿌리보다 많이 함유되어 있다.
④ 광합성산물의 수송, 삼투조절, 도복 저항성 등에 영향을 미친다.

해설 칼륨(K, potassium) 분포
㉠ 무기염이나 유기산염으로 분포하며, 이온화되어 있거나 이온화되기 쉬운 상태로 존재한다.
㉡ 대부분 식물은 가장 많이 흡수하는 성분 중 하나이나 세포를 구성하거나 생리적으로 중요한 유기화합물 구성성분은 아니다.
㉢ 대부분 식물은 무기원소 가운데 칼륨을 가장 많이 함유하고 있다.
㉣ 광합성이 활발한 잎이나 세포분열이 왕성한 생장점 부위에 다량 분포되어 있다.

25. 다음 중 칼륨 결핍증상으로 거리가 먼 것은?

① 잎의 생장이 감퇴된다.
② 생장점이 붉게 변한다.
③ 뿌리가 잘 썩는다.
④ 잎의 선단부로부터 점차 누렇게 변한다.

해설 결핍
㉠ 초기에는 잘 나타나지 않고 생육이 어느 정도 진행된 다음 나타난다.
㉡ 세포의 pH가 증가하여 물질대사의 진행이 억제된다.
㉢ 노엽부터 황백화되고, 잎의 가장자리가 황갈색으로 변하기도 한다.
㉣ 줄기와 뿌리는 가늘어지고, 줄기의 유관속은 목질화가 억제되어 조직이 연약해지고 도복이 잘 된다.

20. ③ 21. ① 22. ③ 23. ③ 24. ③ 25. ②

작물생리학

26. 다음 중 칼슘의 주요한 생리적 역할로 볼 수 없는 것은?

① 광합성 증대
② 세포막의 투과성 증대
③ 유기산의 중화작용
④ 탄수화물 전류촉진

해설 생리작용
㉠ 지방산, 유기산, 펙틴, 단백질 등과 결합한다.
㉡ 분열조직에서 펙틴산 칼슘은 딸세포 사이에 생기는 세포판에서 중층을 형성하여 세포분열을 완성하고, 성숙과정에서 두 세포를 견고하게 밀착시킨다.
㉢ 액포에서는 수산(옥살산)과 결합하여 수산석회라는 불용의 결정체를 만든다.
㉣ 탄수화물의 전류에 요구되는 녹말당화효소인 디아스타아제(diastase)는 수산에 의해 활력이 떨어지는데 수산을 불용의 수산석회로 만들어 탄수화물의 전류를 원활하게 한다.
㉤ 효소와 결합하여 효소를 활성화한다.
　ⓐ ATPase, α-아밀라아제(α-amylase), 포스포리파아제 D(phospholipase D) 등의 효소를 활성화시킨다.
　ⓑ 단백질인 칼모듈린(calmodulin)과 결합하여 칼모듈린-칼슘 복합체를 만들어 2차신호전달자의 역할을 하면서 다양한 대사작용을 조절한다.
㉥ 과실의 저장성 증가: 사과 성숙기에 칼슘을 엽면시비하면 과실의 칼슘함량이 증가하고 저장 중 세포벽 분해를 지연시켜 과실의 저장성을 증대시킨다.
㉦ 칼슘의 시용은 pH를 상승시켜 Mo은 용해도가 증가하고, Fe^{2+}, Mn^{2+} 등은 용해도가 감소한다.
㉧ 칼슘의 시용량이 많으면 길항작용으로 마그네슘, 철, 아연, 코발트, 붕소 등 흡수가 저해되는 길항작용이 나타난다.

27. 다음 중 칼슘에 대한 설명으로 옳지 않은 것은?

① 산성화된 토양의 물리·화학적 성질을 개선한다.
② 결핍시 뿌리 끝의 발달이 나빠지고, 근계가 적어지며, 어린잎에서의 기형화, 황백화 및 갈색화 등의 증상이 나타난다.
③ 식물체 내에서 이동성이 양호하며, 칼륨과 길항작용이 나타난다.
④ 펙틴은 세포벽의 구성물질이며, 칼슘과 결합하여 세포와 세포를 결합시킨다.

해설 식물체 내에서 이동성이 낮아 어린잎에서 결핍증상이 발생하고, Mg^{2+}과 길항작용이 나타난다.

28. 다음 중 칼슘의 결핍증상에 해당되는 것은?

① 하위엽이 암갈색을 띤다.
② 줄기가 과도한 생장을 한다.
③ 뿌리의 발육이 나빠지며, 상위엽이 갈변한다.
④ 줄기와 잎의 마디가 짧아진다.

해설 결핍
㉠ 체내 이동이 어려워 분열조직 부위, 어린잎의 정단이나 가장자리, 과실, 저장조직 등에 결핍증이 나타난다.
㉡ 주요증상은 황화하거나 괴사하며, 세포벽이 용해되어 연해지고 흑갈색으로 변한다.
㉢ 사과의 고두병, 토마토 배꼽썩음병, 땅콩의 공협 등이 발생한다.
㉣ 변색은 칼슘과 킬레이트(chelate)를 형성하지 못한 페놀화합물이 산화되어 나타난다.

29. 다음 중 원인이 다른 하나는?

① 사과: 고두병
② 벼: 도열병
③ 토마토: 배꼽썩음병
④ 땅콩: 공협

해설 사과의 고두병, 토마토 배꼽썩음병, 땅콩의 공협 등은 칼슘결핍 증상이다.

30. 사과의 고두병을 발생시키는 직접적인 원인은?

① 질소결핍
② 규소결핍
③ 칼슘결핍
④ 망간결핍

해설 사과의 고두병, 토마토의 배꼽썩음병은 대표적인 칼슘결핍증이다. 칼슘은 체내 이동이 어려워 분열조직 부위, 어린잎의 정단이나 가장자리, 과실, 저장조직 등에서 결핍증이 잘 나타난다.

 작물생리학

31. 칼슘의 시용량이 많아졌을 때 길항작용이 나타나는 원소로만 짝지어진 것은?

① C, H, O
② N, P, K
③ Mg, Fe, B
④ N, Cl, Mn

해설 칼슘의 시용량이 많아지면 길항작용으로 마그네슘, 철, 아연, 코발트, 붕소 등 흡수가 저해되는 길항작용이 나타난다.

32. 다음 중 마그네슘에 대한 설명으로 옳지 않은 것은?

① 인산대사나 광합성에 관여하는 효소의 활성을 높여준다.
② 인산화과정에 관련된 효소들을 활성화시키며, 결핍시 상위엽의 엽맥간 황백화가 나타난다.
③ 엽록소의 구성원소이며, 필수 광물성 원소에 속한다.
④ 결핍시 엽록소가 형성되지 아니하고 황백화한다.

해설 결핍
㉠ 결핍되면 잎이 황백화되는데, 노엽에서 먼저 시작되고 주로 엽맥사이에서 나타난다. 이는 노엽에서 유엽으로 쉽게 이동하고, 엽맥사이 엽록소가 쉽게 분해되기 때문이다.
㉡ 벼는 유수형성기~출수기까지 불임립이 증가하여 수량이 감소한다.
㉢ 감자는 괴경에 전분축적이 감소한다.
㉣ 사과는 조기낙엽이 발생하고 심하면 과실의 비대가 억제되고 착색이 나빠지며, 잘 성숙되지 않아 저장성이 떨어진다.

33. 다음 중 황(S)에 대한 설명으로 옳지 않은 것은?

① 토양으로부터 작물에 흡수, 이용되는 형태가 음이온이다.
② 아미노산과 비타민의 구성성분이며, 단백질분자의 구조유지에 중요한 작용을 한다.
③ 엽록소를 구성하는 성분으로 부족하거나 결핍되면 황백화현상을 보인다.
④ 근류균의 질소고정에 관여하는 원소로서 결핍되면 근류형성이 저해된다.

해설 엽록소를 구성하는 성분은 C, H, O, N, Mg이다.

34. 다음 중 필수원소의 생리작용을 나타낸 것 중 옳지 않은 것은?

① N: 원형질을 구성한다.
② Mg: 엽록소를 구성하는 성분이다.
③ Fe: 세포의 중층에 다량 존재한다.
④ P: 광인산화작용과 산화적 인산화작용을 한다.

해설
- Ca: 분열조직에서 펙틴산 칼슘은 딸세포 사이에 생기는 세포판에서 중층을 형성하여 세포분열을 완성하고, 성숙과정에서 두 세포를 견고하게 밀착시킨다.
- Fe: 체내 함량이 극히 적고 체내 이동이 어렵고, 재분배가 거의 되지 않으며, 80%가 엽록체에 존재한다.

35. 다음 중 철에 대한 설명으로 옳지 않은 것은?

① 결핍이 심하면 성숙한 잎이 백화하고 엽맥이 연녹색을 나타낸다.
② 전자전달계에서 산화·환원작용과 가장 관계가 깊은 원소이다.
③ 결핍되면 엽맥간 황백화현상이 나타난다.
④ 엽록소의 형성과정에 관여하며, 체내 이동이 어려운 원소이다.

해설 결핍
  ㉠ 엽록체의 구조가 깨지고, 엽록소가 소실된다.
  ㉡ 잎이 황백화되며, 심하면 전체가 백색으로 변한다.
  ㉢ 체내 이동성이 낮아 유엽이나 생장점 부근 잎에서부터 결핍증상이 나타난다.
  ㉣ 유엽의 황백화는 전면에 걸쳐 나타나지만, 식물에 따라서는 엽맥은 그대로 녹색으로 남는 경우도 있다.

36. 다음 중 작물이 흡수·이용할 수 있는 형태가 아닌 것은?

① Fe
② NO_3^-
③ MoO_4^-
④ Mg^{2+}

해설 무기양분의 흡수형태는 대부분 이온형태이며, 철은 Fe^{2+} 또는 Fe^{3+} 형태로 흡수되지만 Fe^{2+}가 용해도가 더 커서 흡수가 더 잘 된다.

37. 다음 중 염소에 대한 설명으로 옳지 않은 것은?

① 작물체 내에서 무기염화물의 형태로 존재한다.
② 양이온 K^+과 길항현상을 나타낸다.
③ 유기물로는 안토시안의 구성성분이다.
④ 광합성의 명반응과정 중 물이 광분해되어 산소를 방출시키는 힐(hill)반응에서 망간을 함유한 산소방출계의 보조인자로서 작용한다.

> **해설** 길항작용은 음이온은 음이온끼리, 양이온은 양이온끼리 일어나므로 음이온인 Cl^-와 양이온인 K^+와는 길항작용이 나타나지 않는다.

38. 무의 뿌리 중심이 코르크화하고 공동화되면서 흑갈색으로 변해 있다. 그 원인은?

① 뿌리혹선충의 피해이다.
② 망간과잉증이다.
③ 붕소결핍증이다.
④ 바람들이현상이다.

> **해설** 배추과 채소에는 붕소결핍증이 자주 발생한다. 배추는 엽록이 거북이 등처럼 갈라지고 조직이 괴사하면서 흑갈색으로 변한다. 무는 뿌리의 중심이 공동화되면서 흑갈색으로 변한다. 흑부병과는 달리 악취가 나지 않는다.

39. 다음 중 붕소의 결핍증이 아닌 것은?

① 개화결실이 나빠진다.
② 무, 배추 등의 속썩음병이 발생한다.
③ 모든 잎이 황화된다.
④ 포도나 토마토의 생장점이 괴사된다.

> **해설** 결핍
> ㉠ 동화물질의 전류가 억제되고 옥신이 지나치게 생성되어 형성층이 이상비대하여 주변조직이 붕괴되고 표피조직에 균열이 생긴다.
> ㉡ 세포벽의 셀룰로오스나 펙틴이 떨어져 나가고 액포에 탄닌이 축적되어 조직이 흑갈색으로 변한다.
> ㉢ 생장점 부근과 유엽이 검게 괴사한다.
> ㉣ 과실은 기형이 되거나 과피에 갈변, 균열, 괴사, 코르크화 등의 증상이 나타난다.

40. 필수원소 중 미량원소의 작용으로 옳지 않은 것은?

① Mo : 질산환원효소의 구성원소
② Fe : 호흡대사에서 전자전달의 저해
③ Cu : 플라스토시아닌의 구성원소
④ Mn : 물의 광분해작용 촉진

해설 철은 Fe^{2+}과 $Fe^{3+} + e^-$의 상호전환을 통해 전자전달(산화환원)의 기능이 있어 전자전달계의 시토크롬(cytochrome)과 페레독신(ferredoxin) 같은 철단백질과 효소 구성에 참여한다.

41. 무기양분에 대한 설명으로 옳지 않은 것은?

① 몰리브덴은 콩과작물의 자체적인 질소 양분공급에 필요하다.
② 아미노산을 구성하는 미량원소에는 황과 칼륨이 있다.
③ 규소는 콩보다 벼에서 그 함량이 훨씬 높다.
④ 엽록소를 구성하는 원소는 탄소, 수소, 산소, 질소, 마그네슘이다.

해설
• 아미노산을 구성하는 원소는 C, H, O, N, S이며, 칼륨은 체내 구성물질은 아니나, 광합성, 탄수화물 및 단백질 형성, 세포 내의 수분공급과 증산에 의한 수분상실의 제어 등의 역할을 하며 효소반응의 활성제로서 중요한 작용을 한다.
• 몰리브덴(Mo)
 ① 질산환원효소의 구성성분이며, 질소대사에 필요하다.
 ② 콩과작물 근류균의 질소고정에 필요하며, 콩과작물에 많이 함유되어 있다.
 ③ 결핍 : 잎의 황백화, 모자이크병에 가까운 증세가 나타나며, 콩과작물의 질소고정력이 떨어진다.

42. 다음 〈보기〉에서 작물의 필수원소와 생리작용에 대한 설명으로 옳은 것을 모두 고른 것은?

㉠ 철은 엽록소와 호흡효소의 성분으로, 석회질토양 및 석회과용토양에서는 철 결핍증이 나타난다.
㉡ 염소는 통기 불량에 대한 저항성을 높이고, 결핍되면 잎이 황백화 되며, 평행맥엽에서는 조반이 생기고, 망상맥엽에서는 점반이 생긴다.
㉢ 황은 세포막 중 중간막의 주성분으로 분열조직의 생장, 뿌리 끝의 발육과 작용에 반드시 필요하다.
㉣ 마그네슘은 엽록소의 형성재료이며, 인산대사나 광합성에 관여하는 효소의 활성을 높인다.
㉤ 몰리브덴은 질산환원효소의 구성성분으로 결핍되면 잎 속에 질산태질소의 집적이 생긴다.

① ㉠, ㉡, ㉢
② ㉠, ㉣, ㉤
③ ㉡, ㉢, ㉣
④ ㉢, ㉣, ㉤

해설 • **염소(Cl)**
① 광합성작용에서 물의 광분해 과정에 망간과 함께 광화학반응에 촉매 작용을 하여 산소를 발생시킨다.
② 세포의 삼투압을 높이며 식물조직 수화작용의 증진, 아밀로오스(amylose) 활성증진, 세포즙액의 pH 조절 기능을 한다.
③ 섬유작물에서는 염소의 사용이 유리하고, 전분작물과 담배 등에서는 불리하다.
④ 결핍은 어린잎이 황백화되고 전 식물체의 위조현상이 나타난다.

• **황(S)**
① 원형질과 식물체의 구성물질 성분이며 효소 생성과 여러 특수기능에 관여한다.
② 단백질, 효소, 아미노산 등의 구성성분이며, 엽록소 형성에 관여한다.
③ 체내 이동성이 낮으며, 결핍증세는 새 조직에서부터 나타난다.
④ 양배추, 양파, 파, 마늘, 아스파라거스 등은 황의 요구도가 크고 함량이 많은 작물에 속한다.
⑤ **결핍**: 단백질 생성 억제, 생육억제 및 황백화, 엽록소의 형성이 억제, 콩과작물에서는 근류균의 질소고정능력이 저하, 세포분열이 억제되기도 하며 결핍증상은 새 조직에서 먼저 나타난다.

• **칼슘(Ca)**
① 세포막의 중간막 주성분으로 잎에 많이 존재한다.
② 체내에서는 이동률이 매우 낮다.
③ 분열조직의 생장, 뿌리 끝의 발육과 작용에 불가결하며 결핍되면 뿌리나 눈의 생장점이 붉게 변하여 죽게 된다.
④ 토양 중 석회의 과다는 마그네슘, 철, 아연, 코발트, 붕소 등 흡수가 저해되는 길항작용이 나타난다.
⑤ **결핍**: 체내 이동이 어려워 뿌리나 눈의 생장점이 붉게 변해 고사하며, 토마토 배꼽썩음병, 사과 고두병 등의 현상이 나타난다.

• **조반**: 식물의 잎이나 잎자루에 누렇거나 갈색의 긴 반점

43. 벼과식물에서 규소의 가장 중요한 생리적 기능은?

① 내병성 증진   ② 광호흡 억제
③ 호흡량 감소   ④ 내한성 강화

해설 규소는 특히 벼과식물에서 거의 필수원소로 인정되고 있다. 뿌리의 신장이나 분열을 촉진하고 잎을 강건하게 만들며 건물중을 증가시킨다. 그리고 세포벽의 규질화로 잎의 수광태세를 향상시켜 광합성을 촉진하고 병원미생물에 대한 기계적 저항과 생리적 저항성을 높여 내병성을 증대시킨다.

44. 과수에서 엽분석을 하는 주된 목적은?

① 내한성 측정   ② 광합성 측정
③ 요수량 측정   ④ 토양양분 진단

해설 과수와 같은 목본 영년생작물의 경우 수체의 무기영양상태를 파악하기 위해 엽분석을 실시한다. 즉, 엽분석은 한마디로 잎을 이용한 영양진단법이라고 할 수 있다.

45. 다음 중 엽면시비에 대한 설명으로 옳지 않은 것은?

① 살포 농도가 너무 높으면 잎이 탈수된다.
② 잎의 기공을 통해 양분이 세포 내로 흡수된다.
③ 식물에 양분을 공급할 수 있는 유일한 방법이다.
④ 잎의 이면에 살포할 때 더 많이 흡수된다.

해설 엽면시비는 일시에 다량을 줄 수 없으므로 토양시비를 대체하지는 못하는 보조수단이다.

46. 다음 중 엽면시비를 하기에 바람직하지 않은 경우는?

① 생육후기 토양시비의 효과가 잘 나타나지 않는 무기양분을 시용할 때
② 뿌리의 활력이 좋지만 더욱 생육을 촉진시키고자 할 때
③ 뿌리의 무기양분 흡수가 저해되는 경우
④ 과수원에서 초생재배와 같이 시비를 원하지 않는 식물과 재배할 때

해설 엽면시비의 이용
㉠ 작물에 미량요소의 결핍증이 나타났을 경우
ⓐ 결핍증을 나타나게 하는 요소를 토양에 시비하는 것보다 엽면에 시비하는 것이 효과가 빠르고 사용량도 적어 경제적이다.
ⓑ 벼 생육기간 중 노후답에서 철, 망간 등을 보급할 때, 사과의 마그네슘 결핍증, 감귤류와 옥수수에 아연 결핍증이 나타날 때 토양시비보다 엽면시비가 효과적이다.
㉡ **작물의 초세를 급속히 회복시켜야 할 경우**: 작물이 각종 해를 받아 생육이 쇠퇴한 경우 엽면시비는 토양시비 보다 빨리 흡수되어 사용의 효과가 매우 크다.
㉢ **토양시비로는 뿌리 흡수가 곤란한 경우**: 뿌리가 해를 받아 뿌리에서의 흡수가 곤란한 경우 엽면시비에 의해 생육이 좋아지고 신근이 발생하여 피해가 어느 정도 회복된다.
㉣ **토양시비가 곤란한 경우**: 참외, 수박 등과 같이 덩굴이 지상에 포복 만연하여 추비가 곤란한 경우, 과수원의 초생재배로 인해 토양시비가 곤란한 경우, 플라스틱필름 등으로 표토를 멀칭하여 토양에 직접적인 시비가 곤란한 경우 등에는 엽면시비는 사용효과가 높다.
㉤ **비료성분의 유실방지**: 포트에 화훼류를 재배할 때 토양시비는 비료분의 유실이 많지만, 엽면시비는 유실이 방지된다.
㉥ **노력의 절약**: 엽면시비는 비료와 농약을 혼합하여 살포할 수 있어 농약 살포시 비료를 섞어 살포하면 시비 노력이 절감된다.
㉦ **특수한 목적이 있을 경우**
ⓐ 엽면시비는 품질 향상을 목적으로 실시하는 경우도 많다.
ⓑ 채소류의 엽면시비는 엽색을 좋게 하고, 영양가를 높인다.
ⓒ 보리, 채소, 화초 등에서는 하엽의 고사를 막는 효과가 있다.
ⓓ 청예사료작물에서는 단백질함량을 증가시키는 효과가 있다.
ⓔ 뽕나무 또는 차나무의 경우 엽면시비는 찻잎의 품질을 향상시킨다.
㉧ 엽면시비는 일시에 다량을 줄 수 없으므로 토양시비를 대체하지는 못하는 보조수단이다.

47. 다음 중 엽면시비의 이점으로 보기 어려운 것은?

① 다량원소 시용시 노력을 절감시킬 수 있다.
② 영양부족상태를 신속히 회복시킬 수 있다.
③ 생산물의 품질조절을 쉽게 할 수 있다.
④ 농약과 혼용이 가능하다.

해설 다량원소의 시비는 토양에 하는 것이 바람직하며, 미량원소의 결핍증이 나타날 때 엽면시비를 하는 것이 바람직하다.

48. 다음 무기양분에 대한 설명으로 옳지 않은 것은?

① 토양의 pH가 낮은 토양에서 작물에 나타나는 독성현상은 알루미늄에 의한 것이다.
② 뿌리에서 흡수된 무기양분이 상승하는 이동통로로 도관이 이용된다.
③ 무기양분의 하강이동은 주로 체관을 통해 이루어진다.
④ 엽면시비를 할 때 양분흡수통로는 주로 수공이 그 역할을 한다.

해설 엽면시비를 통한 무기양분의 흡수는 기공을 통해 이루어진다.

04 CHAPTER 무기양분의 흡수와 동화

01. 토양의 특성에 대한 설명으로 옳지 않은 것은?

① 토양 3상 중 액상의 비율이 높을수록 근활력이 높다.
② 고온건조한 조건에서 기상의 비율이 증가한다.
③ 토양의 양이온치환용량이 클 경우 양이온 비료성분의 용탈이 적다.
④ 피복작물을 재배하거나 부식이 많은 토양에서는 입단이 잘 형성된다.

해설 토양의 3상과 작물의 생육
① 고상 : 기상 : 액상의 비율이 50% : 25% : 25%로 구성된 토양이 보수, 보비력과 통기성이 좋아 이상적이다.
② 토양 3상의 비율은 토양 종류에 따라 다르고 같은 토양 내에서도 토층에 따라 차이가 크다.
③ 기상과 액상의 비율은 기상 조건 특히 강우에 따라 크게 변동한다.
④ 고상은 유기물과 무기물로 이루어져 있으며 일반적으로 고상의 비율은 입자가 작고 유기물 함량이 많아질수록 낮아진다.

⑤ 작물은 고상에 의해 기계적 지지를 받고, 액상에서 양분과 수분을 흡수하며 기상에서 산소와 이산화탄소를 흡수한다.
⑥ 액상의 비율이 높으면 통기가 불량하고 뿌리의 발육이 저해된다.
⑦ 기상의 비율이 높으면 수분부족으로 위조, 고사한다.

02. 점토에 관한 설명으로 옳지 않은 것은?

① 유기화합물로 구성된 유기토양입자이다.
② 콜로이드 입자의 비중이 커 콜로이드적 성질을 갖는다.
③ 표면은 대부분 음전하를 띤다.
④ 토양의 보수력과 보비력을 높여준다.

해설 · 점토
  ㉠ 토양 중의 가장 미세한 입자이며, 화학적·교질적 작용을 하며 물과 양분을 흡착하는 힘이 크고 투기·투수를 저해한다.
  ㉡ 화학적 조성은 함수규산알루미늄이며, 평균적으로 알루미늄 40~50%, 규산 40~47%, 수분 10~12%로 구성되어 있다.
  ㉢ 점토나 부식은 입자가 미세하고, 입경이 1μm 이하이며, 특히 0.1μm 이하의 입자는 교질(膠質, colloid)로 되어 있다.
  ㉣ 교질입자는 보통 음이온(-)을 띠고 있어 양이온을 흡착한다.
· 부식토
  ㉠ 유기화합물로 구성된 유기토양 입자이다.
  ㉡ 유기화합물의 카르복실기(COO^-), 수산기(OH^-) 등이 이온화되어 음전하를 띤다.

03. 다음 중 토양의 양이온 치환용량이 증대하면 어떤 결과를 초래하는가?

① 점토와 부식이 적어진다.
② 비료의 분해가 빨라져서 비료가 적어진다.
③ 비료유실이 많아진다.
④ 비료성분의 용탈이 적고 비효가 오래 지속된다.

해설 작물생육에 유리한 입단구조화를 하게 되면 양이온치환용량이 좋아 양분이용율 증대로 작물생육이 양호해진다.

04. 양이온치환용량(CEC)에 대한 설명으로 옳은 것은?

① 양이온치환용량이 증대되면 토양의 보비력이 감소한다.
② 양이온치환용량이 증대되면 토양반응의 변동에 저항하는 힘이 감소한다.
③ 양이온치환용량이 증대되면 비효가 오래 지속된다.
④ 양이온치환용량은 토양 중의 점토함량에 영향을 받지 않는다.

> **해설** ① 양이온치환용량이 증대되면 토양의 보비력이 증가한다.
> ② 양이온치환용량이 증대되면 토양반응의 변동에 저항하는 힘이 증가한다.
> ④ 양이온치환용량은 토양 중의 점토함량에 영향을 받는다.

05. 다음 광물 중 양이온치환용량이 가장 큰 것은?

① 버미큘라이트
② 일라이트
③ 클로라이트
④ 카올리나이트

> **해설** 주요 광물의 양이온치환용량
> ㉠ 부식: 100~300
> ㉡ 버미큘라이트: 80~150
> ㉢ 몬모릴로나이트: 60~100
> ㉣ 클로라이트: 30
> ㉤ 카올리나이트: 3~27
> ㉥ 일라이트: 21

06. 다음 중 CEC의 설명으로 틀린 것은?

① CEC는 콜로이드와 밀접한 관계가 있다.
② 토양 100g에 보유하고 있는 치환성 양이온 총량을 mg 당량으로 표시한 것이다.
③ CEC가 증대하면 토양반응의 저항하는 힘도 커진다.
④ 토양 중에 점토입자가 적으면 치환성 양이온을 흡착하는 힘이 강해진다.

> **해설** 토양 중에 점토입자가 많으면 치환성 양이온을 흡착하는 힘이 강해진다.

07. 다음 중 이액순위가 가장 높은 양이온은?

① Ca^{2+}
② Al^{3+}
③ NH_4^+
④ Mg^{2+}

해설 이액순위(離液順位, lyotropic series)
㉠ 이액순위: 토양입자가 흡착된 하나의 양이온은 다른 이온으로 치환이 가능하고, 자신보다 친화력이 더 큰 다른 이온으로 치환될 수 있다. 이 때 양이온의 흡착력 또는 치환침입력은 종류별로 다른데 그 크기 순서를 이액순위라 한다.
㉡ 이온의 농도가 높고, 원자가가 클수록, 이온의 크기와 수화도가 작을수록 침입력은 커진다.
㉢ 양이온의 이액순위: $Al^{3+} > H^+ > Ca^{2+} > Mg^{2+} > NH_4^+ = K^+ > Na^+$
㉣ 예외적으로 수소이온은 1가 이온이지만 침입력이 상대적으로 크다.
  ⓐ 토양 중 수소이온의 농도가 높으면 토양입자에 흡착되어 있던 많은 양이온이 떨어져 나와 지하수나 표층수에 의해 유실되어 토양이 산성화되면서 척박해진다.
  ⓑ 정상적 환경에서는 뿌리에서 수소이온이 적절하게 분비되어 양이온교환이 용이하게 일어나도록 하여 무기양분의 흡수를 촉진한다.
  ⓒ 수소이온 농도가 높아 토양입자의 치환자리를 수소이온이 대부분 차지하면 양이온치환용량이 크더라도 실제 비옥한 토양이라 볼 수 없다. 따라서 양이온치환용량은 토양의 잠재적 비옥도를 나타낼 뿐이다.

08. 다음 교환성 양이온 중 토양입자에서 가장 쉽게 떨어져 나올 수 있는 것은?

① Al^{3+}　　② H^+
③ K^+　　④ Na^+

해설 양이온의 이액순위: $Al^{3+} > H^+ > Ca^{2+} > Mg^{2+} > NH_4^+ = K^+ > Na^+$

09. 다음 염기포화도에 대한 설명으로 옳은 것은?

① 토양의 수소이온 총량에 대한 치환성 염기의 총량 비율을 말한다.
② 치환성 염기 대신 수소이온이 많을수록 토양비옥도는 높아진다.
③ Ca^{2+}, Mg^{2+}, K^+, Na^+은 치환성 염기에 해당한다.
④ 염기포화도가 클수록 토양 pH는 내려간다.

해설 염기포화도

① 토양 콜로이드가 교환성염기만 가지고 있을 때, 그 토양을 염기포화토양이라 하며, 교환성 수소도 함께 있을 때를 염기불포화토양이라 한다.
② 교환성양이온총량 또는 양이온교환용량에 대한 교환성염기의 양을 염기포화도라 한다.

$$염기포화도(V)(\%) = \frac{S}{T} \times 100 = \frac{\{교환성염기의\ 총량-(Al,\ H)\}}{교환성양이온의\ 총량} \times 100 = \frac{치환성양이온}{CEC} \times 100$$

V: 염기포화도, S: 치환성염기총량, T: 양이온치환용량

③ 염기포화도가 높을수록 토양은 알칼리화되고 pH는 올라가고 비옥도는 높아지며, 낮아지면 산성이 된다.
④ 비가 많이 내리는 지역에서 염기가 용탈되어 염기포화도가 낮은 토양일수록 상대적 함량이 증가하는 양이온은 H^+ 이다.

10. 토양 pH가 5 이하의 강산성이 되었을 때 양분의 가급도가 크게 떨어지는 것들로 짝지어진 것은?

① P, Ca, Mg
② B, Fe, N
③ Mn, Fe, K
④ S, Mn, B

해설 pH와 식물양분의 가급도 관계

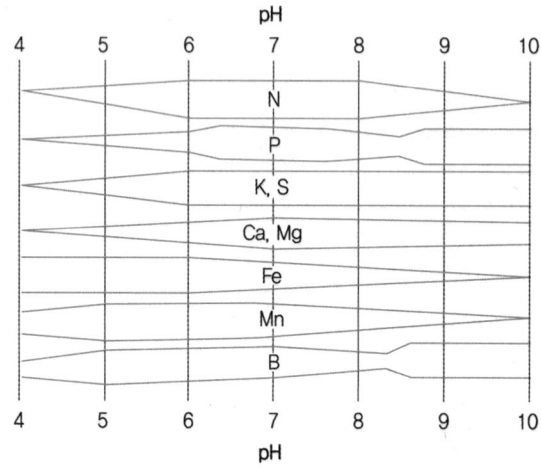

11. 산성토양보다 알칼리성토양(pH 7.0~8.0)에서 유효도가 높은 필수원소로만 묶은 것은?

① Fe, Mg, Ca
② Al, Mn, K
③ Zn, Cu, K
④ Mo, K, Ca

해설 알칼리성 pH로 되면 미량원소의 용해도가 낮아지게 되며, 특히 Fe, Mn, Zn, Cu 등이 결핍되기 쉬우며, Mo는 다른 미량원소와 달리 낮은 pH에서 유효도가 떨어진다.

12. 다음 설명 중 옳지 않은 것은?
① 작물의 양분흡수에 가장 적합한 토양의 산도는 중성이다.
② 강산성 토양을 중성 토양으로 교정하려 할 때 석회를 사용한다.
③ 강알칼리성 토양에서 결핍되기 쉬운 원소는 몰리브덴이다.
④ 철은 토양 pH가 5 이하일 때 흡수가 증가된다.

해설 몰리브덴은 낮은 pH에서 철과 결합되어 불용화되며, 높은 pH에서는 용해도가 증가한다.

13. 토양에 석회를 다량 사용했을 때 작물에 나타날 수 있는 현상은?
① 철 결핍
② 질소 결핍
③ 황 결핍
④ 칼륨 결핍

해설
• 토양에 석회를 다량 사용하면 토양산도는 알칼리성이 된다.
• **강알칼리성에서의 작물생육**
  ㉠ 질소, 붕소, 철, 망간 등의 용해도 감소로 작물의 생육에 불리하다.
  ㉡ 그러나 붕소는 pH 8.5 이상에서는 용해도가 커진다.
  ㉢ 강염기가 증가하여 생육을 저해한다.

14. 식물양분의 가급도와 토양 pH와의 관계에 대한 설명으로 옳지 않은 것은?
① 강산성이 되면 P과 Mg의 가급도가 감소한다.
② 중성보다 pH가 높아질수록 Fe의 가급도는 증가한다.
③ 중성보다 강산성 조건에서 N의 가급도는 감소한다.
④ 중성보다 강알칼리성 조건에서 Mn의 용해도가 감소한다.

해설 철(Fe): pH가 높거나 토양 중에 인산 및 칼슘의 농도가 높으면 흡수가 크게 저해된다.

15. 식물양분의 가급도와 토양 pH와의 관계에 대한 설명으로 옳은 것은?

① 토양이 강산성이 되면 가급도가 감소하는 원소는 Fe이다.
② 토양이 강알칼리성이 되면 가급도가 감소하는 원소는 Ca, Mg이다.
③ 토양 산도 pH 4에서 가급도가 높은 원소는 P이다.
④ 토양 산도 pH 4와 10에서 가급도가 낮은 원소는 N이다.

해설 ① 토양이 강산성이 되면 가급도가 증가하는 원소는 Fe이다.
② 토양이 강알칼리성이 되면 가급도가 감소하는 원소는 N, Fe, B, Mn이다.
③ 토양 산도 pH 6.5에서 가급도가 높은 원소는 P이다.

16. 뿌리의 양분흡수에 관여하는 요인으로 가장 거리가 먼 것은?

① 토양통기성
② 토양온도
③ 토양반응
④ 토양미생물

해설 뿌리의 양분흡수에는 토양산소, 토양온도, 토양 pH, 염류농도, 양분의 용탈, 호흡저해물질, 뿌리의 탄수화물 농도 등이 관여한다.

17. 뿌리의 무기양분 흡수에 관여하는 요인 중 온도가 저하되었을 때 흡수가 저하되는데, 다음 중 온도 저하에 따른 양분흡수의 저하 정도가 가장 약한 것은?

① Ca
② P
③ K
④ NH_4

해설 온도 저하에 따른 양분흡수: NO_3-N, NH_4-N, P, K, H_2O는 흡수 저하가 크고, Ca, Mg는 크게 영향을 받지 않는다.

18. 다음 중 무기양분간 상조작용을 하는 것은?

① Mg^{2+}, K^+
② K^+, Na^+
③ Mg^{2+}, Ca^{2+}
④ NO_3^-, Cl^-

해설 상조작용과 길항작용
① 토양용액 중 여러 이온들은 상호작용을 하면서 흡수된다.
② **상조작용**(相助作用, synergism)
  ㉠ 의의: 한 이온이 다른 이온의 흡수를 촉진하는 것
  ㉡ Mg^{2+}와 K^+는 상조작용을 한다.
③ **길항작용**(拮抗作用, antagonism)
  ㉠ 의의: 서로 경쟁적인 관계에 있어 흡수를 억제하는 것
  ㉡ K^+과 Na^+, Mg^{2+}과 Ca^{2+}, NO_3^-과 Cl^-은 서로 길항작용을 한다.

19. 뿌리의 능동적 흡수와 관련된 내용으로 옳지 않은 것은?

① 운반체를 이용한 능동수송
② 양이온펌프에 의한 무기양분의 흡수
③ 에너지를 이용하지 않는 흡수
④ 무기양분의 전기화학적 퍼텐셜이 낮은 곳에서 높은 곳으로 이동

해설 에너지를 이용하지 않는 흡수는 수동적 흡수에 해당된다.

20. 작물의 무기양분 흡수에 대한 설명으로 옳지 않은 것은?

① 수송관에 의한 흡수는 확산이동이 주체가 된다.
② 무기원소는 선택적으로 흡수된다.
③ 무기양분은 이온 형태로 흡수되며 이온축적률이 1보다 크면 능동적 흡수로 간주된다.
④ 세포막단백질보다는 주로 지질을 통해서 흡수가 조절된다.

해설 무기양분의 흡수는 세포막의 막단백질의 선택적 흡수에 의해 조절된다.

21. 세포막의 양분투과성에 대한 설명으로 옳지 않은 것은?

① 크기가 작고 이온화되지 않으면 비교적 쉽게 인지질막을 투과할 수 있다.
② 탄화수소(hydrocarbon) 같은 비극성 화합물은 막에 잘 녹지 않아 세포막을 쉽게 투과할 수 없다.
③ 크고 해리되지 않은 극성분자는 인지질막을 투과하지 못한다.
④ 이온화된 무기양분은 작은 분자일지라도 막을 투과하지 못한다.

해설
- 비극성 소수성 분자: 막은 비극성이므로 산소나 탄화수소(CH_4)와 같은 비극성 화합물은 막에 잘 녹아 쉽게 투과할 수 있고, 투과속도는 용해도가 비슷하면 분자의 크기가 작을수록 빠르다.
- 비극성 소수성 분자, 작고 해리되지 않은 극성분자는 막을 잘 투과하지만, 포도당 같은 큰 극성분자나 무기이온은 투과하지 못한다. 그럼에도 이들이 선택적으로 막을 투과할 수 있는 것은 실제 인지질이중층에 다양한 단백질이 분포하고 있기 때문이다.

22. 다음 중 원형질막을 가장 쉽게 통과할 수 있는 것은?

① 단백질
② 포도당
③ K^+
④ H_2O

해설
- 이산화탄소, 물과 같은 극성 화합물은 막에 잘 녹지 않지만, 크기가 작고, 이온화되지 않으면 비교적 쉽게 인지질막을 투과할 수 있다.
- 이온화되지 않았더라도 당과 같은 큰 분자는 인지질막을 투과하지 못한다.
- 이온화된 무기양분: H^+, Na^+와 같이 작은 분자라도 막을 투과하지 못한다.

23. 작물의 무기양분 흡수에 대한 설명으로 옳지 않은 것은?

① 단일 이온의 형태로만 흡수된다.
② 특정 양분만을 흡수할 수 있는 선택적 흡수의 기능이 있다.
③ 흡수된 무기양분은 외부로 유출되지 않는다.
④ 뿌리의 생장점에 가까운 선단부 부분에서 다량 흡수된다.

해설 무기양분의 흡수는 단일 이온으로 흡수되기도 하지만, 2가지 이상 형태로도 흡수된다.

24. 원형질막을 통한 수동적 흡수의 원리와 가장 관계가 깊은 것은?

① 무기양분의 전기화학적 퍼텐셜 구배
② Na^+의 농도구배
③ 물리적 구배
④ H_2O의 구배

해설 **수동적 수송**: 무기양분이 전기화학적 퍼텐셜이 높은 쪽에서 낮은 쪽으로 확산되는 것

25. 무기양분의 흡수방법 중 수동적 흡수에 대한 내용으로 옳지 않은 것은?

① 수동적 흡수는 무기양분이 전기화학적 퍼텐셜이 높은 곳에서 낮은 곳으로 확산되는 것을 말한다.
② 확산에 의한 무기양분의 이동은 세포 내외의 전기화학적 퍼텐셜의 차이가 있어야 한다.
③ 운반체를 통한 무기양분의 확산을 촉진확산이라 한다.
④ 화학퍼텐셜이 높은 곳에서 낮은 곳으로 확산하는 것을 능동적 수송이라 한다.

해설 화학퍼텐셜이 높은 곳에서 낮은 곳으로 확산하는 것을 수동적 수송이라 한다.

26. 양분흡수와 관련된 설명으로 옳지 않은 것은?

① 식물의 뿌리에서 양이온을 흡수할 때 내부로부터 뿌리 표면으로 배출되는 양이온은 H^+이다.
② Ca는 Mg, K, Na 등의 과잉흡수를 억제하는 길항작용을 하는 원소이다.
③ 식물의 뿌리에서 일어나는 무기양분의 흡수 중 확산작용은 능동적 흡수에 해당된다.
④ 양이온펌프설의 주된 원리는 pH의 구배와 관련이 있다.

해설 • **수동적 흡수**: 단순확산, 촉진확산(수송관단백질, 운반체단백질)
• **능동적 흡수**: 양이온펌프, 에너지를 사용하는 운반체
• **양이온펌프**
  ⓐ 세포막에 있는 ATPase가 ATP를 가수분해할 때 발생하는 H^+을 세포벽이나 액포로 내보내는 역할을 한다.
  ⓑ 광에 의해 활성화되는 양이온펌프는 원형질막에서는 H^+이 세포질로부터 세포벽으로 유출되고, 액포막에서는 H^+이 세포질에서 액포 내로 유입되므로 세포질은 전기적 음성이 되고 전하가 -150~-100mV까지 낮아지고, 결국 세포질이 음성이 되면 K^+ 같은 양이온은 세포질로 수송관단백질을 통하여 흡수될 수 있다.
  ⓒ pH는 7.0~7.5를 유지하지만, 세포벽, 액포는 산성(pH 5.5)이 된다.

27. 무기양분 흡수에 대한 설명으로 옳지 않은 것은?

① 양이온이 다량 흡수되면 유기산의 음이온을 생성시키고 양이온을 체외로 배출하여 평형을 유지한다.
② 식물 뿌리는 토양 중 무기양분을 선택적으로 흡수한다.
③ 무기양분 흡수는 인지질을 통하지 않고 막에 있는 단백질을 통하여 이루어진다.
④ 세포벽은 무기양분 흡수시 투과성이 낮다.

해설 뿌리의 세포벽은 조직이 치밀하지 않아 물, 무기양분, 유기물 등이 자유롭게 투과하지만, 세포막은 O_2, CO_2, H_2O 등은 자유롭게 투과시키지만, 이온화된 무기양분은 선택적으로 투과시킨다.

28. 식물의 줄기를 환상박피하여 사부를 제거한 무기양분의 상승이동을 관찰하였을 때 나타나는 결과는?

① 무기양분의 상승이 계속된다.
② 무기양분의 상승이 차단된다.
③ 무기양분의 상승여부는 알 수 없다.
④ 무기양분의 주된 이동통로는 사부임을 알 수 있다.

해설 사부의 제거는 광합성산물의 이동은 차단되지만, 목부를 통한 수분과 무기양분의 상승은 계속된다.

29. 바깥쪽으로 무기이온의 역확산을 막아 목부가 토양용액보다 더 높은 이온 농도를 유지할 수 있게 하는 뿌리조직은?

① 2차세포벽
② 카스파리대
③ 큐티클층
④ 코르크층

해설 내피의 카스파리대는 도관요소에 뿌리 바깥쪽으로 역확산을 차단하기 때문에 비교적 높은 농도의 무기이온을 도관에 유지할 수 있다.

30. 내피의 카스파리대를 구성하는 성분은?

① 수베린
② 펙틴
③ 리그닌
④ 칼로오스

해설 카스파리대는 내피조직의 세포벽에 지방산과 알코올의 복잡한 혼합물인 수베린이 부분적으로 퇴적 비후하여 형성된 환상의 띠로 수분 장벽을 형성한다.

31. 질소 환원효소에 관한 설명으로 옳지 않은 것은?

① FAD와 Mo을 함유하는 금속플라빈단백질 복합체이다.
② 수소공여체로 NADH나 NADPH를 이용한다.
③ 암모니아를 질산이온으로 환원시킨다.
④ 시토졸에서 질산이온의 환원을 촉매한다.

해설 1단계 환원
㉠ 시토졸(cytosol; 세포기질)에서 이루어진다.
㉡ 시토졸의 질산환원효소(nitrate reductase)는 NO_3^- 를 NO_2^- 으로 환원시킨다.
㉢ 질산환원효소
ⓐ FAD와 Mo를 함유한 금속플라빈(flavin)이라는 단백질이다.
ⓑ NADH 또는 NADPH를 수소공여체로 이용한다.

$$NO_3^- + NADPH + H^+ \rightarrow NO_2^- + NAD^+ + H_2O$$

32. 다음 중에서 암모니아의 동화로 생성되는 최초의 물질은?

① 글루탐산　　　　　　　② 글루타민
③ 디펩티드　　　　　　　④ 폴리펩티드

해설 암모니아가 동화되어 가는 첫 번째 과정은 환원적 아민화 반응으로 아미노산을 생성하는 것이다. 암모니아가 α-케토산의 하나인 α-케토글루타르산과 결합하여 α-이미노글루타르산을 거쳐 글루탐산이라는 아미노산을 생성한다. 단백질을 형성하는 가장 흔한 아미노산이 글루탐산이다.

33. 질소의 동화 과정 중 시토졸에서 일어나는 질산태질소(NO_3^-)의 제1단계 환원과정으로 생성되는 물질은?

① 암모니아　　　　　　　② 아질산이온
③ 글루탐산　　　　　　　④ 글루타민

해설 1단계 환원
㉠ 시토졸(cytosol; 세포기질)에서 이루어진다.
㉡ 시토졸의 질산환원효소(nitrate reductase)는 NO_3^- 를 NO_2^- 으로 환원시킨다.

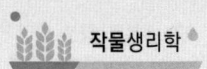 작물생리학

34. 질산태질소의 동화에 관한 설명이다. ( )에 들어갈 말을 순서대로 나열한 것은?

> 잎으로 이동한 NO_3^-은 세포의 ( )에서 NO_2^-로 환원되고, NO_2^-는 ( )로 이동하여 NH_3로 환원된다.

① 시토졸, 엽록체
② 시토졸, 소포체
③ 액포, 엽록체
④ 액포, 소포체

해설 질산이온은 세포의 시토졸에서 제1단계 환원과정으로 아질산이온이 되고, 색소체로 이동하여 제2단계로 암모니아로 환원된다.

35. 질소 동화 과정에서 흡수된 질산염이 암모니아로 동화되는 주된 장소는?

① 세포벽
② 시토졸
③ 색소체
④ 액포

해설 질소의 동화는 색소체에서 이루어진다. 잎으로 이동한 질산이온은 세포의 시토졸에서 아질산이온으로 환원되고 색소체로 이동하여 암모니아로 환원된다. 암모니아는 독성을 나타내기 때문에 바로 아미노산으로 동화된다.

36. 암모니아와 아미노산의 결합으로 생성되는 아미드끼리 짝지은 것은?

① 알라닌, 글루타민
② 글루타민, 아스파라긴
③ 아스파라긴, 세린
④ 세린, 알라닌

해설 아미드(amide)의 생성
㉠ 암모니아는 다시 아미노산과 결합하여 아미드를 생성한다.
㉡ **아미드**: 카르복시기(-COOH)에서 수산기(-OH)가 암모니아 중의 수소 하나와 함께 물로 빠지고 그 자리에 아미노기($-NH_2$)가 치환되어 아미드기($-CO=O-NH_2$)를 형성하는 아미노산이다.
㉢ 아미노산 중 글루탐산의 아미드가 글루타민(glutamine)이고, 아스파르트산의 아미드가 아스파라긴(asparagine)이다.
㉣ 아미드 생성에 관여하는 효소는 글루타민 합성효소(glutamine synthetase; GS)와 아스파라긴 합성효소(asparagine synthetase; AS)이다.
㉤ 글루타민 합성효소의 작용에는 ATP와 Mg가 요구되며, 아스파라긴 합성효소는 글루타민 합성효소에 비해 활성이 낮다.
㉥ 식물의 아미드는 뿌리의 백색체, 잎의 엽록체에서 생성되고, 그 함량은 식물 종류와 생육조건에 따라 다르다.
㉦ 아미드는 암모니아 해작용을 막아주고, 질소의 저장고 역할을 하며, 질소화합물의 전구물질로 이용된다.

37. 글루탐산의 아미노기가 피루브산으로 전이되며 생성되는 아미노산은?

① 글리신
② 알라닌
③ 티로신
④ 프롤린

해설 아미노기의 전이
  ㉠ 글루탐산의 아미노기($-NH_2$)는 여러 α-케토산에 전이되어 다양한 아미노산을 만든다.
  ㉡ 아미노기전이반응(transamination): 한 아미노산과 α-케토산 사이에 아미노기가 이동하는 반응이다.
  ㉢ 옥살아세트산에 아미노기가 전이되면 아스파르트산이, 피루브산에 아미노기가 전이되면 알라닌이라는 아미노산이 생성된다.
  ㉣ 아미노기전이반응에 관여하는 효소는 아미노기전이효소(amino transaminase)이다.
  ㉤ 단백질을 구성하는 아미노산은 21종이고, 이 중 아미드는 두 종류이다.
  ㉥ 인체의 필수아미노산은 9종이며, 이 외 단백질합성에 가담하지 않는 200종의 비단백 아미노산이 발견되었으나 기능은 알려져 있지 않다.

38. 콩과식물의 뿌리혹에 적색을 띠는 레그헤모글로빈의 기능은?

① 질소환원
② 질소흡수
③ 산소전달
④ 세균변태

해설 박테로이드는 호흡작용을 통해 질소고정에 필요한 전자와 ATP를 공급한다. 호흡작용에 필요한 산소는 적색을 띤 근류헤모글로빈으로 전달받는데, 박테로이드와 그들을 감싸는 피막 사이에 분포하면서 산소를 전자전달계에 전달한다.

03 PART

광합성과 호흡작용

CHAPTER 01 광합성(光合成, photosynthesis)

CHAPTER 02 동화산물의 전이와 전류

CHAPTER 03 호흡작용

광합성(光合成, photosynthesis)

1 명반응

엽록체의 틸라코이드에서 일어나며 광조건에서 암반응에 필요한 에너지공여체(ATP)와 수소공여체(NADPH)를 합성하면서 산소를 방출하는 과정으로 엽록소의 광에너지 흡수, 물의 광분해, 전자전달과 광인산화 반응이 주도한다.

(1) 광합성색소

1) 의의
① 고등식물의 엽록체에는 녹색의 엽록소, 적색의 카로틴, 황색의 엽황소(크산토필)가 들어 있다.
② 카로틴과 엽황소는 카로티노이드계에 속하는 광합성 보조색소이다.
③ 분포비율은 엽록소 65%, 엽황소 21%, 카로틴 6%이다.

2) 엽록소(葉綠素, chlorophyll)
① 의의
  ㉠ 광 에너지를 흡수하는 가장 중요한 색소로 특정 파장의 광선을 보다 효율적으로 흡수하는 특성이 있다.
  ㉡ 현재까지 9종이 알려져 있으며, 고등식물은 엽록소 a와 엽록소 b를 가지고 있다.
  ㉢ 엽록소 a와 b는 광 흡수스펙트럼에서 약간의 차이를 보이며, 분포비율은 식물에 따라 다르고 일반 C_3식물의 경우 3:1 정도이다.
② 합성
  ㉠ 엽록소는 글루탐산에서 출발하여 마그네슘의 삽입 등 여러 단백질을 거쳐 생합성된다.
  ㉡ Mg가 첨가되고 광이 있는 조건에서 생성된 포르피린(클로로필리드)과 피톨측쇄가 결합하여 엽록소가 합성된다.
  ㉢ Mg은 포르피린 고리에 2개의 N와 전자를 공유하고, 2개의 N는 비공유전자쌍을 공여하여 배위결합을 한다.

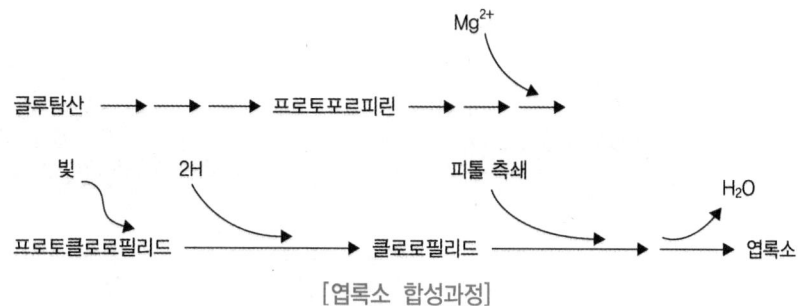

[엽록소 합성과정]

  ⓔ 나자식물이나 조류는 암상태에서도 효소작용으로 엽록소가 합성되지만, 피자식물은 반드시 광조건에서만 합성된다.
  ⓜ 유전적으로 엽록소가 합성되지 않는 개체를 알비노(albino)라 하며, 이들은 발아 후 곧 죽는다.
 ③ 엽록소의 종류
  ㉠ 현재까지 9종의 엽록소가 알려져 있다.
  ㉡ 고등녹색식물의 광합성 색소: 엽록소 a, 엽록소 b
  ㉢ 조류의 광합성 색소: 엽록소 c, d, e
  ㉣ 세균의 광합성 색소: bacteria chlorophyll a, b와 chlorobium chlorophyll 650, 660
 ④ 엽록소의 구조
  ㉠ 엽록소의 분자구조
   ⓐ 머리부분과 꼬리부분으로 구분된다.
   ⓑ 틸라코이드 막에서 소수성인 꼬리부분은 이중층에 묻혀있고, 친수성인 머리부분은 외부에 노출되어 있다.
  ㉡ 머리부분(포르피린 고리, porphyrin ring)
   ⓐ 탄소원자 간 이중결합과 단일결합이 교대로 나타나는 구조로 되어 있어 광에너지를 받으면 쉽게 들뜬 상태로 전이될 수 있다.
   ⓑ 엽록소는 4개의 피롤(pyrrole; 4개의 탄소 원자와 1개의 질소 원자가 고리구조를 이루고 있는, 헤테로고리 계열에 속하는 유기화합물) 핵이 N원자로 결합된 porphyrin 화합물로서 중앙에 Mg가 결합되어 있다.
   ⓒ 엽록소 a와 b는 2번 피롤에 a는 메틸기($-CH_3$)를 결합시키고, b는 알데하이드기($-CHO$)를 결합시키고 있는 점이 다르다.
   ⓓ 엽록소는 물에 녹지 않고 유기용매에 잘 녹는데, 엽록소 a는 석유에테르에 잘 용해되고, 엽록소 b는 메틸알코올에 잘 용해된다.

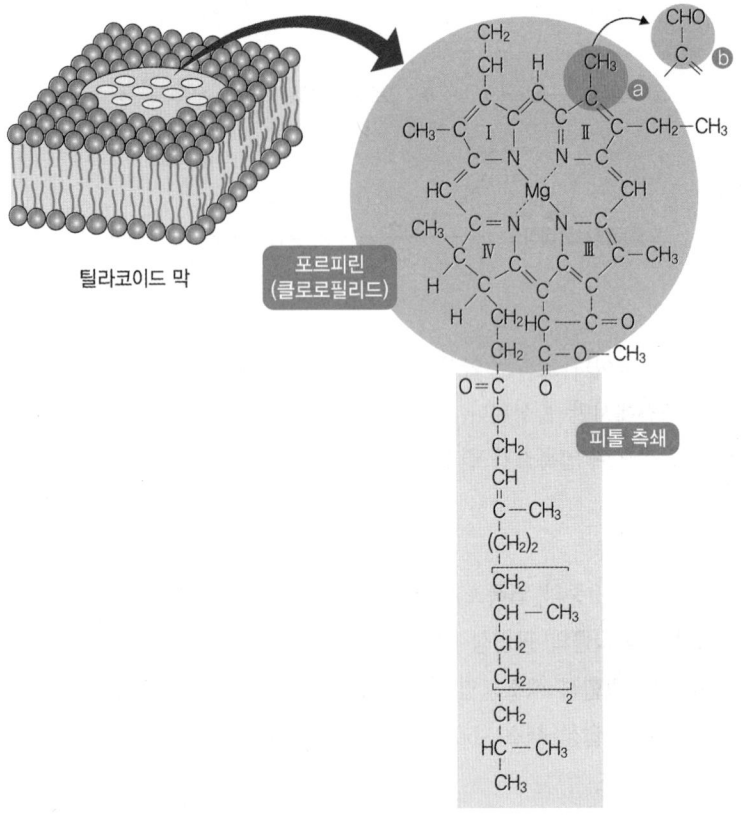

[엽록소의 분자구조]

  ⓒ 꼬리부분(피톨측쇄, phytol chain): phytol은 diterpen(탄소 20개로 일반적으로 닫힌 구조를 갖는다) 중에서 예외적으로 열린 구조를 가지고 있다.
  ⓔ 엽록소-단백질 복합체(CP복합체, chlorophyll-protein complex)
    ⓐ 엽록소는 막구조의 내재성단백질과 결합하여 엽록소-단백질 복합체로 틸라코이드 막에 분포한다.
    ⓑ CP복합체는 에너지전달과 전자전달이 효율적으로 일어날 수 있도록 기하학적으로 정교하게 배열되어 있다.

3) 보조색소

 ① 의의
  ㉠ 고등식물에는 엽록소의 광 에너지 흡수를 보조하는 색소로 카로틴(carotene)과 엽황소(葉黃素, xanthophyll)가 있다.
  ㉡ 카로티노이드계 색소로 뿌리, 꽃, 열매 등에서 황색이나 적색을 나타내며, 잎에서는 엽록체의 틸라코이드 막에 단백질복합체로 분포하며 엽록소에 가려 색은 나타나지 않는다.

② 역할
　㉠ 엽록소가 흡수하지 못하는 영역의 광 에너지를 흡수하여 반응중심으로 전달하며, 그 효율은 엽록소보다 낮다.
　㉡ 광보호(photoprotection) 역할
　　ⓐ 과도한 에너지로부터 광합성 기구를 보호하는 역할을 한다.
　　ⓑ 엽록소가 과도한 광을 흡수하면 활성산소와 같은 유독물질을 생산해 광합성 기구를 손상시킬 수 있다.
　　ⓒ 보조색소가 과도한 에너지를 열로 발산시키면서 들뜬 엽록소를 진정시켜 활성산소의 생성을 억제하거나 생성된 활성산소를 안정된 산소로 바꾸어준다.
　㉢ 강한 빛으로부터 식물체와 광합성의 광화학반응계를 보호하는 역할을 한다.

(2) 광에너지 흡수와 전달

1) 엽록소의 광흡수스펙트럼

① 광합성에 주로 이용되는 광선은 380~750nm 사이의 가시광선이다.
② 엽록소는 650nm 부근의 적색광과 450nm 부근의 청색광을 가장 잘 흡수한다.
③ 550nm 부근의 녹색광은 흡수하지 않고 반사하므로 식물의 잎은 녹색을 나타낸다.
④ 카로티노이드계 색소는 적황색 부근에서 흡수가 이루어지지 않는다.
⑤ 광 흡수와 광합성 작용 스펙트럼에 따르면 적색광과 청색광이 광합성에 가장 효과적인 광선이라는 것을 알 수 있다.
⑥ 광합성 작용 스펙트럼은 파장별 단색광을 사용하여 측정한 광합성률과 같은 광 생물학적 반응의 크기를 나타낸 것이다.

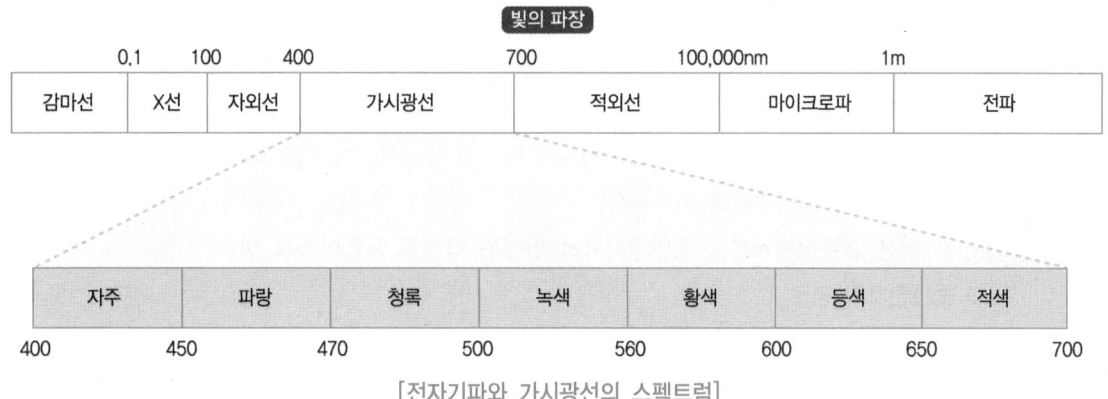

[전자기파와 가시광선의 스펙트럼]

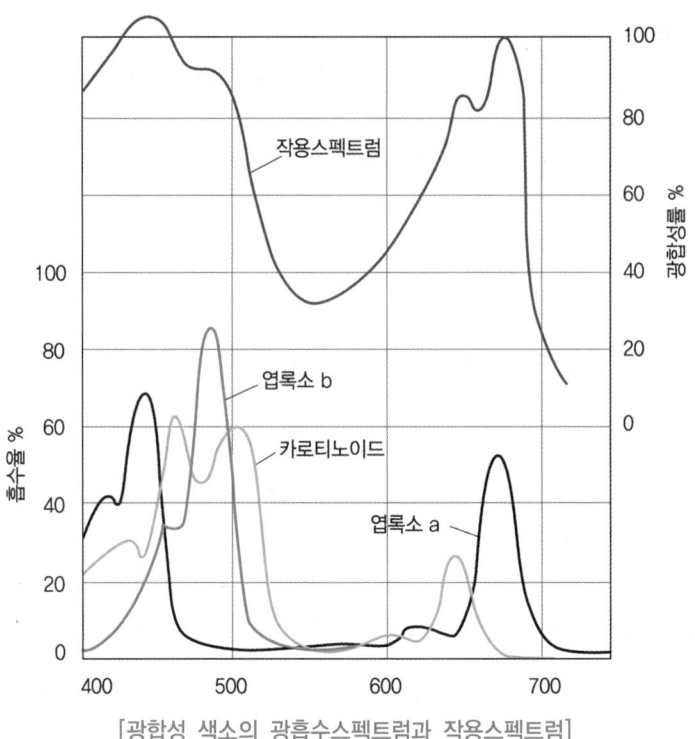

[광합성 색소의 광흡수스펙트럼과 작용스펙트럼]

2) 엽록소의 광 에너지 흡수

① 엽록소 분자가 광 에너지를 흡수하면 안정된 바닥상태(ground state)에서 불안정한 상태인 들뜬상태(excited state)로 전이된다.
　㉠ 들뜬상태: 원자핵 주변의 안정된 궤도에 머물러 있던 전자가 흡수된 에너지 수준에 해당되는 만큼 더 높은 궤도로 상승하여 들떠 있는 상태
　㉡ 흡수된 에너지 수준에 따라 들뜬상태의 높이가 달라진다.
　㉢ 엽록소가 가장 잘 흡수하는 광은 청색광과 적색광이며, 청색광을 흡수했을 때 적색광을 흡수했을 때 보다 더 높은 에너지 상태로 들뜨게 된다.
　㉣ 높게 들뜬상태의 엽록소는 불안정하기 때문에 에너지의 일부를 주변에 열로 방출하고 낮은 들뜬상태로 신속하게 회복된다.
　㉤ 낮은 들뜬상태에서도 불안정하므로 안정된 상태로 되돌아가려 한다.

② 들뜬전자의 경로
　㉠ 광자방출
　　ⓐ 흡수한 에너지를 광자의 형태로 방출하고 바닥상태가 되는 경로이다.
　　ⓑ 에너지 일부가 열로 소실되므로 형광(螢光; 어떤 종류의 물체가 빛, 엑스선, 전자선 따위의 자극을 받았을 때 나타내는 고유한 빛)은 흡수한 광보다 파장이 길고 에너지 수준이 낮다.
　　ⓒ 이 형광을 측정하면 광합성 활성을 알 수 있다.

ⓒ 에너지 전달
    ⓐ 흡수한 에너지를 인접한 엽록소로 전달하여 들뜨게 한 후 자신은 바닥상태가 되는 경로이다.
    ⓑ 주변에 에너지 수용체가 있어야 한다.
    ⓒ 광 수확 안테나 엽록소의 에너지 전달이 여기에 해당된다.
ⓒ 전자전달
    ⓐ 들뜬 전자를 주변의 전자수용체로 방출하고 바닥상태로 되는 경로이다.
    ⓑ 에너지를 전달받은 반응중심의 들뜬 엽록소가 전자를 방출하는 광화학반응이 여기에 해당된다.

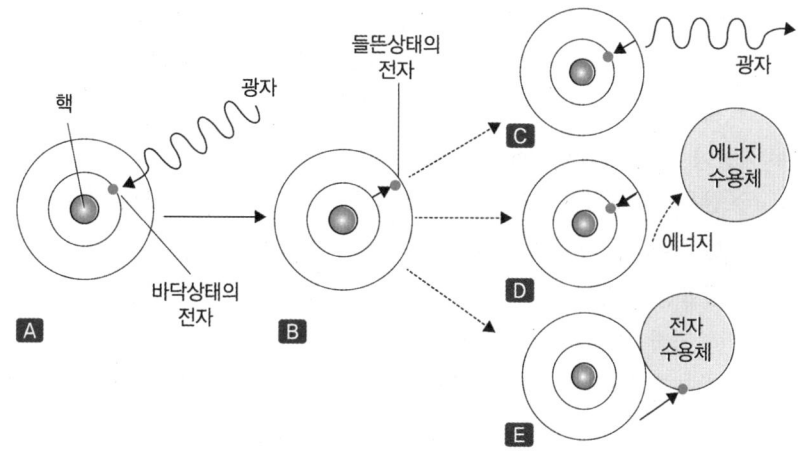

[들뜬 전자의 세 가지 경로]
A: 바닥상태, B: 들뜬상태, C: 광자방출, D: 에너지전달, E: 전자전달

3) 엽록소의 광 에너지 전달

① 의의
  ㉠ 엽록소가 광 에너지를 흡수하여 들뜬상태가 되면 들뜬 전자의 에너지는 신속하게 인접한 엽록소로 전달된다.
  ㉡ 에너지의 전달은 많은 엽록소 분자들이 서로 협력하는 가운데 이루어진다.
  ㉢ 엽록소 분자들은 대부분 광 에너지를 수확하여 반응중심에 전달하는 안테나 구실을 한다.
  ㉣ 에너지 전달로 들뜬상태가 된 반응중심은 전자를 방출해 광화학반응을 유발한다.
  ㉤ 전자를 방출한 반응중심 엽록소는 공여체로부터 전자를 보충받는다.
  ㉥ 결론적으로 안테나 엽록소에서 물리적인 에너지 전달이 일어나고, 반응중심에서는 화학적 반응(광화학반응, 산화환원반응)으로 전자전달이 이루어진다고 할 수 있다.

② 안테나 엽록소
  ㉠ 에너지 전달 효율이 95~99%로 대단히 높고 흡수한 에너지의 일부만 열로 소실된다.
  ㉡ 대부분의 에너지가 분자에서 분자로 가장 짧은 거리로 이동하여 최종적으로 반응중심에 전달된다.

③ 반응중심
  ㉠ 주변 안테나 엽록소로부터 에너지를 전달받는 중심엽록소이다.
  ㉡ 에너지 수용부위는 수 개의 엽록소이며, 안테나 엽록소들을 서로 공유한다.
  ㉢ 에너지 전달 과정에서 한 반응중심 엽록소가 들뜬상태로 있으면 안테나 엽록소들은 인접한 다른 반응중심 엽록소에 에너지를 전달한다.
  ㉣ 하나의 반응중심 엽록소가 안테나 엽록소들로부터 집중적으로 에너지를 전달받아 들뜬상태가 되면 전자를 방출하여 수용체에 전달한다.

④ 광합성 단위(photosynthetic unit)
  ㉠ 반응중심과 주변에서 에너지 전달에 관여하는 색소의 집단이다.
  ㉡ 반응중심당 색소 분자의 수를 광합성 단위의 크기로 나타낸다.
  ㉢ 광합성 단위 크기는 생물의 종류와 생육환경에 따라 다르다.
    ⓐ 광합성 세균은 20~30개, 조류는 수천개의 엽록소 분자로 이루어진다.
    ⓑ 고등식물은 약 300개로 보고 있으며, 이는 1932년 에머슨과 아놀드가 클로렐라에서 1분자의 산소를 방출하는데 약 2,500개의 엽록소 분자가 관여한다는 사실에 근거하여 계산한 것이다.

⑤ 과도한 광 에너지 해소
  ㉠ 과도한 광 에너지로 엽록소가 들뜬상태를 빨리 해소하지 못하면 들뜬상태의 산소라디칼(O_2^*), 초산화물(O_2^-), 과산화수소(H_2O_2)와 같은 유독물질을 생성하여 지질과 같은 세포의 구성물을 손상시킨다.
  ㉡ 과도한 들뜬 에너지가 반응중심 엽록체에 도달하면 그것을 불활성화시켜 광합성을 저해하기도 하는데, 이 때 보조색소가 엽록소의 들뜬상태를 신속하게 소멸시키는 작용을 한다.

(3) 전자전달과 광인산화

1) 의의
  ① 반응중심엽록소에서 방출한 전자는 일정 전달경로를 거쳐 $NADP^+$에 포착된다.
  ② 엽록소는 잃었던 전자를 물의 광분해에서 방출된 전자로 보충을 받는다.
  ③ 물의 분해와 전자전달에는 광 에너지가 필요하고, 전자전달 과정에서 ATP 합성효소의 구동력이 형성되어 광인산화작용이 일어난다.

2) 물의 광분해(photolysis)

① 물의 분해에는 광 에너지를 필요로 한다.
② 광이 직접 물을 분해하는 것은 아니고, 들뜬 엽록소의 에너지 일부가 물의 분해에 이용되는 것이다.
③ 물이 광분해 되면 산소(O_2), 수소이온(H^-, 양성자) 및 전자(e^-)가 방출된다.
  ㉠ 힐반응(Hill reaction): 1930년 영국의 힐(Robin Hill)은 엽록체의 부유액에 이산화탄소의 주입을 차단하고 페리시아니드(ferricyanide; 헥사시아노철(Ⅲ)산염)와 같은 수소수용체를 첨가한 다음 광을 조사하면 산소가 발생하는 것을 발견하였다.
  ㉡ 루벤(Ruben, 1941)과 홀트(Holt, 1948)는 방사성 동위원소 H_2O^{18}과 CO_2^{18}을 사용하여 광합성 과정에 방출되는 산소는 물에서 유래한다는 사실을 확인하였다.

$$2H_2O^{18} + CO_2 \xrightarrow[\text{엽록소}]{\text{광}} O_2^{18} + CH_2O$$

$$2H_2O + CO_2^{18} \xrightarrow[\text{엽록소}]{\text{광}} O_2 + CH_2O^{18}$$

$$H_2O \xrightarrow{\text{광}} \frac{1}{2}O_2 + 2H^+ + 2e^-$$

[물의 광분해]

3) 두 개의 광계(photosystem)

① 광계(광화학반응계): 반응중심에서 일어나는 일련의 광화학반응 시스템 또는 그러한 반응을 수행하기 위해 수 개의 성분으로 구성된 광화학복합체를 말한다.
② 광계의 발견
  ㉠ 1957년 에머슨(Emerson)은 파장이 다른 두 개의 광선을 이용하여 에머슨효과(Emerson effect; 광합성촉진효과)를 발견하였다.
    ⓐ 에머슨은 조류를 대상으로 실시한 실험에서 제1광계와 제2광계가 상호관련한다는 사실을 입증하였으며, 고등식물에서도 일어난다.
    ⓑ 장파장(720nm)의 광선만 조사했을 때의 광합성률과 단파장(640nm)의 광선만 조사했을 때 광합성률의 합계보다 두 파장의 광선을 동시에 조사했을 때 광합성률이 더 높다.
    ⓒ 이 발견은 광합성에 관여하는 2개의 광화학반응계(광계)를 밝히는 계기가 되었다.
  ㉡ 1960년 힐(Hill) 등
    ⓐ 시토크롬을 산화하는 경향이 있는 광화학반응과 시토크롬을 환원시키는 경향이 있는 광화학반응을 실험적으로 확인하였다.
    ⓑ 광합성을 수행하는데 틸라코이드막에 상호 협력하는 2개의 독립된 광계가 관여한다는 사실을 알게 되는 토대가 되었다.

③ 광계의 구성
  ㉠ 틸라코이드 막에는 발견순서에 따라 광계Ⅰ(photosystem Ⅰ; PS Ⅰ)과 광계Ⅱ(photosystem Ⅱ; PS Ⅱ)라고 하는 두 개의 광계가 분포한다.
  ㉡ 광계는 거대한 다분자 복합체로 광 에너지 수용부위는 엽록소 a이다.
  ㉢ 반응중심 엽록소 이외의 색소는 광수확엽록소(LHC, light harvesting chlorophyll)로 반응중심 주변에서 안테나 엽록소 기능을 한다.
  ㉣ 반응중심은 수 개의 엽록소 외 특정단백질, 보조인자 등으로 구성되어 있다.
  ㉤ 제2광계가 제1광계보다 1.5배 정도 많이 존재하는 것으로 알려져 있다.
  ㉥ 제1광계
    ⓐ 700nm(원적색광)을 가장 잘 흡수한다.
    ⓑ 반응중심엽록소를 P700이라 한다.
    ⓒ 스트로마로 돌출하는 틸라코이드막의 비중첩 부위인 스트로마 라멜라에 분포한다.
  ㉦ 제2광계
    ⓐ 680nm(적색광)을 가장 잘 흡수한다.
    ⓑ 반응중심엽록소를 P680이라 한다.
    ⓒ 주로 틸라코이드막의 중첩 부위에 분포한다.

4) 전자전달계(electron transport system)
  ① 의의
    ㉠ 엽록체의 틸라코이드 막에 전자수용체 분자들이 전자친화력의 순서에 따라 연쇄적으로 배열되어 있는 것을 말한다.
    ㉡ 수용체 분자들은 인접 분자와 전자를 주고 받는 관계로 전자전달계를 일련의 산화환원반응계라 할 수 있다.
    ㉢ 전자를 잃는 것은 산화반응, 전자를 얻는 것은 환원반응이라 한다.
    ㉣ 전자는 매우 신속하게 전달되며 빠른 것은 피코초(10^{-12}초), 느려도 밀리초(10^{-3}) 내에 일어난다.
    ㉤ 틸라코이드 막에서 제2광계, 시토크롬복합체, 제1광계, ATP합성효소가 방향성을 가지고 전자와 양성자를 전달하며, 이들 4가지 복합체는 모두 내재성단백질로 구조의 대부분은 소수성인 막이중층에 묻혀있다.
  ② 제2광계
    ㉠ P680(반응중심엽록소 a 4~6개), 반응중심 단백질(D1과 D2), 페오피틴(pheophytin), Q[단백질-플라스토퀴논(plastoquinone) 복합체], 엽록소-단백질 복합체(chlorophyll protein, CP43과 CP47), LHC(광수확 복합체), OEC(산소방출복합체), 보조인자(Mn^{2+}, Ca^{2+}, Cl^-) 등으로 구성되어 있다.

ⓛ 전자전달
  ⓐ 들뜬 반응중심엽록소인 P680*에서 방출된 전자는 페오피틴(엽록소를 구성하는 Mg^{2+}이 2개의 수소로 치환된 엽록소 a의 형태로 엽록소와는 다르게 무색이다.)이라는 1차 전자 수용체로 전달된다.
  ⓑ 전자를 잃고 광산화된 P680은 곧바로 물의 광분해에서 발생한 전자가 OEC의 매개로 P680에 보충된다.
  ⓒ 페오피틴에 포착된 전자는 다시 반응중심에 결합되어 있는 플라스토퀴논(Q_A와 Q_B)에 전달되며, 이 때 Q_A는 하나의 전자를, Q_B는 2개의 전자를 운반한다.
  ⓓ 2개의 전자를 얻은 는 2개의 H^+을 스트로마로부터 취하여 완전히 환원된 플라스토퀴논(PQH_2)이 되어 제2광계 복합체로부터 분리되어 이중층 안의 플라스토퀴논 풀(pool)에 합류한다.
  ⓔ 플라스토퀴논(PQH_2)은 시토크롬 b₆/f복합체를 만나 전자를 전달한다.
③ 시토크롬 b₆/f복합체
  ㉠ 거대한 고분자 단백질복합체로 주성분은 b₆, f 외에 리스케(Rieske) Fe-S단백질을 갖고 있다.

> **참고**
>
> **리스케단백질**
> 시토크롬 bc_1복합체 및 시토크롬 b_6f복합체의 Fe-S단백질(ISP) 성분이며 일부 생물학적 시스템에서 전자전달을 담당

  ㉡ 플라스토퀴논(PQH_2)에서 하나의 전자는 Cyt b₆에 전달된 후 다시 PQ^-로 전달되고, 나머지 하나가 Fe-S를 거쳐 Cyt f로 전달하고, Cyt f는 전자를 루멘 쪽에 있는 플라스토시아닌(PC)으로 전달한다.

> **참고**
>
> **플라스토시아닌(PC; plastocyanin)**
> 루멘 쪽 틸라코이드막을 따라 확산 이동할 수 있는 외재성단백질

  ㉢ PC는 제1광계로 이동하여 반응중심엽록소인 $P700^*$을 환원시켜 P700으로 재생시킨다.

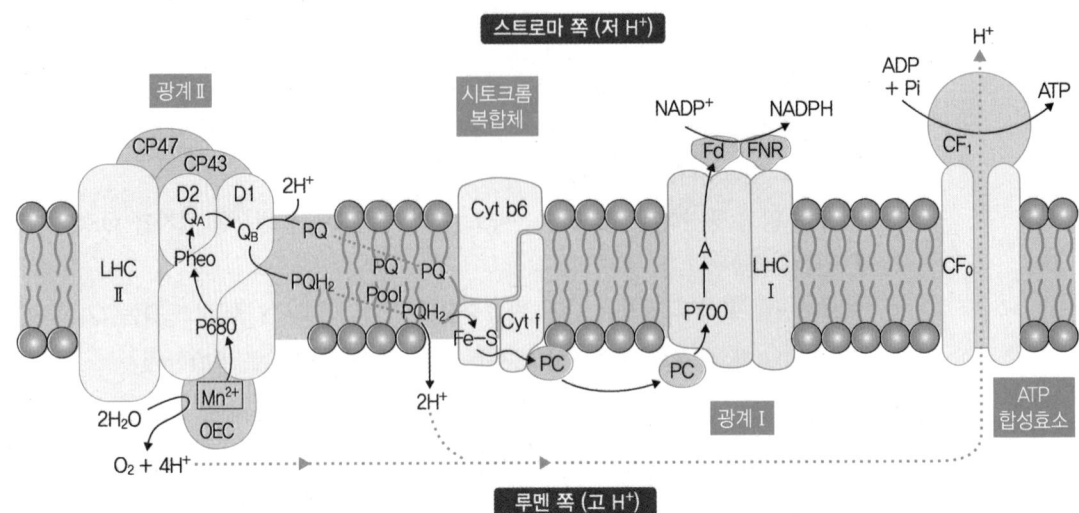

[틸라코이드 막에 분포하는 두 광계와 전자전달계]

④ 제1광계
- ⊙ 반응중심엽록소 P700과 여러 개의 단백질 복합체로 구성되었으며, 단백질 중에는 페레독신(Fd)과 플라스토시아닌(PC)이 결합할 수 있는 것도 들어 있다.
- ⓒ P700에서 방출된 전자가 전자전달 보조인자인 A를 거쳐 1차 전자수용체인 황화철단백질을 환원시킨다.
- ⓒ 환원된 황화철단백질은 공여받은 전자를 페레독신(Fd; 스트로마 쪽에 녹아있는 또 다른 철-황단백질)을 거쳐 FNR(ferredoxin $NADP^+$ reductase, $Fd-NADP^+$ 환원효소)의 매개로 최종적으로 $NADP^+$에 수용되어 NADPH를 생성한다.
- ⓔ 물의 산화로부터 $NADP^+$까지의 경로를 비순환적 전자전달 과정이라 한다.
- ⓜ 체내에서 NADPH를 생산할 필요가 없는 경우에는 페레독신을 경유하여 시토크롬 b6/f복합체로 전자를 넘겨주어 P700으로 전달하게 되는데 이를 순환적 전자전달이라 한다.

⑤ ATP합성효소 : 전자전달과정에서 전자전달체를 통과할 때마다 전자 자체의 에너지 준위는 낮아지고, 이 과정에서 루멘에 H^+이 농축되고 이로 인하여 발생된 양성자 기울기가 ATP 생산에 이용된다.

[순환적 광인산화와 비순환적 광인산화의 비교]

	순환적 광인산화	비순환적 광인산화
광계(반응중심색소)	광계 I (P700)	광계 I (P700), 광계 II (P680)
전자의 이동	P700 → P700	H_2O → P680 → P700 → $NADP^+$
광분해	관여하지 않음	산화된 P680의 전자를 채우는 데 관여함
생성물	ATP	ATP, NADPH, O_2

⑥ 광합성 전자전달 저해 제초제
  ㉠ 틸라코이드막에 있는 특정 단백질에 결합하여 전자전달체의 결합을 방해하여 전자전달을 차단한다.
  ㉡ 파라쿼트(paraquat)
    ⓐ 제1광계의 환원부위에 결합한다.
    ⓑ 제1광계에서 페레독신을 경유하여 $NADP^+$로 가는 전자를 산소 분자로 전달하여 활성산소를 생성시켜 엽록체의 활성을 소실시키고 세포막 구조를 손상시킨다.
  ㉢ 다우론(DCMU): 제2광계의 퀴논(Q_B) 전자전달체에 결합한다.
  ㉣ 광합성 전자전달계의 특정부위에서 작용하는 이들 제초제는 역으로 전자전달계를 연구하는데 이용되기도 한다.
  ㉤ 두 광계 사이의 전자전달을 차단하고자 할 때 다우론이 흔히 사용된다.

5) 광인산화(光燐酸化, photophosphorylation)
① 의의
  ㉠ 명반응에서 광 에너지의 일부는 NADPH의 형태로 저장되고 일부는 ATP 형태로 저장된다.
  ㉡ 엽록체의 전자전달 과정을 거쳐 형성되는 틸라코이드막의 양성자 기울기를 이용하여 ATP를 합성하는 것을 광인산화라 한다.
  ㉢ 광인산화는 전자의 전달 과정을 통해 암반응에서 포도당을 합성하는 데 필요한 ATP와 NADPH가 생성되는 과정이다.(포도당 1분자당 18ATP와 12NADPH 필요) ADP에 무기인산이 결합하여 ATP를 생성하면서 광 에너지의 일부를 ATP라는 고에너지 화합물에 저장하는 화학반응이다.
  ㉣ 광인산화가 중요한 이유는 광합성 과정에서 이산화탄소를 환원시키는것은 물론, 엽록체에서 일어나는 다양한 대사활성을 지원하는데 ATP가 끊임없이 공급되어야 하기 때문이다.

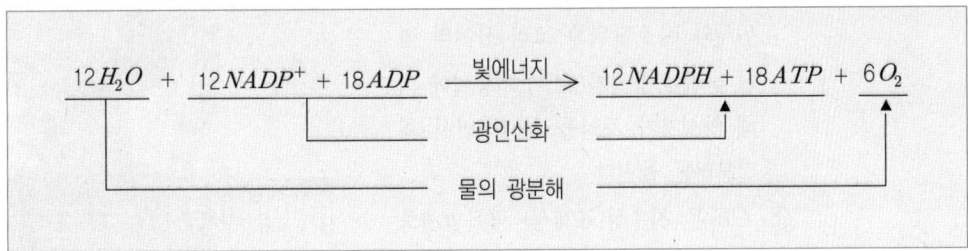

② 광인산화기작
  ㉠ 1960년 미첼(Mitchell)이 제안한 화학삼투퍼텐셜로 설명하고 있다.
  ㉡ 물의 광분해와 전자전달 과정에서 루멘 쪽으로 양성자(H^+)가 방출되어 막 내외의 양성자 농도 기울기가 형성된다.
  ㉢ 틸라코이드막 내외의 양성자 농도 기울기(전기화학퍼텐셜 구배, 막전위차)가 ATP 합성효소(ATPase)를 구동하여 ATP를 합성한다.

ⓔ 12개의 양성자가 ATP합성효소로 이동하면서 3개의 ATP를 생산하므로 4개의 양성자 당 1개의 ATP가 만들어진다.
③ ATP합성효소의 회전모터 모델
　㉠ 틸라코이드막의 ATP합성효소는 F형의 H^+-ATPase($F-H^+$-ATPase 또는 $F-H^+$-가수분해효소)이다.
　㉡ 종류
　　ⓐ CF_0-CF_1과 F_0F_1-ATP합성효소는 비슷한 구조를 가진다. F형은 모터의 회전방향이 시계 반대방향이고, V형(vacuole; 액포)은 시계방향이다.
　　ⓑ CF_0-CF_1 ATP합성효소: 엽록체의 틸라코이드막에 분포하는 ATP합성효소
　　ⓒ F_0F_1-ATP합성효소: 미토콘드리아 내막에 분포하는 ATP합성효소
　㉢ F_0F_1-ATP합성효소
　　ⓐ 분자량이 400kDa(kilodalton)에 이르는 대형 효소복합체로 2개의 거대한 소단위복합체(CF_0-CF_1)로 구성되어 있다.

> **참고**
>
> **Da(dalton)**
> 리보솜, 바이러스 등 분자량 개념이 적합하지 않은 것의 질량단위. 탄소동위체 ^{12}C 1원자의 질량이 12달톤이며, 1달톤은 1.661×10^{-24}(=아보가드로수의 역수)g이다.

　　ⓑ CF는 엽록체의 짝짓기인자(chloroplast coupling factor)에서 유래한다.
　　ⓒ CF_0는 소수성(내재성) 막복합체로 회전모터 기능을 수행한다. a 소단위체와 b 소단위체 고리 사이의 연결 부위에 양성자(H^+) 기동력에 의해 양성자가 채널을 통과하면서 회전모터를 돌린다.
　　ⓓ CF_1은 친수성(표재성) 막복합체로 ATP합성을 촉매하는 효소로 작용한다. CF_0 회전모터가 돌면서 CF_1이 회전하면서 ADP와 P_i를 결합하여 ATP를 생성한다.

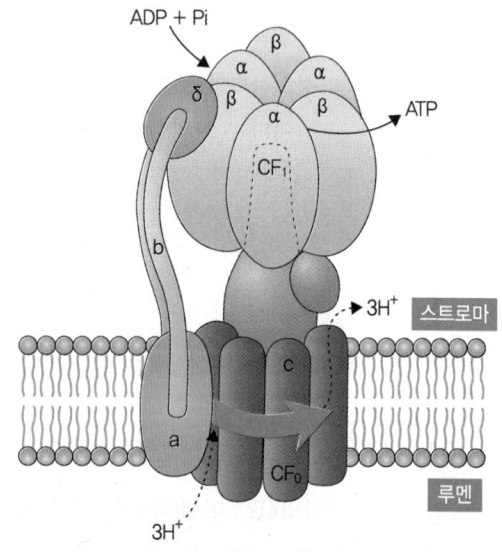

[ATP 합성효소의 모델]

2 암반응

엽록체의 기질(스트로마)에서 일어나며, 명반응에서 생산한 에너지(ATP)와 수소공여체(NADPH)를 이용하여 이산화탄소를 환원시키는 과정으로 불안정한 화학에너지를 안정화시키는 과정이라 할 수 있다.

(1) 캘빈회로(Calvin cycle)

1) 의의

① 1957년 미국 생화학자 캘빈(Melvin Calvin)과 그의 동료들이 광합성에서 CO_2가 고정되어 환원되는 과정을 밝혔다.
② 이 과정을 캘빈회로(Calvin cycle) 또는 광합성탄소환원회로(photosynthetic reduction cycle; PCR회로)라고 한다.
③ 동위원소인 $^{14}CO_2$나 ^{32}P 등을 사용하여 클로렐라(chlorella; 단세포의 녹조류)에 주입하고 일정 시간 광합성을 시킨 후 중간산물을 동향하는 실험을 거쳐 밝혀냈다.
④ 암반응, 즉 캘빈회로는 이산화탄소 고정(카르복실화), PGA(3-phosphoglycerate, 3PG, 3-인산글리세르산) 환원, RuBP(ribulose biphosphate; 리불로스 이인산, P-C5-P) 재생의 3단계가 반복적으로 연결되는 생화학적 반응경로이다.

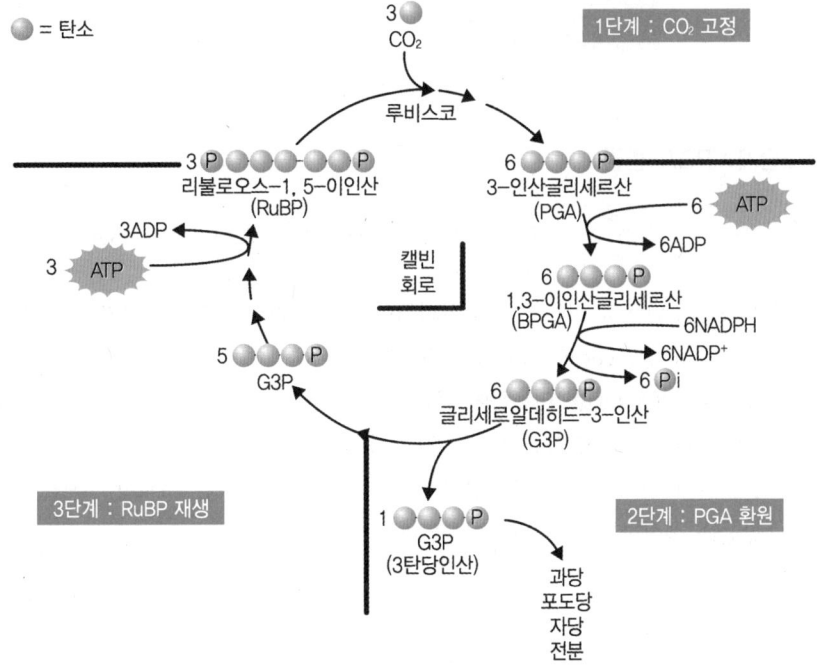

[광합성의 암반응 캘빈회로]

2) 1단계: CO_2 고정

$$RuBP + CO_2 \rightarrow 2PGA$$

① 탄소 5개를 가진 RuBP(ribulose-1, 5-bisphosphate, 리불로오스-1, 5-이인산)에 이산화탄소가 첨가되어 카르복실화 반응을 일으킨다.
② 탄소가 6개인 불안정한 중간화합물이 일시적으로 생성된 후 곧바로 가수분해되어 최초의 안정된 중간산물인 3-인산글리세르산(3-phosphoglyceric acid, 3-PGA) 2분자를 형성한다.
③ 이 카르복실화를 촉매하는 효소는 지구상에서 가장 풍부하고 중요한 루비스코(rubisco)이며, 루비스코는 RuBP carboxylase/oxygenase의 약칭이다.
④ 루비스코(rubisco)는 캘빈회로에서는 carboxylase로 작용하고, 광호흡 때에는 oxygenase로 작용한다.

[캘빈회로 1단계: CO_2 고정반응]

3) 2단계: PGA 환원

$$PGA + ATP + NADPH \rightarrow G3P + ADP + NADP$$

① PGA는 ATP를 이용하여 인산화되어 반응성이 큰 1, 3-이인산글리세르산(BPGA, 1, 3-biphosphoglyceric acid)로 환원된다.
② BPGA는 NADPH를 이용하여 글리세르알데히드-3-인산(glyceraldehyde-3-phosphate, G3P, GAP, PGAL로 약칭되기도 함)으로 환원된다.
③ G3P는 RuBP 재생단계로 넘어가고 남는 일부가 과당, 포도당, 자당, 전분, 그 밖의 유기화합물을 생성하는 출발물로 이용된다.

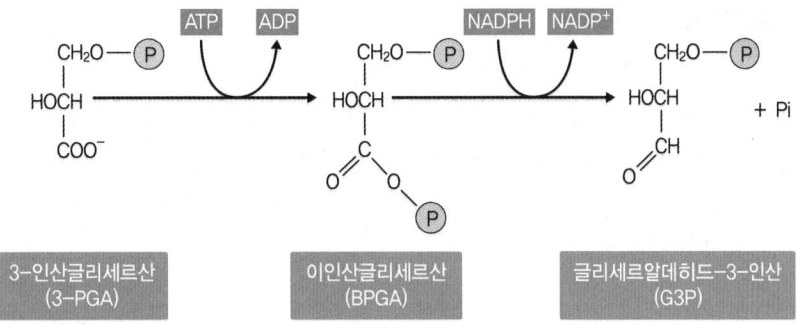

[캘빈회로 2단계: PGA 환원]

4) 3단계: RuBP 재생

$$G3P \rightarrow RuBP$$

① G3P는 3탄당인산 이성질화효소에 의해 DHAP(디히드록시아세톤-3-인산, dihydroxy acetone-3-phosphate)로 전환된다. G3P와 DHAP는 상호전환이 가능하다.
② G3P와 DHAP가 축합되어 과당-1, 6-이인산(FBP, fructose-1, 6-bisphosphate)를 거쳐 과당, 포도당, 자당을 형성할 수 있다.
③ 결국 G3P는 3, 4, 5, 6, 7탄당이 관여하는 일련의 반응을 거쳐 RuBP를 재생산하여 이산화탄소 고정의 순환적 회로를 완성한다.
④ G3P의 일부는 자당과 전분합성에 이용된다.

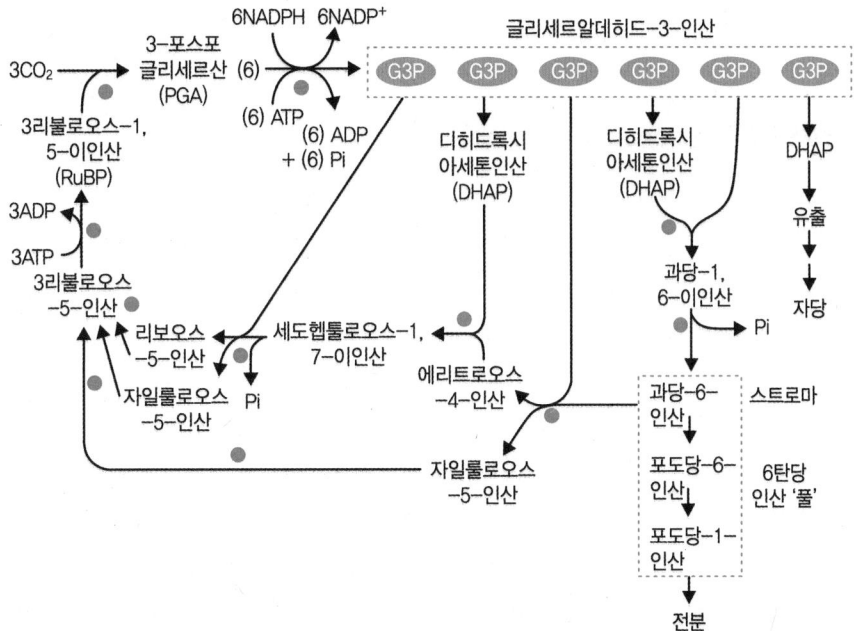

[캘빈회로 3단계: RuBP 재생반응]

5) 광합성 전 과정 요약
① 광합성의 과정은 틸라코이드에서 일어나는 명반응과 스트로마에서 일어나는 암반응으로 나뉜다.
② 명반응에서는 물의 광분해, 두 광계 사이의 전자전달 과정을 통해 에너지원인 ATP와 수소공여체인 NADPH를 생산하고 산소를 방출한다.
③ 암반응은 캘빈회로로 요약되며, 명반응에서 생산된 ATP와 NADPH를 이용하여 이산화탄소를 고정하여 환원시킨다.

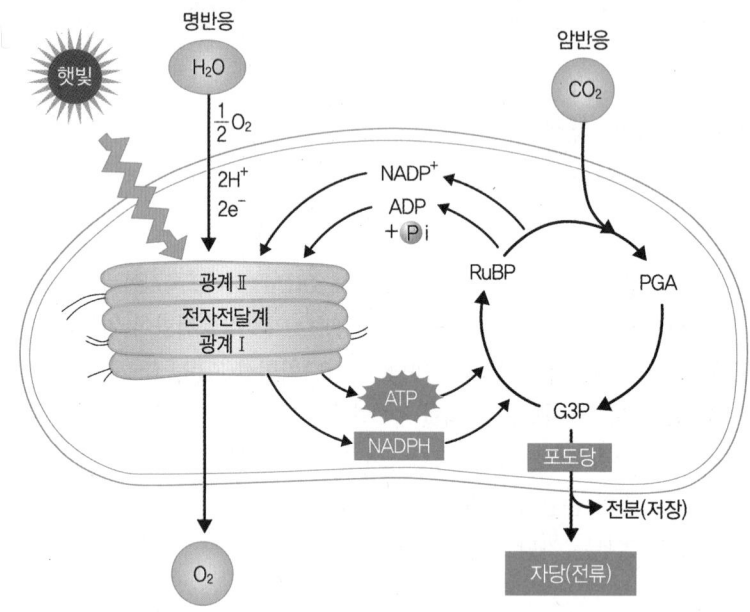

[광합성 과정 요약]

(2) 광호흡(光呼吸, photorespiration)
1) 광조건에서 O_2를 소모하고 CO_2를 방출하는 과정을 말한다.
   ① 여름철 기온이 높고 건조한 때 증산 억제를 위해 기공을 닫는 경우 증가한다.
   ② 기공이 닫히면 잎 내부에 CO_2 농도가 저하하게 되며, CO_2 농도가 낮아지면 캘빈회로의 루비스코가 옥시게나아제로 작용하여 CO_2 대신 O_2를 RuBP와 결합시킨다.
   ③ 결과: 광합성에서 만들어지는 2분자의 PGA대신 1분자의 PGA와 이산화탄소를 생성한다.
2) 광호흡은 엽록체에서 시작되지만 반응경로를 보면 퍼옥시솜, 미토콘드리아를 넘나들면서 일어나고 반응경로에는 다양한 유기화합물들이 관여한다.
3) 광호흡은 여름철 온도와 광도가 높을수록 증가한다.
   ① 일반적으로 한여름 광합성 효율이 떨어지는 이유는 광호흡 때문이다.
   ② 식물의 광호흡은 광합성 효율이 떨어지고 탄소고정량이 감소한다.
   ③ 광호흡은 고정된 탄소의 절반을 CO_2로 되돌아가게 하여 광합성 효율을 떨어뜨린다.

4) 식물이 환경에 적응하는 수단의 하나로 고농도의 O_2로부터 엽록체의 산화적 광파괴(oxidative photodestruction)를 방지하는 기작으로 이해되고 있다.
5) 광호흡에 의한 비효율성을 극복하기 위한 수단으로 다소 특이한 CO_2농축 기작을 갖는 식물인 C_4식물과 CAM식물이 전체 식물의 15% 정도를 차지하며, 각각 C_4회로와 CAM회로를 가지고 있다.

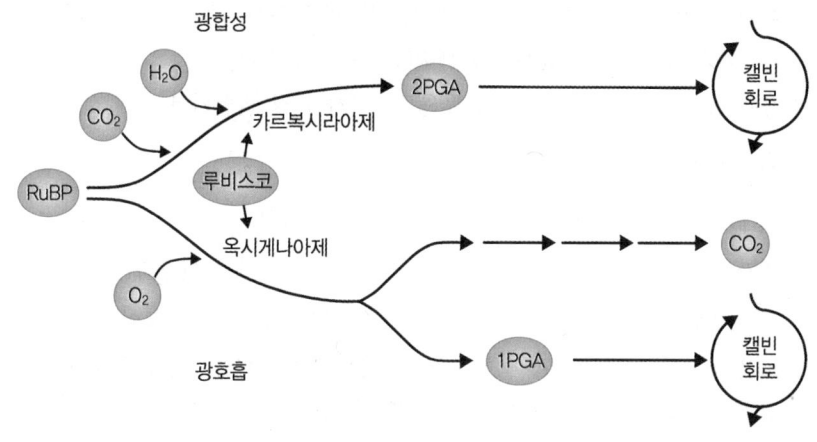

[광합성과 광호흡]

(3) C_4회로

1) 의의

① 캘빈회로를 거치는 C_3식물은 CO_2가 고정되어 최초의 안정된 물질로 탄소 3개인 PGA를 생성하나 어떤 식물은 탄소가 4개인 말산이나 아스파르트산이 최초의 산물이다.

② 발견
  ㉠ 1965년 코르차크(Kortchak)가 광합성 효율이 유달리 높은 사탕수수에서 처음 발견하였다.
  ㉡ 1970년 오스트레일리아의 해치와 슬랙(Hatch & Slack)은 이를 재확인하였다.
  ㉢ 이와 관련되는 일련의 반응을 C_4회로 또는 해치-슬랙(Hatch-Slack)회로라 한다.

③ 과정
  ㉠ 엽육세포의 엽록체에서 PEP(phosphoenol pyruvate, 인산에놀피루브산)가 CO_2를 받아 OAA(oxaloacetic acid, 옥살로아세트산)로 변한다.
  ㉡ 식물에 따라 OAA가 말산 또는 아스파르트산으로 전환된다.
  ㉢ 탄소 4개인 유기산들이 원형질연락사를 통해 유관속초세포로 이동한다.
  ㉣ 유관속초세포의 엽록체에서 유기산이 탈탄산작용(decarboxylation)으로 피루브산으로 전환되어 CO_2를 방출한다.
  ㉤ 방출된 CO_2가 RuBP와 결합하는 캘빈회로에 연결되고, 피루브산은 엽육세포로 돌아가 ATP를 사용하여 PEP로 재사용된다.

④ C_4회로를 거치는 식물을 C_4식물이라 하며, 18과 1,500종이 알려져 있다.
  ㉠ C_4식물은 주로 열대성 초본 단자엽식물(사탕수수, 옥수수, 수수, 난류)에서 볼 수 있다.
  ㉡ 쌍자엽식물인 국화과, 비름과식물에서도 찾아 볼 수 있다.

2) C_4식물 잎의 특징
  ① 유관속초세포가 잘 발달하고 그 안에 엽록체가 들어 있다.
  ② 유관속초 주변으로 엽육세포가 빽빽하게 들어차 있다.
  ③ 유관속초세포와 엽육세포 간에 원형질연락사가 잘 발달되어 있다.

3) C_4회로의 의미
  ① 열대식물의 광호흡을 극복하기 위한 수단으로 보인다.
  ② 추가적인 CO_2 공급회로가 있어 광호흡을 하지 않거나 대단히 낮다.
  ③ CO_2공급이 원활해 C_3식물에 비해 광포화점이 높고, CO_2보상점과 포화점이 낮다.
  ④ 고온 건조한 열대성 기후에 잘 자라는 것은 수분 손실을 막기 위해 기공을 부분적으로 닫아도 광호흡이 적고 광합성을 효율적으로 할 수 있기 때문이다.

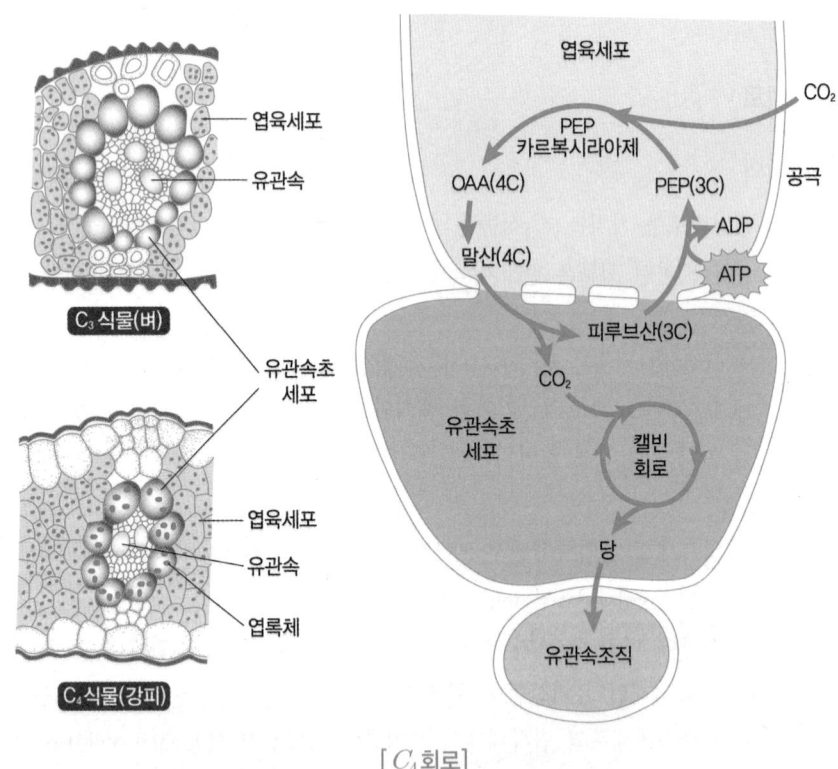

[C_4회로]

(4) CAM회로(크래슐산 대사; crassulacean acid metabolism)

1) 의의

① 건조지대의 일부 식물들은 낮 동안 증산을 억제하기 위해 기공을 닫고, 기공을 닫으면 CO_2 유입이 차단되어 광호흡을 하며 광합성 효율이 떨어지게 되는데 이를 극복하기 위하여 기온이 낮은 밤에 기공을 열어 CO_2를 흡수하여 커다란 액포에 물과 함께 저장해 두고 낮에 기공을 닫은 상태에서 저장했던 CO_2를 이용하여 광합성을 한다.

② 이런 광합성 경로를 돌나무과(Crassulacean)의 꿩의비름이라는 식물에서 처음 발견했다고 해서 CAM(crassulacean acid metabolism)회로라고 한다.

③ 과정

　㉠ CAM회로를 보면 밤에 흡수한 CO_2를 시토졸에서 말산으로 고정하여 액포로 저장한다.

　㉡ 낮에 액포에서 말산을 꺼내 피루브산으로 전환시키면서 CO_2를 방출하여 엽록체로 유입시켜 캘빈회로로 들어가도록 한다.

④ CAM식물은 종 23과에서 발견되었으며 그 중 돌나무과와 선인장과의 식물은 대부분 CAM식물이다.

2) 특징

① 수분손실을 최소화하는 해부학적 특징을 가지고 있다.
② 다육질이며 체적에 비해 표면적이 작다.
③ 각피층이 두껍게 발달한다.
④ 기공이 깊이 묻혀 있으며, 기공의 개도가 작고, 열림 빈도도 작다.
⑤ 액포가 크다.

3) CAM회로의 의미

① 광합성 효율을 높이기 위한 것이 아닌 고온 건조한 곳에서 광호흡을 극복하고 CO_2 농도가 제한되는 환경에서나마 광합성을 효율적으로 할 수 있도록 발달시킨 것으로 본다.

② 수생식물에서도 CAM회로가 발견되는데 이는 수생환경에서도 저농도의 CO_2를 효율적으로 획득 이용하는 수단으로 발전한 것이다.

4) C_3식물, C_4식물 및 CAM식물의 특성 비교[8]

구분	C_3식물	C_4식물	CAM식물
잎의 내부구조 및 해부형태	유관속초세포 또는 그 안에 엽록체가 없다.	유관속초세포와 그 안에 엽록체가 있다.	책상조직이 없고 큰 액포가 발달한다.
카르복시라아제	RuBP	PEP, RuBP	PEP, RuBP

---

[8] 재배식물생리학 p.213 표8-1, 문원, 이승구 공저, 2002, 한국방송통신대학교출판부

구분	C_3식물	C_4식물	CAM식물
CO_2:ATP:NADPH	1:3:2	1:5:2	1:6.5:2
증산율(g)	450~950	250~350	18~125
엽록소 a/b율	2.8±0.4	3.9±0.6	2.5±3.0
Na^+요구도	없음	있음	있음
CO_2보상점(ppm)	30~70	0~10	0~5(암소)
광호흡	있음	유관속초세포만 있음	정오 후에 측정 가능
광합성 적정온도(℃)	15~25	30~47	≃ 30
건물생산량(ton/ha/년)	22±0.3	39±17	낮고 변이가 큼

3 광합성에 영향을 미치는 요인

(1) 외적요인

1) 광도

① 광보상점(光補償點, light compensation point) : 광도가 증가할 때 광합성으로 흡수되는 CO_2량과 호흡에 의해 배출되는 CO_2량이 같아지는 때의 광도이다.

② 광포화점(光飽和點, Light saturation point) : 광보상점 이후 광도가 계속 증가할 때 광합성량이 증가하다가 어느 점에 도달하면 더 이상 증가하지 않을 때의 광도이다.

③ 광포화점에서는 CO_2의 농도와 온도가 광합성의 제한 요인이 되어 이들의 조건을 바꾸지 않으면 광도를 높여도 더 이상 광합성량은 증가하지 않는다.

④ 지나친 강광은 엽록소를 부분적으로 파괴하거나 체 내 조건을 불활성화시켜 광합성을 저해하는데 이를 광합성의 솔라리제이션(solarization)이라 한다.

2) CO_2 농도

① 다른 요인이 고정된 상태에서 CO_2 농도를 점차 높여 가면, 그에 따라 광합성도 증가한다.

② CO_2 농도의 경우에도 보상점과 포화점이 있다.

③ CO_2 포화점은 대기 중의 농도인 350ppm보다 훨씬 높다.

④ CO_2 농도를 높여주면 광합성량이 증가하여 작물의 수량을 증대시킬 수 있다.

⑤ 대기 중에서는 CO_2가 바람에 의해 평형을 유지하므로 포장의 군락상태에서는 CO_2가 광합성의 제한요인으로 작용하는 경우가 거의 없으며, 다만 식물이 무성하게 자라는 경우 부분적으로 CO_2 농도가 낮아지기도 한다.

⑥ 온실이나 하우스 내에서 CO_2 부족으로 광합성이 억제되는 경우도 있어 시설재배에서 CO_2를 시설 내에 투입하는 탄산시비로 수량증대를 꾀하고 있다.

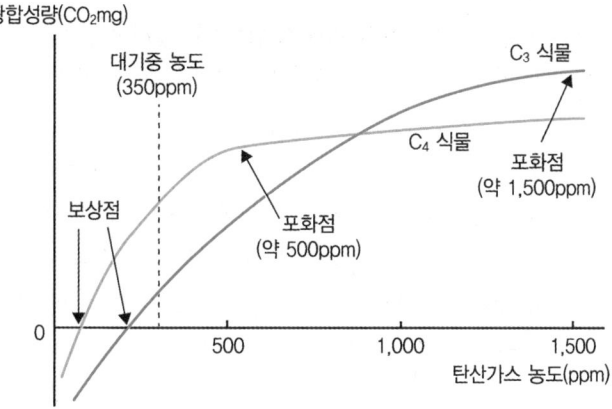

[CO_2 농도와 광합성]

3) 온도

① 온도의 영향은 광도가 높을 때에는 그 영향이 크다. 벼의 광합성량은 약광에서는 온도 간 차이가 없으나 광도가 높을 때는 온도의 영향이 크게 나타난다.
② 지나친 고온은 오히려 광합성이 저하되며, 광합성에도 적온이 있다.
③ 광합성률은 온도가 상승함에 따라 호흡률보다 더 빨리 감소한다.
④ 일정 수준 이상의 고온에서는 순동화량이 감소한다.
⑤ 고온에서 호흡률이 광합성률을 훨씬 능가하여 광합성률(P)/호흡률(R)이 1 이하가 된다.
⑥ 고온은 광호흡을 촉진시키거나 광합성 기관을 파괴시켜 광합성을 억제한다.

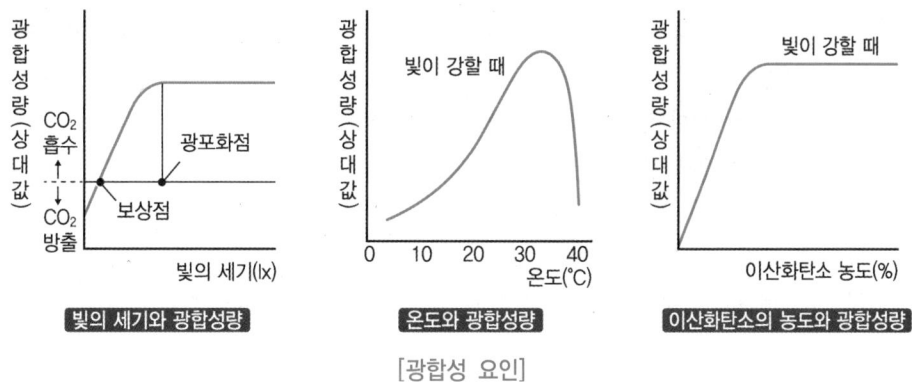

[광합성 요인]

(2) 내적요인

1) 엽록소 함량

① 엽록소의 광 흡수스펙트럼과 작용스펙트럼은 일치하는데 이는 엽록소의 함량과 광합성이 밀접한 관련이 있다는 의미로 엽록소의 생합성을 돕는 것이 광합성을 촉진하는 것이라고 볼 수 있다.

② 엽록소 형성
   ㉠ 고등식물의 경우 엽록소의 생합성에는 유전자가 관여하고 반드시 광 조건에서만 이루어진다.
   ㉡ 엽록소 형성에는 산화환원반응이 관여하므로 산소의 공급이 반드시 필요하다.
   ㉢ 엽록소 구성원소인 질소와 마그네슘이 공급되어야 하며, 철, 구리, 망간 등 엽록소 구성성분은 아니나 형성과정에 요구되는 무기원소가 필요하다.

2) 함수량

① 광합성에 직접 사용되는 물은 식물이 흡수한 양의 1% 이하로 체 내 수분부족으로 광합성이 억제되는 일은 거의 없다.

② 체 내 함수량이 적을 경우 체 내 수분보다는 다른 요인에 의해 광합성이 억제된다.
   ㉠ 함수량이 적어 기공이 닫히면 가스의 확산력이 떨어져 광합성이 억제될 수 있다.
   ㉡ 세포 내 엽록소나 원형질의 수화도가 감소하여 광합성이 억제될 수 있다.
   ㉢ 이는 광합성이 조직 내 수분량보다는 삼투 농도에 더 관계된다는 것을 나타낸다.

③ 선인장은 넓은 다육성 줄기를 떼어내도 기공을 닫고 CAM 대사를 하면서 광합성을 할 수 있기 때문에 수 개월 동안 살 수 있다.

3) 동화물질의 축적

① 광합성이 지나치게 왕성하면 동화물질이 미처 전류되지 못하고 엽육세포나 엽록체에 축적되기 쉽다.
   ㉠ 동화물질이 엽육세포에 축적되면 광합성이 억제된다.
   ㉡ 포도나무의 경우 잎은 탄수화물이 건물량의 17~25%로 증가하면 광합성이 완전히 정지된다.

② 세포 내 탄수화물의 축적이 광합성을 저하시키는 기작
   ㉠ 세포액의 삼투퍼텐셜이 낮아져 원형질이 탈수를 일으킬 수 있기 때문
   ㉡ 엽록체 안에 다량의 전분이 생기면 광합성과 관련하는 일련의 화학반응이 저해되기 때문

CHAPTER 02 동화산물의 전이와 전류

1 동화산물의 전이

(1) 전분과 자당의 합성

1) 전분(녹말, starch)

① 의의
- ㉠ 포도당의 중합체로 엽록체에서 합성된다.
- ㉡ 엽록체의 스트로마에 과립의 형태로 일시적으로 축적된다.
- ㉢ 야간에는 분해되어 호흡기질로 이용된다.
- ㉣ 포도당의 중합체로 아밀로오스와 아밀로펙틴 두 가지 형태로 존재한다.
- ㉤ 전분의 합성에는 ATP가 요구된다.

② 아밀로오스(amylose)
- ㉠ 포도당이 $\alpha-(1,4)$ 결합하는 선형의 중합체이다.
- ㉡ 동화산물인 3탄당인산이 G3P와 DHAP가 축합반응으로 포도당-1,6-이인산을 만들고, 차례로 과당-6인산, 포도당-6인산, 포도당-1인산으로 전환된다.
- ㉢ 포도당-1-인산이 ATP와 반응하여 ADP-포도당을 생성하고, 이는 포도당의 활성형으로 녹말 합성효소의 촉매로 아밀로오스를 생성한다.

③ 아밀로펙틴(amylopectin)
- ㉠ 아밀로오스 결합에서 $\alpha-(1,6)$ 결합의 곁가지를 갖는 중합체이다.
- ㉡ 녹말 분자효소에 의해 아밀로오스로부터 합성된다.

2) 자당(설탕, sucrose)

① 포도당과 과당이 결합한 수용성 이당류로 시토졸에서 합성된다.
- ㉠ 3탄당 인산이 엽록체 내막의 운반체를 통해 시토졸로 빠져 나와 시토졸에서 먼저 2분자의 3탄당인산(G3P, DHAP)이 결합하여 과당-1,6-이인산으로 축합된다.
- ㉡ 과당-1,6-이인산은 각각의 경로를 거쳐 과당-6-인산(fructose-6-phosphate)과 UDP-포도당으로 전환되고, 이들이 결합하여 먼저 자당-6-인산(sucrose-6-phosphate)을 합성한 다음 가수분해로 인산을 분리하여 자당을 생산한다.
- ㉢ 전분합성에는 ATP가 사용되지만 자당합성에는 UTP(uridine triphosphate)가 이용된다.
- ㉣ 자당합성효소는 주로 시토졸에만 존재한다.

② 합성된 자당은 식물 종류에 따라 액포에 저장되기도 하지만(밀, 보리 등) 대부분 사관을 통해 필요한 부위로 전류되어 호흡기질로 이용되기도 하고, 저장기관에 전분, 프락탄(fructan, 과당으로 이루어진 다당류) 등의 형태로 저장된다.
③ 사탕수수나 사탕무에서는 저장기관의 액포에 저장되는 경우도 있어 저장물질의 역할을 하기도 한다.

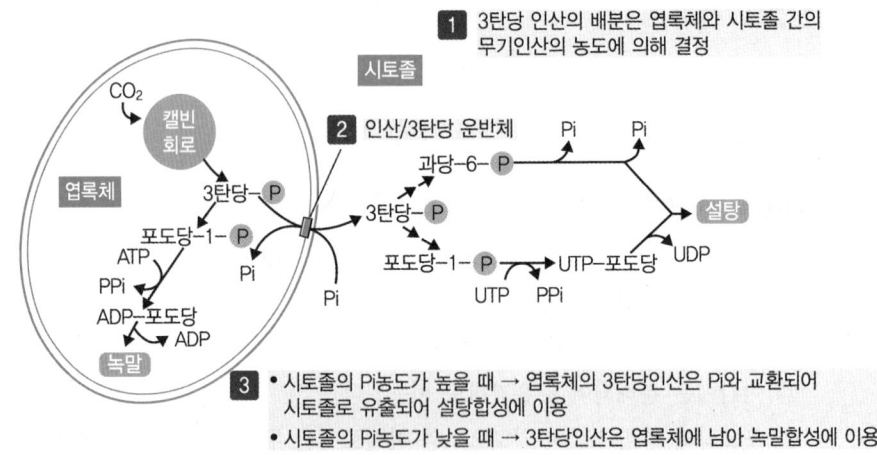

[엽록체에서 전분합성과 시토졸에서 자당합성]

(2) 전분과 자당의 생합성 경쟁

1) 3탄당(triose)

① 식물의 주요 3탄당에는 글리세르알데히드(glyceraldehyde)와 디히드록시아세톤(dihydroxy acetone)이 있다.
② 3탄당에 인산이 결합되어 G3P와 DHAP라는 3탄당인산을 만든다.
③ G3P는 캘빈회로의 중간산물이고, DHAP는 G3P로부터 전환된다.
④ 자당과 전분의 생합성에는 이들 3탄당인산(triose-P)에서 시작한다.

2) 전분과 자당의 생합성 경쟁

① 전분과 자당을 모두 3탄당인산을 반응기질로 이용하기 때문에 서로 경쟁적이다.
② 시토졸에서 자당합성과 수송이 광합성 속도를 따르지 못하면 3탄당인산이 엽록체에서 바로 녹말로 전환되어 임시로 저장된다.

3) 전분과 자당의 생성비율

① 무기인산(P_i)과 3탄당인산의 농도 비율에 의해 조절된다.
② 3탄당인산의 배분은 엽록체와 시토졸 간의 무기인산의 농도에 의해 결정된다.
  ㉠ 시토졸의 P_i농도가 높으면 엽록체의 3탄당인산이 시토졸로 유출되어 자당합성에 이용된다.

ⓒ 시토졸의 P_i농도가 낮으면 3탄당인산은 엽록체에 남아 녹말합성에 이용된다.

　　ⓒ 엽록체 내막에서 인산과 3탄당 수송의 조절은 인산/3탄당운반체(P_i/triose-p transporter)라는 단백질에서 한다.

　③ 엽록체 안에서 일어나는 전분합성과 시토졸에서 일어나는 자당합성은 인산운반체의 활동, 무기인산(P_i)의 농도, 광합성 속도, 광합성 산물의 축적과 전류, 다양한 관련 효소의 활동 등에 의해 조절된다.

2 동화산물의 전류

(1) 전류경로

1) 사부의 구조

　① 사부는 사관요소, 유조직, 동반세포, 섬유세포, 보강세포 등으로 구성되어 있으며, 동화물질의 전류는 사부의 사관요소를 통하여 이루어진다.

　② 사관요소

　　㉠ 살아 있는 세포이지만 성숙하면 세포벽은 점차 얇아지고 세포막은 밀착되면 핵은 퇴화되어 결국 성숙한 사관요소는 내강(內腔, lumen)과 얇게 수축된 세포질로 구성된다.

　　㉡ 세포질에는 변형된 소포체, 미토콘드리아, 색소체 등이 보인다.

　　㉢ 사관요소가 길게 길이로 연결되어 관을 형성한 것을 사관이라 하고, 서로 닿은 부위에는 많은 구멍이 뚫려 있는 사판이 있어 동화물질이 쉽게 이동할 수 있고, 필요한 경우 구멍을 막아 물질의 이동을 차단하기도 한다.

　　㉣ 사관요소가 살아있다는 것은 수송 기작에 중요한 역할을 한다는 것을 의미하며, 고도로 특수화된 사관요소는 동반세포의 도움을 받아야 한다.

　③ 동반세포

　　㉠ 사관요소에 붙어 있으며, 밀도가 높은 세포질과 핵을 가지고 있다.

　　㉡ 세포질에 액포와 엽록체를 가지고 있으며, 세포벽이 잘 발달되어 있다.

　　㉢ 세포벽에서는 자신과 짝지어진 사관요소 쪽으로만 원형질연락사가 발달되어 있어 두 세포 간의 기능적 연관성을 알 수 있다.

　　㉣ 동화산물을 사관요소로 적재하고, 단백질과 ATP를 합성하여 사관요소에 공급한다.

　　㉤ 사관요소의 기능이 활발하면 존재하나 사관이 노화하면 파괴된다.

　　㉥ 정상적인 동반세포 외에 중간세포, 수송세포라는 특수한 형태의 동반세포도 존재하는데 이들은 구조가 다르다.

④ 유조직
  ㉠ 사관요소 주변에 위치하며, 세포벽이 얇고 길이는 길게 신장되어 있다.
  ㉡ 저장기능과 동화물질을 분열조직이나 저장기관으로 횡적으로 운반하는 작용을 한다.
  ㉢ 에너지를 생산하여 동화물질을 능동적으로 수송한다.
⑤ 섬유세포와 보강세포 : 두꺼운 세포벽을 가지고 있어 사관이 압력에 잘 견딜 수 있도록 한다.

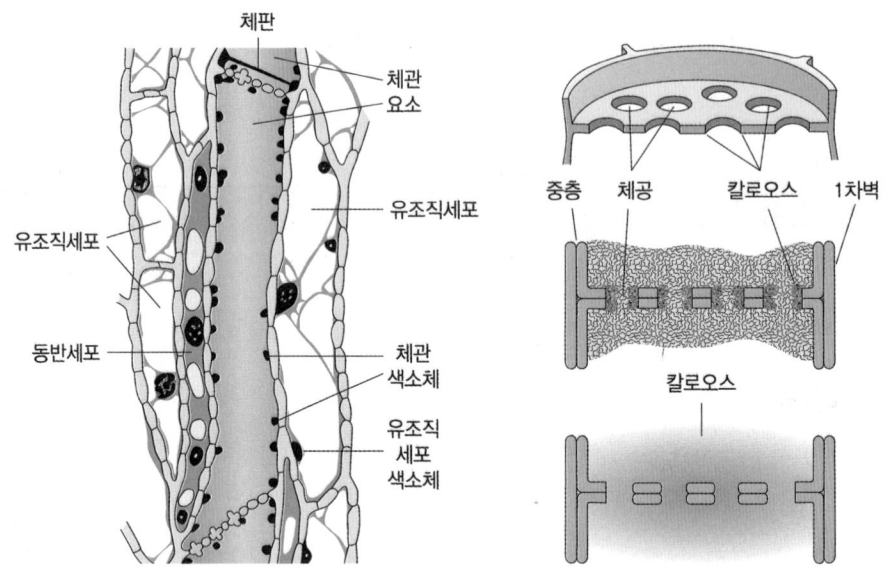

[성숙한 사관요소와 사판]

2) **사부단백질(P-단백질, phloem protein)과 칼로오스(callose)**

① 사관은 손상되면 일시적으로 P-단백질로, 장기적으로 칼로오스로 메워진다.
② 사부단백질(P-단백질, phloem protein)
  ㉠ 사관요소에는 섬유단백질인 사부단백질이 풍부하게 함유되어 있으며, 처음에는 분리된 작은 단백질로 보이다가 사관요소가 성숙하면 점차 커지고 세포질에 흩어져 분포한다.
  ㉡ 형태와 크기는 식물에 따라 다양하다.
  ㉢ 탄수화물과 쉽게 결합하는 특성이 있다.
  ㉣ 사관추출액이 공기에 노출되면 겔화하는데 관여한다.
  ㉤ 사관요소의 세포 내벽에 위치하다가 사관요소에 상처가 발생하면 바로 겔화되어 점질성 마개(slime plug) 역할을 하면서 구멍을 막아 수액의 소실이나 미생물 감염을 방지한다.
③ 칼로오스(callose)
  ㉠ 사관요소에서 사공의 물질통과를 차단한다.
  ㉡ $\beta-1,3$ 결합으로 형성되는 포도당의 중합체로 전분, 셀룰로오스와 관련이 깊다.
  ㉢ 정상 사관요소에서는 사관 표면에서 소량 발견되지만, 사관요소에 상처가 발생하면 캘러스(유합조직, callus)의 형성과 함께 급격히 형성되어 사판에 축적된다.

ⓔ 성숙하여 기능을 상실한 사관요소에는 다량의 칼로오스가 사판 위에 축적되어 있다.
ⓜ 기능은 상처를 입거나 더 이상 기능을 하지 않는 사관요소에서 사판의 구멍을 막아 식물의 전류시스템을 유지하는 것이다.

3) 엽맥의 구조와 기능

① 잎에서 합성된 동화물질은 엽맥을 따라 수송된다.
② 작은 엽맥들은 하나의 큰 엽맥에 연결되며, 작은 엽맥에는 보통 1개의 도관과 1~2개의 사관이 있다.
③ 사관요소는 크기가 작고 동반세포에 둘러 싸여 있으며, 유조직이 있어 도관부와 사관부를 분리한다.
④ 동반세포와 유조직세포에는 엽록체가 들어 있어 광합성을 하기도 한다.
⑤ 주맥과 지맥으로 구분하면 4~5차 지맥이 엽육세포에 접해 있으며, 최종 지맥 사이 거리는 65㎛ 정도이고, 2~3개의 엽육세포가 최종 지맥의 각 측면에 존재한다.
⑥ 사부유조직세포는 엽육세포, 목부세포, 사관요소와 사이에 다양한 원형질연락사가 있으나, 엽육세포와 사관요소가 인접하여 있는 경우는 원형질연락사가 없어 엽육세포에서 오는 광합성 산물은 사부유조직세포를 거쳐 사관요소로 운송된다.

4) 소스(source)와 싱크(sink)

① 동화물질은 소스에서 싱크로 전류되며, 특정 기관 또는 조직은 소스가 될 수도 싱크가 될 수도 있다.
② 같은 기관이라도 생육단계에 물질을 공급하는 입장이면 소스, 수용하는 입장이면 싱크이다.
  ㉠ 광합성으로 물질을 만들어 공급하는 잎은 소스에 해당되지만 어린잎은 싱크가 된다.
  ㉡ 벼는 동화물질이 줄기에 일시적으로 저장되므로 줄기는 소스이자 싱크가 된다.
  ㉢ 감자나 당근은 싱크였던 저장기관이 다음해 생장을 다시 개시할 때 소스가 되기도 한다.
③ 광합성을 하는 잎은 대표적인 소스이며, 잎에서 합성된 동화산물이 엽맥으로 이동하고, 다시 줄기의 사관을 통해 저장기관으로 이동하는데 저장기관은 대표적인 싱크이다.
④ 동화물질은 종자, 과실, 인경, 뿌리와 같은 싱크로 이동하여 저장되나, 뿌리나 줄기의 생장점, 어린뿌리와 어린잎도 중요한 싱크이다.
⑤ 소스에서 싱크로 이동된 동화산물은 호흡기질 또는 세포의 구조물로 이용되기도 하고, 많은 경우 전분과 같은 저장 탄수화물로 전환되어 저장된다.

(2) 전류 형태와 속도

1) 동화물질의 전류형태

① 전류 성분
  ㉠ 사관추출액 성분 분석으로 사관부의 전류 성분을 알 수 있다.

   ⓒ 탄수화물
     ⓐ 대부분 비환원당으로 자당이 큰 비중을 차지한다.
     ⓑ 활발하게 생장 중인 피마자의 줄기에서 채취한 사관 수액의 주성분을 보면 총 건물 중 80% 정도가 자당이다.
   ⓒ 핵산: 주로 mRNA와 병원성 RNA
   ⓔ 아미노산: 주로 글루탐산과 아스파르트산 및 이들의 아미드 형태인 글루타민과 아스파라긴이다.
   ⓜ 단백질: P-단백질과 기타 수용성단백질
   ⓗ 유기산
     ⓐ 세포 간 수송에는 중요한 부분을 차지하나 사관수송에는 역할이 빈약하다.
     ⓑ 말산, 시트르산, 옥살산 등의 유기산이 소량 포함되어 있다.
   ⓢ 무기이온
     ⓐ 칼륨, 마그네슘, 인산염, 염소 등이 함유되어 있다.
     ⓑ 칼슘, 황, 철, 질산염은 사관을 통해 이동하지 않는다.
   ⓞ 호르몬
     ⓐ 대부분의 사관 수액에서 발견된다.
     ⓑ 호르몬이 생성부위에서 작용부위로 이동할 때 사관을 이용해 이동된다는 것을 알 수 있다.
 ② 수송 형태
   ㉠ 사관액의 10~25%가 자당이며 사관액 건물의 80% 이상을 차지하는 것은 가장 중요한 동화산물의 수송 형태가 자당이라는 것을 나타낸다.
   ㉡ 일부 식물에서는 소량이지만 라피노오스(raffinose), 스타키오스(stachyose), 버바스코오스(verbascose) 등의 올리고당류도 수송된다.
   ㉢ 장미과식물에서는 당알코올인 만니톨(mannitol)과 소르비톨(sorbitol) 형태로 수송되기도 하며, 특히 소르비톨은 사과나무의 중요한 수송 형태이다.

2) 비환원당과 환원당의 수송

① 광합성 산물의 전류 형태는 비환원당이며, 그 중 자당이 압도적이다.
② 비환원당
   ㉠ 화학적으로 안정되고 수송 도중에 다른 물질과 화학반응을 일으킬 가능성이 적다.
   ㉡ 비교적 높은 자유에너지를 가지고 있어 운동성이 크다.
   ㉢ 수송 후 수용부에서 쉽게 대사될 수 있다.
③ 환원당
   ㉠ 환원당인 포도당과 과당도 사관에서 검출되지만 전류형태라기보다는 자당의 가수분해 산물로 보인다.
   ㉡ 환원성 자유 알데히드기나 케톤기가 노출되어 있어 반응성이 상대적으로 크다.

3) 동화물질의 전류속도

① 전류속도는 단위시간당 특정 사관요소의 단면을 통과한 물질량(물질전달속도, $g/h/cm^2$) 또는 단위시간당 이동한 직선거리(cm/h)로 나타낸다.
② 특정 사관요소의 단면을 통과한 동화산물의 수송 속도는 탄소의 동위원소나 염색된 추적 입자를 이용하여 측정할 수 있다.
③ 사관부에서 동화물질의 전류속도는 식물의 종류에 따라 다르다.

[여러 식물에서 전류속도의 비교9)]

구분	속도(cm/h)	구분	속도(cm/h)
강낭콩	107	사탕수수	270
사탕무	85~100	주키니호박	290
포도	60	콩	100
버드나무	100	호박	40~60

④ 당, 아미노산 등 동화산물의 종류에 따라 전류속도가 다르며, 당류에서는 자당의 전류속도가 상대적으로 빠르다.

(3) 전류기작

1) 사관부 적재

① 적재경로

㉠ 의의

ⓐ 공급부에서 동화산물이 여러 경로를 거쳐 최종적으로 사관요소로 운송되는 것을 말한다.
ⓑ 사관부 적재 시 엽육세포의 동화산물은 작은 엽맥으로 이동하고 엽맥을 따라 이동한다.
ⓒ 동화산물의 이동은 엽육세포 → 유관속초세포 → 사부유조직 → 동반세포 → 사관요소로 이루어진다.
ⓓ 동화산물의 유조직세포까지는 원형질연락사를 통해 이동하며, 정상적인 동반세포와 주변의 사관요소 사이의 세포벽에는 원형질 연락이 없어 능동적 수송을 통해 사관요소로 운송된다.

㉡ 적재과정은 매우 짧은 거리에서 이루어지며 2~3개의 엽육세포를 거치면 바로 사부요소로 이어진다.
㉢ 사부적재로 엽육세포보다 사관부세포에서 당의 농도가 높아진다.
㉣ 유조직세포에서 사관요소로 동화산물이 이동하는 과정은 식물의 종류에 따라서 심플라스트(전원형질) 경로와 아포플라스트(전세포벽) 경로 2가지 경로를 거친다.

---

9) 재배식물생리학 p.232 표9-2, 문원, 이승구 공저, 2002, 한국방송통신대학교출판부

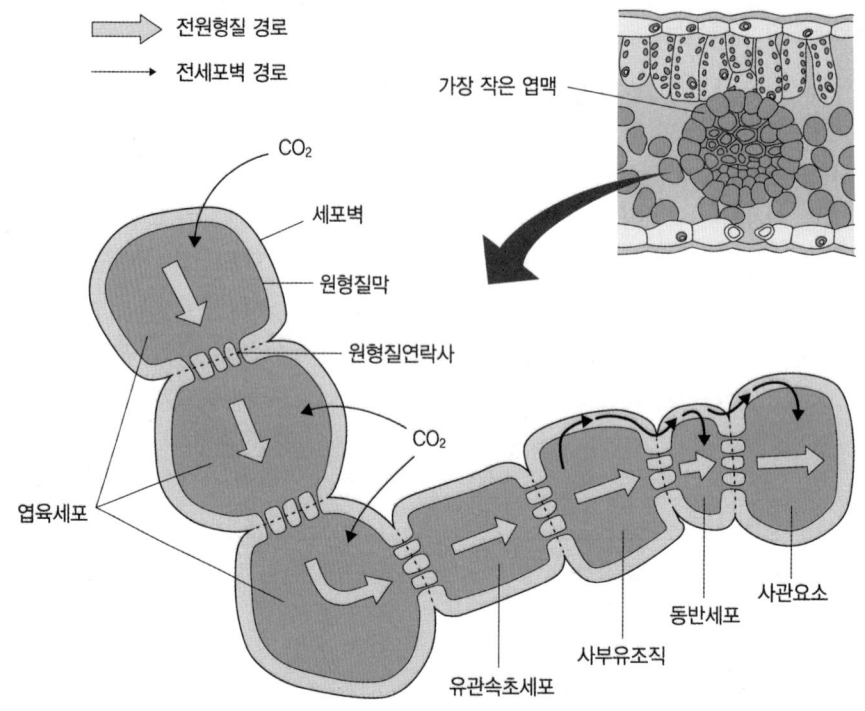

[잎에서의 두 가지 사관부 적재경로]

② 적재기작
- ㉠ 세포막이 무기염류를 선택적으로 투과하는 것과 같이 동화물질도 선택적으로 투과시키는데, 이는 세포막의 운반체가 당이나 아미노산을 선택적으로 인식하기 때문이다.
- ㉡ 막의 선택적 투과로 아미노산보다는 당류가, 당류 중에는 자당이 선택적으로 적재된다.
- ㉢ 사관부적재가 활발한 경우 자당의 농도를 보면 엽육세포보다 사관요소에서 더 높게 나타나는데 이는 자당이 화학퍼텐셜의 구배에 역행하는 능동적으로 이동하는 것을 의미한다.
- ㉣ 무기원소의 능동적 수송에서와 같이 동화물질의 이동에도 에너지가 요구되는 능동적 이동체계가 있으며, 공급기관 조직에 호흡저해제를 처리하면 에너지 생산이 차단되면서 당의 적재가 억제된다.
- ㉤ 자당의 사관부적재에는 세포막에 분포하는 능동적 수송체계가 관여하는 것으로 세포막에는 수소이온펌프(ATPase)와 자당/수소이온 공동운반체가 있다.
- ㉥ 수송이온펌프는 ATP를 ADP와 P_i로 가수분해하면서 발생하는 에너지를 이용하여 수소이온을 세포막 밖으로 수송하면 세포 내외의 전기화학적 퍼텐셜 구배가 형성되고, 세포막 밖 수소이온이 다시 자당/수소이온공동운반체를 통해 수동적으로 확산 이동하여 세포 내로 들어가고 이와 함께 자당이 함께 수송되는 것은 수동적으로 이동하는 물질이 갖는 자유에너지가 농도구배에 역행하여 일어나는 자당 수송에 이용된다고 볼 수 있다.

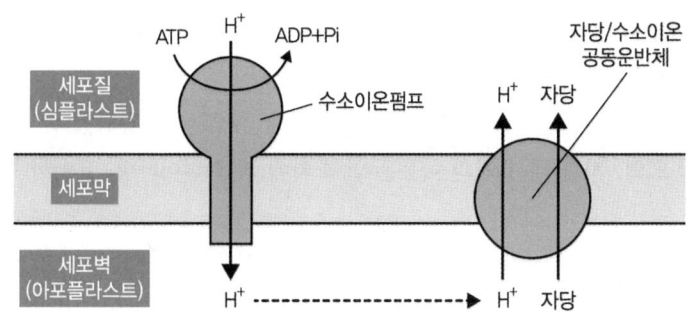

[수소이온펌프와 자당/수소이온공동운반체에 의한 자당이 적재되는 모형]

2) 사관부하적(篩管部荷積, phloem unloading)

① 사관의 말단부위에서 자당이 수용부위로 빠져나가는 것을 말한다.
② 사관부하적도 전원형질 경로와 전세포벽 경로 2가지 경로를 통해 하적된다.
③ 전세포벽 경로에서 자당이 과당과 포도당으로 가수분해되어 수용부위로 하적되기도 한다.
④ 하적된 동화산물은 그대로 저장되거나 수용부위에서 다른 세포로 이동하여 대사작용에 이용된다.
⑤ 수용부로의 하적은 사관요소 내 당의 농도를 낮추고 삼투압이 낮아지면 물이 도관으로 빠져나가게 되어 팽압을 낮춤으로 공급원으로부터 압력을 전달받을 수 있게 한다.

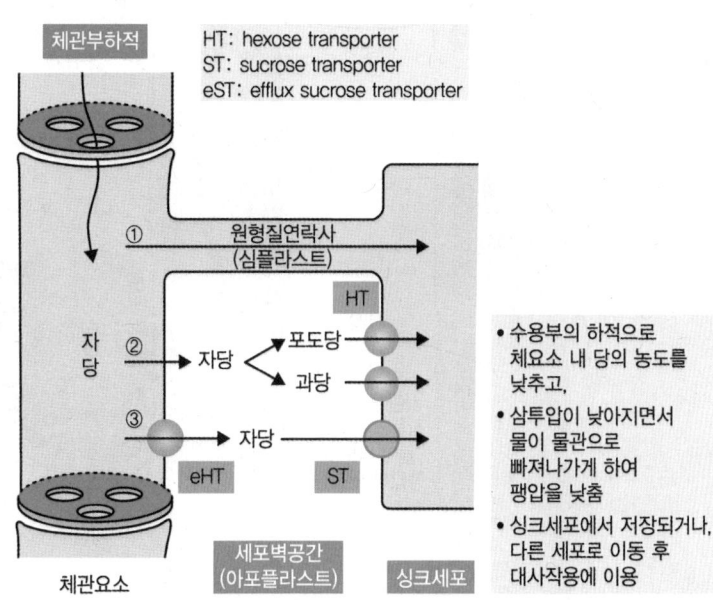

[수용부위에서 자당의 세 가지 하적경로]

① 원형질연락사를 통한 전원형질(심플라스트) 경로
② 전세포벽(아포플라스트) 경로 가운데 자당이 포도당과 과당으로 분해되어 하적되는 경로
③ 자당이 그대로 하적되는 전세포벽 경로

3) 사관에서의 전류

① 압류설(壓流說, pressure flow hypothesis)
  ㉠ 독일의 생물학자 뭉크(Munch)에 의해 1927년 제창되었다.
  ㉡ 의의: 사관 내 용액의 이동은 압력 차에 의해 일어나며, 용액이 이동하면서 동화물질도 함께 수송된다는 것이다.
  ㉢ 가설에서는 공급부위의 사관요소와 수용부위의 사관요소 사이 압력 구배에 의하여 물이 집단으로 이동하면서 동시에 동화물질이 이동하는 것으로 보고 있다.
  ㉣ 압력 구배는 공급부위에서 사관부적재와 수용부위에서의 사관부하적의 결과로 생기는 것이다.

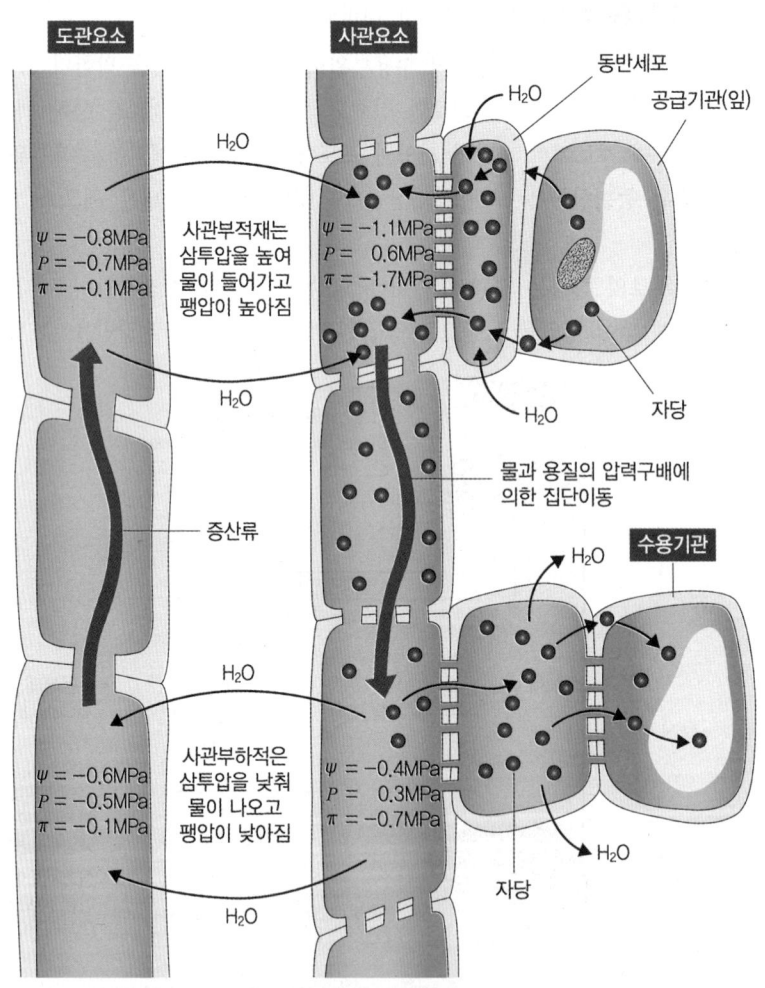

[압류설 모델에 의한 사관요소 내 전류기작을 설명하는 모식도]

사관부적재와 하적은 수분퍼텐셜을 변화시키고 그에 따라 팽압의 변화를 유발해 공급부위와 수용부위의 압력구배가 생기면서 물이 집단적으로 이동할 때 동화물질이 함께 이동한다. 도관요소와 사관요소에서의 수분퍼텐셜의 가능한 값을 표하였다.

* 수분퍼텐셜(ψ) = 압력퍼텐셜(P) + 삼투퍼텐셜(π)

ⓜ 사관부적재는 공급부위 사관요소의 삼투압을 높이고 수분퍼텐셜을 낮춰 수분퍼텐셜의 구배에 따라 도관으로부터 물이 이동하여 팽압을 높인다.
　　ⓑ 수용부위 체관부하적은 반대의 현상이 나타나 삼투압이 낮아지고 수분퍼텐셜이 높아져 물이 수분퍼텐셜 구배에 따라 도관으로 이동하고 팽압을 낮춘다.
　　ⓢ 결과적으로 공급부위에 있는 사관요소와 수용부위에 있는 사관요소 사이의 팽압 차이로 사관 내 위아래로 압력 구배가 형성됨에 따라 물과 용질이 집단적으로 이동하게 된다.
　　ⓞ 사관 내 동화물질의 이동은 압류설만으로는 충분히 설명할 수 없는데, 예로 사관 내에서 같은 물질이 반대방향으로 수송이 일어나는 것과 물질에 따라서 수송 속도가 다른 것에 대한 해석을 위해서는 보조적인 다른 이론이 요구된다.
② **전기삼투류설(electro-osmotic flow theory)**
　　㉠ 압류설을 보조하는 가설로 사관을 경계로 사관요소 사이 불균등한 이온분포로 생기는 전기적 화학퍼텐셜의 차(전위차)에 의해 일어나는 삼투현상에 의하여 동화물질이 이동한다는 것이다.
　　㉡ 사관은 다른 세포벽과 같이 음(−)으로 하전되어 있으나 사관수액에는 가용성과 이동성이 큰 양이온(K^+ 등)이 음이온 보다 더 많이 분포한다.
　　㉢ 사관을 가로질러 전기적 화학퍼텐셜 구배가 형성되면 양이온은 음극으로 음이온은 양극으로 이동하게 되는데 이 때 이온들의 이동과 함께 물과 동화물질이 함께 이동한다.
　　㉣ 보통 이동성 양이온이 이동성 음이온 보다 많아 물의 전체적 흐름은 음극 쪽으로 일어난다.
　　㉤ 사관을 경계로 한 사관요소 사이 전위차는 K^+에 의해 유지되며, K^+의 능동수송에 필요한 에너지는 동반세포에서 생산되어 공급되는 것으로 보고 있다.
　　㉥ 사판 상부의 사관요소에 들어간 K^+은 양전하량을 증대시키고, 막 내외 전위차를 형성함과 동시에 사관 하부의 사관요소로 사공을 통해 확산 또는 집단류에 의해 운반된다.
　　㉦ K^+은 물질이동에 큰 영향을 미치는 것으로 알려져 있으며, K^+이 조금만 결핍되어도 동화물질의 전류가 현저하게 저해 받는다.

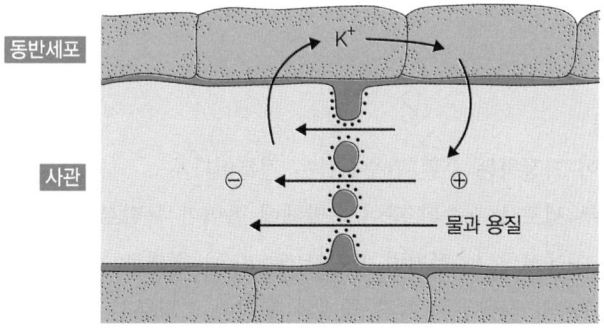

[K^+에 의한 막 전위차 형성과 물질의 이동]

3 동화산물의 저장

(1) 저장기관

1) 의의
① 저장기관은 잎, 줄기, 뿌리와 같은 영양기관은 물론 종자와 과실 같은 생식기관 등 다양하다.
② 저장기관은 번식기관으로 이용되면서 다음 세대 생장에 이용된다.
③ 재배식물에서는 대부분 저장기관이 수확 이용의 대상이 된다.

2) 종자
① 중요한 저장기관이면서 번식의 수단이다.
② 배유 또는 자엽에는 여러 저장양분이 있다.
③ 저장양분은 종자 번식을 하는 경우 발아 후 초기 생장에 이용된다.
④ 벼, 보리와 같은 곡류, 대두, 강낭콩 등의 두류는 인간 식량으로 중요한 위치를 차지한다.

3) 종자 외 저장기관
① 벼와 같은 화본과식물은 줄기에 일시적으로 양분을 저장하며, 벼 줄기의 저장양분은 최종적으로는 종자에 수송되어 저장된다.
② 화훼나 채소류는 변태된 줄기(괴경: 감자, 토란), 잎(인경: 마늘, 양파), 뿌리(괴근: 고구마, 달리아) 등에 양분을 저장한다.
③ 과수, 화목, 뽕나무 등과 같은 목본식물에서는 보통 줄기나 뿌리에 양분을 저장한다.
④ 목본식물의 저장양분은 월동 후 이듬해 봄 새싹의 초기 생장에 이용된다.
⑤ 초본식물은 개체의 생존기간이 짧고, 이에 따라 개체의 생장에 이용되는 저장양분이 수목에서처럼 영양기관에 축적되지 않는다.

(2) 저장물질

1) 저장 형태
① 탄수화물
  ㉠ 식물이 저장하는 주된 탄수화물은 전분이다.
  ㉡ 수용부 세포로 수송된 당이 녹말체에 들어가 녹말로 전환되어 저장된다.
  ㉢ 마늘 등에서 보는 것처럼 프락탄(fructan) 형태로 저장되는 경우도 있다.
  ㉣ 사탕수수와 사탕무는 각각 줄기와 뿌리에 이당류인 자당을 다량으로 저장한다.
  ㉤ 과실에서는 포도당이나 과당과 같은 단당류가 축적되기도 한다.

② 단백질과 지질
  ㉠ 대부분 종자는 단백질과 지질이 다량으로 저장된다.
  ㉡ 두과작물의 종자에는 탄수화물보다 단백질과 지질이 더 많다.
  ㉢ 단백질은 아미노산의 형태로 수송되어 저장기관에서 합성된다.
  ㉣ 지질은 당류로 전류되어 종자 내부에서 지방으로 변하여 축적된다.

2) 동화산물의 저장에 영향을 미치는 환경요인

① 생장이나 호흡작용에 영향을 미치는 여러 환경조건은 바로 양분 저장에 영향을 미친다.
② 새로운 조직이 형성되거나 호흡작용이 왕성한 경우 동화산물이 소비된다.
③ 생장이 왕성한 경우 이미 저장되어 있는 양분의 소모가 촉진되기도 한다.

3) 저장양분의 이용

① 종자의 배유나 자엽에 저장된 양분은 발아 시 가수분해 되어 배의 생장에 이용된다.
② 발아 후에도 유식물이 잎을 전개하여 스스로 광합성을 하여 독립영양을 할 수 있을 때까지 배유나 자엽의 양분이 이용된다.
③ 저장기관이 번식수단으로 이용되는 경우에는 바로 저장기관 속의 양분들이 가수분해되어 유식물체의 초기 생장에 이용된다.

03 CHAPTER 호흡작용

1 호흡 개관

(1) 호흡기질

1) 호흡작용 개념

① 이화작용(異化作用, dissimilation)
  ㉠ 식물체의 동화물질이 끊임없이 분해되어 최후에는 이산화탄소와 물로 체외로 배출되는 과정이다.
  ㉡ 분자량이 큰 동화물질은 분자량이 작은 수용성 물질로 전환되며, 다시 호흡작용에 의해 이산화탄소와 물이 생성된다.

② 호흡작용(呼吸作用, respiration)
  ㉠ 산소를 흡수하여 체내 유기물질인 탄수화물, 지방, 단백질을 산화하여 에너지(ATP)를 유리시키고, 이산화탄소와 물을 배출한다.
  ㉡ 호흡작용에서 당의 분해는 비교적 저온에서 이루어지는 효소적 산화현상이고, 유리된 에너지는 무기물질의 흡수, 동화작용, 생장 등 생명유지에 이용된다.
  ㉢ 호흡작용은 큰 분자를 분해하여 ATP를 생성하는 수단이며, 분해가 진행되면서 식물은 많은 생산물에 필요한 탄소골격인 중간대사산물을 제공한다.
  ㉣ 호흡원으로는 6탄당이 직접 이용된다.

③ 호흡과정: 해당과정(세포질) → TCA회로(mt matrix) → 산화적 인산화반응(mt 내막)

④ 호흡열(呼吸熱, respiratory heat): 생리적 반응에 관계하는 에너지 전이는 완전하지 않아 일부 열로 발산되며, 발아종자, 생장이 왕성한 어린식물, 생리작용이 왕성한 잎 등도 호흡열을 낸다.

2) 호흡기질

① 호흡대사에 이용되는 기본물질을 호흡기질이라 한다.
② 탄수화물, 단백질, 지방은 중요한 호흡기질이며, 탄수화물은 가장 중요한 호흡기질이다.
③ 저장탄수화물인 전분, 프락탄, 자당 등은 포도당이나 과당과 같은 6탄당으로 분해되어 호흡작용에 이용된다.
④ 식물에서는 다른 대사과정에서 생성되는 6탄당인산, 3탄당인산, 유기산 등이 호흡에 이용되기도 한다.

⑤ 종류
  ㉠ **탄수화물**: 단당류로 분해된 후 이용된다.
  ㉡ **지방**: 글리세롤과 지방산으로 분해되어 호흡경로의 중간대사산물로 전환되어 호흡기질로 이용된다.
  ㉢ **단백질**: 아미노산으로 분해되고 이 아미노산이 호흡작용의 중간대사산물로 전환되어 이용된다.

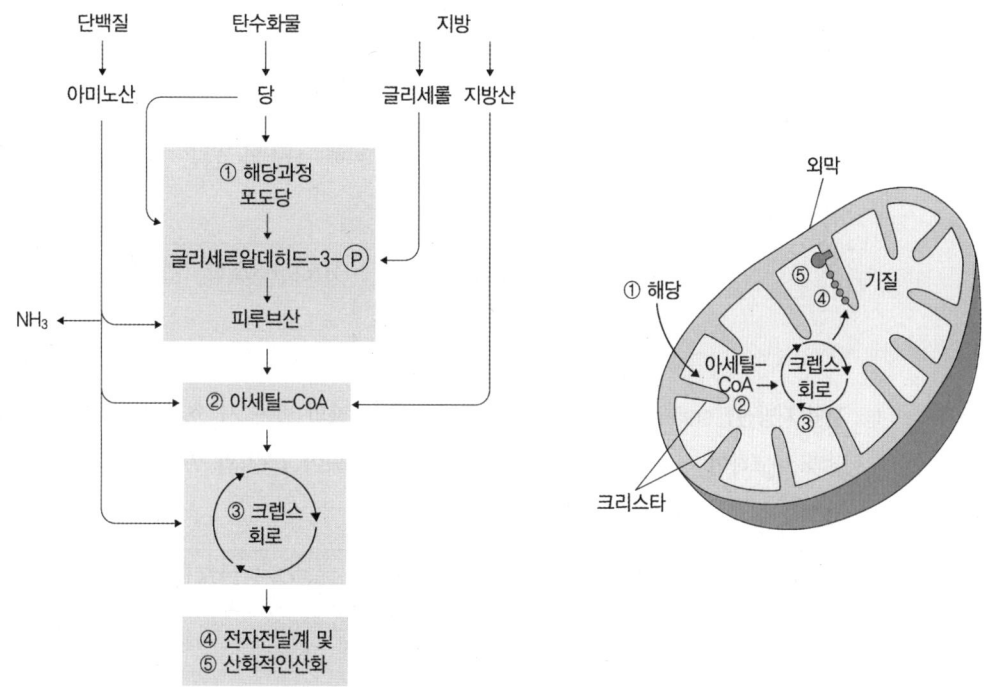

[호흡기질로 이용되는 저장양분]

유산소 세포호흡의 반응경로는 해당과정, 아세틸-CoA 형성, 크렙스회로, 전자전달계 및 산화적 인산화의 5단계로 나뉜다. 해당과정은 미토콘드리아 밖 시토졸에서, 나머지 단계는 미토콘드리아 안의 기질과 내막에서 일어난다.
탄소화물은 주된 호흡기질로 당으로 가수분해되어 바로 해당과정으로 들어가 호흡경로를 밟는다.
단백질은 아미노산으로 지방은 글리세롤과 지방산으로 분해된 후 호흡반응의 중간대사산물로 전환되어 해당호흡반응으로 들어간다.

(2) 호흡계수(呼吸係數, respiratory quotient; RQ)

1) 의의

식물에 있어 호흡기질은 종류, 발달단계, 생리적 상태 등에 따라 달라지며, 호흡계수는 호흡에 의해 발생하는 CO_2의 양과 O_2의 양의 비로 나타낸다.

$$RQ = \frac{발생한\ CO_2\ 몰수}{소비된\ O_2\ 몰수}$$

2) 호흡계수는 호흡기질의 종류를 알아보는 수단으로 이용할 수 있다.

① 포도당: 탄수화물인 포도당이 호흡기질로 이용되면 $RQ = 1$이다.

$$C_6H_{12}O_6 + 6O_2 \rightarrow 6CO_2 + 6H_2O + ATP$$
$$\therefore RQ = \frac{6}{6} = 1$$

② 유기산: 말산염(malate; $C_4H_6O_5$)은 당에 비해 산소가 많은 물질이 호흡기질이 되므로 $RQ = 1.33$으로 1보다 커진다.

$$C_4H_6O_5 + 3O_2 \rightarrow 4CO_2 + 3H_2O$$
$$\therefore RQ = \frac{4}{3} = 1.33$$

③ 지방(지방산; stearic acid; $C_{18}H_{36}O_{12}$): 지방종자의 발아 시 호흡기질은 지방이 되며, 지방은 당과 비교하여 산소가 적고 수소가 많으므로 산화되어 CO_2와 H_2O가 되기 위해서는 더 많은 산소가 필요하여 $RQ = 0.7$로 1보다 작다.

$$C_{18}H_{36}O_{12} + 26O_2 \rightarrow 18CO_2 + 18H_2O$$
$$\therefore RQ = \frac{18}{26} = 0.7$$

3) 실제 RQ값을 해석할 때는 여러 가지 변수를 고려해야 하며, 두 가지 이상의 기질이 동시에 쓰이거나 무산소 발효가 일어나거나 하면 값이 다르게 나타날 수 있다.

2 해당과 5탄당인산회로

(1) 해당과정(解糖過程, glycolysis)

1) 의의

① 세포 내 포도당은 3가지 경로 중 하나를 선택한다.
㉠ 전분이나 자당으로 저장

ⓒ 5탄당인산회로를 거쳐 5탄당으로 산화
ⓒ 해당과정을 거쳐 피루브산으로 산화

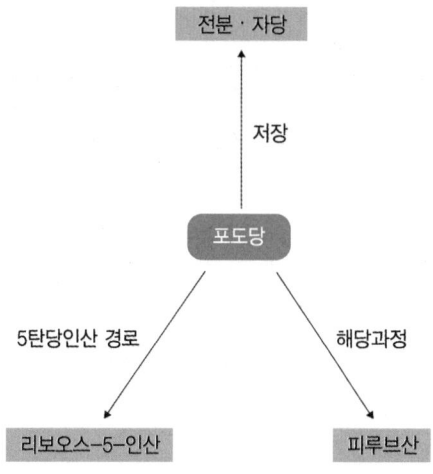

[세포 내 포도당의 3가지 진로]

② 해당과정은 호흡과정의 첫 단계로 포도당 1분자가 2분자의 피루브산을 생성하는 과정이다.
③ 미토콘드리아 밖 시토졸에서 일어난다.
④ 발견자들(Embden, Meyerhof, Parnass)의 이름 머리글자를 따서 EMP경로라고도 한다.

2) 해당과정

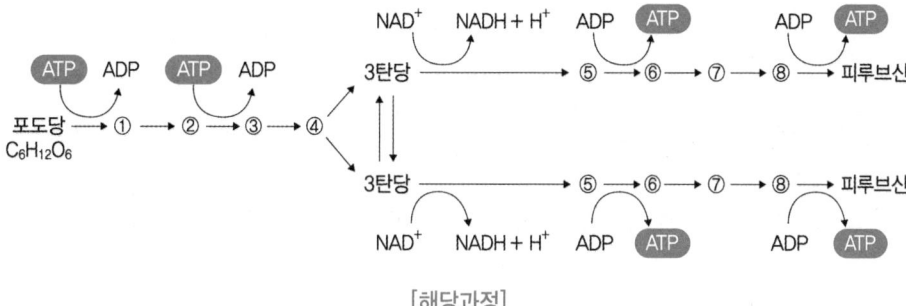

[해당과정]

해당과정의 단계: 포도당 → ① 포도당-6-인산(G-6-P) → ② 과당-6-인산(F-6-P) → ③ 과당-1,6-이인산(FDP) → ④ 3탄당인산(G3P와 DFAP) → ⑤ 1,3-이인산글리세르산(1,3-BPGA) → ⑥ 3-인산글리세르산(3-PGA) → ⑦ 2-인산글리세르산(2-PGA) → ⑧ 인산에놀피루브산(PEP) → ⑨ 피루브산

① 1분자의 포도당이 2분자의 피루브산으로 전환되는 과정에서 ATP가 소모되면서 한편으로 기질 수준의 인산화로 ATP가 생산된다.
  ㉠ 포도당이 3탄당으로 전환되는 과정에서 2분자의 ATP를 소모한다.
  ㉡ 기질 수준의 인산화 과정에서 4분자의 ATP가 생산된다.

- ⓒ 기질 수준의 인산화: 고에너지 인산화합물에서 나오는 에너지와 무기인산을 이용하여 직접적으로 ATP를 합성하는 과정
- ⓔ 2분자의 $NADH+H^+$(4분자의 ATP형성)가 생성된다.

② 해당과정 조절
- ⓐ 해당과정은 가역반응과 비가역반응이 있어 반응이 조절된다.
- ⓑ 특히 과당-6-인산(F-6-P)에서 과당-1,6-이인산(FDP)으로 되는 단계는 비가역반응으로 해당과정의 주된 조절단계이다.
- ⓒ 여기에 관여하는 효소(PFK; phosphofructokinase)는 체내 ATP 함량에 의해 그 활성이 조절되는데 ATP 함량이 많으면 활성이 낮아져 반응이 억제된다.

(2) 5탄당인산회로(PPP; pentose phosphate pathway)

1) 의의
① 포도당-6-인산(G-6-P)로부터 시작하여 포도당을 산화하는 또다른 경로이다.
② 시토졸과 색소체에서 일어나며, 세포질에서의 경로가 시토졸 경로보다 압도적이다.
③ 체 내 당 대사의 10%가 이 경로를 통해 이루어진다.
④ 5탄당인산회로는 포도당-6-인산이 직접적인 산화로 시작되는 반응이다.
⑤ 포도당-6-인산 수준에서 해당과정과 갈라지기 때문에 6탄당인산분지회로라고도 한다.

2) 과정
① 6탄당인산이 포도당-6-인산으로 산화되면서 시작된다.
② 포도당-6-인산이 탈수소효소의 작용으로 6-포스포글루코노락톤(6-phosphoglucono-1,5-lactone)으로 변하고 $NADPH+H^+$가 생성된다.
③ 6-포스포글루코노락톤은 H_2O가 첨가되어 6-포스포글루콘산(6-phosphogluconate)로 전환된다.
④ 6-포스포글루콘산은 탈탄산작용에 의하여 CO_2가 방출되어 리불로오스-5-인산(ribulose-5-phosphate)로 전환되면서 $NADPH+H^+$가 생성된다.
⑤ 이 산환반응으로 생기는 5탄당인산은 복잡한 과정을 거쳐 6탄당인산(F6P)과 3탄당인산(PGAL)으로 전환된다.

3) 생성물
① 포도당-6-인산 1분자가 5탄당인산회로를 통하여 산화될 때 2가지 반응에서 2분자의 $NADPH+H^+$가 생성되므로 CO_2와 H_2O로 완전히 산화된다면 $12NADPH+H^+$가 생성된다.
② 5탄당인산회로를 통하여 생성된 $NADPH+H^+$는 전자전달계에서 ATP로 산화되지 않고 $NADPH+H^+$를 전자공여체로 요구하는 지방산과 이소프레노이드(isoprenoid)의 합성과 같은 합성반응에 더 많이 이용된다.

③ 5탄당인산회로의 중간산물인 리불로오스-5-인산(ribulose-5-phosphate)은 리보오스-5-인산(ribose-5-phosphate)으로 전환되어 RuBP, nucleotide, 핵산을 합성하는데 사용된다.
④ 중간경로에서 생성된 에리트로오스-4-인산(erythrose-4-phosphate)의 4탄당화합물은 안토시아닌, 리그닌 같은 다양한 페놀화합물 생성에 필수 전구체이다.

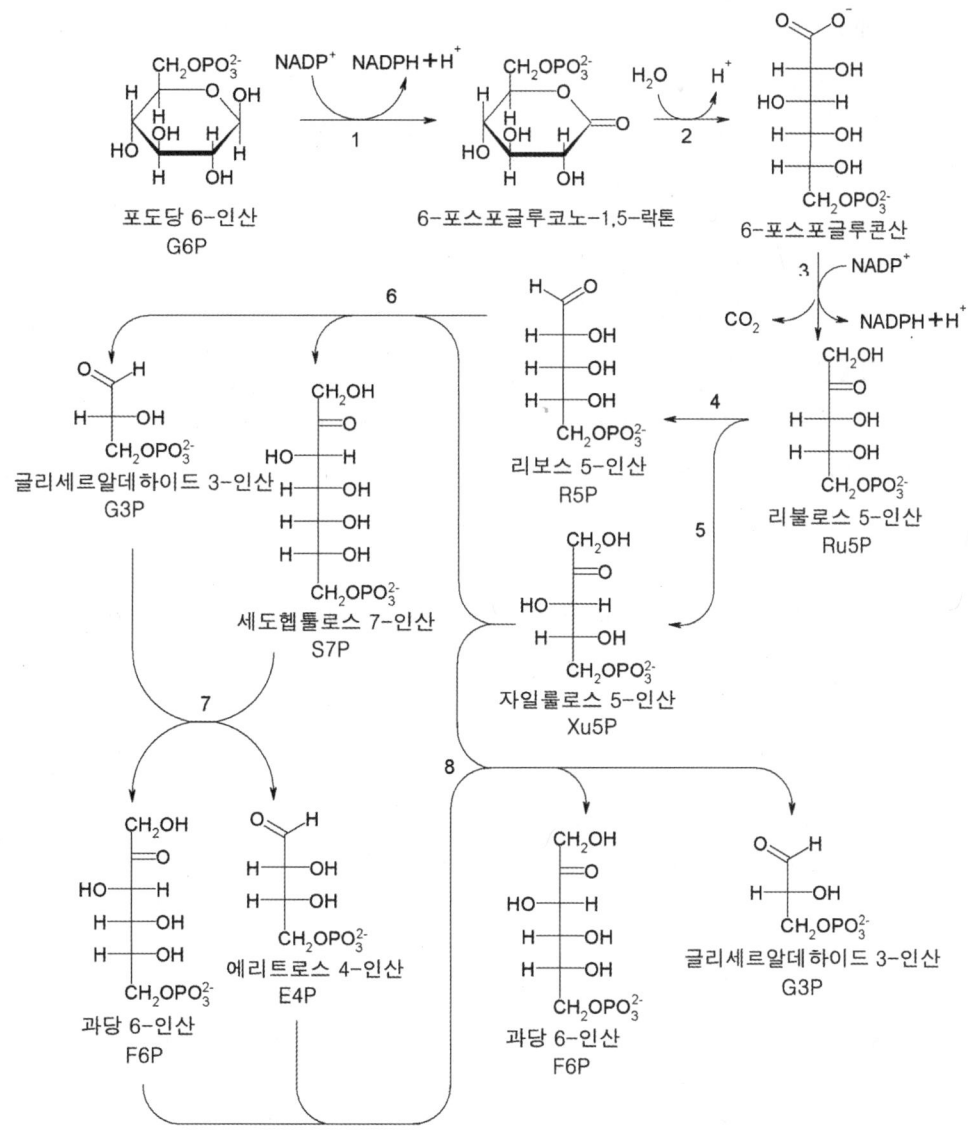

[5탄당인산경로]

1. glucose-6-phosphate dehydrogenase
2. gluconolactonase
3. 6-phosphogluconate dehydrogenase
4. ribulose-5-phosphate-3-epimerase
5. ribulose-5-phosphate isomerase
6. transketolase
7. transadolase
8. transketolase

3 해당 이후 유산소호흡

(1) 아세틸-CoA(acetyl coenzyme A)의 형성

1) 의의

① 유산소 조건에서 미토콘드리아에서 일어난다.
② 시토졸에서 미토콘드리아로 들어간 피루브산이 반응기질이다.
③ 피루브산이 거대효소복합체인 피루브산 탈수소효소라는 효소복합체에 의해 촉매되는 일련의 화학반응을 거쳐 아세틸-CoA로 전환된다.
④ 아세틸-CoA는 고에너지 화합물로 해당과정과 크랩스회로를 연결시켜 준다.
⑤ 여러 물질의 생합성에 있어 기초물질이 되기도 한다.

2) 형성경로

① 탈탄산작용으로 피루브산으로부터 1개의 탄소가 CO_2로 제거된다.
② 탈수소효소에 의해 수소가 떨어져 나오며 NAD^+과 수용하여 $NADH+H^+$로 환원된다.
③ 나머지 2개의 탄소가 아세틸기로 산화된 후 CoA(coenzyme A; 조효소A)의 황 원자와 결합하여 아세틸-CoA(acetyl coenzyme A)를 형성한다.
④ 아세틸-CoA 형성에 필요한 보조인자: TPP(thiamine pyrophosphate), Mg^{2+}, NAD^+, coenzyme A, 리포산(lipoic acid)

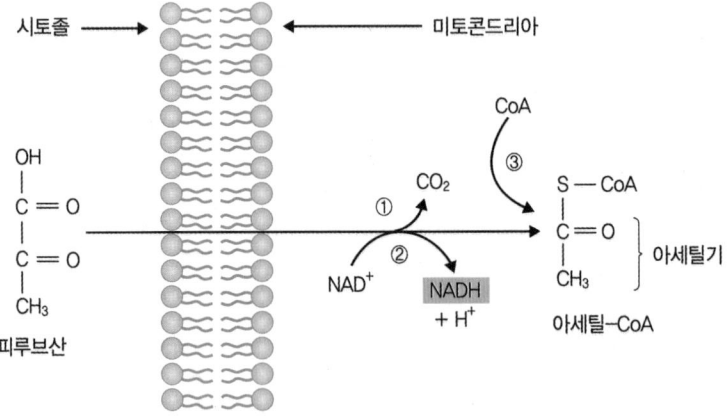

[아세틸-CoA(acetyl coenzyme A) 형성]

3) 반응 산물

① 피루브산 1분자가 아세틸-CoA 1분자를 형성하면서 CO_2 1분자와 NADH 1분자가 생산된다.
② 1분자의 포도당으로 보면 2분자의 CO_2와 2분자의 NADH가 만들어지는 것이다.

$$피루브산 + NAD^+ + CoA \rightarrow 아세틸-CoA + NADH + H^+ + CO_2$$

(2) 크렙스회로(Krebs cycle)

1) 의의

① 피루브산이 아세틸-CoA를 형성한 다음 일련의 반응을 거쳐 CO_2와 H_2로 완전히 산화되는 순환적 반응경로이다.
② 1937년 영국의 한스 크렙스(Hans Krebs)가 동물 세포에서 처음 발견하였다.
③ 3개의 카르복실기를 갖는 시트르산(citric acid; 구연산)을 처음 생산하기 때문에 시트르산회로, 트리카르복실산회로(tricarboxylic acid, TCA회로)라고도 한다.

$$2C_3H_4O_3 + 6H_2O \rightarrow 6CO_2 + \underline{20H} + 2ATP$$
$$16H : 8NADH + 8H^+$$
$$4H : FADH_2$$

2) 반응경로

① 아세틸-CoA에서 2탄소의 아세틸기를 4탄소의 옥살로아세트산으로 전달하여 6탄소의 시트르산을 형성하는 것으로 시작된다.
② 시트르산은 이소시트르산 → α-케토글루타르산 → 숙시닐-CoA → 숙신산 → 푸마르산 → 말산을 거쳐 옥살로아세트산이 재생된다.
③ 이 회로에서 시트르산을 생성하는 단계만 비가역적이고, 나머지 단계는 모두 가역반응이다.

3) 반응산물

① 아세틸기는 분해되어 2개의 이산화탄소를 생성하고 4번의 산화가 일어나 3분자의 NADH와 1분자의 $FADH_2$(플라빈 아데닌 디뉴클레오티드(FAD)의 환원된 형태, flavin adenine dinucleotide, 플라빈 아데닌 디뉴클레오티드)가 생성되고, 기질수준의 인산화로 1분자의 ATP가 생성된다.
② 중간대사산물은 여러 유기화합물 생합성에 이용된다.
  ㉠ 옥살로아세트산은 아스파르트산과 α-케토글루타르산은 글루탐산과 같은 아미노산의 생합성 물질이다.
  ㉡ 숙시닐-CoA는 포르피린의 전구물질이 된다.

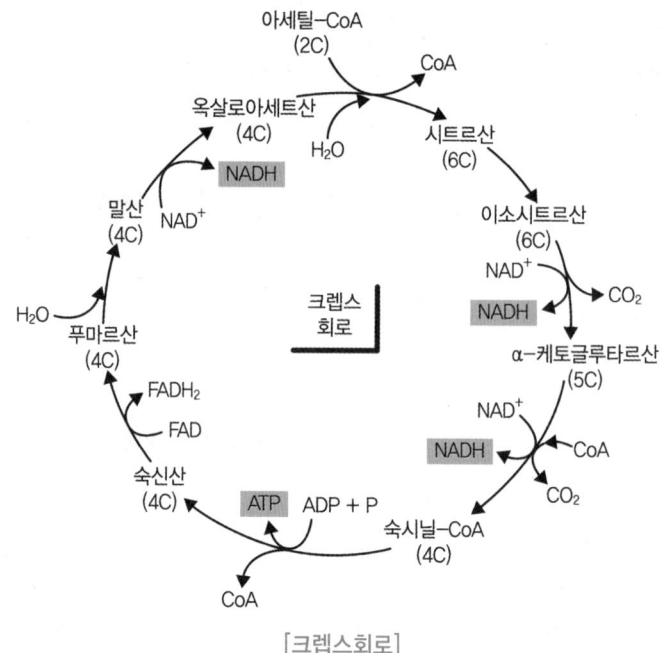

[크렙스회로]

(3) 전자전달계와 산화적 인산화

1) **전자전달계**(電子傳達系, electron transport system; ETS)
   ① 의의
      ㉠ 미토콘드리아 내막의 크리스타에 위치한다.
      ㉡ 호흡과정에서 생산된 NADH와 $FADH_2$는 전자의 공여체로 산화되면서 전자를 방출하고 전자전달계를 거쳐 최종적으로 산소에 전달된다.
      ㉢ 전자전달계에서 전자는 전자친화력이 높은 쪽으로, 즉 상대적 자유에너지(에너지준위, 산화환원전위)가 낮은 쪽으로 전자가 전달된다.
   ② 구성: 전자전달계는 전자를 통과시키는 운반체로 4개의 단백질복합체(Ⅰ~Ⅳ)와 2개의 이동성 운반체(우비퀴논, 시토크롬 c)로 구성되며, 각 복합체는 수개의 전자전달분자를 포함하고 있고 모두 내막 이중층 내부에 자리잡고 있다.
      ㉠ 복합체Ⅰ(NADH 탈수소효소)
         ⓐ 전자전달분자는 FMN(flavin mononucleotide), $Fe-S$단백질 등이다.
         ⓑ 기질에서 생산된 NADH($NAD^+ + 2e^- + H^+$)로부터 2개의 전자를 받아 우비퀴논(UQ, ubiquinone)으로 전달한다.
         ⓒ 전자가 복합체를 통과하면서 기질로부터 막공간으로 전자쌍 당 4개의 H^+를 퍼낸다.
      ㉡ 복합체Ⅱ(숙신산탈수소효소)
         ⓐ 크렙스회로에서 숙신산의 산화를 촉매하는 효소로 막결합단백질이다.
         ⓑ 전자전달분자로는 FAD와 $Fe-S$단백질을 함유하고 있다.

ⓒ 숙신산으로부터 전자를 받아 $FADH_2$로 환원시킨 후 전자를 우비퀴논에 전달한다.

ⓓ 이 복합체는 H^+를 퍼내지 않는다.

ⓒ 복합체Ⅲ(시토크롬 bc_1 복합체)

ⓐ 환원된 우비퀴논인 우비퀴놀(ubiquinol)로부터 전자를 받아 시토크롬 b, Fe-S 중심, 시토크롬 c_1을 거쳐 시토크롬 c로 전달한다.

ⓑ 전자쌍 당 4개의 H^+를 퍼낸다.

ⓔ 복합체Ⅳ(시토크롬c산화효소, 시토크롬 a/a_3 복합체)

ⓐ 2개의 Cu분자와 시토크롬 a와 a_3를 포함하고 있다.

ⓑ 최종산화효소로 시토크롬 c로부터 전자를 전달받아 O_2를 환원시켜 H_2O를 만든다.
($O_2 + 4e^- + 4H^+ = 2H_2O$)

ⓒ 전자쌍 당 2개의 H^+를 막간 공간으로 퍼낸다.

ⓜ 이동성운반체

ⓐ 우비퀴논(ubiquinone): 환원형을 우비퀴놀(ubiquinol)이라 하며, 일종의 막결합으로 내재성 단백질이다.

ⓑ 시토크롬 c: 막간 공간 쪽에 위치하는 표재성 단백질이다.

③ 만약 O_2가 없다면 전자를 수용하지 못해 전자전달계에 전자가 포화되어 전자전달이 중단되고, 크렙스회로도 정지되며, O_2가 전자와 결합하면 활성산소가 되어 해작용이 나타난다. 따라서 호흡에 O_2가 반드시 필요하다.

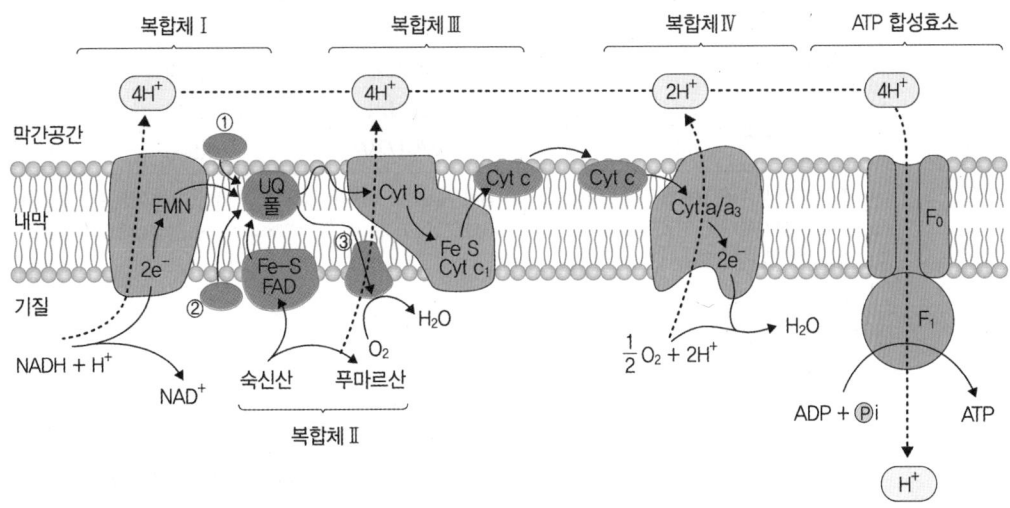

[전자전달계와 ATP합성효소]
① NADPH탈수소효소, ② NADH탈수소효소, ③ 대체산화효소

2) 산화적 인산화-ATP합성

① 의의
- ㉠ 광합성에서와 같이 화학삼투설에 기초를 두고 있으며, 전자전달계 자체는 ATP를 합성하지 못하고, ATP합성효소라는 복합단백질에서 일어난다.
- ㉡ 미토콘드리아 내막의 크리스타에서 발생한다.
- ㉢ 전자전달이라는 전자를 잃는 과정이 일어나고 산소 의존적이므로 호흡과정에서 일어나는 ATP합성과정을 산화적 인산화라 한다.

② 단계별 ATP 생성
- ㉠ 전자전달과정에서 수송되는 H^+ 수를 바탕으로 합성되는 ATP 수를 계산할 수 있는데, 1분자의 ATP를 생산하기 위해 4개의 H^+가 필요하다.
- ㉡ 한 쌍의 전자가 각각 복합체(H^+펌프)를 통과할 때마다 Ⅰ에서 4개, Ⅲ에서 4개, Ⅳ에서 2개의 H^+를 퍼낸다.
  - ⓐ 기질의 NADH를 떠난 전자쌍은 총 10개의 H^+를 퍼내 2.5개의 ATP를 생산한다.
  - ⓑ 시토졸의 NADH는 왕복운반자에 의해 전자만을 미토콘드리아 내막의 우비퀴논으로 바로 전달하여 1.5개의 ATP를 생산한다.
  - ⓒ 기질의 $FADH_2$를 떠난 전자쌍도 우비퀴논으로 전달되어 1.5개의 ATP를 생산한다.
- ㉢ 결국 1분자의 포도당이 완전히 산화되어 생산할 수 있는 ATP는 총 30개이다.

[포도당 1분자의 호흡 단계별 ATP 생성]

호흡단계	기질수준의 인산화	전자공여체	1분자당 ATP합성 분자수	ATP 생산
해당과정	2ATP	2NADH	1.5(2)	3(4)
아세틸-CoA 형성	-	2NADH	2.5(3)	5(6)
크렙스회로	2ATP	6NADH	2.5(3)	15(18)
		$2FADH_2$	1.5(2)	3(4)

학자에 따라 ATP 산출을 32개, 38개 등으로 달리 계산하는 경우도 있으며, ( ) 안은 1분자의 ATP 생산에 $3H^+$가 필요하고 기질 NADH는 $9^+/3^+$=3개, 시토졸 NADH와 $FADH_2$는 $6^+/3^+$=2개의 ATP를 생산한다고 가정했을 때이며, 총 36개의 ATP를 생산한다.

③ 에너지 효율
- ㉠ 포도당 1mol이 완전히 산화될 때 686kcal의 자유에너지가 발생한다.
- ㉡ 1mol의 ATP가 가수분해되면서 유리하는 에너지는 7~12kcal/mol로 가장 낮은 에너지 값으로 총 30mol의 ATP가 갖는 열량을 계산해 보면 210kcal이 된다.
- ㉢ 따라서 포도당 1mol의 연소열 686kcal의 30.6%에 해당하는 210kcal의 에너지가 30mol의 ATP에 저장되고 나머지는 열로 소실된다.

3) 대체전자전달 경로
   ① 의의
      ㉠ 식물은 정상적인 전자전달계에 추가적으로 몇 개의 대체전자전달 경로를 가지고 있다.
      ㉡ 대체전자전달 경로에 5개의 산화환원효소가 관여하며, 일부는 Ca^{2+}에 의존적이다.
   ② 경로
      ㉠ 막간 공간 쪽의 막 표면에 2개의 NAD(P)H탈수소효소는 해당과정에서 생성된 NAD(P)H를 산화시키고 받은 전자를 우비퀴논(UQ)으로 전달한다.
      ㉡ 기질 쪽 막 표면에 2개의 NAD(P)H탈수소효소는 매트릭스에서 생성된 NAD(P)H를 산화시키고 받은 전자를 UQ으로 전달한다.
      ㉢ 대체산화효소(alternative oxydase, AOX)
         ⓐ 기질 쪽 막에 내재하는 막단백질복합체이다.
         ⓑ UQ를 산화시키고 산소를 환원하는 기능을 가졌다.
         ⓒ UQ에서 전자를 직접 받아 산소로 전달하는 반응을 진행시킨다.($O_2 + 4e^- + 4H^+ \rightarrow H_2O$)
      ㉣ 대체전자전달 경로는 복합체(H^+ 펌프) Ⅰ과 Ⅱ를 우회하기 때문에 양성자(H^+) 수송이 전혀 일어나지 않거나 부분적으로 일어나 ATP 수율이 크게 떨어지는데 곧바로 UQ로 들어가 대체 산화효소를 이용하는 경우에는 전혀 ATP가 합성되지 않는 경우도 있다.
      ㉤ 이 대체 경로로 전자가 전달되면 ATP로 저장되어야 할 자유에너지가 열로 발산된다.
   ③ 대체전자전달 경로가 갖는 의미
      ㉠ 과잉에너지 또는 과잉환원력 해소
         ⓐ 광호흡에서 생긴 글리신이 미토콘드리아에서 세린으로 산화되면서 NADH가 생성되어 필요 이상의 ATP 합성이 일어난다.
         ⓑ 지나친 환원을 방지할 목적으로 ATP를 합성하지 않으면서도 남아도는 NADH를 산화시켜 배출시키는 기작으로 보인다.
      ㉡ 과잉축적된 호흡기질 처분: 대체 산화효소는 복합체 Ⅲ과 Ⅳ를 우회하므로 양성자 수송과 ATP 합성이 일어나지 않으면서 에너지를 열로 소산시키고 과잉으로 축적된 호흡기질을 처분할 수 있다.
      ㉢ 과도한 환경스트레스 극복: 대체 산화효소가 기능적으로 유용한 예는 천남성과의 부두릴리, 앉은부채 등에서 볼 수 있는데 이들은 꽃받침 안으로 육수화서가 발달하여 눈 속에서 수분 직전에 다량의 열을 발생시켜 눈을 녹이고 휘발성 성분을 촉진하여 수분곤충을 유인한다.
      ㉣ 전자전달 저해제의 무력화 수단
         ⓐ 로테논, 안티마이신, 시안화물(HCN) 등의 전자전달 저해작용을 무력화하는 수단이다.
         ⓑ 국화과 데리스의 뿌리에서 추출한 로테논은 천연 살충제로 동물에서 복합체 Ⅰ의 전자전달을 저해한다.

ⓒ 안티마이신은 복합체 Ⅱ와 결합으로 전자전달을 저해하고, 시안화물은 복합체 Ⅳ와 결합하여 전자전달을 저해한다.
ⓓ 식물은 대체전자전달 경로를 가지기 때문에 이들의 작용을 무력화한다.

4 해당 이후 무산소발효

(1) 무산소발효

1) 무기호흡(無氣呼吸, 혐기성호흡, anaerobic respiration)
   ① 해당과정에서 생성된 피루브산은 유산소 조건에서는 미토콘드리아로 들어가 크렙스회로를 거쳐 CO_2와 H_2O로 완전히 분해되나 무산소 조건에서는 발효과정을 거쳐 젖산이나 에탄올을 생성한다.
   ② 혐기성 미생물에서는 O_2를 이용하지 않고 유기물을 산화하는 무기호흡을 하며, 호기성 고등생물에서도 O_2가 부족하면 젖산발효나 알코올발효가 일어난다.
   ③ 최종전자수용체로 작용하는 O_2가 없을 경우 대사작용은 발효과정으로 전환되어 호흡기질은 부분만 산화되어 에탄올이나 젖산 같은 최종산물이 생성된다.

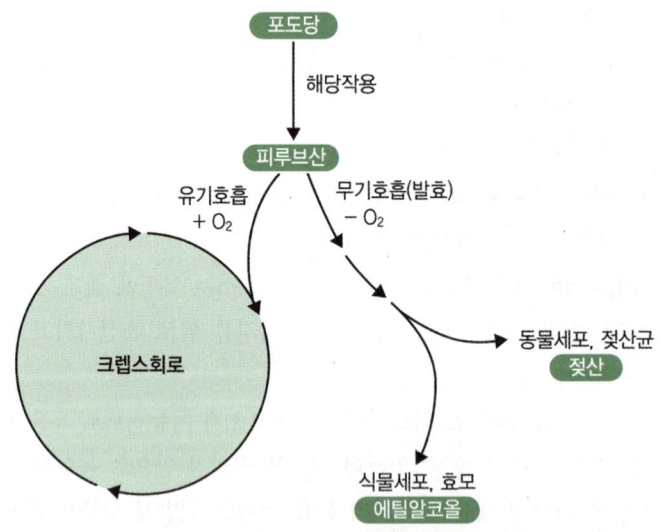

[발효과정]

2) 알코올발효

① 해당과정에서 생긴 피루브산은 탈탄산작용에 의해 아세트알데히드가 되고, 이 물질은 다시 알코올탈수소효소의 작용으로 알코올로 환원된다.

② 식물세포와 효모에 의해 일어난다.

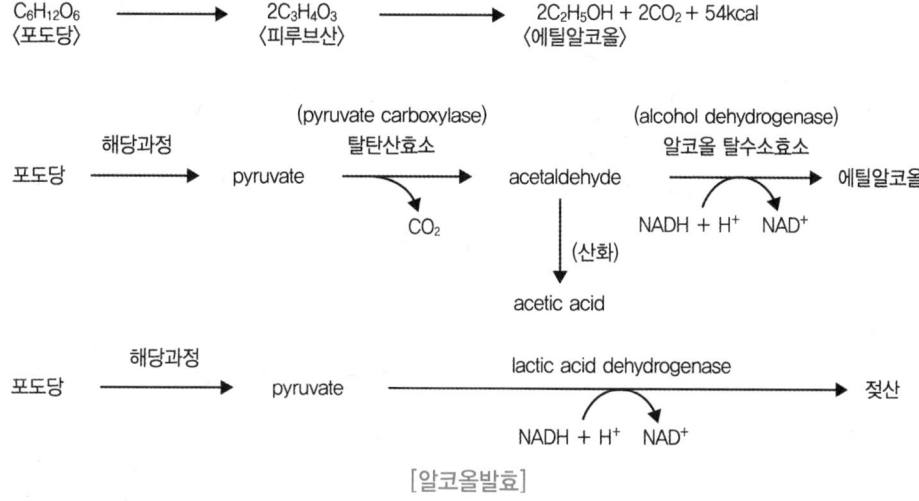

$C_6H_{12}O_6$ → $2C_3H_4O_3$ → $2C_2H_5OH + 2CO_2 + 54kcal$
〈포도당〉　　　〈피루브산〉　　　〈에틸알코올〉

[알코올발효]

3) 젖산 생성

① 젖산발효와 동물근육조직에서 생성되는 젖산은 피루브산이 젖산탈수소효소와 NADH에 의해 직접 전환되어 생성된다.

② 심한 운동으로 산소가 부족해지면 동물의 근육에서 젖산발효가 일어나 젖산이 축적된다.

4) ATP 생성

① 포도당 1분자당 알코올발효에 의해 생긴 에너지는 해당과정에서 생긴 2분자의 ATP뿐이다.

② 포도당이 가지고 있던 대부분의 결합에너지는 알코올에 존재한다.

③ 유기호흡에서의 ATP 생산에 비하여 무기호흡은 매우 비효율적이다.

(2) 고등식물의 무기호흡

1) 산소가 부족한 뿌리나 담수하에서 자라는 식물은 무기호흡을 할 수 있다.

2) 발아 종자에서 종피의 가스투과성이 낮아 발아에 필요한 산소가 부족한 경우 알코올발효가 일어나는데, 산소를 흡수할 수 없는 초기 무기호흡을 할 수 있다.

3) 대부분 유관속식물은 무기호흡으로 오래 살아남을 수 없는데, 이는 ATP 부족이나 알코올 농도가 유해한 수준으로 축적되기 때문이다.

4) 수생식물이 물속에서도 생존이 가능한 것은 물속에서도 유기호흡을 할 수 있는 구조적 특징 때문이다.

5 호흡에 영향을 미치는 요인

(1) 식물호흡의 특징

1) 대사적으로 불활성인 액포와 세포벽 성분이 큰 비중을 차지하므로 동물에 비해 호흡률이 낮으나, 일부 조직은 동물과 비슷한 호흡률을 보이기도 한다.
2) 광합성을 진행하는 조직에서도 이루어지며, 하루 24시간 내내 진행된다.
3) 광합성산물의 대략 50% 정도를 호흡으로 소모한다.
4) 농업생산 측면에서 보면 생장을 방해하지 않는 범위 내에서 호흡을 억제하는 것이 중요하다.
5) 호흡의 측정은 산소 흡수량이나 이산화탄소 방출량으로 측정한다.

(2) 내적요인

1) 호흡량이나 호흡속도는 대사 상태를 반영하는 것으로 식물 개체, 기관, 조직에 따라 다르다.
   ① 원형질이 풍부한 유세포는 호흡이 왕성하다.
   ② 작물 종자가 수분을 흡수하면 호흡이 왕성해진다.
   ③ 건조상태의 건생식물이 수분을 흡수해서 조직의 함수량이 특정 범위 이상이 되면 호흡률 상승이 급격해 진다.
   ④ 보리는 뿌리가 종자보다, 밀은 어린잎이 늙은 잎보다, 사과는 미숙과가 숙과보다 호흡량이 많다.
2) 나이에 따라 어린 식물체가 늙은 식물체보다 호흡량이 많다.
   ① 처음 생장 기간에는 세포분열과 신장에 많은 물질과 에너지를 요구하기 때문에 호흡량이 많다.
   ② 나이가 들어 성숙하는 동안에는 연관된 대사 요구가 감소하므로 호흡이 감소한다.
   ③ 잎이나 과실에서 노화나 죽음에 앞서 호흡이 일시적으로 상승하는 현상을 보이는데 이러한 호흡급등현상(climacteric rise)은 산화적 인산화 반응의 감소, ATP 생성과 전자전달이 더이상 짝지어 일어나지 않는다는 것을 암시하는 것이다.
   ④ 목본성식물에서 나이가 들면서 가지나 줄기의 호흡이 감소하는 것은 불활성 조직이 상대적으로 많아지기 때문이다.

(3) 외적요인

1) 온도
   ① 식물의 호흡은 효소에 의해 일어나므로 그 반응속도는 온도의 영향을 받는다.
   ② 0℃에 가까운 저온에서는 식물의 호흡은 크게 저하되고, 온도가 상승함에 따라 점차 증대되어 30~40℃에서 최대에 달하며, 최적온도보다 더 높아지면 오히려 감소된다.

③ 높은 고온에서는 기질이 부족해지고 산소의 용해도가 감소하여 호흡이 억제되며, 50℃ 이상에서는 호흡효소의 변성이 일어나고 막의 손상을 보인다.
④ 최대 호흡률을 보이는 최적온도는 식물의 종류에 따라 다르며, 일반적으로 호온성식물이 호냉성식물보다 높다.
⑤ 호흡의 최저온도에서 최적온도에 이를 때까지는 온도가 10℃ 상승할 때마다 호흡률은 약 2배가 된다.
⑥ 온도계수(Q_{10}; temperature coefficient): 어떤 온도에서 반응속도가 이보다 10℃ 높은 온도에서의 반응속도의 비율로 논벼에서 호흡작용의 Q_{10}은 1.6~2.0이다.

2) 산소농도

① 대기 중의 산소에서는 기공이 열려 있는 한 식물체 내로 충분히 공급되며, 대기 중 산소농도가 낮아지면 호흡이 저하된다.
② 식물주변 산소농도가 5% 이하가 되거나 조직 내에서 2~3% 이하로 떨어지면 호흡은 감퇴된다.
③ 토양이 침수되거나 배수 불량으로 토양의 공극이 물로 포화되는 경우 산소의 부족으로 유산소호흡이 제한되거나 무기호흡이 일어난다.

3) 이산화탄소의 농도

① 대기 중의 이산화탄소 농도는 0.035%이며, 이산화탄소의 농도가 증가하면 호흡이 감소되는데 주로 기공이 닫혀 산소량이 감소되기 때문이다.
② 이산화탄소 농도의 영향은 식물의 종류나 기관에 따라 다르다.
　㉠ 원래 호흡량이 많은 양딸기, 아스파라거스 등은 호흡이 저하된다.
　㉡ 당근에서는 영향력이 적다.
　㉢ 원래 호흡량이 적은 감자의 괴경, 튤립과 양파 등의 인경에서는 오히려 호흡이 왕성해진다.
③ 온도가 낮고, 산소가 부족할 때, 고농도의 이산화탄소에서 호흡저하는 더욱 현저하며, 이산화탄소에 의한 호흡억제는 과실이나 채소의 저장에 이용되는데 이를 원예산물의 CA저장, MA저장에 이용하고 있다.

01 광합성(光合成, photosynthesis)

01. 엽록소에 관한 설명으로 옳지 않은 것은?

① 피자식물은 암조건에서도 효소작용으로 엽록소를 합성한다.
② 글루탐산은 출발물질로 엽록체에서 합성된다.
③ 탄화수소로 이루어진 피톨측쇄를 가진다.
④ 포르피린 고리 가운데에 마그네슘이 들어가 있다.

해설 나자식물이나 조류는 암상태에서도 효소작용으로 엽록소가 합성되지만, 피자식물은 반드시 광조건에서만 합성된다.

02. 다음 중 엽록소에 대한 설명으로 옳은 것은?

① 엽록소는 친수성 거대분자구조를 가진다.
② 식물의 엽록소는 단지 1가지 형태가 존재할 뿐이다.
③ 엽록소는 전파장의 광을 골고루 잘 흡수한다.
④ 엽록소는 녹색광을 잘 흡수하지 못한다.

해설 ① 틸라코이드 막에서 소수성인 꼬리부분은 이중층에 묻혀있고, 친수성인 머리부분은 외부에 노출되어 있다.
② 현재까지 9종이 알려져 있으며, 고등식물은 엽록소 a와 엽록소 b를 가지고 있다.
③ 주로 적색광과 청색광을 잘 흡수한다.

03. 다음 설명 중 옳지 않은 것은?

① 엽록소의 광합성 단위는 250여 개의 엽록소 분자들이다.
② 광합성 단위의 엽록소분자들 중 광화학반응에 관여하는 엽록소는 한 분자이다.
③ Mg, N, C, Fe는 엽록소의 구성원소이다.
④ 작물의 광합성에 이용되는 가시광선의 범위에서 가장 유효한 파장은 640~670nm이다.

해설 엽록소의 구성원소는 C, H, O, N, Mg이다.

04. 엽록체에서 엽록소가 분포되어 있는 장소는 어디인가?

① 외막과 내막
② 내외막 간 공간
③ 틸라코이드막
④ 스트로마

해설 엽록소는 막구조의 내재성단백질과 결합하여 엽록소-단백질 복합체로 틸라코이드막에 분포하며, 이들은 에너지전달과 전자전달이 효율적으로 일어날 수 있도록 기하학적으로 정교하게 배열되어 있다.

05. 엽록소에 관한 설명으로 옳지 않은 것은?

① 엽록소 a는 포르피린 고리에 메틸기를 갖는다.
② 엽록소 b는 포르피린 고리에 알데히드기를 갖는다.
③ 엽록소 a와 b의 꼬리부분(피톨측쇄)은 동일하다.
④ 엽록소 a와 b는 광흡수 스펙트럼에 차이가 없다.

해설 ・머리부분(포르피린 고리, porphyrin ring)
  ⓐ 탄소원자 간 이중결합과 단일결합이 교대로 나타나는 구조로 되어 있어 광에너지를 받으면 쉽게 들뜬 상태로 전이될 수 있다.
  ⓑ 엽록소는 4개의 피롤(pyrrole; 4개의 탄소 원자와 1개의 질소 원자가 고리구조를 이루고 있는, 헤테로고리 계열에 속하는 유기화합물) 핵이 N원자로 결합된 porphyrin 화합물로서 중앙에 Mg가 결합되어 있다.
  ⓒ 엽록소 a와 b는 2번 피롤에 a는 메틸기($-CH_3$)를 결합시키고, b는 알데히드기($-CHO$)를 결합시키고 있는 점이 다르다.
  ⓓ 엽록소는 물에 녹지 않고 유기용매에 잘 녹는데, 엽록소 a는 석유에테르에 잘 용해되고, 엽록소 b는 메틸알코올에 잘 용해된다.
・엽록소 a와 b는 포르피린 고리에 작용기로 각각 메틸기와 알데히드기를 갖는데, 이로 인해 엽록소 a와 b는 광흡수 스펙트럼이 달라진다.

06. 광합성 보조색소인 카로티노이드에 관한 설명으로 옳지 않은 것은?

① 에너지 전달 효율이 엽록소보다 높다.
② 뿌리, 꽃, 열매 등에서 적색이나 황색을 나타낸다.
③ 적황색 부근의 가시광성을 흡수하지 않는다.
④ 과도한 에너지로부터 광합성 기구를 보호하는 역할을 한다.

해설 **역할**
 ㉠ 엽록소가 흡수하지 못하는 영역의 광 에너지를 흡수하여 반응중심으로 전달하며, 그 효율은 엽록소보다 낮다.
 ㉡ 광보호(photoprotection) 역할
  ⓐ 과도한 에너지로부터 광합성 기구를 보호하는 역할을 한다.
  ⓑ 엽록소가 과도한 광을 흡수하면 활성산소와 같은 유독물질을 생산해 광합성 기구를 손상시킬 수 있다.
  ⓒ 보조색소가 과도한 에너지를 열로 발산시키면서 들뜬 엽록소를 진정시켜 활성산소의 생성을 억제하거나 생성된 활성산소를 안정된 산소로 바꾸어준다.
 ㉢ 강한 빛으로부터 식물체와 광합성의 광화학반응계를 보호하는 역할을 한다.

07. 광화학반응계의 구성요소인 반응중심에 관한 설명으로 옳지 않은 것은?

① 전자를 방출하여 광화학반응을 유발한다.
② 안테나 엽록소로부터 전자를 전달받는다.
③ 수 개의 엽록소로 구성되어 있다.
④ 안테나 엽록소들을 서로 공유한다.

해설 **반응중심**
 ㉠ 주변 안테나 엽록소로부터 에너지를 전달받는 중심엽록소이다.
 ㉡ 에너지 수용부위는 수 개의 엽록소이며, 안테나 엽록소들을 서로 공유한다.
 ㉢ 에너지 전달 과정에서 한 반응중심 엽록소가 들뜬상태로 있으면 안테나 엽록소들은 인접한 다른 반응중심 엽록소에 에너지를 전달한다.
 ㉣ 하나의 반응중심 엽록소가 안테나 엽록소들로부터 집중적으로 에너지를 전달받아 들뜬상태가 되면 전자를 방출하여 수용체에 전달한다.

08. 광합성의 명반응과정에서 생기는 물질은?

① CO_2
② ATP
③ NAD
④ PGA

해설 명반응은 암반응에 필요한 에너지원인 ATP와 수소공여체인 NADPH를 광조건에서 합성하면서 산소를 방출하는 과정으로 틸라코이드에서 일어난다.

09. 광합성의 결과로 생기는 산소는 어디에서 유래한 것인가?

① 엽록소
② 이산화탄소
③ 물
④ 산소방출복합체

해설 산소는 광합성의 명반응과정에서 물이 광분해되면서 방출된다.

10. 광합성에 가장 효과가 큰 가시광선은?

① 적색광
② 황색광
③ 녹색광
④ 자색광

해설 엽록소는 650nm 부근의 적색과 450nm 부근의 청색광을 가장 잘 흡수한다. 엽록소의 파장별 광흡수스펙트럼과 광합성 작용스펙트럼이 일치하는데 이는 엽록소가 잘 흡수하는 적색광과 청색광이 광합성에 가장 효과적인 광선이라는 뜻이다.

11. 식물의 잎이 녹색으로 보이는 이유는?

① 엽록소가 녹색광을 잘 흡수하기 때문이다.
② 엽록소가 녹색광을 잘 반사하기 때문이다.
③ 엽록소 적색광과 청색광을 잘 흡수하기 때문이다.
④ 엽록소가 적색광과 청색광을 잘 반사하기 때문이다.

해설 엽록소가 녹색광은 흡수하지 않고 반사하기 때문에 식물의 잎은 녹색을 나타낸다.

12. 광합성 과정에서 힐반응으로 알 수 있는 것은?

① H_2O의 광분해
② CO_2의 광분해
③ ATP의 생합성
④ NADPH의 생합성

해설 힐반응(Hill reaction): 1930년 영국의 힐(Robin Hill)은 엽록체의 부유액에 이산화탄소의 주입을 차단하고 페리시아니드(ferricyanide; 헥사시아노철(Ⅲ)산염)와 같은 수소수용체를 첨가한 다음 광을 조사하면 산소가 발생하는 것을 발견하였다.

13. 광합성의 명반응에 관한 설명으로 옳은 것은?

① 전자는 제1광계에서 제2광계로 전달된다.
② 비순환적 전자전달과정은 제2광계가 관여하지 않는다.
③ 비순환적 전자전달과정은 O_2를 방출하지 않는다.
④ 순환적 전자전달은 NADPH를 생성하지 않는다.

해설 ① 전자이동: $H_2O \to$ P680 $\to$ P700 $\to NADP^+$
② 비순환적 전자전달과정은 광계 I (P700), 광계 II (P680) 모두 관여한다.
③ 비순환적 전자전달과정 생성물: ATP, NADPH, O_2

14. 광합성의 순환적 광인산화반응에 대한 설명으로 옳지 않은 것은?

① 전자전달계를 순환하는 동안 ATP가 형성된다.
② NADP는 전자를 받지 않아 NADPH로 환원되지 않는다.
③ 산소가 방출되지 않는다.
④ 제1광계와 제2광계가 모두 관여하는 반응이다.

해설 순환적 광인산화반응은 제1광계만 관여하여 ATP를 형성한다.

15. 광계에 관한 설명으로 옳지 않은 것은?

① 반응중심 엽록소 이외의 엽록소는 안테나 엽록소의 기능을 한다.
② 제1광계는 틸라코이드막의 비중첩부위에 주로 분포한다.
③ 제2광계는 680nm의 빛을 가장 잘 흡수한다.
④ 제1광계가 제2광계보다 1.5배 정도 많이 존재하는 것으로 알려져 있다.

해설 제2광계가 제1광계보다 1.5배 정도 많이 존재하는 것으로 알려져 있다.

16. 제2광계의 구성성분이 아닌 것은?

① 페레독신-$NADP^+$환원효소
② 광수확복합체
③ 페오피틴
④ 산소방출복합체

[해설]
- 제2광계는 P680(반응중심엽록소 a 4~6개), 반응중심 단백질(D1과 D2), 페오피틴(pheophytin), Q[단백질-플라스토퀴논(plastoquinone) 복합체], 엽록소-단백질 복합체(chlorophyll protein, CP43과 CP47), LHC(광수확 복합체), OEC(산소방출복합체), 보조인자(Mn^{2+}, Ca^{2+}, Cl^-) 등으로 구성되어 있다.
- 제1광계에서는 환원된 황화철단백질은 공여받은 전자를 페레독신(Fd; 스트로마 쪽에 녹아있는 또 다른 철-황단백질)을 거쳐 FNR(ferredoxin $NADP^+$ reductase, $Fd-NADP^+$ 환원효소)의 매개로 최종적으로 $NADP^+$에 수용되어 NADPH를 생성한다.

17. 광합성의 비순환적 광인산화반응에 대한 설명으로 옳지 않은 것은?

① 제1광계와 제2광계가 모두 관련된다.
② 물의 광분해반응을 통해 전자를 공급받는다.
③ ATP가 형성되지 않는다.
④ NADPH가 형성된다.

[해설] 순환적 광인산화와 비순환적 광인산화의 비교

	순환적 광인산화	비순환적 광인산화
광계(반응중심색소)	광계 I (P700)	광계 I (P700), 광계 II (P680)
전자의 이동	P700 → P700	H_2O → P680 → P700 → $NADP^+$
광분해	관여하지 않음	산화된 P680의 전자를 채우는 데 관여함
생성물	ATP	ATP, NADPH, O_2

18. 제2광계의 반응중심(P680)에서 방출된 전자를 가장 먼저 전달받는 수용체는?

① 플라스토퀴논
② 필로퀴논
③ 페오피틴
④ 플라스토시아닌

[해설] 광계II의 들뜬 반응중심엽록소인 P680*에서 방출된 전자는 빠르게 페오피틴이라는 1차 전자수용체로 전달된다. 그리고 전자를 잃고 광산화된 P680은 곧바로 물의 광분해에서 나온 전자가 OEC의 매개로 P680에 보충된다. 페오피틴은 엽록소를 구성하는 Mg^{2+}이 두 개의 수소로 치환된 엽록소 a의 형태로 무색이다. 페오피틴에 포착된 전자는 다시 반응중심에 결합되어 있는 두 개의 플라스토퀴논(QA와 QB)에 전달된다.

19. 다음 설명 중 옳지 않은 것은?

① 엽록소의 가장 중앙에 위치하고 있는 원소는 Mg이다.
② 카로티노이드는 당근의 뿌리 등에 다량으로 존재하며 황엽을 나타내는 등황색 색소이다.
③ 광합성 과정에서 광에너지가 필요한 반응은 H_2O의 광분해이다.
④ 제2광계(PS2)에서 수용되는 전자는 NADH로부터 유래된 전자이다.

해설 ▶ 제2광계(PS2)에서 수용되는 전자는 Hill반응에서 H_2O로부터 유래된 전자이다.

20. 광합성에 대한 설명으로 옳은 것은?

① 제2광계는 P680으로 표시된다.
② 비순환적 광인산화반응은 제2광계만 관련되어 있다.
③ 비순환적 광인산화반응에서 O_2는 방출되지 않는다.
④ 순환적 광인산화반응은 전자가 흐르는 동안에 ATP와 NADPH가 형성된다.

해설 ▶ ② 비순환적 광인산화반응은 제1광계와 제2광계 모두 관련되어 있다.
③ 순환적 광인산화반응에서 O_2는 방출되지 않는다.
④ 순환적 광인산화반응은 전자가 흐르는 동안에 ATP만 형성된다.

21. 캘빈회로로 설명하는 광합성의 주요 과정은?

① 명반응　　　　　　② 전자전달
③ 암반응　　　　　　④ 광인산화

해설 ▶ 명반응에서 준비한 수소공여체(NADPH)와 유용에너지(ATP)를 이용하여 탄산가스를 환원시키는 과정이 암반응인데, 이 때 관여하는 회로가 캘빈회로이다. 이 회로는 광합성탄소환원(photosynthetic carbon reduction cycle, PCR)회로라고도 한다.

22. 광합성의 암반응이 일어나는 장소는?

① 틸라코이드막　　　　② 스트로마
③ 루멘　　　　　　　　④ 엽록체 외막과 내막 사이

해설 명반응은 틸라코이드막에서, 암반응은 스트로마에서 일어난다.

23. 광합성의 암반응 과정에서 생성되는 물질이 아닌 것은?

① G3P
② ATP
③ RuBP
④ PGA

해설 명반응에서는 NADPH, ATP, 산소가 생성되고, 암반응 과정에서는 PGA, G3P, RuBP 등이 생성된다. PGA는 암반응에서 탄산가스가 고정되어 최초로 생성되는 안정된 물질이고, G3P는 포도당과 설탕을 만드는 출발물질이다.

24. 캘빈회로의 또 다른 이름으로 사용되는 것은?

① TCA 회로
② PCR 회로
③ CAM 회로
④ PGA 회로

해설 캘빈회로(Calvin cycle) 또는 광합성탄소환원회로(photosynthetic reduction cycle; PCR회로)라고 한다.

25. 캘빈회로의 단계적 분류에서 환원단계를 나타내고 있는 것은?

① $RuBP + CO_2 \rightarrow 2PGA$
② $PEP + CO_2 \rightarrow OAA$
③ $PGA + ATP + NADPH \rightarrow G3P + ADP + NADP$
④ $RuP + ATP \rightarrow RuBP + ADP$

해설 암반응, 즉 캘빈회로는 이산화탄소 고정(카르복실화), PGA(3-phosphoglycerate, 3PG, 3-인산글리세르산) 환원, RuBP(ribulose biphosphate; 리불로스 이인산, P-C5-P) 재생의 3단계가 반복적으로 연결되는 생화학적 반응경로이다.
1단계: CO_2 고정 $RuBP + CO_2 \rightarrow 2PGA$
2단계: PGA 환원 $PGA + ATP + NADPH \rightarrow G3P + ADP + NADP$
3단계: RuBP 재생 $G3P \rightarrow RuBP$

26. 광호흡에 대한 설명으로 옳지 않은 것은?

① 이산화탄소 고정량을 감소시켜 광합성효율을 저하시킨다.
② C_3식물에서 주로 일어나고, C_4식물에서는 거의 일어나지 않는다.
③ RuBP oxygenase가 효소로 작용한다.
④ 엽록체의 산화적 광파괴를 촉진시킨다.

해설 식물이 환경에 적응하는 수단의 하나로 고농도의 O_2로부터 엽록체의 산화적 광파괴(oxidative photodestruction)를 방지하는 기작으로 이해되고 있다.

27. 다음 중 C_4식물에 대한 설명으로 옳지 않은 것은?

① 엽육세포와 유관속초세포에 엽록체가 존재한다.
② CO_2 고정에는 PEP-carboxylase만이 관여한다.
③ 유관속초세포의 엽록체에는 보통 그라나가 없다.
④ 사탕수수, 수수, 옥수수 등이 C_4식물에 해당된다.

해설 CO_2 고정에 PEP-carboxylase와 RuBP-carboxylase 2가지 효소가 관여한다.

구분	C_3식물	C_4식물	CAM식물
잎의 내부구조 및 해부형태	유관속초세포 또는 그 안에 엽록체가 없다.	유관속초세포와 그 안에 엽록체가 있다.	책상조직이 없고 큰 액포가 발달한다.
카르복시라아제	RuBP	PEP, RuBP	PEP, RuBP
CO_2:ATP:NADPH	1:3:2	1:5:2	1:6.5:2
증산율(g)	450~950	250~350	18~125
엽록소 a/b율	2.8±0.4	3.9±0.6	2.5±3.0
Na^+ 요구도	없음	있음	있음
CO_2보상점(ppm)	30~70	0~10	0~5(암소)
광호흡	있음	유관속초세포만 있음	정오 후에 측정 가능
광합성 적정온도(℃)	15~25	30~47	≈ 30
건물생산량(ton/ha/년)	22±0.3	39±17	낮고 변이가 큼

28. C_4식물에서 PEP-carboxylase가 존재하는 장소는?

① 엽육세포   ② 유관속초세포
③ 체관   ④ 물관

해설 PEP-carboxylase는 엽육세포의 엽록체에서 PEP(phosphoenol pyruvate, 인산에놀피루브산)가 CO_2를 받아 OAA(oxaloacetic acid, 옥살로아세트산)로 변한다.

29. C_4식물의 형태적·해부적 특징으로 C_3식물과 다른 점으로 옳지 않은 것은?

① 유관속초세포에는 엽록체가 존재하지 않는다.
② 유관속초세포의 엽록체는 보통 그라나가 없다.
③ 엽육세포의 엽록체는 보통 그라나가 있으며 작다.
④ 유관속초세포에는 다수의 전분립을 가진 큰 엽록체가 있다.

해설 C_4식물은 세포간극이 작고 각 유관속은 현저하게 발달된 유관속초세포로 둘러싸여 있으며, 엽육세포와 엽맥 주위의 유관속초세포에 각각 엽록체를 가지고 있다. 유관속초세포는 보통 그라나가 없고 다수의 전분립을 가진 큰 엽록체가 들어 있다.

30. C_3와 C_4식물에 관한 설명으로 옳은 것은?

① C_3식물보다 C_4식물이 이산화탄소 보상점이 더 높다.
② C_3식물보다 C_4식물이 증산율이 더 높다.
③ 한여름에 C_4식물보다 C_3식물의 광호흡이 더 높다.
④ C_4식물보다 C_3식물의 유관속초세포가 더 잘 발달되어 있다.

해설 C_3식물보다 C_4식물은 이산화탄소 보상점과 증산률이 낮고, 유관속초세포가 더 잘 발달되어 있다.

31. C_3와 C_4식물의 비교에서 C_4식물이 가지는 특성에 관한 설명으로 옳은 것은?

① 광포화점이 낮고, CO_2 보상점이 높다.
② 광포화점이 높고, CO_2 보상점이 높다.
③ 광포화점이 높고, CO_2 보상점이 낮다.
④ 광포화점이 낮고, CO_2 보상점이 낮다.

해설 C_3식물: 광보상점과 CO_2보상점은 높고, 광포화점과 CO_2포화점은 낮다.
C_4식물: 광보상점과 CO_2보상점은 낮고, 광포화점과 CO_2포화점은 높다.

작물생리학

32. 다음 중 C_4식물에 속하는 것은?

① 벼, 콩
② 밀, 보리
③ 사탕수수, 옥수수
④ 선인장, 파인애플

해설 C_3식물: 벼, 보리, 밀, 담배 등
C_4식물: 옥수수, 수수, 사탕수수, 기장, 진주조, 피, 수단그라스, 버뮤다그라스, 명아주 등
CAM식물: 선인장, 돌나물, 파인애플 등

33. C_4 식물의 일반적 특징을 바르게 설명한 것은?

① 주로 한대성 식물이다.
② 유관속초세포가 없다.
③ 광호흡을 활발하게 한다.
④ 광합성효율이 상대적으로 높다.

해설 C_4 식물은 유관속초세포가 잘 발달하고 그 안에 엽록체가 있어 광합성이 이루어진다. 열대식물이 광호흡 때문에 생기는 광합성의 비효율성을 극복하기 위한 수단으로 갖게 된 구조로 C_3 식물에 비해 광합성효율이 높다.

34. 선인장류의 식물에서 볼 수 있는 특이한 광합성 경로는?

① C_3회로
② C_4회로
③ C_5회로
④ CAM회로

해설 돌나물과와 선인장과의 식물은 대부분 CAM 식물이다. 돌나물과의 에케베리아, 칼랑코에, 돌나물, 그리고 선인장류, 그 밖의 용설란, 파인애플 등이 대표적인 것들이다. CAM 식물은 밤에 흡수한 CO_2를 시토졸에서 말산으로 고정하여 액포에 저장한다. 그리고 낮에 액포에서 말산을 꺼내 피루브산으로 전환시키면서 이산화탄소를 방출하여 엽록체로 유입시켜 캘빈회로로 들어가도록 한다.

35. CAM 식물의 광합성 특징을 가장 잘 나타낸 것은?

① 낮에 기공을 닫고 밤에 기공을 연다.
② 낮에 기공을 열고 밤에 기공을 닫는다.
③ 낮이고 밤이고 항상 기공을 연다.
④ 낮이고 밤이고 항상 기공을 닫는다.

해설 CAM회로(크래슐산 대사; crassulacean acid metabolism): 건조지대의 일부 식물들은 낮 동안 증산을 억제하기 위해 기공을 닫고, 기공을 닫으면 CO_2 유입이 차단되어 광호흡을 하며 광합성 효율이 떨어지게 되는데 이를 극복하기 위하여 기온이 낮은 밤에 기공을 열어 CO_2를 흡수하여 커다란 액포에 물과 함께 저장해 두고 낮에 기공을 닫은 상태에서 저장했던 CO_2를 이용하여 광합성을 한다.

36. 다음 중 광합성에 영향을 미치는 외적요인이 아닌 것은?

① 광
② 이산화탄소 농도
③ 엽록소 함량
④ 온도

해설 광합성에 영향을 미치는 요인
- 외적요인: 광, 온도, 이산화탄소 농도
- 내적요인: 엽록소 함량, 체내 무기양분 함량, 함수량, 잎의 동화물질 체적 등

37. 광합성 속도가 높아질 수 있는 광의 강도와 이산화탄소 농도조건을 가장 잘 설명한 것은?

① 광의 강도가 높고, 이산화탄소 농도가 높을수록 광합성 속도는 증대된다.
② 광의 강도가 높고, 이산화탄소 농도가 낮을수록 광합성 속도는 증대된다.
③ 광의 강도가 낮고, 이산화탄소 농도가 높을수록 광합성 속도는 증대된다.
④ 이산화탄소 농도가 높으면 광의 강도와는 관계없이 광합성 속도는 증대된다.

해설
- 생육적온까지는 온도가 높을수록 광합성 속도는 높아진다.
- 이산화탄소 포화점까지는 대기 중 이산화탄소의 농도가 높아질수록 광합성 속도는 높아진다.

32. ③ 33. ④ 34. ④ 35. ① 36. ③ 37. ①

작물생리학

38. 다음 중 광보상점에 대한 설명으로 옳지 않은 것은?

① 작물의 이산화탄소 흡수량과 방출량이 같을 때의 광도를 말한다.
② 광보상점이 낮은 작물은 낮은 광도에서도 광합성을 할 수 있다.
③ 광보상점보다 광도가 높아지면 광합성량은 증가된다.
④ 광의 강도가 증가하여도 더 이상 광합성량이 증가되지 않을 때의 광도를 말한다.

해설
- 광보상점(光補償點, light compensation point) : 광도가 증가할 때 광합성으로 흡수되는 CO_2량과 호흡에 의해 배출되는 CO_2량이 같아지는 때의 광도이다.
- 광포화점(光飽和點, Light saturation point) : 광보상점 이후 광도가 계속 증가할 때 광합성량이 증가하다가 어느 점에 도달하면 더 이상 증가하지 않을 때의 광도이다.

39. 일사가 풍부하고 바람이 불지 않는 조건에서 작물군락의 CO_2 농도가 가장 낮은 곳은?

① 작물군락보다 높은 곳의 대기
② 작물군락 윗부분과 대기와의 경계
③ 작물군락의 지표면
④ 잎이 무성한 작물군락 내부

해설 잎이 무성한 작물군락의 내부는 왕성한 광합성의 결과 일시적으로 이산화탄소 농도가 낮아진다.

40. 이산화탄소의 농도, 광의 강도, 온도가 작물의 광합성량에 미치는 영향으로 옳은 것은?(단, 이산화탄소 농도, 광의 강도, 온도는 유효한도 내에 존재한다.)

① 온도, 광강도, 이산화탄소 농도를 증가시키면 광합성량은 증가한다.
② 온도를 높여주고 이산화탄소 농도와 광강도를 낮추면 광합성량은 증가한다.
③ 광강도만 높으면 온도와 이산화탄소 농도는 낮을수록 광합성량은 증가한다.
④ 온도와 광강도를 높여줄수록, 이산화탄소의 농도는 낮추어줄수록 광합성량은 증가한다.

해설 유효범위 내에서는 온도, 광의 강도, 이산화탄소의 농도가 높을수록 광합성량은 증가한다.

41. 작물의 광합성과 외계조건의 관계를 설명한 것으로 옳은 것은?

① 흐린 날 광합성이 촉진된다.
② 습도가 높을수록 광합성이 촉진된다.
③ 약한 바람은 광합성을 촉진한다.
④ 기온이 낮아지더라도 맑은 날이면 광합성은 변함이 없다.

해설 ① 흐린 날보다 맑은 날에 광합성이 촉진된다.
② 습도가 너무 높으면 광합성은 억제된다.
④ 기온이 낮아지더라도 흐린 날보다는 맑은 날이면 광합성에 더 유리하다.

02 CHAPTER 동화산물의 전이와 전류

01. 엽육세포에서 동화산물의 수송형태인 설탕이 생성되는 곳은?

① 엽록체　　　　　② 세포막
③ 시토졸　　　　　④ 스트로마

해설 ・자당(설탕, sucrose): 포도당과 과당이 결합한 수용성 이당류로 시토졸에서 합성된다.
㉠ 3탄당 인산이 엽록체 내막의 운반체를 통해 시토졸로 빠져 나와 시토졸에서 먼저 2분자의 3탄당인산(G3P, DHAP)이 결합하여 과당-1,6-이인산으로 축합된다.
㉡ 과당-1,6-이인산은 각각의 경로를 거쳐 과당-6-인산(fructose-6-phosphate)과 UDP-포도당으로 전환되고, 이들이 결합하여 먼저 자당-6-인산(sucrose-6-phosphate)을 합성한 다음 가수분해로 인산을 분리하여 자당을 생산한다.
㉢ 전분합성에는 ATP가 사용되지만 자당합성에는 UTP(uridine triphosphate)가 이용된다.
㉣ 자당합성효소는 주로 시토졸에만 존재한다.

02. 전분의 생합성에 관한 설명으로 옳지 않은 것은?

① 전분은 엽록체에서 합성된다.
② 아밀로오스(amylose)는 포도당이 α-(1,4) 결합하는 선형의 중합체이다.
③ 아밀로펙틴(amylopectin)은 아밀로오스 결합에서 α-(1,6) 결합의 곁가지를 갖는 중합체이다.
④ 전분합성에는 ATP 대신에 UTP(uridine triphosphate)가 이용된다.

해설 전분합성에는 ATP가 사용되지만 자당합성에는 UTP(uridine triphosphate)가 이용된다.

03. 전분과 자당의 생합성에 대한 설명으로 옳은 것은?

① 엽록체 내막에서 인산과 3탄당 수송의 조절은 인산/3탄당운반체(P_i/triose-p transporter)라는 단백질에서 한다.
② 시토졸의 무기인산(P_i)농도가 높으면 3탄당인산은 엽록체에 남아 녹말합성에 이용된다.
③ 시토졸의 무기인산(P_i)농도가 낮으면 엽록체의 3탄당인산이 시토졸로 유출되어 자당합성에 이용된다.
④ 엽록체에서 광합성 속도가 충분하지 못하면 3탄당인산이 엽록체에서 바로 녹말로 전환되어 임시로 저장된다.

해설
- 시토졸에서 자당합성과 수송이 광합성 속도를 따르지 못하면 3탄당인산이 엽록체에서 바로 녹말로 전환되어 임시로 저장된다.
- 시토졸의 P_i농도가 높으면 엽록체의 3탄당인산이 시토졸로 유출되어 자당합성에 이용된다.
- 시토졸의 P_i농도가 낮으면 3탄당인산은 엽록체에 남아 녹말합성에 이용된다.

04. 동화물질의 수송을 담당하는 주요 조직은?

① 목부조직　　　　　　　　② 사부조직
③ 동화조직　　　　　　　　④ 표피조직

해설 줄기에서 사부를 포함하는 수피를 환상으로 벗겨 내거나, 잎에 탄소의 동위원소로 표지된 $^{14}CO_2$를 처리한 후 사관액을 분석하여 동화산물이 사부의 사요소를 통과한다는 사실을 확인한 바 있다.

05. 사부 유조직에 대한 설명으로 옳지 않은 것은?

① 단백질과 ATP를 합성하여 사관요소에 공급한다.
② 사관요소 주변에 위치하며, 세포벽이 얇고 길이도 길게 신장되어 있다.
③ 동화물질을 분열조직이나 저장기관으로 횡적으로 운반하는 작용을 한다.
④ 에너지를 생산하여 동화물질을 능동적으로 수송한다.

해설 • 동반세포
㉠ 사관요소에 붙어 있으며, 밀도가 높은 세포질과 핵을 가지고 있다.
㉡ 세포질에 액포와 엽록체를 가지고 있으며, 세포벽이 잘 발달되어 있다.
㉢ 세포벽에서는 자신과 짝지어진 사관요소 쪽으로만 원형질연락사가 발달되어 있어 두 세포 간의 기능적 연관성을 알 수 있다.
㉣ 동화산물을 사관요소로 적재하고, 단백질과 ATP를 합성하여 사관요소에 공급한다.
• 유조직
㉠ 사관요소 주변에 위치하며, 세포벽이 얇고 길이도 길게 신장되어 있다.
㉡ 저장기능과 동화물질을 분열조직이나 저장기관으로 횡적으로 운반하는 작용을 한다.
㉢ 에너지를 생산하여 동화물질을 능동적으로 수송한다.

06. 사관요소에 있는 사부단백질(P-단백질)에 대한 설명으로 옳은 것은?

① 유조직으로부터 공급 받는다.
② 사관요소가 성숙하면 점차 분해된다.
③ 지방성분과 결합하는 특성을 가진다.
④ 사관요소가 상처를 입으면 겔(gel)화되면서 사공을 막는다.

해설 사부단백질(P-단백질, phloem protein)
㉠ 사관요소에는 섬유단백질인 사부단백질이 풍부하게 함유되어 있으며, 처음에는 분리된 작은 단백질로 보이다가 사관요소가 성숙하면 점차 커지고 세포질에 흩어져 분포한다.
㉡ 형태와 크기는 식물에 따라 다양하다.
㉢ 탄수화물과 쉽게 결합하는 특성이 있다.
㉣ 사관추출액이 공기에 노출되면 겔화하는데 관여한다.
㉤ 사관요소의 세포 내벽에 위치하다가 사관요소에 상처가 발생하면 바로 겔화되어 점질성 마개(slime plug) 역할을 하면서 구멍을 막아 수액의 소실이나 미생물 감염을 방지한다.

07. 사관요소에서 칼로오스의 중요한 기능은?

① 수송을 차단한다.
② 수송을 촉진한다.
③ 상처를 치유한다.
④ 설탕을 저장한다.

해설 칼로오스(callose)
㉠ 사관요소에서 사공의 물질통과를 차단한다.
㉡ β-1,3 결합으로 형성되는 포도당의 중합체로 전분, 셀룰로오스와 관련이 깊다.

ⓒ 정상 사관요소에서는 사관 표면에서 소량 발견되지만, 사관요소에 상처가 발생하면 캘러스(유합조직, callus)의 형성과 함께 급격히 형성되어 사판에 축적된다.
ⓔ 성숙하여 기능을 상실한 사관요소에는 다량의 칼로오스가 사판 위에 축적되어 있다.
ⓕ 기능은 상처를 입거나 더 이상 기능을 하지 않는 사관요소에서 사판의 구멍을 막아 식물의 전류시스템을 유지하는 것이다.

08. 광합성을 하고 있는 감자에서 소스의 역할을 하는 기관은?

① 잎
② 줄기
③ 뿌리
④ 꽃

해설 동화물질은 소스에서 싱크로 수송된다. 즉, 광합성산물을 만드는 잎은 소스가 되고 저장기관인 감자는 싱크가 된다.

09. 광합성산물의 가장 중요한 수송형태는?

① 설탕
② 녹말
③ 과당
④ 포도당

해설 체관에서 채취한 수액을 분석해 보면 동화산물의 수송형태를 알 수 있는데 설탕이 가장 큰 비중을 차지한다.

10. 사과나무에서 광합성산물의 중요한 수송형태는?

① 포도당
② 만니톨
③ 소르비톨
④ 과당

해설 장미과 식물에서는 당알코올인 만니톨(mannitol)과 소르비톨(sorbitol)과 같은 형태로 수송되기도 하는데 특히 소르비톨은 사과나무의 중요한 수송형태이다.

11. 다음 중 체내 동화물질의 전류방향에 대한 설명으로 옳지 않은 것은?

① 뿌리의 온도가 지상부의 온도보다 높을 경우 뿌리로 전류되는 양이 증가한다.
② 당 농도가 높은 곳에서 낮은 곳으로 전류된다.
③ 뿌리에 가까운 잎에서 생성된 물질은 주로 생장점으로 전류된다.
④ 소스와 싱크 사이 물질의 이동을 담당하는 기관은 사관이다.

해설 일반적으로 동화물질의 전류는 하위엽은 뿌리로, 상위엽은 생장 중인 지상부 정단으로, 중간 잎은 양방향으로 된다.

12. 식물체 내 수분, 무기물, 동화산물의 이동에 대한 설명으로 옳지 않은 것은?

① 수액의 대부분을 차지하는 당류는 환원당인 glucose와 fructos로 비환원당인 sucrose는 거의 없다.
② 확산이나 능동운반 등의 과정으로 조직에서 조직으로 용질이 측면이동한다.
③ 무기염류 및 무기물질은 도관을 통해 상승한다.
④ 무기염류 및 무기물질은 사관을 따라 아래로 이동하기도 한다.

해설 수액의 대부분을 차지하는 당류는 비환원당인 sucrose로 환원당인 glucose와 fructos는 거의 없다.

13. 다음 품목 중 동화물질의 전류속도가 가장 빠른 것은?

① 포도
② 콩
③ 사탕수수
④ 버드나무

해설 여러 식물에서 전류속도의 비교

구분	속도(cm/h)	구분	속도(cm/h)
강낭콩	107	사탕수수	270
사탕무	85~100	주키니호박	290
포도	60	콩	100
버드나무	100	호박	40~60

14. 동화산물의 적재가 이루어지는 사관요소의 특징으로 옳은 것은?

① 삼투압이 낮아진다.
② 팽압이 낮아진다.
③ 물이 빠져나온다.
④ 수분퍼텐셜이 낮아진다.

해설 동화산물의 적재: 당의 농도, 삼투압, 팽압은 높아지고 수분퍼텐셜은 낮아지며, 물이 유입된다.
동화산물의 하적: 당의 농도, 삼투압, 팽압은 낮아지고 수분퍼텐셜은 높아지며, 물이 배출된다.

15. 사관부적재에 관한 설명으로 옳지 않은 것은?

① 동화물질의 사관부적재는 세포막에 분포하는 능동적 운반계가 관여한다.
② 자당의 농도가 주변세포에 비해 사부쪽이 높다.
③ 자당의 농도가 엽육세포보다 사관요소와 동반세포에서 더 낮다.
④ 세포막에는 자당/수소이온 공동수송계가 있고, 이 수송계에 의해 자당이 운반된다.

해설 잎에서 자당의 농도는 엽육세포보다 사관요소와 동반세포에서 높다.

16. 감자의 동화산물 적재부에 위치한 사부조직에 관한 설명으로 옳지 않은 것은?

① 정상적인 동반세포를 갖는다.
② 동화산물이 동반세포로 유입될 때 아포플라스트 경로를 거친다.
③ 동반세포와 사관요소 사이에 원형질연락사가 없다.
④ 설탕만을 배타적으로 수송한다.

해설 동반세포에는 원형질연락사가 풍부하고 동반세포와 사관요소 사이에는 상대적으로 큰 원형질연락사가 발달되어 있다.

17. 사관부적재 과정에서 심플라스트와 아포플라스트 경로에 관한 설명으로 옳지 않은 것은?

① 심플라스트 경로에서 당은 엽육조직의 광합성 세포로부터 엽맥으로 이동할 때 원형질연락사를 통해 이동한다.
② 아포플라스트는 자당/양이온 공동수송을 통해 자당을 운반하게 된다.
③ 심플라스트는 당이 사요소와 동반세포의 원형질막에 위치하면서 에너지에 의하여 추진된다.
④ 아포플라스트를 통한 자당 운반은 부분적으로 K^+ 같은 물질 수준에 의하여 조절된다.

해설 아포플라스트는 당이 사요소와 동반세포의 원형질막에 위치하면서 에너지에 의하여 추진되는 선택적 수송단백질에 의하여 사관부 세포로 능동적으로 적재된다.

18. 호박에서 동화산물의 심플라스트 적재 경로에 대한 설명으로 옳은 것은?

① 중간세포라는 특수한 형태의 동반세포를 가진다.
② 설탕만을 배타적으로 수송한다.
③ 동반세포와 사관요소 사이에는 원형질연락사가 거의 없다.
④ ATP를 소모하며 설탕을 능동적으로 수송하는 경로이다.

해설 동반세포에는 원형질연락사가 풍부하고 동반세포와 사관요소 사이에는 상대적으로 큰 원형질연락사가 발달되어 있다. 심플라스트 경로에서 설탕의 수송은 원형질연락사를 통한 물리적 확산이다.

19. 사관부하적을 가장 올바르게 설명한 것은?

① 사부에서 동화물질이 수용부위로 빠져나가는 것이다.
② 공급부위에서 동화물질이 사부로 흘러들어가는 것이다.
③ 사관의 상부에서 동화물질이 하부로 이동하는 것이다.
④ 사관의 하부에서 동화물질이 상부로 이동하는 것이다.

해설 **사관부하적(篩管部荷積, phloem unloading)**
① 사관의 말단부위에서 자당이 수용부위로 빠져나가는 것을 말한다.
② 사관부하적도 전원형질 경로와 전세포벽 경로 2가지 경로를 통해 하적된다.
③ 전세포벽 경로에서 자당이 과당과 포도당으로 가수분해되어 수용부위로 하적되기도 한다.
④ 하적된 동화산물은 그대로 저장되거나 수용부위에서 다른 세포로 이동하여 대사작용에 이용된다.
⑤ 수용부로의 하적은 사관요소 내 당의 농도를 낮추고 삼투압이 낮아지면 물이 도관으로 빠져나가게 되어 팽압을 낮춤으로 공급원으로부터 압력을 전달받을 수 있게 한다.

20. 광합성산물의 이동에 대한 설명으로 옳지 않은 것은?

① 광합성산물의 이동에는 에너지 소모가 필요하다.
② 수용부위 강도는 이동속도에 영향을 미치지 않는다.
③ 공급부위와 수용부위의 농도차가 클수록 이동량은 많다.
④ 광합성산물의 이동형태는 주로 자당이다.

해설 수용부위의 강도는 수용부 크기와 수용부 활성의 곱으로 나타나므로 수용부의 크기와 활성이 변하면 수송 양상이 변한다.

21. 동화물질의 양분저장에 대한 설명으로 옳지 않은 것은?

① 콩은 탄수화물보다 단백질과 지방이 훨씬 많이 저장된다.
② 사탕무는 뿌리에 다량의 설탕이 저장된다.
③ 벼는 종자의 배유에 전분이 저장되어 수확대상이 된다.
④ 포도의 과실은 올리고당을 저장한다.

해설 포도의 과실에는 단당류가 많이 축적된다.

22. 동화물질의 저장에 대한 설명으로 옳지 않은 것은?

① 식물이 저장하는 주된 탄수화물은 전분이다.
② 과실에서는 포도당이나 플록토스와 같은 단당류가 축적되기도 한다.
③ 지방종자의 지방은 지방산의 형태로 전류되어 종자에 축적된다.
④ 마늘은 프락탄 형태로 저장한다.

해설 지방종자에 저장된 지방은 동화기관으로부터 전류되어 온 당류가 종자 내부에서 지방으로 합성되어 축적된다.

23. 주로 줄기에 광합성산물(동화물질)을 저장하는 것은?

① 양파
② 감자
③ 마늘
④ 고구마

해설 종자 이외에도 양분을 저장하는 기관은 많다. 화훼나 채소류에서 감자, 연, 토란은 변태된 줄기(괴경), 마늘, 양파, 백합은 변태된 잎(인경), 고구마, 달리아는 변태된 뿌리(괴근)에 양분을 저장한다.

03 CHAPTER 호흡작용

01. 다음 중에서 세포호흡의 첫 단계에 해당하는 과정은?

① 해당과정 ② 아세틸-CoA의 형성
③ 크렙스회로 ④ 산화적 인산화

해설 • 호흡과정: 해당과정(세포질) → TCA회로(mt matrix) → 산화적 인산화반응(mt 내막)

02. 식물의 호흡에 대해 잘못 설명한 것은?

① 동물에 비해 호흡율이 낮다.
② 광합성을 하는 낮에는 호흡을 멈춘다.
③ 어린 조직은 호흡이 왕성하다.
④ 고온에서는 호흡이 촉진된다.

해설 세포의 호흡은 모든 조직에서 24시간 내내 일어난다. 식물은 대략 광합성산물의 50% 정도를 호흡으로 소모한다. 식물은 액포, 세포벽 등 대사적으로 불활성 부분이 많기 때문에 동물보다 호흡률이 낮다. 호흡은 어린식물에서 활발하고 나이가 들면서 둔해진다. 일반적으로 저온에서는 호흡이 억제되고 고온에서는 호흡이 촉진된다.

03. 다음 중 호흡작용에 대한 설명으로 옳지 않은 것은?

① 호흡계수는 'CO_2배출량/O_2소비량'을 말한다.
② 탄수화물, 지방, 회분, 단백질은 호흡기질로 이용된다.
③ 호흡기질로 가장 많이 이용되는 것은 탄수화물이다.
④ 벼, 감자, 땅콩, 밀 중에서 호흡기질로 지방이 가장 많이 사용되는 작물은 땅콩이다.

해설 호흡기질
① 호흡대사에 이용되는 기본물질을 호흡기질이라 한다.
② 탄수화물, 단백질, 지방은 중요한 호흡기질이며, 탄수화물은 가장 중요한 호흡기질이다.
③ 저장탄수화물인 전분, 프락탄, 자당 등은 포도당이나 과당과 같은 6탄당으로 분해되어 호흡작용에 이용된다.
④ 식물에서는 다른 대사과정에서 생성되는 6탄당인산, 3탄당인산, 유기산 등이 호흡에 이용되기도 한다.

04. 다음 중 호흡작용에 대한 설명으로 옳지 않은 것은?

① 산소가 부족하면 시토졸에서만 2분자의 ATP를 생성한다.
② 해당과정에서 2개의 ATP와 2분자의 NADH를 생성하므로 전체적으로 8개의 ATP가 생성된다.
③ 전자전달계에서 전자(e^-)는 최후에 O_2에 전달된 후 H^+와 결합하여 H_2O를 형성하게 된다.
④ 유산소 조건에서 에너지 생성효율은 약 40%이다.

해설 해당과정에서 2개의 ATP와 2분자의 NADH를 생성하고 이 NADH는 전자전달계를 통한 산화에서 2개의 ATP를 생성하므로 전체적으로 6개의 ATP가 생성된다.

05. 세포 내 호흡작용에서 해당과정의 최종산물은?

① 피루브산
② 아세틸-CoA
③ 시트르산
④ 옥살로아세트산

해설 일반적인 해당은 시토졸에서 기질인 포도당 1분자가 10여 가지의 반응단계를 거쳐 2분자의 피루브산을 생성하는 세포호흡의 첫 과정을 말한다.

06. 유산소호흡 과정에 해당하지 않는 것은?

① 해당과정
② 아세틸-CoA 형성
③ 캘빈회로
④ 전자전달과 산화적 인산화

해설
- 유산소 세포호흡의 반응경로는 해당과정, 아세틸-CoA 형성, 크렙스회로, 전자전달계 및 산화적 인산화의 5단계로 나뉜다.
- 캘빈회로는 광합성 관련 대사과정이다.

07. 미토콘드리아 밖에서 진행되는 세포 내 호흡과정은?

① 해당과정
② 크렙스회로
③ 전자전달과정
④ 산화적 인산화과정

해설 유산소 세포호흡의 반응경로는 해당과정, 아세틸-CoA 형성, 크렙스회로, 전자전달계 및 산화적 인산화의 5단계로 나뉜다. 해당과정은 미토콘드리아 밖 시토졸에서, 나머지 단계는 미토콘드리아 안의 기질과 내막에서 일어난다.

08. 다음 분자들의 호흡계수로 옳은 것은?

① $C_{18}H_{36}O_{12}$: 0.69
② $C_6H_{12}O_6$: 0.8
③ $C_4H_6O_5$: 1.7
④ C_2H_5OH : 1.33

해설 · 호흡계수(呼吸係數, respiratory quotient; RQ) : 식물에 있어 호흡기질은 종류, 발달단계, 생리적 상태 등에 따라 달라지며, 호흡계수는 호흡에 의해 발생하는 CO_2의 양과 O_2의 양의 비로 나타낸다.

$$RQ = \frac{\text{발생한 } CO_2 \text{ 몰수}}{\text{소비된 } O_2 \text{ 몰수}}$$

① 지방산(stearic acid ; $C_{18}H_{36}O_{12}$) : $C_{18}H_{36}O_{12} + 26O_2 \rightarrow 18CO_2 + 18H_2O$ ∴ $RQ = \frac{18}{26} = 0.7$

② 포도당($C_6H_{12}O_6$) : $C_6H_{12}O_6 + 6O_2 \rightarrow 6CO_2 + 6H_2O + ATP$ ∴ $RQ = \frac{6}{6} = 1$

③ 유기산 : 말산염(malate ; $C_4H_6O_5$) : $C_4H_6O_5 + 3O_2 \rightarrow 4CO_2 + 3H_2O$ ∴ $RQ = \frac{4}{3} = 1.33$

④ 에탄올(C_2H_5OH) : $C_2H_5OH + 3O_2 \rightarrow 2CO_2 + 3H_2O$ ∴ $RQ = \frac{2}{3} = 0.67$

09. 세포 내 포도당의 경로로 옳지 않은 것은?

① 전분이나 자당으로 저장
② 5탄당인산회로를 거쳐 5탄당으로 산화
③ 단백질과 지방으로 저장
④ 해당과정을 거쳐 피루브산으로 산화

해설 세포 내 포도당은 3가지 경로 중 하나를 선택한다.
  ㉠ 전분이나 자당으로 저장
  ㉡ 5탄당인산회로를 거쳐 5탄당으로 산화
  ㉢ 해당과정을 거쳐 피루브산으로 산화

10. 해당과정에서 생성되는 산물이 아닌 것은?

① 피루브산
② ATP
③ NADH
④ CO_2

해설 해당과정을 거치면 포도당 1분자당 2분자의 피루브산과 2분자의 ATP, 2분자의 NADH가 생성된다.

11. 다음 설명으로 옳지 않은 것은?

① 호흡작용 중 해당작용에서 포도당 1분자가 분해되어 2분자의 피루브산이 생성된다.
② EMP회로는 미토콘드리아에서 발생한다.
③ 1분자의 포도당이 호흡기질로 사용되었을 때 해당작용에서 생성되는 ATP는 2분자이다.
④ 산소를 소모하는 유기호흡과 산소를 소모하지 않는 무기호흡의 과정에서 해당과정은 공통적으로 거친다.

해설 해당과정은 호흡과정의 첫 단계로 포도당 1분자가 2분자의 피루브산을 생성하는 과정으로 미토콘드리아 밖 시토졸에서 일어나며, 발견자들(Embden, Meyerhof, Parnass)의 이름 머리글자를 따서 EMP경로라고도 한다.

12. 해당과정의 주된 조절 단계로 비가역반응은?

① 과당-6-인산이 과당-1,6-이인산으로 되는 단계
② 포도당-6-인산이 과당-6-인산으로 되는 단계
③ 포도당-UDP가 포도당-1-인산으로 되는 단계
④ 포도당-1-인산이 포도당-6-인산으로 되는 단계

해설 해당과정 조절
㉠ 해당과정은 가역반응과 비가역반응이 있어 반응이 조절된다.
㉡ 특히 과당-6-인산(F-6-P)에서 과당-1,6-이인산(FDP)으로 되는 단계는 비가역반응으로 해당과정의 주된 조절단계이다.
㉢ 여기에 관여하는 효소(PFK; phosphofructokinase)는 체내 ATP 함량에 의해 그 활성이 조절되는데 APT 함량이 많으면 활성이 낮아져 반응이 억제된다.

13. 5탄당인산회로에 대한 설명으로 옳지 않은 것은?

① glucose 1분자가 CO_2와 H_2O로 완전히 산화된다면 $12NADPH+H^+$가 생성된다.
② 5탄당인산회로는 $NADP^+$가 전자수용체로 작용한다.
③ $NADPH+H^+$는 전자전달계에서 ATP로 산화되어 체내 에너지원으로 쓰인다.
④ 포도당-6-인산(G-6-P)로부터 시작하여 포도당을 산화하는 대사회로이다.

해설 5탄당인산회로를 통하여 생성된 $NADPH+H^+$는 전자전달계에서 ATP로 산화되지 않고 $NADPH+H^+$를 전자공여체로 요구하는 지방산과 이소프레노이드(isoprenoid)의 합성과 같은 합성반응에 더 많이 이용된다.

14. acetyl CoA의 형성에 필요한 5종의 보조인자가 아닌 것은?

① TPP(thiamine pyrophosphate)
② FAD^+
③ coenzyme A
④ 리포산(lipoic acid)

해설 아세틸-CoA 형성에 필요한 보조인자: TPP(thiamine pyrophosphate), Mg^{2+}, NAD^+, coenzyme A, 리포산(lipoic acid)

15. 다음 설명 중 옳지 않은 것은?

① 포도당 1분자가 완전히 산화될 때 TCA회로에서 2분자의 $FADH_2$를 생성한다.
② 원핵생물에서 포도당 1분자가 유기호흡에 의해 완전히 산화될 때 38ATP를 생성한다.
③ 작물에서 포도당 1분자가 완전히 산화되었을 경우 생성될 수 있는 ATP는 36개이다.
④ TCA회로에서 생성된 NADH는 6개의 ATP로 전환된다.

해설 TCA회로에서 생성된 NADH는 3개의 ATP로 전환된다.

호흡단계	기질수준의 인산화	전자공여체	1분자당 ATP합성 분자수	ATP 생산
해당과정	2ATP	2NADH	1.5(2)	3(4)
아세틸-CoA 형성	–	2NADH	2.5(3)	5(6)
크렙스회로	2ATP	6NADH	2.5(3)	15(18)
		$2FADH_2$	1.5(2)	3(4)

〈포도당 1분자의 호흡 단계별 ATP 생성〉

학자에 따라 ATP 산출을 32개, 38개 등으로 달리 계산하는 경우도 있으며, ( ) 안은 1분자의 ATP 생산에 $3H^+$가 필요하고 기질 NADH는 $9^+/3^+$=3개, 시토졸 NADH와 $FADH_2$는 $6^+/3^+$=2개의 ATP를 생산한다고 가정했을 때이며, 총 36개의 ATP를 생산한다.

16. 다음 크렙스회로의 반응과정 중 비가역적 반응에 해당되는 것은?

① 시트르산 생성
② α-케토글루타르산 생성
③ 숙신산 생성
④ 푸마르산 생성

해설 시트르산은 이소시트르산 → α-케토글루타르산 → 숙시닐-CoA → 숙신산 → 푸마르산 → 말산을 거쳐 옥살로아세트산 재생되는 과정을 거치며, 시트르산을 생성하는 단계만 비가역적이고, 나머지 단계는 모두 가역반응이다.

17. 크렙스회로에서 $FADH_2$가 생성되는 과정은?

① citric acid → isocitric acid
② succinic acid → fumafic acid
③ fumafic acid → malate
④ isocitric acid → α-ketoglutaric acid

해설
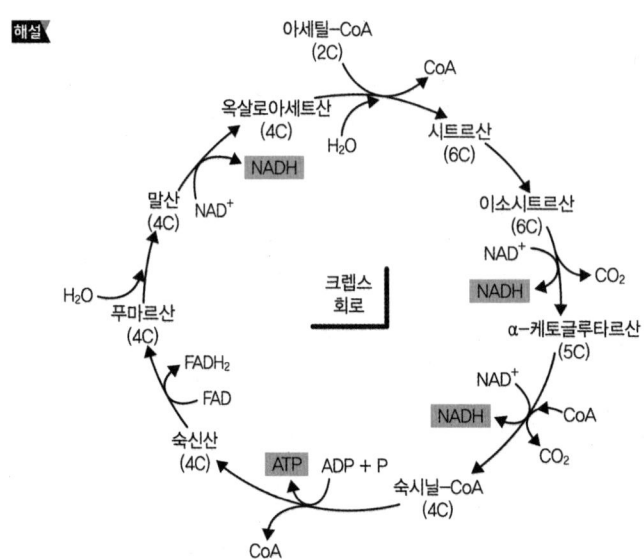

18. 전자전달계에서 O_2로 전자를 전달해 주는 것은?

① FMN
② NADH
③ 우비퀴논
④ 시토크롬c

해설 복합체 Ⅳ(시토크롬c 산화효소 또는 시토크롬a/a3 복합체)는 최종산화효소로서 시토크롬c로부터 전자를 전달받아 O_2를 환원시켜 H_2O를 만든다. 그리고 전자쌍 당 두 개의 H^+을 막간으로 펴낸다.

19. 식물의 대체전자전달경로에 관한 설명으로 옳지 않은 것은?

① 복합체 Ⅰ과 Ⅱ의 전자전달경로를 거치지 않기 때문에 더 많은 ATP를 합성할 수 있다.
② 과잉에너지 또는 과잉환원력을 해소하는 효과가 있다.
③ 앉은부채는 이 경로를 이용하여 과도한 환경스트레스를 극복한다.
④ 대체전자전달경로로 인해 식물은 시안화물(HCN) 저항성 호흡을 한다.

해설 대체전자전달경로는 복합체(H^+펌프) I과 II를 우회하기 때문에 양성자(H^+) 수송이 전혀 일어나지 않거나 부분적으로 일어나 ATP 수율이 크게 떨어지는데 곧바로 UQ(우비퀴논)으로 들어가 대체 산화효소를 이용하는 경우에는 전혀 ATP가 합성되지 않는 경우도 있다.

20. 식물의 무기호흡에 대한 설명으로 옳은 것은?

① 에너지를 더 효율적으로 생산할 수 있다.
② 수생식물에서 볼 수 있는 호흡작용이다.
③ 무기호흡과정의 최종산물은 구연산이다.
④ 무기호흡과정에서도 ATP는 생성된다.

해설 무기호흡(無氣呼吸, 혐기성호흡, anaerobic respiration)
① 해당과정에서 생성된 피루브산은 유산소 조건에서는 미토콘드리아로 들어가 크렙스회로를 거쳐 CO_2와 H_2O로 완전히 분해되나 무산소 조건에서는 발효과정을 거쳐 젖산이나 에탄올을 생성한다.
② 혐기성 미생물에서는 O_2를 이용하지 않고 유기물을 산화하는 무기호흡을 하며, 호기성 고등생물에서도 O_2가 부족하면 젖산발효나 알코올발효가 일어난다.
③ 최종전자수용체로 작용하는 O_2가 없을 경우 대사작용은 발효과정으로 전환되어 호흡기질은 부분만 산화되어 에탄올이나 젖산 같은 최종산물이 생성된다.

21. 무기호흡에 관한 설명으로 옳지 않은 것은?

① 산소가 없을 경우 대사작용은 발효과정으로 전환되어 호흡기질은 부분만 산화되어 에탄올과 젖산 같은 최종산물이 생성된다.
② 산소가 없거나 부족한 상태에서는 해당작용으로 생성된 피루브산과 아세트-CoA로 전환되지 못하고 아세트알데히드를 거쳐 에탄올을 생성한다.
③ 버드나무와 같이 담수 하에서 자라는 고등식물은 무기호흡을 할 수 없다.
④ 무기호흡은 ATP 생산면에서 볼 때 매우 비효율적이다.

해설 고등식물의 무기호흡
① 산소가 부족한 뿌리나 담수하에서 자라는 식물은 무기호흡을 할 수 있다.
② 발아종자에서 종피의 가스투과성이 낮아 발아에 필요한 산소가 부족한 경우 알코올발효가 일어나는데, 산소를 흡수할 수 없는 초기 무기호흡을 할 수 있다.
③ 대부분 유관속식물은 무기호흡으로 오래 살아남을 수 없는데, 이는 ATP 부족이나 알코올 농도가 유해한 수준으로 축적되기 때문이다.
④ 수생식물이 물속에서도 생존이 가능한 것은 물속에서도 유기호흡을 할 수 있는 구조적 특징 때문이다.

22. 다음 설명 중 옳지 않은 것은?

① 발아하는 종자에서 종피가 산소를 받아들일 수 없는 상태에서는 무기호흡이 일어난다.
② 작물이 침수나 관수되었을 때 무기호흡이 감소한다.
③ 무기호흡의 결과 포도당이 변화하여 최종적으로 생성되는 물질은 에탄올이다.
④ 한낮의 광합성이 왕성한 작물보다 발아하는 종자에서 호흡률이 더 높다.

해설 작물이 침수나 관수되었을 때는 산소부족으로 무기호흡이 증가한다.

23. 호흡에 영향을 주는 외적요인에 대한 설명으로 옳은 것은?

① 온도가 높고, O_2가 부족할 때, 고농도 CO_2에서 호흡 저하는 더욱 현저하다.
② 성숙한 건조종자에서 호흡의 제한요인은 수분이다.
③ 0℃에 가까운 저온에서 식물의 호흡이 크게 증가한다.
④ 발아종자는 산소농도가 높을 때 유기호흡보다 무기호흡을 더 많이 한다.

해설 ① 온도가 낮고, O_2가 부족할 때, 고농도 CO_2에서 호흡 저하는 더욱 현저하다.
③ 0℃에 가까운 저온에서 식물의 호흡이 크게 감소한다.
④ 발아종자는 산소농도가 낮을 때 유기호흡보다 무기호흡을 더 많이 한다.

24. 식물의 호흡작용과 환경과의 관계를 옳게 설명한 것은?

① 온도가 상승하면 호흡은 억제된다.
② 호흡의 최적온도는 식물의 종류와 관계없이 일정하다.
③ 이산화탄소의 농도가 증가하면 호흡은 촉진된다.
④ 종자의 호흡은 수분흡수와 관계가 있다.

해설 ① 온도가 상승하면 호흡은 촉진된다.
② 호흡의 최적온도는 식물의 종류에 따라 다르다.
③ 이산화탄소의 농도가 증가하면 호흡은 억제된다.

25. 저장물의 호흡을 억제하는 CA 저장방법은?

① 산소와 이산화탄소 농도를 높인다.
② 산소와 이산화탄소 농도를 낮춘다.
③ 산소농도는 낮추고 이산화탄소 농도는 높인다.
④ 산소농도는 높이고 이산화탄소 농도는 낮춘다.

해설 CA 저장은 원예산물의 장기저장을 위한 공기조절저장법으로 저온저장고 내의 산소농도를 낮추고 이산화탄소 농도는 높여 호흡을 억제하여 저장하는 방법이다.

04 PART

생장과 발육

CHAPTER 01 식물의 휴면

CHAPTER 02 종자의 발아

CHAPTER 03 식물의 생장

CHAPTER 04 식물의 개화생리

CHAPTER 05 결실과 노화

CHAPTER 06 수확 후 생리

01 CHAPTER 식물의 휴면

1 식물의 일생

(1) 세대교번과 생식

1) 생활환(生活環, life cycle)
   ① 일정한 기간을 두고 반복되는 식물의 일생 또는 생육주기
   ② 식물의 종류, 번식방법 등에 따라 다르다.
   ③ 생활환은 세대교번으로 완성되고 생식을 통해 되풀이된다.
   ④ 재배식물의 생활환은 무성세대와 유성세대가 상호 교대되지만 무성세대만으로 생활환을 이루는 경우도 많다.

2) 세대교번(世代交番, alteration of generation)
   ① 고등식물의 세대교번은 포자체가 이끄는 무성세대와 배우체가 이끄는 유성세대가 교대로 이어지는 것을 말한다.
   ② 포자체(胞子體, sporophyte)
      ㉠ 고등식물에서 포자체는 이배체의 식물체를 말한다.
      ㉡ 접합자로부터 발달하여 화분모세포와 배낭모세포를 거쳐 포자를 형성한다.
      ㉢ 각 모세포는 감수분열로 대포자와 소포자를 만들고 이들이 배우체로 발달한다.
   ③ 배우체(配偶體)
      ㉠ 반수체의 생식세포(화분)나 생식구조체(배낭)을 말한다.
      ㉡ 성숙하여 배우자인 정핵과 난핵을 만든다.
      ㉢ 암수 배우자가 수정하여 접합자를 만들어 다음 세대로 이어 준다.
      ㉣ 배우체는 포자체로부터 발생해 그곳에 기생하면서 배우자를 형성한다고 할 수 있다.

3) 유성생식과 무성생식
   ① 유성생식(有性生殖, sexual reproduction)
      ㉠ 식물의 생활환 측면에서 보면 무성세대와 유성세대가 상호 교대된다.
      ㉡ 유성생식은 암수 배우자가 관여하는 생식이다.
      ㉢ 종자를 형성하므로 종자번식을 한다.

② 무성생식(無性生殖, asexual reproduction)
　㉠ 배우자가 관여하지 않으며 영양체를 이용하는 영양번식을 한다.
　㉡ 재배적으로 영양번식을 하는 식물도 대개는 유성세대를 가지고 있다.

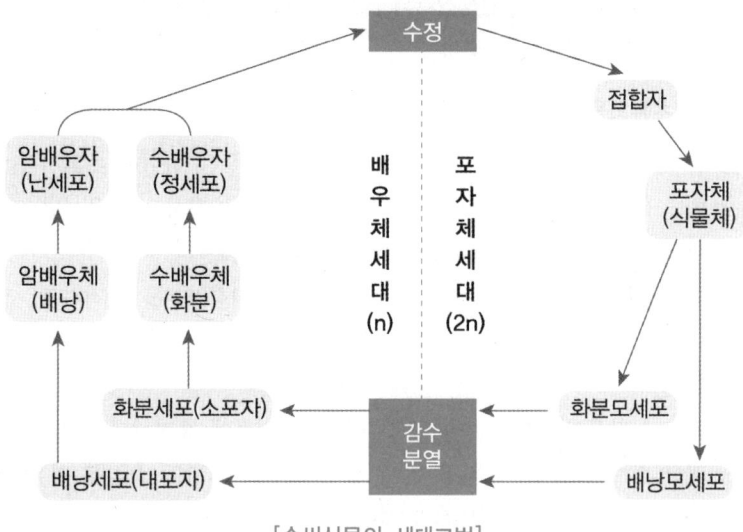

[속씨식물의 세대교번]

(2) 식물 종류별 생활환

1) 1년생식물

① 1년생식물의 생활환을 1년 내에 마친다.
② 발아 → 영양생장 → 생식생장 → 결실의 과정을 거치고, 성숙한 종자는 일정기간 휴면을 한다.
③ 여름형
　㉠ 단일식물은 봄부터 여름까지 장일조건에서 영양생장을 하고 단일조건에서 생식생장을 한다.
　㉡ 중성식물은 일장에 관계없이 영양생장이 어느 정도 진행되면 바로 생식생장으로 이행된다.
　㉢ 여름형은 종자상태에서 휴면하면서 겨울의 저온을 극복한다.
④ 겨울형
　㉠ 월동1년생 식물로 추파성 맥류, 유채 등이 있다.
　㉡ 가을에 파종하면 유식물 상태로 겨울을 나면서 춘화처리를 받고, 이듬해 봄 고온장일조건에서 출수 개화한다.
　㉢ 겨울형은 종자상태로 휴면하면서 여름의 고온을 극복한다.

2) 2년생식물

① 배추, 양배추, 사탕무, 결구상추, 양파, 당근, 샐러리 등은 대표적인 2년생 작물이다.
② 2년생식물은 발아 첫해에는 영양생장만 계속하여 영양기관이 뚜렷하게 비대생장하고 여기에 저장양분을 축적한다.

③ 비대한 영양기관은 겨울에 저온자극을 받고 이듬해 봄 고온장일조건에서 줄기와 화경이 길게 신장하여 추대하면서 개화, 결실한다.
④ 2년생식물은 겨울 저온자극으로 춘화처리를 받는다.
⑤ 2년생식물과 월동 1년생식물의 차이는 반드시 1년차에 저장기관을 형성하고 월동 중 녹식물 춘화처리를 받는다는 것이다.

3) 다년생초본식물

① 감자, 고구마, 마늘, 숙근초, 구근류, 목초류 등은 다년생 초본식물이다.
② 매년 봄에서 여름에 걸쳐 지상부가 생장하여 개화하고 가을이면 고사하나 지하부 뿌리는 살아남아 월동하고 이듬해 봄 다시 지상부가 돋아난다.
③ 다년생초본식물은 지하부에 이듬해 사용할 저장양분을 축적하고, 경우에 따라 다량의 전분, 이눌린, 프락탄, 당류, 단백질 등을 축적하여 지하경, 괴경, 괴근, 구경, 인경 등을 형성하기도 한다.
④ 지하부 저장기관에는 눈이 있고, 이 눈은 겨울에 휴면상태로 있다 다음해 봄 맹아한다.
⑤ 맹아 후 독립영양생장을 하기 전 일정 기간은 전년도 축적한 저장양분을 생장에 이용한다.
⑥ 다년생초본식물은 무성번식을 하는데, 지하부 저장기관이 바로 중요한 번식기관이 되고, 유성번식도 가능하여 지상부에 결실하는 종자를 이용한 번식도 가능하며, 이들 식물의 종자를 진정종자라고도 한다.
⑦ 딸기의 경우 진정종자를 생성기도 하지만 주로 액아에서 발달하는 포복지를 번식수단으로 한다.

4) 다년생목본식물

① 나무는 봄이 되면 가지의 눈이 맹아하여 생장을 시작한다.
② 가지의 눈은 엽아, 화아, 혼합아로 구분된다.
　㉠ 엽아(葉芽, 잎눈): 잎 또는 새 가지가 생긴다.
　㉡ 화아(花芽, 꽃눈): 꽃이 핀다.
　㉢ 혼합아(混合芽): 잎과 꽃이 함께 핀다.
③ 가지의 눈은 기온이 높고 일장이 긴 여름에 빠른 속도로 생장하여 무성한 잎과 새로운 가지를 만들고 종자와 과실을 맺는다.
④ 가을 전 또다시 눈을 형성하고, 본격적인 가을에 접어들면 종자와 과실은 성숙하고 잎은 퇴색하여 떨어진다.
⑤ 가을에 일장이 짧아지고 기온이 내려가면 모든 열매와 잎은 모체로부터 분리되어 떨어지고, 가지의 눈은 휴면상태에 들어간다.
⑥ 눈은 휴면상태로 기온이 낮은 겨울을 나고 월동 중 충분한 저온자극을 받아 휴면이 타파된다.
⑦ 가지의 눈은 일종의 겨울나기 방법으로 동아(冬芽, winter bud)라고도 한다.

2 휴면의 의의와 종류

(1) 휴면의 의의

1) 휴면(休眠, rest, dormancy)
① 식물이 일시적으로 쉬며 잠을 잔다는 뜻으로 생존에 필요한 최소한의 대사 작용만 유지하는 생리적 현상이다.
② 식물은 일생 중 특정한 생육단계에서 휴면을 한다.

2) 휴면의 의의
① 불량환경의 극복 수단으로 자연에서 식물의 독특한 생존수단으로 자신의 생장과 발육에 부적합한 환경에 처하면 스스로 살아남기 위하여 휴면한다.
② 식물이 진정한 휴면 중에는 적절한 환경조건을 부여해도 발아나 맹아 등의 생장활동을 하지 않는다.
③ 연중 주기적으로 반복되는 환경변화에 효과적으로 대체할 수 있는 수단이 된다.
　㉠ 열대식물들은 건기에 접어들면 휴면을 하면서 건조한 기후조건을 극복한다.
　㉡ 온대식물들은 가을이 되면 눈이나 종자가 휴면에 들어가 춥고 건조한 겨울을 극복한다.
　㉢ 호냉성 월동작물들은 여름에 휴면하면서 고온을 극복한다.
④ 식물의 휴면 기관은 종자, 눈, 저장기관 등이 대표적이지만, 식물체가 휴면을 하여 일시적으로 생장이 정지되는 경우도 있다.
⑤ 야생식물은 재배식물보다 휴면성이 크다.
⑥ 재배식물의 휴면은 종자관리, 저장과 이용에 유용하게 활용될 수 있다.
　㉠ 마늘은 휴면이 깊을수록 저장성이 좋다.
　㉡ 벼나 맥류는 수확 전 수발아를 억제할 수 있다.
　㉢ 잡초종자의 휴면성을 파악하면 효율적으로 방제할 수 있다.

(2) 휴면의 종류

1) 1차휴면과 2차휴면
① 1차휴면(primary dormancy)
　㉠ 식물의 내적요인에 의해 일어나는 휴면이다.
　㉡ 자발휴면(自發休眠, innate dormancy) 또는 절대휴면(絕對休眠, absolute dormancy)이라고도 한다.
　㉢ 자발휴면은 식물체가 생장에 적합한 환경조건이 조성되어도 생장을 하지 않는 상태를 말한다.
　㉣ 진정한 의미의 휴면이라고 볼 수 있다.

② 2차휴면(secondary dormancy)
  ㉠ 1차휴면이 타파된 후 또는 원래부터 휴면이 없는 식물체가 외적요인, 주로 환경조건에 의하여 생장이 정지된 상태를 말한다.
  ㉡ 타발휴면(他發休眠, exogenous dormancy) 또는 상대휴면(相對休眠, relative dormancy)이라 한다.
  ㉢ 타발휴면은 생장이 부적당한 환경조건에서 이루어지는 휴면으로 강제휴면(强制休眠, enforced dormancy)이라고도 한다.
  ㉣ 휴지상태(休止狀態, quiescence)라고 부르면서 휴면과 구분하기도 한다.

2) 수목 눈의 휴면
  ① 외재휴면(外在休眠, paradormancy)
    ㉠ 정아우세성에 의하여 자라지 못하는 그 아래의 눈들에서 보이는 것과 같이 다른 눈이 주변의 눈의 생장을 억제하는 경우이다.
    ㉡ 이 휴면은 상관적 억제(相關的抑制, correlative inhibition)라고 하며, 때로는 의사휴면(疑似休眠), 가휴면(假休眠)이라고도 한다.
  ② 내재휴면(內在休眠, enddormancy): 식물체 자체에 그 원인이 있는 휴면으로 자발휴면에 해당된다.
  ③ 환경휴면(環境休眠, ecodormancy)
    ㉠ 환경적 요인에 의한 휴면이다.
    ㉡ 타발휴면에 해당하며 생태휴면이라고도 한다.

3 종자의 휴면

(1) 휴면의 유도

1) 배의 휴면
  ① 배의 미숙
    ㉠ 종자는 배가 미숙하거나 배 자체의 생리적 원인에 의해 휴면을 한다.
    ㉡ 외관상 성숙해 보여도 내부의 배는 완전하게 발달하지 못한 종자가 있으며 이러한 종자는 발아에 적합한 환경에서도 발아하지 못한다.
    ㉢ 벚나무, 은행나무, 물푸레나무, 유럽소나무, 인삼 등에서 종자휴면이 알려져 있으며 일정기간 후숙(後熟, after ripening) 과정을 거쳐야 발아할 수 있다.

② 인삼은 모식물에 그대로 두면 배는 언제까지라도 생장하지 않는 특성이 있어, 인삼종자에 GA처리를 하면 후숙을 촉진하여 배가 생장하고 발아를 촉진시킨다.
　　⑩ 후숙으로 발아능력을 갖는데 소요되는 기간은 식물의 종류, 온도, 습도 등의 조건에 따라 달라진다.
② 생리적 원인
　　㉠ 성숙한 종자 중 배의 발달이 완전하더라도 생리적 원인에 의해 휴면하는 것이 있다.
　　㉡ 보리, 밀, 귀리 등의 화본과 식물, 사과, 복숭아, 배, 장미, 주목 등의 장미과 식물에서 많이 볼 수 있다.
　　㉢ 이러한 종자는 모주에서 탈락한 후 땅에 떨어진 후 습기가 있는 토양에 섞어 겨울을 저온 상태에서 나면 휴면이 타파되고 이듬해 발아하며, 건조한 상태에서 월동하면 휴면타파가 이루어지지 않아 발아하지 못한다.

2) 종피에 의한 휴면

① 의의
　　㉠ 종피가 발아에 필요한 물질을 투과시키지 않거나 배의 신장을 기계적으로 억제할 때 발생되는 휴면이다.
　　㉡ 경실종자에서 볼 수 있으며, 원인은 경피이다.
② 불투수성
　　㉠ 콩, 감자, 오크라, 나팔꽃 등에서는 경피가 물을 투과시키지 못해 장기간 발아하지 못하는 종자가 있다.
　　　ⓐ 경피종자는 유전하며, 환경조건에 따라서도 발생할 수 있다.
　　　ⓑ 강낭콩은 종자의 함수율이 낮을수록, 토양 수분이 많을수록, 소립종자일수록, 숙도가 높을수록 경실의 비율이 높다.
　　　ⓒ 영양과 관련하여 칼슘의 농도가 높으면 경실종자가 많아진다.
　　　ⓓ 종자의 저장조건이나 저장방법에 따라 종자가 경실화 되는 경우도 있다.
　　㉡ 콩과작물 경실종자의 불투수성은 두껍고 단단한 불투수성인 책상층이 원인이고, 원인 물질은 펙틴과 수베린이다.
　　　ⓐ 종피에 각피층과 두껍고 단단한 책상층이 있으며, 책상층은 길이로 신장한 대형 보강세포가 울타리처럼 가지런히 정렬되어 있다.
　　　ⓑ 책상조직의 세포는 적절한 용매에서 불리면 하나하나의 세포로 분리가 가능하다.
　　　ⓒ 책상층 아래 뼈 모양의 골상 보강세포가 얇은 층을 이루고 있다.
　　　ⓓ 책상층의 바깥 표면 쪽에 가늘게 이어지는 연속선이 관찰되는데 이것이 명선이다.
　　　ⓔ 명선은 책상층 보강세포 상단의 같은 위치에서 세포벽의 비대로 세포 내강이 폐쇄되면서 생긴 빛의 굴절로 나타나는 일종은 착시현상이다.

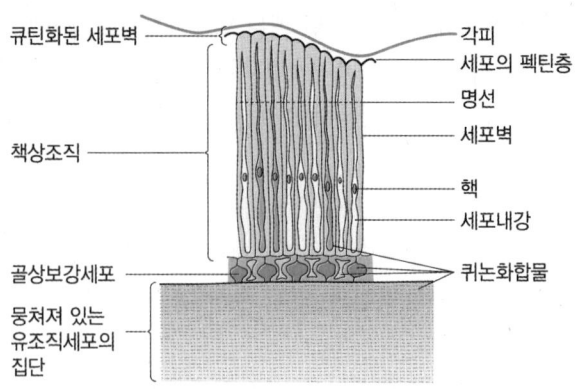

[완두종자의 종피 단면]

③ 불투기성
  ㉠ 종피가 산소를 투과시키지 않아 휴면이 일어나기도 한다.
    ⓐ 도꼬마리 열매에서 아래쪽 종자는 성숙 후 바로 발아하지만, 위쪽 종자는 종피의 산소 투과성이 낮아 이듬해 봄에 휴면이 타파되어야 발아할 수 있다.
    ⓑ 감자의 종피는 산소 투과성이 나빠 발아가 억제된다.
    ⓒ 화본과 식물은 공기 중 산소 압력을 높이면 발아가 촉진된다.
  ㉡ 종피는 이산화탄소의 배출을 차단하여 호흡을 억제하기도 한다.
  ㉢ 실제 배에 대한 산소공급이 부족하여 휴면하는 종자의 예는 많지 않다.
④ 기계적 저항
  ㉠ 질경이, 털비름, 나팔꽃, 소립땅콩 등은 종피의 기계적 저항으로 발아가 억제된다.
  ㉡ 이러한 종자는 수분을 충분히 함유하고 있으면 수개월에서 수년간 휴면을 한다.
  ㉢ 종피가 한 번 건조해지면 종피 내 교질물에 변화가 일어나 기계적 저항력이 크게 약화된다.

3) 발아억제물질

① 사막지방 자생식물의 종자는 건기에 휴면하는데, 이들 종자에는 종피나 과피에 발아억제물질을 가지고 있으며 우기에 이들 물질이 씻겨나가 발아가 가능해진다.
② 소립종 땅콩종 중에는 발아억제물질이 함유되어 있는 것이 있으며, 갈색의 얇은 속껍질인 종피를 제거하면 발아한다.
③ 다즙성 과실은 많은 수분을 함유하고 있음에도 그 안의 성숙한 종자는 발아하지 못한다.
  ㉠ 겨우살이, 수세미는 과즙의 삼투퍼텐셜이 낮아 종자가 물을 흡수하지 못해 발아하지 못한다.
  ㉡ 토마토, 오이, 수박, 참외, 표주박 등은 과즙 중에 특수한 발아억제물질이 존재하여 발아하지 못한다.
  ㉢ 수박의 과즙은 수박, 무, 양배추 종자의 발아를 억제하고 생장 중인 유근의 발육을 억제한다.
  ㉣ 쥐똥나무 과즙, 사탕무의 과피, 상추의 종피 등에도 발아억제물질이 존재하는 것으로 알려져 있다.

④ 발아억제물질은 종피, 배유, 배 등 과실과 종자의 여러 부위에도 분포되어 있으며 박과식물의 종자는 종피와 배 양쪽에 발아억제물질이 함유되어 있다.
⑤ ABA가 가장 널리 분포하는 대표적인 발아억제물질이며, 쿠마린(coumarin), 페놀산(phenolic acid), 카테킨(catechin), 카테킨타닌(catechin tannin), 스코폴레틴(scopoletin) 등이 잘 알려져 있다.
⑥ 발아억제물질의 억제작용이 발아의 억제인지 발아 후 생장의 억제인지는 명확하지 않다.

[종자에 함유된 발아억제물질의 종류][10]

종류	분포부위	억제물질
벼	외피	ABA
보리	외피	쿠마린, 페놀산, 스코폴레틴
밀	과피, 종피	카테킨, 카테킨타닌
근대	과피	페놀산, ABA
사탕무	과피	페놀산, ABA, 고농도의 무기이온
단풍나무	과피	ABA
개암나무	종피	ABA
보리수나무	과피, 종피	쿠마린
물푸레나무	과피	ABA
장미	과피, 종피	ABA

(2) 휴면의 타파

1) 배의 휴면타파

① 후숙(後熟, after ripening)
  ㉠ 배의 발달이 미숙하여 휴면을 하는 종자는 일정기간 후숙과정을 거치면 휴면이 타파되어 발아할 수 있다.
  ㉡ 배의 발육에 필요한 후숙기간은 식물의 종류에 따라 달라 10일 정도의 후숙기간이 필요한 종자도 있지만 물푸레나무와 같이 4개월 이상 필요한 경우도 있다.
  ㉢ 인삼종자는 GA를 처리하면 후숙을 촉진시킬 수 있다.

② 습윤저온처리
  ㉠ 배 자체의 생리적 원인에 의해 휴면이 일어나는 경우 습윤저온처리를 하면 휴면을 타파할 수 있다.
  ㉡ 장미과식물의 종자는 대개 이러한 유형의 휴면을 하며, 5℃ 내외의 저온에서 수개월 저장하면 휴면이 타파된다.

---

[10] 재배식물생리학 p.282 표11-1, 문원, 이승구 공저, 2002, 한국방송통신대학교출판부

ⓒ 층적법(層積法, stratification)
    ⓐ 습한 모래나 젖은 이끼를 종자와 엇갈려 층층으로 쌓아 올리고 이것을 저온에 두어 휴면을 처리하는 습윤저온처리 방법이다.
    ⓑ 목본식물의 종자는 대개 이와 같은 방법으로 휴면을 타파시킨다.
    ⓒ 효소의 활력이 증가하고 당류와 아미노산과 같은 유기물이 집적되며, 불용성 물질이 가용성 물질로 변하여 삼투퍼텐셜이 저하되는 등 변화가 생긴다.
    ⓓ ABA와 같은 발아억제물질이 감소하고 GA와 같은 발아촉진물질이 증가하여 휴면이 타파된다.
ⓔ 야생에서는 종자가 땅에 떨어져 습한 토양을 만나고 월동 중 저온을 경과해야 휴면이 타파되고 이듬해 봄에 발아한다.
ⓕ 종자에 저온처리를 하면 ABA는 급속히 감소하고 GA와 시토키닌은 증가하였다가 발아하면서 다시 감소한다.

[후숙에 의한 휴면타파의 예][11]

구분	휴면상태	후숙처리방법	후숙처리기간(개월)
벼	종피휴면	-	2~3
보리	종피휴면	저온	0.5~9
밀	종피휴면	광	3~7
야생귀리	배휴면	저온	30
상추	종피휴면	광, 저온	12~18
단풍잎돼지풀	배휴면	저온	12
네군도단풍	종피휴면	저온	7~8
자작나무	종피휴면	저온, 광	12
수영	종피휴면	변온, 광, 저온	60

2) 종피의 불투성 제거
① 종피파상(種皮破傷, scarification)
    ㉠ 종피의 일부를 가위로 잘라내거나 송곳으로 구멍을 내어 상처를 낸다.
    ㉡ 종자와 모래를 섞어 비비거나 흔들어 상처를 낸다.
② 종피연화
    ㉠ 화학물질을 이용하여 종피를 연화시키거나 변질시키는 것도 일종의 종피파상이라고 볼 수 있다.
        ⓐ 아세톤, 알코올, 염산, 황산, 수산화나트륨, 수산화칼륨 등을 이용한다.
        ⓑ 한국잔디의 종자는 수산화나트륨 또는 수산화칼륨 같은 강염기를 20~30% 수용액으로 만들어 30분 정도 처리한다.

---

11) 재배식물생리학 p.283 표11-2, 문원, 이승구 공저, 2002, 한국방송통신대학교출판부

ⓒ 종피연화 처리를 하면 ABA의 감소와 함께 구멍이 뚫려 휴면이 타파된다.
ⓒ 셀룰라아제(cellulase)나 펙티나아제(pectinase)와 같은 효소를 처리하여 종피를 변질시키기도 한다.

3) **생장조절제 처리**
① GA와 시토키닌은 발아촉진물질이며, ABA는 발아억제물질로 이들의 분포양상에 따라 종자의 휴면과 발아가 결정된다.
② GA와 시토키닌은 휴면타파에 관여하고, ABA는 휴면유도에 관여한다. ABA가 없어도 GA가 없으면 시토키닌 단독으로 발아시킬 수 없다.
③ GA는 배의 휴면과 그 외 원인에 의한 종자휴면을 타파하고 발아를 촉진하는 호르몬이다.
④ 에틸렌, 옥신도 발아를 촉진하여 종자의 휴면타파에 효과를 보인다.
⑤ 푸시코신(fusicoccin), 티오요소(thiourea), 사이나이드(cyanide; 호흡억제제), 과산화수소, 질산칼륨 등 다양한 물질이 종자의 휴면타파에 효과를 보인다.

[종자의 휴면과 발아에 관계하는 지베렐린, 시토키닌, 아브시스산의 관계]

식물체 내 호르몬 수준(+: 있음, −: 없음)			휴면과 발아
GA	시토키닌	ABA	
+	+	+	발아
+	+	−	발아
+	−	+	휴면
+	−	−	발아
−	−	−	휴면
−	−	+	휴면
−	+	−	휴면
−	+	+	휴면

4 눈의 휴면

(1) 동아의 휴면

1) 휴면의 생리적 의의와 형태

① 의의
  ㉠ 동아(冬芽): 휴면하면서 월동하는 겨울눈
  ㉡ 휴면은 월동식물의 내한성과 밀접한 관련이 있다.
② 다년생초본식물은 겨울에 생장속도가 떨어지거나 생장이 정지하지만, 겨울에도 날씨가 따뜻해지면 조금씩 생장하면서 월동한다.
③ 다년생목본식물의 휴면
  ㉠ 외재휴면, 내재휴면, 환경휴면으로 나뉘며, 종자휴면에서는 볼 수 없는 외재휴면을 한다는 특징이 있다.
  ㉡ 낙엽과수의 눈은 여름에서 가을에 걸쳐 형성되며, 곧바로 휴면에 들어가고, 가을에서 겨울을 거치는 과정에서 휴면이 타파되어 이듬해 봄 맹아한다.
  ㉢ 겨울이 되면 생장점을 아린(芽鱗, budscale; 눈비늘조각)으로 감싸 동아를 형성하고 휴면하면서 내한성을 증대시켜 월동하는데, 아린은 동아를 보호하여 월동 중 수분손실을 막고 내한성을 키우는 역할을 한다.
④ 소어(Saure, 1985)
  ㉠ 낙엽과수에서 눈의 휴면을 전휴면(여름휴면), 진정휴면(겨울휴면), 후휴면(봄휴면)으로 구분하기도 하였다.
  ㉡ 전휴면(前休眠, pre-dormancy): 여름에 일어나는 여름휴면이며, 상관적 억제에 의하여 일어나는 휴면으로 외재휴면에 해당한다고 볼 수 있다.
  ㉢ 진정휴면(眞正休眠, true dormancy): 가을을 지나 겨울에 일어나는 휴면으로 자발휴면에 해당한다.
  ㉣ 후휴면(後休眠, post-dormancy): 겨울이 끝났지만 외부환경이 여전히 나빠 휴면하는 타발휴면, 강제휴면에 해당되며, 봄휴면이라고 할 수 있다.

2) 휴면유도와 타파

① 휴면유도
  ㉠ 동아의 휴면을 지배하는 중요한 외적요인은 일장이며 휴면의 타파는 온도에 의해 주도된다.
  ㉡ 일반적으로 장일조건에서 영양생장이 촉진되고, 단일조건은 신장생장을 억제하여 휴면을 유도한다.
  ㉢ 식물의 일장반응은 재배식물보다 야생식물에서 더 잘 나타난다.

ⓔ 여름에 눈이 형성되면 서서히 휴면에 들어가고 가을 낙엽기에는 이미 깊은 휴면에 돌입된 상태이다.

② 휴면타파
　㉠ 휴면에 들어간 동아는 일정기간 저온에 두면 휴면이 타파된다.
　　ⓐ 겨울에 식물을 따뜻한 곳에 두면 봄에 계속해서 휴면 하면서 결국 말라 죽는다.
　　ⓑ 동아의 휴면타파에 가장 적당한 온도는 0~5℃이며, 처리기간은 200~1,000시간 이상이 요구된다.
　㉡ 휴면타파에 필요한 과수의 저온요구도는 식물 종류에 따라 다르다.
　　ⓐ 호두, 사과, 포도 등과 같은 온대과수는 저온요구도가 크다.
　　ⓑ 저온요구도가 크면 동아의 활동이 늦어지므로 한해를 받을 위험은 적어진다.
　　ⓒ 온대과수를 열대나 아열대 지방에서 재배하면 저온요구도를 충족시킬 수 없어 실용적 재배가 어렵다.
　㉢ 일부 수목에서는 봄의 장일조건이 휴면타파를 촉진한다.

③ 휴면과 식물호르몬
　㉠ 동아의 휴면유도와 타파에는 ABA와 GA가 관여한다.
　㉡ 휴면 중에는 ABA 농도가 GA보다 높고, 휴면이 타파되면 GA의 농도가 상대적으로 높아진다.
　㉢ ABA를 처리하면 휴면이 유도되고, 휴면타파 시기에 ABA를 처리하면 맹아가 지연된다.
　㉣ 사과, 배와 같은 온대과수에 옥신계통의 생장조절제(NAA, 2,4-D 등)를 사용하면 봄에 맹아와 개화가 14~16일 정도 늦어져 서리 피해를 막을 수 있다.

④ 동아의 인위적 휴면타파
　㉠ 휴면 중인 라일락의 화아 기부에 물을 주사하면 휴면이 타파되어 미처리보다 3주 정도 빠르게 개화한다.
　㉡ 이외 알코올 주사, 에테르 주사, 온수욕, 라듐 조사, 연기 처리, 가압 처리, 연속 조명 등의 방법으로 휴면을 타파시킬 수 있다.

(2) 저장기관의 휴면

1) 의의
① 영양기관의 변태로 형성된 괴경, 괴근, 인경, 구경, 근경, 위경 등은 저장기관이다.
② 저장기관은 수확 이용의 대상이 되며, 눈 또는 생장점이 있어 번식기관으로 중요하다.
③ 저장기관은 모두 수확 후 일정기간 휴면을 하며, 촉성재배 등을 위해서는 휴면을 인위적으로 타파시켜야 한다.

2) 감자의 괴경

① 감자의 괴경은 수확 후 일정기간이 경과해야 눈의 맹아가 가능하다.
　㉠ 대개 산간지역에서는 2~3개월, 평지에서는 4~5개월 정도 휴면하며, 그 기간은 품종에 따라 다르다.
　㉡ 인위적으로 휴면을 타파하기 위해 저온(5℃)이나 고온(35℃)처리를 한다.
② 휴면은 ABA에 의하여 유도되고, 휴면 중인 괴경에는 ABA의 함량이 높다.
③ GA처리는 휴면이 타파되어 맹아가 촉진된다.
④ 씨감자에서 휴면을 타파시키고 맹아를 촉진하기 위하여 에틸렌클로로히드린(ethylene chlorohydrin), 티오시안산칼륨(potassium thiocyanate) 티오요소 등을 사용한다.
⑤ 저장 중 맹아를 억제하기 위해서는 수확 2~6주 전 MH(maleic hydrazide)을 살포해 준다.

3) 마늘의 인경

① 고온장일조건에서 인경을 형성하고 바로 휴면에 들어간다.
② 저온성 작물로 여름이 되면 인경의 형태로 휴면하면서 고온을 극복한다.
③ 구근류의 휴면은 모식물의 휴면과 구근의 휴면으로 구분할 수 있는데, 고온장일조건에서 모식물의 생장이 정지되면서 휴면에 들어갈 때 구형성이 일어나고, 형성된 구는 바로 휴면에 들어간다.
④ 마늘의 휴면은 인편분화 직후부터 시작되어 구형성이 완료된 후에도 상당 기간 지속된다.
⑤ 한지형 마늘의 경우 자연상태에서 마늘의 자발휴면은 구형성 완료 후 50일 정도 지속된다.
⑥ 자발휴면이 타파되면 내부에서 싹이 자라기 시작하고 맹아 시기는 환경조건에 따라 달라진다.
⑦ 마늘의 휴면은 저온상태에서 타파되며, 고온에서는 휴면타파가 지연된다.
⑧ 휴면성은 품종에 따라 다르고, 한지형 마늘은 난지형보다 휴면이 깊고, 휴면이 깊으면 저장성이 좋다.

02 CHAPTER 종자의 발아

1 종자의 저장양분

(1) 저장부위와 용도

1) 저장 부위
① 종자는 배, 배유, 종피로 구성되어 있으며, 종자에 따라 배유 대신 자엽이 발달한다.
② 배유와 자엽에는 다양한 저장양분이 들어 있다.

2) 용도
① 저장양분은 발아과정에서 분해되어 발아 후 유식물이 광합성을 통해 자체적으로 양분을 생산할 수 있을 때까지 이용되는 양분이며 에너지원이 된다.
② 종자의 저장양분은 인간의 중요한 식량자원이 되며, 공업원료가 되기도 한다.

(2) 저장양분의 조성

1) 의의
① 종자의 성분 조성은 식물의 종류에 따라 다르다.
② 주요 성분은 탄수화물, 단백질, 지방이다.
③ 기타 성분으로 티아민, 리보플라빈, 비타민A와 같은 비타민류와 옥신, GA, 시토키닌, ABA와 같은 식물호르몬류, 쿠마린, 탄닌과 같은 발아억제물질, 커피의 카페인, 카카오의 테오부로민, 피마자의 리시닌, 고추의 피페린과 같은 특수 성분과 색소, 섬유소 등이 함유되어 있다.
④ 특수성분은 식용으로 사용을 어렵게 하기도 하나 많은 경우 기호식품이나 약재로 이용된다.

2) 저장양분에 따른 분류
① 탄수화물 종자
  ㉠ 전분립이 주로 배유에 저장되며, 전분립은 종류에 따라 모양과 크기가 독특하다.
  ㉡ 벼, 보리, 밀, 옥수수 등이 해당 된다.
② 단백질 종자
  ㉠ 20~40%의 저장단백질이 들어 있다.
  ㉡ 콩은 주로 자엽에 단백질을 함유한다.

ⓒ 탄수화물 종자인 밀은 단백질이 배와 배유에 함유되어 있으며, 특히 배유 안의 호분층에 많이 함유되어 있다.
ⓔ 콩, 완두 등이 해당된다.

③ 지방 종자
ⓐ 지방립의 형태로 존재한다.
ⓑ 지방이 피마자와 목화는 배유에 해바라기와 땅콩은 자엽에 뽕나무는 배유와 자엽에 분포한다.
ⓒ 땅콩, 참깨, 아마, 피마자 등이 해당된다.

3) 성분조성에 영향을 미치는 요인
① 종자의 여러 성분의 조성은 유전적 특성이지만 재배조건에 따라서도 달라진다.
② 토양, 기상조건에 따라 또는 재배 방식에 따라 종자의 성분함량과 조성비는 달라질 수 있다.
③ 예로 러시아와 주변 여러 지방에서 재배한 밀과 완두의 단백질 함량을 조사한 결과 지역 간에 상당한 차이를 보였다.

2 종자의 발아과정

발아과정 : 수분의 흡수 → 저장양분 분해효소 생성 및 활성화 → 저장양분의 분해, 전류 및 재합성 → 배의 생장개시 → 과피 파열 → 유묘 출현

(1) 종자의 수분흡수

1) 종자의 수분흡수 부위와 흡수량
① 흡수 부위: 종피 전체를 통해 일어나지만 콩과에서는 주공을 통해 많이 흡수한다.
② 흡수량
 ⓐ 건조종자의 수분흡수량은 상당히 많다.
 ⓑ 건물중을 기준으로 화곡류는 50%, 두과식물은 150~200%까지 흡수하여 부피가 증가된다.

2) 벼 종자의 수분흡수 단계
수분흡수의 단계
① 제1단계: 흡수기
 ⓐ 종자가 매트릭퍼텐셜(matric potential, 고상의 수분 견인력)로 인해 물리적으로 수분흡수가 왕성하게 일어나는 시기이다.

ⓒ 종자의 생사와 관계없이 일어난다.
ⓒ 18시간 정도 소요된다.
② 제2단계: 발아준비기
㉠ 수분의 흡수가 일시적으로 정체되고 효소들이 활성화되면서 발아에 필요한 물질대사가 왕성하게 일어나는 시기이다.
ⓒ 죽은 종자는 이 단계에서 흡수가 정지된다.
ⓒ 54시간 정도 소요된다.
③ 제3단계: 생장기
㉠ 배의 생장이 나타나는 시기로 다시 흡수가 활발해지는 단계이다.
ⓒ 종자의 내부조직에 따라 흡수량과 흡수 양상이 달라 배는 배유에 비하여 훨씬 많은 양의 물을 흡수하는데, 배는 다량의 물을 흡수하지만 배유는 흡수에 거의 변화가 없다.

3) 흡수기작
① 초기에는 모세관현상과 침윤에 의하여 이루어지고, 그 후에는 삼투작용에 의한 흡수가 일어난다.
② 흡수에 관계하는 요인에는 종자의 크기, 종피의 투과성, 물과의 접촉 상태, 용액의 농도, 내용물의 수화도, 수온, 수분퍼텐셜의 차이에 따라 다르다.
③ 종자는 반투성막을 가지고 있어 물을 선택적으로 흡수하면서 흡수량과 속도를 조절한다.

(2) 저장양분의 소화

1) 의의
① 분자량이 큰 저장양분이 물에 녹아 확산하기 쉬운 물질로 분해되는 과정을 소화(消化, digestion)라 한다.
② 소화는 종자가 흡수한 다음 일어나는 최초의 화학적 변화이다.
③ 대개 흡수 후 6~12시간 내에 일어난다.
④ 소화과정은 여러 효소의 작용에 의하여 진행된다.

2) 전분
① 전분은 가수분해되어 당으로 변한 다음에 호흡의 첫 단계인 해당과정으로 들어갈 수 있다.
② 전분의 구성
㉠ 아밀로오스(amylose)와 아밀로펙틴(amylopectin)으로 구성되어 있다.
ⓒ α-아밀라아제(α-amylase)
ⓐ 아밀로오스를 맥아당, 포도당으로 가수분해한다.
ⓑ 아밀로펙틴을 포도당, 맥아당, 덱스트린으로 가수분해한다.

- ⓒ β-아밀라아제(β-amylase)
  - ⓐ 아밀로오스를 맥아당으로 가수분해한다.
  - ⓑ 아밀로펙틴을 맥아당, 덱스트린으로 가수분해한다.
- ⓔ α-글로코시다아제(α-glucosidase) : 맥아당을 포도당으로 가수분해한다.
③ 볍씨 발아시 전분분해효소의 활성은 종자 내 포도당 함량이 최고에 도달하기 약 2일 전에 가장 높으며, 휴면종자 활력과 비교하여 200~300배 증가한다.

3) 단백질

① 프로테아제(protease)에 의해 아미노산과 펩티드로 분해되고, 펩티드는 펩티다아제(peptidase)에 의해 아미노산으로 분해된다.
② 분해된 아미노산은 새로운 조직과 기관의 형성을 위해 필요한 단백질로 다시 합성된다.
③ 종자는 발아 후 뿌리에서 질소원을 흡수할 수 있을 때까지 필요한 질소를 저장단백질을 분해하여 사용한다.

4) 지방

① 리파아제(lipase)에 의해 글리세롤(glycerol)과 지방산(lipoic acid)으로 분해된다.
② 글리세롤은 인산화과정을 거쳐 포도당 신생합성 경로로 들어간다.
③ 지방산은 인지질과 당지질의 합성에 이용되어 일부 기관형성에 사용되지만 대부분 글리옥실산회로와 크렙스회로를 거쳐 역해당과정인 포도당 신생합성 경로로 들어가 포도당, 자당으로 전환되어 생장에 이용된다.

(3) 양분의 이동

1) 배반(胚盤, scutellum)

① 분자량이 큰 저장양분은 가수분해를 통해 분자량이 작아지고 수용성 물질로 변해 배 쪽으로 이동한다.
② 배반은 벼, 보리, 옥수수 등에서 저장양분의 소화와 이동에 큰 역할을 담당하는 조직으로 하나의 변태된 자엽이다.
③ 배와 배유 사이에 있어 흡수가 진행되면 GA를 방출한다.
④ GA는 호분층으로 확산이동하고 호분층에 가수분해효소인 α-아밀라아제와 프로테아제 합성을 유도하고, 상추 종자의 경우 피토크롬 신호 전달 물질로 작용하여 자엽 내 유전자 발현을 유도한다.
⑤ 새로 만들어진 효소가 배유조직으로 이동하여 녹말 등 저장물질을 분해한다.

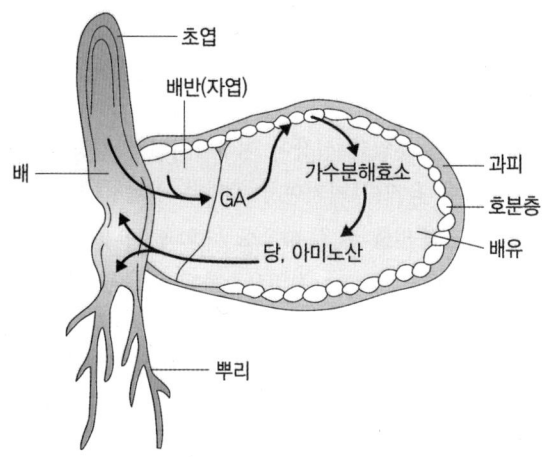

[보리종자에서 GA의 역할과 저장물질의 분해와 이동]

2) 동원(動員, mobilization)

① 종자 내의 저장양분이 소화되어 배를 향하여 이동하는 현상을 말한다.
② 가수분해된 수용성 양분들이 배 족으로 이동하며, 배반은 수용성 양분들을 흡수해 배쪽으로 전달하는 중계 역할을 한다.
③ 발아 초기에는 배의 통도조직이 분화되어 있지 않으므로 세포 간의 확산이동에 의해 생장하는 조직으로 양분이 이전된다.
④ 배의 생장점에서 가용성 양분이 세포벽이나 원형질로 변해 농도의 저하가 계속되므로 종자 내의 가용성 양분은 용질의 농도가 높은 곳에서 낮은 곳인 배 부분으로 확산이동 한다.

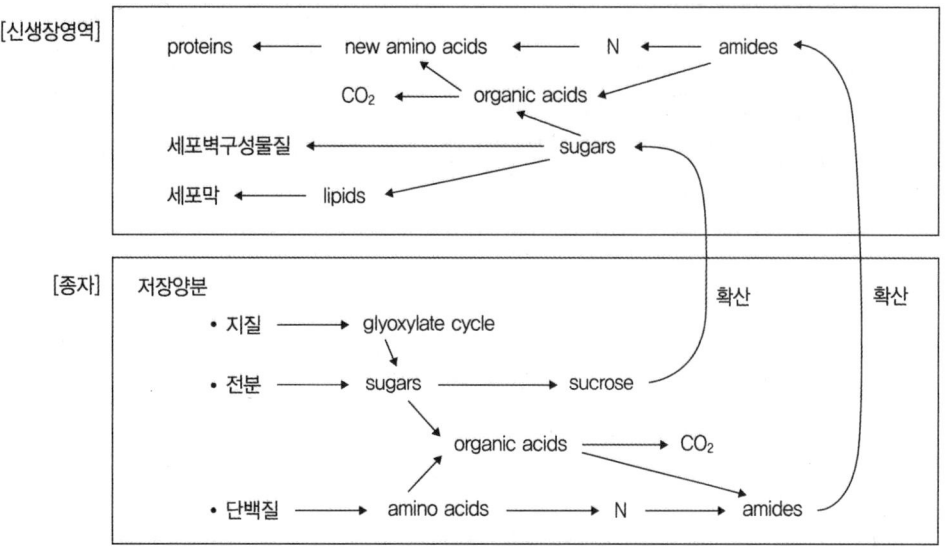

[발아종자 저장양분의 동원]

(4) 배의 생장과 발육

1) 배의 생장

① 배는 수분흡수 후 세포의 분열과 신장이 이루어지면서 생장을 한다.
② 종자는 수분을 흡수하여 용적이 커지면서 종피가 찢어진다.
③ 배가 계속 생장을 하면 종피를 뚫고 밖으로 나오게 된다.
④ 배의 생장에 필요한 양분은 배유나 자엽으로부터 공급을 받고, 저장양분이 배로 전류되면 배유나 자엽에는 셀룰로오스, 헤미셀룰로오스와 약간의 이동되지 못한 물질만 남는다.
⑤ 배의 생장과정에서 시토키닌은 세포분열을 촉진하고, 옥신은 세포 신장을 촉진하여 유아와 유근이 생장을 돕는다.
⑥ 대부분 종자, 특히 쌍자엽식물은 발아할 때 유아보다 유근이 먼저 나오는데, 이는 수분과 무기양분을 토양으로부터 흡수해 자립기반을 우선적으로 만들기 위한 것이다.
⑦ 때로는 유아가 먼저 나오는 경우도 있다. 벼의 경우 산소가 부족하면 유아가 먼저 나오고 유근이 잘 발달하지 못한다.
⑧ 배의 유근과 유아가 종피를 뚫고 밖으로 나와 수분, 무기양분, 산소를 흡수하면 배는 왕성한 생장을 하며, 이때 배의 생장은 세포분열과 신장은 물론 배축의 형성, 새로운 조직과 기관의 분화 등으로 일어난다.
⑨ 배의 생장과정에서 유근이 토양에 뿌리를 내림과 동시에 배축의 우선 생성과 신장으로 광합성 기관인 잎을 빨리 지상으로 밀어 올리는 것이 필요하다.
⑩ 두과식물에서는 대부분 양분이 배축의 형성에 이용되며, 배축이 생장활동의 중심이 된다.

2) 종자의 발아 양상

① 종자가 발아할 때 배유와 자엽의 위치에 따라 지하형과 지상형으로 구분할 수 있다.
② 지하형(地下型, hypogeal type)
  ㉠ 하배축은 신장하지 않고 유아와 자엽 사이에 있는 상배축만 신장한다.
  ㉡ 배유와 자엽을 지하에 남겨두고 유아만 땅 위로 나온다.
③ 지상형(地上型, epigeal type)
  ㉠ 하배축이 신장하여 배유와 자엽을 땅 위로 나타난다.
  ㉡ 종피는 수분조건에 따라 지하에 남기도 하고 지상으로 쓰고 나오기도 한다.

종류	지하형	지상형
배유성 종자	벼, 보리, 밀, 옥수수	피마자, 메밀, 양파
자엽성 종자	완두, 잠두, 팥	강낭콩, 오이, 호박, 땅콩, 콩, 녹두

3) 발아시 특이 구조
    ① 유아갈고리(hook)
        ㉠ 쌍자엽식물이 발아할 때 반드시 배축의 선단이 갈고리 모양으로 구부러져 땅 위로 솟아나 오는데 이를 유아갈고리라 한다.
        ㉡ 식물이 땅 속에서 나올 때 흙을 밀어젖히고 안전하게 출아하는데 중요한 역할을 한다.
        ㉢ 유식물이 지상으로 출현하면 광 조건이 배축의 신장을 억제하고 갈고리를 펴게 하면서 잎의 전개를 촉진한다.
    ② 걸이못(peg)
        ㉠ 오이속 식물의 종자에서 볼 수 있다.
        ㉡ 하배축 한쪽에 걸이못이라는 돌기를 형성한다.
        ㉢ 돌기에 종피를 걸어서 어린 식물체가 쉽게 빠져나오게 하는 역할을 한다.

4) 유식물의 생장
    ① 배가 종피를 뚫고 밖으로 나와서부터 독립영양을 하게 될 때까지의 어린 식물체를 유식물(幼植物), 아생(芽生) 또는 발아식물(發芽植物)이라 한다.
    ② 유식물이 저장양분에 의존하여 자라다 스스로 자급영양을 이루는 시기는 영양의 전환기로 이유기라고 볼 수 있다.
    ③ 밀과 쌀보리 유식물은 배유 건물의 약 85%가 소모될 때 배유 양분의 소진기로 볼 수 있으며, 이 시기에 배유 양분에서 독립하여 자급영양 상태가 된다.
    ④ 식물에 따라 이유기는 다르다.
    ⑤ 식물에 따른 자급영양 상태에 이르는 시기
        ㉠ 수박: 수분이 공급된지 11일 후
        ㉡ 논벼: 본엽이 4장, 발근 수가 5~7개일 때
        ㉢ 밀: 본엽이 3장, 발근 수가 5~9개일 때
        ㉣ 겉보리: 본엽이 2장, 발근 수가 5~8개일 때
    ⑥ 최종적으로 유식물은 지상부에 광합성을 하는 잎을 전개하고, 지하부에는 유근이 신장하고 지근이 생기며, 유근 선단부에 근모가 발달하여 양수분의 흡수면적을 증대시킨다.
    ⑦ 이렇게 되면 영양적으로 종자의 저장양분으로부터 완전히 독립하게 된다.

3 발아의 외적조건

(1) 수분

1) 의의
① 건조 종자에도 수분은 어느 정도 함유되어 있으나 생장 중인 식물체의 수분함량에 비해 함수량이 매우 적다.
② 피마자의 종자는 전체 중량의 65%의 수분을 함유하고 있으나, 발아하여 생성된 유식물은 92.7%의 수분을 함유한다.
③ 종자가 발아하여 생장하기 위해서는 다량의 수분이 필요하다.

2) 발아 시 수분의 역할
① 종피를 연화시키고 팽창시켜 배가 쉽게 종피를 뚫고 나오게 한다.
② 종피의 가스투과성을 증대시켜 산소 공급과 이산화탄소의 배출을 쉽게 한다.
③ 흡수된 수분은 저장물질의 분해와 전류를 가능하게 하여 발아에 필요한 물질대사가 원활히 이루어지도록 한다.

3) 건조종자의 수분흡수
① 조직이 팽창하면서 종자 전체가 팽윤(膨潤)현상을 나타낸다.
② 수분에 의한 팽윤정도는 단백질이 가장 크고, 전분, 셀룰로오스 순으로 흡수시 종자의 용적증대는 단백질 종자인 콩류가 전분 종자인 화곡류에 비해 크며, 셀룰로오스가 주성분인 종피는 배나 배유가 팽창할 때 쉽게 파괴된다.

4) 발아에 필요한 수분흡수량
① 종자의 발아까지 수분흡수량은 종류, 품종, 저장조건에 따라 다르다.
② 단백질 종자는 많고, 전분 종자나 지방 종자는 작다.
③ 발아에 필요한 흡수율은 곡류가 건물중의 30% 이상 흡수하면 발아가 가능하지만, 두과식물의 경우 50~60% 이상의 흡수가 필요하다.

(2) 온도

1) 발아온도
① 종자는 일정 온도범위에서만 발아하며, 식물 종류별로 발아적온 범위가 있는데, 최적온도에서 가장 짧은 기간에 가장 높은 발아율을 보인다.
② 일반적으로 발아온도는 생육온도보다 다소 높다.

③ 종자의 발아적온
  ㉠ 종류에 따라 큰 차이를 보이지만 대체로 25~30℃의 범위이다.
  ㉡ 일반적으로 온대 원산의 식물은 열대나 아열대 원산보다 낮은 온도에서 발아한다.
  ㉢ 상추는 저온발아성으로 한여름 재배 시 저온조건에서 발아시키는 일이 필요하다.
  ㉣ 고추는 고온발아성으로 이른 봄 노지파종에서 저온에 의한 발아 억제가 문제가 되고 있다.
  ㉤ 옥수수, 벼, 콩, 녹두, 과채류는 발아적온이 높고, 맥류, 근채류, 엽채류는 발아적온이 상대적으로 낮다.
  ㉥ 종자의 발아적온은 품종에 따라서도 다르다.
    ⓐ 논벼는 저위도에서 고위도까지 널리 분포되어 있어 품종 간 발아온도의 변이가 크다.
    ⓑ 논벼는 고위도와 한지산의 종자는 저온에서도 발아가 잘 되지만, 저위도, 열대산 종자는 그렇지 못하다.
④ 변온과 발아
  ㉠ 많은 야생식물과 잡초 종자 그리고 재배식물에서 변온이 발아를 촉진한다는 사실이 알려져 있다.
  ㉡ 켄터키블루그라스, 샐러리, 호박, 목화, 담배, 가지, 토마토, 고추, 옥수수 등은 변온이 발아를 촉진한다.
  ㉢ 켄터키블루그라스는 20℃에서 16~18시간, 30℃에서 6~8시간 변온 처리로 발아가 크게 촉진된다.
  ㉣ 변온이 종자의 발아를 촉진하는 작용기작에 대한 정설은 아직 없지만, 인도형 논벼의 경우에 의하면 고온에서는 발아저해물질이 배에 축적되고, 저온에서는 이 물질이 중화되어 발아가 촉진되는 것으로 추정되고 있다.

[주요 재배식물의 발아온도(℃)][12]

구분	최저	최적	최고	구분	최저	최적	최고
옥수수	8~10	32~35	40~44	수박	21	25~35	40 이상
벼	8~13	30~37	40~42	토마토	15	25~30	35
보리	3~5	19~27	30~40	고추	15	25	35
콩	2~4	34~36	42~46	무	10 이하	15~25	35
녹두	0~2	36~38	50~52	당근	10 이하	15~25	30
완두	4	18	31~37	순무	10 이하	15~25	40
담배	10	24	30	배추	10 이하	15~25	40
호박	16~19	30~40	45~50	상추	10 이하	15~25	30
메밀	3~5	25~31	35~45	시금치	10 이하	15~20	35
오이	11~18	25~30	44~50	파	1~4	15~30	40

---

[12] 재배식물생리학 p.305 표12-4, 문원, 이승구 공저, 2002, 한국방송통신대학교출판부

(3) 산소

1) 종자의 발아와 산소

① 종자가 발아 중에는 많은 산소를 요구하며 산소가 충분히 공급되면 발아가 순조롭다.
② 파종 후 복토가 두껍거나 과습 조건에서 파종하면 산소 부족으로 발아율이 크게 떨어진다.
③ 산소가 부족한 상태에서 둑새풀, 사과 종자 등은 2차 휴면에 들어가는 경우도 있다.
④ 수생식물 중에는 낮은 농도의 산소에서도 발아하는 종자도 있다.
⑤ 산소가 적어도 발아가 잘 되는 습생식물인 벼는 산소요구량은 적을 뿐만 아니라, 산소가 없는 경우에도 무기호흡으로 발아에 필요한 에너지를 얻는 경우도 있다.
⑥ 벼는 산소가 부족하면 발아 후 유근과 본엽의 발달이 억제된다.
⑦ 발아에 있어 종자의 산소요구도는 작물의 종류와 발아시 온도조건 등에 따라 달라지며 수중 발아 상태를 보고 산소요구도를 파악할 수 있다.

2) 수중에서의 종자 발아 난이도

① 수중 발아를 못하는 종자: 밀, 귀리, 메밀, 콩, 무, 양배추, 고추, 가지, 파, 앨팰퍼, 옥수수, 수수, 호박, 율무 등
② 수중에서 발아 감퇴 종자: 담배, 토마토, 카네이션, 화이트클로버, 브롬그라스 등
③ 수중 발아가 잘 되는 종자: 벼, 상추, 당근, 셀러리, 피튜니아, 티머시, 캐나다블루그라스 등

(4) 광

1) 광과 종자의 발아

① 종자의 광 감수성은 유전적 특성이지만 종자의 형성기나 발아 시 환경에 따라 변할 수 있다.
② 광감수성종자(光感受性種子, photo-sensitive seed)
   ㉠ 광발아성종자(光發芽性種子, light promotive seed)
      ⓐ 광에 의해 발아가 촉진되는 종자
      ⓑ 상추, 우엉, 담배, 켄터키블루그라스, 뽕나무, 차조기 등
   ㉡ 암발아성종자(暗發芽性種子, light inhibitive seed)
      ⓐ 광에 의해 발아가 억제되는 종자
      ⓑ 가지, 수박, 호박, 오이, 양파, 마, 수세미 등
③ 광불감수성종자(光不感受性種子, photo-insensitive seed)
   ㉠ 광과 무관하게 다른 조건이 충족되면 발아하는 종자
   ㉡ 옥수수, 두과식물, 화곡류 등

2) 광조사 시간

① 일반적으로 광발아성 효과는 반드시 수분을 충분히 흡수하여 팽윤된 종자에만 나타난다.

② 물을 충분히 흡수하면 약광의 짧은 시간의 조사만으로도 발아촉진효과가 나타난다.
  ㉠ 담배가 전형적인 경우로 약광의 순간적 조사만으로도 효과가 잘 나타난다.
  ㉡ 황색종 담배에서 200lux의 약광에 1/300초의 노출만으로도 발아율이 최고 50% 정도 발아하였다.
  ㉢ 상추 종자의 경우 물을 암조건에서 흡수시키고 수초 동안만 광을 조사하여도 발아한다.
③ 연속적인 광보다는 어느 기간 광선에 노출시켰다가 그 후 어둠에 두면 광발아 효과가 명확하게 나타난다.

3) 광질과 발아
  ① 광의 파장별로 발아에 미치는 영향은 광발아성과 암발아성에 관계없이 발아촉진대와 발아억제대가 있다.
  ② 상추종자의 경우 여러 광선의 발아촉진효과를 보면 적색광에서는 발아율이 높고, 원적색광에서 발아율이 크게 떨어진다.
    ㉠ 520nm의 광이 발아촉진적이며 특히 660nm의 적색광에서 가장 효과가 크다.
    ㉡ 420~520nm와 700~800nm에서는 억제적으로 작용하며, 특히 730nm의 원적색광에서 억제 효과가 가장 크다.
    ㉢ 적색광과 원적색광을 번갈아 반복적으로 조사할 때 마지막으로 조사한 광선의 종류에 따라 발아율이 결정되는 적색 및 원적색광에 의한 광가역적 반응이 나타난다.
  ③ 적색 및 원적색광에 의한 발아의 광가역적 반응은 온도의 영향을 받지 않으며, 짧은 시간의 저에너지에서도 나타난다.

4) 피토크롬(phytochrome)
  ① 광가역적 반응을 일으키는 광수용 색소단백질이다.
  ② 광발아성종자
    ㉠ 암상태에서는 Pr형으로 생성된다.
    ㉡ Pr은 화학적으로 안정되어 있지만 불활성형이다.
    ㉢ Pr형이 적색광을 포함한 광을 조사받으면 곧바로 Pfr형으로 전환되면서 생리적으로 활성화된다.
    ㉣ 광발아성종자는 내부에 Pr형이 존재하는 암상태에서는 발아가 일어나지 않지만, 적색광을 조사하면 Pr형이 Pfr형으로 전환이 일어나 발아가 일어난다.
  ③ 암발아성종자
    ㉠ 광발아성종자에 있는 피토크롬과 다른 특별한 종자 피토크롬이 존재하는 것으로 알려져 있다.
    ㉡ 이 피토크롬은 일반적 피토크롬과 달리 암상태에서 물을 흡수하면 바로 Pr형에서 Pfr형으로 전환된다.
    ㉢ 따라서 암발아성종자는 암상태에서도 충분한 양의 Pfr형이 존재하여 발아가 가능해진다.
    ㉣ 이 피토크롬은 광을 조사하면 원적색광에 의하여 Pfr형의 수준이 낮아져 발아가 억제된다.

5) 일장과 발아
    ① 광발아성종자는 일장조건도 발아에 영향을 미친다.
        ㉠ 일반적으로 어느 한계 일장 전까지는 일장이 길어지면 발아율이 증가하지만 한계 일장보다 길어지면 점차 발아율이 감소한다.
        ㉡ 24시간 연속 조명에서도 발아율은 낮아진다.
        ㉢ 광발아성인 담배 종자의 경우 야간 조명으로 계속 광조건에 두면 자연일장에서 보다 발아율이 50% 이하로 떨어진다.
    ② 발아율이 최고를 나타내는 일장의 범위는 종류에 따라 다르며, 일장이 길수록 발아율이 높아지고, 24시간 조명에서 최고의 발아율을 나타내는 종자도 있다.
    ③ 암발성종자는 연속적으로 암조건에 두는 것보다 약광을 매일 1~10분 조사해 주면 발아를 촉진하는 경우도 있으나 강광 조건에서는 발아촉진효과가 나타나지 않는다.
    ④ 종자발아에 미치는 일장의 효과는 주체적으로 종자 내의 피토크롬이 관여하는 것으로 알려져 있다.

6) 화학물질
    ① 유해가스
        ㉠ 암모니아(NH_3), 이산화황(SO_2), 염소(Cl_2) 등이 있으며, 물을 흡수한 종자가 이들 가스에 노출되면 발아율이 떨어진다.
        ㉡ 심한 경우 종자가 활력을 잃고 죽는다.
        ㉢ 토양 중에 시용한 유기물의 분해과정에서 발생하는 암모니아(NH_3)가 발아나 초기 생육에 피해를 입히는 사례가 자주 발생한다.
    ② 무기염류
        ㉠ 무기염류 중 황산망간($MnSO_4$)용액은 넓은 농도범위에서 옥수수, 양배추 등의 종자발아를 촉진한다.
        ㉡ 납염(Pb염)은 0.01~2.0% 범위에서 겨자 등의 발아를 억제한다.
        ㉢ 질산은($AgNO_3$), 질산칼륨(KNO_3)과 같은 질산염은 광발아성종자의 암발아성을 촉진한다. 예로 소나무종자를 질산은용액에 침지하면 암발아성이 커져 어두운 암조건에서의 발아가 촉진된다.
    ③ 생장조절제
        ㉠ 옥신류
            ⓐ 2,4-D의 경우 0.01% 용액은 벼와 보리의 발아를 촉진하지만 0.07% 용액은 발아를 억제한다.
            ⓑ NAA는 밀의 수발아를 억제하는 효과가 나타난다.

ⓒ 지베렐린
  ⓐ 담배와 광발아성 종자의 암발아를 촉진한다.
  ⓑ 사과, 배, 감자 종자의 발아에 촉진적으로 작용한다.
ⓒ 시토키닌: 발아를 촉진한다.
ⓔ 아브시스산: 발아를 억제한다.
ⓜ 에틸렌
  ⓐ 상추, 유채, 땅콩 등에서 종자의 발아를 촉진한다.
  ⓑ 상추는 적색광과 함께 에틸렌 처리를 하면 발아가 더욱 촉진된다.
  ⓒ 포장에서 종자로부터 발생하는 에틸렌이나 이산화탄소가 종자 주변에 어느 정도 보존되어 발아율을 높인다.
  ⓓ 클로버 종자는 페트리 접시 위에서 발아시키면 12%밖에 발아하지 않으나 토양 중에서 저농도의 에틸렌을 가하면 62%까지 발아하며, 여기에 이산화탄소를 추가하면 83%까지 발아한다.

(5) 발아력 검정

1) 발아조사

① 발아율(PG, percent germination): 파종된 총 종자 수에 대한 발아종자 수의 비율(%)이다.
② 발아세(GE, germination energy): 치상 후 정해진 기간 내의 발아율을 의미하며 맥주보리 발아세는 20℃ 항온에서 96시간 이내에 발아종자 수의 비율을 의미한다.
③ 발아시: 파종된 종자 중에서 최초로 1개체가 발아된 날
④ 발아기: 파종된 종자의 약 40%가 발아된 날
⑤ 발아전: 파종된 종자의 대부분(80% 이상)이 발아한 날
⑥ 발아일수: 파종부터 발아기까지의 일수
⑦ 발아 양부(良否): 양, 불량 또는 양(균일), 부(불균일)로 표시한다.
⑧ 발아기간: 발아시부터 발아 전까지의 기간
⑨ 평균발아일수(MGT, mean germination time): 발아된 모든 종자의 발아일수의 평균

$$MGT = \frac{\Sigma(t_i n_i)}{N}$$

t_i: 파종부터 경과일수, n_i: 그날그날의 발아종자수, N: 총발아종자수

⑩ 발아속도(GR, germination rate): 종자를 파종한 후 경과일수에 따라 발아되는 속도

$$GR = \Sigma\left(\frac{n_i}{t_i}\right)$$

t_i: 파종부터 경과일수, n_i: 그날그날의 발아종자수

⑪ 평균발아속도(MDG, mean daily germination): 발아한 총 종자의 평균적인 발아속도

$$MDG = \frac{N}{T}$$
N: 총발아종자수, T: 총조사일수

⑫ 발아속도지수(PI, promptness index): 발아율과 발아속도를 동시에 고려하여 발아속도를 지수로 표시한 것

$$\Pi = \Sigma\{(T - ti + 1)ni\}$$
T: 총조사일수, ti: 파종부터 경과일수, ni: 그날그날의 발아종자수

2) 발아시험에 의한 발아력 검정

① 발아시험기 또는 샬레에 여지, 탈지면, 세사를 깐 후 적당한 수분을 공급하고 그 위에 종자를 놓고 발아시킨다.
② 발아력은 발아율과 발아세를 조사하여 검정한다.
③ 발아율: 총공시종자수에 대한 발아종자수의 백분율로 표시하며 발아율이 높은 종자가 좋은 종자라 할 수 있다.
④ 발아세: 발아시험 시작부터 일정 기간을 정하여 그 기간 내 발아한 종자를 총공시종자수에 대한 비율로 표시한 것이다.
⑤ 종자 순도(percentage of purity)를 조사하고 발아율을 알면 종자의 가치를 총체적으로 표시하는 용가(用價, utility value)를 계산할 수 있다.

$$종자의\ 순도 = \frac{순정\ 종자중량}{종자총중량} \times 100(\%)$$

$$종자의\ 용가 = \frac{P \times G}{100}(\%)$$
P: 순도, G: 발아율

3) 종자발아력 간이검정법

① 테트라졸륨법(tetrazolium method): pH 6.5~7.5의 TTC(2,3,5-triphenylet-razolium chloride) 용액을 화본과 0.5%, 두과 1%로 처리하면 배, 유아의 단면이 적색으로 염색되는 것이 발아력이 강하다.
② 구아이아콜법(guaiacol method): 종자를 파쇄하여 1%의 구아이아콜 수용액 한 방울을 가하고 다시 1.5% 과산화수소액 한 방울을 가하면 오래된 종자는 색반응이 나타나지 않고 신선한 종자는 자색으로 착색된다.

③ 전기전도율 검사법: 기계를 사용하여 종자의 개별적 전기전도율을 측정하는 방법으로 세력이 낮거나 퇴화된 종자를 물에 담그면 세포 내 물질이 침출되어 나오는데, 이들이 지닌 전하를 전기전도계로 측정한 값으로 발아력을 측정하는 방법이다. 완두, 콩 등에서 많이 이용되며 전기전도도가 높으면 활력이 낮은 것이다.

4 종자의 수명과 저장

(1) 종자의 수명(life span ofseed)

1) 의의
   ① 종자의 수명이란 종자가 발아력을 보유하고 있는 기간을 의미한다.
   ② 건조한 종자는 장기간 발아하지 않고 생명을 유지할 수 있다.
   ③ 종자에 수분이 공급되지 않으면 종자 내의 배는 호흡작용을 비롯한 대사작용이 극히 미약하여, 호흡으로 집적된 고농도의 이산화탄소에 의해 배의 생장활동이 억제된다.
   ④ 건조종자는 외적 환경에 저항력이 커지면서 불량환경에서 오랜 기간 살아남을 수 있다.
   ⑤ 종자의 수명은 종자와 저장조건에 따라 달라질 수 있으며, 농업에서는 종자별 수명에 대하여 이해하고, 최적 조건에 저장함으로 종자의 발아력을 유지하고 향상시키는 것이 필요하다.

2) 종자 수명에 미치는 조건
   ① 종자의 수명은 식물의 종류, 휴면성, 저장조건 등에 따라 달라진다.
   ② 경실종자의 배는 휴면상태에 있을 뿐만 아니라 두꺼운 종피나 과피로 보호되어 있어 장기간 발아력을 유지할 수 있다.
   ③ 종자의 수명은 수 개월에서부터 수백년 이상 유지되는 것까지 다양하다.

3) 종자의 수명
   ① 종자를 실온 저장하는 경우 2년 이내 발아력을 상실하는 단명종자와 2~5년 활력을 유지할 수 있는 상명종자, 5년 이상 활력을 유지할 수 있는 장명종자로 구분한다.

[작물별 종자의 수명]

구분	단명종자(1~2년)	상명종자(3~5년)	장명종자(5년 이상)
농작물류	콩, 땅콩, 목화, 옥수수, 해바라기, 메밀, 기장	벼, 밀, 보리, 완두, 페스큐, 귀리, 유채, 켄터키블루그라스, 목화	클로버, 앨팰퍼, 사탕무, 베치
채소류	강낭콩, 상추, 파, 양파, 고추, 당근	배추, 양배추, 방울다다기양배추, 꽃양배추, 멜론, 시금치, 무, 호박, 우엉	비트, 토마토, 가지, 수박
화훼류	베고니아, 팬지, 스타티스, 일일초, 콜레옵시스	알리섬, 카네이션, 시클라멘, 색비름, 피튜니아, 공작초	접시꽃, 나팔꽃, 스토크, 백일홍, 데이지

자료: 中村, 1985; HARTMANN, 1997

② 종자를 오래 저장하면 발아율이 낮아지고 발아의 균일성이 떨어진다.
　㉠ 종자가 오래될수록 발아율과 발아세가 떨어지고, 발아 후 생장이 억제된다.
　　ⓐ 배추, 가지, 토마토, 수박, 강낭콩은 1년 정도 지난 종자는 새 종자에 비해 가치가 크게 떨어진다.
　　ⓑ 순무와 무는 당년 생산 종자만이 경제적 가치가 있고 묵을수록 가치가 떨어진다.
　　ⓒ 묵은 종자일수록 발아 이후 생장력도 약해져 추대나 개화가 지연된다.
　㉡ 종자를 장기간 저장하면 호흡으로 인한 저장양분의 소모로 발아력이 떨어질 수 있으나 장기저장으로 발아력을 상실한 종자에도 다량의 저장양분이 남아있다.
　㉢ 발아력 상실의 가장 큰 원인은 단백질의 응고나 변성에 있는 것으로 여겨진다.

(2) 종자의 저장

1) 의의

① 종자는 저장조건에 따라 수명이 크게 달라진다.
② 저장은 수명의 연장 발아 후 생장 그리고 식량으로 이용하는 경우 식미와 밀접한 관련이 있다.
③ 종자 수명에 영향을 미치는 조건으로는 종자 자체의 함수량, 주변의 상대습도, 온도, 산소 조건 등이 있다.

2) 저장조건

① 종자의 함수량과 상대습도
　㉠ 건조한 종자는 장기간 발아하지 않고 생명을 유지할 수 있으므로 종자의 함수량이 낮아야 발아력을 오래 유지할 수 있다.
　㉡ 수분이 공급되지 않으면 종자는 호흡작용을 비롯한 대사작용이 극히 미약해지고, 호흡으로 집적된 고농도의 이산화탄소에 의한 배의 생장활동이 크게 억제된다.
　㉢ 건조 종자는 외적 환경에 대한 저항력이 커지면서 불량환경에서 오랜 기간 살아남을 수 있다.
　㉣ 종자의 저장에는 주변 습도는 높지 않으면서 항습을 유지하는 것이 유리하다.
　㉤ 채소 종자를 밀봉하여 저장하면 외계 습도의 변화에 따른 종자의 함수량 변화가 적어 수명이 길어진다.
　㉥ 같은 습도 조건에서는 지방 종자는 흡습량이 적고, 전분 종자는 흡습량이 많다.

② 저장 온도
　㉠ 저장 온도가 높고 습도가 높으면 호흡이 왕성해지고 원형질과 단백질의 응고와 변성이 일어나기 쉽다.
　㉡ 저장온도가 낮으면 수명이 길어지는데 특히 함수량이 높은 종자에서 그 효과가 크다.
　㉢ 습윤한 곳에 저장할 때에는 저온저장의 효과가 크고, 건조한 곳에서는 온도의 효과가 잘 나타나지 않는다.

- ② 두류는 빙점 이하의 온도에서 장기간 저장할 수 있다.
- ⑩ 현미는 15℃ 이하에 저장하면 2년 6개월까지는 발아력을 유지하며, 식미도 햅쌀과 거의 다름없이 유지된다.

③ 저장고 내 산소조건
- ㉠ 저장고 내 산소도 종자의 수명에 관여하며, 산소가 전혀 없는 조건에서 함수량이 높은 종자는 혐기성 호흡으로 생성되는 유해물질로 수명이 단축된다.
- ㉡ 콩을 진공 상태 또는 산소를 뺀 기체 내에 저장한 결과 5년간 발아력의 저하를 보이지 않았다.
- ㉢ 일반적으로 장기저장에서 산소는 수명을 단축시킨다고 봐야 하나, 종자가 건조하면 종피의 불투과성으로 산소 유무가 큰 문제가 되지는 않는다.

03 CHAPTER 식물의 생장

1 기관의 생장

(1) 생장의 단계

> 생장단계(양적생장): 세포분열 → 세포확대 → 세포분화

1) 세포분열단계
① 의의: 세포분열은 생장의 출발단계로 분열조직에서 일어난다.
② 분열조직
  ㉠ 정단분열조직(頂端分裂組織, apical meristem)
    ⓐ 줄기나 뿌리 끝에 위치한 정단분열조직에서 세포분열로 세포수가 증가하여 길이로 신장생장을 유도한다.
    ⓑ 정단분열조직에 의한 줄기와 뿌리의 길이생장을 1기생장이라 한다.
    ⓒ 정단분열조직 부근을 생장점이라 하며 줄기의 생장점에서는 측생기관을 형성하지만 뿌리의 생장점에서는 측생기관을 형성하지 않는다.
  ㉡ 측재분열조직(側在分裂組織, lateral meristem)
    ⓐ 유관속에 존재하는 형성층으로 줄기나 뿌리의 비대생장을 주도한다.
    ⓑ 측재분열조직의 세포분열로 일어나는 비대생장을 2기생장이라 한다.
  ㉢ 개재분열조직(介在分裂組織, 절간분열조직, intercalary meristem)
    ⓐ 이미 분화된 조직의 사이에 존재하며, 주로 마디, 엽초나 엽신의 기부에 분포한다.
    ⓑ 분포부위의 신장생장을 유도한다.
  ㉣ 식물체에 분열조직의 수는 많으나 그 부피나 무게는 상대적으로 적으며, 분열조직은 서로 경쟁적인 관계에 있다.

2) 세포확대단계
① 의의: 분열조직에서 생성된 세포의 크기가 점차 증대되며, 이러한 세포확대가 활발하게 진행되는 부위는 신장대이다.
② 신장대(伸長帶, elongation zone): 줄기에서는 생장점 바로 밑에, 뿌리에서는 생장점 바로 위에 위치한다.

③ 세포확대 과정
  ㉠ 세포가 확대되려면 적당한 팽압과 유연한 세포벽이 필수적이다. 세포벽이 유연해지지 않으면 조직이 파괴된다.
  ㉡ 산생장설(酸生長說, acid growth theory)
    ⓐ 세포벽의 가소성 증가가 세포벽의 산성화에 의하여 일어난다는 이론이다.
    ⓑ 세포벽은 가소성의 증가로 유연해지고 세포가 확대될 때 이 가소성은 비례적으로 커지며, 세포벽 가소성은 낮은 pH와 옥신에 의한다.
    ⓒ 옥신이 세포막의 ATPase의 활성을 증가시켜 세포벽 쪽으로 H^+을 방출함으로 세포벽 공간의 pH를 낮춘다.
    ⓓ 세포벽 부위에 H^+의 증가로 세포벽 연화효소(hydrolase)가 활성화되고, 세포벽 구성물질 간 수소결합이 약해져 세포벽이 느슨해진다.

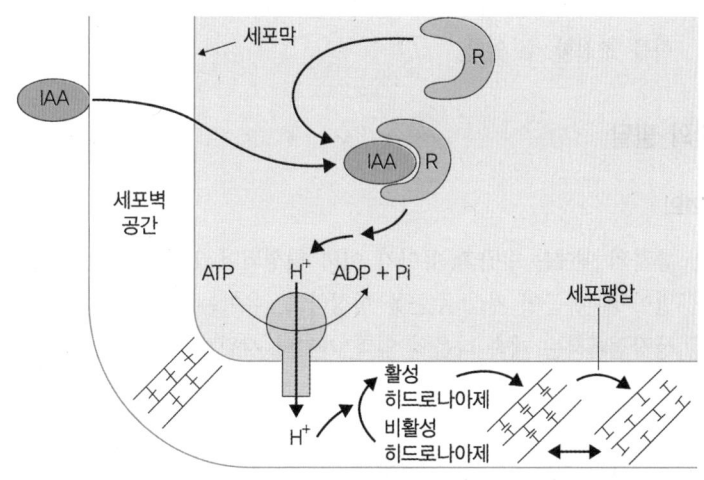

[산생장설]

옥신(IAA)이 수용체(R)와 결합 → IAA-R복합체 형성 → 세포막 수소이온펌프인 ATPase 작동 → 양이온 (H^+)을 세포막 공간으로 방출 → pH 저하 → 세포벽 연화효소 활성화 → 세포벽 유연화 → 가소성 증가 및 팽압 증가

  ㉢ 세포벽이 유연해지면서 수분이 흡수되면 팽압이 증가하고 세포는 확대 생장한다.
  ㉣ 세포 확대에 따라 새로운 물질이 합성되고 보충되어야 하며, 세포벽 물질은 골지장치에서 합성되어 세포벽에 첨가된다.
  ㉤ 식물세포의 생장에는 액포의 발달이 수반되는 특징이 있다.
  ㉥ 세포의 생장은 일정한 방향성이 있어 독특한 형태를 띠며, 이러한 생장 방향 결정에는 미세소관의 위치와 관련 있는 것으로 알려져 있으며, 미세소관은 세포의 생장 방향과 직각으로 배열된다.

3) 세포분화단계

① 의의
  ㉠ 분화(分化, differentiation): 어떤 세포 또는 세포 집단이 생화학적 또는 대사활성의 차이와 함께 구조적, 기능적인 변화를 가져오는 일련의 특수화 과정이다.
  ㉡ 세포분화의 결과 다양한 조직과 기관을 형성한다.
② 분화순서: 배의 생장과정에서 뿌리와 줄기가 먼저 분화하고, 그 다음 도관부와 같은 조직의 원기가 분화되며, 표피세포와 피층세포 등이 가장 늦다.
③ 세포의 분화는 세포의 극성(極性, polarity)과 관련이 있다.
  ㉠ 세포 극성은 세포 내 미세소관의 배치와 관련이 깊다.
  ㉡ 세포의 유전적 조성은 같지만 세포의 내용물이나 극성과 같은 후생적인 영향으로 균일하지 못한 세포분열이 일어나고, 이런 불균일한 세포분열이 세포분화로 이어진다.
④ 세포 분화과정은 유전적 특성이지만 환경과 내생호르몬이 유전자 발현을 조절하여 세포의 분화를 조절할 수 있다.

(2) 기관의 발달

1) 의의

① 종자의 배에는 유근과 유아가 이미 형성되어 있다.
② 발아 후 유근이 자라 주근을 형성하고, 유아는 자엽과 본엽을 전개시킨다.
③ 생장점에서는 계속 다음의 잎과 가지의 시원체와 원기를 발달시켜 나간다.

2) 뿌리

① 종자에서 나온 유근이 신장하여 주근이 되고 다시 측근이 발생한다.
② 뿌리의 신장은 생장점에서 다소 떨어진 신장대에서 일어난다.
③ 근모, 도관부, 사관부, 내초 등이 생성되는 신장대 윗부분의 분화대(성숙대)에서는 신장이 거의 일어나지 않는다.
④ 뿌리의 종류
  ㉠ 뿌리는 종류에 따라 모양이 다르고 측근의 발생 정도가 다르다.
  ㉡ 주근 또는 직근계(直根系, tap root system)
    ⓐ 식물의 뿌리는 종류에 따라 모양이 다르고 측근의 발생 정도도 다르다.
    ⓑ 쌍자엽식물은 크고 굴지성이 강한 원뿌리, 1차측근, 2차측근 등으로 구성되어 있다.
    ⓒ 1차측근은 배의 유근이 발아, 생장하여 이룬 뿌리이다.
    ⓓ 2차근은 1차근이 분기하여 자란 뿌리이다.
    ⓔ 당근, 사탕무 등은 주근이 골고루 비슷하게 비대하고, 무와 순무는 주근의 하배축 부분이 비대하다.
    ⓕ 두과식물 중 알팔파는 측근이 거의 발달하지 않는다.

ⓒ 부정근(不定根, adventitious root)
    ⓐ 유근, 주근 또는 측근에서 직접 발생하지 않는 뿌리이다.
    ⓑ 인경, 괴경, 괴근 등에서 생기는 뿌리, 삽목이나 취목 등에서 발생하는 뿌리이다.
ⓔ 섬유근계 또는 수근계(鬚根系, fibrous root system)
    ⓐ 섬유 또는 수염 형태를 보이는 근계이다.
    ⓑ 화본과 식물 같은 단자엽식물에서 볼 수 있다.
    ⓒ 발생 초기 주근의 생장이 멈추면서 지하 줄기의 기부에서 다수의 부정근을 발생시켜 섬유근 또는 수근계를 형성한다.
    ⓓ 형성층이 없어 비대생장을 하지 못한다.

3) 줄기

① 줄기는 종자의 발아과정에서 생성된 유아의 세포분열과 생장에 의해 형성된다.
② 줄기에는 마디가 있고, 마디에서 잎이 생성된다.
③ 줄기의 신장과 비대생장은 식물의 종류에 따라 다르다.
  ㉠ 쌍자엽식물
      ⓐ 정단 생장점의 세포분열과 확대에 의하여 줄기가 신장한다.
      ⓑ 생장점이 지상부에 노출되어 있는 두과작물 같은 경우 생장 초기에 늦서리 피해를 입으면 재생이 되지 않는다.
      ⓒ 형성층에 의해 비대생장이 이루어지는 경우 도관부가 주로 발달하므로 줄기의 대부분은 도관부로 이루어진다.
  ㉡ 단자엽식물
      ⓐ 절간분열조직의 세포분열과 확대에 의하여 줄기가 신장한다.
      ⓑ 생장점이 지하에 위치하고 있어 어린 옥수수와 같은 작물은 생장 초기에 지상부가 늦서리 등의 피해를 입어도 재생할 수 있다.
      ⓒ 대부분의 화본과 식물은 초기에는 절간분열조직의 활성이 없어 마디가 땅속에 밀집해 있고, 이 마디에서 측지, 잎, 부정근이 발생한다.
      ⓓ 화본과 식물이 생식생장으로 들어가면 마디 기부의 분열조직이 활성화되어 4~5개 정도의 마디 사이가 급격히 신장한다.
      ⓔ 형성층 기능이 일찍 퇴화되어 비대생장이 일어나지 않는다.

4) 잎

① 정아나 측아의 분열조직에서 분화한 엽원기의 생장으로 형성된다.
② 엽원기는 정단분열조직에서 아래쪽에 있는 것일수록 먼저 생장하고, 초기에는 정단생장, 후기에는 주변생장 한다.
  ㉠ 담배 잎의 경우 엽원기가 1mm 정도 되면 엽병과 중륵으로 구성된 중앙측이 형성되고, 3mm 정도가 되면 정단생장이 중지된다.

ⓛ 그 후 주연분열조직의 세포분열에 의하여 고유의 엽형으로 생장한다.
ⓒ 주연분열조직(周緣分裂組織, marginal meristem): 어떤 생장 기관의 가장자리 부위에 존재하는 분열조직으로 거의 대부분 잎처럼 평면적인 확대 생장만을 일으킨다.
③ 주연분열조직은 표면에서 직각방향으로 수층분열하여 표피층을 형성하고, 그 아래 분열조직에 의해 해면조직과 책상조직과 같은 내부조직이 형성된다. 내부조직도 서로 직각방향으로만 분열하기 때문에 잎의 두께는 일정하고 면적만 증가한다.
④ 잎의 결각(缺刻; 잎의 가장자리가 깊이 패어 들어감)은 유관속 주변의 분열조직이 다른 부위에 비해 분열능력이 크기 때문에 생긴다.
⑤ 잎의 유관속은 엽원기 기부 전형성층에서 분화되어 중륵을 형성하고 줄기의 유관속과 연결되며, 주연분열조직이 활성화되면서 가장자리를 향한 엽맥이 형성되어 잎의 그물모양 조직을 완성한다.
⑥ 화본과 식물
ⓐ 잎은 분열조직이 엽신의 기부에 있어 끝에서부터 성숙하며 기부 쪽은 생리적 연령이 어리다.
ⓑ 분열조직과 신장대가 기부에 있어 잎을 베어내도 다시 생장한다.
ⓒ 잎의 생장단계와 생리적 연령을 정확히 표현하기 위하여 엽령지수를 사용하는데, 인접한 두 잎의 원기가 형성되는 시간적 간격을 의미하며, 보리와 밀의 엽령지수는 2~3일이다.

(3) 유한생장과 무한생장

1) 기관의 생장
① 유한생장(有限生長, determinate growth)
ⓐ 잎, 과실, 종자와 같은 기관은 일정 크기에 도달하면 생장을 멈추는 유한생장을 한다.
ⓑ 2년생식물 중 무, 배추와 같이 영양생장과 생식생장이 단계적으로 명확하게 구분되는 것들은 생식생장으로 전환될 때 외형적인 생장이 정지하는 유한생장을 하므로 화아분화 및 추대가 이루어지면 모든 영양기관의 생장이 정지되거나 급격히 둔화된다.
ⓒ 해바라기는 정단에 화서가 분화되면 줄기의 신장이 정지된다.
② 무한생장(無限生長, indeterminate growth): 다년생목본식물의 줄기, 뿌리 등은 생장을 계속하여 해가 지날수록 증가되나 언젠가는 생장을 멈추고 죽게 된다.

2) 재배식물의 품종에 따른 생장형
① 재배식물은 품종에 따라 무한생장형과 유한생장형으로 구분되는 것이 있다.
② 토마토의 무한생장형과 유한생장형
ⓐ 줄기의 생장점이 계속 생장하면서 9매의 잎이 분화되면 그 후 생장점은 부후융기하여 제1화방이 된다.
ⓑ 화아에 인접하여 새로운 생장점이 형성되어 원줄기로 신장해 가는데 잎이 3매가 분화되면 다시 정단 생장점은 화아로 분화하여 제2화방을 형성한다.

ⓒ 이와 같이 화아, 신생장점, 엽의 분화가 되풀이되면서 줄기가 신장하고 화방수가 계속 증가하는 품종을 무한생장형이라 한다.
③ 토마토의 유한생장형: 줄기의 생장점이 생장하고 제1화방이 착생되고, 2마디 건너 제2화방이 생기고, 그 후 1마디 건너 빈약한 제3화방을 착생시킨 후 생장이 멈추는 품종

2 생장의 상관

> 생장상관(生長相關, growth correlation): 한 기관이 다른 기관의 생장형태나 생장속도에 영향을 주고 받는 현상을 생장상관이라 하고, 식물의 한 기관은 다른 기관은 물론이고 경우에 따라 전체 식물체의 생장과 관련이 된다.

(1) 지하부와 지상부

1) 지하부와 지상부의 생장상관
① 지하부 뿌리와 지상부 잎과 줄기는 밀접한 관련이 있다.
② 뿌리에서 수분과 양분을 흡수하여 공급하기도 하며, 뿌리에서 합성된 아미노산과 식물호르몬, 특히 GA과 시토키닌이 지상부 생장에 큰 영향을 미친다.
③ 지상부에서는 광합성 산물은 물론이고 비타민과 호르몬을 공급해 뿌리의 생장을 돕는다.
④ 지상부에서 공급되는 옥신은 측근과 근모의 발생을 촉진하는 등 뿌리 생장을 촉진한다.

2) T/R율(top/root ratio) 또는 S/R율(shoot/root ratio)
① 뿌리와 줄기의 생장은 환경조건에 따라 달라지며, 그에 따라 이들의 비율이 변화한다.
② 온도와 수분이 적당하고 질소가 충분하면 뿌리보다 지상부 생육이 촉진되나, 질소 부족이나 건조, 저온 등의 조건에서는 뿌리의 생장이 더 촉진된다.
③ 감자나 고구마의 경우 파종기나 이식기가 늦어질수록 지하부 중량감소가 지상부의 중량감소보다 크다.
④ 일사가 적어지면 체내 탄수화물의 축적이 감소되는데, 지상부의 생장보다 뿌리의 생장이 더욱 저하된다.
⑤ 질소를 다량 사용하면 지상부의 질소집적이 많아지고 단백질 합성이 왕성해지며 상대적으로 탄수화물 잉여가 작아 지하부로 전류가 감소되어 지하부 생장이 상대적으로 억제된다.
⑥ 토양수분이 감소되면 지하부 생장보다 지상부 생장이 더욱 저해된다.
⑦ 토양통기가 불량하여 뿌리의 호기호흡이 저해되면 지상부보다 지하부 생장이 더욱 감퇴된다.

(2) 정아와 측아

1) 정부우세성(頂部優勢性, apical dominance)
① 정아는 측아에 비하여 생장이 우세하고, 주근의 정단부가 측근에 비하여 생장이 우세한 현상
② 쌍자엽식물에서 많이 볼 수 있다.

2) 쌍자엽식물의 정부우세성의 원인
① 정아가 강력한 싱크활성(sink activity)을 나타내어 양분을 독점한 결과 측아의 영양부족을 일으켜 나타난다.
② 정단부와 어린잎에서 합성되는 옥신이 극성이동하여 측아에 고농도로 축적되면서 축적된 옥신이 생장을 억제한다.
③ 측아에는 뿌리에서 합성되어 지상부로 이동하는 시토키닌이 부족하고 ABA와 같은 생장억제물질이 증가하기 때문이다.

3) 줄기의 정부우세성
① 줄기의 정부우세성은 식물의 형태를 결정하며, 재배식물의 생산성을 결정한다.
② 종류에 따라 정부우세성을 억제하여 측아의 생장을 도모하기도 하고, 측지발생을 억제하기 위하여 정부우세성을 강화하기도 한다.
③ 참외, 토마토의 재배에서 적심으로 정아를 제거하면 측아의 생장이 유도되는데, 이때 측아에서 시토키닌이 증가하고 ABA이 감소된다.
④ 과수의 전정에서 정부우세성을 적절하게 활용한다.

4) 뿌리의 정부우세성
① 주근의 생장이 측근에 비하여 우세하다.
② 주근 선단부를 제거하면 측근의 발생이 많아진다.
③ 측근의 길이도 주근의 선단으로 갈수록 짧아진다.
④ 옥신과 시토키닌이 뿌리의 정부우세성에 미치는 영향은 줄기의 정부우세성에 미치는 것과는 반대로 측근의 생장은 옥신에 의하여 촉진되며, 시토키닌에 의해 억제된다.

(3) 영양기관과 생식기관

1) 의의
① 영양기관과 생식기관의 형성과 발달은 상호 밀접한 관련이 있다.
② 재배에 있어 이들 기관의 균형된 생장이 중요하다.

2) 영양기관과 생식기관의 생장상관
① 생식기관의 발달은 영양기관의 생장을 억제하여 촉진시킬 수 있다.

⊙ 줄기를 절단하고 유인하거나 환상박피 등을 하면 화아분화가 촉진되고, 생식기관의 생장이 잘 된다.
ⓒ 토마토에서 적엽이나 액아의 제거로 화아형성이 촉진되는 품종도 있다.
ⓒ 옥신의 수송을 저해하여 영양생장을 억제하는 트리오도벤조산(TIBA; 2,3,5-triodobenzoic acid)을 처리하면 화아형성이 크게 촉진된다.
ⓔ 낙엽과수의 대부분은 신초생장이 멈추는 시기에 화아분화가 시작된다.
② 과도한 질소 시비에 영양생장이 왕성해지면 생식기관의 형성이 지연되거나 억제된다.
③ 화아원기를 제거하면 영양생장이 촉진되고 식물의 수명이 연장된다.
⊙ 구근류에서도 꽃을 일찍 제거해 버리면 구근의 생장이 촉진된다.
ⓒ 마늘의 경우 꽃대(마늘종)을 일찍 뽑아버리면 인편의 생장이 촉진된다.
④ 전체적으로 환경이 불량하여 영양생장이 억제되면 생식기관이 빨리 발달하고, 더 많이 형성되는 것을 볼 수 있다.

(4) 기타 생장상관

1) 잎과 액아

① 어린잎 또는 성숙한 잎은 액아의 생장을 억제한다.
② 액아의 생장에도 여러 식물호르몬이 관여하는데 시토키닌은 잎의 생장억제효과를 줄여 액아의 생장을 유도할 수 있다.
③ 옥신, 에틸렌, ABA은 액아의 생장을 더욱 억제시킨다.

2) 보상적 상관(補償的相關, compensatory correlation)

① 같은 기관 사이에서도 생장상관은 존재하는데 동일 기관 사이에 양분이나 호르몬 등에서 경쟁관계가 형성될 때 기관의 수를 줄이면 남은 기관의 크기가 커진다.
② 작물의 재배에서 적과, 적엽, 적화, 적아 등은 보상적 상관을 이용하는 것이다.

3 생장의 분석

(1) 생장속도

1) 의의
   ① 식물의 발아 후 생장속도를 조사하면 S자곡선(시그모이드曲線, sigmoid curve)을 나타낸다.
   ② 생장의 속도는 초장, 부피, 생체중, 건물중의 증가로 측정하여 나타낼 수 있다.
   ③ 측정은 전체 식물체를 대상으로 하거나 줄기, 뿌리 과실 등 개별 기관을 대상으로 하거나 모두 S자곡선을 보인다.

2) 시그모이드곡선(sigmoid curve)
   ① 초기 느린 시기(lag phase)
      ㉠ 주로 세포분열에 의한 생장의 기반을 다지는 시기이다.
      ㉡ 저장양분에 의존하여 생장하는 시기로 생장속도가 느린 것이 특징이다.
   ② 중기 빠른 시기(log phase, exponential phase)
      ㉠ 생장체제가 갖추어지면서 세포의 확대생장이 활발하고, 대사작용이 왕성해 급격히 생장하는 시기이다.
      ㉡ 식물체나 기관생장이 대부분 이 시기에 주로 이루어진다.
   ③ 말기 느린 시기(senescent phase, stationary phase)
      ㉠ 말기에는 다시 생장속도가 감소되는데 광, 수분, 광합성물질, 무기양분 등에 대한 경쟁, 생리적 활성의 둔화, 생장억제물질의 축적 등에 의해 일어난다.
      ㉡ 말기의 느린 생장속도는 성숙과 노화를 예고한다.

(2) 생장해석(生長解析, growth analysis)

1) 의의
   ① 식물의 생장 특성, 생장 효율 또는 생산효율을 수학적으로 분석하고 평가하는 것을 말한다.
   ② 생장해석을 통해 식물 생장에 관한 유익한 정보를 얻을 수 있다.
   ③ 생장해석에 이용되는 기본 개념을 이해하면, 분석절차는 컴퓨터의 도입으로 매우 간단하게 이루어진다.
   ④ 생장해석을 위해 시기별로 엽면적과 건물중의 2가지 측정값만 필요하고, 해석에 필요한 다른 양적 요인들은 모두 계산으로 유도해 낼 수 있다.
   ⑤ 생장해석은 식물개체는 물론 군락생태에 있는 식물에 대해서도 가능하다.

2) 식물개체의 생장해석

① 상대생장률(RGR; relative growth rate)
㉠ 일정한 기간 동안 식물체의 건물 생산능력을 나타낸다.
㉡ 단위기간의 원래 무게에 대한 건물중의 증가로 나타나며 생장의 복이율(複利律)에 근거하여 다음과 같이 계산된다.

$$RGR = \frac{2.303(\log_{10}W_2 - \log_{10}W_1)}{t_2 - t_1}$$

* 일정시간 후 건물생산량은 원래식물체의 크기(W_0), 생산능력지수(이율), 생장기간(t)에 의해 결정된다.
* W_1, W_2는 t_1, t_2 때의 건물중
* 2.303: 생산능력지수(생장의 복이율)

㉢ 건물중은 잎의 동화능력에 의하여 결정된다고 보면 상대생장률은 순동화율과 식물체에서 잎이 차지하는 비율에 의하여 결정된다. 다음 식에 의하면 단위시간의 건물중 증가는 모두 잎의 동화능력에 의하여 결정되고 다른 기관에 의한 동화능력은 사실상 무시되는 문제점이 있다.

$$\text{RGR(상대생장률)} = \text{NAR(순동화율)} \times \text{LAR(엽면적률)}$$

② 순동화율(純同化率, NAR; net assimilation rate)
㉠ 단위엽면적당 단위시간의 건물생산능력(건물중의 증가)을 의미하며, $g/m^2/t$로 나타낸다.
㉡ 건물중 증가에서 전체 건물중의 5% 이하에 해당되는 무기성분의 증가는 무시하고 광합성 산물의 증가만을 의미한다.
㉢ 건물중과 엽면적 사이에는 직선적인 관계가 있다는 것을 전제로 하며, 생장 초기에는 이 관계가 충족되지만, 후기로 갈수록 엽면적 증가율이 건물중 증가율을 상회하기도 하고 하회하기도 한다.
㉣ NAR은 생장이 진행될수록 점차 감소하는데 이는 불량환경, 원소결핍, 잎의 상호차폐 등으로 더욱 커진다.

$$NAR = \frac{dW}{dt} \times \frac{1}{L_A} = \frac{W_2 - W_1}{t_2 - t_1} \times \frac{2.303(\log_{10}L_{A2} - \log_{10}L_{A1})}{L_{A2} - L_{A1}}$$

W_1, W_2는 생장시기 t_1, t_2 때의 건물중, L_{A1}, L_{A2}는 t_1, t_2 때의 엽면적이다.

③ 엽면적률, 비엽중, 비엽면적
㉠ 엽면적률(葉面積率, LAR; leaf area ratio)
ⓐ 식물체의 단위무게에 대한 엽면적의 비율로 cm^2/g으로 나타낸다.
ⓑ 이것은 식물의 잎 상태를 반영하는 것이다.

$$LAR = \frac{L_{A2} - L_{A1}}{2.303(\log_{10} L_{A2} - \log_{10} L_{A1})} \times \frac{2.303(\log_{10} W_2 - \log_{10} W_1)}{W_2 - W_1}$$

$$= \frac{(L_{A2} - L_{A1})(\log_{10} W_2 - \log_{10} W_1)}{(W_2 - W_1)(\log_{10} L_{A2} - \log_{10} L_{A1})}$$

L_{A1}, L_{A2}는 생장시기 t_1, t_2 때의 엽면적, W_1, W_2는 생장시기 t_1, t_2 때의 엽건물중이다.

ⓒ 비엽중(比葉重, SLW; specific leaf weight): 단위엽면적당 무게로 g/m^2으로 나타낸다.

$$SLW = \frac{1}{2}\left(\frac{L_{W2}}{L_{A2}} + \frac{L_{W1}}{L_{A1}}\right)$$

L_{W1}, L_{W2}는 생장시기 t_1, t_2 때의 엽건물중, L_{A1}, L_{A2}는 생장시기 t_1, t_2 때의 엽면적이다.

ⓒ 비엽면적(比葉面積, SLA; specific leaf area): 단위무게당 엽면적으로 m^2/g으로 나타낸다.

$$SLA = \frac{1}{2}\left(\frac{L_{A2}}{W_2} + \frac{L_{A1}}{W_1}\right)$$

L_{A1}, L_{A2}는 생장시기 t_1, t_2 때의 엽면적, W_1, W_2는 생장시기 t_1, t_2 때의 엽건물중이다.

ⓔ 비엽중과 비엽면적은 서로 상반된 개념으로 잎의 두께나 내용물의 충실도를 의미하며, 주로 두 시기의 평균값으로 계산하는 것이 일반적이다.

3) 군락상태의 생장해석

① 엽면적지수(葉面積指數, LAI; leaf area index)
  ㉠ 식물이 차지하는 땅면적에 대한 엽면적의 비율을 말한다.
  ㉡ 특별한 단위는 없으며, 엽면적은 잎의 한쪽 면만을 말한다.
  ㉢ 엽면적이 증가할수록 동화생산량은 증가하지만 일정 한계점 이상이 되면 호흡량의 증가로 순생산량은 감소한다.
  ㉣ 이론적으로 엽면적지수가 1이면 모든 광을 흡수하지만, 실제로는 잎의 모양, 위치, 각도, 두께 등에 따라 차이를 보인다.
  ㉤ 보통 재배식물의 최대건물생산을 이룰 수 있는 엽면적지수는 3~5이며, 직립성인 화본과 목초의 경우 엽면적지수가 8~10이 되어야 최대 광흡수가 가능하다.

$$LAI = \frac{L_{A2} + L_{A1}}{2} \times \frac{1}{G_A}$$

L_{A1}, L_{A2}는 생장시기 t_1, t_2 때의 엽면적, G_A는 잎이 덮혀 있는 땅면적이다.

② 순동화율
  ㉠ 작물 군락의 순동화율은 식물 개체에서의 계산 방식과 동일하나 엽면적 대신 엽면적지수를 이용한다.
  ㉡ 식물 개체와는 달리 군락 상태에 있어서 순동화율은 많은 요인이 총 건물 생산에 관여하기 때문에 해석에 주의해야 한다.

$$NAR = \frac{dW}{dt} \times \frac{1}{LAI} = \frac{(W_2 - W_1) \times 2.303(\log_{10}LAI_2 - \log_{10}LAI_1)}{(t_2 - t_1)((LAI_2 - LAI_1))}$$

W_1, W_2는 생장시기 t_1, t_2 때의 건물중, LAI_1, LAI_2는 생장시기 t_1, t_2 때의 엽면적이다.

③ 작물생장률(作物生長率, CGR; crop growth rate)
  ㉠ 일정기간에 단위면적당 작물 군락의 총 건물생산능력을 말하며 $g/m^2/t$로 표시한다.
  ㉡ C_3식물의 작물생장률은 하루 $20g/m^2(200kg/ha/일)$이면 좋은 편이고, C_4식물은 하루 $30g/m^2$까지 얻을 수 있다.
  ㉢ 종실의 작물생장률과 식물체 전체의 작물생장률의 비율을 분배지수(分配指數, partitioning index) 또는 수확지수(收穫指數, harvest index)라고 하며, 이는 동화산물이 종실로 분배되는 정도를 나타낸다.
  ㉣ 벼에서 일반 벼는 분배지수가 45% 정도이지만 통일형은 55% 정도로 높다.

$$CGR = NAR \times LAI = \frac{W_2 - W_1}{t_2 - t_1}$$

W_1, W_2는 생장시기 t_1, t_2 때의 m^2당 건물중

④ 엽면적기간(葉面積期間, LAD; leaf area duration)
  ㉠ 일정 생육기간 동안의 엽면적 총화
  ㉡ 작물 생장기간 동안 엽면적 크기와 유지정도를 나타낸다.

4 생장과 환경

(1) 광

1) 광도

① 일반적으로 식물은 광도가 증가하면 광포화점에 이를 때까지는 계속해서 광합성 속도가 증가한다.

② 광도가 높으면 생장이 촉진되고 수확량이 증가하며, 광도가 약하면 생장이 쇠퇴하고 수확량이 감소한다.

③ 양지식물(陽地植物, sun plant)
  ㉠ 광도가 증가하면 지상부 건물중, 줄기 강도, 잎의 두께 등이 증가하지만 줄기의 신장은 억제되고 엽면적도 감소된다.
  ㉡ 약한 광에서는 줄기의 길이나 엽면적은 증가하지만 도장하기 쉽고 개화나 결실이 늦어진다.

④ 음지식물(陰地植物, shade plant)
  ㉠ 광보상점이 낮아 그늘에서도 잘 적응한다.
  ㉡ 광포화점이 양지식물에 비해 낮아 광도가 증가해도 광합성이 크게 증가하지 않는다.
  ㉢ 경우에 따라 광도가 증가하면 오히려 생장이 억제되고, 심하면 해작용이 일어나기도 한다.

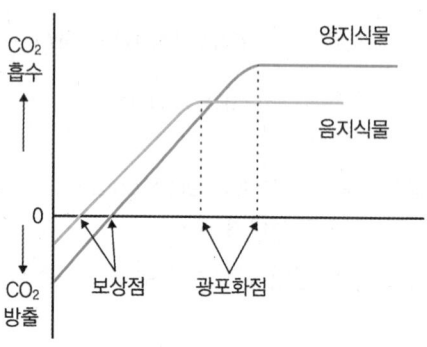

[음지식물과 양지식물의 광도에 따른 광합성]

2) 광질

① 광은 혼합광으로 다양한 파장의 빛이 섞여 있으며, 서로 다른 파장은 식물의 생장에 각기 다른 영향을 미친다.

② 광의 영향
  ㉠ 광합성유효광(PAR; photosynthetically active radiation): 식물의 생육에 중요한 광선은 390~760nm의 가시광선이며, 보통 400~700nm의 광선을 광합성유효광이라 한다.
  ㉡ 광합성에 가장 효과적인 파장은 650~680nm의 적색광과 430nm 부근의 청색광이다.

ⓒ 400~450nm의 청색광
  ⓐ 굴광반응, 마디의 신장생장 등 식물의 생장에 관여한다.
  ⓑ 크립토크롬(cryptochrome)
    – 청색광 수용체
    – 크립토크롬의 최대흡수파장으로 보아 세포막에 플라빈(fravin)과 시토크롬 b 등의 복합체로 존재하는 것으로 보고 있다.
    – 크립토크롬은 피토크롬과 상호작용으로 생장반응을 조절한다.
ⓔ 자외선(200~400nm)
  ⓐ UV-A(320~400nm)는 플라보노이드와 각종 효소와 색소의 합성에 관여한다.
  ⓑ UV-B(280~320nm), UV-C(200~280nm)는 짧은 파장으로 높은 에너지를 가지고 있어 DNA구조를 변화(280nm부근)시킬 수 있어 식물 생장에 해롭다.
ⓜ 적외선(750~4,000nm)
  ⓐ 750nm의 장파장은 광합성에는 효과적이지 못하지만 광형태형성 유도에는 중요한 신호로 작용하며 작물 체온의 상승효과가 크다.
  ⓑ 적외선은 중배축 신장을 촉진시키는데, 군락상태에서 초관하부에는 원적색광의 비율이 높아 도장하기 쉽다.
ⓗ 광형태형성(光形態形成, Photomorphogenesis)
  ⓐ 식물의 광응답의 일종으로 빛에 의해 식물의 성장이나 분화 따위의 형태를 제어하는 것을 말한다.
  ⓑ 고등식물에서는 광수용체의 일종인 피토크롬을 경유하는 타입, 청색수용체를 경유하는 타입이 알려져 있다.
  ⓒ 청색광응답, 자외–청색광반응, 자외–청색광응답의 청색광반응에서 광형태형성은 배축의 신장 억제, 자엽 전개, 자엽 개폐, 색소 생합성 등이 알려져 있다.

[광파장과 작물의 반응]

구분		파장(nm)	작물반응	광의 영향		
				광형태형성	온도상승	생육저해
자외선	UV-C	200~280	DNA구조를 변화시킬 수 있어 식물 생장에 해롭게 작용한다.	X	X	O
	UV-B	280~320				
	UV-A	320~400	플라보노이드와 각종 효소, 색소 등의 합성에 관여			
가시광선	자색광	400	안토시아닌 발현	O	O	X
	청색광	450	엽록소 형성, 광합성 촉진, 굴광현상, 마디 신장, 일장효과 억제			
	적색광	660	엽록소 형성, 광합성 촉진, 일장효과 촉진, 호광성종자 발아촉진, 장일식물 개화촉진, 야간조파에 효과			
적외선	원적색광	730	혐광성종자 발아촉진, 단일식물 개화촉진	O	O	X
	근적외광	800	야간조파 감쇄			

(2) 온도

1) 온도에 따른 작물반응
① 온도는 효소반응의 속도를 조절하여 생장에 영향을 미친다.
② 일반적으로 저온에서는 생장이 느리지만 온도의 상승과 함께 빨라지고, 일정온도 이상 온도가 계속 상승하면 생장속도는 다시 떨어진다.
③ 고온에서는 증산량이 많아지고, 광합성보다 호흡작용이 더 빠르기 때문에 생장속도는 느리다.
④ 식물의 최적 생장온도는 종류, 기관, 발육단계, 생장시기에 따라 달라지고, 지상부와 지하부, 밤과 낮이 각각 다르다.
⑤ 생장최저, 최적, 최고 온도는 여름작물이나 열대식물은 높고 겨울작물이나 온대, 한대식물은 낮다.

2) 적산온도(積算溫度, accumulated temperature)
① 식물 생장에 미치는 온도의 영향을 나타내는 지표로 이용한다.
② 적산온도는 하루 평균온도가 기준온도보다 높은 날의 평균온도를 누적시킨 것이다.
③ 기준온도는 보통 0℃로 삼는다.
④ 유효적산온도(有效積算溫度, GDD; growing degree days): 0℃가 생장에 실제적으로 유효한 온도가 아닐 경우가 대부분이므로 기준온도를 겨울작물은 5℃, 여름작물은 10℃로 설정하고 하루 평균온도에서 이 기준온도를 뺀 차를 누적시켜 생장온도일수(生長溫度日數, growing degree days)로 표시하기도 한다.

$$GDD(℃) = \sum \left[\frac{일최고기온 + 일최저기온}{2} - 기본온도 \right]$$

⑤ 주요작물의 적산온도
  ㉠ 여름작물: 벼(3,500~4,500℃), 담배(3,200~3,600℃), 메밀(1,000~1,200℃), 조(1,800~3,000℃), 목화(4,500~5,500℃), 옥수수(2,370~3,000℃), 수수(2,500~3,000℃), 콩(2,500~3,000℃)
  ㉡ 겨울작물: 추파맥류(1,700~2,300℃)
  ㉢ 봄작물: 아마(1,600~1,850℃), 봄보리(1,600~1,900℃), 감자(1,600~3,000℃), 완두(2,100~2,800℃)

3) 주야간 온도차(DIF; diferential)
① 밤과 낮의 온도 차이는 식물 생장에 중요한 의미를 가지며, 대개 주간온도는 높고 야간온도는 낮은 것이 생장에 유리하다.
② DIF가 클수록 생장이 좋아지는 이유
  ㉠ 당 함량이 높아진다.
  ㉡ 뿌리로부터 당 이동이 증가한다.

ⓒ 지상부에 비해 지하부 생장이 더 활발해진다.
ⓓ 호흡에 의한 탄수화물의 소모가 감소한다.
③ DIF가 생장에 미치는 효과는 화훼작물에서 실용적으로 널리 이용되고 있으며, 클수록 신장생장이 좋아지고, 그 값이 '0'이나 '-'가 되는 경우 생장이 억제되어 식물체를 왜화시킬 수 있다.
④ 온실 내에서 DIF 값에 반응
㉠ 반응이 좋은 식물: 백합, 국화, 제라늄, 거베라, 피튜니아, 토마토 등
㉡ 반응이 약하거나 없는 식물: 히야신스, 튤립, 수선화 등

(3) 토양

1) 토양수분
① 세포 신장에는 광합성 산물로 생성된 세포벽 물질과 세포 내 용질의 증가가 필수적이므로 토양수분의 부족은 세포의 팽압 감소로 생장이 억제된다.
② 토양이 건조하여 식물체 내 함수량이 낮아지면 광합성은 물론 원형질의 수화도가 낮아져 생장이 저하된다.
③ 토양수분은 뿌리의 생장은 물론 그들의 분포상태에도 영향을 미쳐 수분이 충분하면 지표면 가까이 분포하지만 부족하면 깊게 분포한다.

2) 토양산소
① 토양의 산소와 이산화탄소의 농도는 뿌리생장에 영향을 미친다.
② 토양산소는 뿌리생장, 양분의 능동적 흡수, 토양미생물의 활성화, 무기원소의 유효도 등에 영향을 미친다.
③ 토양산소의 농도는 이산화탄소 농도가 과도하게 높지 않는 한 대기 농도의 1/3 수준이면 뿌리생장에 적절하다.
④ 벼와 같은 수생식물은 통기조직이 잘 발달되어 있어 근권에 늘 산소가 필요한 것은 아니다.

3) 토양산도(pH)
① 토양 pH는 5~8의 범위가 적당하다.
② 범위를 벗어나면 여러 생장 장해가 나타난다.

4) 토성
① 토양의 입경분포에 따라 생장속도가 달라진다.
② 일반적으로 사질토양에서는 생장속도가 빠르나 조직이 치밀하지 못하고 노화가 촉진된다.

5) 토양밀도
① 콩의 경우 토양밀도가 높아지면 뿌리생장이 억제된다.
② 뿌리의 세포벽과 카스파리대가 두꺼워지면서 영양 흡수가 나빠진다.

CHAPTER 04 식물의 개화생리

1 화성유도와 화아분화

(1) 식물의 발달상

1) 의의
   ① 성숙한 식물은 화성이 유도되고 이어 화아가 분화된다.
   ② 화성의 유도와 화아분화는 영양생장에서 생식생장으로 전환을 의미한다.
   ③ 줄기의 생장점에서 화아가 분화하는데 이 과정에는 여러 요인이 관여한다.

2) 유년상과 성년상
   ① 유년상(幼年相, juvenile phase)
      ㉠ 식물이 발아 후 일정 기간 생장을 통해 일정 크기에 도달하거나 일정 나이가 되어야 화아분화가 이루어지는데, 이러한 생리적 양상을 유년상이라 한다.
      ㉡ 유년기(幼年期, juvenile period): 식물이 유년상을 가지고 있는 기간
      ㉢ 유년기에는 어떠한 조건에서도 생식생장으로의 전환이 불가능하다.
      ㉣ 종자상태에서 유년기를 보내는 식물은 유년상이 없는 것으로 보이기도 하나 대부분 식물은 수개월에서 수십년에 이르는 다양한 유년상을 거친다.
      ㉤ 초본성 채소류는 유년기가 없거나 대단히 짧은데, 토마토와 고추 등은 잎이 9매 정도 발달한 다음 화아가 분화된다.
      ㉥ 옥수수는 16마디 이상 발달해야만 화아분화가 일어난다.
      ㉦ 과수와 같은 목본식물 중 사과는 6~8년, 배는 8~12년이 경과해야 개화한다.
   ② 성년상(成年相, adult phase)
      ㉠ 유년기를 완료하면 화숙 또는 성숙했다고 표현하며, 생식능력 외에도 여러 양상을 나타내는데 이를 성년상이라 한다.
      ㉡ 성년기(成年期, adult period): 성년상을 나타내는 기간
   ③ 유년상과 성년상의 형태적 차이
      ㉠ 성년상에서는 유년기와는 다른 형태적 변화를 수반한다.
      ㉡ 식물에 따라 영양기관의 형태, 생장특성, 색소발현, 발근능력 등에서 변화를 보인다.

ⓒ 송악(*Hedera rhombea*)의 유년상과 성년상의 형태적 차이
ⓐ 송악은 형태적 변화를 보이는 전형적인 식물이다.
ⓑ 유년기: 잎들이 결각을 보이고, 줄기는 수평생장을 하며, 발근이 잘된다.
ⓒ 성년기: 성년기에 발생하는 잎은 결각이 없고, 줄기는 위로 서면서 조건이 갖추어지면 꽃이 핀다.

3) 상전환(相轉換, phase change)
① 의의: 식물이 유년기에서 성년기로 넘어가는 것을 생리적인 상전환이라 한다.
② 작물의 생장과 발육은 다르며, 생장이 여러 기관의 양적증가인 영양생장을 의미하며, 발육은 체내 순차적인 질적 재조정작용으로 생식생장을 의미한다.
③ 1년생 종자식물의 발육상은 하나하나의 단계인 상으로 구성되어 있으며, 하나하나의 발육상은 서로 연결하여 성립되며, 앞의 발육상을 경과하지 못하면 다음 발육상으로 이행될 수 없다.
④ 하나의 식물체가 하나하나의 발육상을 경과하려면 발육상에 따라 서로 다른 특정 환경조건을 필요로 한다.
⑤ 식물은 생장초기 유년상 생장을 하고 후기 성년상 생장을 하므로 줄기의 아랫부분은 유년기관이 형성되어 있고, 성년기관은 줄기의 윗부분에 형성되어 있다.

(2) 화아분화

1) 화성유도와 화아분화
① 화성유도(花成誘導, floral induction)
㉠ 식물이 성숙한 다음 적절한 환경조건에서 내적으로 화아분화에 필요한 생리적 전환이 일어나는데, 이와 같은 식물체 내에서 생화학적 변화과정을 거쳐 화아분화에 필요한 내부의 생리적 변화와 생장점의 질적변화를 화성유도라고 한다.
㉡ 화성유도는 영양생장기에서 생식생장기로 넘어가는 생리적 변화이다.
② 화아분화(花芽分化, flower bud differentiation)
㉠ 의의: 생장점이 형태적으로 변하여 화아로 발달하기까지의 일련의 과정을 화아분화라 한다.
㉡ 화성이 유도된 후 줄기의 생장점에서 형태적 변화가 일어나고, 영양기관의 분화를 멈추고 생식기관의 분화가 일어난다.
㉢ 엽원기의 분화가 정지되고 대신 화아가 분화하기 시작하며, 화아가 분화될 때 시각적으로 관찰되는 형태적 변화는 원추상의 생장점 조직이 편평해지거나 원주상으로 변하여 화상을 형성한다.
㉣ 화상 위에 꽃을 구성하는 꽃받침, 꽃잎, 수술, 암술 등 소기관들이 구정적으로 분화하고 이들이 생장하여 화아가 완성된다.
㉤ 꽃눈은 정아에서 형성되는 정생꽃눈과 액아에서 형성되는 액생꽃눈으로 구분된다.

③ 화아분화 시기
　㉠ 화아분화 시기는 식물의 종류에 따라 다르다.
　㉡ 낙엽과수
　　　ⓐ 신초의 생장이 중지된 직후와 잎이 성숙되었을 때 시작된다.
　　　ⓑ 사과, 배, 복숭아, 포도 등은 6~7월 화아분화가 이루어진다.
　㉢ 딸기
　　　ⓐ 9월 중순에서 10월 중순까지 분화한다.
　　　ⓑ 품종에 따라 1개월 이상 차이를 보인다.
　㉣ 가지과 채소: 파종 후 20~40일 정도 지나면 화아가 형성된다.

2) 화아분화의 요인

① 유전적 요인
　㉠ 화아분화는 기본적으로 유전적 요인에 의해 조절되므로 식물의 종류와 품종에 따라 화아분화 양상이 다르게 나타난다.
　㉡ 무는 저온에 감응하여 화아분화가 시작되는데, 품종과 계통에 따라 저온감응성이 다르다.

② 내생호르몬
　㉠ 유전형질의 발현에는 환경이 작용하며, 환경의 영향은 결국 내부 호르몬이나 영양상태와 관련이 있다.
　㉡ 내생 호르몬에는 옥신, GA, 에틸렌 등과 같은 기본적인 식물호르몬과 플로리겐, 버날린 등의 화성호르몬이 관여한다.

③ C/N율
　㉠ 체내 C/N율이 높을 때 화아분화가 촉진된다.
　㉡ 과수에서 환상박피를 통해 동화양분의 하향이동을 억제하여 화아분화를 촉진시킨다.
　㉢ 토마토에서 C/N율을 조사한 결과 화아분화 전 증가하였다가 화아분화시 감소하고, 그 후 다소 증가하는 것을 볼 수 있다.

④ 환경조건
　㉠ 식물이 성숙하여도 적합한 환경조건이 주어지지 않으면 화아분화가 이루어지지 않는다.
　㉡ 화아분화에 관여하는 외적 환경요인 중 가장 중요한 것은 일장과 온도이다.
　㉢ 화아분화에 미치는 일장의 효과는 광주기성, 온도의 효과는 춘화현상으로 설명된다.

2. 일장과 광주기성

(1) 광주기성과 개화반응

1) 의의
   ① 일장(日長, day length): 하루는 24시간 주기로 명기(낮)와 암기(밤)가 되풀이되며, 명기(낮)의 길이를 일장이라 한다.
   ② 광주기성(光週期性, photoperiodism): 계절별 일장의 변화에 의하여 유도되는 생체반응으로 광주성, 광주반응, 일장효과, 일장반응 등으로 불린다.
   ③ 광주기성에 의한 생체반응은 종자발아, 개화, 추대, 저장기관의 형성, 낙엽, 휴면 등에서 다양하게 나타난다.

2) 광주기성의 발견
   ① 1920년 미국의 가너와 알러드(Garner & Allard)는 메릴렌드 메머드(Maryland Mammoth)라는 담배품종을 장일조건인 여름에 재배하면 영양생장을 하지만 단일조건인 겨울에 온실에서 재배하면 모두 개화하는 것을 관찰하였다.
   ② 일장이 식물 개화현상을 조절하는 중요한 요인임을 밝히고 이를 광주기성이라 하였다.
   ③ 이후 많은 식물의 개화와 일장의 관계를 조사하여 단일식물과 장일식물로 구분하기도 하였다.

3) 개화반응
   ① 위도에 따른 일장변화
      ㉠ 자연상태에서 일장은 위도와 계절에 따라 변한다.
      ㉡ 북반부에서는 일장이 하지에 가장 길고 동지에 가장 짧으며, 춘분과 추분에는 낮과 밤의 길이가 같다.
      ㉢ 위도가 높을수록 일장의 계절적 변화가 커지고, 위도가 낮을수록 일장의 계절적 변화가 작아진다.
      ㉣ 극지방은 낮과 밤이 6개월씩 되며, 적도는 연중 일장이 12시간으로 변화가 없다.

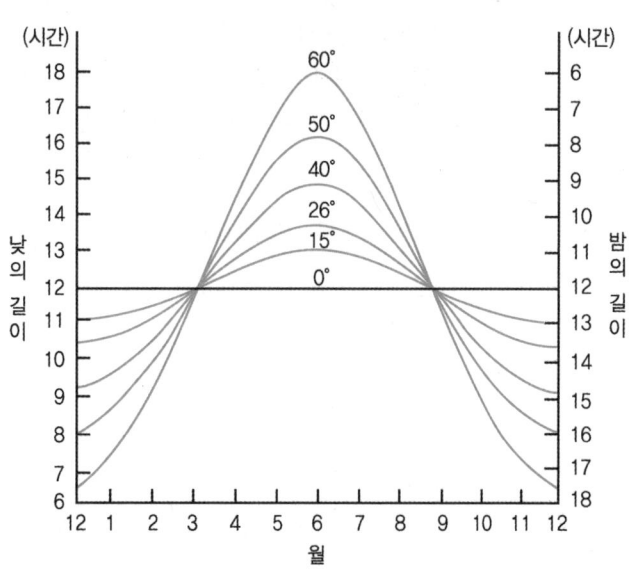

ⓑ 위도에 따른 일장의 계절적 변화는 식물의 생체 반응과 지리적 분포에 영향을 미친다.
② 일장 및 개화 관련용어
  ㉠ 유도일장(誘導日長, inductive day-length) : 식물의 화성을 유도할 수 있는 일장을 유도일장이라 한다.
  ㉡ 비유도일장(非誘導日長, noninductive day-length) : 화성을 유도할 수 없는 일장
  ㉢ 한계일장(限界日長, critical day-length) : 유도일장과 비유도일장의 경계가 되는 일장
  ㉣ 최적일장(最適日長, optimum day-length) : 화성을 가장 빨리 유도하는 일장
  ㉤ 온도유도(溫度誘導) 또는 일장유도(日長誘導, photoperiodic induction, photoperiodic after-effect) : 온도처리나 일장처리의 후작용으로 화성이 유도되는 현상
  ㉥ 일장온도유도(日長溫度誘導, photothermal induction) : 온도, 일장이 결합되어 화성을 유도하는 것
  ㉦ 유도기간(誘導期間, induction period) : 화성유도에 필요한 온도, 일장의 처리 기간
  ㉧ 일장적응(日長適應, photoperiodic adaptation) : 일정한 일장이나 위도에 대한 식물의 적응성

(2) 광주기성에 의한 작물 분류

1) 장일식물(長日植物, LDP ; long-day plant ; 단야식물)
① 보통 16~18시간의 장일상태에서 화성이 유도, 촉진되는 식물로, 단일상태는 개화를 저해한다.
② 최적일장 및 유도일장 주체는 장일측에, 한계일장은 단일측에 있다.
③ 맥류, 시금치, 양파, 상추, 아마, 아주까리, 티머시, 양귀비 등

2) 단일식물(短日植物, SDP ; short-day plant ; 장야식물)
① 보통 8~10시간의 단일상태에서 화성이 유도, 촉진되며 장일상태는 이를 저해하며, 암기가 일정 시간 지속되어야 한다.
② 최적일장 및 유도일장의 주체는 단일측, 한계일장은 장일측에 있다.
③ 벼, 국화, 콩, 담배, 들깨, 참깨, 목화, 조, 기장, 피, 옥수수, 나팔꽃, 샐비어, 코스모스, 도꼬마리 등

3) 중성식물(中性植物, day-neutral plant ; 중일성식물)
① 일정한 한계일장이 없이 넓은 범위의 일장에서 개화하는 식물로 화성이 일장에 영향을 받지 않는다고 할 수도 있다.
② 강낭콩, 가지, 고추, 토마토, 당근, 셀러리 등

4) 정일식물(定日植物, definite day-length plant ; 중간식물)
① 특정 좁은 범위의 일장에서만 화성이 유도되며, 2개의 한계일장이 있다.
② 사탕수수의 F-106이란 품종은 12시간에서 12시간 45분의 일장에서만 개화한다.

5) 장단일식물(長短日植物, LSDP; long-short-day plant)

① 처음엔 장일, 후에 단일이 되면 화성이 유도되나, 계속 일정한 일장에만 두면 개화하지 못한다.
② *Cestrum nocturnum*(밤에 피는 재스민, 열대 중앙아메리카 원산의 관목)은 12시간 이상 장일에 5일 이상, 12시간 30분 이하의 단일에 2일 이상 두어야만 개화한다.

6) 단장일식물(短長日植物, SLDP; short-long-day plant)

① 처음엔 단일, 후에 장일이 되면 화성이 유도되나, 계속 일정한 일장에서는 개화하지 못한다.
② *Pelargonium grandiflorum*(제라늄)과 *Campanula medium*(종꽃) 등은 계속 장일이나 단일에서는 개화하지 못하고, 처음 단일(10시간 조명)에 두었다가 후에 장일(24시간 등)에 두면 개화한다.

7) 일장반응에 따른 식물의 분류

장일이나 단일식물 중 일장조건이 필수적으로 요구되는 것이 있기도 하고, 다만 촉진적으로 작용하는 종류도 있다.

구분	필수적 요구(절대적)	촉진적으로 작용(상대적)
장일식물	사탕무, 귀리, 클로버, 가을보리, 시금치, 카네이션	상추, 완두, 순무, 피마자, 봄밀
단일식물	국화, 담배, 포인세티아, 딸기 일본나팔꽃	목화, 코스모스, 벼의 일부
중성식물	오이, 장미, 토마토, 고추	

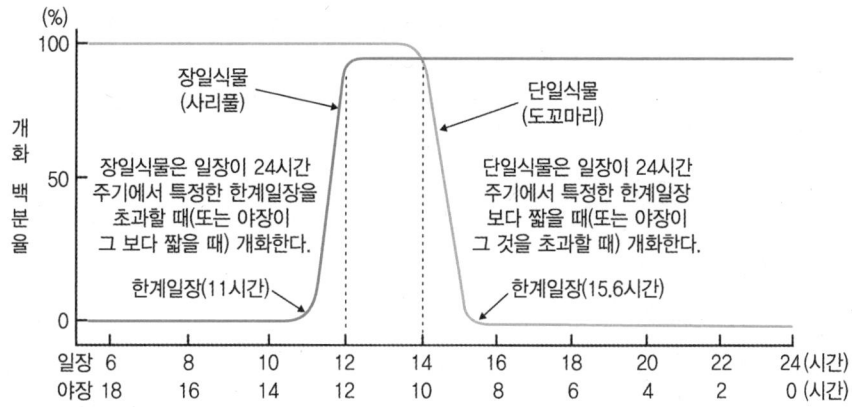

8) 식물의 일장감응에 따른 분류 9형

① 식물의 일장형은 화아분화와 개화의 2단계로 나누어 세분화할 수 있다.
② 각 단계에서 촉진적으로 작용하는 일장을 단일(S), 장일(L), 중성(I)으로 나타내고 단계별 광주기성을 조합시켜 9가지 유형의 일장형으로 표시할 수 있다.
③ 화아분화와 개화로 세분화하여 볼 때 진정한 단일식물은 SS, SI, IS형 식물이고, 진정한 장일식물은 LL, LI, IL형의 식물이다.
④ 딸기는 SL형으로 꽃눈분화는 단일, 개화는 장일에서 촉진된다.

[화아분화 및 개화에 따른 식물의 일장형]

일장형	종래의 일장형	최적일장		대표작물
		꽃눈분화 전	꽃눈분화 후	
SL	단일식물	단일	장일	프리뮬러(앵초), 시네라리아, 딸기
SS	단일식물	단일	단일	코스모스, 나팔꽃, 콩(만생종)
SI	단일식물	단일	중성	벼(만생종), 도꼬마리
LL	장일식물	장일	장일	시금치, 봄보리
LS	–	장일	단일	피소스테기아(physostegia; 꽃범의 꼬리)
LI	장일식물	장일	중성	사탕무
IL	장일식물	중성	장일	봄밀
IS	단일식물	중성	단일	해국(북극데이지)
II	중성식물	중성	중성	벼(조생종), 메밀, 토마토, 고추

9) 광주기성과 식물의 지리적, 계절적 분포

① 자연상태에서 식물의 광주기성은 식물의 지리적, 계절적 분포를 결정하는 요인이 되는데, 온대지방에서 단일식물은 봄에 발아하여 하지까지 영양생장을 하고 그 후 일장이 짧아지는 시기 개화하며, 장일식물은 가을에 발아하여 유식물 상태로 월동하거나, 봄에 발아하여 늦은 봄에서 초여름 하지에 이르는 시기에 개화한다.
② 저위도 지방에서는 단일식물이 분포하고, 고위도 지방에서는 장일식물이 분포한다.
③ 중위도 지방인 온대지대에서는 장일식물과 단일식물이 모두 분포한다.
④ 고위도 지방에서는 장일식물이 분포한다.
⑤ 중성식물은 온도에 의한 생육제한이 없는 한 계절과 위도에 관계없이 널리 분포한다.

(3) 광주기성의 작용기구

1) 화성호르몬

① 화성설(花成說)
㉠ 1882년 독일의 작스(Julius von Sachs)가 주창하였다.
㉡ 잎에서 생성되는 미량의 화성물질(花成物質, flower forming substance)이 줄기의 생장점으로 이동하여 화아를 분화시킨다는 것이다.
㉢ 화성물질의 실체는 밝혀지지 않았지만 현재 화성호르몬설의 효시로 인정받고 있다.

② 감응부위
㉠ 일장의 감응부위는 잎으로 막 전개한 젊은 잎으로 크기가 최대에 도달하기 직전이나 직후에 최고의 일장감응성을 나타낸다.
㉡ 단일식물인 도꼬마리의 잎을 모두 없애면 단일처리를 해도 화아가 형성되지 않고, 단 한 개의 잎만 남기고 단일처리를 하면 화아가 형성되며, 어린 잎 중 단 한 개의 잎에만 단일처리를 해도 화아가 형성된다.

③ 자극의 발생과 전단
　㉠ 광주기 자극은 잎에서 사관부를 통해 생장점으로 이동해 화성을 유도한다.
　㉡ **접목을 통한 실험**: 일장처리를 받은 줄기를 처리하지 않은 식물에 접목을 해도 화아분화가 유도되는데 이는 광주기자극의 이동을 뒷받침한다.
　㉢ 광주기 자극의 이동은 상하 어느 방향으로도 가능하며, 이동속도는 광합성 물질의 전류속도와 비슷하다.
　㉣ 자극의 이동은 주로 광주기성 유도기간에 일어나지만 그 후에도 얼마간 지속되는 것으로 알려져 있다.
　㉤ 일단 유도일장에 감응된 식물은 감응효과가 뒤에까지 계속되어 이후 비유도일장 조건이 되어도 개화가 가능하다.

④ 플로리겐(florigen)
　㉠ 러시아의 차이라크한(Chailakhyan)
　　ⓐ 1936년 광주기자극에 의해 형성되는 화성유도 물질을 개화호르몬으로 플로리겐을 가정하였다.
　　ⓑ 이 화성호르몬의 존재는 많은 실험으로 인정되고 있고 물질적 본체는 아직 밝혀 내지 못하고 있지만, 대사억제제의 하나인 SK & F7997이 잎에서 플로리겐의 생합성과 화성유도반응을 억제하며, 플로리겐은 이소프레노이드류 또는 스테로이드류의 물질이라는 보고가 있다.
　㉡ 플로리겐이 장일조건에서 합성되는 GA과 단일조건에서 합성되는 안테신(anthesin)의 2가지로 구성되어 있다는 가설
　　ⓐ 장일식물에서는 일장에 관계없이 충분한 안테신이 합성되나 GA은 장일조건에서만 합성되고, 단일식물에서는 일장에 관계없이 충분한 GA이 합성되나 안테신은 단일조건에서만 합성된다.
　　ⓑ 식물호르몬 중 GA은 장일식물에서 일장감응과 관계없이 개화를 유도할 수 있다. 무, 배추, 상추 등과 같이 추대하는 작물에서 처리효과가 잘 나타난다.
　　ⓒ GA은 단일식물이나 단일조건에서는 화성유도효과가 나타나지 않고 오히려 억제적으로 작용한다.

2) 암기와 피토크롬

① 광주기성과 암기
　㉠ 광주기성에 의한 개화반응에는 낮보다 밤의 길이, 암기가 더 중요하다는 사실을 발견하였다.
　㉡ 낮이 길이보다는 연속적인 밤의 길이가 광주기성에 더 큰 영향을 미치므로 단일식물은 장야식물(長夜植物, long-night plant), 장일식물은 단야식물(短夜植物, short-night plant)라고 하는 것이 더욱 정확한 표현이라는 것이다.
　㉢ 실제로 암기의 길이가 개화에 미치는 영향은 단일식물은 암기가 길어질 때, 장일식물은 암기가 짧아질 때 개화되는 것을 알 수 있다.

② 광중단(光中斷, night break =야간조파)과 개화
  ㉠ 암기의 효과는 중간에 광중단 없이 한계 시간 이상으로 연속적인 암조건이 유지될 때 나타날 수 있다.
  ㉡ 암기가 부족하거나 암기 중간에 수 분간이라도 광이 조사되면 그 효과가 없어진다.
  ㉢ 장일식물의 경우 단일조건 즉 암기가 길어 개화할 수 없는 일장조건에서 암기 중간에 적색광을 잠시 조사하면 개화가 가능하나 장일조건, 즉 개화가 가능한 일장조건에서 긴 명기 중간에 잠시 암기를 둔다고 해도 반응을 보이지 않고 개화한다.

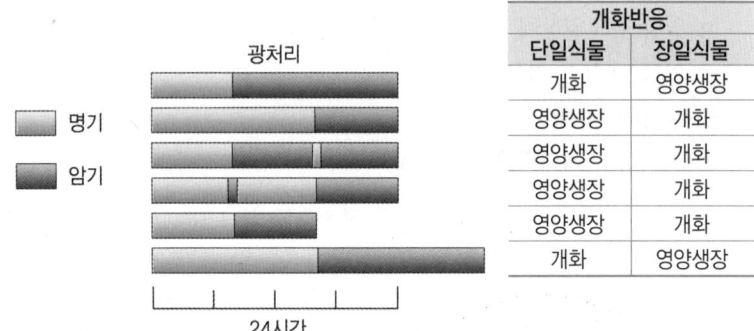

[암기의 길이와 광중단이 개화반응에 미치는 영향]

③ 피토크롬 반응
  ㉠ 식물의 광주기성에 밤의 길이가 더 크게 작용하는 이유는 아직 분명하게 밝혀지지 않았지만 피토크롬의 종류와 그들의 상대적 농도 차이로 광주기성에서 암기의 역할을 설명하고 있다.
  ㉡ 식물체 내 피토크롬은 낮에는 주로 Pfr형으로 존재하고, 밤에는 Pfr형이 Pr형으로 전환되기 때문에 밤의 길이에 따라 이들 농도의 분포가 달라진다.
  ㉢ 단일식물은 Pfr형 수준이 낮을 때 개화하고, 장일식물은 높을 때 개화하므로 단일식물은 장야조건이, 장일식물은 단야조건이 필요하다.
  ㉣ 단일조건에서 나타나는 광중단 효과도 적색광이 Pr형에 대한 Pfr형의 비율을 증가시키기 때문이다. 그러나 원적색광을 처리하면 광중단처리 효과가 나타나지 않는다.

(4) 광주기성에 영향을 미치는 요인

1) 광도

① 광합성에는 효과가 없는 약광에서도 광주기자극은 일어나고, 흐리거나 비가 오는 날의 자연 일조에서도 일장반응은 가능하다.
② 솔즈베리(Salisbury, 1981)의 도꼬마리 실험
  ㉠ 도꼬마리에서 일몰과 함께 암기가 시작될 때 400~600nm 파장에서 $18~19 mW/m^2$의

에너지 수준에서 명기를 연장시킬 수 있고, 16시간의 암기에 $2{\sim}18\,mW/m^2$ 수준의 광을 2시간 정도 처리하여 암기를 중단시키는 효과를 확인하였다.
- ⓒ 암기를 중단시킬 수 있는 광도는 보름달의 $0.9\,mW/m^2$ 정도보다 훨씬 높은 에너지 수준이다.
③ 단일식물이 단일에 의하여 화아분화가 유도되기 위해서는 낮 동안 높은 광도를 필요로 하는 경우도 있다.
④ 국화재배에서 낮 동안 광도가 낮으면 유도일장에 대한 반응이 나쁘고 개화가 지연되는 현상을 볼 수 있다.

2) 광질
① 광주기성에는 적색광의 효과가 크고, 청색광은 효과가 떨어지며 녹색광은 효과가 없다.
② 단일조건에서 광중단처리를 하면 단일식물인 도꼬마리는 화아분화를 억제하고, 장일식물인 보리의 유수형성은 촉진된다.
③ 광중단은 적색광이 가장 효과적이고, 원적색광은 효과를 보이지 않는다.
④ 적색광과 원적색광을 교호로 조사하면 마지막에 조사된 광에 따라 개화반응이 결정된다.
⑤ 적색광과 원적색광은 피토크롬의 형태 전환으로 개화반응을 조절한다.
- ⊙ Pr형은 단일식물의 개화를 촉진하고 장일식물에서는 개화를 억제한다.
- ⓒ Pfr형은 단일식물의 개화를 억제하고 장일식물에서는 개화를 촉진한다.

3) 온도
① 자연상태에서 일장의 변화는 온도의 변화를 수반하므로 일장과 온도는 상호작용을 한다.
- ⊙ 어떤 온도에서 중성식물인 것이 다른 온도에서 일장반응을 보이는 경우도 있다.
- ⓒ 유도일장 처리를 받은 식물이 높은 온도에서 개화가 촉진되는 것이 일반적이다.
- ⓒ 온도가 낮으면 일장반응에 따른 개화억제나 촉진효과가 감소하며, 광주기성 유도기간이 길어진다.
② 화훼재배에서 야간 온도에 따라 개화반응이 달라지기도 한다.
- ⊙ 포인세티아는 야간에 13℃ 이하가 되면 단일에서도 화아가 형성되지 않는다.
- ⓒ 국화는 온도가 10~15℃로 떨어지면 단일에서도 화아가 형성되지 않는다.

4) 영양
① 무기영양 상태는 생장속도에 영향을 미쳐 광주기성에 간접적으로 작용한다.
② 질소가 부족하면 베고니아, 제라늄은 개화가 빨라지고 보리는 출수가 촉진된다.
③ 질소가 부족하면 국화는 화아분화가 억제되고 개화가 지연된다.
④ 화아분화에 미치는 C/N율의 영향은 단일식물이나 장일식물에서는 잘 나타나지 않고 중성식물에서 잘 나타난다.

3. 온도와 춘화현상

(1) 춘화현상과 개화반응

1) 온도와 개화
① 온도는 일장과 함께 식물의 개화반응을 유도하는 중요한 환경요인이다.
② 식물 종류에 따라 생육의 특정 단계에서 반드시 일정한 온도조건을 경과해야만 화아가 분화되는 것도 있다.
③ 온도환경으로는 저온자극이 개화반응에 중요한 역할을 한다.

2) 춘화현상(春花現象, vernalization)
① 의의
  ㉠ 식물이 생육의 일정 단계에서 특별한 자극을 받아 화아분화가 촉진되는 것이다.
  ㉡ 식물은 생육의 특정단계에 저온자극을 받아야 화성이 유도된다.
  ㉢ 춘화처리란 화아분화를 촉진하기 위하여 특별한 자극을 주는 것을 의미한다.
  ㉣ 특별한 자극은 주로 저온자극을 의미한다.
② 발견
  ㉠ 가스너(Gassner, 1918, 미국)
    ⓐ 추파형 호밀품종인 페트쿠스 라이(Petkus Rye)를 1~2℃ 저온에서 최아시키면 봄에 파종해도 정상적으로 출수하는 것을 발견하였다.
    ⓑ 추파형 맥류는 발육 초기 저온이 요구되는 것을 발견하였다.
  ㉡ 리센코(Lysenko, 1929, 러시아)
    ⓐ 가을 밀에서도 가스너와 같은 사실을 확인하고 추파성 맥류는 저온이 요구되는 감온상(感溫相, thermo-phase)과 장일조건이 요구되는 감광상(感光相, photo-phase)로 구분되는 2개의 발육상(發育相, phase of development)를 가지고 있으며, 식물은 하나의 발육상을 완료해야 다음 발육상으로 이행될 수 있다는 상적발육설(相的發育說, theory of phasic development)를 주장하였다.
    ⓑ 춘화(春化)라는 용어의 러시아어인 야로비자치아(jarovizacija)를 처음 사용하였으며, 이는 'to make like spring' 또는 'springization'의 뜻으로 추파성이 춘파성으로 변화되는 의미이다.
  ㉢ 밀러(Miller, 1929, 미국): 결구한 양배추의 개화에서 이들이 출수 또는 개화하기 위해서는 생육의 특정 단계에서 저온과정을 반드시 경과해야 한다는 것을 밝혔다.
③ 춘화의 종류
  ㉠ 춘화의 종류는 화아분화를 촉진하는데 이용되는 자극이나 처리 내용에 따라 온도춘화, 일장춘화, 화학춘화 등으로 구분한다.

ⓛ 이 중 가장 대표적인 것은 온도춘화 중 저온춘화이다.
ⓒ 일반적으로 춘화현상이라 하면 저온춘화를 의미한다.
ⓔ 월년생식물이나 월동 2년생식물은 춘화현상이 잘 나타나는데, 이들은 가을에 파종하여 대개 종자나 어린식물 상태에서 겨울의 저온자극을 받으면 화아가 분화되어 이듬해 봄에서 여름에 걸쳐 개화한다.

④ 저온자극의 단계
ⓐ 어느 단계에서 저온자극을 받느냐에 따라 종자춘화형과 녹식물춘화형으로 구분한다.
ⓛ 종자춘화형식물(種字春化型植物, seed vernalization type)
   ⓐ 종자때부터 저온에 감응하여 화아분화가 유도되는 것
   ⓑ 종자를 최아시켜 2~5℃에서 15~20일 정도 저온처리를 하면 화아분화가 촉진되고, 경우에 따라 채종포에서 등숙과정에 저온에 자극을 받기도 한다.
   ⓒ 추파맥류, 완두, 잠두, 봄올무, 무, 배추, 순무 등
   ⓓ 추파맥류 최아종자를 저온처리하면 춘파하여도 좌지현상(座止現象, remaining in rosette state, hiber-nalism)이 방지되어 정상적으로 출수한다.
ⓒ 녹식물춘화형(綠植物春化型, green vernalization type)
   ⓐ 식물이 일정한 크기에 달한 녹체기에 저온에 감응하는 식물
   ⓑ 양배추, 사리풀, 당근, 양파 등
   ⓒ 작물의 종류와 품종에 따라 저온감응도, 저온처리기간, 저온감응에 적당한 식물체의 크기 등이 달라진다.

3) 개화반응
① 식물 종류와 저온 개화반응
   ⓐ 식물의 종류에 따라 저온자극의 화성유도에 필수적인 것이 있는가 하면, 다만 촉진적으로만 작용하는 경우가 있다.
   ⓛ 보통 월동2년생식물은 저온처리가 필수적이며, 월동 1년생작물은 촉진적으로 작용한다.
   ⓒ 호밀은 저온처리를 충분히 받으면 봄에 생장 개시 후 약 7주면 화아가 형성되지만 저온처리를 받지 않으면 14~18주가 소요되는 것처럼 호밀에서 저온자극은 필수적이 아니지만 촉진적으로 작용한다.

② 이춘화와 재춘화
   ⓐ 이춘화(離春化, devernalization)
      ⓐ 저온춘화처리 과정 중 불량한 조건은 저온처리의 효과 감퇴나 심하면 저온처리의 효과가 전혀 나타나지 않는데, 이와 같이 춘화처리의 효과가 어떤 원인에 의해서 상실되는 현상을 이춘화라고 한다.
      ⓑ 밀에서 저온춘화를 실시한 직후 35℃의 고온처리를 하면 춘화효과가 상실된다.

ⓒ 밀에서 8시간의 0~5℃ 처리와 25~30℃에서 16시간의 처리를 반복하면 저온처리효과가 사라진다.

ⓓ 이른봄 무, 배추의 터널재배에서 야간에는 저온춘화가 되고 주간에는 고온자극으로 춘화처리의 효과가 소거되어 결과적으로 이춘화현상은 추대방지효과를 나타낸다.

ⓛ 춘화처리의 정착(stabilization of vernalization): 춘화의 정도가 진행될수록 이춘화가 어려운데 이처럼 춘화가 완전히 된 것은 이춘화가 발생하지 않는데 이를 춘화처리의 정착이라 한다.

ⓒ 재춘화(再春化, revernalization)
  ⓐ 가을호밀에서 이춘화 후 다시 저온처리 하면 다시 춘화처리가 되는 것이다.
  ⓑ 춘화, 이춘화, 재춘화 현상은 버널리제이션의 가역성을 의미한다.

(2) 춘화현상의 작용기구

1) 감응부위

① 저온에 감응하는 부위는 생장점으로 종자의 배, 줄기의 정단분열조직으로 식물체 전체가 아닌 정단에만 저온처리를 해도 개화가 일어난다.

  ㉠ 멜케르스(Melchers, 1937, 독일)의 사리풀 접목실험: 춘화처리를 받은 생장점을 처리하지 않은 생장점 부근에 접목하여 화아가 분화하는 것을 관찰하였다.
  ㉡ 슈바베(Schwabe, 1954, 독일)의 국화실험: 국화에서 생장점을 제외한 나머지 부분에만 저온처리를 하면 개화하지 않는 것을 확인하였다.

② 하지만 생장점 뿐만 아니라 식물체 모든 분열조직은 저온자극을 받을 수 있다고 보고 있다.

2) 생장점에서의 화성유도

① 생장점이 저온에 감응하여 화성을 유도하는 기구는 원형질변화설과 화성호르몬설의 2가지 학설이 있다.

② 원형질변화설
  ㉠ 러시아의 리센코 등이 주장하였다.
  ㉡ 저온자극을 받은 생장점 조직은 원형질에 어떤 질적 변화를 일으키고, 이것이 화성유도와 화아분화의 원인이 된다는 것이다.

③ 화성호르몬설
  ㉠ 생장점이 저온자극을 받으면 화성호르몬이 생성 집적되어 화아분화를 유도한다는 것이다.
  ㉡ 1937년 영국 페퍼스와 그레고리(Purvis & Gregory)의 가을호밀 실험
    ⓐ 가을호밀로 여러 실험을 통해 화성호르몬에 관한 가설을 제시하였다.
    ⓑ 저온처리가 화성유도를 촉진하는 것은 화성물질이 형성되기 때문이며, 최아종자에 저온을 처리하면 배에서 화성물질이 생성 집적되어 화아분화가 촉진된다는 것이다.
    ⓒ 가을호밀은 저온처리 후 단일조건에서 출수가 된다는 것에서 다음 이론을 정립하였다.

$$A(\text{전구물질}) \rightleftarrows B \rightleftarrows C \rightarrow D(\text{개화호르몬})$$
$$\downarrow$$
$$E(\text{잎눈 발육 촉진물질})$$

- 생장점 세포가 저온자극을 받으면 전구물질 A를 B로 변형시키는 대사가 일어난 후 조건에 따라 개화는 유도한다.
- 단일에 의해 B는 C로, 장일에 의해 C는 D로 변하며, 합성된 D가 어느 정도 축적되면 생장점이 질적으로 변해 화아를 형성한다.
- A → B는 고온에 의해 B → C는 장일에 의해 반응이 반대로 진행될 수 있으며, B는 C로의 변화가 억제되면 광조건과 관계없이 잎눈 발육 촉진물질 E로 변한다.

ⓒ 멜케르스(Melchers, 독일)
  ⓐ 1939년 춘화에 관여하는 저온자극물질을 버날린(vernalin)이라고 가정하였으나 아직 이 물질의 정체는 밝혀지지 않고 있다.
  ⓑ 1948년 랭(Lang)과 함께 저온처리에 의해 생성된 버날린이 개화호르몬인 플로리겐을 합성하는데 필요한 이동성 전구물질일 것으로 보고 다음과 같은 개화유도과정을 제시하였다.

저온(춘화처리) → 춘화반응 → 전구물질 생성(버날린) → 플로리겐 형성 → 개화

  ⓒ 1975년 헤스(Hess)는 위 2가지 이론을 종합하여 다음과 같은 이론을 제창하였다.

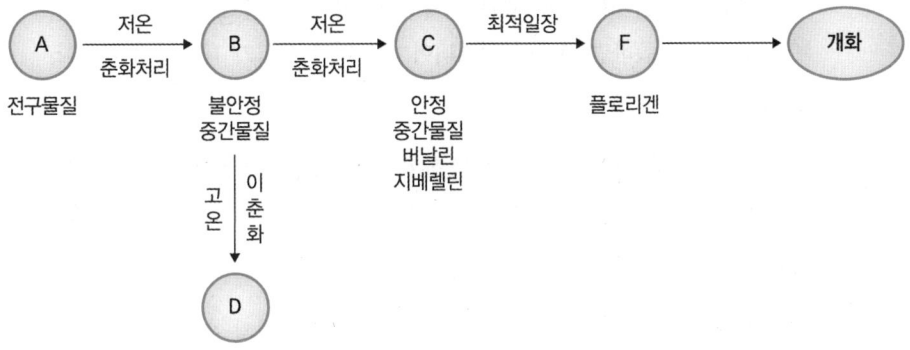

- 저온처리에 의해 전구물질 A는 불안정한 중간물질인 B를 거쳐 안정된 물질인 C(버날린)로 변한다.
- 버날린 만으로는 개화가 유지될 수 없고, 적당한 일장에서 개화호르몬인 F(플로리겐)가 생성되어 정단분열조직이나 액아로 이동해야 개화가 이루어진다.
- GA을 처리하면 춘화처리를 하지 않고도 저온요구식물이 개화하는 경우도 있다.
- 불안정한 중간물질인 B는 고온처리를 받으면 이춘화되어 D로 변할 수 있다.

(3) 춘화현상에 영향을 미치는 요인

1) 온도

① 온도는 춘화처리 효과에 가장 큰 영향을 미치는 요인이다.
② 저온자극에 가장 효과적인 온도와 처리기간은 종류와 품종에 따라 다르다.
  ㉠ 일반적으로 춘화에 요구되는 저온은 -5~15℃이며, 3~8℃가 가장 유효하다.
  ㉡ 리센코에 의하면 봄호밀은 -2~15℃에서 10~15일, 가을호밀은 -2~10℃에서 40~50일이 적당하다.
  ㉢ 한셀(Hansel, 1953)은 가을호밀 페트쿠스 품종에서 -4℃ 이하나 15℃ 이상에서는 효과가 없고 1~7℃에서 개화일수 단축에 가장 효과적이었다고 한다.
  ㉣ 채소류에서는 종자춘화형인 경우 최아종자로 2~5℃에서 15~20일, 녹식물춘화형인 양배추는 줄기지름 6mm 이상될 때 10℃ 이하에서 20~30일 이상, 양파는 묘의 지름이 10mm일 때 0~2℃에서 60일 이상 저온처리를 하면 화아분화가 가능하다.
③ 춘화처리된 종자나 식물체를 25~35℃의 고온에 두면 이춘화되어 춘화처리 효과가 없어진다.

2) 수분

① 종자는 수분을 흡수해야 저온자극을 쉽게 받는다.
② 등숙기 춘화의 경우 모식물에서 성숙하는 과정에서도 춘화처리가 이루어질 수 있다.

3) 산소

① 춘화처리 시 저온처리 효과를 지속시키기 위해 산소공급이 필요하다.
② 산소가 부족하면 호흡이 억제되어 저온처리 효과가 나타나지 않는다.

4) 양분

① 종자 내 탄수화물의 함량과 춘화처리 효과는 양의 상관관계에 있다.
② 배양액 중에 칼륨이 함유되어 있으면 춘화처리 효과가 커진다.

5) 호르몬

에틸렌이나 GA를 처리하면 저온처리 기간을 단축시킬 수 있다.

4 화기의 발달과 개화

(1) 정단분열조직의 변화

1) 영양생장을 계속하면 줄기의 정단분열조직이 화성이 유도되면 화서분열조직, 그 주변에 조그만 돌기형태로 관찰되는 화기분열조직으로 전환된다.
2) 정단분열조직이 개화유도 자극을 받으면 그때까지 활성이 낮던 분열조직의 중심대에서 세포분열이 활발하게 일어나 화서분열조직으로 전환된다.
3) 꽃의 중요 기관은 구정적으로 순차적으로 분화하며, 분화순서는 꽃받침 → 꽃잎 → 수술 → 암술의 차례대로 분화하고, 분화된 각 기관은 계속 발달하여 하나의 완성된 화기를 형성한다.

(2) 성표현과 개화

1) 단성화와 양성화
① 양성화(兩性花, bisexual flower): 암술과 수술을 모두 형성하는 꽃
② 단성화(單性花, unisexual flower)
  ㉠ 수술 또는 암술만을 형성하는 꽃
  ㉡ 자웅동주(monoecism): 옥수수, 오이, 호박과 같이 한 그루에 암꽃과 수꽃이 함께 피는 식물
  ㉢ 자웅이주(dioecism): 시금치, 은행나무, 아스파라거스와 같이 서로 다른 그루에 암꽃과 수꽃이 피는 식물

2) 성표현(性表現, sex expression)
① 주로 단성화에서 암수 성의 결정을 말한다.
② 암수는 화아분화 후 화기의 발달과정에서 암술 또는 수술 중 어느 한쪽의 발육 정지로 결정된다.
③ 대부분 단성화는 발육 정지된 암술이나 수술의 흔적이 남아있다.
④ 성표현에 관여하는 요인
  ㉠ 유전적 요인: 옥수수에서 이 유전자가 확인되었다.
  ㉡ 식물호르몬: 옥신은 자성화를 촉진하고, GA은 웅성화를 촉진한다.
  ㉢ 일장과 온도
    ⓐ 박과채소류는 저온과 단일조건에서 자성화를 촉진한다.
    ⓑ 오이의 경우 저온과 단일조건은 암꽃의 착생절위를 낮추고 암꽃의 수를 증가시킨다.

3) 개화
① 개화과정
  ㉠ 주변 환경이 적당하면 꽃받침과 꽃잎이 전개되면서 개화한다.

ⓒ 화피가 열리면 화분이 동시에 방출되기 때문에 개약을 개화로 보기도 하지만 재배적으로는 화피가 열리는 것을 개화라고 한다.
　　　ⓒ 경우에 따라 개화 전 또는 개화 후 개약이 되는 것도 있다.
　　　ⓔ 꽃은 주로 이른 아침에 개화하는데 야간에 개화하는 것도 있다.
　　　ⓜ 개화 기간도 아침에 피고 저녁에 지는 꽃이 있는가 하면, 개화 후 수 일간 피어있는 경우도 있다.
　　　ⓗ 식물에 따라 개화한 꽃이 수정 후 닫히거나 개폐를 반복하는 경우도 있다.
　② 영양생장과 개화기의 조숙성
　　　㉠ 식물의 영양생장을 억제하면 생식생장으로 빨리 전환되어 개화기, 수확기가 빨라지나 모든 식물에 적용되는 것은 아니다.
　　　ⓒ 일부 식물에서는 질소 부족으로 영양생장이 억제되면 개화기가 빨라지는 경우도 있다.
　　　ⓒ 생장을 촉진시켰을 때 생식생장으로 전환이 빨라지는 경우도 있다.
　　　ⓔ GA처리로 로제트형 잎을 가진 장일식물에 추대를 촉진시키거나 화곡류의 줄기생장을 촉진시켜 개화를 촉진시킬 수 있다.
　③ 온도와 일장에 따른 품종의 조숙성
　　　㉠ 토마토를 유묘기에 10~15℃에서 몇 주간 재배하면 꽃이 피는 절위가 낮아지는 품종이 있다.
　　　ⓒ 조숙성이 일장의 영향을 받는 것은 광주기성보다 광도, 광질의 영향이 더 크다고 본다.
　　　ⓒ 완두는 일장을 길게 하고 광도를 높이면 개화가 촉진된다.

(3) 웅성기관

1) 구성
　① 수술(stamen): 화사와 약으로 구성된 웅성기관
　② 화사(花絲, filament): 유관속조직으로 구성된 양수분의 통로로 작용하는 관
　③ 약(葯, anther)
　　　㉠ 화분(花粉, pollen)을 생산하는 생식조직과 그들을 감싸고 있는 비생식조직으로 구성되어 있다.
　　　ⓒ 생식조직인 약벽에서 화분모세포가 형성되고 이들이 감수분열하여 반수체인 소포자를 만들고, 이 소포자가 유사분열하여 정핵을 지닌 웅성배우체(화분)을 생산한다.

2) 화분낭(花粉囊, pollen sac)
　① 수술원기의 발육과정은 꽃받침과 꽃잎이 윤생으로 나타난 후 그 안쪽에 다시 윤생으로 수술원기가 형성된다.
　② 수술원기가 나타난 직후 약과 화사 부분으로 분화되고, 약에서 화분낭이 형성된다.
　③ 형성된 화분낭에서 화분이 분화되고 약이 커지면서 화사가 신장하면 위로 튀어나오게 된다.
　④ 그 후 조직의 퇴화와 열개에 따라 화분이 방출된다.

3) 소포자(小包子, microspore) 형성과 화분의 발육

① 소포자는 화분낭에서 형성되고 화분으로 발달한다.

② 화분의 발육

　㉠ 피자식물의 화분 발육은 화분모세포가 형성되는 것에서부터 시작된다.

　㉡ 화분모세포가 감수분열로 반수체인 4개의 낭세포를 형성한다.

　㉢ 4개의 낭세포를 소포자라고 하며, 서로 붙어 있어 화분4분자(pollen microspore)라고도 한다.

　㉣ 화분4분자가 약의 융단층(tapetum)에서 합성되는 칼로오스(callose)에 의하여 개개의 소포자로 분리된다.

　㉤ 1핵성인 소포자는 세포질이 분열되지 않는 핵분열로 영양핵과 생식핵을 가진 화분이 된다.

③ 정핵세포

　㉠ 생식핵은 2차 핵분열로 2개의 정핵세포가 만들어진다.

　㉡ 화본과나 십자화과는 화분이 방출되기 전에 이 과정이 완료되지만, 가지과와 백합과는 화분이 발아하여 화분관이 신장되는 동안 일어난다.

　㉢ 1핵성

　　ⓐ 가지과와 백합과에 속하는 식물의 화분

　　ⓑ 발아하여 화분관이 신장되는 동안 2차 핵분열이 일어난다.

　　ⓒ 화분관 신장 전에는 1핵성을 유지한다.

　㉣ 2핵성

　　ⓐ 화본과나 십자화과의 화분

　　ⓑ 화분 방출 전에 2차 핵분열 과정이 완료되어 2핵성이 된다.

　　ⓒ 화분관 신장 전에 2개의 생식핵을 갖는다.

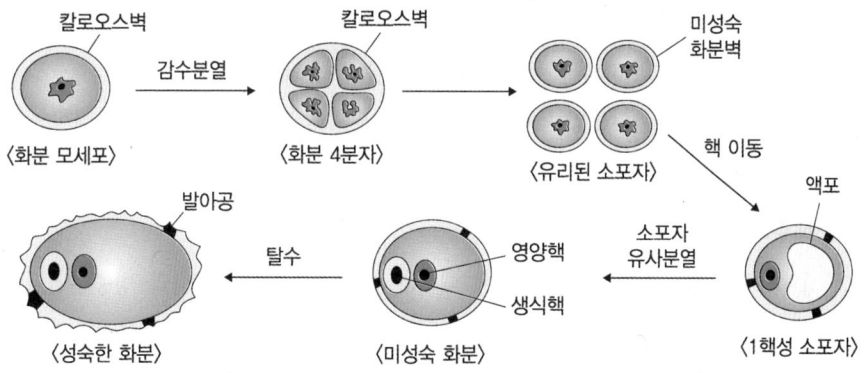

[피자식물의 소포자형성과 화분의 발달]

(4) 자성기관

1) 암술의 구성

① 암술(pistil)
  ㉠ 꽃의 자성기관으로 주두, 화주, 자방으로 구성되어 있다.
  ㉡ 화아형성 과정에서 가장 늦게 형성되는 기관이다.
② 주두(柱頭, stigma): 수분과 화분발아가 일어나는 화주 끝 머리부분이다.
③ 화주(花柱, style): 자방 위에 위치하여 화분관이 침투해 들어가는 조직이다.
④ 자방(子房, ovary)
  ㉠ 수정 후 종자나 과실로 발달한다.
  ㉡ 자방 내에는 수정 후 종자로 발달하는 배주(胚珠, ovule; 밑씨)가 있다.
  ㉢ 배주는 다시 중앙에 배낭(胚囊, embryo sac)과 그것을 감싸주는 주심(珠心, nucellus)과 주피(珠皮, integument) 그리고 이를 지지하는 주병(珠柄, funiculus)으로 구성된다.

2) 암술의 형성과정

① 암술은 꽃의 중앙에서 심피원기(心皮原基, carpel primordium)의 형성으로 시작된다.
② 분화 초기 심피융합이 일어나 자방이 형성된다. 토마토는 5개의 심피가 융합되어 자방을 형성하므로 과실 안에 5개의 자실이 형성된다.
③ 자방이 형성되면 그 끝이 수직으로 신장하여 화주를 형성한다.
  ㉠ 화주의 길이는 식물에 따라 다양하며, 이에 따라 수분방식이 결정되기도 한다.
  ㉡ 환경조건에 따라 단화주화, 장화주화 등이 생기기도 한다.
  ㉢ 옥수수는 화주가 특별히 길게 신장하여 20cm 정도까지 자란다.
④ 화주 끝에 주두가 분화한다.
  ㉠ 주두에는 세포분열과 표피세포의 확대로 유두돌기(乳頭突起, papillae)가 형성되고 다양한 물질이 분비된다.
  ㉡ 주두에서 분비되는 물질은 화분을 잘 부착되게 한다.
  ㉢ 주두는 불화합성인 화분은 배척하고, 화합성인 화분의 발아를 촉진하는 인식 체계를 갖추고 있다.

3) 배주의 발육

① 배주발육은 자방 내피에 있는 태좌(胎座, placenta)세포층의 병층분열로 배주원기가 형성되면서 시작된다.
② 배주원기의 분열과 확대로 주피가 형성됨과 동시에 주병의 끝에서 주심도 형성된다.
③ 주피가 신장하면 주심을 감싸는 과정에서 주공(珠孔, micropyle)이라는 작은 구멍을 남기는데, 이곳을 통해 화분관이 들어간다.
④ 주심의 내부에는 배낭모세포가 분화한다.

⑤ 배낭모세포는 감수분열로 4개의 낭세포를 형성하지만, 이 중 무작위적으로 3개는 퇴화하고 세포질이 많은 1개만 남는다.
⑥ 이렇게 남은 세포를 대포자(大胞子, magaspore)라고 한다.

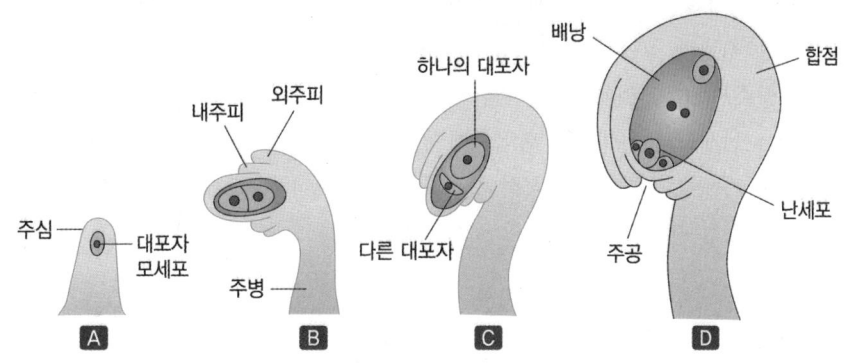

[배주의 발육과정]

A: 배주의 주심조직에서 배낭모세포가 발달
B: 외주피와 내주피가 형성된 후 배낭모세포는 1차 감수분열을 한다.
C: 합점 쪽 하나의 대포자만 확대신장하고 나머지 3개는 퇴화한다.
D: 남은 대포자는 3회 핵분열을 거쳐 성숙한 배낭으로 발달한다.

4) 배낭의 발달과 구조

① 살아남은 대포자는 세포질분열이 따르지 않는 3번의 핵분열을 거쳐 8개의 반수체 핵을 가진 미숙배낭이 된다.
② 미숙배낭에 있는 8개의 핵은 주공 쪽에 3개, 반대쪽에 3개가 자리 잡고, 나머지 2개는 배낭의 중앙에서 융합하면서 성숙한 배낭이 된다.
③ 성숙한 배낭은 1개의 난세포(卵細胞, egg cell), 2개의 조세포(助細胞, synergid), 3개의 반족세포(反足細胞, antipode) 그리고 2개의 극핵(極核, polar nucleus)을 가진 중심세포로 구성되어 있다.
④ 성숙한 배낭은 7개의 세포와 8개의 핵을 가진다.
⑤ 난세포(卵細胞, egg cell)
  ㉠ 주공쪽에 위치한다.
  ㉡ 정핵과 결합하여 접합자를 형성한다.
  ㉢ 난세포에는 주공쪽으로 큰 액포가 위치하고 있어 합점(合點, chalazal)으로 치우쳐 있다.
⑥ 조세포(助細胞, synergid)
  ㉠ 난세포 주위에 위치하고 있다.
  ㉡ 부분적으로 세포벽이 있거나 원형질막으로 분리되어 있다.
  ㉢ 수정과정에서 화분관이 주공을 통해 배낭으로 들어오면 2개 중 어느 1개의 정핵을 내놓고 이들이 각각 난핵과 극핵을 만나게 한다.

⑦ 중심세포
  ㉠ 배낭 중심에 자리하고 있다.
  ㉡ 2개의 극핵과 함께 액포, 세포질을 가지고 있다.
  ㉢ 2개의 극핵은 정핵과 접합하기 전에 이미 서로 융합되어 있는 경우가 보통이다.
  ㉣ 정핵과 접합된 2개의 극핵은 3n 상태의 배유를 형성한다.
⑧ 반족세포(反足細胞, antipode)
  ㉠ 난세포의 반대쪽인 합점쪽에 위치한다.
  ㉡ 기능에 대해서는 확실히 알려져 있지 않으나, 배낭에 영양을 공급하는 역할을 하는 것으로 추정된다.

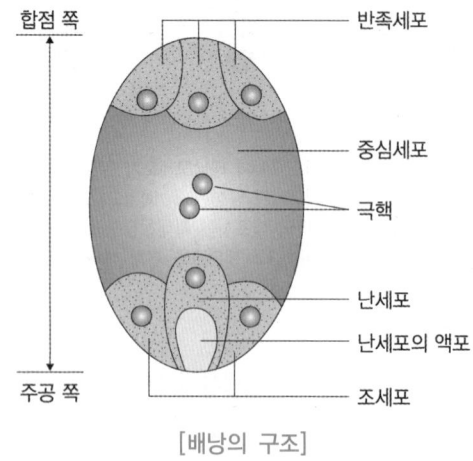

[배낭의 구조]

05 CHAPTER 결실과 노화

1 수분과 수정

(1) 수분(授粉, pollination)
성숙한 화분이 암술의 주두로 이동하여 붙는 것을 수분이라 한다.

1) 수분양식에 따른 분류
① 자가수분(自家授粉, self-pollination)
  ㉠ 같은 개체 내에서 일어나는 수분
  ㉡ 자가수분을 쉽게 받을 수 있는 구조를 갖는다.
  ㉢ 자가수분식물은 화기구조가 닫혀 있거나, 꽃색이나 밀선 등도 방화곤충의 시선을 끌지 못한다.
② 타가수분(他家授粉, cross-pollination)
  ㉠ 서로 다른 개체 사이에 일어나는 수분
  ㉡ 식물은 진화적으로 종족유지에 유리한 타가수분 쪽으로 변해 온 것으로 보고 있다.
  ㉢ 타가수분식물은 개화기, 주두와 화사의 길이, 주두와 약의 성숙기 차이, 자가불화합성, 웅성불임 등의 유전 현상으로 타가수분이 유도된다.

2) 매개 방식에 따른 분류
① 충매수분(蟲媒授粉)
  ㉠ 방화곤충에 의해 이루어지는 수분 방식이다.
  ㉡ 주로 타가수정 작물에서 이루어진다.
  ㉢ 방화곤충에 의해 수분이 이루어진 꽃을 충매화(蟲媒花)라 한다.
    ⓐ 꽃색이 화려하고 밀선이 잘 발달되어 있다.
    ⓑ 향기를 발산하여 방화곤충을 잘 유인하는 화기구조를 가지고 있다.
② 풍매수분(風媒授粉)
  ㉠ 바람에 의해 날린 화분에 의해 이루어지는 수분 방식이다.
  ㉡ 이러한 방식에 의해 수분되는 꽃을 풍매화(風媒花)라 한다.
    ⓐ 풍매화는 꽃이 빈약한 편이나 화분이 작고 양이 많아 바람에 잘 날린다.
    ⓑ 한 포기의 옥수수가 평균 3,500만 개의 화분을 생산한다.

③ 인공수분(人工授粉, artificial pollination)
　㉠ 인위적으로 이루어지는 수분이다.
　　ⓐ 일대교잡종 종자를 생산할 때 시행한다.
　　ⓑ 불량한 환경조건에서 기형과를 방지하고 착과를 촉진하기 위해 실시한다.
　㉡ 화분을 채집하여 붓으로 묻혀주거나, 수꽃을 따서 주두에 문질러 주며, 식물체를 흔들기도 하는 방법을 이용한다.

(2) 화분관(花粉管, pollen tube)의 신장과 수분

1) 화분 발아와 화분관의 신장
① 암술 주두로 옮겨진 화분은 발아하여 화분관을 신장시킨다.
② 화분이 수분을 흡수하여 팽팽해지고 대사활동이 활성화되면 발아공을 통해 화분관이 신장한다.
③ 화분관 내에 1개의 영양핵과 2개의 정핵이 들어 있고, 화분관은 계속 자라 화주를 통해 배주의 주공으로 들어가 배낭으로 정핵을 침투시킨다.
④ 주두가 화분관과 상호작용을 하며, 주두는 발아, 화주조직은 화분관 신장에 영향을 준다.
⑤ 식물에 따라 주두나 화주에서 생성되는 특이한 물질이 화분 발아를 억제하거나, 침투해 들어가는 화분관을 파열시켜 불화합성을 나타내는 경우도 있다.
⑥ 화분관의 세포벽은 셀룰로오스 대신 칼로오스라고 하는 다당류로 구성되며, 골지장치에서 합성되어 화분관의 끝으로 수송된다.
⑦ 화분관의 세포질은 신장에도 증가하지 않으며, 선단 부위로 집적되어 압축되며 선단에서 먼 곳에는 액포가 발달한다.

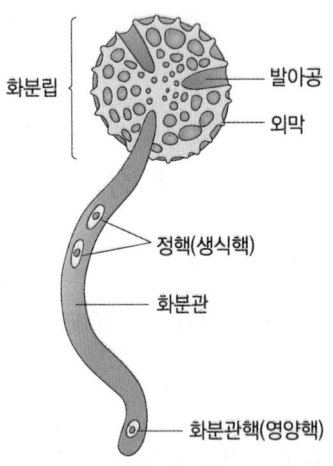

[화분의 발아와 화분관 신장]

2) 수정(受精, fertilization; 정받이)

① 주공을 통해 조세포의 도움으로 배낭으로 침투한 정핵이 난핵 및 극핵과 접합하는 것을 수정이라 한다.
② 피자식물(被子植物, =속씨식물; angiosperms)은 2개의 정세포가 하나는 난세포와 융합으로 접합자(2n)를 만들어 향후 배(胚, embryo)가 되고, 또 다른 하나는 극핵과 융합으로 배유핵(3n)을 형성하고 배유핵은 배유(胚乳, endosperm)로 발달하는데, 이를 중복수정(重複受精, double fertilization)이라 한다.
③ 나자식물(裸子植物, =겉씨식물; gymnosperms)은 중복수정이 없어 2개의 정핵 중 하나가 난세포와 융합하여 배를 이루고 나머지 하나는 퇴화하며 난세포 이외 배낭조직이 후에 배의 영양분이 된다.
④ 화분의 발아에서 수정까지 걸리는 시간은 식물의 종류와 온도 조건 등에 따라 달라지며, 수수와 보리는 5분 정도이고 오래 걸리는 것은 4개월이나 된다.

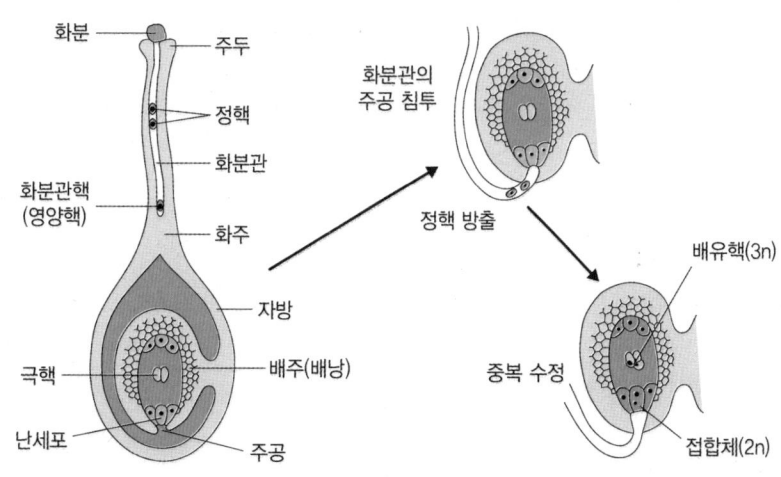

[식물의 중복수정]

(3) 불임성(不稔性, sterility)

1) 의의

① 불임성(不稔性, sterility): 수분이 이루어져도 수정과 결실이 이루어지지 않는 현상을 불임성이라 하며 환경적 원인과 유전적 원인이 있으며 유전적 불임에는 자가불화합성과 웅성불임성 등이 있다.
② 불화합성(不和合性, incompatibility): 생식기관이 건전한 것끼리 근연 간 수분을 할 때, 다른 경우에는 정상적으로 수정, 결실이 되지만 어떤 경우 수정 결실하지 못하는 경우가 있는데 이를 불화합성이라고 하며 불임성의 큰 원인이 된다.
③ 불친화성(不親和性, non-affinity): 식물 간 유연관계가 멀어 보이는 불화합성

2) 환경적 원인에 의한 불임성
① 불임의 원인이 되는 환경적 요소는 영양, 광, 수분, 온도, 병충해 등이 있다.
② 영양에 의한 불임은 영양분이 과하여 생식작용이 억제되는 다즙질불임성과 그 반대인 쇠약질 불임성, 꽃이 많이 붙는 관계로 영양분배가 불충분하고 생식기관이 퇴화하여 불완전한 꽃으로 되거나 국부적으로 생식기능이 쇠퇴해지는 순환적 불임성 등이 있다.

3) 유전적 원인에 의한 불임성: 자성불임, 웅성불임, 배우자불임성, 접합자불임성, 세포질적불임성 등이 있다.

① 자성기관의 이상
  ㉠ 암술이 퇴화, 변형하여 꽃잎이 되는 등 형태적 이상이 생기면 불임성을 나타낸다.
  ㉡ 배낭의 발육이 불완전할 때 외형적으로는 이상이 없어도 불화합성이 나타난다.

② 웅성불임성(雄性不稔性, male sterility)
  ㉠ 웅성기관의 이상에 의한 불임성으로 유전자작용에 의해 화분이 아예 형성되지 않거나 화분이 정상적인 발육을 하지 못해 수정능력이 없으며, 핵 내 ms유전자와 세포질의 미토콘드리아(mitochondria) DNA가 관여한다.
  ㉡ 유전자웅성불임성(遺傳子雄性不稔性, genic male sterility, GMS): 핵 내 유전자만 작용하는 웅성불임으로 벼, 보리, 토마토 등이 해당된다.
  ㉢ 세포질웅성불임성(細胞質雄性不稔性, cytoplasmic male sterility, CMS)
    ⓐ 세포질 유전자만 관여하는 웅성불임으로 벼, 옥수수 등이 해당된다.
    ⓑ 세포질웅성불임성은 화분친에 관계없이 불임이 되므로 양파와 같이 영양기관을 이용하는 작물에서 1대잡종을 생산하는 데 이용된다.
  ㉣ 세포질·유전자웅성불임성(細胞質·遺傳子雄性不稔性, cytoplasmic-genic male sterility, CGMS)
    ⓐ 핵 내 유전자와 세포질 유전자의 상호작용에 의한 웅성불임으로 벼, 양파, 사탕무, 아마 등이 해당된다.
    ⓑ CGMS는 화분친의 임성회복유전자(稔性回復遺傳子, fertility restoring gene, Rf)에 의해 임성이 회복된다. 이 경우 웅성불임계통 자방친에 임성회복유전자를 가진 계통 화분친의 교배로 1대잡종 종자를 채종한다.
  ㉤ 환경감응형(環境感應型) 웅성불임성: 온도, 일장, 지베렐린 등에 의하여 임성이 회복하며 벼의 환경감응형 웅성불임성은 21~26℃에서 95% 이상 회복하여 1대잡종 종자의 채종에 이용할 수 있다.

③ 자가불화합성(自家不和合性, self-incompatibility)
  ㉠ 의의: 자가불화합성이란 암술과 화분의 기능은 정상이나 자가수분으로는 종자를 형성하지 못하는 것이다.
  ㉡ 자가불화합성을 나타내는 기구: 화합과 불화합을 결정하는 메커니즘은 암술머리에서 생성되는 특정단백질(S-glycoprotein)이 화분의 특정단백질(S-protein)을 인식하여 결정되는데

불화합인 경우 암술에서 생성되는 억제물질이 화분의 발아를 못하게 하고 발아되더라도 화분관이 신장하지 못하게 한다.
ⓒ 자가불화합성의 생리적 원인
    ⓐ 꽃가루의 발아와 신장을 억제하는 물질의 존재
    ⓑ 화분관의 신장에 필요한 물질의 결여
    ⓒ 화분관의 호흡에 필요한 호흡기질의 결여
    ⓓ 꽃가루와 암술머리조직 사이의 삼투압의 차이
    ⓔ 꽃가루와 암술머리조직 단백질 간의 친화성의 결여
ⓔ 자가불화합성의 유전적 원인
    ⓐ S유전자좌의 복대립유전자가 자가불화합성을 지배하며 유전양식에는 배우체형과 포자체형이 있다.
    ⓑ 배우체형: 화분(n)의 유전자가 화합과 불화합을 결정하고 가지과, 볏과, 클로버 등이 해당된다.
    ⓒ 포자체형: 화분을 생산한 식물체(포자체, 2n)의 유전자형의 의해 화합과 불화합이 달라지며 십자화과, 국화과, 사탕무 등이 해당한다. 배추의 1대잡종 종자의 채종은 자가불화합성 유전자형이 다른 자식계통(S_1S_1과 S_2S_2)을 혼식한다.
    ⓓ 치사유전자 때문에 발생한다.
    ⓔ 염색체 수적, 구조적 이상 때문에 발생한다.
    ⓕ 자가불화합성을 유기하는 유전자(이반유전자, 복대립유전자) 때문에 발생한다.
    ⓖ 자가불화합성을 유기하는 세포질 등의 유전자 때문에 발생한다.

④ 이형화주형(異形花柱型) 자가불화합성(이형예불화합성)
ⓘ 메밀과 같이 꽃에서 화주(花柱, =암술대)와 화사(花絲, =수술대)의 길이가 다른 이형예현상(異形蘂現象, heterostylism)이 원인인 것으로 유전양식은 포자체형이다.
ⓛ 적법수정과 부적법수정(메밀)
    ⓐ 부적법수정: 메밀꽃은 수술이 짧고 암술이 긴 장주화(長柱花)와 수술이 길고 암술이 짧은 단주화(短柱花)가 구별되는 이형예현상을 보이는데 '단주화×단주화' 또는 '장주화×장주화'의 수분에서는 불화합성이 나타난다.
    ⓑ 적법수정: '단주화×장주화' 또는 '장주화×단주화'의 수분에서는 불화합성이 나타나지 않는다.

⑤ 교잡불화합성
ⓘ 종·속간 또는 품종간의 교잡에서 보이는 불화합성으로 교잡불화합성 또는 타가불화합성이라 한다.
ⓛ 이와 같은 불임현상을 교잡불임 또는 타가불임이라 한다.
ⓒ 사과, 배, 양앵두, 고구마, 십자화과식물 등에서 볼 수 있다.
ⓔ 교잡불화합성의 기구와 원인은 자가불화합성과 유사한 점이 많다.

2 종자의 형성

(1) 종자의 생성

종자의 생성은 화분과 배낭 속에 들어있는 자웅 양핵이 접합되는 수정이 이루어져야 한다.

1) 화분(花粉, pollen)

약벽(葯壁)의 화분모세포 분열에 의하여 생기며 2회 분열하여 4개의 화분이 생기며 화분 내에는 1개의 생식세포와 1개의 화분관세포가 들어 있다.

2) 배낭(胚囊, embryo sac)

배주의 배낭모세포의 분열로 생성되며 2회 분열하여 4개의 세포가 형성되나 3개는 퇴화되고 1개가 배낭을 형성하며 배낭 내 핵은 둘로 나누어져서 1개는 주공쪽으로 1개는 반대쪽으로 이동하여 각 2회의 분열로 4개의 핵이 되어 양쪽 1개의 핵이 중심으로 이동하여 극핵을 만든다. 주공 가까이의 3개의 핵 중 1개를 난세포, 2개를 조세포라 하며 반대쪽 3개의 세포를 반족세포라 한다.

3) 중복수정

① 주두에 화분이 붙으면 발아하여 화분관을 내어 화주 내를 통과하여 자방의 배주에 이르면 주공을 통해 안으로 들어가 선단이 파열하여 내용물을 배낭 내에 방출한다.
② 화분 내 성핵은 분열하여 2개의 웅핵이 되고 제1웅핵(n)과 난핵(n)이 접하여 배(2n)가 되고 제2웅핵(n)은 극핵(2n)과 결합하여 배유(3n)가 되는데 이렇게 2곳에서 수정하는 것을 중복수정이라 한다.
③ 수정 후 배와 배유는 분열로 발육하게 되고 점차 수분이 감소하고 주피는 종피가 되며 모체에서 독립하는데 이를 종자라 한다.

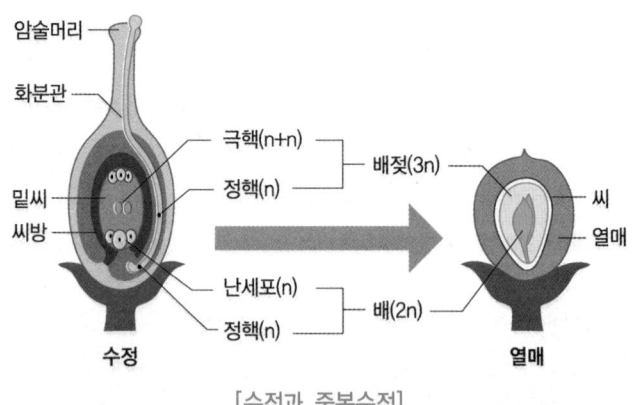

[수정과 중복수정]

4) 단자엽식물(옥수수)의 종자 발달과정

① 배유와 배가 다 같이 잘 발달하며 배유가 배보다 먼저 발달한다.
② 배유는 수분 후 4~10일째 형성되고 배는 15~18일째 발달하기 시작한다.
③ 종자의 생체중은 수분 후 30일까지 증가하다가 성숙기에 건조화와 함께 감소한다.
④ 배유의 세포분열은 수분 후 28일이면 완료된다.
⑤ 저장물질의 합성은 약 2주째부터 왕성하게 일어난다.

5) 쌍자엽식물(콩)의 종자 발달과정

① 배만 발달하고 배유는 소진되어 흔적만 남는다.
② 배의 세포분열은 수분 후 2주 정도면 완료된다.
③ 배의 생장속도는 처음에는 배유보다 느리지만 나중에는 빨라진다.
④ 배의 생장을 위해 배유는 완전히 소모되기 때문에 성숙한 콩 종자는 배유가 없어지고 배만 있게 되며, 종피가 배를 감싼다.
⑤ 세포분열기 동안 배발생 단계: 구상체(globular) → 심장형(heart) → 어뢰형(torpedo) 단계 → 2개의 떡잎형성
⑥ 콩의 종자도 미성숙 단계에서는 배유 세포와 그 안에 녹말이 발견되지만 이 녹말은 배의 생장에 이용되어 성숙한 종자에서는 배유세포의 흔적만 있다.

(2) 종자의 비대와 성숙

1) 종자비대기

수광태세 개선과 동화산물 분배에 의한 수확지수를 증가시키는 것이 중요하다.

2) 종자의 성숙

① 종자는 성숙하면 탈수 건조되어 크기와 건물중이 더 이상 증가하지 않는다.
② 종자는 종류별로 특유의 저장양분을 함유하고 있으며, 농업에서는 이들을 수확하여 이용한다.

(3) 종자의 구조

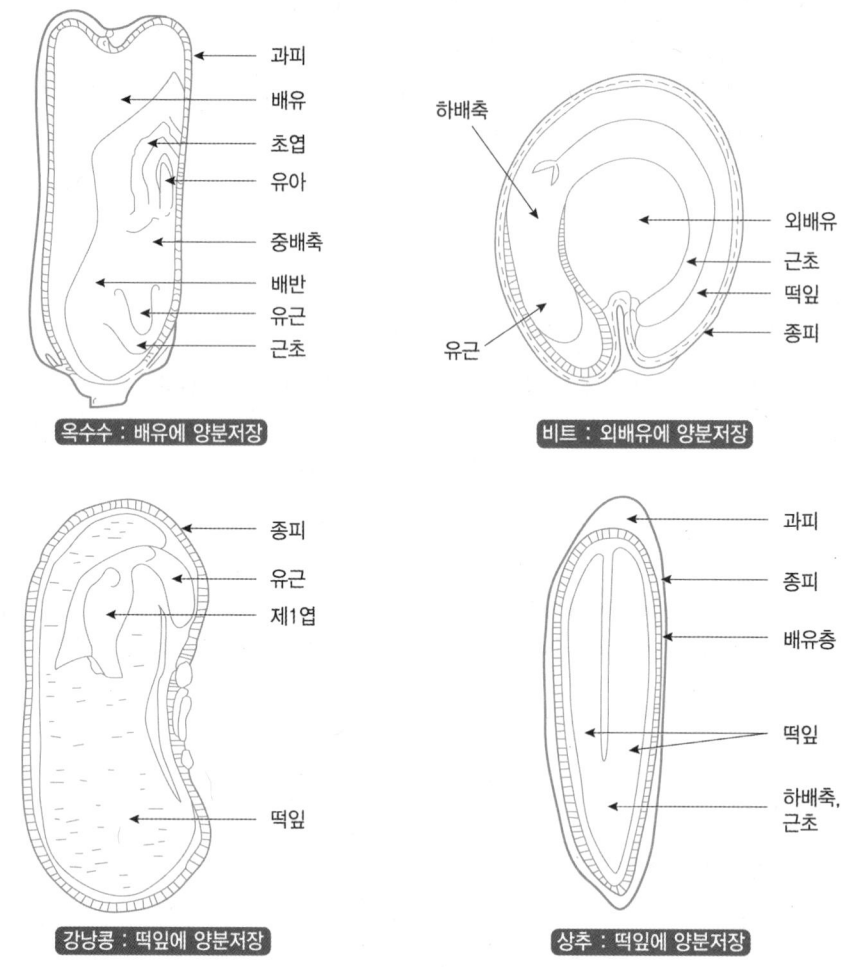

[종자의 구조]

1) **단자엽식물(單子葉植物, 외떡잎식물; monocotyledones)**
   ① 의의
      ⊙ 외층은 과피로 둘러싸여 있고 그 안에 배와 배유 두 부분으로 형성되며 배와 배유 사이에는 흡수층이 있으며 배유에 영양분을 다량 저장하고 있으며 이를 배유종자라 한다.
      ⊙ 배에는 잎, 생장점, 줄기, 뿌리의 어린 조직이 모두 갖추어져 있다.
      ⊙ 배유에는 양분이 저장되어 있어 종자 발아 등에 이용된다.
   ② 옥수수 종자
      ⊙ 배유종자로 배유에 영양분을 다량 저장하고 있으며, 종자 가장 바깥층은 과피로 둘러싸여 있으며, 그 안에 배와 배유가 발달해 있고, 배유의 대부분은 주로 전분이 저장되어 있는 세포층이 차지하고 있다.

　　　　ⓛ 성숙한 배
　　　　　　ⓐ 배반: 배유조직과 접해 있으면서 배유의 양분을 배축에 전달하는 역할을 한다.
　　　　　　ⓑ 배축: 상배축과 유근, 근초를 포함한 부분
　　　　　　ⓒ 상배축: 초엽과 유아
　　　　　　ⓓ 중배축: 줄기, 잎, 뿌리가 분화되어 있다.
　　　　　　ⓔ 배: 배축과 떡잎을 합하여 배라 한다.
　　　　ⓒ 지하자엽형 발아를 한다.

2) 쌍자엽식물(雙子葉植物, 쌍떡잎식물; dicotyledones)
　① 의의
　　　㉠ 배유조직이 퇴화되어 양분이 떡잎에 저장되며 이렇게 배유가 거의 없거나 퇴화되어 위축된 종자를 무배유종자라 한다.
　　　㉡ 배와 떡잎, 종피로 구성되어 있다.
　　　㉢ 콩 종자의 배는 유아, 배축, 유근으로 형성되어 있으며 잎, 생장점, 줄기, 뿌리의 어린 조직이 갖추어져 있다.
　　　㉣ 쌍자엽식물은 2개의 떡잎(2n, 배)로 되어 있으며, 대부분 지상자엽형 발아를 하나, 완두, 잠두, 팥 등은 지하자엽형 발아를 한다.
　② 강낭콩 종자
　　　㉠ 배유가 없거나 퇴화되어 위축된 종자로 양분을 떡잎에 저장한다.
　　　㉡ 유아와 유엽이 분화되어 있는 배와 영양분이 저장되어 있는 떡잎 및 종피로 구성되어 있으며, 배유가 없다.
　③ 비트종자
　　　㉠ 주피조직의 일부인 주심(珠心, nucellus)이 발달하여 외배유를 형성하고 여기에 양분을 저장한다.
　　　㉡ 종자의 바깥층에는 종피로 둘러싸여 있고 그 안쪽에 떡잎이 있으며, 그 안쪽에는 근초와 하배축, 유근이 있다.
　④ 상추종자
　　　㉠ 과피에 종피 안쪽에 배유층이 있고 2개의 떡잎을 가지고 있다.
　　　㉡ 2개의 떡잎과 하배축, 근초를 포함한 부분이 배에 해당하고, 떡잎이 주요 양분저장기관이다.

3 착과와 성숙

(1) 착과와 과실비대

1) 착과와 낙과

① 착과(着果, fruit set): 식물이 열매는 맺는 것
② 낙과(落果): 개화 후 과실이 발육하지 않으면 화병의 기부에 이층이 형성되어 떨어지는데, 낙과는 과실이 비대 발육하는 도중에도 일어난다.
③ 오이나 딸기와 같이 이층이 형성되지 않아 낙과하지 않는 경우도 있지만, 착과와 과실발육을 보장하지도 않는다.
④ 개화한 꽃 중 성숙한 과실로 발달하는 비율을 착과율이라 한다.
⑤ 착과율은 식물 종류와 품종에 따라 다르며, 화곡류는 70%, 두류는 꼬투리로 계산하여 20~50%, 낙엽과수류는 5~50% 정도를 나타낸다.

2) 비대생장의 촉진

① 수분, 수정, 종자의 형성은 착과와 과실의 비대생장을 촉진한다.
② 종자가 형성되지 않으면 낙화, 낙과가 심하게 발생한다.
③ 종자 형성은 그 과정 중에 옥신을 생성하므로 과실비대에 영향을 미친다.
　㉠ 옥신은 이층형성을 억제하고, 자방과 화상조직의 세포확대를 촉진하여 과실비대를 촉진한다.
　㉡ 일반적으로 과실비대 과정에서 옥신의 함량이 증가하는 것을 볼 수 있다.
　㉢ 오이와 같이 단위결과성이 높은 식물은 체내 옥신함량이 높고, 옥신 처리로 단위결과성을 높일 수 있다.
④ 종자와 과실비대의 관계(딸기)
　㉠ 딸기는 종자의 분포가 기형과를 결정짓고, 종자의 수에 비례하여 과실의 중량이 증가하는 것을 볼 수 있다.
　㉡ 딸기에서 종자가 제대로 분포하면 과실이 정상적으로 비대한다.
　㉢ 한쪽의 종자를 조심스럽게 제거하면 그 부분의 과실비대가 억제된다.
　㉣ 종자를 제거한 부분에 옥신을 도포하면 정상적인 과실로 생장한다.
⑤ 수분, 수정, 종자의 형성과정에서 옥신이 생성되고, 이것이 착과와 과실비대를 촉진한다고 할 수 있다.

(2) 과실의 생장

1) 생장 과정

① 수정 후 착과가 되면 과실의 생장이 급격히 진행되고, 꽃잎은 시들고 노쇠하여 떨어진다.

② 과실의 생장과정은 건과와 다육과가 서로 다르다.
　　㉠ 건과(乾果)
　　　　ⓐ 화곡류, 두류
　　　　ⓑ 과실이 생장하는 과정에서 자방벽이 건조한 과피로 변한다.
　　㉡ 다육과(多肉果)
　　　　ⓐ 과채류, 과수류
　　　　ⓑ 자방벽 또는 주변 조직이 발달하여 다육다즙한 과실로 발달한다.
③ 과실의 생장은 세포의 분열과 확대에 의해 이루어진다.
④ 세포분열과 세포신장에 의한 유형
　　㉠ 과실의 대부분을 구성하는 자방벽과 태좌부분의 조직은 대개 개화 후 세포의 분열이 끝나므로 과실의 생장은 주로 세포의 확대에 의하여 이루어진다.
　　㉡ 개화기에서 수확기까지 소요되는 기간의 20% 정도에 해당하는 기간에 세포분열이 완료되는 것(사과, 복숭아)
　　㉢ 세포분열 및 신장이 수확기까지 계속되는 것(딸기, 아보카도)

2) 과실의 생장곡선

① 수정이 이루어지면 자방 또는 주변조직의 전형적인 S자 곡선을 보이며 생장한다.
　　㉠ 토마토 과실은 단일 S자 곡선을 보인다.
　　㉡ 콩의 경우 꼬투리는 단일 S자형 생장곡선을 종자는 이중 S자형 생장곡선을 그리기도 한다.
　　㉢ 복숭아 등 핵과류와 포도는 이중 S자형 생장곡선을 나타낸다.
② 복숭아 과실의 생장 3단계
　　㉠ 1단계(과피형성기)
　　　　ⓐ 자방벽이 발달하여 과실(과피)가 급격히 증대되며, 동시에 종자(배주)의 주심 또는 주피 조직도 크게 발달한다.
　　　　ⓑ 주심과 주피는 완성되어 종피를 만들지만 과실은 최종 크기의 절반 정도가 된다.
　　㉡ 2단계(배의 형성기)
　　　　ⓐ 외형적 크기의 증가는 없다.
　　　　ⓑ 종자의 배가 생장하고 내과피의 목질화가 집중적으로 일어난다.
　　㉢ 3단계(과실비대기): 과피가 다시 급속히 발육하여 성숙할 때까지 크기가 증가한다.

3) 과실 생장에 영향을 미치는 요인

① 호르몬
　　㉠ 과실 생장에는 식물호르몬이 관여하며, 옥신과 GA는 과실생장을 촉진한다.
　　㉡ GA는 씨 없는 포도의 과실비대를 촉진하는데, 씨가 있는 경우 효과가 나타나지 않는다.
　　㉢ 전형적인 이중 S자형 생장곡선을 그리는 무화과에서 옥신을 처리하면 제2기 생장기간을 단축시킬 수 있으며, 에틸렌의 처리로도 이 효과를 얻을 수 있다.

② 착과량
- ㉠ 보상적 생장상관: 한 작물에서 과실의 수가 많으면 많을수록 과실 크기가 작아지는 현상으로 동화산물을 포함한 모든 유기영양과 내생호르몬이 제한적이기 때문이다.
- ㉡ 착과 이후 과실은 모든 양분의 흡입 중심이 되므로 영양기관과 과실, 과실 상호간의 양분 경합으로 착과주기성이 생기며, 격년결과 등이 발생한다.
- ㉢ 과수나 과채류의 재배 시 인위적으로 영양생장과 생식생장의 균형을 도모하고, 착과 이전에 충분한 영양생장으로 엽면적을 확보해야 한다.
- ㉣ 착과 후 과실 간 경합을 줄이기 위해 적절한 적과를 해야 한다.
- ㉤ 실제 착과 조절을 위해 정지, 전정, 적엽, 적심, 유인, 적과, 적화, 인공수분, 착과제 처리 등을 실시한다.

(3) 단위결과(單爲結果, parthenocarpy)

1) 의의
   ① 종자가 형성되지 않아도 착과하여 과실이 정상적으로 비대하는 현상
   ② 수분이 전혀 필요 없는 단위결과도 있으나 수분이나 수정 후 어느 정도의 배 발육이 필요한 단위결과도 있다.

2) 자연적 단위결과
   ① 바나나, 토마토, 고추, 호박, 오이, 감귤류 등에서 나타난다.
   ② 바나나와 감귤류는 불완전한 화분으로 인하여 발생한다.
   ③ 파인애플은 자가불화합성이 원인이다.
   ④ 3배체 멜론은 화분관이 배주에 이르지 못해 종자가 형성되지 않는다.
   ⑤ 복숭아와 포도는 수정 후 배의 발달이 불완전하여 종자 없는 과실이 생기기도 한다.

3) 환경적 단위결과
   ① 특이한 환경자극에 의해 발생하므로 자극적 단위결과라고도 한다.
   ② 오이는 단일과 야간의 저온 자극으로 단위결과를 일으킬 수 있다.
   ③ 토마토는 야간 온도를 6~10℃ 정도로 낮게 하면 수정은 되지 않고, 화분에서 분비되는 물질의 자극만으로 자방이 비대한다.
   ④ 토마토와 배는 고온 자극으로 단위결과를 일으킨다.
   ⑤ 그 외 일장, 안개, 환상박피, 타화수분, 곤충 등이 자극원이 될 수 있다.

4) 화학적 단위결과
   ① 각종 생장조절물질이 단위결과를 유기하는 경우이다.
   ② GA과 옥신은 단위결과를 유기하는 대표적인 생장조절물질이다.
   ③ 포도와 델라웨어 품종은 GA 처리로 씨없는 과실을 만들고 과실의 비대를 촉진시킨다.

④ 감과 배도 GA로 단위결과를 유도할 수 있으나 과실이 적어 실용성은 떨어진다.

(4) 성숙(成熟, maturity)

1) 재배적 성숙과 생리적 성숙
① 재배적 성숙(mature)
  ㉠ 단순히 중량, 크기, 형태 등이 상업적 이용이나 소비가 가능한 상태이다.
  ㉡ 원예적 성숙이라고도 한다.
  ㉢ 오이, 애호박, 풋고추 등은 재배적으로 성숙하면 수확할 수 있다.
② 생리적 성숙(ripe)
  ㉠ 재배적 성숙 이후 색소, 경도 등이 변하여 익은 상태이다.
  ㉡ 사과, 토마토, 참외 등은 생리적으로 성숙해야 수확하여 이용할 수 있다.
  ㉢ 이들 과실은 성숙 과정에서 외형적으로 품종 고유의 모양을 갖추고, 최대의 크기와 중량에 이르며, 내부적으로 다양한 질적 변화를 일으킨다.

2) 과실의 성숙 중 변화
① 색깔
  ㉠ 엽록소가 파괴되고 품종 고유의 색택이 발현된다.
  ㉡ 카로틴, 리코핀, 크산토필 같은 카로티노이드와 안토시아닌 등의 플라보노이드가 증가한다.
② 경도
  ㉠ 과실의 경도가 감소하면서 조직이 연해진다.
  ㉡ 가수분해로 녹말이 감소하여 나타나기도 하지만 세포벽 중층의 펙틴질이 분해되어 세포간 접착력이 약화되면서 일어난다.
③ 맛과 향
  ㉠ 과실은 성숙 중 성분의 변화로 맛과 향이 변한다.
  ㉡ 가용성 고형물이 많아져 단맛이 증가한다.
  ㉢ 유기산은 알칼리와 결합으로 중성염을 만들어 신맛이 감소한다.
  ㉣ 특유의 휘발성 향기 성분이 생성되어 고유의 향이 발산된다.
④ 호흡량과 에틸렌
  ㉠ 호흡속도: 성숙, 숙성 중 호흡의 변화량에 따라 결정할 수 있다. 클라이메트릭라이스(호흡급등현상)형 과실의 호흡량이 최저에 달했다가 약간 증가되는 초기단계가 수확의 적기이다.
  ㉡ 성숙과 숙성과정에서 호흡이 급격하게 증가하는 호흡급등형(climacteric type)과실과 호흡의 변화가 없는 비호흡급등형(non-climacteric type)과실이 있다.
  ㉢ 호흡급등형과실은 사과, 배, 복숭아, 참다래, 바나나, 아보카도, 토마토, 수박, 살구, 멜론, 감, 키위, 망고, 파파야 등이 있다.

② 비호흡급등형은 포도, 감귤, 오렌지, 레몬, 고추, 가지, 오이, 딸기, 호박, 파인애플 등이 있다.
◎ 에틸렌 대사: 호흡급등형 과실은 성숙과정과 에틸렌 발생량이 매우 밀접한 관계를 가지고 있어 에틸렌 발생량이나 과일 내부의 에틸렌 농도를 측정하여 성숙 정도를 알 수 있어 수확 시기를 결정할 수 있다.
⊎ 이와 같은 변화는 수확 후 과실의 품질에도 크게 영향을 미친다.

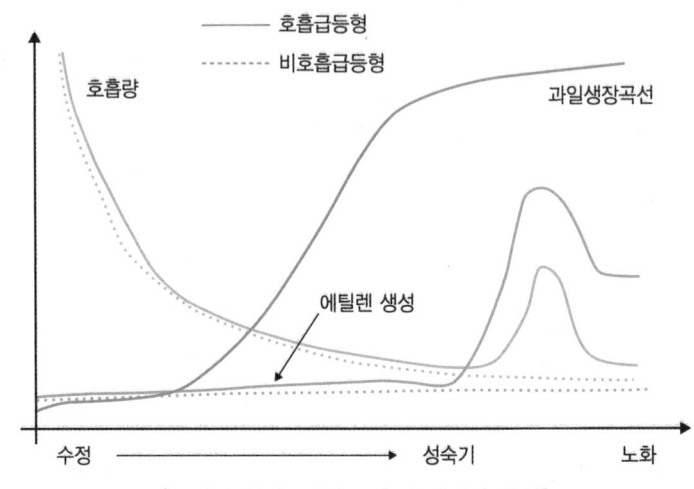

[과실의 생장곡선과 호흡과 에틸렌 생성]

4 노화와 탈락

(1) 식물의 노화(老化, senescence)

1) 의의

① 식물체의 일부 기관 또는 전체가 구조적으로 또는 기능적으로 쇠퇴해 가는 현상으로 생명체로서 활력이 떨어지고 기능이 나빠지는 것을 노화라 한다.
② 생물의 노화는 피할 수 없는 비가역적 현상으로 사망에 이르는 과정이다.
③ 식물 개체나 특정 기관이 생장을 멈추고 생장속도가 '0'에 이르면 노화가 시작된다고 볼 수 있으며, 이 단계에 이르면 식물의 기관이나 조직은 생리적 기능이 점차 약화되기 시작한다.
④ 노화과정은 생식생장으로 전환되면서 급진적으로 빨라지며, 이는 생식기관의 발달에 양분이 집중적으로 소모되고, 영양기관의 양수분이 탈취되면서 기능적으로 급격하게 쇠퇴하다 탈락하여 죽는다.

2) 노화에 따른 변화
① 식물의 기관이나 조직은 활력이 떨어지고 생리적 기능이 점차 약해진다.
② 핵산과 단백질이 감소한다.
③ 효소작용이 둔화되며 식물호르몬의 분포가 변한다.
④ 세포들의 구조적 변화와 기능이 점차 쇠퇴한다.

3) 노화의 생리적 의미
① 다년생 식물에서 부분적 기관의 노화로 체내 양분을 경제적으로 이용한다.
② 노화된 기관으로부터 각종 양분이 생장기관으로 이동되어 재활용된다.
③ 상배축의 생장을 위해 하배축 세포의 RNA가 분해되어 상배축으로 이동한다거나, 노엽의 양분이 분해되어 유엽으로 이동하여 이용된다.
④ 귀리는 한여름에 노화가 진행되어 수분부족에 의한 스트레스를 회피할 수 있다.

4) 노화의 유형
① 식물 노화의 유형은 전체노화와 부분노화로 구분한다.
② 노화 유형 및 식물 종류와 기관에 관계 없이 서서히 점진적으로 노화가 진행되며, 다만 진행 속도와 기간이 다를뿐이다.
③ 1년생 또는 2년생식물은 전체노화가 일어나고, 다년생식물은 부분노화가 일어난다.
④ 다년생 중 숙근초는 지상부의 잎과 줄기만, 낙엽수목은 지상부의 잎만, 상록수목은 하위엽부터 순차적으로 노화가 진행된다.

5) 세포 죽음의 유형
① 계획된 세포 죽음(programmed cell death; PCD)
  ㉠ 유전적으로 암호화된 프로그램에 의해 예정된 노화과정이다.
  ㉡ PCD는 손상을 받아 제대로 작용하지 못하는 특정 세포를 식물 자체가 선택적으로 제거하기 위해 다양한 분해효소 작용으로 세포를 죽게하는 과정으로 유전적인 통제를 받는 발달과정의 일환이다.
  ㉢ PCD는 세포의 질병이 다른 부분으로 이행되는 것을 저지한다.
② 괴사(壞死, necrosis)
  ㉠ 냉해, 상처, 미생물의 침입 등 갑자기 발생하는 외부요인에 의해 일어나는 과정이다.
  ㉡ 괴사는 발달과는 무관한 과정으로, 핵산분해효소, 단백질분해효소의 작용도 필요하지 않고 유전자의 통제도 받지 않는다.
  ㉢ 괴사로 죽은 세포 구성성분이 인접한 다른 세포에 영향을 미치기 때문에 체내 병원균의 확산을 저지하지 못한다.
③ 만성적 퇴행
  ㉠ 시간의 경과에 따라 점차 치명적 손상이 누적되면서 나타나는 과정으로 진정한 의미의 노화이다.

ⓒ 배양세포가 시간이 경과하면서 점차 분열능력이 떨어지는 현상이나 저장종자가 생존능력을 점차 잃어가는 현상도 이에 해당한다.

6) 노화에 영향을 미치는 요인

① 생식생장
  ㉠ 영양생장에서 생식생장으로 전환되면 노화가 촉진된다.
  ㉡ 생식기관의 분화와 생장으로 양수분이 생식기관으로 집중되기 때문이다.
  ㉢ 꽃에서 형성되는 생장억제물질이 영양기관으로 전달되어 노화가 촉진된다.
  ㉣ 생식기관이 분화된 후 바로 제거하면 노화를 억제할 수 있다.

② 스트레스
  ㉠ 식물이 받는 스트레스는 노화를 촉진시킨다.
  ㉡ 고온, 암조건, 양수분의 부족 등 식물체에 스트레스를 가하면 노화가 촉진된다.

③ 호르몬
  ㉠ 옥신
    ⓐ 잎, 꽃, 열매 등의 식물조직에서 노화를 지연시킨다.
    ⓑ 잎의 탈리 초기과정을 지연시키는 반면, 탈엽기와 과실 성숙 후기에서는 오히려 촉진시킨다.
  ㉡ GA
    ⓐ 떡잎, 잎, 과실 등의 조직에서 엽록소의 분해를 억제하고 RNA와 단백질의 분해를 억제하여 식물의 노화를 지연시킨다.
    ⓑ 노화가 진행되는 조직에서는 GA의 함량이 감소한다.
  ㉢ 시토키닌
    ⓐ 세포 내 엽록소, 단백질, DNA, RNA 등의 수준을 조절하여 노화를 지연시킨다.
    ⓑ 뿌리 활성이 감소하면 시토키닌의 합성이 줄어들어 잎의 노화가 급격하게 일어난다.
  ㉣ 에틸렌
    ⓐ 에틸렌에 의해 호흡률의 증가, 막투과성 증가, 엽록소 파괴, 과실과 꽃에서 여러 종류의 색소합성, 탄수화물·유기물, 단백질 함량변화, 과육조직의 경도변화, 휘발성 향기성분의 발생 등의 노화현상이 발생한다.
    ⓑ 완숙 사과와 미숙 토마토를 비닐봉지에 넣어두면 토마토가 붉은색으로 되는데 이는 사과에서 방출되는 에틸렌에 의한 노화촉진 때문이다.
    ⓒ 식물이 기계적 손상, 침수, 병원균에 감염되면 노화, 괴사가 촉진되고 에틸렌의 생성이 크게 증가한다.
  ㉤ ABA
    ⓐ 식물의 노화를 촉진시키는 호르몬으로 노화가 진행되는 동안 단백질분해효소 합성을 촉진하고, 노화관련 단백질 합성을 촉진한다.

ⓑ 엽록소, 단백질의 분해를 촉진시켜 광합성을 저해하고 호흡률을 증가시키며, 세포막 구조를 변화시켜 세포질 누출을 촉진시킨다.
ⓒ 핵산합성을 억제하고 핵산분해효소를 활성화시켜 RNA 분해를 촉진시킨다.

(2) 노화의 징후

1) 세포 미세구조의 변화
① 세포학적 수준에서 노화과정이 진행되는 동안 일부 소기관은 분해되는 반면 다른 기관은 자기 기능을 소화하고 있다.
② 잎의 노화가 개시될 때 최초로 파괴되는 기관은 엽록체로 틸라코이드막과 스트로마 구성분들이 분해되고, 핵은 노화 후기까지 구조적, 기능적으로 완전한 상태로 남아 있다.

2) 효소활성 및 유전자 발현의 변화
① 거대분자를 가수분해하는 분해효소의 활성이 증가한다.
② 유전자 발현 변화
  ㉠ 잎에 발현되는 대부분의 mRNA는 노화기 동안 현저하게 감소하고, 특정 유전자의 전사가 특히 증가한다.
  ㉡ 노화하향조절유전자(senescence down-regulated gene; SDG): 노화기에 발현이 감소하는 유전자
  ㉢ 노화관련유전자(senescence associated gene; SAG): 노화 동안 발현이 유도되는 유전자
③ 노화의 증후
  ㉠ 핵산·단백질분해효소가 증가하여 핵산·단백질 분해가 가속화된다.
  ㉡ 노화 진행 세포 내에서 단백질의 양이 지속적으로 줄어든다. 노화가 진행되는 동안 잎에서 감소되는 단백질은 rubisco로 분해되어 질소원으로 재사용된다.
  ㉢ 과육을 연하게 하는 세포벽 분해효소 cellulase와 polygalacturonase 등은 과실 성숙시 합성이 증가하나 잎의 노화에서는 생성되지 않는다.
  ㉣ 과실이 성숙할 때 잎 노화시 증가하는 단백질분해효소는 증가하지 않는다.

3) 세포막의 변화
① 노화는 막에 존재하는 다양한 효소와 신호전단수용체의 기능에 영향을 미친다.
② 노화가 진행되면 세포막의 구조가 와해되고, 세포소기관이 파괴되며, 투과성이 증가해 세포 내에 존재하는 용질이 유출된다.
③ 세포막, 소포체막, 액포막 등으로부터 활성산소과산화물(O_2^-, superoxide) 유리기의 생성이 증가하여 지방의 과산화반응과 지방산의 탈에스테르반응(de-dsterification)이 일어난다.
④ 노화가 진행되면서 불포화지방산의 산화 중간산물의 양이 증가하며, 원형질막의 지질가수분해효소(lipoxygenase)의 양이 급격하게 증가한다.

(3) 기관의 노화

1) 잎
① 잎은 엽면적이 최대로 확대되기 전에 광합성 능력이 최대에 이르며, 그 후 노화과정에 들어가면서 광합성 능력, 호흡량, RNA량, 단백질함량이 감소한다.
② 말기에는 엽록소가 퇴화되어 황적색 색소가 나타나면서 고사한다.
③ 잎 자체의 생리적 활성만으로 노화가 진행되지 않고 다른 기관의 영향을 받는다.
④ 생장량이 노화를 조절한다.
　㉠ 콩의 제1엽은 발아 후 40일이면 노화하는데 4~5엽이 출현하기 전 줄기 선단부를 제거하면 제1엽의 노화를 크게 억제시킬 수 있다.
　㉡ 콩의 자엽은 발아 후 7일이면 노화하지만, 정단부를 절제하면 노화가 일어나지 않고, 자엽의 생장이 촉진되어 정상적인 자엽의 수배 크기로 자란다.
　㉢ 줄기 선단부의 생장점에서 생장 저해물질이 생산되기 때문에 나타난다.
⑤ 잎의 노화는 생장점뿐만 아니라 뿌리와도 관계가 깊다. 담배잎은 잘라내면 점차 퇴색하여 노화하지만, 그 잎자루 기부에 부정근을 발생시키면 잎의 노화가 억제된다.

2) 과실
종자의 발육과 관계가 깊으나 그 외 부분과는 상관없이 거의 독립적으로 진행된다.

3) 뿌리
① 다른 기관의 영향을 받는다.
② 지상부에서 꽃과 과실을 맺으면 뿌리의 활성도가 떨어진다.

(4) 기관의 탈락

1) 분리층(分離層, abscission layer; 탈리층, 이층)의 형성
① 식물의 잎, 꽃, 과실 등은 노화가 진행되면서 탈락하게 되는데 이는 기부에 형성되는 분리층이라는 특수한 세포층에서 일어난다.
② 분리층은 기관이 발달하는 과정에서 형태학적, 생화학적으로 분화한다.
③ 분리층에서는 세포벽 분해효소에 의해 세포벽이 약화되고 중층이 분해되며, 나아가 세포가 붕괴되면서 세포들 간에 분리가 일어난다.
④ 목본의 쌍자엽식물에서는 엽병 기부에 형성되는 이러한 세포층을 탈리대(脫離帶, abscission zone)라고 한다.
⑤ 탈리대는 분리층(分離層, separation layer)과 보호층(保護層, protective layer)으로 구분된다.
⑥ 분리층(分離層, separation layer)
　㉠ 분리되어 떨어져 나가는 쪽에 형성된다.
　㉡ 분열조직으로 세포들이 작고 세포벽이 얇아서 구조적으로 매우 약하다.

⑦ 기관의 탈락은 분리층의 세포벽 물질이 가수분해되어 일어난다.
⑧ **보호층(保護層, protective layer)**
　㉠ 분리층 아래에 발달한다.
　㉡ 목전소, 납질과 같은 방수성 물질이 침적된 코르크 세포층이다.
　㉢ 낙엽과 함께 목전화되어 분리면을 통한 수분증발과 미생물 등의 침입을 막아준다.
　㉣ 낙엽 후 엽흔으로 나타난다.

2) 기관 탈락에 관여하는 요인

① 탈리층의 형성과 기관의 탈락은 일장, 온도, 상처 등의 영향과 옥신, 에틸렌의 제어를 받는다.
② 기관탈리 조절의 최초인자는 에틸렌으로 보이며, 옥신은 탈리대에서 에틸렌의 생합성과 작용을 조절한다.
③ 엽신의 호르몬 농도는 어린잎은 에틸렌보다 옥신의 농도가 높고, 탈리기의 노엽은 옥신보다 에틸렌의 농도가 높다.
④ 옥신을 이층이 형성된 식물 쪽에 처리하면 탈락이 촉진되고, 엽신에 처리하면 탈락이 억제된다.
⑤ ABA도 기관의 탈락을 촉진하는 호르몬으로 알려져 있다.

CHAPTER 06 수확 후 생리

1 성분의 변화

과실과 채소의 구성성분은 영양가치와 품질을 결정하는 중요한 요소이며, 이러한 다양한 성분은 수확 후에도 계속 변화하는데 수확 후 성분변화는 품질유지와 밀접한 관련이 있다.

(1) 탄수화물

1) 당류와 전분
① 과일의 품질을 좌우하는 가장 중요한 요소 중 하나는 단맛이며, 탄수화물 중 단맛은 포도당, 과당의 단당류와 이당류인 자당으로 과당의 단맛이 가장 강하다.
② 과일은 성숙하면서 당의 함량이 증가하지만 수확 후 호흡기질로 소모되어 감소하는 경향이 있다.
③ 바나나의 경우 생체중의 20%가 전분으로 숙성이 진행되면서 이당류인 자당으로 1차 가수분해된 후 단당류인 포도당과 과당으로 2차 가수분해된다.
④ 분해된 당의 일부는 호흡기질로 소모되고 나머지는 숙성 바나나의 단맛에 관여한다.
⑤ 전분은 저장양분으로 축적되어 있다가 숙성이 진행되면서 당으로 분해되어 단맛을 증가시킨다.

2) 셀룰로오스와 헤미셀룰로오스
① 셀룰로오스와 헤미셀룰로오스는 일종의 다당류로 셀룰로오스는 포도당이 글리코시드와 결합하여 길게 연결되어 있다는 것이 전분과 유사하나, 전분은 $\alpha-1,4$, 셀룰로오스는 $\beta-1,4$ 결합으로 차이가 있다.
② 셀룰로오스
  ㉠ 직선구조로 인접한 분자는 수소결합을 하여 불용한 견고한 섬유소가 되어 세포벽의 중요한 구성성분으로 식물체 형태를 유지하는 구조적 성분이다.
  ㉡ 식물의 생장에 따라 셀룰로오스는 다른 물질과 결합으로 단단한 복합섬유소를 생성하는데 특히 리그닌과 결합하여 목질화된 섬유소는 배나 구아바(guava)에 존재하는 단단한 석세포를 만들기도 한다.
  ㉢ 셀룰로오스 같은 구조다당류는 견고하게 결합되어 있어 쉽게 분해되지 않고 주로 미생물에 의해 분해되므로 식물체 내에 대사에 이용되지 않고 수확 후에도 크게 변화하지 않는다.

ⓔ 헤미셀룰로오스
  ⓐ 일종의 셀룰로오스로 셀룰로오스 미세섬유 사이에 있는 기질성분 중 펙틴질 외 여러 다당류를 총칭하는 성분이다.
  ⓑ 서로 수소결합으로 연결되어 세포벽을 형성하는데 관여한다.
  ⓒ 일부 근채류, 과일, 종자 등에 함유되어 있으며, 일반 셀룰로오스보다 가수분해되기 쉬워 이 경우 일종의 저장양분으로 작용하는 것으로 보인다.

3) 펙틴질(pectic substance)
① 세포벽을 구성하는 복합다당류로 수확 후 과실의 연화에 관여하는 중심물질이다.
② 산당의 일종인 갈락투론산(galacturonic acid)의 중합체로 여기에 람노오스, 아라비노오스, 갈라토오스 같은 당류가 일부 혼재되어 있다.
③ 분자량에 따라 프로토펙틴(protopectin), 펙틴(pectin), 펙티닌산(pectinic acid), 펙트산(pectic acid)으로 구분되기도 한다.
④ 프로토펙틴이 분해되어 중합도가 낮아지면 펙틴이 되고, 이들이 가수분해되면 펙티닌산, 펙트산이 된다.
⑤ 프로토펙틴은 세포벽의 1차벽과 중층의 구성성분으로 칼슘이온의 결합력에 의해 세포 간 결속력을 강화시킨다.
⑥ 과실의 수확 후 숙성과정에서 세포벽 성분이 분해되며 연화되는데 펙틴질의 분해가 큰 역할을 한다.
⑦ 펙틴분해효소들은 세포벽 구성성분 중 펙틴질을 가수분해하여 세포벽 중층 붕괴에 역할을 하며, 숙성과 관련된 새로운 대사를 유기한다.

(2) 단백질과 지질

1) 단백질
① 원예생산물은 비타민, 무기질, 탄수화물의 급원으로 단백질의 급원은 아니므로 채소와 과일의 단백질함량은 신선중의 0.2~2.1% 정도에 지나지 않으나 단백질을 구성하는 아미노산이 맛에 영향을 미친다.
② 과일 중 유리아미노산으로 아스파라긴, 글루타민, 세린, 발린, 리신 등이 있고, 녹황색채소는 글루타민이 가장 많고 발린, 아스파라긴, 알라닌, 프롤린 등이 함유되어 있다.
③ 원예생산물의 숙성 및 노화 과정에서 다양한 효소단백질이 형성되지만 그 양은 많지 않다.

2) 지질
① 저장양분으로 단독 존재하나 지용성 색소 또는 비타민과 공존하기도 한다.
② 과일의 지질함량은 아보카도, 올리브 등에는 다량 함유되어 있고, 사과, 포도, 바나나 등에는 0.1% 전후로 존재한다.

③ 지질함량이 높은 아보카도의 경우 성숙에 따라 지질이 증가하므로 지질함량을 성숙의 지표로 이용한다.
④ 식물체 표피층을 형성하는 각피층의 큐틴과 왁스는 복합지질로 수분손실, 병원균의 침입, 기계적 손상에 대한 보호작용과 외양에 영향을 미친다.
⑤ 포도과립의 흰색 과분은 과실의 숙성과 함께 표피조직에서 분비되는 왁스물질이며, 수박은 과실 표피의 왁스물질이 성숙이 진행되면서 증가한다.

(3) 유기산과 색소

1) 유기산
① 유기산은 대사과정의 중요한 중간생성물이며, TCA회로를 통해 산화되어 세포의 대사와 활성에 필요한 에너지를 제공하고, 대사과정을 거쳐 아미노산이 되어 단백질의 구성성분을 이루기도 하고, 단백질 외 많은 다른 성분으로 전환될 수도 있다.
② 많은 원예생산물은 유기산이 있어 신맛을 내며, 채소보다 과일이 더 많은 유기산을 함유하고 있다.
③ 원예산물에 가장 풍부한 유기산은 말산(사과산, 능금산)과 구연산이며, 포도는 주석산, 시금치는 옥살산, 블랙베리는 이소구연산, 참다래는 퀴닌산을 다량 함유하고 있다.
④ 유기산은 호흡기질로 소모되거나 당으로 전환되므로 숙성이 일어나는 동안 일반적으로 감소한다.

2) 색소
① 원예산물의 색은 카로티노이드, 안토시아닌 등 색소에 의해 결정이 되며, 숙성과 밀접한 연관이 있어 품질 결정에 매우 중요한 요소이다.
② 색의 변화는 엽록소의 파괴, 카로티노이드나 안토시아닌의 합성이 동시에 일어나면서 진행된다.
③ 카로티노이드
  ㉠ 엽록체에 들어 있으며 주로 적색, 황색을 나타낸다.
  ㉡ 바나나, 감귤류는 엽록소에 의해 카로티노이드의 색이 가려지는 가면효과(masking effect)로 인한 것이며, 바나나, 감귤류의 과피색은 성숙과 함께 엽록소가 분해되어야 축적된 카로티노이드 색소가 발현되어 황색이 나타난다.
  ㉢ 토마토는 카로티노이드 합성이 엽록소 파괴와 동시에 일어난다.
④ 안토시아닌
  ㉠ 식물세포의 액포 내에 존재하는 매우 다양한 종류의 색소로 빨간색부터 파란색까지 매우 다양한 색을 나타내며, 각 과실마다 다양한 색소의 조합을 이룬다.
  ㉡ 안토시아닌은 색소배당체로 수용성이고, 불안정하여 쉽게 가수분해되어 안토시아니딘(anthocyanidin)으로 변한다. 이는 안토시아닌에서 당이 분리되어 색소의 본체인 안토시아니딘을 형성하는 것이다.
  ㉢ 사과, 블랙베리, 체리, 자두 등의 과피색을 나타낸다.

(4) 페놀과 방향성화합물

1) 페놀화합물
① 과실이 가지고 있는 페놀화합물은 공기에 노출되면 갈변이 일어나 상품성을 저하시킨다.
② 페놀화합물 중 감의 탄닌은 떫은맛을 내는 물질이며, 일부 페놀화합물은 병에 저항기작에 관여한다.
③ 페놀화합물은 채소보다 과일에 많으며, 성숙한 과일보다는 미숙과에 더 많다.
④ 원예생산물의 갈변은 산소 존재하에서 폴리페놀옥시다아제(polyphenoloxidase; PPO)에 의한 산화로 일어난다.

2) 방향성화합물
① 극히 적은 양으로 과일이나 채소의 향을 조절한다.
② 향과 관련된 휘발성화합물은 에스테르, 알코올, 산, 알데히드, 케톤 등의 저분자화합물이다.
③ 과일의 풍미를 결정하는 휘발성방향물질에는 에탄올, 아세트알데히드, 아세트산에스테르, 아세트산에틸 등이 있으며, 이들은 과실의 숙성이 진행되면서 합성되므로 미숙과에서는 향이 약하고 숙성될수록 향이 강하게 발현된다.
④ 과일의 향기성분은 숙도와 밀접한 관련이 있어 가식(可食)의 적기 판정, 품질평가 등에 지표로 이용된다.

(5) 비타민과 무기성분

1) 비타민
① 비타민은 수용성과 지용성으로 구분하며 수용성은 지용성에 비해 수확 후 손실될 가능성이 크다.
  ㉠ 수용성: 비타민C, 티아민, 리보플라빈, 니아신, 비타민 B_6, B_{12}, 비오틴, 판토텐산
  ㉡ 지용성: 비타민A, D, E, K
② 수확 후 저장조건이 나쁘면 비타민C(ascorbic acid)가 가장 쉽게 파괴되며, 손실은 주로 장기저장, 고온, 건조, 물리적 상처, 저온장해 등에 의해 촉진된다.
③ 비타민A, B의 수확 후 손실은 비타민C에 비해 덜하지만 산소의 존재하에 고온에서 파괴되기 쉽다.

2) 무기성분
① 무기성분은 수확 후 생리장해와 밀접한 관련이 있다.
② 칼륨은 가장 풍부한 미량원소이며 주로 유기산과 결합되어 있고 고농도의 칼륨은 과일의 색 개선과 관계가 있다.
③ 칼슘은 식물세포벽의 구성 성분으로 중층의 펙틴질과 결합하여 세포를 단단히 결합해 주는 역할을 한다.

④ 고농도의 칼슘은 이산화탄소와 에틸렌 생성률을 낮추고, 과육의 연화를 지연시키며, 생리장해를 줄여 저장수명을 연장한다.
⑤ 칼슘의 결핍은 사과의 고두병, 토마토의 배꼽썩음병, 상추의 잎끝마름병 등 생리장해의 원인이 된다.
⑥ 마그네슘은 엽록소 성분으로 신선원예산물의 녹색 강도에 관계한다.
⑦ 인은 세포질 및 핵단백질 성분이며 탄수화물대사와 에너지전달에 중요한 역할을 한다.

2 수확 후 생리작용

(1) 호흡

1) 호흡작용

① 살아있는 생명체로 수확된 생산물의 호흡작용은 계속 진행된다.
② 호흡은 살아있는 식물체에서 발생하는 주된 물질대사 과정으로 전분, 당, 탄수화물 및 유기산 등의 저장양분(기질)이 산화(분해)되는 과정으로 같은 세포 내에 존재하는 복합물질들을 이산화탄소나 물과 같은 단순물질로 변환시키고 이와 동시에 세포가 사용할 수 있는 여러 가지 분자와 에너지를 방출하는 일종의 산화적 분해과정이다. 생성된 에너지는 일부 생명유지에 필요한 대사작용에 소모되기도 하나 수확한 과실의 경우는 대부분 호흡열로 체외로 방출된다.
③ 호흡하는 동안 발생하는 열을 호흡열이라 하고 이것은 저장과 저장고 건축시 냉각용적 설계에 중요한 자료가 된다.
④ 수확 후 관리기술은 호흡열을 줄이기 위하여 외부환경요인을 조절한다.

2) 호흡과정

호흡의 과정은 다음과 같다.

> 포도당 + 산소 → 이산화탄소 + 수분 + 에너지(대사에너지 + 열)
> (화학식) $C_6H_{12}O_6 + 6O_2 \rightarrow 6CO_2 + 6H_2O + 에너지$

3) 호흡에 미치는 환경 요인

① 온도
  ㉠ 수확 후 저장 수명에 가장 크게 영향을 주는 요인은 온도이다. 온도는 대사과정에서 호흡 등 생물학적 반응에 크게 영향을 주기 때문이다. 대부분 작물의 생리적인 반응을 근거로 온도 상승은 호흡반응의 기하급수적인 상승을 유도한다.

ⓒ 생물학적 반응속도는 온도 10℃ 상승에 2~3배 상승한다. 온도 10℃ 간격에 대한 온도상수를 Q_{10}이라 부르는데 Q_{10}은 높은 온도에서의 호흡률을 10℃ 낮은 온도에서의 호흡률로 나눈 값으로 $Q_{10} = \dfrac{R_2}{R_1}$이라 한다.

ⓒ Q_{10}은 다른 온도에서 알고 있는 값에서 어떤 온도에서의 호흡률을 계산하는데 이용되는 것이다. 보통 Q_{10}은 온도에 따라 다르게 변화하며 높은 온도일수록 낮은 온도에서 보다 Q_{10} 값이 적게 나타난다.

ⓔ Q_{10} 값은 여러 온도 조건에서 호흡률이나 품질열화 그리고 상대적인 저장 수명이 각각 다르게 나타난다. 20℃에서 13일간 저장수명이 유지되는 저장산물이 0℃에서 100일간 유지될 수 있고 반대로 40℃에서는 4일 밖에 유지되지 않는다.

② 대기조성

ⓐ 식물은 충분한 산소조건에서 호기성 호흡을 한다. 대부분의 작물에서 산소농도가 21%에서 2~3%까지 떨어질 때 호흡률과 대사과정은 감소한다. 1% 이하의 산소농도는 저장온도가 최적일 때 저장수명을 연장하지만 저장온도가 높을 때는 ATP(아데노신3인산)에 의한 산소 소모가 있기 때문에 혐기성 호흡으로 변하게 된다.

ⓑ 왁스처리, 표면코팅처리, 필름피막처리포장 등 수확 후 여러 취급과정을 선택하는 데는 충분한 산소농도가 필요하다. 예를 들어 포장처리 하는 동안 대기조성이 잘못될 경우 저장산물은 혐기성 호흡이 진행되어 이취가 발생하게 된다.

ⓒ 저장산물 주변의 이산화탄소 농도가 증가하게 되면 호흡을 감소시키고 노화를 지연시키며 균의 생장을 지연시키지만 낮은 산소 조건에서 높은 이산화탄소 농도는 발효과정을 촉진시킬 수 있다.

ⓓ 산소유무에 따른 호흡유형의 분류
  ⓐ 호기성(好氣性, aerobic) 호흡
  ⓑ 혐기성(嫌氣性, anaerobic) 호흡(무기호흡)
  ⓒ 미호기성(微好氣性, micro-aerophilic) 호흡
  ⓓ 통성혐기성(通性嫌氣性, facultative anaerobe) 호흡

③ 저온스트레스와 고온스트레스

ⓐ 수확 후 식물이 받는 스트레스에 따라 호흡률이 크게 영향을 받는다. 일반적으로 식물은 수확 후 0℃ 이상의 온도 범위에서는 저장온도가 낮을수록 호흡률은 떨어진다. 그러나 열대나 아열대산 원산지인 식물은 수확 후 빙점온도(0℃) 이상에서 10~12℃ 이하의 온도에서는 저온에 의하여 저온 스트레스를 받게 되는데 이 때 호흡률은 Q_{10}의 공식에 따르지 않는다.

ⓑ 온도가 생리적인 범위를 넘으면 호흡상승률은 떨어진다. 이 상승률은 조직이 열괴사상태에 이르면서 마이너스가 되고 대사과정은 불규칙하게 되면서 효소 단백질은 파괴된다. 많은

조직들은 단지 몇 분 동안 고온에서 견딜 수 있는데 이러한 특성을 기초로 몇몇 과일에서는 과피의 포자를 죽이는데 이러한 특성을 이용하기도 한다.

④ 물리적 스트레스
  ㉠ 약간의 물리적 스트레스에도 호흡반응은 흐트러지고 심할 경우에는 에틸렌 발생 증가와 더불어 급격한 호흡 증가를 유발한다. 물리적 스트레스에 의해 발생된 피해 표시는 장해 조직으로부터 발생하기 시작하여 나중에는 인접한 피해 받지 않은 조직에까지 생리적 변화를 유발한다.
  ㉡ 중요한 생리적 변화로는 호흡증가, 에틸렌 발생, 페놀물질의 대사과정 그리고 상처 치유 등이다. 상처에 의해 유기된 호흡은 일시적이고 단지 몇 시간이나 며칠 동안 지속된다. 하지만 몇몇 조직에서의 상처는 숙성을 촉진하는 등의 발달과정의 변화를 촉진하여 지속적인 호흡증가를 유지하게 된다. 에틸렌은 호흡을 자극하는 반응 외 저장산물에 많은 생리적인 효과를 가져 온다.

4) 호흡상승과와 비호흡상승과

① 호흡은 산소의 이용 유무에 따라 호기적 호흡과 혐기적 호흡으로 구분할 수 있다. 작물의 호흡률은 조직의 대사활성을 나타내는 좋은 지표가 되며 따라서 작물의 잠재적인 저장 수명을 예상할 수 있게 한다.
② 작물의 무게 단위당 호흡률은 미숙상태일 때 가장 높게 나타나며 이후 지속적으로 감소한다. 토마토, 사과와 같은 작물은 숙성과 일치하여 호흡이 현저히 증가하는 현상을 보인다. 그러한 호흡현상을 나타내는 작물을 호흡상승과라고 분류한다.
③ 호흡상승의 시작은 대략 작물의 크기가 최대에 도달했을 때와 일치하며 숙성동안 발생하는 모든 특징적인 변화가 이 시기에 일어난다. 숙성과정의 완성뿐만 아니라 호흡상승도 작물이 모체에 달려 있을 때나 수확했을 때 모두 진행한다.
④ 감귤류, 딸기, 파인애플과 같은 작물들은 호흡상승을 나타내지 않으며 이러한 작물들은 비호흡상승과로 분류한다. 비호흡상승과들은 호흡상승과에 비하여 느린 숙성과정을 보이는데 대부분의 채소류는 비호흡상승과로 분류된다.
  ㉠ **호흡상승과**: 사과, 멜론, 살구, 파파야, 아보카도, 복숭아, 배, 바나나, 무화과, 감, 참다래, 토마토, 망고, 수박
  ㉡ **비호흡상승과**: 양앵두, 오렌지, 오이, 고추, 가지, 파인애플, 포도, 딸기, 레몬, 감귤류, 올리브
⑤ 식물조직이 성숙하게 되면 그들의 호흡률은 전형적으로 감소하는데 이것은 많은 채소류와 미성숙과일 같은 생장 중 수확된 산물의 호흡률은 매우 높은 반면, 성숙한 과일과 휴면 중인 눈 그리고 저장기관은 상대적으로 낮다.
⑥ 수확 후의 호흡률은 일반적으로 낮아지는데 비호흡상승과와 저장기관에서는 천천히 낮아지고 영양조직과 미성숙 과일에서는 빠르게 낮아진다. 호흡반응에서의 중요한 예외는 수확 후 언젠가 호흡이 급격히 증가한다는 것인데 이러한 현상은 호흡상승과의 숙성 중 일어난다.

⑦ 수확한 원예산물에서의 호흡은 숙성진행과 생명유지를 위해서는 필요하지만 신선도 유지 및 저장이라는 측면에서는 수확 후 품질변화에 나쁜 영향을 끼칠 수 있다. 따라서 농산물의 대사작용에 장해가 되지 않는 선에서 호흡작용을 억제하는 것이 신선도 유지에 효과적이다.

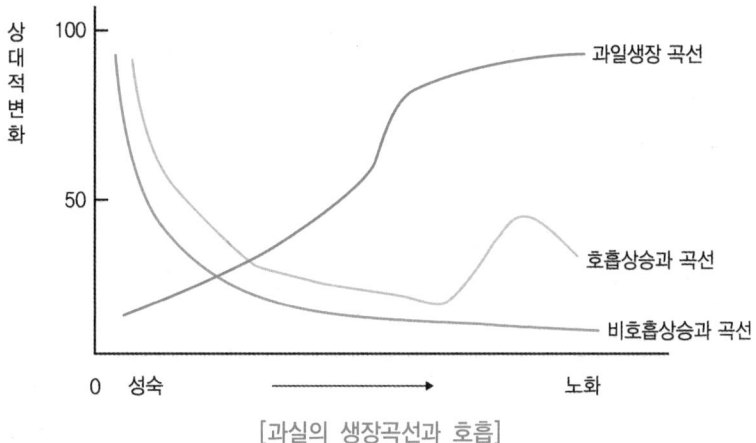

[과실의 생장곡선과 호흡]

5) 호흡속도

① 호흡속도는 생산물의 저장력과 밀접한 관련이 있어 저장력의 지표로 사용된다. 호흡은 저장양분을 소모시키는 대사작용이므로 호흡속도를 알면 호흡으로 소모되는 기질의 양을 계산할 수 있다. 호흡속도는 일정 무게의 식물체가 단위시간당 발생하는 이산화탄소의 무게나 부피의 변화로 표시한다.
② 수확 후 호흡속도는 생산물의 형태적 구조나 숙도에 따라 결정되며 생리적으로 미숙한 식물이나 표면적이 큰 엽채류는 호흡속도가 빠르고 감자, 양파 등 저장기관이나 성숙한 식물은 호흡속도는 느리다. 호흡속도가 빠른 식물은 저장력이 약하다.
③ 호흡속도가 낮은 작물은 증산에 의한 중량감소가 잘 조절될 수 있으므로 장기간 저장이 가능하다. 체내의 호흡속도가 높은 산물은 저장력이 매우 약하며 주위온도가 높아져 호흡속도가 상승하면 역시 저장기간이 단축된다.
④ 생산물이 물리적·생리적 장해를 받았을 경우 호흡속도가 상승한다. 따라서 호흡은 작물의 온전성을 타진하는 수단으로도 이용할 수 있다. 이처럼 호흡의 측정은 생산물의 생리적 변화를 합리적으로 예측할 수 있게 해 준다.
⑤ 일반적으로 호흡속도가 빠른 작물은 수확 후 품질변화도 급속히 진행되는 특성을 보인다.
⑥ 호흡속도의 특징
　㉠ 주변 온도가 높아지면 빨라진다.
　㉡ 물리적 또는 생리적 장해의 발생시 증가한다.
　㉢ 저장가능기간에 영향을 주며 상승하면 저장기간이 단축된다.
　㉣ 내부성분 변화에 영향을 준다.
　㉤ 원예작물의 온전성 타진의 수단이 되기도 한다.

⑦ 호흡속도에 따른 원예산물의 분류
  ㉠ 매우 높음: 버섯, 강낭콩, 아스파라거스, 브로콜리, 완두, 시금치, 옥수수, 방울다다기양배추, 절화류 등
  ㉡ 높음: 딸기, 아욱, 콩, 꽃양배추, 아보카도 등
  ㉢ 중간: 서양배, 살구, 바나나, 체리, 복숭아, 배, 자두, 무화과, 양배추, 당근, 양상추, 토마토 등
  ㉣ 낮음: 사과, 감귤, 포도, 참다래, 망고, 감자, 양파 등
  ㉤ 매우 낮음: 견과류, 대추야자 열매류 등

> ※ 원예생산물의 호흡속도
> - 과일: 딸기 〉복숭아 〉배 〉감 〉사과 〉포도 〉키위 순으로 빠르다.
> - 채소: 아스파라거스 〉완두 〉시금치 〉당근 〉오이 〉토마토 〉무 〉수박 〉양파 순으로 빠르다.

6) 호흡조절
  ① 호흡상승과의 공통점은 익으면서 에틸렌의 생성이 증가하며 외부처리로부터 에틸렌 또는 유사한 물질(프로필렌, 아세틸렌 등)을 처리하면 과실의 호흡이 증가한다.
  ② 미성숙과실은 에틸렌에 대한 감응능력이 발달되어 있지 않기 때문에 미성숙과 및 비호흡상승과는 에틸렌에 의해 호흡만 증가하고 에틸렌 생성은 촉진되지 않는다.

(2) 숙성과 노화
1) 숙성과정은 과일의 조직감과 풍미가 발달하는 단계로 식물체상에서 숙성이 완료되는 과실은 성숙과 숙성단계의 구별이 모호한 경우가 많다.
2) 숙성 다음에 오는 노화는 발육의 마지막 단계에서 일어나는 일련의 비가역적 변화로서 궁극적으로 세포의 붕괴와 죽음을 유발한다.
3) 과일이나 채소는 노화를 거치는 동안 연화 및 증산에 의해 상품성을 잃게 되고 병균의 침입으로 쉽게 부패한다.

(3) 증산작용(蒸散作用, transpiration)
1) 식물체에서 수분이 빠져 나가는 현상으로 식물생장에는 필수적인 대사작용이지만 수확한 산물에 있어서는 여러 가지 나쁜 영향을 미친다.
2) 수분은 신선한 과일, 채소의 경우 중량의 80~95%를 차지하는 가장 많은 성분이고 신선한 산물의 저장 생리에서 매우 중요한 분야이다.
3) 일반적으로 증산으로 인한 중량 감소는 호흡으로 발생하는 중량 감소의 10배 정도 크다.
4) 증산에 따른 상품성의 변화
  ① 중량감소

② 조직에 변화를 일으켜 신선도 저하
③ 시듦 현상으로 외양에 지대한 영향을 미친다. 일반적으로 수분이 5% 정도 소실되면 상품가치를 잃게 된다.
④ 대부분 채소는 수분함량이 90% 이상 되는데 온도가 높아지고 상대습도가 낮은 환경에서는 증산이 많아져 산물의 생체중이 5~10%까지 줄어들며 상품성이 크게 떨어지게 된다.
⑤ 과실은 수분함량이 85~95%로 이루어져 있는데 수분이 5~8% 정도 증산되면 상품가치를 잃게 된다.
⑥ 사과의 경우 9% 정도 중량감소가 일어나면 표피가 쭈그러지는 위조현상이 일어난다.

5) 증산작용의 증가
① 온도가 높을수록 증산량은 증가한다.
② 상대습도가 낮을수록 증산량은 증가한다.
③ 공기유동량이 많을수록 증산량은 증가한다.
④ 부피에 비해 표면적이 넓을수록 증산량은 증가한다.
⑤ 큐티클층이 얇을수록 증가한다.
⑥ 표피조직에 상처나 절단된 경우 그 부위를 통하여 증산량이 증가한다.

6) 작물에 따른 증산량

증산량	채소류	과일류
많음	파, 쌈채소, 딸기, 버섯, 파슬리, 엽채류	살구, 복숭아, 감, 무화과, 포도
중간정도	완두, 오이, 아스파라거스, 고추, 당근, 토마토, 고구마, 셀러리	배, 바나나, 석류, 레몬, 밀감, 오렌지, 천도복숭아
적음	마늘, 양파, 감자, 가지	사과, 참다래

(4) 에틸렌(ethylene)

1) 의의
① 에틸렌은 기체상태의 식물 호르몬으로 climacteric 과실의 과숙에 관여한다. 에틸렌의 영향 중 경제적으로 중요한 작용 중의 하나는 사과, 자두, 복숭아, 살구, 토마토, 바나나, 오이류 등 Climacteric 과실류에서 과숙을 조절하는 작용이다.
② 대부분의 원예산물은 수확 후 노화가 진행되거나 과실이 익는 동안 에틸렌이 생성되는데 에틸렌가스는 과실의 숙성 및 잎이나 꽃의 노화를 촉진시키므로 노화호르몬이라고 부르기도 한다.
③ 에틸렌은 과실의 연화현상, 숙성과 관련된 여러 가지 생리적 변화를 유발한다.
④ 원예산물을 취급하는 과정에서 상처나 불리한 조건에 처하면 조직으로부터 에틸렌이 발생하는데 이는 산물의 품질을 나쁘게 변화시키는 요인으로 작용한다.
⑤ 일반적으로 조생품종은 만생품종에 비해 에틸렌 발생량이 비교적 많고 저장성도 낮다.
⑥ 에틸렌 발생 등을 고려하여 장기간 저장시는 단일품종, 단일과종만을 저장하는 것이 유리하다.

⑦ 에세폰은 에틸렌을 발생하는 식물조절제로 이용되고 있는데 미국에서는 여러 가지 용도에 처리되고 있다.

2) 에틸렌의 특성

① 불포화탄화수소로 상온, 대기압에서 가스로 존재한다.
② 가연성이며 색깔은 없고 약간 단 냄새가 난다.
③ 0.1ppm의 낮은 농도에서도 생물학적 영향을 미친다.
④ 수확 후 관리에 있어 노화, 연화 및 부패를 촉진하여 상품 보존성을 저하시킨다.
⑤ 긍정적 영향으로는 성숙을 촉진시켜 식미를 높이거나 착색 등 외관을 좋게 하기도 한다.
⑥ 화학구조가 비슷한 프로필렌, 아세틸렌가스 등의 유사물질도 에틸렌과 같은 영향을 보이는 경우가 있다.

3) 에틸렌 발생

① 생물체의 대사반응 또는 화학반응에 의해 만들어진다.
② 동물에서는 정상적인 대사산물은 아니나 인간이 숨을 쉴 때에도 미량 발생한다.
③ 고등식물은 종에 따라 발생량의 편차가 크다. 특히 발육단계에 따라 발생량의 편차를 보이는 경우가 흔하다.
  ㉠ 엽근채류는 에틸렌 발생이 매우 적지만 에틸렌에 의해서 쉽게 피해를 받아 품질이 나빠지게 된다. 상추나 배추는 조직이 갈변하고 당근은 쓴맛이 나며 오이는 과피의 황화를 촉진한다.
  ㉡ 에틸렌이 다량 발생하는 품목으로는 토마토, 바나나, 복숭아, 참다래, 조생종 사과, 배 등이 있고 에틸렌 발생이 미미한 과실에는 포도, 딸기, 귤, 신고배 등이 있다.
④ 유기물질이 산화될 때 또는 태울 때도 발생하며 화석연료를 연소시킬 때, 특히 불완전 연소될 때 더 많은 양이 발생한다.
⑤ 원예산물의 스트레스에 의한 발생
  ㉠ **생물학적 요인**: 병·해충에 의한 스트레스로 발생
  ㉡ **저온에 의한 발생**: 주로 열대 아열대 작물 등 저온에 약한 작물은 12~13℃ 이하의 온도에서 피해를 일으키는데 이런 피해에 작물은 에틸렌 발생량이 많아지고 쉽게 부패하며, 오이, 가지, 호박, 파파야, 미숙토마토, 고추 등이 이에 속한다.
  ㉢ **고온에 의한 발생**: 지나치게 높은 고온에 노출되어도 피해를 받으며 직사광선은 작물의 온도를 높여 생리작용을 촉진하여 에틸렌 발생과 함께 노화를 촉진시킨다.

4) 에틸렌 제거

① 과실에 따른 에틸렌 발생을 잘 숙지하여 에틸렌을 다량 발생하는 품목은 다른 품목과 같은 장소에 저장하거나 운송되지 않도록 주의하여야 한다.
② 에틸렌의 제거방법에는 흡착식, 자외선 파괴식, 촉매분해식 등이 있으며 흡착제로는 과망간산칼륨($KMnO_4$), 목탄, 활성탄, 오존, 자외선 등이 이용되고 있다.

③ 1-MCP(1-Methylcyclopropene): 새로운 식물생장조절제로서 식물체의 에틸렌 결합부위를 차단하여 에틸렌의 작용을 무력화하는 특성을 지닌 물질이다. 따라서 과실의 연화, 식물의 노화 등을 감소시켜 수확후 저장성을 향상시키는데 유용하게 쓰일 수 있다. 1,000ppb의 농도로 12-24시간 사용하여 호흡, 에틸렌 생성, 휘발성 물질 생성, 엽록소 소실, 색깔, 단백질, 세포막 붕괴, 연화, 산도, 당도 등에 영향을 미쳐 과일, 채소류 등의 수확 후 저장성 및 품질을 향상시킨다.

5) 에틸렌의 영향

① 저장이나 수송하는 과일의 후숙과 연화를 촉진시킨다.
② 저장이나 수송 중의 과일을 탈색시키거나 연화를 촉진시킨다.
③ 신선한 채소의 푸른색을 잃게 하거나 노화를 촉진시킨다.
④ 수확한 채소의 연화를 촉진시킨다.
⑤ 상추에서 갈색반점이 나타난다.
⑥ 낙엽
⑦ 과일이나 구근에서 생리적인 장해
⑧ 절화의 노화촉진
⑨ 분재식물의 잎이나 꽃잎의 조기낙엽
⑩ 당근과 고구마의 쓴 맛 형성
⑪ 엽록소 함유 엽채류에서 황화현상과 잎의 탈리현상으로 인한 상품성 저하를 가져온다.
⑫ 대부분의 식물 조직은 조기에 경도가 낮아져 품질 저하를 가져온다.
⑬ 아스파라거스와 같은 줄기채소의 경우 조직의 경화현상을 보인다.

6) 에틸렌의 농업적 이용

① 과일의 성숙 및 착색촉진제로 이용된다.
② 녹숙기의 바나나, 토마토, 떫은감, 감귤, 오렌지 등의 수확 후 미숙성시 후숙 처리(엽록소 분해, 착색 촉진, 떫은 감의 연화 등의 상품가치 향상)를 위한 에틸렌 처리
　　㉠ 처리조건
　　　　ⓐ 온도: 18~25℃
　　　　ⓑ 습도: 90~95%
　　　　ⓒ 시간: 24~72시간(과일의 종류 및 숙기에 따라 결정)
　　　　ⓓ 고르게 작물과 접촉할 수 있도록 공기 순환이 필요하다.
　　　　ⓔ 이산화탄소 가스의 축적이 심하게 발생할 수 있으며 이 경우 처리 효율이 감소할 수 있으므로 환기가 필요하다.
　　㉡ 농도
　　　　ⓐ 일반적으로 10~100ppm으로 처리한다.
　　　　ⓑ 밀폐도에 따라 농도를 조절할 수 있으며 100ppm 이상 농도에서는 더 이상의 효과를 보지 못하므로 특별히 고농도 처리는 불필요하다.

③ 오이, 호박 등의 암꽃 발생을 유도한다.
④ 파인애플의 개화를 유도한다.
⑤ 발아촉진제로 사용된다.

7) 에틸렌 피해의 방지

① 피해의 방지를 위해서는 지속적으로 발생하는 에틸렌의 발생원을 제거하거나 축적된 에틸렌을 제거해줘야 한다.
② 에틸렌의 제거는 에틸렌 감응도가 높은 작물의 저장성을 향상시키며 절화류에서는 에틸렌 발생을 억제함으로써 선도를 유지할 수 있다.
③ 에틸렌의 민감도에 따라 혼합관리를 피해야 한다.

[에틸렌 감응도에 따른 분류]

구분	과수	채소
매우 민감	키위, 감, 자두	수박, 오이
민감	배, 살구, 무화과, 대추	멜론, 가지, 애호박, 토마토, 당근
보통	사과(후지), 복숭아, 밀감, 오렌지, 포도	늙은 호박, 고추
둔감	앵두	피망

자료: 농수산물유통공사, 알기쉬운 농산물 수확후 관리, 황용수

[에틸렌 발생이 많은 작물과 에틸렌 가스에 피해받기 쉬운 작물]

에틸렌 발생이 많은 작물	에틸렌 피해가 쉽게 발생하는 작물
사과, 살구, 바나나(완숙과), 멜론, 참외, 무화과, 복숭아, 감, 자두, 토마토, 모과	당근, 고구마, 마늘, 양파, 강낭콩, 완두, 오이, 고추, 풋호박, 가지, 시금치, 꽃양배추, 상추, 바나나(미숙과), 참다래(미숙과)

자료: 농수산물유통공사, 알기쉬운 농산물 수확후 관리, 황용수

[에틸렌에 의한 저장작물의 피해 유형]

작물명	피해유형	대표적 증상
시금치, 브로콜리, 파슬리, 애호박	엽록소 분해	황화
대부분 과실류	성숙 및 노화 촉진	연화
양치(고사리 등)	잎의 장해	반점 형성
당근	맛 변질	쓴 맛 증가
감자, 양파	휴면 타파	발아촉진, 건조
관상식물	낙엽, 낙화	이층형성 촉진
카네이션	비정상 개화	개화정지
아스파라거스	육질 경화	조직이 질겨짐
동양배	과피 장해	박피, 얼룩

자료: 농수산물유통공사, 알기쉬운 농산물 수확후 관리, 황용수

8) 에틸렌 발생원의 제거

저장고에 과도한 에틸렌의 축적을 방지하기 위해서 발생원을 미리 제거하여야 한다. 저장 작물 중 과숙, 부패 및 상처 받은 작물은 미리 제거하고 부패성 미생물이 서식할 경우 미생물로부터 에틸렌이 발생하므로 저장고를 미리 소독하여야 한다.

① 환기
  ㉠ 저장기간이 길어지거나 온도가 높을 경우 에틸렌이 축적될 수 있다.
  ㉡ 에틸렌 축적이 예상될 경우 환기를 시켜 에틸렌 농도를 낮출 필요성이 있다.
  ㉢ 저장고와 외부 온도의 차이에 따라 저장고 온도의 급격한 변화가 생기지 않는 범위 내에서 환기하여야 한다.
  ㉣ 저장고 외부의 공기가 건조한 경우 저장고 내 습도가 낮아지므로 환기량, 환기시 외기 온도 및 습도 관리에 주의하여야 한다.

② 혼합저장 회피
  ㉠ 생리현상이나 에틸렌 감응도에 대한 고려 없이 혼합 저장하는 경우 에틸렌 감응도가 높은 작물은 심각한 피해를 입을 수 있다.
  ㉡ 저장 적온을 고려하지 않는 경우는 에틸렌뿐만 아니라 저온피해까지 받는 경우가 있다.
  ㉢ 작물의 특성을 모르는 경우 혼합저장을 피해야 하며 혼합 저장을 하는 경우는 저장 적온과 에틸렌 감응도를 고려하여 단기간 저장하여야 한다.
  ㉣ 에틸렌 다량 발생 품목과 에틸렌 감응도가 높은 품목을 함께 혼합 저장하는 것은 피해야 한다.

③ 화학적 제거방법
저장고 내 에틸렌을 제거하면 숙성 지연에 따른 품질유지, 부패 등 손실 감소 및 엽록소 분해 억제를 통한 신선도 유지 효과를 볼 수 있다.
  ㉠ 과망간산칼리($KMnO_4$)
    ⓐ 에틸렌 산화에 효과적이며 다공성 지지체(벽돌, 질석 등)에 과망간산칼리를 흡수시켜 저장고에 넣어 두면 에틸렌이 흡착 제거되며 주기적으로 교환하여야 한다.
    ⓑ 에틸렌 제거 효율이 우수하다.
    ⓒ 에틸렌 발생량이 많은 작물에 효과적이다.
    ⓓ 과망간산칼리 용액과 작물이 접촉하는 경우 변색이 되므로 주의하여야 한다.
    ⓔ 중금속, 망간을 포함하고 있어 폐기시 매우 주의하여야 한다.
  ㉡ 활성탄
    ⓐ 흡착식이다.
    ⓑ 에틸렌 제거효율은 우수하며 포화되기 전에 교체하여야 한다.
    ⓒ 환경친화적이며 저농도 에틸렌 발생에 유리하다.
    ⓓ 포화된 후에는 흡착된 에틸렌이 누출될 가능성이 있다.

ⓔ 가열건조할 경우 재생이 가능하다.
ⓒ 브롬화 활성탄
ⓐ 활성탄에 브롬을 도포하여 이용하며 저농도 에틸렌도 효과적으로 제거할 수 있다.
ⓑ 제거 효율은 우수하다.
ⓒ 대량 에틸렌 발생 품목에 적합하다.
ⓓ 누출된 브롬이나 인산이 작물과 접촉할 경우 피해를 일으킬 수 있다.
ⓔ 브롬이 독성화합물이므로 폐기시 주의해야 한다.
ⓔ 백금촉매처리
ⓐ 에틸렌을 백금촉매와 고온 처리할 경우 산화되는 것을 이용하여 제거하는 방식이다.
ⓑ 반영구적으로 사용할 수 있다.
ⓒ 아세트알데히드와 물이 반응 후 생성된다.
ⓓ 습도조건에 영향을 받지 않는다.
ⓔ 고농도의 에틸렌제거에는 불리하다.
ⓜ 이산화티타늄(TiO_2)
ⓐ 이산화티타늄을 자외선과 반응시켜 에틸렌을 산화시키며 함께 살균기능도 추가된다.
ⓑ 이산화탄소와 물이 반응물로 생성된다.
ⓒ 저장고 내부에 미생물 살균효과를 같이 기대할 수 있는 이점이 있다.
ⓓ 반응패널에 먼지가 낄 경우 효율이 떨어지는 단점이 있다.
ⓗ 오존처리
ⓐ 오존의 산화력을 이용하여 에틸렌을 제거하는 방식이다.
ⓑ 살균효과를 동시에 기대할 수 있는 장점이 있다.
ⓒ 이산화탄소, 일산화탄소, 포름알데히드 등이 반응물로 생성된다.
ⓓ 너무 높은 농도의 오존이 창고내부에 축적되면 저장산물에 직접적인 피해를 줄 수 있으니 주의하여야 한다.

9) 혼합 저장시 고려해야 할 사항
① 저장온도
② 에틸렌 발생량
③ 에틸렌 감응도
④ 방향성 물질에 대한 특성
⑤ 위와 같은 사항을 고려했을지라도 장기 보관은 바람직하지 않으며 임시저장 또는 단거리 수송에서만 사용하는 것이 바람직하다.

01 CHAPTER 식물의 휴면

01. 세대교번과 생식에 관련된 설명으로 옳지 않은 것은?

① 고등식물의 세대교번은 포자체가 이끄는 무성세대와 배우체가 이끄는 유성세대가 교대로 이어지는 것을 말한다.
② 유관속식물의 세대교번은 포자체와 배우체의 형태가 완전히 달라 포자체는 핵상이 2n인 이배체이다.
③ 무성생식은 암수배우자가 관여하는 생식으로 종자를 형성하기 때문에 종자번식을 한다.
④ 딸기는 포복지를 이용한 무성번식과 종자를 이용한 유성번식을 하는 좋은 예이다.

해설 유성생식은 암수배우자가 관여하는 생식으로 종자를 형성하기 때문에 종자번식을 한다.

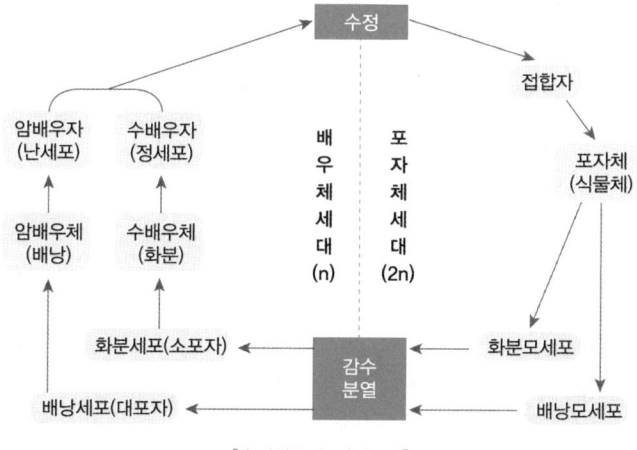

[속씨식물의 세대교번]

02. 작물의 생존연한에 대한 설명으로 옳지 않은 것은?

① 종자를 봄에 파종하여 그해 안에 성숙하는 작물을 1년생 작물이라 한다.
② 가을에 파종하여 이듬해 늦봄이나 초여름에 성숙하는 작물을 2년생 작물이라 한다.
③ 생존연한과 경제적 이용연한이 여러 해인 작물을 다년생 작물이라 한다.
④ 1년생 작물은 여름작물이 많고, 월년생 작물은 겨울작물이 많다.

해설 생존연한에 의한 분류
① 일년생작물(一年生作物, annual crop)
  ㉠ 봄에 파종하여 당해연도에 성숙, 고사하는 작물
  ㉡ 벼, 대두, 옥수수, 수수, 조 등

② 월년생작물(越年生作物, winter annual crop)
　㉠ 가을에 파종하여 다음 해에 성숙, 고사하는 작물
　㉡ 가을밀, 가을보리 등
③ 2년생작물(二年生作物, biennial crop)
　㉠ 봄에 파종하여 다음 해에 성숙, 고사하는 작물
　㉡ 무, 사탕무, 당근 등
④ 다년생작물(多年生作物, =영년생작물; perennial crop)
　㉠ 대부분 목본류와 같이 생존연한이 긴 작물
　㉡ 아스파라거스, 목초류, 홉 등

03. 2년생식물의 특징이라고 볼 수 없는 것은?

① 1년차에 영양생장을 한다.
② 2년차에 생식생장을 한다.
③ 모두가 녹식물춘화형이다.
④ 대부분 지상부가 고사한다.

해설 2년생식물은 종자가 발아한 1년차에는 영양생장을 하고, 2년차에는 생식생장을 한다. 월동 중 녹식물상태에서 또는 1년차에 발달시킨 비대한 영양기관(저장기관) 상태로 춘화처리를 받아 생식생장으로 들어간다.

04. 휴면현상에 대한 설명으로 옳지 않은 것은?

① 불량환경에 처했을 때 휴면상태가 된다.
② 배의 미숙으로 인해 종자가 휴면하기도 한다.
③ GA는 휴면을 유도, 촉진한다.
④ 습윤저온처리는 종자휴면을 타파하는 방법 중 하나이다.

해설 ABA는 휴면을 유도하고 GA는 휴면을 타파하는 대표적인 호르몬이다.

05. 식물이 휴면을 하는 주된 이유는?

① 화아분화를 촉진하기 위하여
② 자가 수정을 유도하기 위하여
③ 불량환경을 극복하기 위하여
④ 단위결과를 유도하기 위하여

해설 휴면은 생존에 필요한 최소한의 대사작용만 유지하는 생리적 현상으로 식물이 진정한 휴면 중에 있을 때는 아무리 적절한 환경조건을 부여하여도 발아나 맹아 등의 생장 활동을 하지 않는다. 즉, 휴면은 불량환경을 극복하는 수단이라고 볼 수 있다.

06. 식물 휴면의 생리적 의의라고 볼 수 있는 것은?

① 생장의 균형조절
② 생장속도의 조절
③ 호흡상승의 억제
④ 불량환경의 극복

해설 휴면은 생존에 필요한 최소한의 대사작용만 유지하는 생리적 현상으로 식물이 진정한 휴면 중에 있을 때에는 아무리 적절한 환경조건을 부여해도 발아나 맹아 등의 생장활동을 하지 않는다. 즉, 휴면은 불량환경을 극복하는 수단이라고 볼 수 있다.

07. 휴면에 대한 다음 설명 중 옳지 않은 것은?

① 다년생식물에서 동아가 휴면하는 가장 큰 요인은 단일조건이다.
② 수목의 동아나 감자의 눈이 휴면상태에서 월동하는 것은 ABA의 증가 때문이다.
③ 동아나 종자휴면의 물리적 타파법으로 저온처리의 효과가 크다.
④ 과수에서 휴면을 연장 또는 유지시키는 생장조절물질에 GA가 있다.

해설 과수에서 휴면을 연장 또는 유지시키는 생장조절물질에 ABA가 있다.

08. 수목에서 정아우세성에 의한 눈의 휴면은?

① 외재휴면
② 내재휴면
③ 환경휴면
④ 생태휴면

해설 수목에서는 눈의 휴면을 외재휴면, 내재휴면, 환경휴면의 세 가지로 분류한다. 외재휴면은 정아우세성에 의하여 자라지 못하는 그 아래의 눈들에서 보는 것처럼 다른 눈이 주변눈의 생장을 억제하는 경우를 말한다. 이 휴면은 상관적 억제라고 하며, 때로는 의사휴면이나 가휴면이라고도 한다.

09. 종자의 휴면 중 1차 휴면에 해당하는 것은?

① 자발휴면
② 타발휴면
③ 상대휴면
④ 강제휴면

해설 • 1차휴면(primary dormancy): 자발휴면(自發休眠, innate dormancy) 또는 절대휴면(絕對休眠 absolute dormancy) 이라고도 한다.

・2차휴면(secondary dormancy): 타발휴면(他發休眠, exogenous dormancy) 또는 상대휴면(相對休眠, relative dormancy)이라고도 하며, 타발휴면은 생장이 부적당한 환경조건에서 이루어지는 휴면으로 강제휴면(强制休眠, enforced dormancy)이라고도 한다.

10. 다음 1차휴면에 관한 설명 중 가장 타당한 것은?

① 적합한 환경조건에서의 내부적 원인에 의한 휴면
② 저온에 의한 동아의 휴면
③ 부적합한 환경으로 인한 휴면
④ 수분의 공급부족에 의한 종자의 휴면

해설 1차휴면(primary dormancy)
㉠ 식물의 내적요인에 의해 일어나는 휴면이다.
㉡ 자발휴면(自發休眠, innate dormancy) 또는 절대휴면(絕對休眠 absolute dormancy)이라고도 한다.
㉢ 자발휴면은 식물체가 생장에 적합한 환경조건이 조성되어도 생장을 하지 않는 상태를 말한다.
㉣ 진정한 의미의 휴면이라고 볼 수 있다.

11. 동아의 휴면에 관한 설명으로 옳지 않은 것은?

① 사과, 포도 등 온대과수는 저온요구도가 커서 한해의 위험이 크다.
② 감, 복숭아는 저온요구도가 낮아 휴면이 상대적으로 낮다.
③ 휴면 중에는 ABA농도가 GA에 비하여 높다.
④ 온대과수에 옥신을 사용하면 맹아와 개화가 늦어져 서리피해를 막을 수 있다.

해설 사과, 포도 등 온대과수는 저온요구도가 커서 한해의 위험이 작다.

12. 다음 중 종자휴면에 대한 설명으로 옳지 않은 것은?

① MH, NAA 등은 감자, 양파, 백합 등의 저장 중 맹아를 억제할 수 있다.
② 감자 괴경의 휴면타파법으로 GA를 처리하면 효과적이다.
③ 쿠마린은 다즙성 과실에 존재하는 대표적 발아억제물질이다.
④ 종자의 휴면유도, 발아억제 등에 관련되는 식물호르몬은 시토키닌이다.

해설 종자의 휴면유도, 발아억제 등에 관련되는 식물호르몬은 ABA이다.

13. 휴면에 대한 설명으로 옳은 것은?

① 자발적 휴면은 환경조건이 부적합할 때 발생한다.
② 감자 휴면타파에 지베렐린이 이용된다.
③ 휴면성이 강한 맥류 종자는 수발아가 발생하기 쉽다.
④ 수확직후 벼 종자를 0℃에 2~3일 처리하면 휴면이 타파된다.

> **해설** ① 타발적 휴면은 환경조건이 부적합할 때 발생한다.
> ③ 휴면성이 약한 맥류 종자는 수발아가 발생하기 쉽다.
> ④ 수확직후 벼 종자를 50℃에 4~5일 처리하면 휴면이 타파된다.

14. 종자의 자발적 휴면의 원인으로만 묶인 것은?

① 배 휴면, 혐기적 조건, 발아억제물질 존재
② 수분의 부족, 고온, 감마선 처리
③ 배의 미숙, 종피의 기계적 저항, 경실종자
④ 종피의 불투기성, 배 휴면, 광 차단

> **해설** ・**자발적 휴면**: 발아능력이 있는 성숙한 종자가 환경조건이 발아에 알맞더라도 내적요인에 의해 휴면하는 것으로 본질적 휴면이다.
> ・**타발적 휴면**: 종자의 외적 조건이 발아에 부적당해서 유발되는 휴면을 의미한다.

15. 종자의 휴면에 대한 설명으로 옳은 것은?

① 배휴면은 배가 미숙한 상태이어서 수주일 혹은 수개월의 후숙의 과정을 거쳐야 하는 경우를 말한다.
② 귀리와 보리는 종피의 불투기성 때문에 발아하지 못하고 휴면하기도 한다.
③ 경실은 수분의 투과를 수월하게 돕기 때문에 발아하기 쉽고 휴면이 일어나지 않는다.
④ 발아억제물질로는 ABA, 시안화수소(HCN), 질산염이 있다.

> **해설** ① 배의 미숙은 배가 미숙한 상태이어서 수주일 혹은 수개월의 후숙의 과정을 거쳐야 하는 경우를 말하며, 배휴면은 배 자체의 생리적 원인에 의하여 일어나는 휴면으로 종자가 형태적으로는 발달되었으나 발아에 필요한 환경조건에서도 발아하지 않는 경우이다.
> ③ 경실은 수분의 투과를 저해하여 장기간 발아하지 않는 종자이다.
> ④ ABA, 시안화수소(HCN) 발아억제물질이나 질산염은 발아촉진 물질이다.

작물생리학

16. 종피의 불투성 때문에 장기간 휴면하는 경실종자 발생에 대한 설명으로 옳은 것은?

① 대체로 미숙한 종자가 잘 성숙한 종자보다 경실이 많다.
② 종자를 급격히 건조하면 경실이 증가한다.
③ 같은 품종에서도 대립종이 소립종에 비하여 경실이 많다.
④ 수확 후 일수가 경과함에 따라 경실이 증가한다.

해설 ① 대체로 미숙한 종자가 잘 성숙한 종자보다 경실이 적다.
　　③ 같은 품종에서도 대립종이 소립종에 비하여 경실이 적다.
　　④ 경실의 원인
　　　　㉠ 경실의 원인은 유전적 원인과 환경적 원인이 있으며, 대부분 경실의 원인이 유전된다.
　　　　㉡ 환경적 원인
　　　　　　ⓐ 종자의 책상세포의 두께가 두꺼울수록 경실이 된다.
　　　　　　ⓑ 펙틴함량이 많을수록 경실이다.
　　　　　　ⓒ 책상세포 내 수베린(suberin)이 많을수록 불투성에 영향을 미친다.
　　　　　　ⓓ 토양수분이 많을수록 경실이 된다.
　　　　　　ⓔ 소립종자일수록, 숙도가 높은 종자일수록 경실이 된다.
　　　　　　ⓕ 급격한 건조에 의해 종피의 기계적 수축이 커질수록 경실이 된다.

17. 마늘의 휴면에 대한 설명으로 옳지 않은 것은?

① 마늘은 고온장일 조건에서 인경을 형성하고 휴면한다.
② 마늘의 휴면은 고온에서 타파되고 저온에서는 휴면타파가 지연된다.
③ 한지형 마늘은 난지형보다 휴면이 깊어 저장성이 좋다.
④ 마늘의 휴면은 인편분화 직후부터 시작되고, 구형성이 완료된 후에도 상당기간 지속된다.

해설 마늘의 휴면은 저온에서 타파되고 고온에서는 휴면타파가 지연된다.

18. 인삼종자의 일반적인 휴면 원인은?

① 종피의 불투수성　　　　② 종피의 불투기성
③ 발아억제물질　　　　　④ 배의 불완전한 성숙

해설 종자는 대표적인 휴면기관으로 배, 종피, 발아억제물질 등에 의해서 휴면이 유도되며, 인삼종자는 배가 미숙하여 휴면을 한다.

19. 수박종자가 과실 안에서는 발아하지 못하는 이유는?

① 종자의 배발달 미숙
② 과즙의 발아억제물질
③ 과실 내부의 산소부족
④ 과즙의 높은 당도

해설 다즙성 과실은 많은 물을 함유하지만 그 안의 성숙한 종자는 발아하지 않는다. 그 이유로는 과즙의 삼투퍼텐셜이 낮아 종자가 물을 흡수할 수 없거나(겨우살이, 수세미), 과즙 중에 특수한 발아억제물질이 존재하기 때문인 경우(토마토, 오이, 수박, 참외, 표주박)가 있다.

20. 습윤저온처리에 의한 휴면종자의 후숙과정 중 종자 내부에서 일어나는 생리적 변화로 옳지 않은 것은?

① 리파아제, 퍼옥시다아제, 카탈라아제 등의 효소활력이 증가한다.
② 신조직형성에 사용되는 당류와 아미노산 등이 집적된다.
③ 불용성 물질이 가용성 물질로 변화된다.
④ 삼투퍼텐셜이 증가된다.

해설 저온습윤처리 시 삼투압 물질이 증가하여 삼투퍼텐셜이 낮아져 배로 수분의 이동이 쉬워진다.

21. 일부 종자는 습윤저온처리를 하면 발아가 촉진되는데 이때 내부 호르몬의 변화는?

① 아브시스산은 증가하고 지베렐린은 감소한다.
② 아브시스산은 감소하고 지베렐린은 증가한다.
③ 아브시스산, 지베렐린 모두 감소한다.
④ 아브시스산, 지베렐린 모두 증가한다.

해설 찔레, 사과, 주목 등과 같은 종자는 습윤저온처리를 하면 휴면과 발아를 지배하는 호르몬의 변화가 일어난다. 즉, 휴면 물질인 아브시스산이 감소하고 대신에 발아를 촉진하는 지베렐린이 증가한다.

22. 한국잔디의 종자에 KOH와 같은 강염기를 처리하는 이유는?

① 돌연변이의 유발
② 종자의 휴면타파
③ 염색체의 배수화
④ 내병충성의 증진

해설 한국잔디의 종자를 NaOH 또는 KOH와 같은 강염기 20~30% 수용액에 30분 정도 처리하면 휴면물질 ABA의 감소와 종피의 연화로 휴면이 타파된다.

23. 종자의 발아촉진물질 처리에 대한 설명으로 가장 옳지 않은 것은?

① 지베렐린은 감자, 약용인삼에 효과적이다.
② 에스렐 수용액은 딸기에 효과적이다.
③ 시토키닌은 양상추에서 지베렐린의 효과가 있으나 땅콩의 발아촉진에는 효과가 없다.
④ 질산염은 화본과목초의 발아를 촉진한다.

해설 시토키닌(cytokinin) 처리: 호광성종자인 양상추에 처리하면 적색광 대체효과가 있어 발아를 촉진하며 땅콩의 발아촉진에도 이용된다.

24. 종자의 휴면타파 또는 발아촉진을 유도하는 물질이 아닌 것은?

① 황산(H_2SO_4)
② 쿠마린(coumarin)
③ 에틸렌(C_2H_4)
④ 질산칼륨(KNO_3)

해설
- 발아촉진물질: 지베렐린, 시토키닌, 에틸렌(C_2H_4), 질산칼륨(KNO_3), 과산화수소(H_2O_2), thiourea 등
- 발아억제물질: 암모니아(NH_3), 시안화수소(HCN), 아브시산, coumarin, compound 등

25. 온대 과수에서 눈의 휴면을 유도하고 타파하는 1차적 요인은?

① 유도-온도, 타파-일장
② 유도-일장, 타파-온도
③ 유도-온도, 타파-온도
④ 유도-일장, 타파-일장

해설 온대 수목에서 눈의 휴면을 지배하는 중요한 외적 요인은 일장과 온도이다. 자연상태에서 하지 이후 일장이 짧아지고 기온이 내려가면서 휴면에 들어가는데 일장반응이 재배식물보다는 야생식물에서 더 잘 나타난다. 휴면에 들어간 눈은 생육을 정지한 상태로 월동을 하고, 월동 중 저온자극을 받으면서 휴면이 타파된다. 동아는 겨울 동안 저온자극을 받아야만 휴면이 타파되어 이듬해 봄에 정상적인 생육이 가능하다.

02 CHAPTER 종자의 발아

01. 다음 중에서 전분종자에 속하는 것은?

① 보리, 옥수수
② 완두, 대두
③ 참깨, 땅콩
④ 수박, 호박

해설 종자의 배유 또는 자엽에는 탄수화물, 단백질, 기름과 같은 양분이 저장된다. 보리, 옥수수는 배유에 탄수화물을, 참깨와 땅콩은 자엽에 기름을, 완두와 대두는 자엽에 단백질을, 피마자는 배유에 기름을 주로 저장한다.

02. 종자의 발달과 저장양분에 대한 설명으로 옳지 않은 것은?

① 옥수수의 전분은 주로 배유에 저장된다.
② 콩의 지방은 떡잎에 저장되어 있다.
③ 쌍자엽식물의 배발생은 구상형 배로부터 1개의 떡잎이 배축방향으로 신장한다.
④ 성숙기 콩 종자는 배유가 없어지고 배만 남게 되며, 종피가 배를 감싸고 있는 형태가 된다.

해설 쌍자엽식물의 세포분열기 동안 배발생 단계는 구상형 → 심장형 → 어뢰형 → 2개의 떡잎 형성의 단계를 거친다.

03. 콩 종자에서 저장양분이 들어있는 주된 부위는?

① 종피
② 배유
③ 배반
④ 자엽

해설 콩 종자는 단백질을 자엽에 저장한다.

04. 종자에 대한 설명으로 옳지 않은 것은?

① 고등식물에서 중복수정과정을 통해 정핵과 난핵의 결합으로 배를 형성한다.
② 정핵과 극핵의 결합으로 배유를 형성한다.
③ 화본과식물의 종자는 종피, 배, 배유로 구성되어 있다.
④ 종자의 배유에는 유아와 유근 등이 분화되어 있다.

해설 종자의 배에는 유아와 유근 등이 분화되어 있다.

05. 다음 중 무배유종자가 아닌 것은?

① 콩, 팥
② 피마자, 양파
③ 상추, 완두
④ 상추, 오이

해설 배유의 유무에 의한 분류
① **배유종자**: 벼, 보리, 옥수수 등 화본과 종자와 피마자, 양파 등
② **무배유종자**: 콩, 완두, 팥 등 두과 종자와 상추, 오이 등

06. 보리 종자의 저장양분 소화에 관한 설명이다. ( ) 안에 들어갈 말을 순서대로 나열한 것은?

보리종자는 α-아밀라아제가 (　　)에서 합성되는데 배의 (　　)이 합성을 유도한다.

① 배반, 시토키닌
② 배반, 지베렐린
③ 호분층, 시토키닌
④ 호분층, 지베렐린

해설 보리종자는 α-아밀라아제가 호분층에서 합성되는데 배의 지베렐린이 합성을 유도한다.

07. 다음 중 호분층에 대한 설명으로 옳지 않은 것은?

① 배유조직의 가장 바깥부분에 몇 개의 층으로 존재한다.
② 많은 전분립이 축적되어 있다.
③ 단백질, 지방, 효소들이 저장되어 있다.
④ 발아시 저장물질을 가수분해시키는 역할을 한다.

해설 전분립은 배유에 축적되어 있으며, 호분층에는 호분립이 축적되어 있다.

08. 종자의 저장양분인 지방의 소화에 관한 설명으로 옳지 않은 것은?

① 지방은 프로테아제의 작용으로 글리세롤과 지방산으로 분해된다.
② 글리세롤은 인산화된 후 역해당과정인 포도당신생합성 경로로 들어간다.
③ 지방산의 대부분은 글리옥실산 회로와 크렙스회로를 거쳐 포도당신생합성 경로로 들어간다.
④ 지방산의 일부는 인지질과 당지질의 합성에 이용되어 기관형성에 이용된다.

해설 종자의 지방은 리파아제의 작용으로 글리세롤과 지방산으로 분해된다.

09. 보리종자의 배반에 관한 설명으로 옳지 않은 것은?

① 하나의 변태된 자엽이다.
② 배와 배유 사이에 위치한다.
③ 흡수되면 지베렐린을 방출한다.
④ 가수분해효소를 합성한다.

해설 가수분해효소의 합성은 호분층에서 일어난다.

10. 종자에 대한 설명으로 옳지 않은 것은?

① 근초는 초엽과 반대방향에 위치하고 내부에 종자근을 싸고 있어 발아시 종자근을 보호하며, 하배축의 밑부분이 된다.
② 종자가 발아, 생장할 때 종자근은 최초의 뿌리가 된다.
③ 종자가 수분을 흡수하면 가수분해효소가 저장되어 있는 배반에서 GA가 분비된다.
④ 호분층은 화본과 발아종자에서 배유의 저장양분을 분해하는데 필요한 효소단백질을 저장, 분비하는 조직이다.

해설 종자의 수분흡수로 배반에서 GA가 분비되고, 호분층에 저장되어 있는 가수분해효소가 활성화된다.

작물생리학

11. 종자발아의 외적조건 중 수분에 대한 설명으로 옳지 않은 것은?

① 수분은 종피를 연화시키고 팽창시켜 배가 쉽게 종피를 빠져나오도록 한다.
② 저장양분 중 수분에 대한 팽윤 정도는 셀룰로오스가 가장 크다.
③ 흡수된 수분은 저장물질의 분해와 전류를 가능하게 하여 발아에 필요한 물질대사를 원활하게 한다.
④ 발아에 필요한 흡수율은 두과작물의 경우 50~60% 이상이 필요하다.

해설 수분에 의한 팽윤도는 셀룰로오스가 가장 낮다.

12. 종자의 발아에 대한 설명으로 옳지 않은 것은?

① 토양은 종자의 발아에 크게 영향을 미치는 외적조건에 해당되지 않는다.
② 벼, 밀, 목화, 참외 중 최저 발아온도가 가장 낮은 종자는 밀이다.
③ 벼와 상추는 수중발아성이 비교적 양호하다.
④ 콩과 당근은 수중발아성이 좋지 않다.

해설 수중에서의 종자 발아 난이도
㉠ **수중 발아를 못하는 종자**: 밀, 귀리, 메밀, 콩, 무, 양배추, 고추, 가지, 파, 앨팰퍼, 옥수수, 수수, 호박, 율무 등
㉡ **수중에서 발아 감퇴 종자**: 담배, 토마토, 카네이션, 화이트클로버, 브롬그래스 등
㉢ **수중 발아가 잘 되는 종자**: 벼, 상추, 당근, 셀러리, 피튜니아, 티머시, 캐나다블루그래스 등

13. 종자의 형태와 구조에 대한 설명으로 옳지 않은 것은?

① 옥수수는 중배축에서 줄기와 잎이 분화되고 배반에서 뿌리가 분화된다.
② 상추는 과피와 종피의 안쪽에 배유층이 있고, 2개의 떡잎을 가진다.
③ 쌍자엽식물은 대부분 지상자엽형 발아를 하지만 완두는 지하자엽형 발아를 한다.
④ 강낭콩은 배유가 완전히 또는 거의 퇴화되어 양분을 자엽에 저장하는 무배유종자이다.

해설 옥수수는 중배축에서 뿌리, 줄기, 잎이 분화되고, 배반에서는 배유의 양분을 배축에 전달한다.

14. 종자의 형태와 구조에 관한 설명 중 옳은 것은?

① 옥수수는 무배유종자이다.
② 강낭콩은 배, 배유, 떡잎으로 구성되어 있다.
③ 배유에는 잎, 생장점, 줄기, 뿌리의 어린 조직이 구비되어 있다.
④ 콩은 저장양분이 떡잎에 있다.

해설 ① 옥수수는 배유 종자이다.
② 강낭콩은 배와 떡잎, 종피로 구성되어 있다.
③ 배에는 잎, 생장점, 줄기, 뿌리의 어린 조직이 모두 갖추어져 있다.

15. 종자 구조에 대한 설명으로 옳지 않은 것은?

① 옥수수 종자는 배유에 영양분을 다량 저장하고 있으며, 이러한 종자를 배유종자라고 한다.
② 외떡잎식물의 종자는 중복수정을 거치며 배는 2n, 배유는 3n이다.
③ 종자의 배는 수정에 의해 생겼지만 종피는 모체의 조직이다.
④ 쌍떡잎식물인 강낭콩 종자는 배유조직이 발달한 떡잎에 양분을 저장한다.

해설 쌍떡잎식물인 강낭콩 종자는 배유는 퇴화되고, 배조직이 발달한 떡잎에 양분을 저장한다.

16. 광선에 의하여 발아가 조장되어 복토를 1cm 이하로 얕게 해야 하는 종자들로만 묶인 것은?

| ㄱ. 담배 | ㄴ. 수박 | ㄷ. 보리 | ㄹ. 차조기 |
| ㅁ. 호박 | ㅂ. 우엉 | ㅅ. 시금치 | ㅇ. 상추 |

① ㄱ, ㄴ, ㅇ
② ㄱ, ㄹ, ㅇ
③ ㄴ, ㄷ, ㅅ
④ ㅁ, ㅂ, ㅅ

해설
• 호광성종자(광발아종자)
  ㉠ 광에 의해 발아가 조장되며 암조건에서 발아하지 않거나 발아가 몹시 불량한 종자
  ㉡ 담배, 상추, 우엉, 차조기, 금어초, 베고니아, 피튜니아, 뽕나무, 버뮤다그래스 등
• 혐광성종자(암발아종자)
  ㉠ 광에 의하여 발아가 저해되고 암조건에서 발아가 잘 되는 종자
  ㉡ 호박, 토마토, 가지, 오이, 수박, 양파, 파, 나리과 식물 등
• 광무관종자
  ㉠ 광이 발아에 관계가 없는 종자
  ㉡ 벼, 보리, 옥수수 등 화곡류와 대부분 콩과작물 등

17. 광과 종자발아와의 관계가 바르게 짝지어진 것은?

① 광무관계: 양파
② 호광성: 콩
③ 혐광성: 호박
④ 광무관계: 상추

해설 ① 양파: 혐광성
② 콩: 광무관계
④ 상추: 호광성

18. 작물종자의 발아에 필요한 외적 조건에 대한 설명으로 옳은 것은?

① 발아에 필요한 최소수분함량은 전분종자인 옥수수가 단백질종자인 콩보다 더 높다.
② 변온조건에서 종피가 수축 및 팽창하여 흡수와 가스교환이 용이해져 발아가 촉진된다.
③ 벼 종자는 산소가 없는 경우 호흡할 수가 없어서 발아에 필요한 에너지를 얻을 수 없다.
④ 발아과정 중 물질대사에 관여하는 효소가 활성화되는 2단계에서 수분흡수는 가장 왕성하다.

해설 ① 발아에 필요한 최소수분함량은 전분종자인 옥수수가 단백질종자인 콩보다 더 낮다.
③ 벼 종자는 산소가 없는 경우에도 혐기적 호흡으로 발아에 필요한 에너지를 얻을 수 있다.
④ 발아과정 중 물질대사에 관여하는 효소가 활성화되는 1단계에서 수분흡수는 가장 왕성하다.

19. 종자 발아시 수분흡수량으로 옳은 것은?

① 보리: 26%
② 완두: 80~100%
③ 콩: 50~60%
④ 유채: 230%

해설 발아에 필요한 흡수율은 곡류가 건물중의 30% 이상 흡수하면 발아가 가능하지만, 두과식물의 경우 50~60% 이상의 흡수가 필요하다.
① 보리: 46.0%
② 완두: 186.0%
③ 콩: 50.1%
④ 유채: 48.3%

20. 종자가 수분을 흡수한 후 일어나는 최초의 화학적 변화는?

① 아밀라아제 활성화 ② 배축의 생장
③ 소화 ④ 양분의 이동

해설 저장양분의 소화란 종자가 발아에 필요한 에너지를 종자의 저장양분으로부터 공급받는데, 저장양분이 물에 녹아 이동하기 쉬운 물질로 전환되는 과정으로 종자가 수분을 흡수한 후 일어나는 최초의 화학적 변화이다.

21. 종자 발아에 대한 설명으로 옳지 않은 것은?

① 종자의 발아는 수분흡수, 배의 생장개시, 저장양분의 분해와 재합성, 유묘출현의 순서로 진행된다.
② 저장양분이 분해되면서 생산된 ATP는 발아에 필요한 물질 합성에 이용된다.
③ 유식물이 배유나 떡잎의 저장양분을 이용하여 생육하다가 독립영양으로 전환되는 시기를 이유기라고 한다.
④ 지베렐린과 시토키닌은 종자 발아를 촉진하는 효과가 있다.

해설 종자의 발아는 수분흡수 → 저장양분 분해효소 생성 및 활성화 → 저장양분의 분해, 전류 및 재합성 → 배의 생장개시 → 종피파열 → 유묘출현의 순서로 이루어진다.

22. 다음 종자의 발아에 대한 설명 중 옳지 않은 것은?

① 종자의 발아는 수분을 흡수하지 않으면 진행되지 않는다.
② 적색광은 종자의 발아를 억제하는 작용을 한다.
③ 종자 발아시 저장양분은 각종 효소에 의해 분해된다.
④ 광발아성 종자인 상추종자의 발아에 관여하는 광감응성 물질은 피토크롬이다.

해설 적색광은 종자의 발아과정에서 발아촉진작용을 한다.

23. 다음 중 발아시 자엽을 지상으로 들고 나타나지 않는 종자는?

① 양파 ② 메밀
③ 완두 ④ 강낭콩

해설 종자의 발아양상

종류	지하형	지상형
배유성 종자	벼, 보리, 밀, 옥수수	피마자, 메밀, 양파
자엽성 종자	완두, 잠두, 팥	강낭콩, 오이, 호박, 땅콩, 콩, 녹두

24. 종자의 발아시 유근과 유아가 출현하는 순서는?

① 항상 유아보다 유근이 먼저 출현한다.
② 항상 유근보다 유아가 먼저 출현한다.
③ 유근과 유아는 항상 같이 출현한다.
④ 수분의 다소에 따라 다르지만 보통 유근이 먼저 나온다.

해설 ・대부분 종자, 특히 쌍자엽식물은 발아할 때 유아보다 유근이 먼저 나오는데, 이는 수분과 무기양분을 토양으로부터 흡수해 자립기반을 우선적으로 만들기 위한 것이다.
・때로는 유아가 먼저 나오는 경우도 있으며, 벼의 경우 산소가 부족하면 유아가 먼저 나오고 유근이 잘 발달하지 못한다.

25. 오이종자의 발아 시 유아갈고리의 역할은?

① 자엽의 보호   ② 안전한 출아
③ 양분의 절약   ④ 종피의 제거

해설 쌍자엽식물이 발아할 때는 반드시 줄기의 선단이 갈고리 모양으로 구부러져서 땅 위로 솟아 나온다. 이것을 유아갈고리(hook)라고 하며 식물이 발아해 나올 때 흙을 밀어젖히고 안전하게 출아할 수 있게 한다.

26. 종자가 발아할 때 볼 수 있는 걸이못에 관한 설명으로 옳지 않은 것은?

① 하배축의 한쪽에 형성된다.
② 돌기 모양으로 종피를 걸어서 어린 식물체가 쉽게 빠져나오게 한다.
③ 흙을 밀어 젖히고 안전하게 출아할 수 있게 하는 역할을 한다.
④ 잘 발달된 형태를 오이속 식물종자의 발아과정에서 볼 수 있다.

해설 걸이못(peg)
㉠ 오이속 식물의 종자에서 볼 수 있다.
㉡ 하배축 한쪽에 걸이못이라는 돌기를 형성한다.
㉢ 돌기에 종피를 걸어서 어린 식물체가 쉽게 빠져나오게 하는 역할을 한다.

27. 상추종자의 광가역적 반응에 관여하는 광수용 물질은?

① 시토키닌　　　　　　　② 피토크롬
③ 플로리겐　　　　　　　④ 자스몬산

해설 광발아성 종자의 경우 적색광은 발아를 촉진하며 원적색광은 발아를 억제한다. 그리고 적색광에 의한 촉진효과는 뒤이어 조사한 원적색광에 의하여 소멸되는데, 이러한 광가역적 반응을 보이는 광수용 색소단백질이 피토크롬이다.

28. 종자 발아를 촉진할 목적으로 행하여지는 재배기술에 해당하지 않는 것은?

① 경실종자에 진한 황산 처리
② 양상추 종자에 근적외광 730nm 처리
③ 벼 종자에 최아 처리
④ 당근 종자에 경화 처리

해설 피토크롬(phytochrome): 색소단백질로 적색광을 흡수하면 활성형인 Pfr형으로 전환되고 근적외광을 흡수하면 불활성형인 Pr형으로 변하는 가역적 반응을 통해 종자발아 및 줄기의 분지, 신장 등에 영향을 미친다.

29. 보리종자의 발아 시 지베렐린의 중요한 역할은?

① 호분층의 분해　　　　　② 가수분해효소의 합성 유도
③ 뿌리와 초엽의 분화　　　④ 당과 아미노산의 이동 촉진

해설 종자의 발아기작을 보면 먼저 수분을 흡수하면 지베렐린이 활성화되거나 합성된다. 이 지베렐린이 호분층으로 이동하여 가수분해효소의 합성을 유도하고, 이렇게 생성된 가수분해 효소가 배유의 저장양분을 분해하여 호흡기질에 이용되도록 한다.

30. 종자발아와 호르몬 관계에 대한 설명으로 옳지 않은 것은?

① GA이 없더라도 시토키닌은 단독으로 발아를 유기시킬 수 있다.
② ABA가 있을 때에는 GA과 시토키닌이 공존하면 ABA가 존재하여도 억제작용은 타파된다.
③ 저온습윤처리 시 휴면배의 ABA, 쿠마린 등이 감소되면 GA, 시토키닌 등의 축적이 일어난다.
④ 종자의 ABA함량이 최고일 때 IAA와 GA함량은 감소한다.

해설 GA이 없으면 시토키닌 단독으로 발아를 유기시킬 수 없다.

종자의 발아가 가능한 조건			
GA	시토키닌	발아억제물질	결과
○	○	○	발아
○	○	×	발아
○	×	×	발아

31. 재배포장에 파종된 종자의 발아기를 옳게 정의한 것은?

① 약 40%가 발아한 날
② 발아한 것이 처음 나타난 날
③ 80% 이상이 발아한 날
④ 100% 발아가 완료된 날

해설 발아조사
① **발아율**(PG, percent germination): 파종된 총 종자 수에 대한 발아종자 수의 비율(%)이다.
② **발아세**(GE, germination energy): 치상 후 정해진 기간 내의 발아율을 의미하며 맥주보리 발아세는 20℃ 항온에서 96시간 내에 발아종자 수의 비율을 의미한다.
③ **발아시**: 파종된 종자 중에서 최초로 1개체가 발아된 날
④ **발아기**: 파종된 종자의 약 40%가 발아된 날
⑤ **발아전**: 파종된 종자의 대부분(80% 이상)이 발아한 날
⑥ **발아일수**: 파종부터 발아기까지의 일수
⑦ **발아기간**: 발아시부터 발아 전까지의 기간
⑧ **평균발아일수**(MGT, mean germination time): 발아된 모든 종자의 발아일수의 평균

32. 무 종자 100립을 치상하여 다음과 같은 결과를 얻었다. 치상 후 8일까지의 발아율, 발아세, 평균발아일수는?(단, 발아종자 수는 치상 후 해당 일에 새롭게 발아된 종자 수이다. 중간조사일은 치상 후 4일, 최종조사일은 치상 후 8일, 발아세 평가는 중간조사일을 기준으로 한다.)

치상 후 일수	1	2	3	4	5	6	7	8	계
발아종자 수	8	12	16	20	12	6	4	2	80

	발아율(%)	발아세(%)	평균발아일수(일)
①	80	56	3.75
②	80	56	3.00
③	80	70	3.75
④	40	70	3.00

해설
- 발아율(PG, percent germination): 파종된 총 종자 수에 대한 발아종자 수의 비율(%)이다.
- 발아세(GE, germination energy): 치상 후 정해진 기간 내의 발아율
- 평균발아일수(MGT, mean germination time): 발아된 모든 종자의 발아일수의 평균

$$MGT = \frac{\Sigma(tini)}{N}$$

ti: 파종부터 경과일수, ni: 그날그날의 발아종자수, N: 총발아종자수

33. 0.5% TTC 용액 속에 벼 종자를 종단하여 침지했을 때 발아력이 있는 종자의 색깔은?

① 흰색　　　　　　　　② 갈색
③ 보라색　　　　　　　④ 적색

해설 발아력이 강한 종자는 테트라졸륨법에서는 적색, 구아이아콜법에서는 자색으로 염색된다.

34. 다음 중 발아 연한이 가장 짧은 채소는?

① 토마토　　　　　　　② 수박
③ 우엉　　　　　　　　④ 양파

해설

구분	단명종자(1~2년)	상명종자(3~5년)	장명종자(5년 이상)
농작물류	콩, 땅콩, 목화, 옥수수, 해바라기, 메밀, 기장	벼, 밀, 보리, 완두, 페스큐, 귀리, 유채, 켄터키블루그래스, 목화	클로버, 앨팰퍼, 사탕무, 베치
채소류	강낭콩, 상추, 파, 양파, 고추, 당근	배추, 양배추, 방울다기양배추, 꽃양배추, 멜론, 시금치, 무, 호박, 우엉	비트, 토마토, 가지, 수박
화훼류	베고니아, 팬지, 스타티스, 일일초, 콜레옵시스	알리섬, 카네이션, 시클라멘, 색비름, 피튜니아, 공작초	접시꽃, 나팔꽃, 스토크, 백일홍, 데이지

35. 다음 중 활력이 떨어진 종자의 특징으로 보기 어려운 것은?

① 종피의 투과성이 증대되어 전해질이 용출되기 쉽다.
② 종자의 함수량이 저하된다.
③ 다당류가 분해되어 단당류가 늘어난다.
④ 가수분해효소의 활성이 저하된다.

해설 종자 자체의 함수량이 적으면 종자의 저장성은 좋아진다.

31. ①　32. ①　33. ④　34. ④　35. ②

36. 종자가 저장 중에 발아력이 상실되는 주된 원인은?

① 원형질 단백의 응고
② 저장양분의 소모
③ 유독물질의 생성
④ 저장 중의 질식

> **해설** 발아력을 상실하는 주된 원인은 원형질 단백의 응고이며, 효소의 활력 저하나 저장양분의 소모도 이에 관련한다.

37. 종자의 수명을 늘리는 조건으로 옳지 않은 것은?

① 종자의 함수량을 낮춘다.
② 저장온도를 낮게 유지한다.
③ 주변 습도를 주기적으로 변화시킨다.
④ 건조한 채소종자는 밀봉하여 저장한다.

> **해설** 종자의 저장은 종자 자체의 수분함량을 낮게 하고, 저장온도와 상대습도를 낮게 유지하는 것이 유리하다.

03 CHAPTER 식물의 생장

01. 식물의 1차생장을 주도하는 분열조직은?

① 정단분열조직
② 측재분열조직
③ 개재분열조직
④ 모든 분열조직

> **해설** 정단분열조직에 의한 줄기와 뿌리의 길이생장을 1기생장이라 하고, 측재분열조직의 세포분열로 일어나는 비대생장을 2기생장이라 한다.

02. 다음 생장과 관련된 설명 중 옳지 않은 것은?

① 신장생장을 1차 생장, 비대생장을 2차 생장이라 한다.
② 형성층은 비대생장과 관련이 깊다.
③ 단자엽식물은 2차 생장이 활발하게 진행된다.
④ 단자엽식물은 유관속형성층이 없어 비대생장이 일어나지 않는다.

해설 단자엽식물은 유관속형성층이 없어 비대생장인 2차 생장은 일어나지 않는다.

03. 벼에서 엽신의 일부를 절단해도 재생장하는 것은?

① 주변분열조직이 활동하기 때문이다.
② 엽신의 기부에 분열조직이 있기 때문이다.
③ 절단면에 형성층이 활동하기 때문이다.
④ 엽신에는 분열세포가 골고루 분포하기 때문이다.

해설 벼과식물의 잎은 분열조직이 엽신의 기부에 있어 끝에서부터 성숙하며 기부 쪽은 생리적 연령이 어리다. 분열조직과 신장대가 기부에 있기 때문에 잎을 베어 내도 다시 생장하는 것을 볼 수 있다.

04. 분열조직에서 생성된 세포들이 확대될 때 세포벽의 가소성 증가에 관여하는 호르몬은?

① 옥신
② GA
③ ABA
④ 시토키닌

해설 산생장설(酸生長說, acid growth theory)
ⓐ 세포벽의 가소성 증가가 세포벽의 산성화에 의하여 일어난다는 이론이다.
ⓑ 세포벽은 가소성의 증가로 유연해지고 세포가 확대될 때 이 가소성은 비례적으로 커지며, 세포벽 가소성은 낮은 pH와 옥신에 의한다.
ⓒ 옥신이 세포막의 ATPase의 활성을 증가시켜 세포벽 쪽으로 H^+을 방출함으로 세포벽 공간의 pH를 낮춘다.
ⓓ 세포벽 부위에 H^+의 증가로 세포벽 연화효소(hydrolase)가 활성화되고, 세포벽 구성물질 간 수소결합이 약해져 세포벽이 느슨해진다.

작물생리학

05. 다음 세포의 분화와 관련된 설명 중 옳지 않은 것은?

① 다양한 조직과 기관이 세포분화 과정을 거쳐 형성된다.
② 피층세포가 도관부 원기보다 먼저 분화된다.
③ 세포의 극성은 세포 내 미세소관의 배치와 관련이 있다.
④ 불균일한 세포분열이 세포분화로 이어진다.

해설 분화순서: 배의 생장과정에서 뿌리와 줄기가 먼저 분화하고, 그 다음 도관부와 같은 조직의 원기가 분화되며, 표피세포와 피층세포 등이 가장 늦다.

06. 분열조직에서 생성된 세포의 확대와 관련된 설명으로 옳지 않은 것은?

① 세포벽이 유연해지면서 수분의 흡수로 팽압이 증가하면 세포는 확대생장한다.
② 식물세포의 생장에는 액포의 발달이 수반된다.
③ 미세소관은 세포의 생장방향과 평행하게 배열된다.
④ 확대에 필요한 세포벽 물질은 골지장치에서 합성되어 세포벽에 첨가된다.

해설 세포의 생장은 일정한 방향성이 있어 독특한 형태를 띠며, 이러한 생장 방향 결정에는 미세소관의 위치와 관련 있는 것으로 알려져 있으며, 미세소관은 세포의 생장 방향과 직각으로 배열된다.

07. 다음 작물뿌리에 대한 설명 중 옳지 않은 것은?

① 옥수수는 부정근이 잘 발달하여 부정근에 의해 주로 양분과 수분을 흡수한다.
② 질소를 사용한 식물체의 T/R률은 작아진다.
③ 삽목시 줄기의 내초부에서 세포가 분열하여 발근된다.
④ 종자근, 초생근, 주근은 모두 1차근에 해당된다.

해설 질소를 사용한 식물체의 T/R률은 커진다.

08. 주근계 뿌리에 관한 설명으로 옳지 않은 것은?

① 쌍자엽식물에서 볼 수 있다.
② 순무는 상배축 부분이 비대한 것이다.
③ 알팔파는 측근이 거의 발달하지 않는다.
④ 당근은 주근의 비대생장이 왕성하여 측근이 없는 것처럼 보인다.

해설 무와 순무는 주근의 하배축 부분이 비대한 것이다.

09. 섬유근계 뿌리에 관한 설명으로 옳지 않은 것은?

① 벼는 섬유근계를 형성한다.
② 주근에서 다수의 측근 원기가 생겨 형성된다.
③ 형성층이 없어 비대생장하지 못한다.
④ 발생 초기 주근의 생장이 멈추면서 지하 줄기의 기부에서 형성된다.

해설 섬유근계 또는 수근계(鬚根系, fibrous root system)
ⓐ 섬유 또는 수염 형태를 보이는 근계이다.
ⓑ 화본과 식물 같은 단자엽식물에서 볼 수 있다.
ⓒ 발생 초기 주근의 생장이 멈추면서 지하 줄기의 기부에서 다수의 부정근을 발생시켜 섬유근 또는 수근계를 형성한다.
ⓓ 형성층이 없어 비대생장을 하지 못한다.

10. 부정근에 해당하지 않는 것은?

① 엽삽으로 발생한 뿌리
② 캘러스에서 발생한 뿌리
③ 측근에서 발생한 뿌리
④ 취목으로 발생한 뿌리

해설 부정근(不定根, adventitious root)
ⓐ 유근, 주근 또는 측근에서 직접 발생하지 않는 뿌리이다.
ⓑ 인경, 괴경, 괴근 등에서 생기는 뿌리, 삽목이나 취목 등에서 발생하는 뿌리이다.

11. 잎의 발달에 관한 설명으로 옳지 않은 것은?

① 표피층은 주연분열조직의 수층분열로 형성된다.
② 결각은 유관속 주변 분열조직의 분열능력이 커서 생긴다.
③ 엽원기는 정단분열조직에서 아래쪽에 있는 것일수록 먼저 생장하고, 초기에는 주변생장, 후기에는 정단생장한다.
④ 내부조직은 서로 직각방향으로만 분열하므로 잎의 두께는 일정하고 면적만 증가한다.

> **해설**
> - 주연분열조직은 표면에서 직각방향으로 수층분열하여 표피층을 형성하고, 그 아래 분열조직에 의해 해면조직과 책상조직과 같은 내부조직이 형성된다. 내부조직도 서로 직각방향으로만 분열하기 때문에 잎의 두께는 일정하고 면적만 증가한다.
> - 엽원기는 정단분열조직에서 아래쪽에 있는 것일수록 먼저 생장하고, 초기에는 정단생장, 후기에는 주변생장 한다.

12. 환경조건과 T/R률과의 관계에 대한 설명으로 옳지 않은 것은?

① 일반적으로 질소를 시비하면 T/R률은 커진다.
② 적당한 온도와 충분한 수분은 T/R률이 커진다.
③ 고구마의 경우 파종기나 이식기가 늦어질수록 T/R률은 커진다.
④ 토양통기가 불량하면 T/R률은 작아진다.

> **해설** 토양통기가 불량하여 뿌리의 호기호흡이 저해되면 지상부보다 지하부 생장이 더욱 감퇴된다.

13. 생장상관에 관한 내용으로 옳지 않은 것은?

① 생식기관의 발달은 영양기관의 생장을 억제함으로써 촉진시킬 수 있다.
② 원예식물의 재배에서 적과, 적엽, 적화, 적아 등은 보상적 상관을 이용하는 것이다.
③ 화아의 원기를 제거하면 영양생장이 촉진되고 식물의 수명이 연장된다.
④ 옥신, 에틸렌, 시토키닌은 액아의 생장을 유도한다.

> **해설** 옥신과 에틸렌은 액아의 생장을 억제하고 시토키닌은 액아의 생장을 유도한다.

14. 정부우세성이 강한 식물에서 나타나는 현상을 바르게 설명한 것은?

① 줄기에서 정아가 형성되면 측아는 생기지 않는다.
② 줄기에서 적심을 해 주면 측아의 생장이 억제된다.
③ 뿌리에서 측근의 생장이 주근에 비해 우세하다.
④ 뿌리에서 주근의 선단을 자르면 측근이 잘 생긴다.

해설 줄기의 정아는 측아에 비하여 생장이 우세하고, 주근 정단부가 측근에 비하여 생장이 우세한 현상을 정부우세성이라고 한다. 적심을 하여 정아를 제거하면 측아의 생장이 유도되고, 주근 선단부를 제거하면 측근의 발생이 많아진다.

15. 줄기의 정부우세성과 관련이 있는 생장상관은?

① 지하부와 지상부
② 정아와 측아
③ 영양기관과 생식기관
④ 잎과 액아

해설 식물의 한 기관이 다른 기관의 생장형태나 생장속도에 영향을 주고받는 현상을 생장상관이라 하며, 줄기의 정아는 측아에 비하여 생장이 우세하고, 주근 정단부가 측근에 비하여 생장이 우세한 현상을 정부우세성이라고 한다.

16. 기관의 생장에 대한 설명으로 옳지 않은 것은?

① 기관의 생장은 유한생장과 무한생장으로 구분한다.
② 해바라기의 유한생장의 경우 정단에 화서가 분화되면 줄기의 신장이 정지된다.
③ 화아, 신생장점, 잎의 분화가 되풀이 되면서 줄기가 신장하고, 화방수가 계속 증가하는 것을 무한생장이라 한다.
④ 무, 배추는 생식생장으로 전환될 때 무한생장을 한다.

해설 무, 배추는 생식생장으로 전환될 때 유한생장을 한다.

17. 과수에서 적과에 의해 과실들 사이에 형성되는 생장상관의 관계는?

① 상가적 상관
② 상조적 상관
③ 보상적 상관
④ 길항적 상관

해설 **보상적 상관**(補償的相關, compensatory correlation)
① 같은 기관 사이에서도 생장상관은 존재하는데 동일 기관 사이에 양분이나 호르몬 등에서 경쟁관계가 형성될 때 기관의 수를 줄이면 남은 기관의 크기가 커진다.
② 작물의 재배에서 적과, 적엽, 적화, 적아 등은 보상적 상관을 이용하는 것이다.

18. 식물의 생장곡선을 세분하여 볼 때 생장속도가 가장 빠른 시기는?

① 생장초기　　　　　　　　② 생장중기
③ 생장말기　　　　　　　　④ 생장말기 후 숙성기

해설 **생장속도**: 식물의 발아 후 생장속도를 조사하면 S자곡선(시그모이드曲線, sigmoid curve)을 나타내며, 측정은 전체 식물체를 대상으로 하거나 줄기, 뿌리 과실 등 개별 기관을 대상으로 하거나 모두 S자곡선을 보인다.

19. 식물의 상대생장률을 나타내는 방법은?

① 일정한 기간 동안 식물체의 건물생산능력
② 단위엽면적당 단위시간의 건물생산능력
③ 식물체 단위무게에 대한 엽면적의 비율
④ 일정기간 단위엽면적당 작물군락의 총 건물생산능력

해설 상대생장률은 일정한 기간 동안 식물체의 건물생산능력을 말한다. 단위기간 동안 원래 무게에 대한 건물중의 증가로 나타낸다.

20. 다음 생장분석에 대한 설명으로 옳지 않은 것은?

① RGR(상대생장률)=NAR(순동화율)×LAR(엽면적률)
② LAI는 단위면적당 작물군락의 엽면적의 총화이므로 단위가 없다.
③ CGR은 일정기간에 단위면적당 작물 군락의 총 건물생산능력을 말하며 $g/m^2/t$로 표시한다.
④ 재식밀도가 높은 경우 직립형 초형일수록 CGR은 감소된다.

해설 ・**상대생장률**(RGR; relative growth rate): 일정한 기간 동안 식물체의 건물 생산능력을 나타낸다.
・**엽면적지수**(葉面積指數, LAI; leaf area index): 식물이 차지하는 땅면적에 대한 엽면적의 비율을 말한다.
・**작물생장률**(作物生長率, CGR; crop growth rate): 일정기간에 단위면적당 작물 군락의 총 건물생산능력을 말하며 $g/m^2/t$로 표시한다.
・재식밀도가 높은 경우 직립형 초형일수록 CGR은 증대된다.

21. 일정한 생육기간 동안 엽면적 또는 엽면적지수의 총화를 의미하는 용어는?

① 엽면적기간 ② 작물생장률
③ 엽면적지수 ④ 순동화율

해설
- 엽면적기간(葉面積期間, LAD; leaf area duration): 일정 생육기간 동안의 엽면적 총화
- 작물생장률(作物生長率, CGR; crop growth rate): 일정기간에 단위면적당 작물 군락의 총 건물생산능력을 말하며 $g/m^2/t$로 표시한다.
- 엽면적지수(葉面積指數, LAI; leaf area index): 식물이 차지하는 땅면적에 대한 엽면적의 비율을 말한다.
- 순동화율(純同化率, NAR; net assimilation rate): 단위엽면적당 단위시간의 건물생산능력(건물중의 증가)을 의미하며, $g/m^2/t$로 나타낸다.

22. 식물의 생장과 광의 관계에 관한 설명으로 옳지 않은 것은?

① 식물은 광도가 증가하면 광포화점에 이를 때까지는 계속해서 광합성 속도가 증가한다.
② 식물을 암조건에 두면 단자엽식물의 잎이 황화현상을 보이는데 이는 적색광을 단시간 조사함으로써 방지할 수 있다.
③ 적색광은 굴광반응, 마디의 신장 등에 관여한다.
④ 식물의 생육에 중요한 광선은 390~760nm의 가시광선이다.

해설 청색광은 굴광반응, 마디의 신장 등에 관여한다.

23. 화훼작물의 생장조절에 이용되는 DIF란 무엇인가?

① 작물별 한계일장
② 낮과 밤의 온도차이
③ 식물호르몬의 일종
④ 단색광을 방출하는 인공광원

해설 DIF는 difference에서 따온 용어로서 차이라는 뜻이다. 주로 낮과 밤의 기온차이를 의미한다. 이 DIF는 화훼식물의 생장과 개화반응에 영향을 미치기 때문에 이것을 이용하여 화훼의 생육을 조절한다.

24. 다음 DIF와 식물의 생육과의 관계에 관한 설명 중 옳지 않은 것은?

① 대개 주간온도가 높고, 야간온도가 낮은 것이 생장에 유리하다.
② 야간온도가 낮으면 당함량이 높아지고 뿌리로 당이동이 증가한다.
③ DIF 값이 '0'이나 '-'인 경우 생장이 억제되어 식물체를 왜화시킬 수 있다.
④ 온실 내에서 DIF 값에 반응이 좋은 식물로 히아신스, 튤립, 수선화 등이 있다.

해설 온실 내에서 DIF 값에 반응
  ㉠ 반응이 좋은 식물: 백합, 국화, 제라늄, 거베라, 피튜니아, 토마토 등
  ㉡ 반응이 약하거나 없는 식물: 히아신스, 튤립, 수선화 등

04 CHAPTER 식물의 개화생리

01. 유년성과 성년성에 대한 설명으로 옳지 않은 것은?

① 성년기에는 어떠한 조건에서도 생식생장으로의 전환이 불가능하다.
② 식물이 유년기를 완료하면 화숙 또는 성숙하였다고 표현한다.
③ 성년기에는 유년기와는 다른 외부형태적 변화를 수반한다.
④ 식물이 유년기에서 성년기로 넘어가는 것을 생리적인 상전환이라 한다.

해설 유년기(幼年期, juvenile period): 식물이 유년상을 가지고 있는 기간
  ㉠ 유년기에는 어떠한 조건에서도 생식생장으로의 전환이 불가능하다.
  ㉡ 종자상태에서 유년기를 보내는 식물은 유년상이 없는 것으로 보이기도 하나 대부분 식물은 수개월에서 수십년에 이르는 다양한 유년상을 거친다.
  ㉢ 초본성 채소류는 유년기가 없거나 대단히 짧은데, 토마토와 고추 등은 잎이 9매 정도 발달한 다음 화아가 분화된다.
  ㉣ 옥수수는 16마디 이상 발달해야만 화아분화가 일어난다.
  ㉤ 과수와 같은 목본식물 중 사과는 6~8년, 배는 8~12년이 경과해야 개화한다.

02. 서양송악에서 유년상에 볼 수 있는 가장 큰 특성은?

① 잎에 결각이 있다.   ② 줄기가 수직성이다.
③ 잎이 둥근 원형이다.   ④ 화아가 분화된다.

해설 송악(*Hedera rhombea*)의 유년상과 성년상의 형태적 차이
  ㉠ 송악은 형태적 변화를 보이는 전형적인 식물이다.
  ㉡ **유년기**: 잎들이 결각을 보이고, 줄기는 수평생장을 하며, 발근이 잘된다.
  ㉢ **성년기**: 성년기에 발생하는 잎은 결각이 없고, 줄기는 위로 서면서 조건이 갖추어지면 꽃이 핀다.

03. 리센코의 상적발육설의 내용으로 옳지 않은 것은?

① 작물의 생장과 발육은 동일한 현상이 아니다.
② 식물의 발육과정은 개개의 단계에 의해 성립된다.
③ 전단계의 발육상이 완료되지 않으면 다음 발육상으로 진행되지 않는다.
④ 개개의 발육상을 완료하는 데에는 동일한 환경조건이 필요하다.

해설 개개의 발육상을 완료하는 데에는 서로 다른 환경조건이 필요하다.

04. 작물의 화아분화에 가장 큰 영향을 미치는 환경적 요인은?

① 온도, 수분
② 수분, 질소
③ 일장, 수분
④ 온도, 일장

해설 화아분화를 유도하는 환경조건
  ㉠ 식물이 성숙하여도 적합한 환경조건이 주어지지 않으면 화아분화가 이루어지지 않는다.
  ㉡ 화아분화에 관여하는 외적 환경요인 중 가장 중요한 것은 일장과 온도이다.
  ㉢ 화아분화에 미치는 일장의 효과는 광주기성, 온도의 효과는 춘화현상으로 설명된다.

05. 꽃눈분화에 영향을 미치는 요인에 대한 설명으로 옳지 않은 것은?

① 무는 저온에 감응하여 꽃눈이 분화한다.
② 토마토는 체내 C/N율이 낮을 때 꽃눈분화가 억제된다.
③ 과수는 환상박피를 하면 꽃눈분화가 지연된다.
④ 가지과 채소는 일장과 무관하게 파종 후 20~40일에 꽃눈이 형성된다.

해설 과수의 환상박피는 동화산물이 지하부쪽으로 전류되는 것이 억제되어 C/N율이 증가하므로 꽃눈분화가 촉진된다.

06. 식물의 광주기성에 대한 설명으로 옳지 않은 것은?

① 단일식물은 한계일장보다 긴 일장조건에서 개화가 촉진된다.
② 광합성에는 효과가 없을 정도의 약한 조명으로도 장일식물의 개화유도가 이루어진다.
③ 장일식물은 단일조건에서 개화하지 못한다.
④ 광중단에 의한 단일식물 도꼬마리의 꽃눈분화 억제와 장일식물 보리의 유수형성촉진에는 660nm가 가장 효과적이다.

해설 단일식물은 한계일장보다 짧은 일장조건에서 개화가 촉진된다.

07. 다음 일장효과에 대한 설명으로 옳지 않은 것은?

① 양파는 단일조건에서 저장기관의 발육이 조장된다.
② 일장의 변화에 의해 식물이 화아분화되고, 개화하는 현상을 광주기성이라 한다.
③ 식물체에서 일장이 감응하는 부위는 잎이다.
④ 일장효과에 가장 효과가 큰 광파장은 660nm 영역이다.

해설 양파는 장일조건에서 저장기관의 발육이 조장된다.

08. 다음 중 위도별 일장의 계절적 변화를 바르게 설명한 것은?

① 하지의 일장은 고위도 지방으로 갈수록 길어진다.
② 적도부근에서는 계절별 일장의 변화가 심하다.
③ 춘분과 추분에도 위도에 따라 밤과 낮의 길이가 다를 수 있다.
④ 극지방은 일장의 계절적 변화가 작다.

해설 ② 적도부근에서는 계절별 일장의 변화가 거의 없다.
③ 춘분과 추분에는 위도에 관계없이 밤과 낮의 길이가 같다.
④ 극지방은 일장의 계절적 변화가 크다.

09. 식물의 광주기성에 관하여 바르게 설명한 것은?

① 일장감응은 잎에서 일어난다.
② 흐린 날에는 일장감응이 일어나지 않는다.
③ 녹색광의 효과가 크게 나타난다.
④ 일장반응은 온도와 관계없이 일어난다.

해설 광주기성의 일장감응은 잎에서 일어나는데, 광주기자극은 광합성에는 효과가 없는 약광에서도 일어난다. 즉, 흐리거나 비 오는 날의 자연일조에서도 일장반응은 가능하다. 광주기성은 적색광이 효과가 크며 청색광은 효과가 떨어지고 녹색광은 효과가 없다. 자연상태에서 일장의 변화는 온도의 변화를 수반하기 때문에 일장과 온도는 상호작용을 한다.

10. 저위도 지방에서 고위도 지방의 장일식물을 재배할 경우 개화와 관련된 식물의 반응으로 옳은 것은?

① 연중 어느 시기라도 개화가 가능하다.
② 화아분화가 촉진된다.
③ 개화와 결실이 불가능해진다.
④ 영양생장과 생식생장이 적당하여 수량이 증가한다.

해설 항상 단일조건인 저위도 지방에서 장일식물은 개화와 결실이 불가능해진다.

11. 다음 중 광주기성이 같은 작물끼리 묶인 것은?

① 담배, 귀리, 포인세티아
② 가을보리, 장미, 사탕무
③ 국화, 시금치, 나팔꽃
④ 고추, 오이, 토마토

해설 **장일식물**: 가을보리, 귀리, 사탕무, 시금치, 토끼풀, 카네이션 등
단일식물: 국화, 나팔꽃, 담배, 딸기, 포인세티아 등
중성식물: 토마토, 고추, 오이, 장미 등

12. 식물의 광주기성과 관련하여 중성식물에 대해 바르게 설명한 것은?

① 한계일장이 중간이다.
② 한계일장이 길다.
③ 한계일장이 짧다.
④ 한계일장이 없다.

해설 장일식물은 한계일장보다 긴 일장조건에서, 단일식물은 짧은 일장조건에서 개화한다. 중성식물은 한계일장이 없고 광범위한 일장조건에서 개화한다.

13. 만생종 벼를 생육기간 중 계속 조명등으로 장일처리를 하였을 때 예상되는 결과로 옳은 것은?

① 출수가 다소 촉진된다.
② 출수가 현저히 촉진된다.
③ 출수가 정상적으로 이루어진다.
④ 출수가 불가능하다.

해설 만생종 벼는 단일조건에서 개화가 유도되므로 조명등으로 장일처리를 계속하면 출수가 불가능하다.

14. 다음 중 장일식물에 대한 설명으로 옳은 것은?

① 파종에서 수확까지 생육일수가 긴 작물
② 장일처리에 의해 영양생장이 촉진되는 작물
③ 일조시간이 긴 봄부터 여름에만 생육할 수 있는 작물
④ 장일조건에서 화아분화가 촉진되는 작물

해설 장일식물(長日植物, LDP; long-day plant; 단야식물)
① 보통 16~18시간의 장일상태에서 화성이 유도, 촉진되는 식물로, 단일상태는 개화를 저해한다.
② 최적일장 및 유도일장 주체는 장일측에, 한계일장은 단일측에 있다.

15. 상추나 양배추를 장일처리하였을 때 생육반응에 대한 설명으로 옳은 것은?

① 영양생장만 계속하게 된다.
② 추대와 개화가 촉진된다.
③ 생육이 저조해진다.
④ 영양생장과 생식생장이 동시에 촉진된다.

해설 상추와 양배추는 장일식물로 장일처리로 추대와 개화가 촉진된다.

16. 일장형의 분류로 단일식물형에 속하지 않는 것은?

① SS형   ② SI형
③ IS형   ④ LI형

해설 화아분화 및 개화에 따른 식물의 일장형

일장형	종래의 일장형	최적일장		대표작물
		꽃눈분화 전	꽃눈분화 후	
SL	단일식물	단일	장일	프리뮬러(앵초), 시네라리아, 딸기
SS	단일식물	단일	단일	코스모스, 나팔꽃, 콩(만생종)
SI	단일식물	단일	중성	벼(만생종), 도꼬마리
LL	장일식물	장일	장일	시금치, 봄보리
LS	–	장일	단일	피소스테기아(physostegia; 꽃범의 꼬리)
LI	장일식물	장일	중성	사탕무
IL	장일식물	중성	장일	봄밀
IS	단일식물	중성	단일	해국(북극데이지)
II	중성식물	중성	중성	벼(조생종), 메밀, 토마토, 고추

17. 다음 중 정일식물에 대한 설명으로 옳은 것은?

① 꽃눈의 형성은 장일에서, 개화는 단일에서 촉진되는 식물이다.
② 발아 후 일정기간이 지난 후 개화하는 식물이다.
③ 일장보다는 영양생장의 진행정도에 의하여 화성이 유도되는 식물이다.
④ 좁은 범위의 특정한 일장조건에서만 화성이 유도되는 식물이다.

해설 정일식물(定日植物, definite day-length plant; 중간식물)
① 특정 좁은 범위의 일장에서만 화성이 유도되며, 2개의 한계일장이 있다.
② 사탕수수의 F-106이란 품종은 12시간에서 12시간 45분의 일장에서만 개화한다.

18. 작물이 화성호르몬에 의해 화아가 분화되는 과정으로 옳지 않은 것은?

① 잎에서 화성호르몬인 플로리겐이 합성된다.
② 플로리겐이 줄기선단부의 정아로 이동한다.
③ 정아에서 화아가 분화, 발달한다.
④ 화아분화는 생장이 제일 늦은 것부터 순차적으로 이루어진다.

해설 화아분화는 생장이 제일 빠른 것부터 순차적으로 이루어진다.

19. 식물의 광주기자극에 의해 형성되는 화성유도물질로 추정되는 것은?

① 버날린　　　　　　　　② 시토크롬
③ 시토키닌　　　　　　　④ 플로리겐

해설 1936년 러시아의 샤일라얀은 광주기자극에 의해 형성되는 화성유도물질, 즉 개화호르몬으로 플로리겐을 가정한 바 있다.

20. 식물의 일장효과에 영향을 끼치는 조건으로 옳지 않은 것은?

① 본엽이 나온 뒤 어느 정도 발육한 후에 감응한다.
② 명기의 광이 약광이라도 일장효과가 발생한다.
③ 야간조파(夜間照破)에 가장 효과적인 광은 청색광이다.
④ 일장효과의 발현에는 어느 한계의 온도가 필요하다.

해설 효과는 600~660nm의 적색광이 가장 크고, 다음이 자색광인 380nm 부근, 480nm 부근의 청색광이 가장 효과가 적다.

21. 장일식물에 장일처리 중 명기의 중간에 하는 암처리 효과는?

① 장일처리효과가 촉진된다.
② 일장처리효과에 변화가 없다.
③ 단일처리효과가 나타난다.
④ 장일처리효과가 억제된다.

해설 단일조건에서 암기의 중간에 수 분간 광을 조사해 주는 것을 광중단이라고 한다. 암기에 광중단처리를 하면 일장효과가 없어져 장일처리효과가 나타난다. 반면에 명기의 중간에 잠시 암기를 두어도 일장효과는 그대로 유지된다.

22. 암기와 피토크롬에 대한 설명으로 옳지 않은 것은?

① 단일식물은 Pfr 수준이 낮을 때 개화하고, 장일식물은 높을 때 개화한다.
② 식물에 의한 시간측정기구는 모래시계이론과 내생리듬이론으로 설명된다.
③ 식물체 내 피토크롬의 종류와 그들의 상대적 농도차에 의하여 광주기성이 결정된다.
④ 단일식물의 광중단효과는 청색광을 조사하여 Pr에 대한 Pfr의 비율을 증가시키기 때문이다.

해설 단일식물의 광중단효과는 적색광을 조사하여 Pr에 대한 Pfr의 비율을 증가시키기 때문이다.

23. 화학물질과 일장효과에 관한 설명으로 옳지 않은 것은?

① 나팔꽃에서는 키네틴이 화성을 촉진한다.
② 파인애플은 2,4-D처리로 개화가 유도된다.
③ 파인애플에서 아세틸렌이 화성을 촉진한다.
④ 마류(麻類)에서는 생장억제제가 개화를 촉진한다.

해설 화학물질과 일장효과
  ① 옥신 처리: 장일식물은 화성이 촉진되는 경향이 있고 단일식물은 화성이 억제되는 경향이 있다.
  ② 지베렐린 처리: 저온, 장일의 대치적 효과가 커서 1년생 히요스 등은 지베렐린의 공급은 단일에서도 개화한다.

24. 작물의 화성유도에 관한 내용으로 옳은 것은?

① 내생 호르몬에 의하여 반응하나 외부에서 처리한 호르몬은 효과가 없다.
② 버널리제이션은 10℃ 이상의 온도에서는 효과가 나타나지 않는다.
③ 일장과 버널리제이션에 대한 감응은 모두 생장점에서 일어난다.
④ 종자버널리제이션은 백체가 출현할 때까지 최아하여 실시한다.

해설 ① 내생 호르몬에 의하여 반응하나 외부에서 처리한 호르몬에도 효과가 잘 나타난다.
  ② 버널리제이션은 월년생 장일식물은 10℃ 이하에서, 단일식물은 10℃의 온도에서는 효과가 나타난다.
  ③ 일장은 성엽에서 버널리제이션은 생장점에서 감응한다.

25. 다음 중 춘화처리에 대한 설명으로 옳은 것은?

① 식물의 영양생장을 촉진시키기 위해 온도를 처리하는 것
② 겨울철 온실에서 작물을 재배하는 것
③ 개화를 유도촉진하기 위하여 저온처리하는 것
④ 휴면 중인 꽃눈을 온탕처리하여 개화를 촉진하는 것

해설 춘화현상(春花現象, vernalization)
  ㉠ 식물이 생육의 일정 단계에서 특별한 자극을 받아 화아분화가 촉진되는 것
  ㉡ 식물은 생육의 특정단계에 저온자극을 받아야 화성이 유도된다.
  ㉢ 춘화처리란 화아분화를 촉진하기 위하여 특별한 자극을 주는 것을 의미한다.
  ㉣ 특별한 자극은 주로 저온자극을 의미한다.

26. 버널리제이션에 대한 설명으로 옳지 않은 것은?

① 화성을 유도, 촉진하는 저온처리의 감응부위는 생장점이다.
② 잠두는 저온처리 후의 어린 식물에 지베렐린을 가용하면 버널리제이션의 효과가 소멸된다.
③ 최아종자의 고온처리 또는 저온처리에는 빛의 유무가 버널리제이션에 관계하지 않는다.
④ 양배추는 녹체기에 버널리제이션의 효과가 큰 녹체춘화형 식물이다.

해설 광선
① 최아종자의 저온춘화는 광선의 유무에 관계가 없다.
② 고온춘화는 처리 중 암흑상태가 필요하다.
③ 일반적으로 온도유지와 건조 방지를 위해 암중 보관한다.

27. 다음 중에서 녹식물춘화형에 속하는 채소는?

① 무, 순무
② 완두, 잠두
③ 양파, 양배추
④ 상추, 부추

해설 양배추, 꽃양배추, 파, 양파, 우엉, 당근 등은 식물체가 어느 정도 커진 다음에 저온에 감응하여 화아분화를 일으키는 녹식물춘화형채소이다.

28. 춘화처리에 관한 설명으로 옳은 것은?

① 일반적으로 종자를 건조시키면서 저온처리를 하는 것이 효과적이다.
② 화학적 춘화처리에는 ABA나 IAA가 가장 많이 이용된다.
③ 곡류의 발아촉진을 위하여 주로 종자 춘화처리를 한다.
④ 배추, 무, 채소류에서도 춘화처리 효과가 나타난다.

해설 ① 일반적으로 종자를 건조시키면 춘화처리의 효과가 감퇴된다.
② 화학적 춘화처리에는 GA나 IAA가 가장 많이 이용된다.
③ 종자 춘화처리의 목적은 발아의 촉진이 아닌 개화의 화성을 유도하기 위한 것이다.

29. 다음 중 버널리제이션(춘화처리)의 감응 부위는?

① 뿌리 ② 생장점
③ 잎 ④ 줄기

해설 식물체의 춘화처리에 감응하는 부위는 생장점이다.

30. 맥류의 파성에 대한 설명으로 옳지 않은 것은?

① 추파성은 유전적 특성이며 환경에 의해서도 영향을 받는다.
② 추파성이 클수록 내동성이 증대된다.
③ 완전히 춘화된 맥류는 저온·단일에 의하여 출수가 빨라진다.
④ 추파성은 춘화처리에 의해 소거될 수 있다.

해설 추파형 품종이라도 추파성이 없어지면 저온단일조건을 거치지 않아도 출수가 이루어지므로 봄에 파종하면 재배기간을 단축시킬 수 있다.

31. 맥류의 파성에 대한 설명으로 옳은 것은?

① 추파성이 큰 품종이 내동성이 강하다.
② 추파성이란 생식생장을 촉진시키는 성질이다.
③ 춘파성이 낮고 추파성이 높을수록 출수가 빨라진다.
④ 추파형은 저온, 장일조건에서 추파성이 소거된다.

해설 ② 추파성이란 생식생장을 억제시키는 성질이다.
③ 춘파성이 낮고 추파성이 높을수록 출수가 늦어진다.
④ 추파형은 저온, 단일조건에서 추파성이 소거된다.

32. 보리의 파성과 출수에 대한 설명으로 옳지 않은 것은?

① 출수하기 위한 생육초기의 저온요구도가 낮은 것을 추파형이라 한다.
② 추파성 소거 후에는 고온 및 장일 조건이 출수를 촉진한다.
③ 협의의 조만성은 추운 지방보다 따뜻한 지방에서 조숙화에 대한 기여도가 낮다.
④ 추파성이 낮고 춘파성이 높을수록 출수가 빨라진다.

26. ③ 27. ③ 28. ④ 29. ② 30. ③ 31. ① 32. ①

> **해설**
> - 가을보리가 출수에 이르는 정상적 생육을 위해 품종에 따라 생육초기에 일정 기간에 낮은 온도환경을 필요로 하는데 그 정도를 파성이라 한다.
> - 저온요구도가 큰 것을 추파형(秋播型, winter type), 작은 것을 춘파형(春播型, spring type), 그 중간 정도를 가진 것을 양절형(兩節型, intermediate type)이라 한다.

33. 맥류의 출수와 관련이 있는 성질에 대한 설명으로 옳지 않은 것은?

① 추파성은 맥류의 생식생장을 빠르게 진행시킴으로써 내동성을 증가시킨다.
② 완전히 춘화된 식물은 고온, 장일에 의해 출수가 빨라진다.
③ 추파성이 완전히 소거된 다음, 고온에 의해 출수가 촉진되는 성질을 감온성이라고 한다.
④ 출수를 가장 빠르게 하는 환경을 부여했을 때, 이삭이 분화될 때까지 분화되는 주간의 엽수를 최소엽수라고 한다.

> **해설** 추파성
> ㉠ 맥류의 영양생장을 지속시키고 생식생장을 억제하는 성질을 말하며 유전적 특성이지만 환경의 영향을 받는다.
> ㉡ 추파형 맥류는 추파성을 가지고 있어 맥류의 영양생장만 지속시키고 생식생장으로 이행을 억제하며 내동성을 증대시킨다.
> ㉢ 추파형 품종은 가을에 파종해야 월동 중 저온단일조건으로 추파성이 소거되어 정상적 출수로 개화 결실하나 봄에 파종하면 추파성 소거에 필요한 저온단일조건을 충분히 만나지 못해 추파성이 소거되지 못하고 좌지현상을 보인다.

34. 오이의 성표현에 관한 설명이다. ( ) 안에 들어갈 말을 순서대로 나열한 것은?

오이의 경우 ( )과 ( )조건은 암꽃의 착생절위를 낮추고 암꽃의 수를 증가시킨다.

① 저온, 단일
② 저온, 장일
③ 고온, 단일
④ 고온, 장일

> **해설** 일장과 온도
> ⓐ 박과채소류는 저온과 단일조건에서 자성화를 촉진한다.
> ⓑ 오이의 경우 저온과 단일조건은 암꽃의 착생절위를 낮추고 암꽃의 수를 증가시킨다.

35. 암술의 구성요소에 관한 설명으로 옳지 않은 것은?

① 수정 후 자방이 과실로 발달한다.
② 수정 후 배주가 종자로 발달한다.
③ 주두는 화분의 발아가 일어나는 곳이다.
④ 화주는 유관속조직으로 양수분 수송관이다.

해설 화주(花柱, style) : 자방 위에 위치하여 화분관이 침투해 들어가는 조직이다.

36. 성숙한 배낭에서 관찰할 수 있는 세포와 핵의 수는?

① 세포 4개, 핵 5개 ② 세포 5개, 핵 7개
③ 세포 7개, 핵 8개 ④ 세포 8개, 핵 8개

해설 배주의 배낭모세포에서 발달한 대포자는 3회의 핵분열을 거쳐 성숙한 배낭으로 발달한다. 성숙한 배낭은 일곱 개의 세포와 여덟 개의 핵을 가진다. 합점 쪽에 세 개의 반족세포가 있고, 주공 쪽에 두 개의 조세포와 한 개의 난세포가 있다. 각각의 세포에는 핵이 하나씩 있다. 그리고 중심세포에는 두 개의 극핵이 자리 잡고 있다.

37. 배낭의 난세포에 관한 설명으로 옳은 것은?

① 합점쪽에 위치한다.
② 정핵과 결합하여 2n의 배를 형성한다.
③ 합점쪽으로 큰 액포가 위치해 있다.
④ 주위에 반족세포와 접해 있다.

해설 난세포(卵細胞, egg cell)
㉠ 주공쪽에 위치한다.
㉡ 정핵과 결합하여 접합자를 형성한다.
㉢ 난세포에는 주공쪽으로 큰 액포가 위치하고 있어 합점(合點, chalazal)으로 치우쳐 있다.

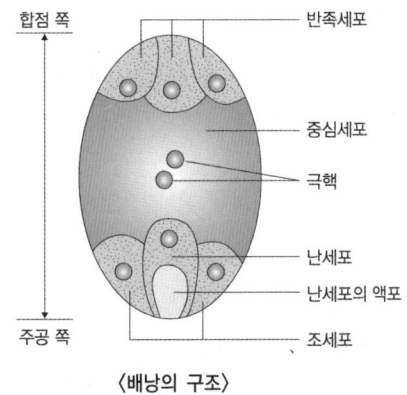

〈배낭의 구조〉

05 CHAPTER 결실과 노화

01. 풍매화와 충매화에 관한 설명으로 옳지 않은 것은?

① 타가수분식물은 주로 충매화에 해당한다.
② 옥수수는 충매화이다.
③ 풍매화는 화피가 없거나 발달이 미약하다.
④ 풍매화는 작고 많은 양의 화분을 생산한다.

해설 옥수수는 풍매화이다.

02. 충매화의 특징에 대한 설명으로 옳지 않은 것은?

① 꽃색이 화려하다.
② 밀선이 잘 발달되어 있다.
③ 향기를 발산한다.
④ 화분이 작고 양이 많다.

해설 충매수분(蟲媒授粉)
　㉠ 방화곤충에 의해 이루어지는 수분 방식이다.
　㉡ 주로 타가수정 작물에서 이루어진다.
　㉢ 방화곤충에 의해 수분이 이루어지는 꽃을 충매화(蟲媒花)라 한다.
　　ⓐ 꽃색이 화려하고 밀선이 잘 발달되어 있다.
　　ⓑ 향기를 발산하여 방화곤충을 잘 유인하는 화기구조를 가지고 있다.

03. 자가수분의 특징이라고 볼 수 있는 것은?

① 자가수분식물은 화기구조가 닫혀 있거나, 꽃색이나 밀선 등도 방화곤충의 시선을 끌지 못한다.
② 자가불화합성은 자가수분을 유도한다.
③ 주로 충매에 의해 수분이 이루어진다.
④ 식물은 진화적으로 자가수분 쪽으로 진화해 온 것으로 보인다.

해설 자가수분(自家授粉, self-pollination)
　㉠ 같은 개체 내에서 일어나는 수분
　㉡ 자가수분을 쉽게 받을 수 있는 구조를 갖는다.
　㉢ 자가수분식물은 화기구조가 닫혀 있거나, 꽃색이나 밀선 등도 방화곤충의 시선을 끌지 못한다.

04. 타가수분의 특징으로 볼 수 없는 것은?

① 서로 다른 개체 사이에 일어나는 수분이다.
② 식물은 진화적으로 종족유지에 유리한 타가수분 쪽으로 변해 온 것으로 보고 있다.
③ 자가불화합성, 웅성불임성 등의 현상으로 타가수분이 유도된다.
④ 화본과 식물은 주로 타가수분이 이루어진다.

해설 타가수분(他家授粉, cross-pollination)
㉠ 서로 다른 개체 사이에 일어나는 수분
㉡ 식물은 진화적으로 종족유지에 유리한 타가수분 쪽으로 변해 온 것으로 보고 있다.
㉢ 타가수분식물은 개화기, 주두와 화사의 길이, 주두와 약의 성숙기 차이, 자가불화합성, 웅성불임 등의 유전 현상으로 타가수분이 유도된다.

05. 다음 중 폐화수분이 이루어지는 식물은?

① 벼   ② 수박
③ 충매화   ④ 풍매화

해설 폐화수분은 자식성작물에서 이루어진다.

06. 화분관의 세포벽을 구성하는 주요물질은?

① 펙틴   ② 리그닌
③ 칼로오스   ④ 셀룰로오스

해설 화분관의 세포벽은 셀룰로오스 대신 칼로오스라고 하는 다당류로 구성되며, 골지장치에서 합성되어 화분관의 끝으로 수송된다.

07. 화분관이 자라 주공을 통해 배낭 속으로 들어가 극핵 및 난핵과 결합하는 과정을 무엇이라 하는가?

① 수분   ② 화분과 신장
③ 단위생식   ④ 수정

해설 수정은 1개의 정핵이 난핵과 만나 배(2n)를 형성하고, 다른 1개의 정핵은 2개의 극핵과 만나 배유(3n)를 형성하는 것이다.

정답 01. ② 02. ④ 03. ① 04. ④ 05. ① 06. ③ 07. ④

08. 다음 식물의 수정에 대한 설명 중 옳지 않은 것은?

① 일반적으로 나자식물은 중복수정을 한다.
② 수정이 이루어지면 배주는 종자로 발달한다.
③ 수분 후 수정에 이르는 시간은 옥수수, 보리는 5분, 오래 걸리는 것은 4개월이나 된다.
④ 주두나 화주조직은 화분발아나 화분관 신장에 생리적 영향을 미친다.

해설 일반적으로 피자식물은 중복수정을 한다.

09. 피자식물의 중복수정에 대하여 옳게 설명한 것은?

① 난핵과 정핵, 조세포와 정핵이 수정하는 현상
② 난핵과 정핵, 극핵과 정핵이 수정하는 현상
③ 조세포와 정핵, 극핵과 정핵이 수정하는 현상
④ 난핵과 정핵, 반족세포와 정핵이 수정하는 현상

해설 피자식물의 중복수정
㉠ 배(2n) : 정핵(n)+난핵(n)
㉡ 배유(3n) : 정핵(n)+극핵(n)+극핵(n)

10. 수정과 종자발달에 대한 설명으로 옳은 것은?

① 침엽수와 같은 나자식물은 중복수정이 이루어지지 않는다.
② 수정은 약에 있는 화분이 주두에 옮겨지는 것을 말한다.
③ 완두는 배유조직과 배가 일체화되어 있는 배유종자이다.
④ 중복수정은 정핵이 난핵과 조세포에 결합되는 것을 말한다.

해설 나자식물(裸子植物, =겉씨식물; gymnosperms)은 중복수정이 없어 2개의 정핵 중 하나가 난세포와 융합하여 배를 이루고 나머지 하나는 퇴화하며 난세포 이외 배낭조직이 후에 배의 영양분이 된다.

11. 불화합성의 원인에 관한 설명으로 옳은 것은?

① 암술기관인 배주나 배낭에 이상이 생겨 발생한다.
② 약에서 화분이 생성되지 않아 발생한다.
③ 기능을 상실한 화분에 의해서 일어난다.
④ 주두의 특이한 물질이 화분의 발아를 억제해 일어난다.

> **해설** 불화합성(不和合性, incompatibility): 생식기관이 건전한 것끼리 근연 간 수분을 할 때, 다른 경우에는 정상적으로 수정, 결실이 되지만 어떤 경우 수정 결실하지 못하는 경우가 있는데 이를 불화합성이라고 하며 불임성의 큰 원인이 된다.

12. 웅성불임과 자가불화합성에 대한 설명으로 옳은 것은?

① 세포질웅성불임은 핵내 웅성불임유전자가 관여한다.
② 세포질웅성불임은 영양기관을 이용하는 작물의 1대잡종 생산에 이용될 수 있다.
③ 배우체형 자가불화합성은 화분을 생산한 식물체의 유전자형에 의해 결정된다.
④ 포자체형 자가불화합성은 화분의 유전자에 의해 결정된다.

> **해설** ① 세포질웅성불임성(細胞質雄性不稔性, cytoplasmic male sterility, CMS): 세포질 유전자만 관여하는 웅성불임으로 벼, 옥수수 등이 해당된다.
> ③ **배우체형**: 화분(n)의 유전자가 화합과 불화합을 결정하고 가지과, 볏과, 클로버 등이 해당된다.
> ④ **포자체형**: 화분을 생산한 식물체(포자체, 2n)의 유전자형에 의해 화합과 불화합이 달라지며 십자화과, 국화과, 사탕무 등이 해당한다. 배추의 1대잡종 종자의 채종은 자가불화합성 유전자형이 다른 자식계통(S_1S_1과 S_2S_2)을 혼식한다.

13. 웅성불임성에 대한 설명으로 옳은 것은?

① 암술과 화분은 정상이나 종자를 형성하지 못하는 현상이다.
② 암술머리에서 생성되는 특정 단백질과 화분의 특정 단백질 사이의 인식작용 결과이다.
③ S 유전자좌의 복대립유전자가 지배한다.
④ 유전자 작용에 의하여 화분이 형성되지 않거나, 제대로 발육하지 못하여 종자를 만들지 못한다.

> **해설** 웅성기관의 이상에 의한 불임성으로 유전자작용에 의해 화분이 아예 형성되지 않거나 화분이 발육하지 못해 수정능력이 없으며, 핵 내 ms유전자와 세포질의 미토콘드리아(mitochondria) DNA가 관여한다.

14. 배주와 종자와의 관계를 잘못 연결한 것은?

① 접합체(2n) → 배
② 배유핵(3n) → 배유
③ 주피 → 종피
④ 주심조직 → 자엽

해설 자방 안에 형성된 배주는 수정 후 유사분열을 계속하여 종자로 발달한다. 배주 안의 배낭은 중복수정 결과 배유와 배로, 주피는 종피로, 주심조직은 외배유로 각각 발달한다.

15. 쌍자엽식물의 종자발달 특징으로 옳지 않은 것은?

① 배유와 배가 다 같이 잘 발달하며 배유가 배보다 먼저 발달한다.
② 성숙한 종자는 배만 발달하고 배유는 소진되어 흔적만 남는다.
③ 종피는 배를 감싸고 있는 형태가 된다.
④ 성숙하면 탈수 건조되어 건물중은 더 이상 증가하지 않는다.

해설
- **단자엽식물**: 배유와 배가 다 같이 잘 발달하며 배유가 배보다 먼저 발달한다.
- **쌍자엽식물(콩)의 종자 발달과정**
  ① 배만 발달하고 배유는 소진되어 흔적만 남는다.
  ② 배의 세포분열은 수분 후 2주 정도면 완료된다.
  ③ 배의 생장속도는 처음에는 배유보다 느리지만 나중에는 빨라진다.
  ④ 배의 생장을 위해 배유는 완전히 소모되기 때문에 성숙한 콩 종자는 배유가 없어지고 배만 있게 되며, 종피가 배를 감싼다.
  ⑤ 세포분열기 동안 배발생 단계: 구상체(globular) → 심장형(heart) → 어뢰형(torpedo) 단계 → 2개의 떡잎형성
  ⑥ 콩의 종자도 미성숙 단계에서는 배유 세포와 그 안에 녹말이 발견되지만, 이 녹말은 배의 생장에 이용되어 성숙한 종자에서는 배유세포의 흔적만 있다.

16. 딸기에서 부분적으로 종자를 제거하면 나타나는 현상은?

① 부분적으로 단위결과가 발생한다.
② 부분적으로 과실비대가 억제된다.
③ 부분적으로 착색이 나빠진다.
④ 부분적으로 성숙이 촉진된다.

해설 수분, 수정, 종자의 형성은 착과와 과실이 비대생장을 촉진한다. 수분, 수정, 종자의 형성이 이루어지지 않으면 낙화, 낙과가 심하게 발생하고, 착과하여도 비대가 불량하고 기형과가 많이 생긴다. 예로서 딸기의 종자가 제대로 분포하면 과실이 정상적으로 비대해지는 반면 한쪽 종자를 제거하면 그 부분의 과실비대가 억제된다.

17. 딸기에서 종자와 과실비대와의 관계에 대한 설명으로 옳지 않은 것은?

① 종자의 유무가 기형과를 결정한다.
② 딸기 과실의 한쪽을 제거하면 그 부위의 과실비대가 억제된다.
③ 딸기 과실의 종자를 제거한 부위에 에틸렌을 처리하면 정상 과실로 생장한다.
④ 딸기 종자의 수와 과실의 중량은 비례하여 증가한다.

해설 종자와 과실비대의 관계(딸기)
㉠ 딸기는 종자의 분포가 기형과를 결정짓고, 종자의 수에 비례하여 과실의 중량이 증가하는 것을 볼 수 있다.
㉡ 딸기에서 종자가 제대로 분포하면 과실이 정상적으로 비대한다.
㉢ 한쪽의 종자를 조심스럽게 제거하면 그 부분의 과실비대가 억제된다.
㉣ 종자를 제거한 부분에 옥신을 도포하면 정상적인 과실로 생장한다.

18. 오이와 같은 단위결과성이 높은 식물의 특징으로 옳은 것은?

① 옥신의 함량이 높다.
② GA함량이 높다.
③ ABA함량이 높다.
④ 시토키닌함량이 높다.

해설 오이와 같이 단위결과성이 높은 식물은 체내 옥신함량이 높고, 옥신 처리로 단위결과성을 높일 수 있다.

19. 과실의 생장곡선이 이중S자곡선을 그리지 않는 것은?

① 포도
② 복숭아
③ 콩 종자
④ 토마토

해설 콩 꼬투리, 토마토 등 대부분의 식물은 단일S자곡선을 그리지만, 복숭아 등 핵과류와 포도, 콩 종자 등은 이중S자곡선을 그린다.

20. 원예산물의 숙성과정에서 나타나는 성분의 변화로 옳지 않은 것은?

① 토마토의 엽록소가 분해된다.
② 사과의 전분이 가수분해된다.
③ 감의 타닌(tannin)이 가수분해된다.
④ 복숭아의 팩틴(pectin)이 가수분해된다.

해설 타닌은 떫은 감의 떫은 맛을 내며 물에 녹을 수 있는 상태로 있으며, 탈삽은 산소가 외부에서 공급되지 않을 때 감 세포에서 분자간 호흡이 일어나 생기는 물질과 중화하여 불용성이 되어 이루어진다.

21. 호흡급등 현상에 대해 바르게 설명한 것은?

① 완숙에서 노화의 단계로 갈 때 점점 호흡이 증가하는 현상이다.
② 에틸렌 생성과는 관련이 없고 조절이 불가능하다.
③ 모든 원예산물은 호흡급등 현상을 나타낸다.
④ 사과, 토마토에서 명확하게 나타난다.

해설 **호흡속도**: 성숙, 숙성 중 호흡의 변화량에 따라 결정할 수 있다. 클라이메트릭(호흡급등현상)형 과실의 호흡량이 최저에 달했다가 약간 증가되는 초기단계로 수확의 적기이다.
　① 성숙과 숙성과정에서 호흡이 급격하게 증가하는 호흡급등형(climacteric type)과실과 호흡의 변화가 없는 비호흡급등형(non-climacteric type)과실이 있다.
　② 호흡급등형과실은 사과, 배, 복숭아, 참다래, 바나나, 아보카도, 토마토, 수박, 살구, 멜론, 감, 키위, 망고, 파파야 등이 있다.
　③ 비호흡급등형과실은 포도, 감귤, 오렌지, 레몬, 고추, 가지, 오이, 딸기, 호박, 파인애플 등이 있다.

22. 그림에서 ⓐ형의 호흡특성과 연관하여 올바르게 설명한 것은?

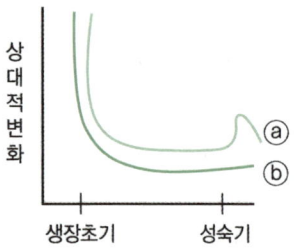

① 포도, 오렌지가 속하며 호흡급등 현상이 미비하다.
② 사과, 밀감이 속하며 호흡급등시 과실 크기가 증가한다.
③ 딸기, 오이가 속하며 호흡급등시 색변화가 많이 일어난다.
④ 사과, 복숭아가 속하며 수확 후 이용목적에 따른 수확기 판정의 근거가 된다.

해설 ⓐ 호흡급등형과실은 사과, 배, 복숭아, 참다래, 바나나, 아보카도, 토마토, 수박, 살구, 멜론, 감, 키위, 망고, 파파야 등이 있다.
　ⓑ 비호흡급등형과실은 포도, 감귤, 오렌지, 레몬, 고추, 가지, 오이, 딸기, 호박, 파인애플 등이 있다.

23. 과실의 성숙에 따른 변화에 대한 설명이다. 옳지 않은 것은?

   ① 세포벽의 붕괴로 경도가 감소한다.
   ② 엽록소가 분해되고 색소의 합성이 일어나 색의 변화가 일어난다.
   ③ 모든 과실은 호흡량과 에틸렌 발생량이 증가한다.
   ④ 휘발성 에스테르의 합성으로 고유의 향기가 난다.

   해설 대부분 생장기간 동안 호흡량은 감소하는데 성숙기에 호흡량이 최저에 달했다가 급등하는 호흡급등형과 호흡량 변화가 거의 없는 비호흡급등형 과실로 나누어진다. 또한 호흡급등형 과실은 에틸렌 생성 역시 증가한다.

24. 식물의 노화를 촉진하는 식물호르몬은?

   ① 옥신   ② 지베렐린
   ③ 시토키닌   ④ 에틸렌

   해설 식물호르몬 가운데 시토키닌, 옥신, 지베렐린은 노화를 억제하지만, ABA와 에틸렌은 노화를 촉진한다.

25. 다음 중 이층형성에 의한 기관의 탈락과 관계있는 호르몬이 아닌 것은?

   ① 옥신   ② 에틸렌
   ③ GA   ④ ABA

   해설 옥신은 이층형성을 억제하고 ABA와 에틸렌은 촉진한다.

CHAPTER 06 수확 후 생리

01. 리그닌과 결합하여 목질화된 섬유소로 배나 구아바(guava)에 존재하는 단단한 석세포를 만드는 성분은?

① 헤미셀룰로오스
② 셀룰로오스
③ 전분
④ 펙틴

> **해설** 식물의 생장에 따라 셀룰로오스는 다른 물질과 결합으로 단단한 복합섬유소를 생성하는데 특히 리그닌과 결합하여 목질화된 섬유소는 배나 구아바(guava)에 존재하는 단단한 석세포를 만들기도 한다.

02. 원예산물의 연화(softening)와 관련 있는 인자로 옳게 짝지은 것은?

| ⊙ 탄닌 | ⓒ 펙틴 | ⓒ 헤미셀룰로오스 | ② 플라보노이드 |

① ⊙, ⓒ
② ⓒ, ⓒ
③ ⓒ, ②
④ ⓒ, ②

> **해설** 탄닌은 단감 등에서 떫은맛을 내는 물질이며 플라보노이드는 비질소성 식물색소로 식물세포의 경도와는 관련이 없다.

03. 과실의 성숙 과정에서 일어나는 세포벽 구성물질의 변화로 옳은 것은?

① 가용성 펙틴의 함량이 감소한다.
② 불용성 펙틴이 증가한다.
③ 셀룰로오스의 합성이 일어난다.
④ 헤미셀룰로오스의 함량이 감소한다.

> **해설** 세포벽 구성물질의 가수분해가 진행되면서 불용성 펙틴이 가용성 펙틴으로 분해된다. 불용성 펙틴, 셀룰로오스, 헤미셀룰로오스 등 세포벽 구성물질은 감소한다.

04. 수확한 작물의 호흡작용과 연관하여 올바르게 설명한 것은?

① 수확 후에 호흡을 억제시키면 대부분 상품성이 저하된다.
② 호흡속도는 작물의 유전적 특성과 무관하다.
③ 호흡 시 발생되는 호흡열은 작물을 부패시키는 원인이 된다.
④ 작물의 호흡은 대기의 산소와 이산화탄소 농도에 영향을 받지 않는다.

해설 ① 수확 후 호흡을 억제시키면 대부분 상품성이 유지된다.
② 호흡속도는 유전적 특성과 밀접하다.
④ 호흡은 대기의 산소와 이산화탄소 농도의 영향을 받는다.

05. 원예산물 수확 후의 활발한 호흡이 품질에 미치는 영향에 대한 설명으로 틀린 것은?

① 저장물질의 소모에 의해서 노화가 빨라진다.
② 식품으로서의 영양가가 저하된다.
③ 단맛, 신맛 등 품질성분이 향상된다.
④ 호흡열에 의한 품질열화가 촉진된다.

해설 수확 후 활발한 호흡은 당과 유기산 등 여러 성분이 호흡의 기질로 사용되며 감소하고 숙성과 노화가 촉진되면서 품질의 열화가 촉진된다.

06. 원예산물의 호흡속도에 대한 설명으로 맞는 것은?

① 호흡속도는 주위 온도가 높아지면 느려진다.
② 호흡속도는 내부성분의 변화에 영향을 주지 않는다.
③ 호흡속도는 저장 가능기간에 영향을 준다.
④ 호흡속도는 물리적인 장해를 받았을 때 감소한다.

해설 ① 호흡속도는 주위 온도가 높아지면 빨라진다.
② 호흡속도에 따라 호흡기질의 소모 및 숙성과 노화에 따른 내부성분의 변화에 영향을 미친다.
④ 호흡속도는 물리적인 장해를 받았을 때 증가한다.

작물생리학

07. 원예작물의 수확 후 호흡작용을 가장 올바르게 설명한 것은?

① 호흡속도는 온도와 밀접한 관련이 있다.
② 수확 후 호흡작용으로 신선도가 더 좋아진다.
③ 호흡속도가 빠를수록 저장성이 증대된다.
④ 호흡률이 높은 작물은 저장성이 높다.

해설 호흡속도의 특징
① 주변 온도가 높아지면 빨라진다.
② 물리적 또는 생리적 장해의 발생시 증가한다.
③ 저장가능기간에 영향을 주며 상승하면 저장기간이 단축된다.
④ 내부성분 변화에 영향을 준다.
⑤ 원예작물의 온전성 타진의 수단이 되기도 한다.

08. 원예산물의 성숙과정 중 에틸렌 작용을 바르게 설명한 것은?

① 당도감소
② 조직강화
③ 저장성의 증가
④ 클로로필의 분해

해설 에틸렌은 엽록소를 분해하여 녹색채소의 황화현상을 일으키고 과일의 경우 착색이 촉진된다.

09. 다음 중 저장고 내에서 발생된 에틸렌을 제거하는 올바른 방법이 아닌 것은?

① 과망간산칼륨($KMnO_4$) 이용
② 생석회(CaO) 이용
③ 오존(O_3) 이용
④ 자외선(UV light) 이용

해설 에틸렌의 제거방법에는 흡착식, 자외선 파괴식, 촉매분해식 등이 있으며 흡착제로는 과망간산칼륨($KMnO_4$), 목탄, 활성탄, 오존, 자외선 등이 이용되고 있다.

10. 에틸렌이 원예작물의 생리에 미치는 영향으로 옳지 않은 것은?

① 토마토의 착색을 촉진한다.
② 아스파라거스의 줄기연화를 촉진한다.
③ 호박의 암꽃 발생을 유도한다.
④ 감자의 맹아를 촉진한다.

해설 아스파라거스와 같은 줄기채소류는 섬유질화 되면서 줄기가 경화된다.

11. 에틸렌에 대한 설명으로 틀린 것은?

① 산소농도가 낮으면 에틸렌 합성이 억제된다.
② $AgNO_3$는 에틸렌 작용을 억제한다.
③ 자신의 생합성을 촉진하는 특징이 있다.
④ 1-MCP는 에틸렌 작용을 촉진한다.

해설 1-MCP(1-Methylcyclopropene): 새로운 식물생장조절제로서 식물체의 에틸렌 결합부위를 차단하여 에틸렌의 작용을 무력화하는 특성을 지닌 물질이다. 따라서 과실의 연화, 식물의 노화 등을 감소시켜 수확후 저장성을 향상시키는데 유용하게 쓰일 수 있다. 1,000ppb의 농도로 12~24시간 사용하여 호흡, 에틸렌 생성, 휘발성 물질 생성, 엽록소 소실, 색깔, 단백질, 세포막 붕괴, 연화, 산도, 당도 등에 영향을 미쳐 과일, 채소류 등의 수확 후 저장성 및 품질을 향상시킨다.

12. 사과와 배를 같은 저장고에 저장하였을 때 예상되는 사항을 올바르게 설명한 것은?

① 사과와 배는 호흡속도가 같기 때문에 호흡열도 같다.
② 사과에서 발생되는 에틸렌 가스에 의해 배가 장해를 받을 가능성이 있다.
③ 배와 사과는 에틸렌 발생량이 비슷하기 때문에 같이 저장해도 괜찮다.
④ 사과와 배는 동결온도가 차이가 많이 나기 때문에 저장고에서 적재 위치를 다르게 해야 한다.

해설 신고배와 후지사과는 저장온도와 습도는 비슷하나 에틸렌 발생량이 서로 다르다.

13. 저온저장고 내에서 원예산물의 증산을 억제하는 방법으로 적절하지 않는 것은?

① 감압저장
② 저온유지
③ 고습도유지
④ 플라스틱필름 포장

해설 압력을 낮추면 원예산물 표피의 수분을 증발하여 증산량이 증가할 수 있다.

14. 수확 후 수분손실을 낮추는 직접적인 방법은?

| ㄱ. MA저장 | ㄴ. 유기산처리 | ㄷ. 저온저장 | ㄹ. 지베렐린처리 |

① ㄱ, ㄷ
② ㄱ, ㄹ
③ ㄴ, ㄷ
④ ㄴ, ㄹ

해설
- 유기산처리: 주로 신선편이 농산물의 갈변억제제로 사용
- 지베렐린처리: 발아촉진제로 처리

15. 에틸렌 수용체에 결합하여 에틸렌 작용을 억제시키는 화합물은?

① 1-MCP(1-methycylopropene)
② ABA(abscisic acid)
③ 오존(O_3)
④ 이산화티타늄(TiO_2)

해설 1-MCP(1-Methylcyclopropene): 새로운 식물생장조절제로서 식물체의 에틸렌 결합부위를 차단하여 에틸렌의 작용을 무력화하는 특성을 지닌 물질이다. 따라서 과실의 연화, 식물의 노화 등을 감소시켜 수확후 저장성을 향상시키는데 유용하게 쓰일 수 있다. 1,000ppb의 농도로 12~24시간 사용하여 호흡, 에틸렌 생성, 휘발성 물질 생성, 엽록소 소실, 색깔, 단백질, 세포막 붕괴, 연화, 산도, 당도 등에 영향을 미쳐 과일, 채소류 등의 수확 후 저장성 및 품질을 향상시킨다.

16. 다음 원예산물 중 호흡률이 높은 것으로 옳게 짝지은 것은?

| ㉠ 양배추 | ㉡ 당근 | ㉢ 브로콜리 | ㉣ 시금치 |

① ㉠, ㉡
② ㉠, ㉣
③ ㉡, ㉢
④ ㉢, ㉣

해설 원예생산물의 호흡속도
- 과일: 딸기 〉 복숭아 〉 배 〉 감 〉 사과 〉 포도 〉 키위 순으로 빠르다.
- 채소: 아스파라거스 〉 완두 〉 시금치 〉 당근 〉 오이 〉 토마토 〉 무 〉 수박 〉 양파 순으로 빠르다.

17. 증산이 일어나는 원리를 올바르게 설명한 것은?

① 습도가 낮은 곳에서 높은 곳으로 수분이동이 일어난다.
② 증기압은 온도가 낮을수록 커진다.
③ 온도는 증산에 영향을 미치지 않는다.
④ 온도와 상대습도에 따른 증기압의 차이에 의해 증산이 일어난다.

해설 온도와 상대습도가 높을수록 증기압은 커진다. 따라서 과실의 품온이 높을수록 과실 내 증기압은 높아지며 그에 비례하여 외부환경과의 증기압 차이도 커지면서 증산이 많아진다.

18. 다음은 호흡속도의 특징에 대한 설명이다. 다음 보기 중 옳은 것을 모두 고르면?

| ㉠ 작물의 온전성 타진의 수단이 되기도 한다.
| ㉡ 물리적 상처에 증가한다.
| ㉢ 생리적 스트레스에 영향이 없다.
| ㉣ 온도의 상승은 생리적 범위에 관계없이 호흡은 증가한다.
| ㉤ 내부 성분변화에 영향을 준다.
| ㉥ 저장가능기간과 호흡속도는 무관하다.

① ㉠, ㉡, ㉢　　　　　　② ㉢, ㉣, ㉤
③ ㉡, ㉤, ㉥　　　　　　④ ㉠, ㉡, ㉤

해설 ㉢ 생리적 스트레스에 영향을 받아 증가한다.
㉣ 온도의 상승은 생리적 범위를 넘어서면 호흡은 감소한다.
㉥ 호흡속도의 증가는 저장가능기간이 짧아진다.

19. 에틸렌에 대한 설명이다. 옳지 않은 것은?

① 1-MCP(1-Methylcyclopropene)는 새로운 식물생장조절제로서 식물체의 에틸렌 결합부위를 차단하여 에틸렌의 작용을 무력화하는 특성을 지닌 물질이다.
② 유기물질이 산화될 때 또는 태울 때도 발생하며 화석연료를 연소시킬 때, 특히 불완전 연소될 때 더 많은 양이 발생한다.
③ 엽근채류는 에틸렌 발생이 매우 많고 에틸렌에 의해서 쉽게 피해를 받아 품질이 나빠지게 된다.
④ 부패성 미생물이 서식할 경우 미생물로부터 에틸렌이 발생하므로 저장고를 미리 소독하여야 한다.

14. ①　15. ①　16. ④　17. ④　18. ④　19. ③

해설 엽근채류는 에틸렌 발생량은 적지만 에틸렌 감응도가 높아 에틸렌에 의해 피해를 쉽게 받는다.

20. 증산작용에 대한 설명으로 옳지 않은 것은?

① 저장고 대기 온도와 산물의 품온 차이가 클수록 증산량은 많아진다.
② 수박과 같이 표면적이 넓은 작물은 증산량이 많아 위조현상이 빨리 나타난다.
③ 증발기 코일과 저장고 내 온도편차가 크면 결로현상으로 인한 증산량이 증가한다.
④ 플라스틱 필름 포장을 하는 경우 증산량은 줄어든다.

해설 수박은 표면적은 넓으나 부피가 커 수분함량이 많기 때문에 증산을 인한 위조현상이 늦다.

21. 호흡속도가 낮은 작물끼리 연결된 것은?

① 버섯, 콩
② 살구, 딸기
③ 강낭콩, 바나나
④ 사과, 키위

해설
· **매우 높음**: 버섯, 강낭콩, 아스파라거스, 브로콜리
· **높음**: 딸기, 아욱, 콩
· **중간**: 서양배, 살구, 바나나, 체리, 복숭아, 자두
· **낮음**: 사과, 감귤, 포도, 키위, 망고, 감자
· **매우 낮음**: 견과류, 대추야자 열매류

22. 떫은 감이 연시가 되어 떫은맛을 느끼지 못하는 이유는?

① 떫은맛 성분인 펙틴이 불용화되기 때문
② 떫은맛 성분인 솔라닌이 에틸렌에 의해 불용화되기 때문
③ 수용성 탄닌이 불용성 탄닌으로 전환되기 때문
④ 떫은감의 붉은 색소인 안토시아닌이 불용화되기 때문

해설 떫은 감의 떫은 맛은 수용성 탄닌이 불용화되면서 없어진다.

23. 성숙과정에서의 붉은색 계통 사과 과실의 색깔 발현에 관여하는 색소변화를 설명한 것으로 적합한 것은?

① 엽록소 감소 + 안토시아닌 색소 합성 증가
② 엽록소 증가 + 안토시아닌 색소 합성 증가
③ 엽록소 감소 + 카로티노이드 색소 합성 증가
④ 엽록소 증가 + 카로티노이드 색소 합성 증가

해설 사과는 성숙과정에서 엽록소가 분해되고 안토시아닌 색소의 합성이 일어나면서 붉은색이 표출된다.

24. 과육의 특정부위에 솔비톨(sorbitol)이 비정상적으로 축적되어 나타나는 과실의 증상은?

① 밀증상(water core)
② 내부갈변(flesh browning)
③ 과피흑변(skin blackening)
④ 일소병(sun scald)

해설 밀증상(water core): 사과의 유관속 주변에 투명해지는 수침현상을 말하며 솔비톨이라는 당류가 과육의 특정부위에 비정상적으로 축적되어 나타나는 현상이다.

25. 원예산물의 장해에 관한 설명으로 옳은 것은?

① 복숭아는 0℃ 이하의 저온저장에서 정상적으로 숙성이 이루어진다.
② 사과의 과육갈변과 배의 과심갈변은 고농도 이산화탄소에 의해 일어난다.
③ 포도는 산소농도 5~10% 상태에서 무기호흡의 알코올발효가 진행된다.
④ 바나나는 1~2℃에서 저온장해를 받지 않는다.

해설
① 복숭아는 저온에서 과육의 섬유질화 현상 또는 스폰지화 현상이 발생한다.
③ 포도의 일반적인 CA저장 산소농도는 3~5%이다.
④ 바나나의 저온장해 회피온도는 13℃이다.

26. 시장에 유통되는 과실의 장해현상과 그 원인이 잘못 연결된 것은?

① 복숭아 과육의 스펀지 현상 – 장기간 저온저장
② 귤 과실의 표면 갈색 함몰 – 지나치게 높은 저장온도
③ 포도 과립의 탈리 – 저장고 내 에틸렌 축적
④ 참다래 과실의 과육 연화 – 저장고 내 에틸렌 축적

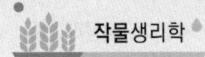

해설 귤은 저온장해에 민감한 과실로써 장기간 4℃ 이하에서 저장할 경우 장해현상을 보인다. 높은 온도에서 예상되는 손실은 당함량 감소에 따른 품질 저하와 수분손실에 따른 위축현상이 있다.

27. 일부 호온성 작물은 수확 후 저장 중 5~7℃에 장기 저장하는 경우 저온에 의한 장해를 보인다. 이러한 냉해 민감성 작물군에 속하는 작물은?

① 단감 ② 포도
③ 사과 ④ 토마토

해설 저온에 민감한 과실은 감귤, 오렌지, 레몬 등 감귤류 과실과 바나나, 아보카도, 파인애플, 망고 등 열대과실 등이 있다.

05 PART

생육의 조절

CHAPTER 01 식물호르몬

CHAPTER 02 환경 및 스트레스 생리

CHAPTER 03 그 밖의 주요 생리

식물호르몬

1 옥신류

(1) 옥신에 대한 연구

1) 찰스 다윈(Charles Darwin, 1880)

① 1880년 아들(Francis)과 함께 "식물 운동의 힘"이라는 책에서 식물에 대한 굴광성을 처음 기술하였다.
② 카나리아풀의 자엽초 연구를 통해 굴광현상을 연구하여 자엽초 끝 부분에서 형성된 어떤 영향력이 아래로 이동하여 나타난다고 하였다.

2) 보이센 옌센(Boysen Jensen Peter, 1913)

귀리 자엽초의 선단에 젤라틴을 끼우면 귀리 자엽초의 선단으로부터 분비되는 물질이 젤라틴을 통과한다는 사실을 확인하였다.

3) 파알(Paál, 1919)

귀리 자엽초 선단을 자르고 한쪽에 얹어 두면 암흑 속에서도 굴곡이 일어난다는 사실을 발견하였다.

4) 벤트(Went, 1926)

귀리 선단에서 이동하는 생장물질을 한천에 모아 자엽초의 굴곡 각도가 한천 중 함유된 생장물질의 농도에 비례한다는 사실을 발견하였다.

5) 쾨글(Kogl)

① 1931년 이 물질을 auxin(그리스어 auxin=to grow)으로 명명하였다.
② 그 후 사람의 오줌(1934), 곰팡이 추출물(1935), 미숙 옥수수 낟알(1941)에서 IAA가 순수분리 되었다.

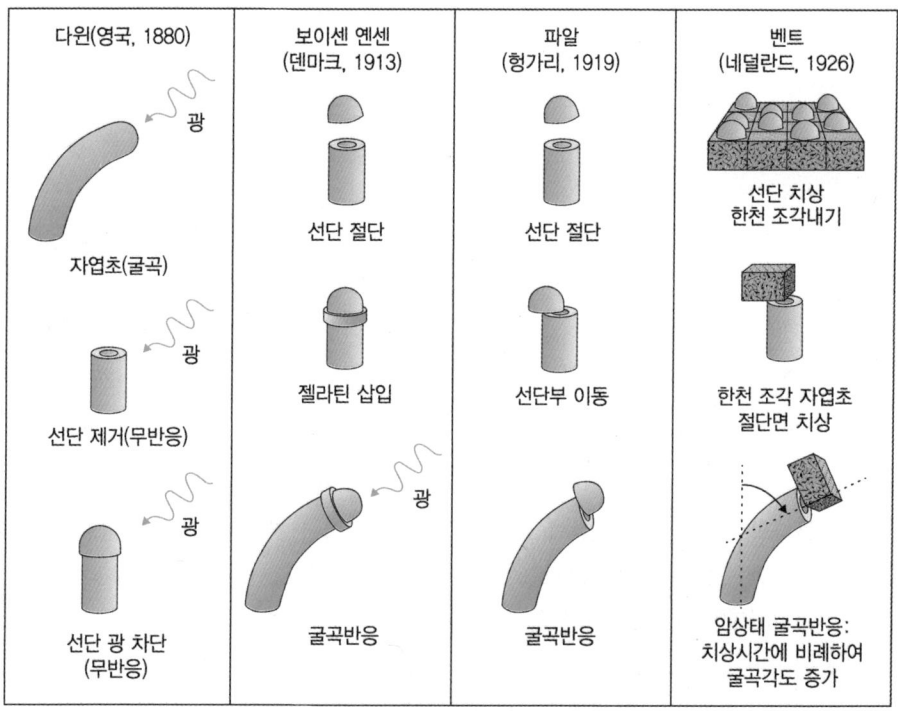

[옥신의 존재를 증명한 여러 실험]

(2) 종류

1) 천연옥신

① 대표적인 천연옥신은 트립토판으로부터 생성되는 인돌아세트산(indole acetic acid; IAA)이다.
② 4-클로로인돌아세트산(4-chloroindole acetic acid; 4-Cl-IAA), 인돌부티르산(indole butyric acid; IBA)
③ 인돌기를 갖지 않는 페닐아세트산(phenyl acetic acid; PAA)가 있다.

2) 합성옥신

① 인돌산 그룹(indole acid): 인돌프로피온산(indolepropionic acid; IPA)
② 나프탈렌산 그룹(naphthalene acid): NAA(naphthaleneacetic acid), β-나프톡시아세트산(β-naphthoxy acetic acid)
③ 클로로페녹시산 그룹(chlorophenoxy acid): 2,4-D(dichlorophenoxy acetic acid), 2,4,5-T(2,4,5-trichlorophenoxy acetic acid), MCPA(2-methyl-4-chlorophenoxy acetic acid)
④ 벤조산 그룹(benzoic acid): 디캄바(dicamba), 2,3,6-Cl-벤조산(2,3,6-trichlorobenzoic acid)
⑤ 피콜린산(picolinic acid) 유도체: 피클로람(picloram)

(3) 생합성과 이동

1) 생합성

① 옥신은 분열조직이나 경정, 유아, 미숙종자 등의 어린 조직에서 주로 생합성되고, 조직이 오래될수록 생산능력이 떨어진다.
② 트립토판이 엽록체에서 합성된다는 점에서 일부 IAA는 엽록체에서 합성되는 것으로 보며, 세포 내 옥신의 1/3은 엽록체에, 나머지는 세포질에 존재한다.
③ 합성에 반드시 광이 필요한 것은 아니지만 광이 있으면 더 많이 생성될 수 있다.
④ 온도가 높을수록 생합성 능력이 증가해 겨울보다 봄에 더 많이 생성된다.

2) 생합성 경로

① 트립토판(tryptophan)이 IAA 생합성의 출발물질이며 2가지 경로로 합성된다.
② 하나의 경로는 트립토판의 탈탄산반응으로 형성된 트립타민(triptamine)은 산화되고, 탈아미노화반응으로 아미노기를 잃으면 인돌아세트알데히드(indole acetaldehyde)로 전환되고, 인돌아세트알데히드가 산화되어 IAA를 형성한다.
③ 또 다른 경로는 트립토판이 아미노기전이반응으로 인돌피루브산(indole pyruvic acid)으로 변하고, 다시 탈탄산반응으로 인돌아세트알데히드(indole acetaldehyde)로 전환되고, 인돌아세트알데히드가 산화되어 IAA를 형성한다.

[옥신의 주요 생합성경로]

3) 이동
① 옥신은 극성(polar)과 비극성(non-polar)의 2가지 형태의 수송체계를 가지고 있다.
② 극성수송
  ㉠ 정단부에서 기부로 향기적 이동을 하며, 반대 방향으로는 이동하지 않는 옥신에서만 볼 수 있는 독특한 수송형태이다.
  ㉡ 자른 줄기를 뒤집어 놓아도 원래의 정단부에서 기부 방향으로 수송된다.
  ㉢ 옥신 이동의 일방향성은 줄기조직의 극성 때문이다.
  ㉣ 유관속조직의 유세포를 통해 일어난다.
  ㉤ 뿌리에서는 극성이 약하거나 없다.
  ㉥ 화학삼투설
    ⓐ 극성수송모델로 가장 널리 인정받고 있는 학설이다.
    ⓑ 옥신의 세포 내 흡수는 양성자 기동력에 의하고 세포 밖 유출은 세포 아래쪽에 운집한 옥신 유출 운반체가 기반이 된다.
    ⓒ 아포플라스트에서는 비해리형(IAAH)으로 존재하며, 이들은 수동적 확산으로 쉽게 막을 통과한다.
    ⓓ 양성자가 떨어져 나간 해리형(IAA-)은 전기를 띠고 있어서 막을 바로 투과하지 못하고 $H^+ - IAA$ 공동수송체를 이용한 2차 능동수송을 통하여 들어온다.
    ⓔ 세포질은 중성으로 IAA는 주로 음이온의 해리형으로 축적된다.
    ⓕ 축적된 해리형 옥신은 세포 바닥의 세포막에 있는 옥신 유출운반체에 의해 밖으로 수송된다.
    ⓖ 이 과정이 되풀이되면서 옥신은 위에서 아래쪽으로 이동된다.
③ 비극성수송
  ㉠ 성숙한 잎에서 합성되는 IAA는 대부분 사부를 통하여 비극성수송이 이루어진다.
  ㉡ 사부에서 옥신의 적재, 하적은 운반체에 의해 이루어지지만 사부수송은 수동적이며 공급부와 수용부의 힘에 의해 추진된다.
  ㉢ 사부수송은 극성수송의 경우보다 훨씬 빠르게 상하 양방향으로 멀리 뿌리까지 이어진다.
④ 이동속도는 상온에서 1cm/h 정도로 빨라 확산에 의한 이동속도의 몇 배이다.

4) 옥신의 불활성화
① IAA는 광이나 효소에 의한 산화작용으로 활성을 잃는다.
② 미오-이노시톨(myo-inositol), 아스파르트산, 포도당, 당단백질 등과 결합된 형태로 변화됨에 따라 활성을 잃기도 한다.
③ 결합형 옥신은 일종의 저장 옥신으로 종자나 자엽, 그 외 저장기관에서 발아나 맹아할 때 유리되어 활성화된다.

5) 정성분석과 정량분석

① 생물검정법(生物檢定法, bioassay)
　㉠ 어떤 시료가 생물의 활성에 미치는 정도를 측정하여 그 물질의 존재 여부와 양을 측정하는 방법이다.
　㉡ 아베나굴곡시험(avena curvature test)
　　ⓐ 귀리의 자엽초를 이용한 벤트의 검정 기법이다.
　　ⓑ IAA 농도별 굴곡 각도를 측정하여 표준곡선을 그린다.
　　ⓒ 농도를 알 수 없는 한천 조각을 귀리 자엽초의 절단면에 올려놓고 일정 기간 후 굴곡 각도를 측정한다.
　　ⓓ 표준곡선을 이용하여 측정한 각도에 상응하는 옥신농도를 구한다.
　㉢ 직선생장시험
　　ⓐ 완충용액에 자엽초 절판을 띄워 놓고 옥신에 의해 유도된 자엽초 절편의 신장을 측정·비교하여 정량할 수도 있다.
　　ⓑ 특정 농도의 범위 내에서만 측정이 가능하며, 광의 영향이 미치지 않도록 암상태나 낮은 광도에서 실시하여야 한다.

② 질량분석법
　㉠ 옥신의 화학구조와 농도에 대한 정보를 모두 얻을 필요가 있을 때 실시한다.
　㉡ 박막크로마토그래피(TLC), 고속액체크로마토그래피(HPLC) 등을 이용한다.
　㉢ 옥신의 동정과 정확한 정량이 가능하기 때문에 옥신의 생합성 과정, 옥신의 전환, 식물체 내 옥신의 분포 등을 정확하게 분석할 수 있다.

(4) 생리작용

1) 세포분열과 생장촉진
① 옥신은 세포의 DNA 합성을 도와 세포분열을 촉진한다.
② 산생장설에 의하면 옥신은 세포벽의 가소성을 증대시켜 세포의 신장과 확대를 촉진한다.
③ 옥신은 식물의 기관과 분포농도에 따라 생장을 촉진하기도 억제하기도 한다.
　㉠ 줄기생장의 적정 농도는 5ppm 정도이나 뿌리에서는 10^{-4}ppm 정도 또는 그 이하이다.
　㉡ 농도가 어느 한계 이상이면 도리어 생장을 억제하며 그 농도는 줄기는 100ppm, 뿌리는 50ppm이다.

2) 세포조직과 기관의 분화
① 옥신은 시토키닌과 공존하여 캘러스 형성을 촉진한다.
② 줄기나 캘러스로부터 통도조직과 부정근의 분화를 유도한다.

③ 조직배양에 있어 캘러스로부터 개체 완성을 위해 시토키닌과 함께 적절한 옥신의 공급은 필수적이다.
④ 삽목 시 발근촉진을 위해 옥신을 처리한다.
⑤ NAA, IBA는 발근촉진제로 많이 이용되며, 상업적으로 시판되는 루톤(rootone)의 주성분이다.

3) 노화와 기관의 탈리 억제
① 식물의 잎은 옥신함량이 감소하면 생장을 멈추고 노화가 시작된다.
② 옥신의 처리로 잎의 노화를 지연시킬 수 있다.
③ 낙엽활엽수는 가을 엽병 기부에 이층이 형성되어 잎이 떨어지는데 이때 옥신이 충분히 생성되면 이층형성이 억제되고, 옥신이 감소하면 촉진된다.
④ 이층형성은 가지 꽃, 과실 등에서도 나타나며, 과수의 낙과 방지를 위해 옥신을 처리한다.

4) 정아우세성
① 정아가 측아의 생장을 억제하는 정아우세현상에 옥신이 관련되어 있다.
② 정아에서 측아로 극성 이동한 옥신이 측아의 생장을 억제한다.
③ 정아우세성은 식물의 생장형태를 결정한다.
④ 해바라기처럼 정아우세성이 강하면 곁가지 발생이 적고 직립하기 쉽고, 감자나 토마토처럼 정아우세성이 약할수록 분지력이 강해 식물체가 무성해진다.

5) 굴광성과 굴중성
① 식물에 광이 조사되면 그 방향으로 생장하는 것을 굴광성이 하고, 식물을 수평으로 두면 지상부는 위로, 지하부 뿌리는 아래로 신장하는데 이를 뿌리의 굴중성이라 한다.
② 굴광성과 굴지성은 광 또는 중력의 영향으로 줄기 내 옥신의 분포가 불균일해지면서 발생하며, 굴중성은 옥신의 농도에 대한 생장반응이 줄기와 달라 일어난다.
③ 고농도의 옥신은 줄기의 생장은 촉진하지만, 뿌리 생장은 억제한 결과 위쪽이 아래쪽보다 생장량이 많아져 뿌리는 아래쪽으로 굽는다.

6) 착과 및 과실비대
① 과실 착과와 비대생장은 수분, 수정, 결실과정에서 생성되는 옥신과 밀접한 관련이 있다.
② 화아분화가 동시에 일어나지 않는 파인애플은 균일한 과실생산이 어려운데 NAA를 처리하면 과실이 균일해진다.
③ 옥신은 오이나 호박의 암꽃 착생을 증가시키며, 암꽃이 많은 식물체 잎의 옥신함량이 높다.
④ 옥신에 의한 암꽃의 증가는 옥신의 직접적인 영향보다는 옥신에 의한 에틸렌 합성으로 일어난다.

7) 옥신의 상업적 이용
① 발근 촉진: 삽목 또는 취목 등 영양번식의 경우 발근을 촉진시키기 위해 사용한다.

② **접목 시 활착 촉진**: 접수의 절단면 또는 대목과 접수의 접합부에 IAA 라놀린연고를 바르면 유상조직의 형성이 촉진되어 활착이 촉진된다.
③ **개화 촉진**: 파인애플에 NAA, β-IBA, 2,4-D 등의 수용액을 살포하면 화아분화가 촉진된다.
④ **낙과 방지**: 사과의 경우 자연낙화 직전 NAA, 2,4-D 등의 수용액을 처리하면 과경의 이층 형성 억제로 낙과를 방지할 수 있다.
⑤ **가지의 굴곡 유도**: 관상수목 등의 경우 가지를 구부리려는 반대쪽에 IAA 라놀린연고를 바르면 옥신농도가 높아져 원하는 방향으로 굴곡을 유도할 수 있다.
⑥ **적화 및 적과**: 사과, 온주밀감, 감 등은 만개 후 NAA 처리를 하면 꽃이 떨어져 적화 또는 적과의 효과를 볼 수 있다.
⑦ **과실의 비대와 성숙 촉진**
　㉠ 강낭콩의 경우 PCA 2ppm 용액 또는 분말의 살포는 꼬투리의 비대현상을 볼 수 있다.
　㉡ 토마토의 경우 개화기에 토마토톤 50배액 또는 2,4-D 10ppm 처리를 하면 과실 비대가 촉진과 함께 조기 수확을 해도 수량이 크게 증가한다.
　㉢ 사과, 복숭아, 자두, 살구 등의 경우 2,4,5-T 100ppm 액을 성숙 1~2개월 전 살포하면 과일 성숙이 촉진된다.
⑧ **단위결과**
　㉠ 토마토, 무화과 등의 경우 개화기에 PCA나 BNOA 25~50ppm액을 살포하면 단위결과가 유도된다.
　㉡ 오이, 호박 등의 경우 2,4-D 0.1% 용액의 살포는 단위결과가 유도된다.
⑨ **증수효과**: 고구마 싹을 NAA 1ppm 용액에 6시간 정도 침지하거나 감자 종자를 IAA 20ppm 용액이나 헤테로옥신 62.5ppm 용액에 24시간 정도 침지 후 이식 또는 파종하면 증수되며 그 외에도 옥신 용액에 여러 작물의 종자를 침지하면 소기의 증수효과를 볼 수 있다.
⑩ **제초제로 이용**
　㉠ 옥신류는 세포의 신장생장을 촉진하나 식물에 따라 상편생장을 유도해 선택형 제초제로 이용되고 있다.
　㉡ 페녹시아세트산(phenoxyacetic acid) 유사물질인 2,4-D, 2,4,5-T, MCPA가 대표적 예로 2,4-D는 최초의 제초제로 개발되어 현재까지 선택성 제초제로 사용되고 있다.

2 지베렐린(gibberellin; GA)

(1) GA의 개념

1) GA의 의의
① 벼의 키다리병에서 발견한 호르몬으로 식물의 키를 크게 하는 호르몬이다.
② 옥신과 함께 식물의 생장을 촉진하는 호르몬으로 줄기신장 촉진, 휴면타파, 개화를 촉진한다.

2) 연구
① 1926년 일본 구로자와가 키다리병 병원균의 균사에서 분비되는 물질이 키를 크게 한다는 사실을 발견하였다.
② 1935년 일본의 야부타 등이 순수분리 후 지베렐린이라 명명하였다.
③ 지베렐린은 곰팡이뿐만 아니라 고등식물에도 널리 분포한다는 사실이 밝혀졌다.
④ 화학구조에 대한 연구 결과 물질적 본체는 지베렐린산(gibberellic acid; GA)라는 것이 확인되었다.
⑤ 현재까지 수십 종의 지베렐린이 고등식물과 곰팡이에서 발견되었다.
⑥ 1968년 발견된 순서대로 GAx로 번호를 매기는 명명법이 채택되어 사용되고 있다.

(2) 특징

1) 구조
① 구조가 복잡하고 인공합성이 되지 않는 농업용 GA은 식물이나 곰팡이에서 추출한다.
② GA은 탄소수에 따라 2개의 그룹으로 구분한다.
③ GA은 4개의 고리로 형성된 GA을 기본구조로 가지고 있으며, 카르복시기, 수산기의 부착 위치, 수 불포화도 차이에 따라 종류가 결정된다.
④ GA 간에 분자구조가 쉽게 전환되고 유사한 화학구조를 가지고 있지만, 소수의 종류만이 생물활성을 갖고 있다.

2) 특징
① GA의 구조식 2번째와 3번째 탄소 위치는 GA의 생물학적 효과와 깊은 연관이 있으며 3β 위치의 수산화는 높은 생리활성을 보이는 반면 2β 위치의 수산화는 생물활성을 잃게 한다.
② GA 종류에 따라 식물의 생리적 반응이 다르며, 동일 GA이더라도 식물 종류에 따라 반응이 다르게 나타나고, 특정발육 단계에 요구되는 GA의 종류도 식물에 따라 다르다.
③ 다량의 옥신은 에틸렌 합성으로 부작용을 일으키지만, 다량의 GA는 특별한 부작용이 없다.
④ GA은 식물체 내에서 상당 시간 생리활성을 유지한다.
⑤ GA은 옥신과 같은 극성이동 현상이 없이 목부와 사부 모두를 통해 일어난다.

⑥ GA의 불활성화는 GA의 탄소골격의 변형 또는 당과 결합에 의해 일어난다.
　㉠ 당과 결합한 결합형 GA로 GA 글루코시드, GA 글루코실 에스테르 등이 있다.
　㉡ 결합형 GA들은 그 자체로는 활성이 없어 저장형 GA이라고도 한다.
　㉢ 결합형 GA은 생체에서 쉽게 분리되어 활성형 GA을 만든다.
⑦ GA 구조는 아니지만 GA과 유사한 기능을 하는 유사물질이 자연계에 존재한다.

(3) 생합성과 생물검정

1) 생합성

① 줄기나 뿌리 선단부, 어린잎과 과실, 발아하는 종자 등에서 합성된다.
② GA의 생합성경로는 메발론산(mevalonic acid; MVA)으로부터 GA_{12} - 알데히드까지의 경로는 고등식물과 미생물에서 같으나 그 후 경로는 서로 다르다.
③ 생합성 과정

[메발론산으로부터 GA의 생합성경로]

㉠ GA은 디테르펜계 화합물로 아세틸-CoA에서 유래한 메발론산으로부터 합성되며, 초기단계, 중간단계, 합성단계로 구분할 수 있다.

㉡ 초기단계: 메발론산 → 이소펜테닐피로인산(isopentenyl pyrophosphate) → 제라닐제라닐피로인산(geranylgeranyl pyrophosphate) → 카우레놀(kaurenol)까지

㉢ 중간단계: 카우레놀 → GA_{12}-알데히드까지

㉣ 합성단계: GA_{12}-알데히드 → GA

④ 고등식물과 미생물의 GA 생합성 경로는 중간단계 이후 경로는 서로 다르다.

⑤ GA의 생합성을 저해하면 식물의 생장은 억제된다.

2) 생물검정

① GA의 검정에는 왜성식물이 주로 이용된다.

㉠ 왜성은 체내에서 GA이 유전적으로 생성되지 않아 나타나므로 왜성식물은 GA에 잘 반응한다.

㉡ 왜성식물에 GA을 처리하면 농도에 비례하여 줄기가 신장한다.

② GA 농도별 왜성 옥수수 줄기의 생장을 이용해 표준곡선을 만들고 농도를 알 수 없는 GA을 동일 왜성 옥수수에 동일 시간 동안 처리한 후 줄기의 길이를 비교하면 농도를 알 수 있다.

(4) 생리작용

1) 줄기의 생장촉진

① 옥신의 효과는 절취한 기관 또는 조직에서 나타나지만, GA은 온전한 식물에 대하여 효과가 나타난다.

② 줄기의 신장이 가장 뚜렷하게 나타나며, 신장효과는 왜성식물이나 로제트형 식물에서 잘 나타난다.

㉠ 왜성계통 옥수수, 완두에 처리하면 신장생장이 촉진되어 정상식물만큼 자라지만, 정상 크기의 식물에 처리하면 초장에 전혀 영향이 없다.

㉡ 왜성은 유전적으로 GA의 생산능력이 부족하기 때문이다.

㉢ 왜성 개체는 GA이 거의 검출되지 않거나 극미량 분포한다.

③ 로제트형 식물

㉠ 무, 당근 같은 로제트형 식물은 단축경을 가지고 있으며, 줄기 정단은 정단분열조직, 아정단분열조직, 신장대의 3부분으로 구성되어 있다.

㉡ 정단분열조직은 잎, 꽃, 눈의 형성에 관여하고, 아정단분열조직(subapical meristem)은 줄기신장을 조절한다.

㉢ 로제트형 식물은 정단분열조직은 활발하게 활동하나 아정단분열조직의 활동은 미미하여 줄기가 신장하지 않는다.

ⓔ 아정단분열조직에 GA을 처리하거나 GA의 생성을 촉진하는 적당한 환경조건이 주어지면 줄기가 급속히 신장한다.
ⓗ GA을 처리하면 아정단분열조직의 유사분열 방추체와 분열면의 방향이 상하로 바뀐다.

2) 화아분화와 개화촉진
① 저온과 장일처리가 개화를 촉진하는 식물은 GA으로 대체할 수 있어 GA을 처리하면 화아분화와 개화가 촉진된다.
② 상추, 무 등 1년생 장일식물을 단일상태에 두면 꽃이 형성되지 않지만 GA을 미리 처리하면 단일상태에서도 추대하여 개화 결실할 수 있다.
③ 꽃눈 형성에 저온을 요구하는 2년생 식물인 당근, 순무, 양배추 등도 GA처리로 저온을 경과하지 않아도 추대하여 개화한다.
④ 장일이나 저온처리로 유도되는 개화반응은 체내 GA이 생성되기 때문으로 외부에서 GA을 처리해도 동일한 결과를 얻을 수 있다.

3) 휴면타파와 발아촉진
① 광발아성 종자인 상추, 시금치, 담배 등의 종자에 GA을 처리하면 암상태에서도 휴면이 타파되고 발아가 촉진된다.
② 휴면 중인 감자를 2~3ppm의 GA용액에 30~60분 처리하면 맹아가 시작된다.
③ 건조한 종자에도 결합형 GA이 많이 함유되어 있으며, 발아 초기 이들이 가수분해되어 유리상태 GA이 증가하면 저장양분 분해를 위한 가수분해효소의 합성을 촉진시킨다.
④ 휴면 중인 모든 종자가 GA에 의해 휴면이 타파되는 것은 아니며, 종자의 휴면타파에는 ABA/GA 비율이 낮을수록 잘 일어난다.

4) 노화억제와 착과촉진
① GA은 옥신과 같이 노화를 억제하며, GA은 특히 엽록소, 단백질, RNA의 파괴를 억제하여 잎의 노화를 지연시킨다.
② 과실의 숙성을 억제해 감귤류, 바나나 과피의 엽록소 파괴를 지연시킨다.
③ 착과와 과실생장을 촉진한다.
④ 토마토, 오이, 포도 등에서 단위결과를 유기하며, GA의 단위결과 유기는 옥신보다 낮은 농도에서도 가능하다.
⑤ 포도에서는 개화 2주일 전 GA을 처리하여 무핵과를 만들 수 있으며, 무핵화시킨 과실은 크기가 작아지는 경향이 있으므로 개화 후 1주 정도에 GA을 다시 한번 처리하여 과립비대를 촉진시켜야 한다.
⑥ GA의 노화지연 효과를 이용하여 밀감의 수확기를 연장시키기도 한다.

5) GA의 재배적 이용

① 휴면타파와 발아촉진
  ㉠ 종자의 휴면타파로 발아가 촉진된다.
  ㉡ 딸기의 휴면타파와 감자의 경우는 휴면타파로 봄감자를 가을 씨감자로 사용할 수 있다.
  ㉢ 호광성 종자의 발아를 촉진하는 효과가 있다.

② 화성의 유도 및 촉진
  ㉠ 저온, 장일에 의해 추대되고 개화하는 월년생 작물에 지베렐린 처리는 저온, 장일을 대체하여 화성을 유도하고 개화를 촉진하는 효과가 있다.
  ㉡ 배추, 양배추, 무, 당근, 상추 등은 저온처리 대신 지베렐린 처리하면 추대, 개화한다.
  ㉢ 팬지, 프리지어, 피튜니아, 스톡 등 여러 화훼에 지베렐린 처리하면 개화 촉진의 효과가 있다.
  ㉣ 추파맥류의 경우 6엽기 정도부터 지베렐린 100ppm 수용액을 몇 차례 처리하면 저온처리가 불충분해도 출수한다.

③ 경엽의 신장 촉진
  ㉠ 특히 왜성식물에 있어 경엽 신장을 촉진하는 효과가 현저하다.
  ㉡ 기후가 냉한 생육 초기 목초에 지베렐린 처리를 하면 초기 생장량이 증가한다.

④ 단위결과 유도: 포도 거봉품종은 만화기 전 14일 및 10일경 2회 처리하면 무핵과가 형성되고 성숙도 크게 촉진된다.

⑤ 수량 증대: 가을씨감자, 채소, 목초, 섬유작물 등에서 효과적이다.

⑥ 성분 변화: 뽕나무에 지베렐린 처리는 단백질을 증가시킨다.

3 시토키닌(cytokinin)

(1) 시토키닌의 개념

1) 의의
  ① 시토키닌은 식물에서 세포분열을 일으키는 호르몬이다.
  ② 대부분 핵산을 구성하는 아데닌(adenine, 6-aminopurine)유도체이다.
  ③ 시토키닌은 세포분열이 왕성한 부분에 많이 존재하며, 식물 조직배양에 많이 이용된다.

2) 연구
  ① 1950년 미국의 수쿠그(Skoog)가 정어리 정자의 DNA 열분해산물에서 세포분열 활성 물질을 발견하고 키네틴(kinetin)으로 명명하였다.

② 키네틴은 아데닌유도체로 최초 발견된 시토키닌은 식물에서 발견되지 않았으며 후에 N^6-푸르푸릴아데닌(N^6-furfuryl adenine)으로 확인되었다.

③ 그 후 키네틴과 비슷한 활성을 지닌 아데닌유도체들이 미생물, 고등식물에서 발견되어 관련 물질을 시토키네시스(cytokinesis, 세포질분열)에서 본떠 시토키닌(cytokinin)이라 하게 되었다.

④ 1963년 뉴질랜드의 리탐(Letham)이 옥수수 미숙종자에서 제아틴(zeatin)을 추출하였으며 최초로 고등식물에서 발견된 시토키닌으로 이 역시 아데닌유도체로 분자구조는 키네틴과 비슷하다.

3) 종류

① 시토키닌 활성을 보이는 화합물은 대부분 핵산 염기의 일종인 아데닌의 유도체로 아데닌의 아미노기에 연결된 측쇄의 변이에 따라 종류가 구분된다.
② 아데닌 분자의 6번 위치의 아미노기에 직선 또는 고리 모양의 측쇄가 연결되어야 하며, 이 밖의 위치에 결합하면 활성이 감소되거나 불활성화 된다.
③ **천연시토키닌**: 제아틴(zeatin), 이소펜테닐아데닌(isopentenyl adenine)
④ **합성시토키닌**: 키네틴, 벤질아데닌(benzyl adenine; BA), 피라닐벤질아데닌(pyranyl benzyl adenine; PBA), 에톡시에틸아데닌(ethoxy ethyl adenine) 등
⑤ 실제 많이 이용되는 시토키닌은 키네틴과 BA이다.
⑥ 고등식물에서 주로 유리된 상태로 존재한다.
⑦ 당과 결합하여 제아틴 리보시드(zeatin riboside)나 제아틴 글루코시드(zeatin glucoside) 등과 같은 결합형으로 존재하지만 결합형 시토키닌은 활성이 매우 약하다.

(2) 생합성

1) 생합성 부위

① 고등식물에서 뿌리가 1차적인 생합성 부위이다.
② 뿌리 근단분열조직에서 유리시토키닌이 합성되어 목부를 통해 신초의 정부쪽으로 이동하여 눈에 집적된다.
③ 생합성은 어린 과실이나 종자에서도 이루어지며, 여기에서 합성된 시토키닌은 대부분 다른 부위로 거의 이동하지 않는다.

2) 생합성 과정

① 생합성 경로는 아직 명확하게 밝혀지지는 않았지만 AMP(adenosine monophosphate, 아데노신1인산)에 이소펜테닐기가 결합하여 i^6AdoMP를 형성하고 여기에 리보실제아틴을 거쳐 제아틴이 합성되는 것으로 보인다.
② 경로
  ㉠ 시토키닌 합성효소가 이소펜테닐피로인산(isopentenyl pyrophosphate; IPP)의 이소펜테

닐기를 AMP의 6번 아미노기(N^6)에 결합시키면 이소펜테닐 AMP $N^6(i^6\text{AdoMP})$가 생성되어 이후 2가지 경로를 통해 제아틴과 이소펜테닐아데닌이 합성된다.

  ⓒ 제아틴 합성: $i^6\text{AdoMP}$부터 리보실제아틴-5′-일인산(ribosylzeatin-5′-monophosphate), 리보실제아틴((ribosylzeatin)을 거쳐 제아틴(zeatin)이 합성된다.

  ⓒ 이소펜테닐아데닌 합성: $i^6\text{AdoMP}$부터 이소펜테닐아데노신(isopentenyl adenosine; i^6 Ado)을 거쳐 이소펜테닐아데닌(isopentenyl adenine)으로 전환된다.

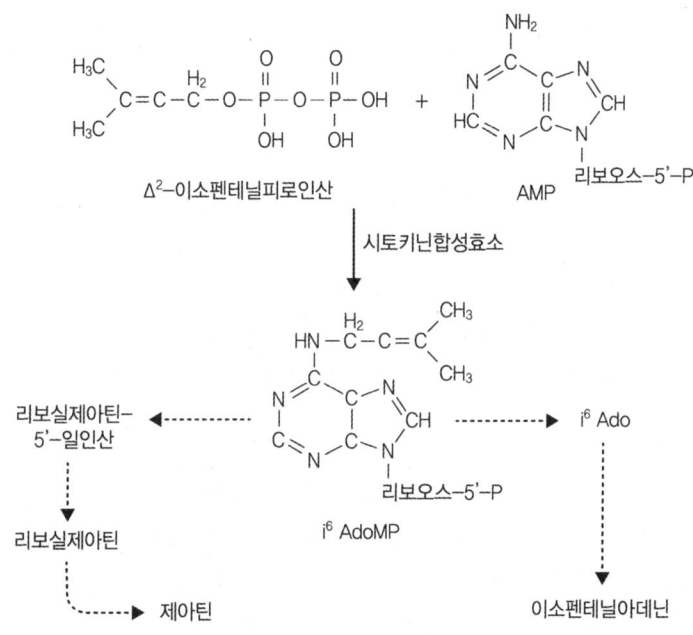

[유리 시토키닌의 가상적 생합성경로]

(3) 생리작용

1) 세포분열

① 가장 중요한 기능은 적정량의 옥신이 포함된 조직에서 세포분열을 유도하는 것이다.
② 세포분열에서 옥신은 DNA 복제와 관련된 일을 하고, 시토키닌은 세포의 유사분열을 조절한다.
③ 담배 조직배양에서 옥신만 첨가될 때는 DNA 합성은 일어나지만, 시토키닌이 첨가되기 전에는 세포분열이 일어나지 않는 것을 관찰할 수 있다.

2) 휴면타파

① 종자나 눈의 휴면을 타파한다.
② 광발아성인 상추 종자에 시토키닌을 처리하면 광처리 없이도 발아시킬 수 있다.
③ 휴면타파에 저온을 요구하는 수목류 종자에 시토키닌은 저온을 대체할 수 있다.
④ 감자는 시토키닌 처리로 눈의 ABA 농도가 낮아져 휴면이 타파된다.

3) 기관형성

① 조직배양에서 캘러스의 뿌리 또는 줄기로의 분화는 옥신과 시토키닌의 비율이 영향을 미친다.
② 상대적으로 옥신의 농도가 높으면 뿌리 형성을 자극하고, 시토키닌의 농도가 높으면 신초 형성이 촉진된다.
③ 부적당한 농도에서는 기관이 분화하지 않고 캘러스로만 자란다.
④ 뿌리혹박테리아를 이용한 분자생물학적 실험 결과 옥신합성유전자(tms)나 시토키닌합성유전자(tmr)를 변화시키면 뿌리혹은 각각 줄기 또는 뿌리가 발생하지만 두 유전자가 모두 작용할 때는 캘러스만 형성되고 뿌리나 줄기는 생성되지 않는다.

4) 노화억제

① 잎의 노화는 뿌리에서 생성된 시토키닌이 목부를 통해 잎으로 이동하는 양에 의해 조절된다.
② 시토키닌은 노화를 유기하는 효소들의 활성을 감소시켜 엽록소, 핵산, 단백질의 분해를 억제하고 잎의 노화를 지연시킨다.
③ 잎에 국부적으로 시토키닌을 처리하면 다른 부위는 황화하지만 처리 부위는 녹색을 유지한다.
④ 시토키닌은 수용 부위의 활성을 증가시켜 물질을 집적시킨다.
⑤ 시토키닌이 처리된 잎으로 아미노산이 이동하는 것을 확인할 수 있다.

5) 정아우세성 억제

① 시토키닌은 측아의 유관속 분화를 촉진하여 옥신에 의해 발생하는 정아우세성을 약화시킨다.
② 생장이 억제된 측아에 직접 시토키닌을 처리하면 생장이 억제되는 현상이 소멸된다.
③ 측아의 생장이 억제된 식물체는 원줄기와의 유관속 연결이 불량하다.
④ 정단을 절단한 부위에 옥신을 처리하면 유관속 연결 조직의 형성이 억제되고 측아에 국부적으로 시토키닌을 처리하면 유관속 분화가 촉진된다.

4 아브시스산(abscisic acid; ABA)

(1) 아브시스산의 개념

1) 의의

① 식물의 생장을 억제하는 대표적인 식물호르몬이다.
② 식물의 휴면을 유도하는 휴면물질이다.
③ 잎과 같은 기관의 탈락을 촉진하는 낙엽호르몬이다.

2) 연구

① 1964년 미국의 애디코트(Addicott)는 목화의 미성숙과실에서 탈리(abscission)를 촉진하는 물질을 분리·정제하여 아브시신(abscisin)이라 명명하였다.
② 1964년 같은 해 영국의 웨이링(Wareing)은 자작나무의 성숙한 잎으로부터 단일조건에서 합성되어 생장점으로 이동하여 눈의 휴면을 유기하는 물질을 발견하고 도르민(dormin)이라 명명하였다.
③ 이 후 아브시신과 도르민이 분자구조가 같은 동일 물질이라는 사실이 밝혀지면서 1967년 국제식물생장조절물질학회(IPGSA)에서 아브시스산으로 명명하였다.

3) 화학적 특성

① ABA는 탄소 15개의 세스퀴테르펜(sesquiterpene)으로 하나의 이중결합과 2개의 메틸기를 가지 지방족화합물 고리와 끝에 1개의 카르복시기가 있는 불포화 측쇄를 가지고 있다.
② 2번과 4번 탄소의 H위치와 2번 탄소의 카르복시기 방위에 따라 cis형과 trans형으로 결정된다.
③ 생체에서 합성되는 형태는 거의 cis형으로 보통 ABA이라 하면 이 형태를 말한다.
④ cis형과 trans형은 서로 전환될 수 있다.
⑤ ABA는 고리의 탄소 위치 1에 비대칭 탄소를 가지고 있어 S(또는 '+')형, R(또는 '-')형의 광학적 대장체(enantiomer)를 만들 수 있는데 자연형은 모두 '+'형이고 기공 폐쇄와 같은 신속한 반응은 이 유형에 의해서만 유도된다.
⑥ 합성 ABA은 '+'형과 '-'형이 비슷한 비율로 혼합된 제품으로 비교적 반응이 느린 경우 두 형 모두 활성이 있고, '+'형과 '-'형은 식물체 내 상호전환이 불가능하다.

(2) 생합성

1) 합성경로

① ABA는 잎, 줄기, 미성숙 과실의 엽록체에서 주로 합성된다.
② 합성경로는 2가지가 있으며 최근 연구결과 카로티노이드로부터 합성되는 것이 더 일반적이다.
 ㉠ 메발론산(mevalonate) → 파르네실피로인산(farnesyl pyrophosphate) → 아브시스산
 ㉡ 비올라크산틴(violaxanthin) → 크산톡신(xanthoxin) → 아브시스산
 ㉢ 균류는 메발론산 경로를 고등식물은 카로티노이드계 색소인 비올라크산틴 경로를 거친다.
③ 단일조건과 수분 부족은 ABA의 합성을 촉진시킨다.
④ ABA의 이동은 목부와 사부 모두를 통해 이루어지나 사부를 통한 이동량이 훨씬 많다.
⑤ ABA과 생리적 기능이 유사한 크산톡신(xanthoxin)은 이동성이 거의 없으나 ABA은 어떤 방향성에 국한되지 않고 쉽게 이동한다.

[ABA 생합성 경로]

2) 체내 존재

① ABA은 식물체 내 근관에서부터 끝눈까지 대부분 조직에 존재하고, 엽록체를 포함하는 거의 모든 세포에서 생합성된다.
② 대부분 천연 ABA은 cis형으로 존재하며 활성을 나타낸다.
③ ABA이 생물활성을 나타내는데 카르복시기의 방향환 내 이중결합 등이 관여한다.
④ 포도당과 결합한 ABA은 생리활성이 없다.

3) 함량

① 발달 중인 종자의 ABA 함량은 며칠 사이 100배 증가할 수 있으며, 수분스트레스 조건에서 잎의 ABA 농도는 4~8시간에 50배 증가한다.
② ABA 함량 조절은 생합성뿐만 아니라 세포질 내 유리 ABA을 분해, 구획화, 결합, 수송 등에 의해서도 조절된다.

(3) 생리작용

1) 휴면유도와 탈리

① 식물의 휴면은 ABA 농도가 높고 GA 농도가 낮을 때 일어나며, 반대의 경우 휴면이 타파된다.
② 종자를 습윤 침적하면 ABA 농도가 감소하고 GA이 증가한다.
③ 감자의 괴경, 낙엽과수 눈도 휴면 중에는 ABA 함량이 많다.
④ ABA은 저장양분 분해에 필수적인 여러 가수분해효소의 합성을 억제한다.
  ㉠ ABA의 양분 분해효소 합성 억제는 종자나 눈의 휴면상태를 유지시키는 중요한 작용이다.
  ㉡ 보리 종자가 발아할 때 녹말분해효소인 α-아밀라제는 GA에 의해 합성이 유도되는데 ABA은 GA의 작용을 억제한다.
⑤ 목화에서 ABA은 미성숙 열매의 탈리를 일으키고, 성숙된 열매가 터져 열리도록 한다.
⑥ ABA이 탈리층의 프로테아제, 펙티나아제, 셀룰라제의 활성을 증가시켜 탈리를 유도한다.

2) 그 밖의 기능

① ABA은 기공 폐쇄에 중요한 역할을 하며, 수분스트레스에 대한 방어 기능을 조절한다. 수분이 부족하면 공변세포의 ABA 농도가 증가하고 K^+의 농도는 감소하여 팽압이 낮아져 기공이 닫힌다.
② ABA을 뿌리에 처리하면 수분과 이온의 흡수가 증가되고 측지발생도 촉진되는 경우가 많지만, 잎의 생장은 억제되는데, 이는 내건성을 강화시키는 적응 생장의 일환으로 판단된다.
③ ABA은 줄기, 뿌리, 잎 등의 생육을 억제한다.
④ 옥신은 세포벽을 산성화시켜 생장을 촉진시키는 반면 ABA은 세포벽에서 H^+의 증가를 억제한다.
⑤ ABA은 곁눈의 생장을 억제하여 정아우세성을 강화시키는 역할도 한다.
⑥ ABA은 잎의 노화를 촉진하고, GA나 시토키닌은 ABA의 노화 촉진 기능을 감소시킨다.
⑦ 1~10ppm 농도에서 벼 잎의 노화를 촉진한다.
⑧ ABA와 키네틴은 잎의 엽록소와 RNA에 관하여 서로 길항적으로 작용한다.

5 에틸렌(ethylene)

(1) 에틸렌의 개념

1) 의의

① 성숙과 노화를 촉진하는 호르몬이다.
② 식물호르몬 중 구조가 가장 간단하고, 상온에서 기체 상태이다.
③ 식물체 전 부위에서 발생한다.
④ 다른 식물호르몬과 상호작용을 한다.

2) 연구

① 러시아 넬즈바우(Neljubow)
  ㉠ 1901년 조명등에 사용하는 천연가스 일부가 완두의 신장을 억제하고 줄기를 비대시키며, 줄기를 수평으로 자라게 하는 에틸렌 3중반응을 발견하였다.
  ㉡ 에틸렌 3중반응(triple reaction): 신장감소, 줄기비대, 수평생장으로 에틸렌 생물검정에 이용된다.
② 1930년대에 과실 성숙에 관련하는 기체 성분이 에틸렌이라는 사실이 알려졌다.
③ 1934년 게인(Gane)은 사과에서 나오는 에틸렌이 과실의 성숙과 관계가 있다고 하였다.

3) 에틸렌의 화학적 특성

① 에틸렌(C_2H_4, $H_2C=CH_2$)은 2개의 탄소가 이중결합으로 이루어진 가장 간단한 식물호르몬이다.
② 식물체 내 존재하는 무색의 기체로 상온에서는 공기보다 가볍다.
③ 물속에서 적은 양이 용해된다.
④ 산소와 만나 산화되면 에틸렌옥시드, 옥살산 등을 거쳐 이산화탄소로 분해된다.
⑤ 탄소원자 간 불포화결합이 필수적이며 프로필렌(C_3H_6)처럼 탄소 수가 많은 것은 호르몬으로 기능이 크게 떨어진다.
⑥ 아세틸렌(C_2H_2)도 에틸렌과 유사한 생리적 기능을 가지고 있으나 식물호르몬으로 취급되지 않는다.
⑦ 분자의 화학적 구조가 단순하여 유기화합물의 산화 또는 연소과정에서도 쉽게 생성될 수 있다.
⑧ 에틸렌이 기체로 이용하기 불편하여 이용상 편의를 위해 개발된 것이 에세폰이라는 생장조절제이다.

(2) 생합성

1) 생합성 특징

① 에틸렌은 노화가 진행 중인 조직과 성숙하는 과실에서 가장 많이 발생하지만, 고등식물의 모든 기관은 에틸렌을 합성할 수 있으며, 매우 낮은 농도에서도 생물학적 활성을 갖는다.
② 발달 중인 어린잎은 완전히 성숙한 잎보다 더 많이 생성한다.
③ 건전 상태의 잎이 상처, 물리적 압력 등을 받는 경우 에틸렌 생성이 일시적으로 몇 배 증가하지만 시간이 경과하면 정상으로 회복된다.

2) 생합성 경로

① 식물에서는 메티오닌(methionine)만 유일하게 에틸렌의 생합성 재료로 이용되며, 에탄올로부터 에틸렌을 생성하는 균류와는 합성경로의 차이를 보인다.
② 식물의 에틸렌 생합성 경로
  ㉠ 아미노산인 메티오닌에서 출발하여 S-아데노실메티오닌(S-adenosylmethionine; SAM)과 1-아미노시클로프로판-1-카르복시산(1-aminocyclopropane-1carboxylic acid; ACC)를 거쳐 합성된다.
  ㉡ 메티오닌의 S원자는 메틸티오아데노신(methylthioadenosine)의 형태로 재순환되어 에틸렌 합성을 위한 메티오닌을 계속적으로 제공한다.
  ㉢ SAM은 ACC 합성효소에 의해 ACC로 전환되고, 다시 에틸렌형성효소(ethylene forming enzyme; EFE)에 의해 에틸렌으로 변화한다.
③ 에틸렌은 식물의 모든 기관에서 생합성 되지만, 성숙 중인 과실에서 특히 왕성하다.

④ 에틸렌 생성은 광 조건에 의해 억제되고 스트레스 조건에서 현저히 증가한다.
⑤ 식물체 내 이동은 에틸렌 가스의 확산과 ACC의 이동으로 이루어진다.

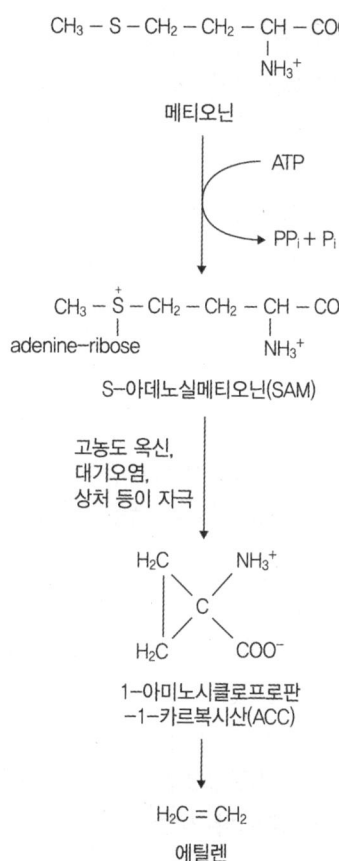

[고등식물에서의 에틸렌 생합성]

3) 에틸렌 합성 조절

① ACC 신타나제(synthase, 생성효소)
  ㉠ 에틸렌의 생합성률을 조절하는 효소이다.
  ㉡ 과실의 성숙과 노화과정 및 식물조직의 상처, 스트레스 조건에서 활성이 증가해 에틸렌 생성이 증가한다.
  ㉢ 옥신을 처리하면 ACC생성효소의 활성화가 유도되어 에틸렌 생성이 증가한다.
  ㉣ ACC생성효소는 AVG(aminoethoxyvinylglycine), AOA(amino oxyacetic acid)에 의해 활성이 억제된다.

② ACC 옥시다아제(oxidase, 산화효소)
  ㉠ 에틸렌 합성의 마지막 단계에서 ACC를 에틸렌으로 전환하는 효소이다.
  ㉡ ACC oxidase는 ACC synthase에 함께 에틸렌 생합성을 조절한다.

ⓒ ACC oxidase는 기질로 ACC, O_2, CO_2를 필요로 하므로 공기 중 산소나 이산화탄소 농도 저하는 ACC oxidase의 활성을 저하시킨다.

4) 에틸렌 생합성에 영향을 미치는 요인

① 과실이 성숙함에 따라 ACC oxidase와 ACC synthase의 활성이 증가하여 ACC와 에틸렌 생합성을 증가시킨다.
② 가뭄, 침수, 저온, 오존, 기계적 상처, 병충해 등 다양한 스트레스에 의해 에틸렌이 증가하며, ACC synthase mRNA의 전사도 증가한다.
③ IAA 처리에 의하여 부분적으로 ACC synthase가 증가하여 에틸렌 생성이 증가한다.

(3) 생리작용

1) 숙성 및 노화촉진

① 에틸렌은 과실의 숙성을 유도하고, 잎과 꽃의 노화를 촉진한다.
② 과실에 에틸렌을 처리하면 엽록소 파괴와 품종 고유 색소의 합성이 증가하고, 조직의 연화, 호흡 증가, 향기성분 증가 등 여러 생화학반응이 일어난다.
③ 에틸렌 생합성과정에는 산소가 필수적이며 이산화탄소는 에틸렌작용을 경쟁적으로 억제하므로 산소 농도가 낮고 이산화탄소 농도가 높은 조건에서 에틸렌생성과 에틸렌 작용이 동시에 억제되므로 성숙 및 노화가 지연된다.
④ 호흡급등형 과실에서는 성숙과 함께 에틸렌생성의 급증이 수반되며, 그 시점은 호흡 증가보다 빠르거나 같다고 알려져 있다. 호흡급등현상이 에틸렌작용과 밀접한 관련이 있으며, 에틸렌생성의 억제는 호흡 급등을 억제하거나 지연시킨다.

2) 그 밖의 기능

① 에틸렌은 셀룰라아제와 폴리갈락투로나아제 합성을 촉진시켜 기관의 이층형성과 탈리를 유도한다. 호두, 양앵두, 목화를 수확 전 에세폰 처리를 하면 이층이 형성되고 탈리가 촉진되어 쉽게 수확할 수 있다.
② 대부분 식물의 지상부 신장생장을 억제시키고 측면생장을 증가시킨다.
③ 신장생장 감소와 측면생장 증가에는 미소섬유와 미세소관의 배열에 관련되어 있으며, 이러한 변화는 에틸렌이 옥신의 극성이동을 방해하기 때문이다.
④ 박과채소에서는 암꽃 착생 절위를 낮추고, 암꽃수를 증가시킨다.

6 기타 호르몬

(1) 브라시노스테로이드(brassinosteroid; BRs)

1) 개념

① 식물 세포분열 및 신장, 광형태형성, 생식생장, 잎의 노화, 스트레스반응 등의 역할을 한다.
② 연구
    ㉠ 미첼(Mitchell, 1970): 유채(Brassica napus) 화분 추출물의 생장촉진 활성을 확인하였다.
    ㉡ 그로브(Grove, 1979): 브라신(brassin) 화합물을 정제하고 구조를 밝혔다.
    ㉢ 이 후 검출된 다수의 스테로이드 계통 식물생육조절물질을 브라시노스테로이드라 부르게 되었으며 '제6의 식물호르몬'으로 취급하고 있다. 예전에는 브라신으로 불렀다.
③ 다수의 식물에서 발견되며, 특히 화분에 함유량이 많지만, 식물의 모든 부위에 존재한다.
④ 옥신이나 GA와 유사한 생장촉진 효과를 가지고 있다.
⑤ 다른 호르몬에 비해 아주 낮은 농도에서 활성을 보이며 효과적인 농도범위는 0.001~1ppb(ppb=$\frac{1}{10^{-9}}$, 1/10억)이다.

2) 생리작용

① 세포팽창과 세포분열을 모두 촉진하여 생장을 촉진한다.
② 옥신과 같이 외부에서 공급한 BRs는 농도에 따라 뿌리생장을 촉진 또는 억제할 수 있으며, 농도가 낮아지면 뿌리생장의 촉진, 농도가 높아지면 뿌리생장이 억제된다.
③ BRs는 목부 분화를 촉진하고 사부 분화를 억제하여 유관속 발달에 기여한다.
④ 화분관 생장
    ㉠ BRs가 화분에서 공급되며, 웅성기관의 활성과 관련되어 있다.
    ㉡ BRs는 주두로부터 화주를 통해 배낭이 이르는 화분관 생장을 촉진한다.
    ㉢ BRs가 결핍되면 화분관은 주두에서 발아하지만 신장하지 못하며, 화분관 신장은 BRs의 농도에 의존적이다.

(2) 폴리아민(polyamine)

1) 개념

① 폴리아민은 2개 이상의 아민기를 가지고 있는 다가 양이온화합물이다.
② 동식물체에 널리 분포하며, 아미노산인 아르기닌으로부터 생합성되며, 생합성 과정에 에틸렌 생합성 과정의 중간산물인 SAM이 관여한다.
③ 종류: 아민기 수에 따라 3종류가 있다.

- ㉠ 2개: 푸트레신(putrescine; Put) $H_2N-(CH_2)_4-NH_2$
- ㉡ 3개: 스페르미딘(spermidine; Spd) $H_2N-(CH_2)_3-NH-(CH_2)_4-NH_2$
- ㉢ 4개: 스페르민(spermine; Spm) $H_2N-(CH_2)_3-NH-(CH_2)_4-NH-(CH_2)_3-NH_2$

④ 세포 내 농도가 낮으면 생육이 억제 또는 중지되므로 폴리아민 생합성 능력이 결여된 돌연변이체는 정상적으로 자랄 수 없으며, 이런 돌연변이체에 폴리아민을 첨가하면 정상적으로 생장 발육한다.
⑤ 식물조직 내 농도는 다른 식물호르몬 농도보다 높다.
⑥ 폴리아민은 매우 작고 용해성이며 확산성 분자로 세포 내 위치고정이 어렵다.

2) 생리작용

① 세포 내에 양이온으로 존재하여 DNA, RNA, 인지질, 단백질 같은 중요한 세포 내 음이온 분자와 강하게 결합하여 세포 내 여러 기능에 영향을 미친다.
② 원형질막, 세포 내 막이 분해되는 것을 방지하여 엽록소, 단백질, RNA 등의 감소를 지연시키고, 잎의 노화를 보호한다.
③ 에틸렌과 상호경쟁적 관계에 있어 에틸렌의 형성이나 작용을 억제하며, 에틸렌에 반대되는 항노화작용을 한다.

(3) 자스몬산(jasmonic acid; JA)

1) 개념

① 향수의 원료로 사용되어 온 휘발성 물질로 식물 생장을 억제하고 노화를 촉진하여 ABA와 비슷한 생리작용을 하는 천연 식물생장조절제이다.
② 지방산의 하나인 리놀렌산(linolenic acid)이 전구물질이며, 식물체에 존재하는 자스몬산 복합체는 20여종 이상 알려져 있다.
③ 식물체의 저항성 기작에 신호를 보내는 물질이라고 알려져 있다.

2) 생리작용

① 병원균이나 곤충 가해와 같이 식물에 상처가 발생하면 단백질가수분해효소저해제(protease inhibitor)의 발현이 현저히 유도되는데, 식물의 대표적인 방어기작이다.
② 식물에 자외선을 조사하면 자스몬산 유도성 유전자가 발현된다.
③ 자스몬산이나 메틸-자스몬산을 처리하면 잎의 황화가 유도되고 이층 형성 및 분리를 유도하여 과실의 탈리를 촉진시킨다.
④ 감자는 단일조건에서 괴경형성이 유도되는데 자스몬산 유도체인 튜버론산 함량이 증가한다.
⑤ 식물의 발아, 성장을 억제하지만 ABA보다 억제효과가 낮으며, 잎의 노화, 탈리, 에틸렌 합성, 뿌리 발생 등을 촉진하는데 ABA보다 더 높은 촉진작용을 유도한다.
⑥ 토마토, 사과에 처리하면 엽록소가 파괴되고 β-카로틴 합성이 촉진된다.
⑦ 자스몬산의 효과는 시토키닌에 의해 역전되거나 효과가 없어진다.

CHAPTER 02 환경 및 스트레스 생리

1 환경과 스트레스

(1) 환경생리

1) 의의
① 환경요인은 식물 생장에 절대적 영향을 미치며, 이러한 다양한 환경조건에서 나타나는 식물 생장반응을 연구하는 학문을 환경생리학(environmental physiology)이라 한다.
② 환경생리학은 환경요인들의 작용법칙, 요인 간의 상호작용, 환경에 대한 반응 등이 중요 연구주제이다.
③ 식물 생장에 영향을 미치는 환경요인
  ㉠ 기후적 요인: 기온, 강수, 광, 바람 등
  ㉡ 화학적 요인: 토양반응, 염류농도, 대기오염, 산성비 등
  ㉢ 생물적 요인: 잡초, 미생물, 동물, 다른 식물 등

2) 환경요인들의 작용법칙
① 포화(飽和, saturation) 법칙
  ㉠ 어떤 환경매개변수가 점차 높아지면 포화될 때까지 작용이 증가하다 어느 수준에 이르면 더 이상 증가하지 않거나, 독성이나 저해작용을 나타내는 것을 말한다.
  ㉡ 필수원소에 대한 반응은 결핍단계 → 내성단계 → 독성(억제)단계로 구분된다.
  ㉢ 내성단계에는 추가적인 요소에 의해 수량 등 생장반응이 나타나지 않는데 이를 과소비라 한다.
  ㉣ 비필수원소는 결핍과 내성과는 무관하나 고수준에서는 독성이 나타난다.
  ㉤ 광합성에서 광포화점, 이산화탄소 포화점 등에서 적용된다.

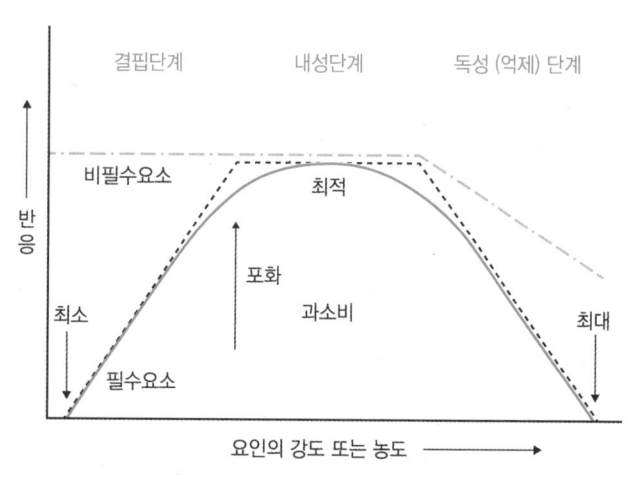

[환경매개변수에 대한 식물의 일반화된 반응곡선]

② 최소량의 법칙(law of minimum)
　　㉠ 어떤 작용이 여러 환경변수 가운데 최소량의 요인에 의해 결정되는 것을 말한다.
　　㉡ 1840년 독일 리비히(Justus von Liebig)는 저서 '농화학'에서 '식물의 생장은 최소로 공급되는 양분의 양에 의존한다'는 최소율의 법칙을 정리하였다.

3) 환경요인의 상호작용
① 환경의 작용법칙은 여러 요인이 상호작용을 하므로 한 요인이 식물 생장에 미치는 작용은 다른 요인에 따라 달라진다.
　㉠ 2개의 환경요인을 가정하여 단독으로 작용할 때 보다 2개의 요인이 동시에 작용할 때 더 효과가 커질 수 있는데 이를 상승작용(相乘作用, synergism)이라 한다.
　㉡ 특정 작용법칙을 설명할 때는 다른 요인을 한정하는 경우가 대부분이다.
② 식물 생장은 환경 변화에 따라 조절되며, 특히 불량환경에서 스트레스를 받으면 큰 폭의 변화를 보인다.
　㉠ 식물도 동물과 같이 항상성(恒常性, homeostasis)이 있어 외부환경 변화가 클 때 내적조건은 항상 일정하게 유지하려 하거나, 변화의 폭을 가능한 좁게 유지하려는 반응을 보인다.
　㉡ 항상성의 정도는 저항성과도 연관이 있다.
③ 환경의 영향이 세대를 건너 이어지는 것을 이월효과(移越效果, carryover effect)라 한다.
　㉠ 불량 환경조건에서 몇 세대를 경과시키면 그 후 정상적인 생육조건에 옮겨도 다시 몇 세대가 진정되어야 생장률이 회복된다.
　㉡ 발생 과정에 있는 배는 환경과 모체에 의해 조절되며, 그 효과는 여러 세대를 거쳐 전달될 수 있다.
④ 생물적 요인으로 식물과 식물, 식물과 동물의 상호작용이 있다.
　㉠ 한 식물이 주변 다른 식물의 생장을 저해하는 것을 타감작용(他感作用, allelopathy)이라 하며, 이는 주로 특정 식물이 생산하여 다른 식물에 영향을 미치는 타감물질(他感物質, allelochemic)이라 한다.
　㉡ 타감물질은 주변 식물체는 물론 동물이나 해충 미생물에도 영향을 미칠 수 있다.

4) 환경에 대한 반응
① 장미 가시와 같이 초식동물에 대한 방어기작을 갖는다.
② 마늘의 항균성분인 알린, 고추의 매운맛 성분인 캡사이신, 오이 쓴맛의 엘라트린 같은 독성물질이나 동물이 회피하는 물질을 함유하여 방어하기도 한다.

(2) 스트레스 생리

1) 환경스트레스
① 식물이 최적 환경조건에서 벗어났을 때 나타나는 생장 반응에 대하여 연구하는 학문을 스트레스 생리학(stress physiology)이라 한다.

② 저온과 고온, 가뭄과 홍수, 강광과 약광, 강풍, 높은 염류농도와 산도 등은 중요한 환경스트레스가 된다.
③ 가벼운 스트레스는 일시적이며 가역적이고 눈에 잘 보이지 않으며, 환경이 정상으로 되돌아가면 바로 원래 상태로 회복된다.
④ 심한 스트레스는 열사, 동사, 고사, 도복 등과 같은 장해가 나타나고, 장해는 가시적이며, 환경이 회복되어도 원래대로 돌아가지 못한다.
⑤ 자연상태에서 식물은 환경스트레스로부터 완전하게 벗어나는 것은 힘들고, 스트레스를 받으면 생장과 분화가 저해되는 것이 일반적이다.
⑥ 환경스트레스는 새로운 기관의 분화와 발육을 위한 환경신호로 작용하기도 한다.
⑦ 저온과 일장 스트레스 또는 각종 불량 환경스트레스는 식물의 화아분화에 일종의 환경신호로 작용한다.

2) 저항성(抵抗性, resistance)
① 식물이 스트레스를 받더라도 이를 극복하여 장해를 받지 않는 특성을 저항성이라 한다.
② 저항성은 회피성과 내성으로 구분할 수 있다.
③ 회피성(回避性, avoidance)
  ㉠ 물리적 또는 화학적인 방법으로 스트레스를 피해가는 특성이다.
  ㉡ 수분 스트레스를 받으면 기공을 닫는 것은 회피성에 해당된다.
④ 내성(耐性, tolerance)
  ㉠ 스트레스를 받지만 이를 감소시키거나 견디어 내는 특성이다.
  ㉡ 수분이 부족해도 견디면서 장해를 잘 나타내지 않은 것은 내성에 해당된다.

3) 순화(馴化, acclimation; 경화)와 적응(適應, Dptation)
① 순화: 스트레스 강도를 서서히 높이면 저항성이 증가하는 것
② 적응: 몇 세대에 걸쳐 유전적 원인으로 저항성이 증가하는 것

2 온도 장해

(1) 저온장해

1) 냉해(冷害, chilling injury)
① 의의
  ㉠ 0℃ 이상에서 식물체 조직 내에 결빙이 생기지는 않는 범위의 저온에 의해서 받는 생육장해를 냉해라 한다.

ⓛ 여름작물에 있어 고온이 필요한 여름철에 비교적 낮은 냉온을 장기간 지속적으로 받아 피해를 받는 것을 냉해라고 한다.
ⓒ 열대작물은 20℃ 이하에서 영양체에 냉해가 발생하고, 온대 여름작물은 종류에 따라 1~10℃에서 냉해가 발생한다.

② 냉해의 기작
㉠ 저온에서는 세포막 특성변화와 그에 따른 투과성 저하, 에너지 전달 장해가 발생한다.
ⓛ 저온에서는 포화지방산이 반결정상태가 되어 막의 유동성이 떨어지고 운반단백질의 기능이 상실된다.
ⓒ 단백질분해가 촉진되어 세포막 고유의 특성을 상실한다.
ⓔ 세포막의 무기이온과 기타 용질의 투과가 억제되어 관계되는 대사작용에 장해가 발생한다.
ⓜ 효소의 활성이 떨어져 여러 물질대사가 정상적으로 일어나지 못한다.
ⓗ 세포 내 불완전한 산화로 독성물질의 생성으로 장해가 발생할 수 있다.
ⓢ 원형질의 점성이 증가하여 투과성이 감소하면서 세포 내 여러 생화학적 교란이 일어나 냉해가 발생할 수 있다.
ⓞ 이른 봄 가온은 높지만 지온이 낮아 발생하는 냉해도 있는데, 지온이 낮으면 뿌리 호흡률이 떨어져 무기양분의 흡수가 억제되고, 물은 점성이 낮아 흡수가 억제되며, 뿌리에서 시토키닌 생성이 억제되어 생육이 저해된다.

③ 냉해의 종류(벼)
㉠ 지연형 냉해
ⓐ 생육 초기부터 출수기에 걸쳐 오랜 시간 냉온 또는 일조부족으로 생육의 지연, 출수 지연으로 등숙기에 낮은 온도에 처함으로 등숙의 불량으로 결국 수량에까지 영향을 미치는 유형의 냉해이다.
ⓑ 벼는 8~10℃ 이하에서 잎에 황백색 반점이 생기고, 잎 끝으로부터 위조, 고사하며, 분얼이 지연되고 늦게까지 지속된다.
ⓒ 특히 출수 30일 전부터 25일 전까지 5일간, 즉 벼가 생식생장에 접어들고서 유수형성을 할 때 저온을 만나면 출수가 가장 지연된다.
ⓓ 질소, 인산, 칼리, 규산, 마그네슘 등 양분의 흡수가 저해되고, 물질 동화 및 전류가 저해되며, 질소동화의 저해로 암모니아 축적이 많아지며, 호흡의 감소로 원형질유동이 감퇴 또는 정지되어 모든 대사기능이 저해된다.

ⓛ 장해형 냉해
ⓐ 유수형성기부터 개화기 사이, 특히 생식세포의 감수분열기에 냉온의 영향을 받아서 생식기관이 정상적으로 형성되지 못하거나 꽃가루의 방출 및 수정에 장해를 일으켜 결국 불임현상이 초래되는 유형의 냉해이다.
ⓑ 벼의 감수분열기 내냉성이 약한 품종은 17~19℃, 내냉성이 강한 품종은 15~17℃의 냉온을 1일 정도라도 만나면 약강(葯腔)의 외부를 싸고 있는 융단조직(tapete)이 비대하고 화분이 불충실하여 약이 열리지 않으므로 수분되지 않아 불임이 된다.

ⓒ 낮 기온이 높으면 밤의 기온이 다소 낮아도 냉해가 회피된다.
ⓓ 타페트 세포(tapetal cell)의 이상비대는 장해형 냉해의 좋은 예이며, 품종이나 작물의 냉해 저항성의 기준이 되기도 한다.
ⓒ 병해형 냉해
ⓐ 벼의 경우 냉온에서는 규산의 흡수가 줄어들므로 조직의 규질화가 충분히 형성되지 못하여 도열병균의 침입에 대한 저항성이 저하된다.
ⓑ 광합성의 저하로 체내 당함량이 저하되고, 질소대사 이상을 초래하여 체내에 유리아미노산이나 암모니아가 축적되어 병의 발생을 더욱 조장하는 유형의 냉해이다.
ⓔ 혼합형(복합형) 냉해: 장기간의 저온에 의하여 지연형 냉해, 장해형 냉해 및 병해형 냉해 등이 혼합된 형태로 나타나는 현상으로 수량감소에 가장 치명적이다.
④ 내냉성(耐冷性, chilling resistance)
㉠ 의의: 식물이 영상의 저온에 견디는 성질
㉡ 식물의 종류, 환경조건에 따라 다르며, 일반적으로 벼는 일본형 품종은 인도형이나 통일형 품종보다 내냉성이 강하다.
㉢ 내냉성이 강한 일본형 품종은 저온에서도 발아가 잘 되고, 생육도 빠르며, 장해를 나타내는 온도가 낮은 편이다.
㉣ 일반적으로 내냉성이 강한 작물은 세포막에 포화지방산보다 불포화지방산이 더 많이 함유되어 있다.
㉤ 식물을 저온에 두면 경화되는 동안 불포화지방의 비율이 증가하여 내냉성이 증가한다.
㉥ 벼를 감수분열기에 20℃에서 4일간 처리하면 화분의 아미노산, 당, 전분, 인산 함량이 감소하는데 특히 아미노산 중 프롤린(proline) 함량이 현저히 감소하였다.

2) 동해(凍害, freezing injury)

① 의의
㉠ 0℃ 이하의 저온에서 발생하는 장해이다.
㉡ 세포 내 결빙이 생겨 조직이 파괴되면서 나타난다.
㉢ 상해
ⓐ 서리로 인하여 -2~0℃에서 작물이 동사하는 피해이다.
ⓑ 봄에 일찍 파종하거나 이식하는 작물, 과수의 꽃은 상해를 입는다.
② 동해의 종류
㉠ 상주해
ⓐ 서릿발(霜柱, frost heaving; 토양에서 빙주가 다발로 솟아나는 것)이 서면 맥류 등의 뿌리가 끊기고 식물체가 솟구쳐 올라 발생하는 피해이다.
ⓑ 서릿발은 토양수분이 넉넉하고(60% 이상), 추위가 심하지 않을 때(지표는 0℃ 이하, 지중은 0℃ 이상), 남부지방 식질토양에서 많이 발생하며, 토양 동결이 심하면 상주는 발생하지 않는다.

ⓒ 남부지방 맥작에 피해가 발생한다.
ⓒ 동상해(凍上害)
ⓐ 동결된 토양이 솟구쳐 오르는 것으로 서릿발과 비슷한 피해가 발생한다.
ⓑ 동상은 추운 지대에서 적설량이 적고, 토양 중에 깊은 동결층이 형성될 때 많이 발생한다.
ⓒ 대책
ⓐ 퇴비의 시용, 사토의 객토, 배수 등으로 서릿발이나 동상의 형성을 줄인다.
ⓑ 맥류는 광파재배(廣播栽培)를 하여 뿌림골(播溝)의 토양수분 함량을 적게하여 서릿발의 발생을 억제한다.
ⓒ 서릿발이 발생하면 맥류의 뿌림골을 발로 밟거나 회전롤러를 이용해 진압한다.
③ 동해의 기작
㉠ 작물 조직 내 결빙에 의해 받는 피해이며 월동작물은 흔히 동해를 입는다.
㉡ 세포 결빙
ⓐ 세포 외 결빙
- 식물체 조직 내 결빙은 즙액 농도가 낮은 세포간극에 먼저 결빙이 생기는데 이와 같이 세포간극에 결빙이 생기는 것이다.
- 세포 외 결빙 시 내동성이 강한 식물세포는 수분 투과성이 높아 세포 내 수분이 세포 간극으로 이동하여 탈수되면서 세포 외 결빙은 커지고, 세포 내 결빙은 발생하지 않는다.
- 세포가 충분히 탈수되면 세포 내 삼투압이 높아지고 원형질의 콜로이드성 물질이 농축되어 결빙이 생기기 힘들며, $-190°C$에서도 결빙이 생기지 않는 보고가 있다.
ⓑ 세포 내 결빙
- 결빙이 더욱 진전되면서 세포 내 원형질, 세포액이 얼게 되는 것으로 수분투과성이 낮은 세포는 세포 외 결빙이 신장하여 끝이 뾰족하게 되고 원형질 내부로 침입(식빙; 植氷)하여 세포 원형질 내부에 결빙을 유발한다.
- 세포 내 결빙은 원형질 구성에 필요한 수분이 동결되어 원형질단백질의 응고, 변형으로 원형질의 구조가 파괴되어 세포는 즉시 동사하게 된다.
- 세포 내 결빙 발생의 난이는 작물의 내동성과 관련이 깊다.
ⓒ 세포 외 결빙은 세포 내 수분의 세포 밖 이동으로 세포 내 염류농도는 높아지고 수분 부족으로 원형질단백이 응고하여 세포는 죽게 된다.
ⓓ 세포 외 결빙 시 온도의 상승으로 결빙이 급격히 융해되면 원형질이 물리적으로 파괴되어 세포는 죽게 된다.
㉢ 급격한 동결
ⓐ 서서히 동결되면 세포 내 수분의 투과와 탈수가 잘 진행되고, 세포 외 결빙이 쉬워지므로 세포 내 결빙은 어려워지나, 급격히 동결될 때는 수분의 투과와 탈수가 진행되지 못해 세포 내 결빙의 발생으로 동사하게 된다.

ⓑ 세포 외 결빙은 세포의 탈수와 수축이 수반되며, 이때 원형질분리가 생기지 않고 수축하는데, 원형질은 세포막보다 더욱 수축되어야 하는데 원형질분리가 생기지 않아 세포막에서 분리되지 못하여 수축과정에서 내외 양방향으로 기계적 견인력을 받게 되는데, 급격한 동결은 기계적 견인력이 급하고 강하게 작용하여 원형질의 기계적 파괴가 초래되어 동사한다.

ⓔ 급격한 융해
  ⓐ 빙결된 조직이 급하게 녹을 때도 동사가 심해지는데 이는 빙결된 조직이 녹을 때 세포간극의 녹은 수분은 먼저 세포막으로 스며들어 원형질보다 세포막이 먼저 팽창하게 되어 이때 원형질이 세포막에서 분리되지 못해 원형질은 기계적 견인력을 받게 된다.
  ⓑ 동결된 조직이 급하게 해동되면 기계적 견인력이 급격하게 작용하여 원형질의 기계적 파괴가 심해져 동사를 유발한다.
  ⓒ 빙결 상태의 무나 감을 냉수에 서서히 해동하면 조직이 살아나지만, 더운물에 급하게 녹이면 조직이 죽게 된다.

ⓜ 동결과 융해의 반복
  ⓐ 동결과 융해가 반복되면 조직의 동결온도가 높아져 동해를 받기 쉽게 되며, 동결될 때 세포 내에서 세포간극으로 이동한 수분이 융해될 때 증발되어 잎의 수분부족 상태를 유발하게 된다.
  ⓑ 감귤류에서는 동결과 융해가 반복될 때 동해가 커진다.

④ 내동성
  ㉠ 세포 내 자유수 함량이 많으면 세포 내 결빙이 생기기 쉬워 내동성이 저하된다.
  ㉡ 세포액의 삼투압이 높으면 빙점이 낮아지고, 세포 내 결빙이 적어지며 세포 외 결빙 시 탈수저항성이 커져 원형질이 기계적 변형을 적게 받아 내동성이 증대한다.
  ㉢ 전분함량이 낮고 가용성 당의 함량이 높으면 세포의 삼투압이 커지고 원형질단백의 변성이 적어 내동성이 증가한다. 전분함량이 많으면 내동성이 약해진다.
  ㉣ 원형질의 수분투과성이 크면 원형질 변형이 적어 내동성이 커진다.
  ㉤ 원형질의 점도가 낮고 연도가 크면 결빙에 의한 탈수와 융해 시 세포가 물을 다시 흡수할 때 원형질의 변형이 적으므로 내동성이 크다.
  ㉥ 지유와 수분의 공존은 빙점강하도가 커져 내동성이 증대된다.
  ㉦ 칼슘이온(Ca^{2+})은 세포 내 결빙의 억제력이 크고 마그네슘이온(Mg^{2+})도 억제작용이 있다.
  ㉧ 원형질단백에 디설파이드기(-SS기) 보다 설파하이드릴기(-SH기)가 많으면 기계적 견인력에 분리되기 쉬워 원형질의 파괴가 적고 내동성이 증대한다.
  ㉨ 원형질의 친수성 콜로이드가 많으면 세포 내 결합수가 많아지고 자유수가 적어져 원형질의 탈수저항성이 커지고, 세포 결빙이 감소하므로 내동성이 증대된다.
  ㉩ 친수성 콜로이드가 많고 세포액의 농도가 높으면 광에 대한 굴절률이 커지고 내동성도 커진다.

ⓒ 저온에서 내동성과 관계 깊은 부동단백질이 생성되며, 부동단백질은 자신의 친수성 아미노산이 얼음 결정 표면의 물분자와 수소결합으로 얼음이 커지는 것을 방해한다.
ⓔ ABA를 처리하면 저온에서 특정단백질을 축적시켜 내동성이 증가한다.

(2) 고온장해

1) 의의
① 생육적온보다 높은 온도에서 발생하는 열해(熱害, heat injury)를 말한다.
② 온도가 더욱 높아 생육한계온도 이상이 되면 열사(熱死, heat killing)한다.
③ 열사(熱死, heat killing): 일반적으로 1시간 정도의 짧은 시간 동안 받는 열해로 고사하는 것
④ 열사점(=열사온도): 열사를 일으키는 온도
⑤ 최적온도가 낮은 북방형 목초나 각종 채소를 하우스 재배할 시 흔히 열해가 문제되며, 묘포에서 어린 묘목의 여름나기에서도 열사의 위험성이 있다.

2) 고온장해 기작
① 고온에서 세포막을 구성하는 지질의 유동성이 커져 막 구조가 변하여 무기이온이 유출되고, 엽록체의 ATP 생성이 억제되는 등 생리적 기능이 낮아진다.
② 세포막의 파괴는 단백질의 변성으로 막에 존재하는 광합성과 호흡에 관여하는 효소의 활성이 억제되고, 양분의 흡수, 단백질 대사 등 다른 대사작용을 교란하여 생육이 억제된다.
③ 양분의 소모
　　ⓐ 생육적온까지는 광합성, 호흡이 모두 증가하지만 광합성 증가율이 더 높은데, 온도가 더 높아지면 광합성과 호흡이 모두 감소하는데 호흡보다 광합성이 더 빨리 억제된다.
　　ⓑ 고온에서는 당이 축적되지 않아 과실, 채소는 단맛이 없어지고, 생육이 억제되며, 양분이 고갈되어 죽게 된다.
　　ⓒ 고온에서 호흡과 광호흡이 증가하는 C_3식물이 C_4식물보다 현저하다.
④ 고온에서 물질이 분해될 때 생성된 암모니아에 의하여 장해를 받을 수 있으나, 암모니아가 호흡에서 생성된 유기산과 결합하여 아미노산이나 아미드를 형성하면 해독된다.
⑤ 온도가 높아지면 상대습도가 낮아져 증산과 증발이 모두 많아지므로 토양수분이 부족하여 한발 피해를 받게 된다.
⑥ 세포막 지질이 액화되고, 단백질이 응고하여 효소의 기능이 상실되며, 전분이 열에 응고하여 엽록체의 기능이 상실되어 죽게 된다.

3) 내열성
① 잎
　　ⓐ 엽온은 광에 의하여 올라가는데, 잎이 아래로 쳐지거나 말아서 수광면적을 줄여 엽온을 낮추어 고온장해를 피할 수 있다.

ⓒ 작은 잎은 바람에 흔들려 엽온을 내리는데 유리하다.
ⓒ 잎에 털이 많거나 왁스층이 발달하면 광을 반사하여 고온장해를 줄일 수 있다.
② 지방산
㉠ 지방은 온도가 높아지면 유동성이 커지고, 온도가 낮으면 굳는 특성이 있다.
㉡ 내냉성이 큰 작물은 저온에서도 잘 굳어지지 않는 불포화지방산이 높아야 하지만, 내열성 작물은 고온에서는 세포막 유동성이 큰 것이 문제가 되므로 포화지방산 비율이 높아 세포막 안정성이 크다.
③ 단백질 결합 유형
㉠ 세포가 고온을 받거나 탈수가 되면 단백질 변성이 일어나 불활성이 되지만 응고되지 않으면 다시 기능을 회복한다.
㉡ 단백질 결합 중 설파하이드릴기(-SH기)는 단백질 분자가 자유롭게 움직일 수 있어 단백질 활성을 유지하지만 열에 의하여 응고되거나 탈수되어 디설파이드기(-SS기)로 변하면 단백질 기능을 상실한다.
㉢ 내건성, 내동성, 내열성이 강한 식물은 단백질 분자에 설파하이드릴기(-SH기)가 많고, 약한 것은 디설파이드기(-SS기)가 더 많다.
④ 열충격단백질(heet shock protein) 합성
㉠ 온도를 급격히 상승시켜 40~50℃의 열충격을 주면 곤충, 식물, 미생물에서 새로운 열충격단백질이 형성된다.
㉡ 이 단백질이 생성되면 내열성이 증가한다.
㉢ 열충격단백질은 핵이나 엽록체에 분포하며, 세포막의 포화지방산의 생성이나 단백질의 안정성을 높여주는 것으로 보인다.
㉣ 수분부족, ABA처리, 상처, 염류장해 때에도 발생하여 식물이 한가지 스트레스를 받으면 다른 스트레스에도 저항할 수 있는 능력이 생긴다.

3 수분 장해

(1) 한발장해(旱魃障害, drought injury)

1) 의의
① 식물이 수분이 부족하면 스트레스를 받는데 이를 한발장해 또는 한해(旱害)라 한다.
② 수분부족의 장해를 견디고 극복하는 능력을 내건성(耐乾性) 또는 내한성(耐旱性)이라 한다.

2) 한발장해의 기작

① 토양이 건조해지면 처음에는 일시적 위조상태가 되지만, 건조가 심해지면 영구위조상태에 들어가 식물체는 죽게 된다.
② 영구위조점에 이르는 토양의 수분퍼텐셜은 −1.5MPa 정도로 뿌리의 수분퍼텐셜과 비슷해져 물을 잘 흡수하지 못한다.
③ 증산이 왕성한 한낮에 수분 감소로 뿌리가 수축되어 근모가 토양 입자에서 떨어지는 경우 근모가 상처를 받을 수 있고 피층 외부에 수베린이 축적되면서 물의 흡수가 어려워진다.
④ 가뭄이 심해지면 뿌리에서 줄기를 거쳐 잎으로 연결되는 물기둥이 끊겨 잎은 더 심한 수분스트레스를 받게 된다.
⑤ 수분이 결핍된 상태에서 세포가 탈수될 때 또는 탈수된 세포가 물을 재흡수할 때 일어나는 세포막의 기계적 파괴로 세포가 죽게 된다.
⑥ 세포의 수분함량이 감소하면 세포질은 수축지만 세포벽이 두꺼우면 함께 수축되지 못하므로 세포질이 분리되고 이때 세포막이 파괴된다.
⑦ 세포벽이 얇은 경우 건조할 때 세포질이 분리되지 않더라도 물이 다시 흡수될 때 세포벽이 세포막보다 먼저 팽창하므로 장력을 받아 결국 세포막이 파괴된다.

3) 내건성

① 의의
  ㉠ 식물의 내건성은 종류와 품종에 따라 다르며, 동일 식물이더라도 종자나 휴면 중에 있는 세포는 건조에 잘 견디지만 생장 중인 세포는 쉽게 건조해를 입는다.
  ㉡ 식물은 수분요구도에 따라 수생식물, 중생식물, 건생식물로 구분된다.
    ⓐ **수생식물**: 벼, 연 등과 같이 식물이 부분적 또는 전체가 물에 잠겨서 자라는 식물
    ⓑ **중생식물**: 토양수분이 어느 정도 유지되는 밭에서 자라는 식물
    ⓒ **건생식물**: 사막 같은 건조한 지역에서 자라는 식물
  ㉢ 세포 또는 액포가 작으면 건조나 수분흡수 과정에서 수축률이 낮아 피해가 적다.
  ㉣ 생장점 세포는 액포가 작고 세포질이 많아 수분퍼텐셜이 낮으므로 내건성이 강하다.
  ㉤ 내건성은 구조적 내건성과 세포질적 내건성으로 구분된다.

② **구조적 내건성(constitutional drought resistance)**
  ㉠ 식물체가 수분손실을 방지하거나 수분흡수를 증대시킬 수 있는 형태나 구조에 의해 지배되는 내건성이다.
  ㉡ 내건성 식물은 수분부족 상태에서는 구조적 변화를 통해 건조를 견딘다.
    ⓐ 기공을 폐쇄하여 증산을 억제한다.
    ⓑ 세포 신장을 억제시켜 엽면적을 작게 한다.
    ⓒ 잎을 떨어뜨려 증산 면적을 줄인다.
    ⓓ 잎 표면에 왁스물질을 축적시켜 각피 증산을 억제한다.
    ⓔ 탄수화물을 이동시켜 뿌리의 신장을 도와 깊은 곳까지 뻗어가게 한발에 적응한다.

ⓒ CAM식물
　　ⓐ 잎이 퇴화되어 가시나 줄기 모양으로 표면적이 작고 기공이 깊게 들어가 있다.
　　ⓑ 각피가 발달하여 증산량을 줄일 수 있다.
　　ⓒ 저수조직이 있어 물을 체내에 저장한다.
　　ⓓ 뿌리에는 수베린이 축적되어 건조한 조건에서도 수분을 잘 보유할 수 있다.
　　ⓔ 증산이 심한 낮에 기공을 닫고 밤에만 기공을 열어 이산화탄소를 흡수한다.
　　ⓕ 일부 다육식물은 수분이 부족한 상황에서 조건적 CAM대사를 한다.
ⓔ 구조적 내건성은 수분보존형과 수분소비형으로 구분한다.
　　ⓐ **수분보존형**: 엽면적이 작고 요수량이나 증산량이 많지 않으므로 생육초기에 토양수분을 보존하였다가 여름에 건조할 때 이용하여 건조해를 지연시키거나 회피할 수 있는 작물이다.
　　ⓑ **수분소비형**: 증산량은 다른 작물과 비슷하지만 땅속 깊은 곳까지 뿌리를 뻗고 근계발달이 좋아 수분흡수량을 증가시켜 건조에 잘 견디는 작물로, 토양수분이 더욱 부족하여 원형질의 수분함량이 감소되면 장해를 받는다.

③ **세포질적 내건성(cytoplasmic drought resistance)**
ⓐ 건조한 환경조건에서 식물체내 수분이 감소하고 세포 내 세포질의 함수량이 감소하였을 때 또는 건조한 세포가 수분을 흡수했을 때 세포질이 어느 정도 견디느냐 하는 것으로 진정한 의미의 식물의 내건성이라 볼 수 있다.
ⓑ 세포질적 내건성은 탈수저항성(脫水抵抗性, dehydration tolerance)이라고도 한다.
ⓒ 휴면 중인 종자나 수분퍼텐셜이 낮은 생장점 같은 조직은 내건성이 강하나 생장이 왕성한 식물체나 기관은 세포질적 내건성이 약해 함수량이 반감되면 죽는다.
ⓓ 수분이 부족하면 세포는 작아지고, 세포액의 농도는 높아져서 삼투퍼텐셜이 감소하며, 효소활성이 증가해 당, 유기산, 무기염류가 증가하여 삼투퍼텐셜은 더욱 낮아져 토양으로부터 수분을 더 잘 흡수하게 된다.
ⓔ 세포질 내 효소는 이온의 농도가 높아지면 활성이 급격하게 떨어지므로 이온은 주로 액포 내에 존재하고, 세포질에는 프롤린, 소르비톨 등과 같은 효소작용을 저하시키지 않고도 이를 이온과 균형을 이루는 물질이 축적되며, 이들 물질은 건조뿐만 아니라 염류장해에 대한 저항성을 높이는데도 이용된다.
ⓕ 수분 부족 시 삼투퍼텐셜의 조절은 비교적 서서히 일어나고, 생장과 광합성도 수분부족에 대한 영향을 받기 쉽기 때문에 수분스트레스가 직접 수분부족에 의하여 발생하는 반응인지 또는 생장억제로 생기는 현상인지는 불분명하다.

(2) 습해(濕害, excess moisture injury)

1) 의의
   ① 습해: 토양공극이 물로 채워져 공기가 없어져서 식물에 나타나는 산소부족 장해
   ② 관수장해(冠水障害, overhead flooding injury): 식물체가 모두 물에 잠겨 나타나는 식물의 피해
   ③ 장마기 배수가 불량한 토양에서 습해가 자주 발생하며, 홍수가 나면 저지대에서는 관수장해를 받기 쉽다.

2) 과습장해의 기작
   ① 발생
      ㉠ 과습장해는 산소부족을 발생한다.
      ㉡ 물에는 산소가 잘 녹지 않으며 용존산소는 7~8ppm으로 공기 중 산소의 약 1/25,000에 지나지 않는다.
      ㉢ 양액 재배에서 일반식물을 물속에 담가 재배할 때 산소가 공급되면 정상생육이 가능하다.
      ㉣ 산소가 부족하면 식물과 토양에 여러 변화가 발생한다.
   ② 호흡기질의 고갈
      ㉠ 산소의 부족은 무기호흡으로 에너지 효율이 극히 낮아진다.
      ㉡ 뿌리 세포가 ATP를 얻기 위하여 포도당과 같은 호흡기질을 과도하게 소모하게 되고, 결과적으로 양분이 소모되어 에너지를 요구하는 대사작용이 장해를 받는다.
   ③ 생육 저해물질의 생성
      ㉠ 산소가 부족하면 알코올 발효로 에탄올이 축적되고, 축적된 에탄올은 지질로 구성된 세포막을 용해시켜 장해를 일으킨다.
      ㉡ 뿌리조직의 괴사, 목질화, 양수분 흡수 저해 등으로 이어져 생육이 억제된다.
   ④ 환원물질의 생성
      ㉠ 산소가 부족하면 토양미생물은 NO_3^-, SO_4^-, MnO_2, Fe_2O_3 등에 결합된 산소를 이용한다.
      ㉡ NO_3^-는 탈질되어 공중으로 휘산하여 비효를 감소시킨다.
      ㉢ 철과 망간은 가용성 Fe^{2+}, Mn^{2+}로 변하여 과잉장해가 발생한다.
      ㉣ SO_4^{2-}는 심하게 환원되어 H_2S가 되면 근부(根腐)현상이 나타난다.
   ⑤ 청고와 적고
      ㉠ 벼의 관수장해는 잎의 청고와 적고현상을 유발한다.
      ㉡ 청고: 수온이 높은 정체탁수로 인한 관수해는 전분, 당, 유기산이 급격히 소모되면서 죽을 때 잎이 청색을 띤다.

ⓒ 적고: 수온이 높지 않은 맑고 흐르는 물에 의한 관수해는 양분이 서서히 소모된 후 최종적으로 엽록소에 단백질까지 기질로 이용되어 잎이 적갈색으로 변한다.

3) 내습성(耐濕性, resistance to high soil-moisture)

① 의의
  ㉠ 내습성은 식물이 과습으로 인한 산소부족에 의한 장해를 극복할 수 있는 능력이다.
  ㉡ 작물의 종류와 품종에 따라 다르고, 과습장해를 극복하기 위해 다양한 도구를 가지고 있다.
  ㉢ 식물은 통기조직의 발달, 세포벽의 목질화, 대사 작용의 변화, 유독물질의 불용화 등 다양한 도구를 통해 과습장해를 극복한다.

② 통기조직(通氣組織, aerenchyma)의 발달
  ㉠ 내습성이 큰 식물은 통기조직이 잘 발달되어 있다.
  ㉡ 습생식물은 뿌리의 피층세포가 직렬로 배열되어 세포 간극이 크기 때문에 과습상태에서도 잘 적응할 수 있는 구조를 가지고 있다.
  ㉢ 벼는 파생통기조직이 잘 발달되어 있으며, 산소가 부족하면 이 통기조직이 더 크게 발달된다.
  ㉣ 밀과 보리도 토양수분이 부족하면 통기조직이 발달한다.
  ㉤ 옥수수는 산소가 부족하면 뿌리 선단에 에틸렌과 그 전구물질인 ACC가 생성되며, 이 에틸렌이 세포를 괴사시켜 파생통기조직을 발달시킨다.
  ㉥ 콩도 과습조건에서 1차 뿌리가 썩으면서 근경부에서 통기조직이 발달한다.

③ 세포벽의 목질화
  ㉠ 물속에서 생육하는 벼의 뿌리는 표피가 심하게 코르크화 또는 목질화되고, 골풀과 같은 식물은 근모까지 목질화된다.
  ㉡ 목질화는 통기조직을 통하여 공급된 산소가 뿌리 밖으로 확산되지 않고 생장점으로 공급되도록 한다.
  ㉢ 밭작물의 경우는 과습한 곳에서 통기조직이 발달하지만 뿌리세포가 목질화되지 않아 지상부에서 공급된 산소가 뿌리 밖으로 확산되어 나가고, 생장점까지 도달하지 못해 쉽게 습해가 발생한다.

④ 대사작용의 변화
  ㉠ 내습성이 약한 식물은 토양산소가 부족하게 되면 뿌리가 무기호흡을 하고, 무기호흡으로 발생한 에탄올에 의해 장해를 받는다.
  ㉡ 내습성이 강한 식물은 에탄올의 축적 대신에 해가 없는 말산을 축적하므로 과습에 견디게 된다.
  ㉢ 해당과정에서 생긴 PEP가 피루브산과 아세트알데히드를 거쳐 에탄올로 변하지 않고, 바로 PEP 카르복시라아제에 의해 이산화탄소와 결합하여 OAA를 거쳐 말산으로 변하여 에탄올에 의한 해작용이 나타나지 않는다.

⑤ 유독물질의 불용화
  ㉠ 토양이 환원되면 산화상태에서 인산과 결합으로 불용화되었던 철, 망간 등이 녹아 나온다.
  ㉡ 밭작물의 경우 과습조건에서 철, 망간 등 미량원소가 과잉흡수되어 장해가 발생하기 쉽다.
  ㉢ 내습성이 강한 식물은 미량원소가 흡수되어도 통기조직으로 산소가 공급되므로 뿌리에서 산화되어 불용태가 되어 과잉흡수장해가 발생하지 않는다.
⑥ 발근력
  ㉠ 뿌리가 토양산소 부족으로 장해를 받더라도 발근력이 크면 습해를 줄일 수 있다.
  ㉡ 내습성이 크면 과습상태에서 지표부근에 부정근이 많이 발생한다.
  ㉢ 벼의 경우 한여름 수온이 높으면 용존산소의 농도가 낮아지고, 유기물 분해가 촉진되어 토양환원이 심할 때, 산소가 많은 표토부근에 가는 뿌리를 많이 발달시킨다.
⑦ 초장: 일본형 벼가 통일형 벼보다 관수저항성이 크다는 것은 일본형이 키가 커서 관수해를 회피할 수 있기 때문이다.

4 기타 장해

(1) 광스트레스

1) 광질

① 식물은 광질에 따라 생육장해를 받으며, 파장이 짧은 자외선은 생육을 억제하고 파장이 긴 적외선은 도장을 촉진한다.
② 음지에서는 파장이 긴 반사광이 많고, 온실에서는 피복재를 통과하면서 자외선이 흡수되고 광질이 장파장으로 변해 도장하게 된다.

2) 광도

① 광도가 너무 낮으면 광합성이 감소한다. 음지, 온실, 군락 내 잎은 대개 충분한 광을 받지 못해 생육이 억제될 수 있다.
② 자연상태에서 음지식물을 제외하고는 광도가 높아서 장해를 받는 경우는 적다.
③ 맑은 날에는 자연광의 약 1/3이면 광포화점에 이른다.
④ 솔라리제이션(solarization)
  ㉠ 음지에서 자란 작물이 갑자기 강광에 노출되면 엽록소의 광산화에 의해 잎이 타 죽는 현상이다.
  ㉡ 엽록체에 존재하는 카로티노이드계 색소는 엽록소의 광산화를 방지하는 기능을 하고 있다.

ⓐ 광합성 과정에서 발생하는 산소와 전자가 반응하여($O_2 + e^- \rightarrow O_2^-$) 생성하는 O_2^- (superoxide)가 엽록소를 산화시키면 엽록소는 기능을 잃는다.
ⓑ 카로티노이드가 산화(에폭시화, epoxization)하면서 산화된 엽록소를 본래의 안정된 엽록소로 환원시켜 그 기능을 회복할 수 있다.
ⓒ 강광에 적응하게 되면 식물은 카로티노이드가 산화하면서 산화된 엽록체를 환원시켜 기능을 회복할 수 있다.

⑤ 백화묘
㉠ 봄에 벼의 육묘시 발아 후 약광에서 녹화시키지 않고 바로 직사광선에 노출시키면 엽록소가 파괴되어 발생하는 장해
㉡ 약광에서 서서히 녹화시키거나 강광에서도 온도가 높으면 카로티노이드가 엽록소를 보호하여 피해를 받지 않는다.
㉢ 엽록소가 일단 형성되면 높은 온도 보다 낮은 온도에 더 안정된다.

(2) 바람에 의한 스트레스

1) 미풍

① 풍속이 4~6km/h 이하의 바람을 의미한다.
② 연풍의 효과
㉠ 작물 주변의 습기를 제거하여 증산을 조장하여 양분의 흡수를 증대시키고 이로 인해 작물의 생육을 건전화시킨다.
㉡ 잎을 흔들어 그늘진 잎에 광을 조사하여 광합성 증대
㉢ 이산화탄소의 농도 저하를 경감시켜 광합성 조장
㉣ 풍매화의 화분 매개
㉤ 여름철 기온 및 지온을 낮추는 효과
㉥ 봄, 가을 서리를 막아준다.
㉦ 수확물의 건조 촉진
㉧ 바람이 있으면 규산 등의 흡수가 촉진되고, 작물군락 내 과습을 해소하여 병해가 감소된다.
③ 연풍의 해작용
㉠ 잡초의 씨 또는 균의 전파
㉡ 건조 시기에 더욱 건조상태를 조장
㉢ 저온의 바람은 작물의 냉해를 유발하기도 한다.

2) 풍해

① 풍속 4~6km/h 이상의 강풍과 태풍은 피해를 주며 풍속이 크고 공중습도가 낮을 때 심해진다.

② **직접적인 기계적 장해**: 작물의 절손, 열상, 낙과, 도복, 탈립 등을 초래하며 이러한 기계적 장해는 2차적으로 병해, 부패 등이 발생하기 쉽다.
　㉠ 벼에서는 수분, 수정이 저해되어 불임립이 발생하고, 상처를 통한 목도열병, 자조 등이 발생한다.
　㉡ 벼에서는 출수 3~4일에 풍해의 피해가 가장 심하다.
　㉢ 도복을 초래하는 경우 출수 15일 이내 것이 가장 피해가 심하다.
　㉣ 출수 30일 이후 것은 피해가 경미하다.
　㉤ 과수에서는 절손, 열상, 낙과 등을 유발한다.

③ **직접적인 생리적 장해**
　㉠ 바람에 의해 상처가 발생되면 호흡이 증대되고, 호흡기질로 양분의 소모가 증대된다.
　㉡ 상처부위가 건조하면 광산화반응을 일으켜 고사한다.
　㉢ 공기가 건조한 상태의 강풍은 과다한 증산으로 식물체가 건조피해를 유발하고, 뿌리의 흡수기능이 약화되었을 때 피해가 더욱 크다.
　㉣ **벼의 백수**: 건조한 조건에 강풍(습도 60%, 풍속 10m/s)에서 발생하나 공중습도가 높으면 더 강한 강풍(습도 80%, 풍속 20m/s)에서도 발생하지 않는다.
　㉤ 풍속 2~4m/s 이상에서는 기공이 닫혀 CO_2 흡수가 감소되어 광합성이 감퇴된다.
　㉥ 냉풍은 작물의 체온을 떨어뜨리고, 심하면 냉해가 유발된다.

④ **풍식과 조해**
　㉠ 건조한 토양에 강한 바람은 풍식을 조장한다.
　㉡ 강풍은 바닷물을 육상으로 날려 염풍이 되고 농작물에 피해를 유발한다.

⑤ **풍해대책**
　㉠ **풍세의 약화**
　　ⓐ 방풍림 설치
　　　- 바람의 방향과 직각으로 교목을 심고, 교목 하부에 관목을 심는다.
　　　- 방풍효과의 범위는 방풍림 높이의 10~15배 정도이다.
　　ⓑ 방풍울타리 설치: 무궁화, 주목, 족제비싸리, 닥나무 등 관목을 심거나, 옥수수, 수수 등을 둘레에 심거나, 수수깡, 거적 등을 친다.
　㉡ **풍식대책**
　　ⓐ 방풍림, 방풍울타리 등의 조성
　　ⓑ 피복식물의 재배
　　ⓒ 관개하여 토양을 젖어 있게 한다.
　　ⓓ 이랑을 풍향과 직각으로 한다.
　　ⓔ 겨울에 건조하고 바람이 센 지역은 높이 베기로 그루터기를 이용해 풍력을 약화시키며, 지표에 잔재물을 그대로 둔다.

ⓒ 재배적 대책
- ⓐ 내풍성 작물의 선택: 목초, 고구마 등 바람에 강한 작물을 선택한다.
- ⓑ 내도복성 품종 선택: 키가 작고 줄기가 강한 품종이 도복위험이 적다.
- ⓒ 작기의 이동: 벼는 출수 2~3일 후 태풍의 피해가 가장 심한데, 작기의 이동으로 위험기에 출수를 피할 수 있다. 조기재배를 통해 8월 중·하순 수확하면 8월 하순~9월 상순의 태풍기를 회피할 수 있다.
- ⓓ 담수: 태풍 발생 전 논물을 깊게 댄다.
- ⓔ 배토, 지주 및 결속: 맥류의 배토, 토마토와 가지는 지주, 수수나 옥수수는 결속을 통해 강풍에 의한 도복을 방지하거나 경감시킬 수 있다.
- ⓕ 생육의 건실화: 칼륨비료를 증시하고, 질소비료를 과용하지 않으며, 밀식을 피하여 생육을 건실하게 하면 강풍에도 도복이 경감되고 기계적 피해 및 병해도 감소된다.
- ⓖ 낙과방지제 살포: 사과의 경우 수확 25~30일 전에 낙과방지제를 살포한다.

ⓔ 사후대책
- ⓐ 쓰러진 것은 일으켜 세우거나 바로 수확한다.
- ⓑ 태풍 후 병의 발생이 많으므로 약제살포를 한다.
- ⓒ 낙엽에는 병이 든 것이 많으므로 제거한다.

(3) 염류장해

1) 의의
① 경작지 토양에 염류가 집적되면 다양한 장해를 일으키며, 특히 시설재배에서는 매우 심각한 문제이다.
② 토양 중 염류농도는 Na^+ 농도를 나타내는 나트륨도(sodicity)와 총 염을 나타내는 염도(salinity)로 구분한다.
③ 경작지에서는 $NaCl$과 함께 K^+, Ca^{2+}, Mg^{2+}, SO_4^{2-} 등이 염도에 큰 영향을 미친다.
④ 염도가 높아지면 토양 수분퍼텐셜이 낮아져 수분 결핍과 같은 영향으로 생장을 억제한다.
⑤ 고농도의 염 이온은 효소를 불활성화하고, 단백질 합성을 저해하며, 원형질막의 투과성에 변화를 준다.
⑥ 염류장해는 해변 지역, 시설토양, 강우량이 적은 건조지역 등에서 잘 발생된다.

2) 식물의 염류농도 적응 조건
① 높은 삼투압을 극복하면서 수분을 잘 흡수할 수 있어야 한다.
② 고농도의 무기이온이 갖는 독성에 견딜 수 있어야 한다.
③ 나트륨에 의해 포화된 토양은 토양입단이 형성되지 않는데, 이를 극복할 수 있어야 한다.

3) 염류에 대한 식물의 생장반응

① 염생식물(鹽生植物, halophyte; 호염식물)
　㉠ 염류농도에 둔감하여 높은 염류농도에서도 생육할 수 있는 식물이다.
　㉡ 고농도의 염분 조건에서 오히려 생장이 촉진되는 식물도 있다.
② 비염생식물(非鹽生植物, glycophyte; 혐염식물)
　㉠ 염류농도에 민감한 식물로 대부분 작물은 비염생식물이다.
　㉡ 내염성이 강한 식물로는 사탕무, 대추야자가 있다.

4) 염생식물의 염류 적응 기작

① 회피
　㉠ 고농도 무기이온이 집적되는 시기를 피하는 기작이다.
　㉡ 우기에 생존하는 식물들은 일시적으로 염류농도가 낮아지는 시기에 생장한다.
② 배제
　㉠ 뿌리의 선택적 흡수기능을 활용하여 독성 이온의 흡수를 차단하는 기작이다.
　㉡ 선택적 흡수는 한계가 있어 농도가 높지 않을 때 가능하다.
③ 개선
　㉠ 체내로 흡수된 무기이온에 의해 나타날 수 있는 스트레스를 최소화하는 기작이다.
　㉡ 방법으로는 흡수한 염류를 세포 내외 또는 특정조직에 축적한다.
　　ⓐ 칼륨, 칼슘, 마그네슘 등은 식물체 전체에 골고루 분포하지만, 구리, 아연, 망간, 알루미늄, 카드뮴 등은 뿌리에 집적된다.
　　ⓑ 일부 염생식물은 잎 표면에 염선(salt gland)을 만들고 염분을 모아 결정화시켜 무독화한다.
　㉢ 분비샘 등을 통해 능동적으로 배출한다.
　㉣ 오래된 조직, 예로 노엽에 축적시켰다가 탈리시켜 농도를 줄인다.
　㉤ 흡수한 무기이온을 다른 화합물에 결합시켜 농도를 줄이거나 독성을 나타낼 수 없는 형태로 바꾼다.
④ 내성
　㉠ 내성 식물은 고농도의 무기이온이 축적되어도 대사작용이 정상적으로 이루어지는데, 이는 식물체가 내염성 물질을 가지고 있기 때문인 것으로 보고 있다.
　㉡ 염색식물은 다량의 프롤린(proline)을 합성하고, 기타 아미노산, 유기산 등을 합성하는데 이들은 삼투적 적응에 중요한 역할을 하는 내염성 물질이다.
　㉢ 일반적으로 염 스트레스 조건에서 생성되는 물질은 프롤린 외에도 글리세롤, 소르비톨, 만니톨, 아스파르트산, 글루탐산, 베타인 등이 있다.
　㉣ 내염성 물질은 대사 과정에 필요한 효소를 불활성화 시키지 않기 때문에 세포에 비교적 고농도로 축적되어도 기능을 저해하지 않는다.

(4) 산도스트레스

1) 의의
① 토양 산도(pH)는 미생물의 활동과 무기이온의 용해도를 결정하는 중요한 요인이다.
② 토양이 적정 산도 범위를 벗어나면 식물은 다양한 형태의 스트레스를 받게 된다.
③ 일반적으로 토양 pH가 3 이하이거나 9 이상이 되면 스트레스 증상이 나타나는데, 식물에 따라 스트레스 정도는 다르다.

2) 산도스트레스 기작
① 토양의 pH는 특정 무기이온의 결핍과 과잉 흡수, 또는 H^+ 자체의 독성으로 스트레스를 유발한다.
  ㉠ 산성토양에서 칼슘이 적어지면 H^+의 독성이 커진다.
  ㉡ 알칼리성토양에서는 철, 아연, 구리, 망간 등이 수산화물로 침전되어 흡수가 억제된다.
② 인산
  ㉠ 인산의 흡수는 pH 5.5~6.5에서 가장 잘 된다.
  ㉡ pH가 높아지면 인산의 양은 증가하지만, 불용성의 인산칼슘으로 되어 흡수율이 떨어진다.
  ㉢ pH가 낮아지면 알루미늄의 농도가 높아져 인산알루미늄을 형성하여 불용화되어 흡수율이 떨어진다.
③ pH 4.7 이하에서는 가용성 알루미늄 농도가 높아져 생장이 억제되고, 가용성 인산의 양은 감소하며, 철의 흡수는 방해된다.

(5) 대기오염스트레스

1) 의의
① 도시화와 산업화로 자연 생태계의 파괴와 대기, 토양, 물 등의 환경이 오염되고 있다.
② 환경오염은 작물에 큰 스트레스로 작용한다.
③ 대기 오염물질은 대부분 화석 연료 등의 연소 중 배출되며 종류가 다양하다.
④ 오염물질은 주로 잎에 부착하여 기공이나 수공을 통해 흡수된다.
⑤ 오염물질에 노출된 작물은 어느 수준까지는 잘 견디나 한계수준을 넘어서면 갑자기 피해가 크게 나타난다.
⑥ 실제 작물 피해 발생은 오염물질의 종류, 농도, 노출 시간, 횟수, 재배 조건, 작물 상태, 기상 환경 등의 영향을 받는다.
⑦ 대기오염원은 발전소, 공장, 수송기관, 난방, 쓰레기소각장 등이며, 주요 오염물질은 황산화물로 이산화황(SO_2), 질소산화물로 질산화질소(NO), 이산화질소(NO_2), 질산과산화아세틸(PAN, peroxyacetyl nitrate)이 있으며 그 외 오존(O_3), 염소(Cl_2), 불화수소(HF) 등이 있다.

2) 황산화물(sulfur oxide)

① 대기오염 황산화물에는 이산화황이 대표적이다.
② 화석연료 연소에 의해 발생하며, 독성이 강해 인체에 치명적이고, 식물에도 큰 피해를 입힌다.
③ 식물체에 흡수되면 물에 녹아 아황산(H_2SO_3), 황산(H_2SO_4), 황산염 등 황산화물을 만든다.
④ 대기 중에서는 산성비를 만들기도 한다.
⑤ 아황산, 황산은 수소이온으로 엽록소 분자의 마그네슘을 추출하여 잎을 황화시킨다.
⑥ 황산염은 칼슘의 이용을 저해하지만 농도가 높지 않으면 식물이 이용하여 시비효과를 나타낸다.

3) 질소산화물(nitrogen oxide, NO_x)

① 질소산화물 중 대기오염물질로는 일산화질소와 이산화질소가 있다.
② 화석연료의 연소로 생성된 일산화질소는 대기 중에서 산화되어 이산화질소로 바뀐다.
③ 질소산화물은 독성이 강하고 인체와 식물에 피해를 준다.
④ 대기 중의 이산화황과 함께 산성비를 만들기도 한다.
⑤ 식물이 흡수하면 질산(HNO_3)을 만들어 질소시비의 효과를 나타내지만 다량인 경우 장해가 나타난다.
⑥ 질소산화물은 탄화수소, 오존 등과 광화학반응으로 질산과산화아세틸(PAN)을 생성하며, PAN은 대표적인 2차 대기오염물질로 독성이 강해 인체와 식물체에 피해를 입힌다.

4) 산성비(acid rain)

① 대기 중 SO_2, NO_2, Cl_2, HF 등이 많으면 빗물의 pH는 5.6보다 낮아지는데 이를 산성비라 한다.
② 대기 중 아황산가스(SO_2)는 광화학반응으로 물과 결합하여 황산으로 변해 산성비를 만든다.
③ 보통 산성비는 황산과 질산의 비율이 2:1이고, 해를 받지 않는 범위에서는 질소와 황을 공급하여 작물 생장에 유리하게 작용한다.
④ 빗물이 pH 4.5 이하가 되면 식물이 스트레스를 받기 시작하며, pH 3.0 이하가 되면 피해가 발생한다.
⑤ 산성비에 대한 피해는 기후조건, 식물에 따라 다르며, 산성비에 대한 저항성은 침엽수〉단자엽식물〉쌍자엽목본식물〉쌍자엽초본식물 순이다.
⑥ 피해양상은 잎의 무기염류를 유실시키고, 표피세포와 엽육세포의 생리적 교란을 일으켜 생육을 저해한다.
⑦ 피해가 커지면 잎에 갈색, 황색, 흰색의 괴사 반점이 생긴다.
⑧ 산성비는 토양과 하천을 산성화시키고 산림을 황폐화시킨다.
⑨ 토양이 심하게 산성화되면 알루미늄이온이 용탈되어 하천으로 이동되어 어류에도 피해가 발생한다.

5) 오존(O_3, ozone)
    ① 오존의 생성
        ㉠ 오존층에서 자외선에 의해 산소분자가 해리되면서 생기는 산소원자가 다른 산소분자와 결합하여 만들어진다.

        $$O_2 + hv \rightarrow 2O; \quad O + O_2 \rightarrow O_3$$
        $$hv: 광양자\ 에너지반응$$

        ㉡ 지상에서는 NO_2가 광에너지를 받아 NO와 O로 분해된 후 산소원자가 산소분자와 결합하여 생성된다.

        $$NO_2 \underset{}{\overset{hv}{\rightleftharpoons}} NO + \underline{O}$$
        $$+ \leftrightarrow O_3$$
        $$O_2$$

    ② 지상 30km 부근 오존층은 자외선 차단으로 지상 생물을 보호한다.
    ③ 오존은 쉽게 분해되지 않지만 산소로 분해하여 활성화되면 반응력이 강해 독성이 있다.
    ④ **활성산소(活性酸素, oxygen free radical)**
        ㉠ 인체 내에서는 유해산소라고 한다.
        ㉡ 에너지를 받아 전자의 스핀방향을 한 방향으로 배치시키거나, 전자를 받아 수소원자를 버려 라디칼을 만든다.
        ㉢ 이렇게 생긴 일중항산소($1O_2$, singlet oxygen), 슈퍼옥사이드(O_2^-, superoxide), 퍼옥사이드(O_2H^-, peroxide), 하이드록실 라디칼(OH^-, hydroxyl radical) 등은 세포막에 결합하여 히드록시기(-SH기)를 산화하여 대사작용을 교란한다.
        ㉣ 기공의 개폐를 조절하지 못하고, 엽록체의 틸라코이드막이나 효소가 영향을 받아 광합성을 저해한다.
        ㉤ 식물체 내에서는 글루타티온(glutathione)이 이들과 결합하여 장해를 회피한다.

03 CHAPTER 그 밖의 주요 생리

1 지질대사

(1) 지질(lipid)
1) 유기용매에 잘 녹고, 물에는 잘 녹지 않는 소수성 화합물의 총칭이다.
2) 탄수화물, 단백질, 핵산과 함께 생체를 구성하는 4대 성분 중 하나이다.
3) 글리세롤과 지방산의 결합으로 생성된다.
4) 중성지방의 형태로 저장되는 에너지원이고, 세포막 구성성분이며, 각피 등의 성분으로 식물체의 외부를 보호한다.

(2) 지방산(fatty acid)

1) 의의
① 지질의 구성성분으로 지질의 특성을 결정하는 기본요소이다.
② 끝에 카르복시기(-COOH)를 갖는 긴 사슬의 탄화수소이다.
③ 비극성으로 물에 잘 용해되지 않는다.
④ 유관속을 통한 장거리 수송이 어려워 필요 부위에서 자체 생산하여야 한다.

2) 생합성
① 엽록체 또는 전색소체(前色素體, proplastid)에서 합성된다.
② 출발물질은 미토콘드리아에서 아세틸-CoA의 분해로 만들어진 아세트산(acetic acid ; CH_3COOH)이며, 맨 처음 합성되는 지방산은 팔미트산(palmitic acid)과 스테아르산(stearic acid)이다.

$$H-\overset{\overset{\displaystyle H}{|}}{C}-\overset{\overset{\displaystyle O}{\|}}{C}-O-H$$
$$\text{아세트산}$$

③ 천연지방산의 탄소 수는 주로 16~18개로 생합성될 때 탄소 수 2개인 아세트산이 첨가되면서 분자량이 증가하므로 짝수가 된다.

④ 탄화수소의 긴 사슬은 대부분 단일 결합으로 포화되어 있으나 이중결합 또는 삼중결합으로 존재하기도 한다.
   ㉠ 단일결합만으로 구성된 지방산을 포화지방산이라 한다.(팔미트산, 스테아르산)
   ㉡ 이중 또는 삼중결합이 있으면 불포화지방산이라 한다.(올레산, 리놀렌산)
⑤ 지방산의 불포화결합 여부, 불포화결합의 숫자와 위치는 지방산의 특성에 큰 영향을 미치며, 이 특성은 지질의 특성으로 나타난다.

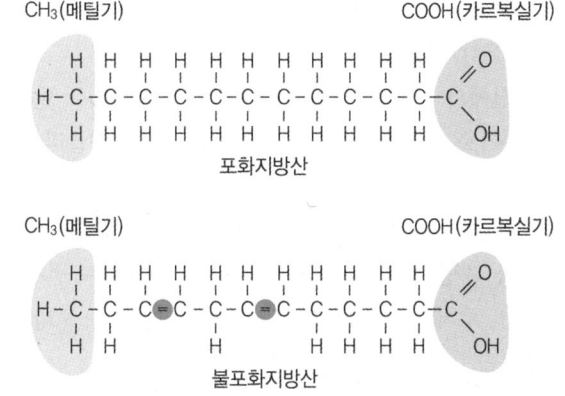

(3) 중성지방

1) 의의

① 중성지방은 글리세롤과 지방산으로 구성된 지질이다.
② 글리세롤(glycerol)의 히드록시기(-OH)에 지방산의 카르복시기(-COOH)가 에스테르결합(ester linkage)으로 중성지방이 된다.
③ 극성을 띠지 않아 중성지방이라 한다.

2) 종류

① 글리세롤에 결합되어 있는 지방의 숫자에 따라 분류한다.
   ㉠ 모노아실글리세롤(monoacylglycerol): 글리세롤 1개 + 지방산 1개
   ㉡ 디아실글리세롤(diacylglycerol): 글리세롤 1개 + 지방산 2개
   ㉢ 트리아실글리세롤(triacylglycerol): 글리세롤 1개 + 지방산 3개
② 가장 널리 분포하는 식물의 대표적인 중성지방은 트리아실글리세롤이다.
③ 트리아실글리세롤은 결합된 지방산의 특성에 따라 단순지방과 혼합지방으로 구분한다.
   ㉠ 단순지방: 결합되어 있는 3개의 지방산이 동일한 트리아실글리세롤
   ㉡ 혼합지방: 결합되어 있는 3개의 지방산이 동일하지 않은 트리아실글리세롤
④ 중성지방의 특성은 지방산에 의해 결정되고 지방과 기름을 합하여 유지라고 한다.
   ㉠ 기름(oil): 식물성 중성지방으로 실온에서 액체이며, 불포화지방산을 많이 함유하고 있다.

ⓒ 지방(fat): 동물성 중성지방으로 실온에서 고체이며, 포화지방산을 많이 함유하고 있다.
⑤ 트리아실글리세롤은 완전 산화하면 9.5kcal/g의 에너지를 방출하므로 식물의 저장에너지원으로 중요하다.

3) 생합성
① 색소체에서 생성된 지방산이 아실-CoA 형태로 소포체로 이동하고, 소포체에서 포스파티드산으로부터 디아실글리세롤을 거쳐 합성된다.
② 소포체에서 지방산이 글리세롤-3-인산(G-3-P)의 1번과 2번 탄소와 에스테르 결합으로 포스파티드산(PA)이 된다.
③ 포스파티드산에서 탄소 3번 위치의 인산이 가수분해로 탈락되어 디아실글리세롤(DAG)이 되면 지방산이 추가로 에스테르결합을 형성하여 트리아실글리세롤(TAG)이 된다.
④ 중성지방은 종자의 배유나 자엽의 세포질에 있는 올레오솜(oleosome oil body) 또는 스페로솜(spherosome)이라고 하는 소기관에 저장되어 있다.
⑤ 종자에 따라 지방산 구성이 다르며, 콩과 옥수수는 필수지방산인 리놀레산(linoleic acid)의 함량이 높고, 유체는 길이가 긴 지방산을, 야자유는 포화지방산을 다량 함유하고 있다.

4) 트리아실글리세롤의 당으로 전환
① 종자가 발아할 때 지방은 물에 녹지 않으므로 당으로 전환되어야 이동이 가능하며, 발아 중인 호박 종자에서 지질함량은 감소하고 당 함량이 증가하는 것을 볼 때 알 수 있다. 이때 이소시트르산리아제(isocitrate lyase)가 활성에 관여한다.
② 지방이 당으로 전환되는 과정은 지방의 분해(올레오솜), 글리옥실산회로(글리옥시솜), 크렙스회로(미토콘드리아), 역해당과정(시토졸) 등이 조화롭게 연관되어 있다.
③ 시토졸에서 일어나는 역해당과정에 해당하는 일련의 화학반응을 포도당신생합성(gluconeogenesis)라 한다.
④ 올레오솜: 지방은 막에 분포하는 리파아제의 촉매로 글리세롤과 지방산으로 분해된다.
⑤ 글리옥시솜
  ㉠ 올레오솜으로부터 지방산을 받아 β-산화로 탄소가 2개씩 끊어져 2탄소의 아세틸-CoA를 만든다.
  ㉡ 아세틸-CoA가 글리옥실산회로를 돌려 여러 가지 중간산물을 만든다.
  ㉢ 중간산물의 하나인 숙신산을 미토콘드리아로 공급한다.
  ㉣ 글리옥시솜은 지방 종자에서만 발견되며, 종자가 발아하여 광합성을 시작하면 점차 사라진다.
⑥ 미토콘드리아: 글리옥시솜에서 받은 숙신산이 크렙스회로를 통해 말산이 된다.
⑦ 시토졸
  ㉠ 올레오솜에서 나온 글리세롤은 글리세롤-3-인산으로 된다.
  ㉡ 글리세롤-3-인산은 DHAP(Dihydroxyacetone phosphate)로 산화되며, 포도당신합성 경로를 거쳐 자당으로 전환된다.

ⓒ 미토콘드리아에서 받은 말산도 포도당신생합성 경로로 연결되어 자당으로 합성된다.
ⓔ 합성된 자당은 액포에 저장되거나 필요한 부위로 수송된다.

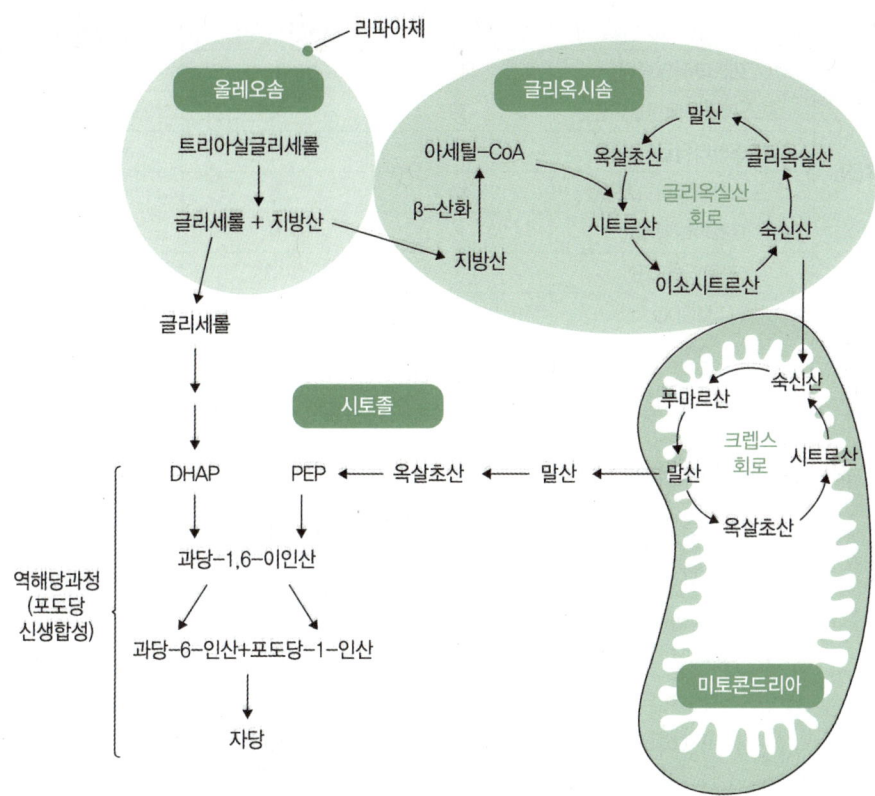

[지방성 종자에서 지방이 당으로 전환되는 경로]

(4) 막구성지질

1) 의의

① 식물의 세포막을 구성하는 지질은 기본적으로 인지질이며, 여기에 당지질, 황지질, 스테롤 등이 첨가된다.
② 지질 성분이 다르므로 막에 따라 기능이 다르다.
③ 미토콘드리아 막은 주로 인지질로 구성되어 있다.
④ 엽록체의 막은 지방산의 불포화도가 높은 당지질을 다량 함유하고 있다.
⑤ 원형질막에는 테르펜의 일종인 스테롤(sterol)이 다량 함유되어 있다.

[주요 막 구조의 지질조성]

(단위: mol%)

지질	막	소포체 (피마자 배유)	미토콘드리아 (완두 잎)	엽록체(시금치 잎)	
				포막	틸라코이드막
인지질	포스파티딜콜린	47	37	20	4.5
	포스파티딜에탄올아민	30	42	0	0
	포스파티딜글리세롤	4	2	9	9.5
	포스파티딜이노시톨	14	6	4	1.5
	포스파티딜세린	2	0	0	0
	카르디올리핀	3	13	0	0
당지질	MGDG	0	0	31	52
	DGDG	0	0	30	26
황지질	솔포리피드	0	0	6	6.5

2) 인지질(phospholipid)

① 인산이 결합된 지질로 주로 소포체 막에서 합성된다.
② 생합성 출발물질은 포스파티드산(phosphatidic acid; PA)이다.
③ 자연계에서 가장 풍부한 인지질은 포스파티딜콜린(phosphatidyl choline) 일명 레시틴(lecithin)과 포스파티딜에탄올아민(phosphatidyl ethanolamine) 일명 세팔린(cephalin)이다.
④ 인지질은 비극성 부위인 소수성 꼬리부분과 극성부위인 친수성 머리부분으로 나누어져 물 속에서 미셀이나 이중층 등의 특이한 형태로 존재할 수 있다.
⑤ 세포막은 극성 지질의 이중층으로 형성된다.
⑥ 인지질의 꼬리 부분에 불포화지방산이 있는 경우 이중결합 부분이 비틀어져 있어 막구조가 느슨해지면서 막의 유동성이 증가한다.

3) 당지질(glycolipid)

① 당이 포함되어 있는 지질로, 주로 엽록체의 포막에서 합성된다.
② 글리세롤 골격의 머리 부분에 갈락토오스가 활성화되어 당지질 생합성반응에 참여한다.
③ 구성 지방산의 종류에 따라 당지질의 종류가 구분된다.
④ 주요 당지질에는 모노갈락토실디아실글리세롤(monogalactosyl diacylglycerol; MGDG)과 디갈락토실디아실글리세롤(digalactosyl diacylglycerol; DGDG)이 있다.
⑤ 당지질은 엽록체의 포막과 틸라코이드 막을 구성하는 중요 성분이다.

4) 황지질(sulfolipid)

① 당지질의 하나로 분자 내에 황을 포함하는 지질이다.
② 황지질도 당지질과 비슷한 합성 과정을 거쳐 생성된다.
③ 설포퀴노보실디아실글리세롤(sulfoquinovosyl diacylglycerol; SQDG)이 있다.

(5) 큐틴, 수베린, 왁스

1) 의의
① 식물체의 잎, 줄기, 과실의 외부를 덮는 특수한 지질이다.
② 수분 증발을 방지하고, 병원성미생물의 침입을 차단하기 위해 지질층으로 덮혀 있다.
③ 탈리층이나 상처 부위, 뿌리의 내피조직 등에도 있어 식물을 보호한다.

2) 큐틴(cutin)
① 각피소(角皮素)라고도 하며, 왁스와 함께 지상부 표피조직의 외벽에 발달하는 각피(角皮, cuticle)의 주성분이다.
② 지방산의 중합체로 분자량이 크며 기본구성단위는 $C16$의 지방산으로 지방산들은 수산기와 카르복시기에 의해 서로 교차결합되어 있다.
③ 큐틴에는 적은 양의 페놀화합물이 들어 있으며, 펙틴성분과 결합할 수도 있다.

3) 수베린(suberin)
① 목전소(木栓素)라고 하며, 지하부 세포 외벽의 주성분으로 세포막과 세포벽 사이에 분포한다.
② 목본식물 주피의 코르크조직, 잎의 이층이나 상처부위에서도 합성되며, 뿌리 내피에 형성되는 카스파리대의 성분이다.
③ 기본 구성단위는 $C16 \sim 24$ 지방산이며, 긴 것은 $C30$도 있다.
④ 지방산 중합체이며, 큐틴과는 달리 선상구조로 되어 있다.
⑤ 페룰산(ferulic acid)과 같은 페놀화합물이 함유되어 있으며, 이들은 수베린의 지질부분을 세포벽에 결합시켜 주는 역할을 한다.

4) 왁스(wax)
① 밀랍(蜜蠟)이라고도 하며, 중합체가 아닌 길이가 길고 소수성이 강한 지질분자의 복합체이다.
② 각피의 왁스는 표면왁스와 내부왁스로 구분한다.
③ 표면왁스(epicuticular wax)
  ㉠ 일정한 구조가 없는 지질층으로 다양한 종류의 지질로 구성되어 있다.
  ㉡ 탄화수소, 케톤, 지방산에스테르, 알코올, 알데히드, 지방산 등이 함유되어 있다.
④ 내부왁스(intracuticular wax)
  ㉠ 각피의 내부왁스는 큐틴이 섞여 있고, 지하부는 수베린과 섞여 있다.
  ㉡ 큐틴과 수베린이 섞여 있는 왁스의 구성 지질 종류는 단순하지만 길이는 다양하다.

2 2차산물

(1) 2차대사산물(二次代謝産物, secondary metabolite) 2차산물(二次産物, secondary product)

1) 의의
① 식물체 생육에 필수는 아니지만 유익한 기능을 담당하는 물질
② 특정 식물에서만 합성되는 경우가 많은데 농업에서는 기능성물질이라고 부르기도 한다.

2) 주요 기능
주로 초식동물이나 곤충, 미생물의 공격으로부터 식물체 자신을 보호하는 기능을 한다.

3) 구조와 합성과정에 따라 알칼로이트, 페놀화합물, 테르펜, 기타 화합물로 구분한다.

(2) 알칼로이드(alkaloid)

1) 의의
① 방향족 질소화합물로 질소원자를 포함하는 헤테로 고리(hetero cyclic ring)를 가지며, 종류별로 고리의 구조가 다르다.
② 합성 전구물질은 아미노산이다.
③ 양전하를 띠고 염기성이며, 일반적으로 수용성이다.
④ 종류가 다양하고 유관속 식물의 20~30%에 분포하며, 주로 쌍자엽초본식물에서 많이 발견된다.

2) 종류와 주요기능
① 니코틴(nicotine), 카페인(caffeine), 코카인(cocaine) 등은 자극제 또는 진정제의 기능이 있어 기호품으로 이용된다.
② 모르핀(morphine), 코데인(codeine), 아트로핀(atropine), 에페드린(ephedrine), 키니네(kinine) 등은 의학용으로 이용되고 있다.
③ 대부분 많이 사용하면 독성이 있다.
④ 사탕무나 선인장의 베탈라인(betalain)은 주로 안토시아닌이 없는 식물의 꽃, 열매, 잎 등의 붉은색 또는 노란색을 띠게 하는 물질이다.
⑤ 일부 베탈라인 계통의 물질은 병원성균류나 바이러스 침입에 대한 방어기능을 한다.

(3) 페놀화합물(phenolic compound)

1) 의의
① 치환성 수산기(-OH)가 있는 방향족 고리구조를 가지고 있는 2차산물의 총칭이다.
② 화학적으로 이질적인 물질을 함유하고 있으며, 수용성과 지용성이 있다.

③ 초식동물이나 병원균의 공격으로부터 방어작용, 기계적 지지작용, 수분매개 유도, 종자의 분산작용, 인접식물의 생장 저해 등의 기능이 있다.
④ 대부분 시킴산경로(shikimic acid pathway)에 의해 합성된 방향족 아미노산인 페닐알라닌과 티로신을 원료로 합성된다.
⑤ 해당 합성경로는 식물에만 있기 때문에 이 과정에서 생산되는 페닐알리닌, 티로신, 트립토판은 필수아미노산으로 동물에게 공급되어야 한다.

2) 단순 페놀화합물

① 유관속식물에 널리 분포하는 단순 페놀화합물에는 쿠마린, 벤조산유도체, 페닐프로판의 3종류가 있다.
② 기능은 곤충과 균류의 공격에 대한 방어와 타감작용을 한다.
③ 쿠마린(coumarin)
  ⊙ 쿠마린의 한 종류인 푸라노쿠마린(furanocoumarin)은 광독성(光毒性, photoxicity)이 있다.
  ⓒ 푸라노쿠마린은 자외선을 흡수하면 DNA의 피리미딘 염기와 결합하여 그들의 전사와 회복을 방해하여 세포를 죽게 한다.
④ 벤조산유도체(benzoic acid derivatives)
  ⊙ 아세틸살리실산(acetylsalicylic acid)는 벤조산유도체인 살리실산(salicylic acid)의 초산에스테르이다.
  ⓒ 아세틸살리실산은 해열진통제로 널리 알려진 아스피린(aspirin)이다.
⑤ 페닐프로판(phenylpropane) : 페닐프로판인 카페인산(caffeic acid)과 페룰산(ferulic acid)은 인접 식물의 발아와 생장을 저해하는 타감물질이다.

3) 리그닌(lignin)

① 페닐프로판 알코올(phenylpropane alcohol)로 구성된 분자가 많은 중합체이다.
② 기본 구성물질은 코니페릴알코올(coniferyl alcohol), 쿠마릴알코올(coumaryl alcohol), 시나필알코올(sinapyl alcohol) 등으로 페닐알라닌으로부터 신남산(cinnamic acid)의 유도체를 거쳐 합성되며, 퍼옥시다아제에 의해 중합체로 합성된다.
③ 식물의 지지조직과 유관속조직, 특히 목부의 가도관과 도관요소의 세포벽을 구성하는 물질 중의 하나이며, 주로 2차 세포벽에 축적되어 있지만 1차 세포벽과 중층에도 셀룰로오스, 헤미셀룰로오스 등과 함께 분포한다.
④ 리그닌은 줄기와 유관속조직을 튼튼하게 하고 도관부 수액수송에서 발생하는 장력에 대한 저항성을 갖게 한다.
⑤ 리그닌이 축적되어 식물체가 단단해지는 것을 목질화(木質化, lignification)라 한다.

4) 플라보노이드(flavonoid)

① 2개의 방향족 고리가 3개의 탄소연결고리를 갖는 페놀화합물로 종류가 다양하다.

② 치환기의 구조와 위치에 따라 안토시아닌(anthocyanin), 플라본(flavone), 플라보놀(flavonol), 이소플라본(isoflavone) 등으로 구분한다.

③ 안토시아닌
  ㉠ 구조적으로 3번 탄소에 당이 결합된 배당체이며, 당이 없는 것은 안토시아니딘(anthocyanidin)이라 한다.
  ㉡ 꽃과 과실의 다양한 색을 결정하는 물질로 색깔은 B고리의 히드록시기와 메톡실기($-OCH_3$)의 수에 의해 결정된다.
  ㉢ 철 등 금속이온, 플라본과 같은 보조색소, 저장 장소인 액포의 pH 등도 색깔 결정에 영향을 준다.

④ 플라본과 플라보놀
  ㉠ 꽃에 존재하며 자외선 영역의 단파장의 빛을 흡수한다.
  ㉡ 사람에게는 보이지 않지만 벌과 나비는 볼 수 있다.
  ㉢ 녹색 잎에도 들어 있으며, 자외선은 흡수하고 가시광선은 통과시켜 자외선으로부터 식물을 보호한다.

⑤ 이소플라본
  ㉠ 플라본에서 B고리의 위치가 이동된 구조의 플라보노이드이다.
  ㉡ 가장 널리 알려진 물질은 항균작용을 하는 피토알렉신(phytoalexin)이다.
  ㉢ 피토알렉신
    ⓐ 병원성미생물이 침입하면 식물은 피토알렉신이라는 항균물질을 합성한다.
    ⓑ 박테리아, 균류의 침입 외에도 초식동물로부터 자신을 방어하기 위해, 각종 스트레스 조건에서도 증가한다.
    ⓒ 피토알렉신의 합성은 식물의 일반적 방어기작의 하나라 볼 수 있다.

5) 탄닌(tannin)
  ① 플라보노이드를 단량체로 하는 페놀화합물이다.
  ② 식물의 탄닌은 세균의 침입을 막고, 초식동물에게는 독성이 나타난다.
  ③ 침 속의 단백질과 결합하여 떫은맛을 내 포유동물이 섭취를 피하게 한다.
  ④ 뿌리는 갈산(gallic acid)이 당과 결합한 중합체인 갈로타닌(gallotannin)을 분비해 타감작용을 한다.
  ⑤ 동물의 가죽에 탄닌을 처리하면(tanning) 콜라겐과 결합하여 열, 수분, 세균 등에 대한 내성이 증가한다.

(4) 테르펜(terpene)

1) 의의

① 테르페노이드(terpenoid) 또는 이소프레노이드(isoprenoid)라고도 하며, 2차산물 중 가장 종류가 많다.
② 일반적으로 물에 녹지 않는다.
③ 탄소 5개의 이소프렌(isoprene, C_5H_8, $CH_2 = C(CH_3)CH = CH_2$) 단위를 기본구조로 한다.

[이소프렌 단위 수에 따른 종류]

종류	이소프렌 단위 수(개)
헤미테르펜(hemiterpene)	1
모노테르펜(monoterpene)	2
세스퀴테르펜(sesquiterpene)	3
디테르펜(diterpene)	4
트리테르펜(triterpene)	6
테트라테르펜(tetraterpene)	8
폴리테르펜(polyterpene)	10 이상

④ 세스퀴테르펜은 ABA의 전구물질이고, 디테르펜은 GA의 전구물질이다.
⑤ 카로티노이드는 테트라테르펜이고, 엽록소의 피톨사슬은 디테르펜의 유도체이다.
⑥ 대부분 테르펜은 식물 보호와 방어에 관여하는 물질이라고 볼 수 있다.

2) 모노테르펜

① 모노테르펜과 그 유도체는 살충작용을 한다.
② 국화의 피레트로이드(pyrethroid)는 강력한 살충효과가 있다.
③ 소나무 수지에 포함된 피넨(pinene), 리모넨(limonene), 미르센(myrcene) 등은 나무좀과 같은 곤충에 독성이 있다.
④ 식물 잎의 휘발성 정유는 상업적으로 향수 제작 등에 이용되는데 원래 곤충을 쫓는 작용을 한다.

3) 세스퀴테르펜

① 국화과식물의 선모에 함유되어 있는 세스퀴테르펜락톤(sesquiterpene lactone)은 포유동물과 초식성 곤충을 퇴치한다.
② 목화의 고시폴(gossypol)은 곤충과 세균에 대한 저항성이 있다.

4) 디테르펜

① 엽록소의 피톨 사슬은 디테르펜의 유도체이다.
② 소나무와 열대 콩과식물의 수지에 함유되어 있는 아비에트산(abietic acid)은 곤충의 공격을 물리적으로 방어한다.

③ 대극과식물의 포르볼(phorbol)은 포유동물의 피부를 자극하고 체내 독성을 나타낸다.

5) 트리테르펜

① 스테로이드 계통의 물질이 대표적이다.
② 스테롤은 세포막의 주요 구성성분이고, 감귤류 열매에서 쓴맛을 내는 리모노이드(limonoid)는 곤충을 퇴치한다.
③ 카르데놀리드(cardenolide)와 사포닌(saponin)은 스테로이드 배당체로 척추동물에 독성이 있다.
④ 카르데놀리드 계통의 물질은 동물의 세포막에 작용하여 심장박동을 느리고 강하게 하여 강심제로 이용된다.

6) 기타 테르펜

① 카로티노이드
  ㉠ 테트라테르펜으로 카로틴(carotene)과 크산토필(xanthophyll) 2종류가 있다.
  ㉡ 과실이나 꽃의 노란색, 주황색, 빨간색을 나타낸다.
  ㉢ 토마토 적색은 리코펜(lycopene), 옥수수종자의 황색은 제아크산틴(zeaxanthin)이다.
  ㉣ 당근의 황색색소인 β-카로틴은 인체 내에서 비타민A로 변한다.
② 고무는 1,500~15,000개의 이소프렌 단위가 분지 없이 연결된 폴리테르펜이며, 초식동물이나 미생물의 침입으로부터 보호하는 기능이 있다.

3 피토크롬(phytochrome)

(1) 의의와 발견

1) 의의

① 광은 광합성작용 외에도 식물의 생육 중 다양한 형태 발생을 조절하는데 이것을 광형태발생(光形態發生, photo-morphogenesis)이라 한다.
② 광형태발생에는 적색광과 원적색광이 효과적이며, 이를 흡수하는 색소가 피토크롬이다.
③ 광형태발생에 관여하는 청색광과 자색광을 잘 흡수하는 크립토크롬(cryptochrome)과 280~320nm의 파장을 잘 흡수하는 UV-B라고 확인되고 있다.

2) 피토크롬의 발견

① 1920년경 미국의 가너와 알라드(Garner & Allard)가 담배에서 일장이 개화를 조절한다는 사실을 발견하였다.
② 1930년대 적색광이 개화유도에 효과적이고 상추종자의 발아를 촉진한다는 사실이 밝혀졌다.

③ 1952년 미국의 헨드릭스(Hendricks) 등이 적색광 및 원적색광에 의한 상추 종자의 광가역적 반응을 발견하였다.
④ 1959년 버틀러와 노리스(Butler &Norris)는 광가역반응을 일으키는 광수용체 물질을 추출하여 피토크롬이라 명명하였다.

(2) 피토크롬의 특징

1) 상호전환

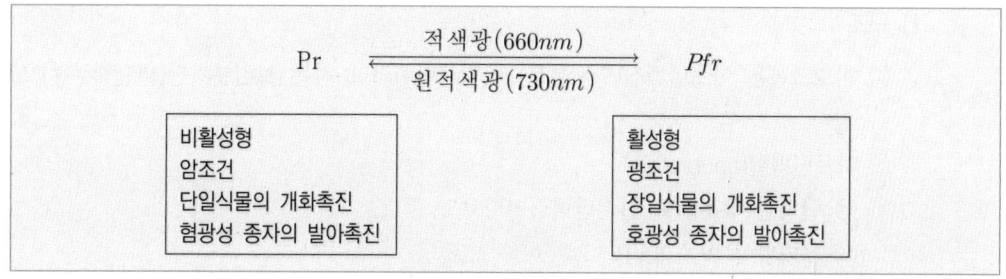

[광전환 반응]

① 광전환성(光轉換性, photoreversibility; = 광가역성)
  ㉠ 암조건에서 자란 유식물의 피토크롬은 적색광(red)을 흡수하는 Pr형으로 존재한다.
  ㉡ Pr형은 적색광을 흡수하면 원적색광(far-red)을 흡수하는 Pfr형으로 전환된다.
  ㉢ Pfr형이 다시 원적색광을 흡수하면 Pr형으로 전환된다.
  ㉣ 광전환성은 순수 분리된 피토크롬에서도 관찰할 수 있다.

② 생리활성형: Pfr
  ㉠ 피토크롬 조절반응은 적색광에 의해 유도되는 Pfr형에 의해 이루어진다. 즉 식물의 광형태 발생반응은 적색광으로 광전환된 Pfr형에 의해 유도된다.
  ㉡ 대부분 Pfr형의 양과 식물반응은 상관관계를 보이며, 전체 피토크롬 중 Pfr형이 차지하는 상대적인 양과 식물 반응정도의 비례로 보아 Pfr형이 생리적 활성을 갖는 것을 알 수 있다.

2) Pfr 함량 조절

① Pfr형의 함량은 Pr형으로부터 광전환, 암파괴와 암전환에 의해 조절된다.
  ㉠ 광전환: 적색광에 의해 Pfr형이 증가하고 원적색광에 의해 Pfr형이 감소한다.
  ㉡ 암파괴
    ⓐ 광전환된 Pfr형은 암조건에서 효소작용이나 단백질 변성으로 파괴될 수 있다.
    ⓑ 피토크롬은 2가지 모두 단백질 가수분해효소의 기질이 될 수 있지만, Pfr형이 Pr형보다 쉽게 가수분해된다.
  ㉢ 암전환
    ⓐ 어떤 식물은 암조건에서 서서히 Pr형으로 바뀌는데 이를 암전환이라 한다.

ⓑ 암전환 속도는 온도와 pH의 영향을 받으며, 환원제를 처리하면 수초 동안에 반응이 일어난다.
② 피토크롬의 양은 분해과정뿐만 아니라 생합성 단계에서도 조절된다.
③ 암조건에서 Pr형으로 합성되지만 적색광에 의해 그 합성이 억제되며, 적색광에 의해 생성된 Pfr형은 피토크롬 단백질 전사과정을 억제하는데 이것은 유전자발현을 피드백 조절하는 예이다.

(3) 구조와 분포

1) 구조
① 피토크롬은 아포단백질(단백부분)과 발색단이라고 하는 보결분자단(비단백부분)으로 구성되어 있다.
② 아포단백질(apoprotein)
  ㉠ 단백질 부분으로 결손단백질이라고도 한다.
  ㉡ 분자량이 약 120kDa 정도이다.

> **참고**
> **Da(dalton)**
> 리보솜, 바이러스 등 분자량 개념이 적합하지 않은 것의 질량단위로 탄소동위체 ^{12}C 1원자의 질량이 12달톤이며, 1달톤은 1.661×10^{-24} g이다.

  ㉢ 반드시 발색단과 결합해 완전 단백질을 형성해야 광흡수가 가능하다.
③ 발색단(發色團, chromophore)
  ㉠ 테트라피롤(tetrapyrrole)의 열린 사슬구조로 아포단백질의 시스테인 잔기에 결합되어 있다.
  ㉡ Pr형이 Pfr형으로 전환될 때 구조가 cis형에서 trans형으로 변환된다.
④ 피토크롬 단백질은 소수성 아미노산을 많이 함유하고 있어 Pr형이 Pfr형으로 전환될 때 소수성 부위가 많이 노출되면서 단백질 구조가 미묘하게 변하는 것으로 보인다.
⑤ 피토크롬은 식물의 종류별 특성이 달라 피토크롬 A, 피토크롬 B 등으로 분류한다.

2) 분포
① 광합성 세균을 제외한 모든 광합성 생물에 존재한다.
② 세포 내 세포질, 색소체, 핵, 미토콘드리아, 소포체 등 거의 모든 소기관에 분포한다.
③ 암조건에서 자란 황백화된 식물에 많이 분포하며, 그들은 모두 Pr의 형태로 존재한다.
  ㉠ 암소에서는 Pfr가 합성될 수 없기 때문이다.
  ㉡ 황백화된 유식물은 Pr 함량이 높아 약한 적색광을 탐지하여 반응할 수 있고, 조직이 녹화되면 광의 작용으로 피토크롬이 파괴되고 생합성이 억제되어 녹색 식물의 피토크롬 함량이 크게 낮아진다.

④ 황백화된 벼나 귀리의 자엽초 유조직 세포에는 Pr의 형태로 세포질 전체에 넓게 퍼져 있다가 Pfr로 전환되면 수분 이내에 특정 부분에 모여 특정 피토크롬 수용체와 결합하는 것으로 보인다.

(4) 피토크롬의 조절반응과 작용기작

1) **조절반응**
   ① 피토크롬은 광자극을 받은 후 형태학적 반응이 나타날 때까지 수 분에서 수 주일 소요된다.
   ② 반응이 유도되는데 필요한 적색광의 광량도 반응의 종류에 따라 다양하다. 황백화된 귀리 자엽초와 중배축의 생장은 반딧불이가 한번 반짝일 때 광량의 1/10 정도로도 반응을 보이며, 이 반응은 알려진 반응 중 가장 민감한 반응이다.
   ③ 피토크롬은 광반전성 색소이며, 가연광은 시간, 계절, 위치에 따라 적색광과 원적색광의 상대적 양이 다르므로 그에 따라 체내 Pr/Pfr의 비율이 달라져 여러 반응을 조절할 수 있다.
   ④ 종자 발아와 개화 반응 외에도 쌍자엽식물의 유아갈고리(hook) 열림, 화본과식물의 분얼, 귀리 유식물의 탈황백화, 겨자의 엽원기 형성, 완두의 절간 신장 등 생장 반응 조절에도 관여한다.
   ⑤ 쌍자엽식물의 유아갈고리 열림
      ㉠ 유아갈고리는 배축이 구부러진 구조로 토양을 밀고 위로 솟아 오를 때 어린잎을 보호한다.
      ㉡ 쌍자엽식물이 발아하여 지면을 뚫고 올라올 때 적색광에 노출되면 바로 유아갈고리 열림 현상이 일어나는데 이것도 피토크롬이 조절하는 생장반응이다.
   ⑥ 화본과식물의 분얼
      ㉠ 화본과식물의 분얼도 부분적으로 피토크롬에 의해 조절된다.
      ㉡ 벼를 이앙할 때 묘의 개수와 관계없이 나중에 분얼수가 비슷해지는데, 이것은 밀식된 포기는 인접한 식물의 잎이 적색광을 흡수하고 원적색광을 많이 반사시켜 분얼을 억제시킨 결과이다.

2) **작용기작**
   ① 빛을 이용한 신호전달체계가 막을 매개로 일어나므로 피토크롬은 세포막에 어떤 변화를 일으켜 조절반응을 유도하는 것으로 보인다.
   ② 엽록체
      ㉠ 엽록체는 광조건에 따라 회전운동을 하는데 적색광에서는 빛을 수직으로 받도록 회전하고, 원적색광에서는 빛과 평행되도록 회전한다.
      ㉡ 빛을 세포막에만 닿도록 하였을 때 빛을 받지 않은 엽록체가 회전하는 것으로 보아 피토크롬이 세포막에 분포하면서 엽록체의 회전현상을 조절하는 것으로 보인다.
   ③ 미토콘드리아: 귀리 유식물에 적색광을 조사하면 미토콘드리아 막에 상당량의 Pfr가 결합되는 것을 볼 수 있으며, 적색광을 조사하지 않으면 막과 결합한 Pfr을 볼 수 없다.
   ④ 미모사나 자귀나무에 적색광을 조사하면 잎이 열리고, 원적색광을 조사하면 잎이 접히는 운동은 피토크롬의 막 기능 조절의 예이다.

㉠ 미모사나 자귀나무의 잎 운동은 엽침의 기동세포에서 K^+이 유입되거나 유출되면서 일어나는 팽압운동의 결과이다.

㉡ 피토크롬이 막의 투과성에 영향을 미쳐 K^+의 투과를 조절한 결과이다.

⑤ 반응모델에 따르면 피토크롬은 K^+나 Ca^{2+} 등의 수송을 조절한다.

⑥ 피토크롬은 Ca^{2+}의 수송을 조절하여 약한 빛의 신호를 증폭시켜 생장과 발달을 유도한다.

㉠ 피토크롬은 세포 내에서 Ca^{2+}의 농도를 증가시키고 그 결과 칼슘결합단백질인 칼모듈린(calmodulin)을 활성화시켜 줄기신장을 조절한다.

㉡ 칼모듈린은 신호전달에 참여하는 물질과 Ca^{2+} 농도의 작은 변화로도 관련 효소를 활성화시켜 큰 생리적 변화를 유발한다.

㉢ Pfr형이 Ca^{2+} 수송을 조절하여 세포 내 농도를 증가시킨다.

㉣ 칼모듈린이 수송된 Ca^{2+}와 칼슘-칼모듈린 효소복합체를 형성하여 활성화된다.

㉤ 활성화된 복합체가 관련 효소를 활성화시켜 광형태발생 효과를 나타낸다.

4 식물의 운동

(1) 의의

1) 식물의 운동

   식물은 외부환경 자극이나 내적·생리적 리듬에 의해 일정 방향으로 생장한다.

2) 식물의 운동은 차등 생장과 팽압의 결과로 나타난다.

3) 경성운동과 굴성운동으로 구분하며 경성운동은 자극의 방향이 운동 방향을 결정하지 못하지만, 굴성운동은 자극의 방향이 운동 방향을 결정한다.

(2) 경성운동(傾性運動, nastic movement)

운동의 방향이 기관의 구조적 또는 생리적 비대칭에 의해 결정된다.

1) 상·하편생장

   ① 상편생장(上偏生長, epinasty): 잎이 아래로 굽혀지는 것
   ② 하편생장(下偏生長, hyponasty): 잎이 위로 굽혀지는 것
   ③ 주로 복엽을 구성하는 소엽에서 일어난다.
   ④ 엽병, 엽신, 소엽의 기부에 있는 기동세포(機動細胞, motor cell)로 구성되는 엽침(葉枕, pulvinus)에서 내외로 수분의 이동이 일어나기 때문에 나타난다.

⑤ 엽침이 없는 식물에서도 볼 수 있으며, 그것은 엽병이나 엽신의 위아래 세포의 차등생장에 의해서 일어난다.

2) 수면운동(睡眠運動, nyctinasty)

① 낮에는 수평방향으로 있다가 밤에 수직방향으로 움직이는 잎의 운동이다.
② 자귀나무는 이중으로 된 복엽을 가지고 뚜렷한 수면운동을 한다.
  ㉠ 밤에는 마주보는 소엽이 서로 일어나 소엽병의 말단부 쪽으로 향하는데 이는 야간에 수분이 엽침의 상층부에서 빠져나와 하층부로 이동하기 때문이다.
  ㉡ 하층부 바깥쪽은 팽압이 높아져 부풀고 안쪽은 팽압이 낮아져 압축되면서 잎이 닫힌다.
③ K^+의 이동과 관련이 있고 K^+의 이동은 피토크롬의 생장반응조절 중 하나이다.

3) 경촉운동(傾觸運動, thigmonasty)

① 접촉에 의해 일어나는 경성운동이다.
② 콩과식물 중 미모사에서 민감하게 일어난다.
③ 미모사는 자귀나무와 비슷한 소엽과 엽침을 가지고 있는데 접촉자극을 주면 잎들이 신속하게 접힌다.
  ㉠ 하나의 잎이 자극을 받아도 식물체 전 부분으로 전달된다.
  ㉡ 엽침의 기동세포에서 물이 빠져나감으로써 일어나며, 자극 전달은 전기적 신호와 화학적 신호로 설명된다.

4) 접촉형태발생(thigmo-morphogenesis)

① 식물의 기계적 자극이나 마찰에 대한 생장과 발달반응이다.
② 유관속식물에 여러 마찰자극을 주면 줄기의 신장생장이 억제되고 줄기가 굵어지면서 식물이 짧고 땅땅하게 자라는 반응을 보인다.
③ 자연계에서는 바람이 마찰자극 효과로 식물의 발달에 영향을 미친다.
④ 농기구나 작업자에 의한 마찰 역시 생장에 억제효과가 나타난다.
⑤ 식물체를 진동장치 위에 두었을 때 똑같은 효과가 나타나는데 이를 특별히 진동형태발생(seismo-morphogenesis)이라 한다.

5) 화본과식물의 접힘과 열림운동

① 화본과식물의 잎은 수분스트레스를 받으면 접혀지거나 말려 증산작용을 최소화한다.
② 거품세포(bulliform cell)라고 하는 얇은 세포벽을 갖는 기동세포의 팽압소실로 일어난다.
③ 거품세포는 세포벽이 얇고 액포가 크며 각피층이 발달되지 않아 수분이 부족하면 빠르게 증산작용이 일어나 수분을 잃고 팽압을 낮춰 잎이 쉽게 접힌다.

(3) 굴성운동(屈性運動, tropism)

1) 의의
   ① 자극원에 대해 일정한 방향으로 굴곡되는 성질이다.
   ② 해당 기관의 굽는 방향은 환경자극과 그에 따른 세포신장속도의 차이에 의해 결정된다.
   ③ 굴광성, 굴중성, 굴촉성 등이 있다.

2) 굴광성(屈光性, phototropism)
   ① 식물의 자엽초나 줄기가 광을 향해 굽는 현상이다.
   ② 광이 조사된 쪽과 반대쪽의 차등생장으로 일어나며, 차등생장은 옥신이 광이 조사되지 않은 부위로 이동하기 때문에 일어난다.
   ③ 잎도 굴광성을 보이며, 그늘이 지면 광이 비추는 쪽으로 잎이 굽어지며 거의 중첩되지 않게 잎 모자이크를 형성한다.
   ④ 많은 식물들은 낮 동안 편평한 엽신이 태양을 향하도록 하여 잎에 의한 광 흡수를 최대화하는 태양추적(solar tracking, heliotropism) 능력이 있다.
      ㉠ 태양추적이야말로 진정한 의미의 굴광성이라 할 수 있다.
      ㉡ 목화, 대두, 강낭콩, 알팔파, 아욱과식물에서 잘 관찰할 수 있다.
   ⑤ 태양추적에 의한 잎의 운동은 굴성운동과 달리 엽병에 연결되어 있는 엽침의 기동세포에 의해 조절된다.

3) 굴중성(屈重性, gravitropism)
   ① 지구의 중력자극에 대한 양성 또는 음성적 생장운동으로 굴지성(屈地性, qeotropism)이라고도 한다.
   ② 뿌리는 대개 양성 굴중성을 나타내며, 2차근보다 1차근이 더 양성적이며, 3차근 이상은 거의 굴중성이 없어 수평에 가깝게 생장한다.
   ③ 줄기의 화경은 음성 굴중성을 보이며 주된 줄기는 중력자극에 정반대방향으로 자라지만 가지와 엽병, 가근이나 포복경 등은 수평적으로 생장한다.
   ④ 굴중성은 식물이 공간배치를 효율적으로 하여 광과 이산화탄소를 효율적으로 흡수하도록 한다.
   ⑤ 상하 수직방향의 생장운동을 정상굴중성이라 하고, 중간 각도로 자라는 것은 경사굴중성이라 한다.
   ⑥ 굴중성의 인지장소는 근관이고, 근관의 생장억제물질이 아랫부분의 생장억제로 뿌리가 밑으로 굽는다.
   ⑦ 굴중성에 관여하는 생장억제물질은 ABA, IAA, 미확인 억제물질 등이 보고되고 있다.
   ⑧ 근본적으로 굴중성의 인지기작을 제공하는 것은 전분립이 함유되어 있는 색소체인 전분체(澱粉體, amyloplast)로 보고 있으며, 실제 중력에 반응하는 근관에 전분체가 많은 것이 확인되었다.

4) 굴촉성(屈觸性, thigmotropism)
    ① 접촉자극에 의해 발생하는 굴성적 생장반응이다.
    ② 감촉성이라고도 하며, 덩굴성 식물에서 쉽게 볼 수 있다.
    ③ 덩굴성 식물은 지지가 가능한 물체에 닿아 감촉자극을 받으면 그 물체를 타고 오르거나 감고 올라가는 특성이 있다.

01 식물호르몬

01. 다음 중 옥신류의 천연 식물호르몬은?

① ABA   ② NAA
③ IAA   ④ PBA

해설
1) 천연옥신
   ① 대표적인 천연옥신은 트립토판으로부터 생성되는 인돌아세트산(indole acetic acid; IAA)이다.
   ② 4-클로로인돌아세트산(4-chloroindole acetic acid; 4-Cl-IAA), 인돌부티르산(indole butyric acid; IBA)
   ③ 인돌기를 갖지 않는 페닐아세트산(phenyl acetic acid; PAA)가 있다.
2) 합성옥신
   ① 인돌산 그룹(indole acid): 인돌프로피온산(indolepropionic acid; IPA)
   ② 나프탈렌산 그룹(naphthalene acid): NAA(naphthaleneacetic acid), β-나프톡시아세트산(β-naphthoxy acetic acid)
   ③ 클로로페녹시산 그룹(chlorophenoxy acid): 2,4-D(dichlorophenoxy acetic acid), 2,4,5-T(2,4,5-trichlorophenoxy acetic acid), MCPA(2-methyl-4-chlorophenoxy acetic acid)
   ④ 벤조산 그룹(benzoic acid): 디캄바(dicamba), 2,3,6-Cl-벤조산(2,3,6-trichlorobenzoic acid)
   ⑤ 피콜린산(picolinic acid) 유도체: 피클로람(picloram)

02. 다음 중 IAA 생합성의 출발물질은?

① 트립토판
② 메발론산
③ AMP(adenosine monophosphate)
④ 메티오닌

해설 ② 메발론산: GA, ③ AMP(adenosine monophosphate): 시토키닌, ④ 메티오닌: 에틸렌의 생합성에 이용되는 전구물질이다.
· 옥신의 생합성 경로
  ㉠ 트립토판(tryptophan)이 IAA 생합성의 출발물질이며 2가지 경로로 합성된다.
  ㉡ 하나의 경로는 트립토판의 탈탄산반응으로 형성된 트립타민(triptamine)은 산화되고, 탈아미노화반응으로 아미노기를 잃으면 인돌아세트알데히드(indole acetaldehyde)로 전환되고, 인돌아세트알데히드가 산화되어 IAA를 형성한다.
  ㉢ 또 다른 경로는 트립토판이 아미노기전이반응으로 인돌피루브산(indole pyruvic acid)으로 변하고, 다시 탈탄산반응으로 인돌아세트알데히드(indole acetaldehyde)로 전환되고, 인돌아세트알데히드가 산화되어 IAA를 형성한다.

03. 다음 옥신에 대한 설명 중 옳지 않은 것은?

① IAA의 화학적 구조는 트립토판과 유사하다.
② 트립토판이 IAA로 전환되는 과정에서 중간물질로 인돌아세트알데히드(indole acetaldehyde)를 경유한다.
③ IAA는 귀리나 고등식물에 존재하는 천연옥신이다.
④ 트립토판이 IAA로 전환하는데 필요한 효소의 활력은 성숙한 잎에서 가장 높다.

해설 트립토판이 IAA로 전환하는데 필요한 효소의 활력은 어린잎이나 정단분열조직에서 가장 높다.

04. 다음 중 식물체에서 옥신의 이동방향에 대한 설명으로 옳지 않은 것은?

① 옥신은 중력에 반응하여 위에서 아래로만 줄기를 통해 극성이동을 한다.
② 줄기와 잎에서 옥신의 하향적 극성수송은 주로 목부를 통해 일어난다.
③ 옥신의 극성수송은 심플라스트보다는 세포와 세포를 통해 이루어진다.
④ 뿌리에서는 극성이 없어 상하 어느 방향으로도 이동이 가능하다.

해설 옥신의 극성수송
㉠ 정단부에서 기부로 향기적 이동을 하며, 반대 방향으로는 이동하지 않는 옥신에서만 볼 수 있는 독특한 수송형태이다.
㉡ 자른 줄기를 뒤집어 놓아도 원래의 정단부에서 기부 방향으로 수송된다.
㉢ 옥신 이동의 일방향성은 줄기조직의 극성 때문이다.
㉣ 유관속조직의 유세포를 통해 일어난다.
㉤ 뿌리에서는 극성이 약하거나 없다.

05. 귀리 자엽초를 이용한 아베나굴곡시험에 대한 설명으로 옳은 것은?

① 식물의 옥신함량을 측정하는 것이다.
② 식물의 일장반응을 검사하는 것이다.
③ 귀리의 추파성을 시험하는 것이다.
④ 맥류의 도복성을 검사하는 것이다.

해설 귀리초엽의 굴곡 정도는 옥신의 농도에 비례한다. 식물체에서 추출한 미지의 옥신을 처리하여 귀리초엽의 굴곡 정도를 측정하면 옥신의 농도를 추정할 수 있다.

06. 옥신의 생리적 기능에 해당되지 않는 것은?

① 단위결과성 유기 ② 캘러스의 신초 분화
③ 정아의 정부우세성 ④ 뿌리의 굴중성

해설 조직배양에서 캘러스의 신초 분화는 시토키닌이, 부정근의 발생은 옥신이 촉진한다.

07. 옥신의 농도와 식물체 생장과의 관계에 관한 설명으로 옳지 않은 것은?

① 생장을 촉진하는 옥신의 농도는 매우 낮은 편이다.
② 옥신의 농도가 어느 한계 이상이면 도리어 생장을 억제한다.
③ 생장에 필요한 적정농도는 줄기보다 뿌리가 높다.
④ 줄기의 선단부를 잘라버리면 뿌리의 생장이 촉진되는 경우도 있다.

해설 세포분열과 생장촉진
① 옥신은 세포의 DNA 합성을 도와 세포분열을 촉진한다.
② 산생장설에 의하면 옥신은 세포벽의 가소성을 증대시켜 세포의 신장과 확대를 촉진한다.
③ 옥신은 식물의 기관과 분포농도에 따라 생장을 촉진하기도 억제하기도 한다.
  ㉠ 줄기생장의 적정농도는 5ppm 정도이나 뿌리에서는 10^{-4}ppm 정도 또는 그 이하이다.
  ㉡ 농도가 어느 한계 이상이면 도리어 생장을 억제하며 그 농도는 줄기는 100ppm, 뿌리는 50ppm이다.

08. NAA, IBA를 주성분으로 상업적으로 시판되는 루톤(rootone)의 중요한 용도는?

① 착과촉진제 ② 개화억제제
③ 발근촉진제 ④ 착색촉진제

해설 NAA, IBA는 발근촉진제로 많이 이용되며, 상업적으로 시판되는 루톤(rootone)의 주성분이다.

09. 식물의 지상부 생장에서 광의 방향으로 줄기의 끝이 향하는 굴광성의 원인에 대한 설명으로 옳은 것은?

① 광을 조사받는 쪽의 광합성작용이 왕성하기 때문이다.
② 광을 조사받는 쪽의 증산작용이 왕성하기 때문이다.
③ 광을 조사받는 쪽의 옥신의 농도가 낮아지기 때문이다.
④ 광을 조사받는 쪽의 호흡이 왕성하기 때문이다.

해설 굴광성과 굴중성
① 식물에 광이 조사되면 그 방향으로 생장하는 것을 굴광성이라 하고, 식물을 수평으로 두면 지상부는 위로, 지하부 뿌리는 아래로 신장하는데 이를 뿌리의 굴중성이라 한다.
② 굴광성과 굴지성은 광 또는 중력의 영향으로 줄기 내 옥신의 분포가 불균일해지면서 발생하며, 굴중성은 옥신의 농도에 대한 생장반응이 줄기와 달라 일어난다.
③ 고농도의 옥신은 줄기의 생장은 촉진하지만, 뿌리 생장은 억제한 결과 위쪽이 아래쪽보다 생장량이 많아져 뿌리는 아래쪽으로 굽는다.

10. 다음 정아우세성에 관한 설명 중 옳지 않은 것은?

① 정아에서 측아로 극성 이동한 옥신이 측아의 생장을 억제한다.
② 정아가 측아의 생장을 억제하는 정아우세현상에 옥신이 관련되어 있다.
③ 정아우세성이 강할수록 분지력이 강해 식물체가 무성해진다.
④ 정아우세성은 식물의 생장형태를 결정한다.

해설 정아우세성
① 정아가 측아의 생장을 억제하는 정아우세현상에 옥신이 관련되어 있다.
② 정아에서 측아로 극성 이동한 옥신이 측아의 생장을 억제한다.
③ 정아우세성은 식물의 생장형태를 결정한다.
④ 해바라기처럼 정아우세성이 강하면 곁가지 발생이 적고 직립하기 쉽고, 감자나 토마토처럼 정아우세성이 약할수록 분지력이 강해 식물체가 무성해진다.

11. 호르몬의 생합성 장소에 관한 설명으로 옳지 않은 것은?

① 옥신은 주로 줄기의 분열조직이나 어린 조직에서 합성된다.
② GA는 어린잎과 과실, 발아하는 종자에서 합성된다.
③ 시토키닌은 정아가 1차적 생합성 장소이다.
④ ABA는 잎, 줄기 및 미성숙 과실의 엽록체에서 주로 합성된다.

해설 시토키닌의 생합성 부위
① 고등식물에서 뿌리가 1차적인 생합성 부위이다.
② 뿌리 근단분열조직에서 유리시토키닌이 합성되어 목부를 통해 신초의 정부쪽으로 이동하여 눈에 집적된다.
③ 생합성은 어린 과실이나 종자에서도 이루어지며, 여기에서 합성된 시토키닌은 대부분 다른 부위로 거의 이동하지 않는다.

작물생리학

12. 식물체의 어린잎이나 뿌리에서 생성된 GA의 이동방향으로 옳은 것은?

① 위에서 아래로만 세포에서 세포로 이동한다.
② 아래쪽의 농도가 높을 때에는 아래에서 위로만 이동한다.
③ 아래쪽의 농도가 높을 때에는 위에서 아래로만 이동하지 못한다.
④ 목부와 사부를 통해 상하 양방향으로 체내 여러 부위로 이동한다.

해설 GA은 옥신과 같은 극성이동 현상이 없이 목부와 사부 모두를 통해 일어난다.

13. 왜성식물의 줄기신장을 촉진시킬 수 있는 식물호르몬은?

① 옥신
② 지베렐린
③ 시토키닌
④ 아브시스산

해설 왜성식물은 유전적으로 지베렐린의 생성능력이 부족하므로 지베렐린을 처리하면 줄기의 신장효과가 뚜렷하게 나타난다.

14. 지베렐린 생합성을 억제하는 화합물은?

① CCC
② NAA
③ Zeatin
④ Jasmonic acid

해설 지베렐린 생합성을 저해하여 식물의 생장을 억제하는 식물생장억제제로 B-9, CCC, TE 등이 있다.

15. GA의 생리적 효과로 옳지 않은 것은?

① 세포분열 및 세포신장의 증대
② 줄기의 신장촉진과 단위결과 유도
③ 종자의 휴면타파와 발아촉진
④ 개화지연과 광합성량 감소

해설 GA의 생리작용: 줄기의 생장촉진, 화아분화와 개화촉진, 휴면타파와 발아촉진, 노화억제와 착과촉진, 단위결과 유도 등

16. 씨 없는 포도 생산에 이용되는 식물호르몬은?

① 옥신　　　　　　　　② GA
③ 시토키닌　　　　　　④ 에틸렌

해설 GA의 단위결과 유도: 포도 거봉품종은 만화기 전 14일 및 10일경 2회 처리하면 무핵과가 형성되고 성숙도 크게 촉진된다.

17. 식물의 세포분열을 촉진하는 호르몬은?

① 옥신　　　　　　　　② 지베렐린
③ 시토키닌　　　　　　④ 에틸렌

해설 시토키닌은 실용적으로 식물조직배양에서 가장 많이 이용된다. 적정량의 옥신이 포함된 조직에서 세포분열을 유도한다.

18. 담배 절편체 배양 시 시토키닌에 비해 옥신의 농도가 높으면 나타나는 현상은?

① 캘러스가 형성된다.　　　② 부정근이 발생한다.
③ 신초가 자라 나온다.　　　④ 기관분화가 억제된다.

해설 담배의 조직배양에서 옥신과 시토키닌의 농도조절로 절편체 조직에서 눈이나 뿌리를 성공적으로 유기시킬 수 있다. 상대적으로 옥신의 농도가 높으면 뿌리의 형성을 자극하고 시토키닌의 농도가 높으면 신초의 형성을 유도한다.

19. 시토키닌의 생리작용에 관한 설명으로 옳지 않은 것은?

① 노화방지　　　　　　② 형태형성 촉진
③ 측아발생 억제　　　　④ 휴면타파

해설 시토키닌의 정아우세성 억제
① 시토키닌은 측아의 유관속 분화를 촉진하여 옥신에 의해 발생하는 정아우세성을 약화시킨다.
② 생장이 억제된 측아에 직접 시토키닌을 처리하면 생장이 억제되는 현상이 소멸된다.
③ 측아의 생장이 억제된 식물체는 원줄기와의 유관속 연결이 불량하다.
④ 정단을 절단한 부위에 옥신을 처리하면 유관속 연결 조직의 형성이 억제되고 측아에 국부적으로 시토키닌을 처리하면 유관속 분화가 촉진된다.

작물생리학

20. 조직배양에 주로 쓰이는 식물호르몬으로 옳게 짝지어진 것은?

① 옥신, 시토키닌
② GA, 에틸렌
③ GA, 옥신
④ 시토키닌, 에틸렌

해설 시토키닌과 세포분열
① 가장 중요한 기능은 적정량의 옥신이 포함된 조직에서 세포분열을 유도하는 것이다.
② 세포분열에서 옥신은 DNA 복제와 관련된 일을 하고, 시토키닌은 세포의 유사분열을 조절한다.
③ 담배 조직배양에서 옥신만 첨가될 때는 DNA 합성은 일어나지만, 시토키닌이 첨가되기 전에는 세포분열이 일어나지 않는 것을 관찰할 수 있다.

21. 색소체에 다량 분포하고 휴면 중인 종자와 눈, 어린잎 등에서 합성될 수 있는 식물생장조절물질은?

① ABA
② 옥신
③ GA
④ 시토키닌

해설 ABA의 합성경로
① ABA는 잎, 줄기, 미성숙 과실의 엽록체에서 주로 합성된다.
② 합성경로는 2가지가 있으며 최근 연구결과 카로티노이드로부터 합성되는 것이 더 일반적이다.
  ㉠ 메발론산(mevalonate) → 파르네실피로인산(farnesyl pyrophosphate) → 아브시스산
  ㉡ 비올라크산틴(violaxanthin) → 크산톡신(xanthoxin) → 아브시스산
  ㉢ 균류는 메발론산 경로를 고등식물은 카로티노이드계 색소인 비올라크산틴 경로를 거친다.
③ 단일조건과 수분 부족은 ABA의 합성을 촉진시킨다.
④ ABA의 이동은 목부와 사부 모두를 통해 이루어지나 사부를 통한 이동량이 훨씬 많다.
⑤ ABA과 생리적 기능이 유사한 크산톡신(xanthoxin)은 이동성이 거의 없으나 ABA은 어떤 방향성에 국한되지 않고 쉽게 이동한다.

22. ABA의 가장 중요한 생리적 기능은?

① 과실성숙 촉진
② 종자휴면 유도
③ 줄기신장 촉진
④ 이층형성 억제

해설 ABA는 식물의 생장을 억제하는 대표적인 식물호르몬으로 ABA 농도가 높고 GA 농도가 낮을 때 식물의 휴면이 일어난다. 반대로 종자를 습윤 침적하면 ABA가 감소하고 GA가 증가하여 휴면이 타파된다.

23. 에틸렌 생합성의 특징으로 옳지 않은 것은?

① 에틸렌은 노화가 진행 중인 조직과 성숙하는 과실에서 가장 많이 발생한다.
② 고등식물의 모든 기관은 에틸렌을 합성할 수 있다.
③ 건전 상태의 잎이 상처나 물리적 압력을 받으면 에틸렌 생성은 지속적으로 증가한다.
④ 발달 중인 어린잎은 완전히 성숙한 잎보다 더 많이 생성한다.

해설 에틸렌 생합성 특징
① 에틸렌은 노화가 진행 중인 조직과 성숙하는 과실에서 가장 많이 발생하지만, 고등식물의 모든 기관은 에틸렌을 합성할 수 있으며, 매우 낮은 농도에서도 생물학적 활성을 갖는다.
② 발달 중인 어린잎은 완전히 성숙한 잎보다 더 많이 생성한다.
③ 건전 상태의 잎이 상처, 물리적 압력 등을 받는 경우 에틸렌 생성이 일시적으로 몇 배 증가하지만 시간이 경과하면 정상으로 회복된다.

24. 작물의 줄기가 연약하고 도장할 때, 접촉의 자극을 주었더니 줄기가 굵어지고 신장이 억제되었다. 어떤 호르몬의 영향인가?

① ABA
② GA
③ 옥신
④ 에틸렌

해설 에틸렌은 대부분 식물의 지상부 신장생장을 억제시키고 측면생장을 증가시키는데 이는 미소섬유와 미세소관의 배열에 관련되어 있으며, 이러한 변화는 에틸렌이 옥신의 극성이동을 방해하기 때문이다.

25. 다음 식물호르몬과 생리적 효과의 연결 중 옳은 것은?

① ABA - 세포분열의 촉진
② GA - 휴면과 노화의 촉진
③ 시토키닌 - 엽병 기부에서 이층형성촉진
④ 에틸렌 - 과실의 착색과 성숙의 촉진

해설 ① 시토키닌 - 세포분열의 촉진
② ABA - 휴면과 노화의 촉진
③ ABA - 엽병 기부에서 이층형성촉진

작물생리학

26. 에틸렌 생물검정에 이용되는 에틸렌 3중반응(triple reaction)에 해당되지 않는 것은?

① 신장감소
② 줄기비대
③ 수평생장
④ 휴면촉진

해설 에틸렌 3중반응(triple reaction): 신장감소, 줄기비대, 수평생장으로 에틸렌 생물검정에 이용된다.

27. 식물호르몬 가운데 스테로이드 계통에 속하는 것은?

① 자스몬산
② 폴리아민
③ 살리실산
④ 브라시놀리드

해설 브라시놀리드는 스테로이드 계통의 식물호르몬으로 배추과 Brassica속 식물인 유채의 화분에서 처음으로 추출하였다. BRs는 옥신이나 GA와 유사한 생장촉진효과를 가지고 있다.

28. ABA와 비슷한 생리작용을 하는 식물호르몬은?

① 브라시노스테로이드
② 폴리아민
③ 자스몬산
④ 브라시놀리드

해설 자스몬산 및 메틸-자스몬산은 향수의 원료로 사용되어 온 휘발성 물질로 식물의 생장을 억제하고 노화를 촉진하여 ABA와 비슷한 생리작용을 하는 천연 식물생장조절제이다.

02 환경 및 스트레스 생리

01. 환경 매개변수에 대한 식물의 일반화된 작용법칙에 대한 설명으로 옳지 않은 것은?

① 포화법칙이란 어떤 환경매개변수가 점차 높아지면 포화될 때까지 작용이 증가하다 어느 수준에 이르면 더 이상 증가하지 않거나, 독성이나 저해작용을 나타내는 것을 말한다.
② 포화법칙에 따르면 필수원소에 대한 반응은 내성단계 → 결핍단계 → 독성(억제)단계로 구분된다.
③ 최소량의 법칙이란 어떤 작용이 여러 환경변수 가운데 최소량의 요인에 의해 결정되는 것을 말한다.
④ 광합성에서는 광포화점, 이산화탄소 포화점 등에서 포화법칙이 적용된다.

해설 환경요인들의 작용법칙
① 포화(飽和, saturation) 법칙
  ㉠ 어떤 환경매개변수가 점차 높아지면 포화될 때까지 작용이 증가하다 어느 수준에 이르면 더 이상 증가하지 않거나, 독성이나 저해작용을 나타내는 것을 말한다.
  ㉡ 필수원소에 대한 반응은 결핍단계 → 내성단계 → 독성(억제)단계로 구분된다.
  ㉢ 내성단계에는 추가적인 요소에 의해 수량 등 생장반응이 나타나지 않는데 이를 과소비라 한다.
  ㉣ 비필수원소는 결핍과 내성과는 무관하나 고수준에서는 독성이 나타난다.
  ㉤ 광합성에서 광포화점, 이산화탄소 포화점 등에서 적용된다.
② 최소량의 법칙(law of minimum)
  ㉠ 어떤 작용이 여러 환경변수 가운데 최소량의 요인에 의해 결정되는 것을 말한다.
  ㉡ 1840년 독일 리비히(Justus von Liebig)는 저서 '농화학'에서 '식물의 생장은 최소로 공급되는 양분의 양에 의존한다'는 최소율의 법칙을 정리하였다.

02. 한 식물이 분비하는 물질이 주변 식물의 생장을 저해하는 현상은?

① 타감작용
② 회피작용
③ 연작장해
④ 기지현상

해설 한 식물이 주변의 다른 식물의 생장을 저해하는 것을 타감작용이라고 하며, 이것은 주로 특정 식물이 생산하는 타감물질이 다른 식물에 영향을 미치기 때문에 나타나는 현상이다.

03. 다음 용어의 설명 중 옳지 않은 것은?

① 항상성: 외부환경 변화가 클 때 내적조건은 항상 일정하게 유지하려 하거나, 변화의 폭을 가능한 좁게 유지하려는 반응을 보인다.
② 이월효과: 환경의 영향이 세대를 건너 이어지는 것
③ 타감작용: 어떤 환경매개변수가 점차 높아지면 포화될 때까지 작용이 증가하다 어느 수준에 이르면 더 이상 증가하지 않거나, 독성이나 저해작용을 나타내는 것
④ 상승작용: 2개의 환경요인을 가정하여 단독으로 작용할때 보다 2개의 요인이 동시에 작용할 때 더 효과가 커지는 작용

해설 포화(飽和, saturation) 법칙: 어떤 환경매개변수가 점차 높아지면 포화될 때까지 작용이 증가하다 어느 수준에 이르면 더 이상 증가하지 않거나, 독성이나 저해작용을 나타내는 것을 말한다.

04. 냉해의 발생기구에 대한 설명으로 옳지 않은 것은?

① 세포막의 특성변화와 그에 따른 투과성 저하와 에너지 전달 장해가 발생한다.
② 불완전한 산화로 독성물질이 생성되어 냉해가 발생한다.
③ 저온에서 원형질의 점성이 증가하여 투과성이 감소하면서 세포 내 여러 생화학적 교란이 일어나서 발생한다.
④ 세포 내 결빙으로 인한 기계적 장해로 발생한다.

해설 세포 내 결빙으로 인한 기계적 장해로 발생하는 것은 동해이다.

05. 내냉성에 대한 설명으로 옳지 않은 것은?

① 내냉성이 큰 작물은 약한 작물보다 불포화지방산의 비율이 낮다.
② 작물을 저온에 두면 경화되는 동안 불포화지방산의 비율이 증가하여 내냉성을 증가시킨다.
③ 벼를 감수분열기 20℃에서 4일간 처리하였을 때 프롤린 함량이 현저하게 감소하였다.
④ 일반계 품종은 통일계 품종보다 출수가 지연되는 정도가 크지 않다.

해설 내냉성(耐冷性, chilling resistance)
  ㉠ 의의: 식물이 영상의 저온에 견디는 성질
  ㉡ 식물의 종류, 환경조건에 따라 다르며, 일반적으로 벼는 일본형 품종은 인도형이나 통일형 품종보다 내냉성이 강하다.
  ㉢ 내냉성이 강한 일본형 품종은 저온에서도 발아가 잘 되고, 생육도 빠르며, 장해를 나타내는 온도가 낮은 편이다.
  ㉣ 일반적으로 내냉성이 강한 작물은 세포막에 포화지방산보다 불포화지방산이 더 많이 함유되어 있다.
  ㉤ 식물을 저온에 두면 경화되는 동안 불포화지방의 비율이 증가하여 내냉성이 증가한다.
  ㉥ 벼를 감수분열기에 20℃에서 4일간 처리하면 화분의 아미노산, 당, 전분, 인산 함량이 감소하는데 특히 아미노산 중 프롤린(proline) 함량이 현저히 감소하였다.

06. 내냉성이 강한 작물의 세포막 특징을 잘 나타낸 것은?

① 불포화지방산의 비율이 높다.
② 포화지방산의 비율이 높다.
③ 지방산의 종류가 매우 다양하다.
④ 포화와 불포화지방산의 비율이 같다.

해설 일반적으로 내냉성이 강한 작물은 세포막에 포화지방산보다 불포화지방산을 더 많이 함유한다. 그리고 식물을 저온에 두면, 경화되는 동안에 불포화지방의 비율이 증가하여 내냉성을 증가시키기도 한다.

07. 벼에서 지연형 냉해가 유발되는 시기는?

① 영양생장기
② 출수기
③ 등숙기
④ 수확기

해설 벼의 경우 냉해를 지연형, 장해형, 병해형 그리고 복합형으로 구분한다. 지연형 냉해는 영양생장기에 저온에 부딪혀 생장이 제대로 이루어지지 않아 출수가 지연되고 등숙이 불량해져 수량이 떨어지는 저온장해를 말한다.

08. 벼에서 융단조직의 이상비대로 발생하는 냉해의 유형은?

① 지연형 냉해
② 장해형 냉해
③ 병해형 냉해
④ 복합형 냉해

해설 장해형 냉해는 생식생장기의 저온 때문에 불임으로 일어나는 장해이다. 화분모세포의 감수분열기가 저온에 가장 민감한데 약벽의 융단조직이 이상비대하여 화분에 양분공급이 불량해져 불량화분이 생성되면서 수정이 일어나지 않는다.

09. 냉해를 입은 작물의 생리적 변화로 볼 수 없는 것은?

① 양수분의 흡수 감퇴
② 호흡작용 저하
③ 광합성작용 저하
④ 동화물질의 전류 과잉

해설 물질의 동화와 전류가 저해된다.

10. 감수분열기 냉온처리한 약의 성분함량을 분석할 때 정상적인 약에 비해 현저하게 낮아지는 성분이 아닌 것은?

① 아미노산 ② 당
③ 인산 ④ 수분

해설 벼를 감수분열기에 20℃에서 4일간 처리하면 화분의 아미노산, 당, 전분, 인산 함량이 감소하는데 특히 아미노산 중 프롤린(proline) 함량이 현저히 감소하였다.

11. 동해의 발생기구에 대한 설명이 아닌 것은?

① 세포 내 결빙이 일어나면 기계적인 장해를 받고 동시에 심한 탈수로 인하여 원형질의 구조가 파괴되어 세포가 죽는다.
② 동해는 동결속도에 의해 좌우되기도 한다.
③ 동결과정에서 장해를 주지 않는 경우 해동 중 온도와 속도가 중요하다.
④ 수분이 결핍된 상태에서 세포가 탈수될 때 또는 탈수된 세포가 물을 재흡수할 때 일어나는 세포막의 기계적 파괴로 세포가 죽는다.

해설 수분이 결핍된 상태에서 세포가 탈수될 때 또는 탈수된 세포가 물을 재흡수할 때 일어나는 세포막의 기계적 파괴로 세포가 죽는 것은 건조해에 대한 설명이다.

12. 결빙에 의한 동해 발생 시 가장 큰 피해를 주는 조건은?

① 느리게 얼고 느리게 녹을 때 ② 느리게 얼고 빨리 녹을 때
③ 빨리 얼고 느리게 녹을 때 ④ 빨리 얼고 빨리 녹을 때

해설 ・급격한 동결
ⓐ 서서히 동결되면 세포 내 수분의 투과와 탈수가 잘 진행되고, 세포 외 결빙이 쉬워지므로 세포 내 결빙은 어려워지나, 급격히 동결될 때는 수분의 투과와 탈수가 진행되지 못해 세포 내 결빙의 발생으로 동사하게 된다.
ⓑ 세포 외 결빙은 세포의 탈수와 수축이 수반되며, 이때 원형질분리가 생기지 않고 수축하는데, 원형질은 세포막보다 더욱 수축되어야 하는데 원형질분리가 생기지 않아 세포막에서 분리되지 못하여 수축과정에서 내외 양방향으로 기계적 견인력을 받게 되는데, 급격한 동결은 기계적 견인력이 급하고 강하게 작용하여 원형질의 기계적 파괴가 초래되어 동사한다.
・급격한 융해
ⓐ 빙결된 조직이 급하게 녹을 때도 동사가 심해지는데 이는 빙결된 조직이 녹을 때 세포간극의 녹은 수분은 먼저 세포막으로 스며들어 원형질보다 세포막이 먼저 팽창하게 되어 이때 원형질이 세포막에서 분리되지 못해 원형질은 기계적 견인력을 받게 된다.

ⓑ 동결된 조직이 급하게 해동되면 기계적 견인력이 급격하게 작용하여 원형질의 기계적 파괴가 심해져 동사를 유발한다.
ⓒ 빙결 상태의 무나 감을 냉수에 서서히 해동하면 조직이 살아나지만, 더운물에 급하게 녹이면 조직이 죽게 된다.

13. 다음 중 내동성이 약한 요인으로 볼 수 없는 것은?

① 세포 내 자유수 함량이 높다.
② 전분의 함량이 높다.
③ 원형질의 수분투과성이 크다.
④ 가용성 당함량이 낮다.

해설 내동성

㉠ 세포 내 자유수 함량이 많으면 세포 내 결빙이 생기기 쉬워 내동성이 저하된다.
㉡ 세포액의 삼투압이 높으면 빙점이 낮아지고, 세포 내 결빙이 적어지며 세포 외 결빙 시 탈수저항성이 커져 원형질이 기계적 변형을 적게 받아 내동성이 증대한다.
㉢ 전분함량이 낮고 가용성 당의 함량이 높으면 세포의 삼투압이 커지고 원형질단백의 변성이 적어 내동성이 증가한다. 전분함량이 많으면 내동성이 약해진다.
㉣ 원형질의 수분투과성이 크면 원형질 변형이 적어 내동성이 커진다.
㉤ 원형질의 점도가 낮고 연도가 크면 결빙에 의한 탈수와 융해 시 세포가 물을 다시 흡수할 때 원형질의 변형이 적으므로 내동성이 크다.
㉥ 지유와 수분의 공존은 빙점강하도가 커져 내동성이 증대된다.
㉦ 칼슘이온(Ca^{2+})은 세포 내 결빙의 억제력이 크고 마그네슘이온(Mg^{2+})도 억제작용이 있다.
㉧ 원형질단백에 디설파이드기(-SS기) 보다 설파하이드릴기(-SH기)가 많으면 기계적 견인력에 분리되기 쉬워 원형질의 파괴가 적고 내동성이 증대한다.
㉩ 원형질의 친수성 콜로이드가 많으면 세포 내 결합수가 많아지고 자유수가 적어져 원형질의 탈수저항성이 커지고, 세포 결빙이 감소하므로 내동성이 증대된다.
㉪ 친수성 콜로이드가 많고 세포액의 농도가 높으면 광에 대한 굴절률이 커지고 내동성도 커진다.
㉫ 저온에서 내동성과 관계 깊은 부동단백질이 생성되며, 부동단백질은 자신의 친수성 아미노산이 얼음 결정 표면의 물분자와 수소결합으로 얼음이 커지는 것을 방해한다.
㉬ ABA를 처리하면 저온에서 특정단백질을 축적시켜 내동성이 증가한다.

14. 다음 동해의 기구에 대한 설명으로 옳지 않은 것은?

① 세포 내 결빙에 의해 조직이 죽는다.
② 결빙에 의한 원형질의 탈수에 의해 장해가 발생한다.
③ 세포 내 결빙은 항상 세포 외 결빙을 동반한다.
④ 동결된 세포를 상온에서 빨리 녹이면 장해를 받지 않는다.

해설 동결된 조직이 급하게 해동되면 기계적 견인력이 급격하게 작용하여 원형질의 기계적 파괴가 심해져 동사를 유발한다.

15. 다음 한해(寒害)에 관한 설명 중 옳은 것은?

① 하계 기온의 저하로 생육에 장해를 받는 것이다.
② 식물체의 생육 중 0℃에 가까운 저온에서 발생한다.
③ 휴면 중인 식물체 혹은 기관이 받는 저온의 해로 0℃보다 훨씬 낮은 온도에서 발생한다.
④ 늦봄 기온이 한랭하여 생육이 지연되는 해를 말한다.

해설 ①, ②, ④는 냉해에 관한 설명이다.

16. 다음 중 열해의 발생기구에 대한 설명으로 옳지 않은 것은?

① 고온에서 세포막을 구성하는 지질의 유동성이 커져 막 구조가 변하여 무기이온이 유출되고, 엽록체의 ATP 생성이 억제되는 등 생리적 기능이 낮아진다.
② 고온에서는 당이 축적되지 않아 과실, 채소는 단맛이 없어지고, 생육이 억제되며, 양분이 고갈되어 죽게 된다.
③ 세포막 지질이 액화되고, 단백질이 응고하여 효소의 기능이 상실되며, 전분이 열에 응고하여 엽록체의 기능이 상실되어 죽게 된다.
④ 고온에서 호흡과 광호흡이 증가하는 C_4식물이 C_3식물보다 현저하다.

해설 고온에서 호흡과 광호흡이 증가하는 C_3식물이 C_4식물보다 현저하다.

17. 다음 식물의 내열성에 관한 설명으로 옳지 않은 것은?

① 내열성 작물은 고온에서는 세포막 유동성이 큰 것이 문제가 되므로 불포화지방산 비율이 높아 세포막 안정성이 크다.
② 잎에 털이 많거나 왁스층이 발달하면 광을 반사하여 고온장해를 줄일 수 있다.
③ 내열성이 강한 식물은 단백질 분자에 설파하이드릴기(-SH기)가 많고, 약한 것은 디설파이드기(-SS기)가 더 많다.
④ 엽온은 광에 의하여 올라가는데, 잎이 아래로 쳐지거나 말아서 수광면적을 줄여 엽온을 낮추어 고온장해를 피할 수 있다.

해설 내냉성이 큰 작물은 저온에서도 잘 굳어지지 않는 불포화지방산이 높아야 하지만, 내열성 작물은 고온에서는 세포막 유동성이 큰 것이 문제가 되므로 포화지방산 비율이 높아 세포막 안정성이 크다.

18. 다음 중 열충격단백질에 대한 설명으로 옳지 않은 것은?

① 열충격단백질이 생성되면 내열성이 증가한다.
② 수분부족, ABA처리, 상처, 염류장해 때에도 발생하여 식물이 한가지 스트레스를 받으면 다른 스트레스에도 저항할 수 있는 능력이 생긴다.
③ 세포막의 포화지방산의 생성이나 단백질의 안정성을 높여주는 것으로 보인다.
④ 온도를 서서히 상승시켜 70~80℃의 열충격을 주면 새로운 열충격단백질이 형성된다.

해설 **열충격단백질(heet shock protein) 합성**
㉠ 온도를 급격히 상승시켜 40~50℃의 열충격을 주면 곤충, 식물, 미생물에서 새로운 열충격단백질이 형성된다.
㉡ 이 단백질이 생성되면 내열성이 증가한다.
㉢ 열충격단백질은 핵이나 엽록체에 분포하며, 세포막의 포화지방산의 생성이나 단백질의 안정성을 높여주는 것으로 보인다.
㉣ 수분부족, ABA처리, 상처, 염류장해 때에도 발생하여 식물이 한가지 스트레스를 받으면 다른 스트레스에도 저항할 수 있는 능력이 생긴다.

19. 내건성이 강한 작물의 특성에 대한 설명으로 옳지 않은 것은?

① 건조할 때에는 호흡이 낮아지는 정도가 크고, 광합성이 감퇴하는 정도가 낮다.
② 기공의 크기가 커서 건조 시 증산이 잘 이루어진다.
③ 저수능력이 크고, 다육화의 경향이 있다.
④ 삼투압이 높아서 수분 보류력이 강하다.

해설 ・잎조직이 치밀하고 잎맥과 울타리 조직의 발달 및 표피에 각피가 잘 발달하고, 기공이 작고 많다.
・건조 시는 증산이 억제되고, 급수 시는 수분 흡수기능이 크다.

20. 내건성이 강한 작물의 특징에 대한 설명으로 옳은 것만 모두 고른 것은?

> ㉠ 탈수되면 잎이 말려서 표면적이 축소되는 형태적 특성을 지닌다.
> ㉡ 세포 중 원형질이나 저장 양분이 차지하는 비율이 높다.
> ㉢ 원형질막의 수분, 요소, 글리세린 등에 대한 투과성이 작다.
> ㉣ 건조할 때 호흡이 낮아지는 정도가 작고, 증산이 억제된다.

① ㉠, ㉡   ② ㉠, ㉢
③ ㉡, ㉣   ④ ㉢, ㉣

해설 ㉢ 원형질막의 수분, 요소, 글리세린 등에 대한 투과성이 크다.
㉣ 건조할 때 호흡이 낮아지는 정도가 크고, 증산이 억제된다.

21. 내건성이 강한 작물의 세포적 특성으로 옳지 않은 것은?

① 세포의 크기가 작다.
② 원형질의 점성이 높다.
③ 세포액의 삼투압이 낮다.
④ 세포에서 원형질이 차지하는 비율이 높다.

해설 세포적 특성
① 세포가 작아 수분이 적어져도 원형질 변형이 적다.
② 세포 중 원형질 또는 저장양분이 차지하는 비율이 높아 수분보유력이 강하다.
③ 원형질의 점성이 높고 세포액의 삼투압이 높아서 수분보유력이 강하다.
④ 탈수 시 원형질 응집이 덜하다.
⑤ 원형질막의 수분, 요소, 글리세린 등에 대한 투과성이 크다.

22. 작물의 내습성에 관여하는 요인에 대한 설명으로 옳지 않은 것은?

① 뿌리조직의 목화(木化)는 환원성 유해물질의 침입을 막아 내습성을 증대시킨다.
② 뿌리의 황화수소 및 아산화철에 대한 높은 저항성은 내습성을 증대시킨다.
③ 습해를 받았을 때 부정근의 발달은 내습성을 약화시킨다.
④ 뿌리의 피층세포 배열 형태는 세포간극의 크기 및 내습성 정도에 영향을 미친다.

해설 **내습성 관여 요인**
① **경엽으로부터 뿌리로 산소를 공급하는 능력**
　㉠ 벼의 경우 잎, 줄기, 뿌리에 통기계의 발달로 지상부에서 뿌리로 산소를 공급할 수 있어 담수조건에서도 생육을 잘 하며 뿌리의 피층세포가 직렬(直列)로 되어 있어 사열(斜列)로 되어 있는 것보다 세포간극이 커서 뿌리에 산소를 공급하는 능력이 커 내습성이 강하다.
　㉡ 생육 초기 맥류와 같이 잎이 지하에 착생하고 있는 것은 뿌리로부터 산소공급능력이 크다.
② **뿌리조직의 목화**
　㉠ 뿌리조직이 목화한 것은 환원상태나 뿌리의 산소결핍에 견디는 능력과 관계가 크다.
　㉡ 벼와 골풀은 보통의 상태에서도 뿌리의 외피가 심하게 목화한다.
　㉢ 외피 및 뿌리털에 목화가 생기는 맥류는 내습성이 강하고 목화가 생기기 힘든 파여 경우는 내습성이 약하다.
③ **뿌리의 발달습성**
　㉠ 습해시 부정근의 발생력이 큰 것은 내습성이 강하다.
　㉡ 근계가 얕게 발달하면 내습성이 강하다.
④ **환원성 유해물질에 대한 저항성**: 뿌리가 황화수소, 아산화철 등에 대한 저항성이 큰 작물은 내습성이 강하다.

23. 작물의 내습성에 대한 요인들을 설명한 것으로 옳지 않은 것은?

① 근계가 깊게 발달하거나 습해를 받았을 때 관근의 발생력이 큰 것은 내습성을 강하게 한다.
② 목화한 것은 환원성 유해물질의 침입을 막아서 내습성을 강하게 한다.
③ 뿌리가 황화수소, 아산화철 등에 대하여 저항성이 큰 것은 내습성을 강하게 한다.
④ 뿌리의 피층세포가 직렬로 되어 있는 것은 사열로 되어 있는 것보다 간극이 커서 뿌리에 산소를 공급하는 능력이 크므로 내습성이 강하다.

해설 근계가 얕게 발달하거나 습해를 받았을 때 관근의 발생력이 큰 것은 내습성을 강하게 한다.

24. 작물에서 발생하는 습해와 관련된 내용 중 옳은 것은?

① 겨울철의 습해는 산소 부족에 의한 직접적 호흡장해가 주된 원인이다.
② 습해의 우려가 클 경우 질소 공급을 위해 유안을 심층시비 한다.
③ 뿌리의 피층세포 배열이 직렬인 경우 사열인 경우보다 내습성이 약하다.
④ 뿌리조직의 목화가 일어나지 않고 근계가 깊게 발달하면 내습성이 강하다.

해설 ② 습해의 우려가 클 경우 질소 공급을 위해 유안을 피하고, 시비는 표층시비로 뿌리를 표층으로 유인한다.
　③ 뿌리의 피층세포 배열이 직렬인 경우 사열인 경우보다 내습성이 강하다.
　④ 뿌리조직의 목화가 일어나고, 근계가 얕게 발달하면 내습성이 강하다.

작물생리학

25. 작물의 관수해에 대한 설명 중 잘못된 것은?

① 관수해의 정도는 작물의 종류와 품종 간의 차이가 크다.
② 관수해의 정도는 생육단계에 따라 차이가 인정된다.
③ 관수해의 정도는 수온이 높을수록 크다.
④ 관수해의 정도는 수질과는 관계없다.

해설 정체하고 흐린 물보다 맑고 흐르는 물의 용존산소가 많고 수온이 낮으므로 관수해의 피해가 덜하다.

26. 배수 불량으로 토양환원작용이 심한 토양에서 유기산과 황화수소의 발생 및 양분흡수 방해가 주요 원인이 되어 발생하는 벼의 영양장해 현상은?

① 노화현상　　　② 적고현상
③ 누수현상　　　④ 시들음현상

해설 엽록소의 변화 및 파괴로 인해 벼가 적갈색으로 변해서 죽는 적고 현상이 발생한다.

27. 작물의 풍해에 대한 설명으로 옳지 않은 것은?

① 벼와 맥류에서는 수발아, 도복 및 부패립이 발생할 수 있다.
② 과수에서는 절손, 열상, 낙과 등이 유발될 수 있다.
③ 작물에 생긴 상처가 건조하면 광산화반응을 일으켜 고사할 수 있다.
④ 뿌리조직의 목화에 의하여 환원성 유해물질의 침입을 받는다.

해설 ④는 뿌리조직의 목화에 의하여 환원성 유해물질에 저항성이 생긴다.

28. 솔라리제이션(Solarization)에 대한 설명으로 옳은 것은?

① 온도가 생육적온보다 높아서 작물이 받는 피해를 말한다.
② 일장이 식물의 화성 및 그 밖의 여러 면에 영향을 끼치는 현상을 말한다.
③ 식물이 광조사의 방향에 반응하여 굴곡반응을 나타내는 것을 말한다.
④ 갑자기 강한 광을 받았을 때 엽록소가 광산화로 인해 파괴되는 장해를 말한다.

해설 솔라리제이션(solarization)
ⓐ 의의: 그늘에서 자란 작물이 강광에 노출되어 잎이 타 죽는 현상
ⓑ 원인: 엽록소의 광산화
ⓒ 강광에 적응하게 되면 식물은 카로티노이드가 산화하면서 산화된 엽록체를 환원시켜 기능을 회복할 수 있다.

29. 일소현상에 관한 설명으로 옳은 것은?

① 시설재배 시 차광막을 설치하여 일소를 경감시킬 수 있다.
② 겨울철 직사광선에 의해 원줄기나 원가지의 남쪽 수피 부위에 피해를 주는 경우는 일소로 진단하지 않는다.
③ 개심자연형 나무에서는 배상형 나무에 비해 더 많이 발생한다.
④ 과수원이 평지에 위치할 때 동향의 과수원이 서향의 과수원보다 일소가 더 많이 발생한다.

해설 일소: 햇볕에 작물이 타들어가는 현상으로 차광막 설치로 햇볕을 차단하면 경감시킬 수 있다.

30. 염류장해에 대한 설명으로 옳은 것은?

① 토양용액의 염류농도가 높아서 작물의 수분 흡수가 어렵다.
② 비가 많은 지역이나 담수재배에서 주로 나타난다.
③ 내염성이 강한 완두, 고구마 등을 재배하여 과잉염류를 제거한다.
④ 염류가 집적된 토양은 산성화되어 아연, 철, 망간, 구리 등의 과다현상과 붕소의 결핍현상이 발생한다.

해설 ② 비가 많은 지역이나 담수재배에서는 염류해가 경감된다.
③ 내염성이 강한 작물에는 유채, 목화, 순무, 양배추 등이 있고, 완두, 고구마, 감자, 배치 등은 염류에 약하다.
④ 염류가 집적된 토양은 알칼리화되어 아연, 철, 망간, 구리 등의 결핍현상과 붕소의 과다현상이 발생한다.

31. 간척지답에서 작물 재배에 대한 설명으로 옳은 것은?

① 황산암모늄이나 황산칼륨 등을 충분히 시용한다.
② 벼는 조기재배하고 논물을 수시로 말려주는 것이 좋다.
③ 내염성이 강한 고구마, 가지, 감자 등을 재배하는 것이 유리하다.
④ 지하수위가 높아 심한 환원상태가 되어 유해한 황화수소 등이 생성된다.

해설 **내염재배**
    ㉠ 의의: 염분이 많은 간척지 토양에 적응하는 재배법
    ㉡ 내염성이 강한 품종을 선택한다.
    ㉢ 작물의 내염성

	밭작물	과수
강	사탕무, 유채, 양배추, 목화, 순무, 라이그래스	
중	앨팰퍼, 토마토, 수수, 보리, 벼, 밀, 호밀, 고추, 아스파라거스, 시금치, 양파, 호박	무화과, 포도, 올리브
약	완두, 셀러리, 고구마, 감자, 가지, 녹두, 베치	배, 살구, 복숭아, 귤, 사과, 레몬

    ㉣ 조기재배 및 휴립재배 한다.
    ㉤ 논에 물을 말리지 않고 자주 환수한다.
    ㉥ 석회, 규산석회, 규회석 등을 충분히 시비하고 황산근 비료를 사용하지 않는다.

32. 염생식물이 가지고 있는 내염성 물질의 역할은?

① 염류의 중화
② 염의 불용화
③ 길항작용
④ 삼투적 적응

해설 염생식물은 식물체가 프롤린, 아미노산, 유기산 등의 내염성 물질을 합성하여 삼투적 적응역할을 하여 고농도의 무기이온이 축적되어도 대사작용이 정상적으로 이루어진다.

33. 대기오염 물질별 피해 증상과 대책의 연결이 옳지 않은 것은?

① 아황산가스: 광합성 속도 저하, 줄기와 잎의 갈변 – 칼리와 규산질비료 살포
② 암모니아가스: 잎에 백색 반점이 형성되고 급격한 괴사 – 요소비료 엽면시비
③ 오존가스: 잎의 황백화 또는 적색화, 암갈색 점상 반점 발생 – 저항성 작물 재배
④ 염소계 가스: 잎 표면에 많은 수의 미세한 회백색 반점 발생 – 석회물질 시용

해설 • 암모니아가스(NH_3)
  1) 배출
    비료공장, 냉동공장, 자동차, 질소질 비료의 과다사용 등
  2) 피해
    ① 피해기구: 기공 또는 표피를 통해 체내로 들어가면 색소를 파괴하여 잎이 변색된다.
    ② 피해증상: 잎 표면에 흑색 반점, 잎 전체가 백색 또는 황색으로 변하거나 급격히 회백색으로 퇴색된다.
    ③ 피해농도: 해바라기 3ppm, 토마토, 메밀, 양파 등은 400ppm에서 피해가 발생한다.
  3) 대책
    밀폐된 시설 내에서는 환기를 철저히 하고, 질소질 비료와 유기질 비료를 과용하지 않아야 한다.

34. 다음 중 오존에 강한 작물은?

① 피튜니아　　　　　② 시금치
③ 감자　　　　　　　④ 양배추

해설 오존은 잎의 호흡을 촉진시켜 영양 부족으로 식물을 말라죽게 한다. 살구나무, 은행나무, 양배추, 후추, 튤립, 팬지 등은 오존에 대한 내성이 강하다.

03 CHAPTER 그 밖의 주요 생리

01. 지방산의 성질에 대한 설명으로 옳지 않은 것은?

① 거의 모든 지방산은 짝수 개의 탄소원자를 가지고 있다.
② 천연에 존재하는 지방산의 탄소수는 보통 16개, 18개이다.
③ 지방산의 불포화도가 높을수록 녹는점도 높다.
④ 고등생물은 5℃ 이하의 녹는점을 가진 불포화지방산을 함유하고 있다.

해설 지방산의 포화도가 높을수록 녹는점도 높다.

02. 지방산의 생합성 출발물질에 해당되는 것은?

① 메발론산
② 숙신산
③ 포스포글루콘산
④ 에세틸-CoA

해설 지방산의 출발물질은 미토콘드리아에서 아세틸-CoA의 분해로 만들어진 아세트산(acetic acid; CH_3COOH)이며, 맨 처음 합성되는 지방산은 팔미트산(palmitic acid)과 스테아르산(stearic acid)이다.

32. ④　33. ②　34. ④　/　01. ③　02. ④

03. 다음 중 불포화도가 가장 높은 지방산은?

① 팔미트산 ② 스테아르산
③ 올레산   ④ 리놀렌산

해설
- 탄화수소의 긴 사슬은 대부분 단일 결합으로 포화되어 있으나 이중결합 또는 삼중결합으로 존재하기도 한다.
  ㉠ 단일결합만으로 구성된 지방산을 포화지방산이라 한다.(팔미트산, 스테아르산)
  ㉡ 이중 또는 삼중결합이 있으면 불포화지방산이라 한다.(올레산, 리놀렌산)
- 올레산은 이중결합이 1개이고 리놀렌산은 3개인 불포화지방산이다.

04. 지방산의 생합성 과정 중 G-3-P에서 PA가 되는 과정이 일어나는 기관은?

① 소포체   ② 미토콘드리아
③ 글리옥시솜 ④ 시토졸

해설
- **소포체**: 지방산이 글리세롤-3-인산(G-3-P)의 1번과 2번 탄소와 에스테르 결합으로 포스파티드산(PA)이 된다.
- **글리옥시솜**: 올레오솜으로부터 지방산을 받아 β-산화로 탄소가 2개씩 끊어져 2탄소의 아세틸-CoA를 만든다.
- **미토콘드리아**: 글리옥시솜에서 받은 숙신산이 크렙스회로를 통해 말산이 된다.
- **시토졸**: 올레오솜에서 나온 글리세롤은 글리세롤-3-인산으로 된다.

05. 지방종자에서만 발견되며, 종자가 발아하여 광합성을 시작하면 점차 사라지는 것은?

① 소포체   ② 미토콘드리아
③ 글리옥시솜 ④ 시토졸

해설 글리옥시솜은 지방 종자에서만 발견되며, 종자가 발아하여 광합성을 시작하면 점차 사라진다.

06. 식물성 기름의 특징으로 옳지 않은 것은?

① 중성지방이다.
② 상온에서 액체상태이다.
③ 모노아실글리세롤이 가장 널리 분포하는 대표적 식물성 지방이다.
④ 불포화지방산을 많이 포함하고 있다.

해설 가장 널리 분포하는 식물의 대표적인 중성지방은 트리아실글리세롤이다.

07. 인지질에 관한 설명으로 옳지 않은 것은?

① 색소체에서 합성된다.
② 생합성 출발물질은 포스파티드산이다.
③ 소수성 꼬리와 친수성 머리로 구성되어 있다.
④ 세포막에서 이중층을 형성한다.

해설 인지질(phospholipid)
① 인산이 결합된 지질로 주로 소포체 막에서 합성된다.
② 생합성 출발물질은 포스파티드산(phosphatidic acid; PA)이다.
③ 자연계에서 가장 풍부한 인지질은 포스파티딜콜린(phosphatidyl choline) 일명 레시틴(lecithin)과 포스파티딜에탄올아민(phosphatidyl ethanolamine) 일명 세팔린(cephalin)이다.
④ 인지질은 비극성 부위인 소수성 꼬리부분과 극성부위인 친수성 머리부분으로 나누어져 물 속에서 미셀이나 이중층 등의 특이한 형태로 존재할 수 있다.
⑤ 세포막은 극성 지질의 이중층으로 형성된다.
⑥ 인지질의 꼬리 부분에 불포화지방산이 있는 경우 이중결합 부분이 비틀어져 있어 막구조가 느슨해지면서 막의 유동성이 증가한다.

08. 당지질에 대한 설명으로 옳지 않은 것은?

① 주로 엽록체의 포막에서 합성된다.
② 원형질막을 구성하는 중요 성분이다.
③ 글리세롤 골격의 머리부분에 갈락토오스가 활성화되어 당지질 생합성반응에 참여한다.
④ 주요 당지질에는 모노갈락토실디아실글리세롤(monogalactosyl diacylglycerol; MGDG)과 디갈락토실디아실글리세롤(digalactosyl diacylglycerol; DGDG)이 있다.

해설 당지질(glycolipid)
① 당이 포함되어 있는 지질로, 주로 엽록체의 포막에서 합성된다.
② 글리세롤 골격의 머리부분에 갈락토오스가 활성화되어 당지질 생합성반응에 참여한다.
③ 구성 지방산의 종류에 따라 당지질의 종류가 구분된다.
④ 주요 당지질에는 모노갈락토실디아실글리세롤(monogalactosyl diacylglycerol; MGDG)과 디갈락토실디아실글리세롤(digalactosyl diacylglycerol; DGDG)이 있다.
⑤ 당지질은 엽록체의 포막과 틸라코이드 막을 구성하는 중요 성분이다.

09. 다음 설명 중 옳지 않은 것은?

① 큐틴은 지방산의 중합체로 분자량이 크며 기본구성단위는 C16의 지방산으로 지방산들은 수산기와 카르복시기에 의해 서로 교차결합되어 있다.
② 큐틴은 페룰산(ferulic acid)과 같은 페놀화합물이 함유되어 있으며, 이들은 큐틴의 지질부분을 세포벽에 결합시켜 주는 역할을 한다.
③ 수베린의 기본 구성단위는 C16~24 지방산이며, 긴 것은 C30도 있다.
④ 왁스는 중합체가 아닌 길이가 길고 소수성이 강한 지질분자의 복합체이다.

해설 수베린은 페룰산(ferulic acid)과 같은 페놀화합물이 함유되어 있으며, 이들은 수베린의 지질부분을 세포벽에 결합시켜 주는 역할을 한다.

10. 식물이 2차 대사산물을 합성하여 축적하는 가장 중요한 이유는?

① 에너지원으로 이용하기 위해서이다.
② 식물의 노화를 방지하기 위해서이다.
③ 외부로부터 자신을 보호하기 위해서이다.
④ 주요 저장양분의 산화를 방지하기 위해서이다.

해설 2차 대사산물은 주로 초식동물이나 곤충, 미생물의 공격으로부터 식물체 자신을 보호하는 기능을 한다.

11. 다음 중 성질이 다른 물질은?

① 모르핀
② 키니네
③ 푸라노쿠마린
④ 니코틴

해설 · 알칼로이드(alkaloid)
① 니코틴(nicotine), 카페인(caffeine), 코카인(cocaine) 등은 자극제 또는 진정제의 기능이 있어 기호품으로 이용된다.
② 모르핀(morphine), 코데인(codeine), 아트로핀(atropine), 에페드린(ephedrine), 키니네(kinine) 등은 의학용으로 이용되고 있다.
· 푸라노쿠마린은 페놀화합물이다.

PART 05 생육의 조절

12. 광독성이 있어 자외선을 흡수하면 DNA의 피리미딘 염기와 결합하여 그들의 전사와 회복을 방해하여 세포를 죽게 하는 페놀화합물은?

① 아세틸살리실산 ② 푸라노쿠마린
③ 카페인산 ④ 페룰산

[해설]
• 쿠마린(coumarin)
 ㉠ 쿠마린의 한 종류인 푸라노쿠마린(furanocoumarin)은 광독성(光毒性, photoxicity)이 있다.
 ㉡ 푸라노쿠마린은 자외선을 흡수하면 DNA의 피리미딘 염기와 결합하여 그들의 전사와 회복을 방해하여 세포를 죽게 한다.
• 아세틸살리실산(acetylsalicylic acid)는 벤조산유도체인 살리실산(salicylic acid)의 초산에스테르이며, 해열진통제로 널리 알려진 아스피린(aspirin)이다.
• 페닐프로판(phenylpropane): 페닐프로판인 카페인산(caffeic acid)과 페룰산(ferulic acid)은 인접 식물의 발아와 생장을 저해하는 타감물질이다.

13. 플라보노이드에 대한 설명으로 옳지 않은 것은?

① 변형된 골격구조에는 C가 열린 구조인 챌콘이 있다.
② 페놀성 천연물로 색소성분이 가장 많다.
③ 단량체, 이량체, 다량체로 존재하며, 흔히 엽록체에 들어 있다.
④ 페닐프로파노이드 계열의 2차 대사산물이다.

[해설] 단량체, 이량체, 다량체로 존재하며, 흔히 액포에 들어 있다.

14. 광발아성 종자의 광가역반응을 일으키는 피토크롬의 광전환성에 관여하는 광파장은?

① 적색광과 원적색광 ② 적색광과 청색광
③ 자색광과 자외선 ④ 녹색광과 자외선

[해설]
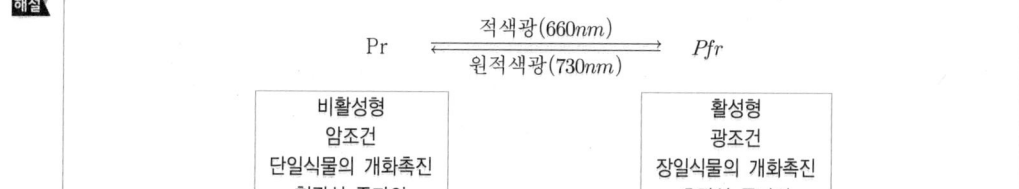

정답 09. ② 10. ③ 11. ③ 12. ② 13. ③ 14. ①

15. 다음 중 피토크롬에 대한 설명으로 옳지 않은 것은?

① 암흑상태에서는 생체 내에서 Pr이 합성된다.
② 적색광(660nm)에 의해 Pr이 Pfr로 전환된다.
③ 원적색광(730nm)에 의해 Pfr이 Pr로 전환된다.
④ 암소에서 Pr은 Pfr로 천천히 변환된다.

해설 암소에서 Pfr은 Pr로 천천히 변환된다.

16. 피토크롬에 대한 설명으로 옳지 않은 것은?

① 발색단과 아포단백질로 구성되어 있다.
② Pr형에서 Pfr형으로 전환될 때 발색단 구조가 cis형태에서 trans형태로 변환된다.
③ 암조건에서 자란 유식물의 피토크롬은 적색광을 흡수하는 형태인 Pr형으로 존재한다.
④ Pr형은 활성형으로 다양한 생리적 반응을 일으킨다.

해설 Pfr형은 활성형으로 다양한 생리적 반응을 일으킨다.

17. 다음 중 피토크롬의 작용기작에 대한 설명으로 옳지 않은 것은?

① 피토크롬은 세포 내에서 Ca^{2+}의 농도를 증가시키고 그 결과 칼슘결합단백질인 칼모듈린(calmodulin)을 활성화시켜 줄기신장을 조절한다.
② Pr형이 Ca^{2+} 수송을 조절하여 세포 내 농도를 증가시킨다.
③ 피토크롬은 K^+나 Ca^{2+} 등의 수송을 조절한다.
④ 활성화된 복합체가 관련 효소를 활성화시켜 광형태발생 효과를 나타낸다.

해설 Pfr형이 Ca^{2+} 수송을 조절하여 세포 내 농도를 증가시킨다.

18. 화본과식물의 잎의 접힘과 열림 운동을 조절하는 기동세포 조직에 관한 설명으로 옳지 않은 것은?

① 세포벽이 얇고 액포가 크다.
② 큐티클층이 발달되어 있다.
③ 수분이 부족하면 빠르게 증산으로 수분을 잃는다.
④ 세포의 팽압이 낮아지면 잎이 쉽게 접혀진다.

해설 **화본과식물의 접힘과 열림운동**
① 화본과식물의 잎은 수분스트레스를 받으면 접혀지거나 말려 증산작용을 최소화한다.
② 거품세포(bulliform cell)라고 하는 얇은 세포벽을 갖는 기동세포의 팽압 소실로 일어난다.
③ 거품세포는 세포벽이 얇고 액포가 크며 각피층이 발달되지 않아 수분이 부족하면 빠르게 증산작용이 일어나 수분을 잃고 팽압을 낮춰 잎이 쉽게 접힌다.

19. 다음 굴중성에 대한 설명으로 옳지 않은 것은?

① 지구의 중력자극에 대한 양성 또는 음성적 생장운동으로 굴지성이라고도 한다.
② 굴중성은 식물이 공간배치를 효율적으로 하여 광과 이산화탄소를 효율적으로 흡수하도록 한다.
③ 뿌리는 대개 양성 굴중성을 나타내며, 1차근보다 2차근이 더 양성적이다.
④ 굴중성에 관여하는 생장억제물질은 ABA, IAA, 미확인 억제물질 등이 보고되어 있다.

해설 **굴중성(屈重性, gravitropism)**
① 지구의 중력자극에 대한 양성 또는 음성적 생장운동으로 굴지성(屈地性, geotropism)이라고도 한다.
② 뿌리는 대개 양성 굴중성을 나타내며, 2차근보다 1차근이 더 양성적이며, 3차근 이상은 거의 굴중성이 없어 수평에 가깝게 생장한다.
③ 줄기의 화경은 음성 굴중성을 보이며 주된 줄기는 중력자극에 정반대방향으로 자라지만 가지와 엽병, 가근이나 포복경 등은 수평적으로 생장한다.
④ 굴중성은 식물이 공간배치를 효율적으로 하여 광과 이산화탄소를 효율적으로 흡수하도록 한다.
⑤ 상하 수직방향의 생장운동을 정상굴중성이라 하고, 중간 각도로 자라는 것은 경사굴중성이라 한다.
⑥ 굴중성의 인지장소는 근관이고, 근관의 생장억제물질이 아랫부분의 생장억제로 뿌리가 밑으로 굽는다.
⑦ 굴중성에 관여하는 생장억제물질은 ABA, IAA, 미확인 억제물질 등이 보고되어 있다.
⑧ 근본적으로 굴중성의 인지기작을 제공하는 것은 전분립이 함유되어 있는 색소체인 전분체(澱粉體, amyloplast)로 보고 있으며, 실제 중력에 반응하는 근관에 전분체가 많은 것이 확인되었다.

참고문헌

문원, 이승구, 2012, 한국방송통신대학교출판부, 재배식물생리학

박순직, 2006, 향문사, 삼고재배학원론

변종영, 2014, 향문사, 삼고작물생리학

남상용(역), 2020, RGB, 작물생리학

류수노 외1인, 2011, 한국방송통신대학교출판부, 재배학원론

문원 외2인, 2010, 한국방송통신대학교출판부, 원예학개론

박윤문 외, 2007, 농수산물유통공사, 알기쉬운 농산물 수확후 관리

이영복, 2021, 에듀피디, 재배학(개론)

유덕준, 2020, ㈜시대고시기획, 작물생리학

장사원, 2021, 서울고시각, 컨셉 작물생리학